LEVIATHAN AND THE AIR-PUMP

Hobbes, Boyle, and the Experimental Life

リヴァイアサンと空気ポンプ

ホッブズ、ボイル、実験的生活

スティーヴン・シェイピン＋サイモン・シャッファー

吉本秀之［監訳］　柴田和宏＋坂本邦暢［訳］

名古屋大学出版会

私たちそれぞれの両親に

LEVIATHAN AND THE AIR-PUMP (New Edition)
by Steven Shapin and Simon Schaffer

〔ニカノル神父は〕午後になるとやって来て栗の木のかげに腰をおろし、ラテン語で説教した。ところが、ホセ・アルカディオ・ブエンディアは小むずかしい説法やチョコレートの変成の話をてんから受けつけず、神の銀板写真を唯一の証拠として要求した。そこでニカノル神父は円牌や画像、果ては聖ベロニカの布の複製まで持参したが、ホセ・アルカディオ・ブエンディアは科学的根拠のない職人の仕事だと言ってそれらをしりぞけた。あんまり頑固なので、ニカノル神父も彼の教化をあきらめて、その後はただ、人間的な気遣いから彼のもとを訪れることにした。そうなると、こんどはホセ・アルカディオ・ブエンディアが主導権をにぎり、いろいろと屁理屈を並べて神父の信仰を突きくずそうとした。あるとき、ニカノル神父が盤と駒のはいった箱を栗の木まで運んでチェッカーをやらないかと誘うと、ホセ・アルカディオ・ブエンディアは断わった。彼によると、基本的な原則について一致をみている二人のあいだで勝負をあらそう意味が納得できない、というのだった。

——ガブリエル・ガルシア＝マルケス『百年の孤独』[1]

才知あふれる謙虚で敬虔なボイル氏は、人格の点でも著作の点でも、人類にたいして神があたえてくださった、なんとすばらしい贈り物であることでしょう。それにたいして、誤謬にみちた高慢で不敬なホッブズは、社会にたいしてなんと有害な人物であることでしょう！　ですからおわかりのように、前者はうららかな空のもと、名誉や希望をともなってこの世に別れを告げました。それにたいして後者は闇夜のうちに、彼の名にたいする憎しみや、未知の将来にたいするひどい不安とともに、世界から消えていったのです。

——W・ドッド『歴史上の偉人たち——あるいは、美徳により名高い、または悪徳により知られている人びとの例からとられた、美徳と悪徳の活きいきとした描写』

目次

凡例

一、本書は、Steven Shapin and Simon Schaffer, *Leviathan and the Air-Pump: Hobbes, Boyle, and the Experimental Life, with a New Introduction by the Authors*（Princeton: Princeton University Press, 2011）の全訳である。

一、原文中のあきらかな誤植などの誤りは、とくに指摘せず修正した。

一、［ ］は原著者による補いを、〔 〕は訳者による補いをそれぞれあらわしている。

一、(1)、(2)、(3)、……は原註を、〔1〕、〔2〕、〔3〕、……は訳註をしめす。

一、原文中のイタリックによる強調は、傍点でしめした。

一、引用文の訳を作成するにあたり、すでに邦訳がある文献については既存の訳を使用、または参照させていただいた。ただし既存の訳を使用した箇所でも、訳語や文体を適宜修正している。邦訳の情報は註および文献一覧でしめした。ホッブズ『物体論』および『市民論』の邦訳としては、文献一覧で挙げたもののほか、『哲学原論／自然法および国家法の原理』伊藤宏之、渡部秀和訳（柏書房、二〇一二年）所収のものを参考にさせていただいた。

出典と表記についての注記

註で出典に言及するさいには、エリザベス・アイゼンステインの *The Printing Press as an Agent of Change* でもちいられているのと類似の、略式の慣習を採用した。註では文献情報は最小限におさえてある。ただし、本文中で出版年についての情報をあたえておらず、かつその情報が重要である場合には、註に出版年をしるした。著作の完全な表題と出版についての詳細は文献一覧でしめした。ただし、出版されていない手稿資料、一七世紀の定期刊行物の記事、国家や議会の公文書に含まれる記事の詳細は、註であたえてあり、文献一覧ではくりかえしていない。

本書では一七世紀の書簡やその他の未出版の資料をおおくもちいている。私たちがおもに関心をもっているのは、公にされていた知識あるいは公にしようと計画されていた知識である。そしてこのことが、私たちが書簡や未出版資料をどのような範囲でもちいたかに影響している。完全に公にはされなかった資料、あるいは公開範囲を制限しようとしていたかもしれない資料に注目している箇所では（第6章など）、そのことに対応するかたちで手稿資料をよりおおくもちいた。

本書が関係する時期には、ブリテン諸島では大多数の大陸の国々（とくにカトリックの国々）とは異なる暦がもちいられていた。ブリテンではユリウス暦（旧暦）がもちいられており、ユリウス暦では、大陸で採用されていたグレゴリオ暦（新暦）よりも日付が十日遅れていた。さらにブリテンでは新年が三月二五日にはじまるものとされていた。私たちはイングランドと大陸諸国のあいだのやりとりをかなりくわしく論じているため、すべての日付を旧暦と新暦両方のかたちでしめした。ただし年の表記は、新年が一月一日に始まるものとして統一した。つまり、たとえばイングランドの一六六一年三月六日は、「一六六二年三月六／一六日」としてしめしてある。またオランダ（プロテスタント国ではあったがグレゴリオ暦をもちいていた）の一六六四年七月二四日は「一六六四年七月一四／二四日」としてしめしてある。

私たちは、無理のない範囲で一七世紀のつづり、句読点、強調を保持しようとつとめた。そして「原文ママ」という表記は、どうしても必要な箇所以外では省略した。

本書では、「ホッブズの」（Hobbesian）を、個人としてのホッブズの信念や営みに言及する語として、「ホッブズ主義の」（Hobbist）を、ホッブズの実際の信奉者や信奉者と考えられていた人びとの信念や営みに言及する語としてもちいた。国教への反対（Dissent）と、知的および政治的な意見の相違（dissent）は区別している。

二〇一一年版への序文

二十六年後に――『リヴァイアサンと空気ポンプ』初版から一世代がすぎて

『リヴァイアサンと空気ポンプ――ホッブズ、ボイル、実験的生活』は当初プリンストン大学出版会から一九八五年に出版された。版元から新版の準備をしたいが協力する気があるかと問いあわせを受けたとき、私たちは、本書が当初いかなる背景のもとで執筆され、またはじめのころどのように受容されたかについて考察する機会が得られると思い喜んだ。新版にあたって、以下の完全に新しい序文を追加し、トマス・ホッブズの『自然学的対話』の翻訳を削除することに決めた。それ以外にはまったく手を加えていない。

＊＊＊

この『リヴァイアサンと空気ポンプ』の新版にとくに深く関連するふたつの技術がある。第一の技術はあきらかだ。空気ポンプである。それが物理的にどう稼働し、一七世紀の科学知識をつくりあげるなかでいかなる役割をはたしたかが、本書の主題としてしめしたものであった。科学についてこのように語るやり方の特徴は、その「真の主人公」が一人の人間ではなくひとつの器具だということにあると評されてきた[1]。第二の技術はそれほどあきらかではないし、二十五年以上も前に本書を執筆したときには、著者たち自身にとってもあきらかではなかった。空気ポンプがある種の科学的な知識をつくるための装置であったのと同じように、この技術はある種の歴史的な知識をつくるための装置であった。その技術とはタイプライターだ。

この第二の知識生産の技術を心にとめておくことは有益である。なぜならその技術が著者たちの知識生産に仕えてくれていた一九八〇年代中盤には、そのはたらきは著者たちにとって透明であり意識されないものだったからである。しかしそうやってつくられた本書は、二人の著者のどちらにとっても、タイプライターという技術をもちいて生みだされたまさに最後の研究となった。その後一年ほどのあいだに、他のほぼすべての学者と同様に、著者たちもデジタル時代へと入っていった。一方では、タイプライターの能力とその限界の関係を考察することはなかったし、他方では、それが生みだしていた知的および社会的な秩序の形態を考察することもなかった。しかしそうすることもできたはずだ。タイプライター、昔ながらのボンド紙、Tipp‐EXあるいはWite‐Outの小瓶（一九八〇年代後半以降にものを書く世界へと入った人ならば、これらがいったいなんだったのかを調べてみたいと思うだろう）、キーを叩く前に考えをめぐらせる間（そう、キーを叩けばセルロースのうえにインクが新しく落とされ、ひとたび落とされたならばたいていの場合取りけせないのだ）、ある人から遠く離れた他の人へ、物理的な形態をとった知識——当時「ハード・コピー」とは呼ばれていなかった——を運搬するための、電話と郵便システム——それは当時「〔Eメールではない〕のろまなメール」とは呼ばれていなかった——の限界によって規定された交流の様式。タイプライターにもとづく知識生産の限界、機会、そしてそこからつくりだされる感情の起伏が、パーソナル・コンピュータとインターネットにもとづくものとおおきく違わないなどと、だれにいうことができるだろう。

この主題についてはまた別の研究書が書かれるに値するし、その研究書はことによると『リヴァイアサンと空気ポンプ』に見られるのと同一の感性を有した書物であるかもしれない。[2] 執筆にさいしてもちいられた技術にここで注意を向けることは主として、本書がどれほど遠い過去に書かれたかを、私たち自身と読者に思いおこさせる役割を担っている。タイプライターの世界が遠く過ぎさった過去であるのと同じように、本書が生みだされ、本書が介入し、そして本書がどうやらなにかしら変化をもたらしたといわれる学術の世界もまた、遠く過ぎさった過去なのだ。本書はいくつかの肯定的な書評と憤慨にみちた書評にむかえられたものの、全体として見れば、当初の受けとめられ方は非友好的というよりはむしろ平板なものであり、学術的な賞を受けることもなかった。それはたいていの学術的モノグラフの運命であった。たしかに著者たちはすこしばかり落胆したものだが、落胆する著者というのはめずらしいものではなく、二人ともなんであるにせよ次の仕事にとりかかっていた。本書が最終的におおくの読者を得たことがいつあきらかになったのかを正確に思いだすことはできない。だが書評や賞が出されるのにふつうかかる期間を何年も過ぎた後のことだったのはまちがいない。[3] 本書の受けとめが当初は淡白なものだったことと同じくらい、本書が現在いかなる点で評判／悪評をまねいているかということは興味ぶかいし、また解釈するに値する。私たちは後でいくつかのありうる説明を提案するだろう。

当初の味気ない受けとめはそれほど長くは続かなかった。もし本書を全部読みたくなければ、今では長大なウィキペディアの要約が存在している。もし本書をテーマとしてエッセイを書くという課題を課されて苦しんでいるならば、オンラインの情報源から購入することができる〔それほどまでに本書は広く読まれてきた〕。一方では、あらゆる種類の文脈や学術領域のなかで本書は広く引用されている。同時に他方では、本書はとくに科学哲学のなかに、また「反構成主義」とときに呼ばれている理論のなかに、あるちいさな業界を生みだしてきた。反構成主義の理論とは、本書の鍵となる議論や方法論だとみなされているものを反駁することに力をそそいでいる理論である。本書が注目されてきた、またされてこなかった文脈にかんする考察はのちほどおこなう。しかしここでは、私たちはおもに本書にたいする初期の反応に関心をもっている。とりわけ、書評者たちがいかに本書に向きあったのか、また彼ら／彼女らはどんな仕方で本書の意義を理解しえたのかに関心をもっている。そこで私たちがこの機会をもちいておこないたいと思うのは、本書を擁護することではなく、本書をそれが生まれた歴史的状況のなかに置くことである。さらには、どうして本書が今でもまだ読まれ、批評されているのかについて、考えをめぐらせることである。見たところ一部の人びとは現在、一七世紀の科学について、あるいは一般的に科学をめぐってどのように考えうるのかということについて、なにごとかを学ぶために本書を読んでいる。このような事実にもかかわらず、『リヴァイアサンと空気ポンプ』はそれが書かれた時代の産物であり、歴史上の諸事件についての報告であり、そしてそれ自体としてひとつの歴史的な文書である(4)。同書は、変わりゆく学問的伝統、変わりゆく文化的および制度的な状況、そして変わりゆく慣習、問題、目的のなかの、ひとつの局面なのである。

歴史記述法の伝統

本書の末尾近くにひとまとまりの文章が存在する。この文章は、たぶん他のいかなる文章にもまして、本書が生まれでてきた文化的状況の証人となっている。そして同時に、著者らがその状況にいかに変化を起こそうとしていたのかをしめしてもいる。

科学の外側に政治を運びさっている言語こそ、私たちが理解し説明せねばならないまさに当のものである。科学の「内部」と「外部」についてはあまり語るべきではないだとか、我々はそのような時代おくれのカテゴリーをもう乗りこえたのだとかいう、科学史のなかでかなり流行している意見に、私たちは反対する立場に立っているのである。そんなことはまったくない。私たちはまだ、そこに含まれている論点を理解しはじめてもいないのだ(5)。

おおよそ一九九〇年代はじめ以降に専門業界へとくわわった科学史家や科学社会学者は、いったいこの文章がなにを論じているのか理解しがたいと感じるかもしれない。もしそうであるならそれは、この文章のなかで検討されている若干のカテゴリーが、いまでは科学と歴史的変化についての主流の学術研究のなかにほとんど存在しないからである。名のある科学史家あるいは科学社会学者のうち、かつて日常的に「内的要因と外的要因」と呼ばれていたもののあいだの関係を現在評価しているという者はわずかである。みずからがおこなっているのは、科学の変化にさいしてそれらの「要因」のどちらが重要かを評価することだ、といまだにいっている者はいっそうすくない。そしてその「要因」について適切に語ることが、近代科学の制度を政治的介入から守り、科学知識を歪曲から守るために決定的に重要なのだという者はほとんどいない。ふたつの「要因」のあいだのこの対立と、歴史家たちが両者のどちらが重要かを判定する任務をもっているという考えは、業界内ではいまや古風に見える。先進的な思想家たちは、文化的および社会的な領域を二要因に確実に分けることができるという発想そのものをそもそも疑問視している。そして代わりにその言いまわしを、学術的な探究の相異なる様式にそなわった慣習としてあつかっている。[6]「内的要因と外的要因」について無自覚に語り、科学の変化におけるそれらの要因の重要性を評価しているアカデミックな歴史家も存在してはいる。だがそうしたふるまいはときに、その歴史家が知識不足で、素朴で、アマチュア的で、科学史の主流とみなされているものからは離れていることをしめすしるしだと考えられている。科学史という分野の正統派研究者はもはやそのようなことをしないのだ。

しかし一九三〇年代あたりから冷戦の終わり頃まで、いわゆる「外在主義・内在主義論争」は科学史と科学社会学を構成する重要な要素だったのである。[7]本書が書かれた頃、歴史家たちがこの論争のしぶとさや構成要素である諸カテゴリーへのいらだちを表明しているのを耳にすることはめずらしくなかった。次のようなことがいわれていたのだ。ときには内的で知的な要因に注目しつつ、同時に外的な社会的および政治的要因が重要な場合もあるとみとめて、歴史を諸要因の折衷的な混合物として記述すればいいではないか。科学知識をつくりだすさいにはこれらの要因すべてが「一体となって相互作用している」とたんにみとめればいいではないか。

『リヴァイアサンと空気ポンプ』の著者らもまた、「外在主義・内在主義論争」には満足していなかったけれども、「諸要因」についての分別ある折衷主義をとることが解決策だとは考えていなかった。彼らの考えでは、問題はカテゴリーそのもののアイデンティティや一貫性にあった。一貫性のなさは、ひとつには、科学にとって内的だとみなされていたものと外的だとみなされていたもののあいだの、境界線の置き方に関係していた。いかなる根拠にもとづいて、社会的および政治的なことがらは「知的」ではないと説明されたのだろうか。そして科学知識の生産や正当化は、いかにして「社会的」ではないと判断されていたのだろうか。他の知的な営み——宗教や自然魔術を考えてみよう——は外的だとみなされていたのだろうか（というのもそれらの営みは「科学的」であるとは考えられていなかったのだから)。あるいは外的と内的の境界は、知的営みだと考えられていたもの――きっと宗教や自然魔術のようなものを含むだろう――と、知的ではないと考えられていたもの――物質的な財の生産、国家の統治、日々の社会生活の実践や様式といったもの――の分け目をしめすことを意図したものだったのだろうか。著者らは、歴史家たちがいかなる根拠にもとづいて項目を内的と外的の境界線のいずれかの側へと振りわけているのか、いぶかしく思っていたのである。歴史上のアクターたちには、なにが自分たちの固有の実践に適切に属しており、あるいは属していないのかをいう用意があったのだろうか。あるいは「外在主義・内在主義論争」は、二〇世紀の歴史家たちによって認識された科学と非科学のあいだのさまざまな境界線のあらわれだったのだろうか[8]。観念の歴史の記述法――とくにクェンティン・スキナーの初期の研究に結びついている――のなかに見られる見解では、過去のアクターが利用できなかった概念やカテゴリーをそのアクターに帰すこと、あるいは過去のアクターが知る由もなかった後世の発展の「萌芽」をそのアクターに帰すことは、端的に非歴史的だとみなされる[9]。そしてまた『リヴァイアサンと空気ポンプ』に先立つ数十年間に、しだいに思想史家は、自分たちがめざしているのは過去の行為を過去のアクターの用語によってある種再構成することだと考えるようになった。そしてこの視点から見て、過去の科学的行為を解釈するための唯一の適したカテゴリーと境界は、過去に行為をしていた人びとによって認識されていたものなのだといわれていた。

シェイピンとシャッファーは、「外在主義・内在主義論争」にかんするおおくの要素が、二〇世紀にもちいられていた記述のためのカテゴリーや解釈のための境界線のみならず、二〇世紀における行為の評価や行為のためのプログラムにも由来しているのではないかと疑っていた。なにを科学にとって内的とみなし、なにを外的とみなすのかというのは、概して、私たちが次のようなことがらを述べる方法にすぎなかったのだ。私たちはなにが科学に適切に属すると考え、なにが適切でないと考えるのか。私たちは合理性がどこに存すると考えるのか。私たちはなにが認識的にすぐれた性質をもっているとみなすのか。こういったことがらである。著者らの考えでは、記述として提示されたもの自体のなかに、こうあるべきだという訓示が透けて見えていたのだった。『リヴァイアサンと空気ポンプ』が出版されたのは冷戦が終結する何年か前のことだったが、当時著者らは、歴史記述をめぐるこのかなり不可解な論争には、二〇世紀の巨大な政治的およびイデオロギー的な分裂の奥深くに沈みこんだ根源があるのではないかと感じていた。よりおおきな社会的および政治的目的をみたすために科学的探究をつくりあげ、導くのは、よいこと、ただしいこと、生産的なことだったのだろうか。あるいはそのような統制はなんであれ、科学という観念そのものを腐敗させてしまうものだったのだろうか。歴史的な記録は、「外部からくる影響」の条件や帰結についてなにをしめしていたのだろうか。研究を外的に統制するのは問題ないことだとしめしていたのだろうか。あるいは、政治的および商業的な指令が前面に出てくるようなときにはいつでも、科学の客観性と力がおびやかされてしまうことをしめしていたのだろうか。こんなふうに考えてみると、「外在主義・内在主義論争」は、現在における正当な歴史記述法の基準にかんするものであると同時に、現在における正当な社会秩序の捉え方にかんするものだったのだ。実際、マルクス主義者の結晶学者であり、また科学についての国家計画の唱導者でもあったJ・D・バナールと、彼のもっとも辛辣な批判者の一人で、物理化学者であり「科学における自由」の擁護者であったマイケル・ポランニーのあいだで、第二次世界大戦後の時期になされたやりとりでは、科学の自律性あるいは社会応答性について「歴史はなにをしめしたのか」にかんする認識が、決定的な場面でもちいられたのである。(10)

このような仕方で見てみると、「外在主義・内在主義論争」の知的矛盾は、この論争の用語や枠組みを自然で当然のものに見せるための文化的社会的意味づけにともなう、わずかな対価だったのである。外在主義と内在主義をめぐる考察は、『リヴァイアサンと空気ポンプ』が書かれたときにはまだ強力なものであった。本書の著者らは彼らの時代の所産であり、その時代の道具立てや感性をもって、またときにはそれらの道具立てや感性に反対して研究をおこなっていた、と述べることはただしい。本書をそれが生みだされた政治的状況の中にしっかりと位置づけることは、本書が政治的な宣言書をめざしていたと述べることとは違う。著者らがおこなっていると考えていた政治は、知的探究という政治だった。歴史的および社会的な現象としての科学の研究にとりかかることは、どのような意味でただしく、興味ぶかく、また生産的であったのだろうか。本書を執筆するなかで、著者らは科学を、あるいはなんらかのかたちのよき社会を、擁護あるいは批判しようとしていたわけではなかった。同時に一九七〇年代と一九八〇年代には、別の知的な展開が生まれていた。それらの知的な展開もまた、当時存在していた歴史記述の方法やそのカテゴリーへの対案が構想されうるひとつの空間を切りひらくものだったのである。

制度的な状況

ここで述べた、他の関連する知的な展開とは、次の三つであった。(1)アカデミックな科学史とそれに関連する探究様式が専門職業化したこと。(2)科学や、関連する文化形式や、日常的な認識的営みを理解することにたずさわる他の学問的実践における展開。(3)科学の事業そのものの制度的環境に変化が起こったこと。またそれに関連して、専門家でない人びとと科学者自身の両方で、科学の本性をめぐる考え方に変化が起こったこと。

二〇世紀に起こったアカデミックな歴史の専門職業化によって、おおくの種類の歴史家は、もし望むなら、研究対象になっている営みに関係がある他の集団との依存関係、協調関係、あるいは知的な関係を捨てさることができるようになった。歴史は、歴史家によって歴史家のために書かれるものだ、といわれるようになったのだ。歴史は、専門の歴史家コミュニティ内部の基準にもとづいて書かれうるし、書かれるべきであった。素人や、その営みの名のもとで語っている集団――政治史にかんしていえば現在の政治家、美術史にかんしていえば現在の芸術家や美学者、そして科学史にかんしていえば現在の科学者――のあいだに流布している基準にもとづいては書かれえないし、書かれるべきでなかった。歴史家とは別のこれらの集団は、歴史の物語に、自分たちの祖先をたたえること、あるいは適切なふるまいとはなんなのかを実例にもとづいてしめすこと、あるいは輝かしい現在の前兆を暗黒の過去のなかに探すことを期待するかもしれなかった。だが専門の歴史家は、研究対象にたいする広くいえば自然主義的なアプローチによって、自分たちが専門家であることをたしかなものとすることができた。歴史は記述と解釈でありえた。称賛や批判である必要はなかった。政治史は、奴隷状態から自由へ、絶対主義から立憲民主主義への進歩を記述しなければならないわけではなかった。実際このことが、ハーバート・バターフィールドが一九三一年に出版した『歴史のホイッグ的解釈』〔邦訳タイトル『ウィッグ史観批判』〕の要点だったのである。これは「おおくの〔政治〕史家のなかにある一定の傾向――すなわち……革命が成功したかぎりにおいて革命をたたえ、過去におけるある種の進歩の原理を強調し、現在を賛美しないまでも、肯定しようとする歴史をつくりだす、そういう傾向」を批判した書物であった(11)。

とはいうものの、アカデミックな歴史を顧客である外部の読者層と結びつけていた支持関係の強さは、何年も後にバターフィールド自身があるインタビュアーに語った意見によってしめされている。バターフィールドはこのとき、政治史家ルイス・ネイミアの亜流フロイト主義的な仮定を批判していた。ネイミアは、政治的な行為において公言された考えがもつ重要性は、全体として見れば利害関心や同盟関係の偶発的なネットワークよりも低いと信じていた。バターフィールドはネイミアのことを「歴史家のなかの歴史家」と呼んだ。「なぜなら彼の研究は包括的かつ欠陥がなく、彼の技巧は印象的なものだったからです」。それでも「〔ケンブリッジ大学・ピーターハウス〕カレッジの教師、また学寮長として」語る場合には、

> 私は彼の方法について嘆かねばなりません。……私の考えとしては、学部生に歴史を教えるのは、彼らを未来の公務員や政治家にするためです。その場合、彼らは理想を信じ、ひるむことなく思想や政策をもって、彼らの政策を貫徹するほうがよいでしょう。私たちは、すべての思想は自己弁護であると教えて、彼らの足もとを掘りくずさないほうがよいでしょう。つまり、私たちは政治家にふさわしいものの見方をとらねばならないのです(12)。

教育上の必要性や政治的な必要性のために、ある決まった歴史的方法、そして歴史的対象についてのある決まった現実主義をとらねばならないといわれていたわけだ。

　だが科学史は、歴史研究のなかできわめて独特な形式のものだと考えられつづけていた。バターフィールドが科学史の分野で書いた唯一の著作は、科学の歴史性を強調すると同時に、一七世紀の科学革命を近代の起源そのものとして称賛したのである[13]。合衆国では、科学史の創設者の一人であるジョージ・サートンが、専門的な学問研究としての科学史の分野を確立すべく精力的にはたらいていた。同時にサートンは、この新しい学問分野はふつうの種類の歴史研究ではないし、そうではありえないと主張していた。主題である科学は非常に特殊なものであった――歴史を前に進めるのだが、それ自体は歴史の外側に存在しているというのだ。サートンがいうには科学史は「見えない歴史」、すなわち真理と、世界のなかでの真理の現出についての歴史であった。また科学的精神と、その精神を表明した数すくない諸個人との密接な関係についての歴史であった[14]。サートンは書いている。科学は、たんに唯一無二の仕方で進歩的であるだけではない。人間の文明化における進歩の唯一の源泉なのである。科学は「真に累積的で進歩的なただひとつの人間活動である」。そして科学の歴史は「人類の進歩を描きだす」ことができるただひとつの歴史なのであった[15]。科学の進歩は、厳密にいえば、真理へと向かう進歩ではなかった。というのも科学的真理は、すこしずつ発見されるにつれて、完全なかたちになっていくものだったからである。むしろ科学の進歩は、科学的知識全体のなかでの、真理の収集へと向かう進歩なのであった。歴史家たちが歴史を叙述するにあたって目的論的な様式をとらねばならないのは、たんに科学という主題がもつ性質のためだというわけではなかった。目的論的な様式を採用することは道徳的な義務であり、人類の進歩はなににかかっているのか、人びとの自由や正義への望みはどこにあるのか、また人びとの世俗的な救済はどこから来るのかを人びとにしめす強力な方法だったのである。（科学の進歩が実在するという確信、さらにいえばその進歩性が唯一無二のものだという確信をもったからといって、歴史家たちが過去の信念と実践の歴史上の元々の姿に関心をもつことができなくなるわけではないことに注意してほしい。その確信をもったがためにときおり歴史家が抱いてしまうのは次のような考えである。すなわち、科学のその進歩性を記述し称賛することは、歴史家がなしうることのなかで圧倒的にもっとも重要なものだという考えだ。）科学自体が上述のような非凡な現象――典型的でなく、特別な認知能力を利用しており、特別で一貫した規則にもとづいておこなわれており、歴史的な偶然性や不確実さとは無縁であるような現象――だと考えられていたときに、いったいどうしたら科学について自然主義的に書くことができたというのだろうか。

　しかしながら世紀の中盤において、学術世界のなかにサートンのものとは異なる感性がなかったわけではない。広義の「内在主義的な」あるいは「知識重視の」傾向をもつものにかぎったとしても、別の感性もあったのだ。サートンが「発見」などの観念を中心としてみずからの歴史の営みを組織化したのにたいして、哲学者であり歴史家のアレクサンドル・コイレは科学的な「概念」の構造や配列へと関心を移そうとした。そして第二次世界大戦中や大戦直後にコイレの研究に触れた世代の英米の歴史家にとってコイレの研究をあれほどまでに刺激的なものにしたのは、彼の研究が、過去の科学が歴史上もっていた元々の姿を強調したことであった。もし望むなら、歴史の各点をつなぐことによって科学の進歩を図示することは可能ではあった。しかしそれをするためには、思想の過去の構造がもっていた一貫性の前提条件を剝ぎとるかあるいは脇に置かねばならなかったのだ。たとえばアリストテレスの自然学は誤っている——このことにかんして疑念はありえない——けれども、体系的であり、理解可能であり、一貫性をそなえているということをコイレは強調した。つまり、概念的な枠組みとしてはその自然学はうまく機能していたのだ。コイレは書いている。「アリストテレスの自然学はもちろんまちがっており、完全にすたれてしまったものである。しかしそれにもかかわらず、それはひとつの『自然学』なのである。……［アリストテレスの自然学は］りっぱな、完全に一貫した理論をつくりあげたのである[16]」。アリストテレスの自然学は、その背景にあった歴史上の特定の前提や仮定のもとでは、たんに一貫性をそなえているのみならず、内部に妥当性の根拠をもってもいる。コイレは、過去の概念的枠組みが歴史上もっていた元々の姿を規定すると同時に、歴史家たちに、ゲームが歴史上そなえていた固有の規則（この規則にもとづいてゲームはおこなわれる）を解きあかすようにすすめたのであった。

一九六〇年代初頭にトマス・クーンは、「科学的思考の基準が今とはまったく異なっていた時代に、科学的に考えるとはどのようなことであったのか」を説明したとき、彼自身の見解をまとめるにあたってコイレの感化が役だったことをみとめた[17]。クーンの研究——そしてとくに彼の「通常科学」という考え方——は、後に科学知識の社会学の発展のなかで決定的に重要なものになった（クーン自身はこのかかわりあいにひどく困惑していたにもかかわらず[18]）。しかしクーンに刺激をあたえ、彼を社会学の要素を暗に含む研究へと（歴史をとおして、またおそらく意図しないまま）進むよう駆りたてたものは、科学を真に歴史的に論じる可能性であった[19]。クーンの見解を、科学の変化における「外的で社会的な要因」の役割をしめす方法としてもちいようとするいくつかの試みも存在したが、はかばかしい結果をもたらさなかった[20]。科学社会学の未来は他のところにあったのだ。それは、新しく専門化された科学史が飲んだのと同じ自然主義という泉から水を飲むことであった。コイレの研究が後にマルクス主義者を攻撃するためにもちいられたという事実は、この発展とは無関係であった[21]。クーンを突きうごかし、そしてクーンをとおして科学知識の社会学の研究者たちを突きうごかしたのは、コイレの感性によって約束されていた深遠な歴史的正確さだったのである。歴史的正確さは、別種の「ゲームの規則」

への関心を惹起した。

コイレの追従者たちは、独特の科学的な諸「ゲーム」を通時的に解釈することにたずさわっていた。だが一九七〇年代頃からは、共時的な多様性について、またとりわけ現代の科学について、自然主義的に考察するのにもちいることができる感性や知的な道具立てが存在した。冷戦期、またとくにスプートニクの挑戦を受けた後の合衆国では、現場の研究者は、自分たちが次第に、新しくつくられた大学の科学史科（あるいは、概してうまくいかなかった試みなのだが、「科学史・科学哲学」科）のなかに住まうようになっていることに気づいた。科学史家は専門家の仲間いりをしたのである。いまや科学史家は、自分たち自身のアカデミックな空間——おおくはなかったが、現代の小規模ないし中規模の学問分野の制度的な基盤を支えるのには十分な空間——をもっていた。もはや彼らには、科学の学科のなかで同僚の科学者たちの太鼓もちとなるべきいかなる特別な制度上の理由もなかった。もはや彼らには、みずからの目的は近代科学をたたえる——アカデミックな美術史家たちが、ディヴィッド・ホックニーあるいはロバート・ラウシェンバーグの作品の擁護者としてふるまわねばならなかったように——ことなのだと考えるべき理由はほとんどなかったのである。これらの展開は、科学を批判するようないかなる傾向とも、ほとんど、あるいはまったく関係していなかった。科学を称賛することの代わりとなった選択肢は、科学にたいする蔑視ではなく、現在の科学と過去の科学双方にかんする自然主義だった。現在の科学にかんする自然主義は概して社会学者に、過去の科学にかんする自然主義は概して歴史家にうったえるものであった。過去の科学を記述することは、現在の科学を称賛することとは切りはなしておこなうことができた。そして過去の科学を解釈することは、それがはたした近代性の「萌芽」としての役割を特定することとは切りはなしておこなうことができたのだ。

対象をさだめる

歴史家たちは現在、自分たちは過去の特殊性を論じているのであって、その過去に見られる現在の萌芽を論じているわけではないと強調している。それでも歴史家たちの現在は、過去の現実を再構成するために彼ら／彼女らがもちいている前提や慣習や問いの重要な部分を構成している。これは歴史家が立たされている苦境であり、回避する明確な逃げ道は存在しない。E・H・カーからハンス＝ゲオルグ・ガダマーにいたるまでの内省的な歴史家たちによって認識されてきた苦境なのである（苦境を表現する言いまわしはそれぞれ異なっていたが[22]）。だから科学を研究するさいの自然主義へのひとつの誘因となっているのは、疑いなく、第二次世界大戦後の西側世界において、科学の事業をとりまく環境がそれ以前とは異なるものになったことである。そしてこの変化の特徴としては以下の各点が挙げられる。科学と技術という以前はかなり区別されていたふたつの領域が、より緊密に制度的に結びつけられるようになり、また両者の結びつきが文化的に認識されるようになったこと。科学にたいする政府の資金提供が非常におおきく増加し、また科学研究が国家、そしてとりわけ軍の制度にこれまで以上に深く包含されるようになったこと。科学が、国家の安全保障や経済的な豊かさに不可欠なものとして文化的に賛美されたこと。文化の科学化、つまり自然科学と人文学のあいだの威信の関係が変化して、（とくに人文科学において）適切な学問的探究をモデル化するさいに、科学的方法だと考えられたものがしだいにおおきな役割をはたすようになったこと。称賛されていたゆるぎない科学の事業の場合は、外部からの擁護をほとんど必要としないように思われた。また政府機関や市民生活にきわめてしっかりと組みこまれた科学の事業の場合は、とくにヒロシマ以降、他のあらゆる社会制度と同じように、無批判に受けいれるべきではないものとみなされただろう[23]。

現代の科学史家たちは――つねにではないにせよ通常は――ひとつの学問分野の内部の者である。そういうわけで、科学に影響をあたえる同時代の環境にたいする科学史家たちの応答は、けっして直接的なものではないし、ただちになされるのでもない。ここまで、一九八〇年代中盤に『リヴァイアサンと空気ポンプ』が生まれでてきた環境のいくつかの側面を素描してきた。それは、同書の著者らの同僚たちに影響をあたえたのと同じように、著者ら自身にも影響をあたえた環境だった。もちろん、彼らの制度上の位置を特徴づけるいくつかの事情も存在した。著者らはいずれも科学史・科学哲学科で博士課程の教育を受けた。他方で、彼らを教育した歴史家のおおくはそうではなかった――年長の世代にとってよくあるパターンのひとつは、科学自体をしばらく研究した後で科学史研究に移行するというものだった[24]。シャッファーはケンブリッジの博士号を得たあと直接科学史の分野で研究職についた（最初はインペリアル・カレッジで、続いてケンブリッジで）。シェイピンは博士の学位をペンシルヴァニア大学で取得したが（名称を「科学史・科学哲学」から「科学史・科学社会学」に変更したばかりの学科で[25]）、シャッファーとの共同研究をしていた時期に、エディンバラ大学の「学際的な」サイエンス・スタディーズ部門で雇用された。『リヴァイアサンと空気ポンプ』のなかに見られる、議論の方向に影響をあたえている諸要因は、アカデミックな科学史のなかの潮流や、隣接する社会科学の領域、さらには哲学の領域のなかの潮流をとおして解釈されうる。

本書は学問分野の基準から見て風変わりな作品だとみなされた。シェイピンの制度的環境――彼はエディンバラの研究および教育の部門のなかでしばらくのあいだ名目上は「歴史家」であった（この部門には、同じように名目上は社会学者や科学哲学者である人びともいた）――は、学際的というよりは「問題志向的な」ものだというほうが適切である。合意されていたその集団の「問題」は、社会的な現象としての科学をいかにして自然主義的に解釈するのかということだった。そのさい、集団内部の人びとがどんな学問分野に所属しているのかということはほとんど、あるいはまったく重視されなかった。[26]本書が出版されたとき、シャッファーは博士号をとって五年経ったところだった。彼はそれまでの一時期にパリで研究をおこなっており、そこでフーコーの講義に出席した。彼は科学社会学者のハリー・コリンズが組織した一九八〇年のカンファレンスでシェイピンに出あった。そして当時イギリスの歴史家のなかでは――アメリカの同僚たちとくらべてもはるかに――みずからの歴史の研究計画に関連する社会科学や哲学の潮流を探しだすということが、きわめて日常的におこなわれていた。おおくのイギリスの歴史家にとってはマルクス主義が共通言語であった。マルクス主義は、かならずしも政治的な計画に理論的基礎をあたえていたわけではなかった。だが疑いなく、ゆるやかに結合された一連の概念や方法論的な感覚を形づくっていたのである（おおくの歴史家たちは、政治的にマルクス主義の立場をとっていなかったとしても、それらの概念や感覚にはかかわりがあると感じていた[27]）。あらゆる種類の思想史家と文化史家は、オックスフォード学派の人類学者の研究やウィトゲンシュタインの後期哲学に、あるいはウォーバーグ学派の美術史家たちによって掘りおこされた心理のあやに関心をもった。（ここではただ、一九七〇年代と一九八〇年代初頭におおくのイギリスの学者が生活していた知的環境の、いくつかの特徴を思いだしてみたにすぎない。だが、狭くて自己充足的な現在の学問分野を基準にして当時の光景を振りかえってみるならば、ある郷愁の念を禁じえない。こんにちの学問分野の専門主義は、高い対価をしはらうことで実現したものなのだ。）

学問分野を考慮にいれることが本書の著者らを理解することに関係しているとしたら、同じ学問分野――それらの分野の伝統、慣習、そして特徴的な関心――は、アカデミックな読者の反応、そしてとりわけ『リヴァイアサンと空気ポンプ』の意義を理解して評価することを求められた書評者たちの反応を形成してもいた。書評者の一部は本書を位置づけるのがむずかしいと考えた。たやすいと考えた人びともいたが、そう考えた人びとのなかには、本書をどのようなものだと感じるのかという点で顕著な差異が見られた。本書には、人類学的および哲学的な言明が見られたし、本書の関心と美術史や軍事史の諸潮流との結びつきがほのめかされてもいた。かなりの数の読者はこれらの言明が標準的ではないと書いた。一部の人びとは好意的に評価したが、他の人びとはいらだちを表明した。『ジャーナル・オブ・インターディシプリナリー・ヒストリー』には次のように書かれている。「いかなる学問分野出身の読者であれ、この書物を読みすすめていくうちに、人為的につくられた分野間の境界線を越えて、なじみのない諸学問分野へと引きこまれることになるだろう」。そして、このことが明白に悪いことだと考えられたわけではないが、「なじみのないもの」を引きあいに出すことにはある程度の不快さがともなうのだという。[28]初期近代科学史を研究するもっとも傑出した歴史家の一人は、「満ちみちている社会学的な専門用語」と彼が見てとったものに激昂した。その一方でルネサンスと一七世紀の科学史を研究するあるすぐれた歴史家は次のように考えた。すなわち『リヴァイアサンと空気ポンプ』は、もしかしたら科学者＝アマチュアや他の学問分野に属する人びとにはきわめて魅力的にうつるのかもしれないが、ほとんど専門的な歴史書ではないというのだ。「これは第一義的には歴史研究ではなく、意図からして完全に社会学の研究である」。そしてこの歴史家は奇妙にも次のように結論づけた。本書は「科学史家よりもむしろ科学者兼歴史家である人びとに」向けて書かれたものであるにちがいない[29]。より急進的で「文脈を重視する」科学史家の一人は、本書のなかに次のような指令が含まれていると考えて立腹した。歴史家はみずからの固有の道具立てを放棄し、彼女のいう人類学者の「専門用語」(「アクター」、「社会的空間」)をもちいて、人類学者のようにふるまうべきだという指令である。またイギリスで科学知識の社会学を研究する小集団に属していた当時若かった人物は、本書を「社会構成主義」を歴史的に例示したものだと判断した（社会構成主義は彼の分野のなかでは広くもちいられていた方法だったが、社会構成主義という用語は本書には出てこない）。対照的にある歴史家は、本書が「知識社会学のうちのどれか一種類」の価値の証明というよりはむしろ「歴史的分析」を提供していることへの安堵を表明した。一方で別の卓越した科学史家は、本書を「つねに哲学を非常に真剣に考慮している」書物だとみなして称賛した[30]。ある哲学系学術誌の書評者は、本書の表題が「純粋に歴史的な研究」を予感させる一方で、実際には本書のなかに哲学的に興味ぶかい内容がかなり存在することに、うれしい驚きの声を上げた[31]。何人かの書評者は、『リヴァイアサンと空気ポンプ』に若干の社会学的な要素が含まれることに注目し、その影響で歴史的説明がゆがめられ、表現がいくぶん不可解なものになってしまっていると判定した。「空間」——社会的、知的、そして哲学的な——という言葉はとりわけ混乱をまねくものだとみなされた（この言葉がたんなる戯言でないのだとすれば）。何人かの読者は非常に機知に富んでいたので、本書のなかに冗長で説明的で反復を多用する表現を見てとり、それをボイル自身のスタイルになぞらえた[32]。

『ジャーナル・オブ・インターディシプリナリー・ヒストリー』の書評者はいかなる種類の歴史家でも社会科学者でもなかった。彼はルイジアナで研究をおこなっていた有機化学者であり、本書の著者らが学問分野の状況のなかで占めていた地位を知っていたかどうかはさだかではない。もちろん当時著者らは二人とも、分野のなかの長老だったわけではない。たしかにシャッファーが一九八〇年に書いた博士論文はニュートン主義にかんするものであり、彼は一九八〇年代中盤までに一七、一八世紀の天文学と自然哲学の歴史についていくつかの論文を書いていた。シェイピンは共著者のシャッファーより十二歳年長であったが、十三年間はたらいた後でも、彼はまだ講師からの昇格の候補になっていなかった。エディンバラは大都会にあった学問の中心地からは遠く離れていた。そしてシェイピンはエディンバラでの職を争った「競争相手」の一人から、二人の面接が終わった後でいわれたことをはっきりと覚えている。「活気ある場所からあまりに離れている」職を受けいれることができるとは思っていないんだ、と彼はいった。シェイピンは一九七一年に書いた「博士論文にもとづく単著」をまだ出版していなかった（博士論文はスコットランド啓蒙における科学の制度的側面にかんするものだった）。そして彼がアカデミックな職を十三年間つとめた後でもっていた研究業績といえば、イギリスの産業革命期における科学の社会的使用と科学組織の諸側面をあつかった何本かの論文と、科学の歴史社会学での少数の萌芽的な試み（その歴史研究としての題材は、一九世紀初頭のエディンバラにおける「疑似科学」たる骨相学がたどった経緯だった）だけであった。彼は初期近代の主題にかんしては正式な訓練をまったく受けていなかったし、一七世紀科学史での彼の最初の仕事もほんのすこし前にあらわれたばかりだった[33]。著者らのどちらも、本書に含まれている主題にかんして、あるいは本書が属すると考えられた学問領域において、たしかな「存在感」をしめしていたわけではないのだ。

一九八〇年代中盤にはおおくの科学史家はまだ、「外在主義的」な領域に属する研究と「内在主義的」な領域に属する研究を十分に見わけることができた。本書の書評者のうちの何人かは、この枠組みで本書をとらえようとしたのである。『ジャーナル・オブ・インターディシプリナリー・ヒストリー』の書評者は、科学史は「視点あるいは強調点において内的であるか外的であるかの」どちらかだと考えていた。同時にこの書評者は奇妙にも、後者が「たぶん科学史の分野のなかで有力なものに」なってきていると判断したのだが[34]。そのためこの書評者には、『リヴァイアサンと空気ポンプ』の著者らが、科学史における発展の外側へといくらか道を踏みはずしているように見えたのである。著者らは、内的、外的というカテゴリーは知的な道具立てというよりは主題なのだと強調していたからだ。他の書評者たちは、著者らが外的／内的、社会的／知的の対立にもとづく議論を明白に回避していることを棚あげして、そのことをとくに有害な外在主義の一形式だとみなし強く非難していた。ある歴史家は、「科学の諸境界を社会的に取りきめようとする試み」だと彼が見たものを批判した。彼が私たちに注意喚起したところによれば、「幾何学と化学のあいだの差異は、完全に社会的であるわけではない[35]」。「社会的」なものは許容されたが、それは知的な要因によって弱められねばならなかった。「満ちみちている社会学的な専門用語」に困惑した前述の歴史家は、伝統的な枠組みのなかでどこに本書を位置づけるべきかを知っており、それゆえなぜ彼自身が本書を好まないのかを知っていた。彼は本書のできばえにかんして、本書の「歴史的分析」を称賛した別の前述の歴史家とはまったく異なる見解を取ったのである。「この書物は科学史におけるある新しいプログラムの情熱あふれる説明となっている。それは、科学の議論を内的に分析することには我慢できず、科学とは社会的な事業であって社会的・政治的な文脈の観点からのみ理解できると主張するプログラムである」。彼が書いた結論によると、シェイピンとシャッファーは、実験が「依拠しているもののなかで、社会的慣習以上に重要なものはなにもない」と論じているのだった。その一方で彼は、そのような見解をもっている歴史家がなぜわざわざ、実際に実験をおこなうことに含まれる技術的および物理的な作業を本書のような仕方できわめて詳細に説明するのだろうか、と考えてみることはなかったのである。[36]

解釈の軸のもうひとつの端を取った書評者はおおくはなかったが、一七世紀の政治と社会を研究するイギリスの主要なマルクス主義の歴史家の一人はまさにそうしたのであった。彼は本書のなかで社会的要因がもっと実質的な役割をはたしていることを期待していたが、あまりにもわずかな役割しか見いだされないことに落胆した。彼は、そのことを根拠に『リヴァイアサンと空気ポンプ』を、一七世紀の科学が「資本主義の世界支配、人種差別、不平等を正当化していた」様子をより鮮明にしめした他の研究と対比し、否定的に評価していたのである。他の歴史家たちが、知的なものに対立する社会的なものがはたす役割をより完全な仕方で説明していたのであって、いわばシェイピンとシャッファーは、そうしてすでに達成されていたことがらのメンシェビキ的な改作版を書いたにすぎないというのだった。[37]

近代性をつくりだす

科学史や観念の歴史の研究者にとって、『リヴァイアサンと空気ポンプ』の意義を理解するもうひとつの方法は、同書を「科学革命」と「近代科学の起源」をめぐる相互に関連する問題を検討したものとみなすことだった。一九八〇年代までにこれらの問題は科学史のなかで広くみとめられた伝統に属するようになっていた。ただし、それらの問題をしばらく脇に置いて、科学とその過去について次のように具体的に問うことが好まれる場合もおおかった。すなわち、「近代科学」はいつ誕生したのか。どのような仕方で登場したのか——進化的であったのかあるいは革命的であったのか、連続的であったのかあるいは非連続的であったのか。近代科学の本質的な特徴とはなんだったのか。なぜ近代科学は特定の時代に特定の場所で発展したのか。どのような知的、また文化的な力、そしてことによるなら社会的、経済的な力がその発展を促したのか。またどのような力が発展を抑制したのか。また（次の問題は、上記の諸問題から派生して出てくる問題であり、前の世代のマルクス主義の歴史家とそうでない歴史家のどちらも強い関心をよせた）どうして近代科学は一六世紀と一七世紀にヨーロッパで発展し、非西洋の環境のどこかで発展することはなかったのか。なかでも中国はこの問いにもっとも深く関係する事例だと考えられた。[38]

本書が登場した頃、科学史の教育課程を担当していたほとんどだれもが、科学的近代を導いた、そしてたぶん科学をとおして近代というもの自体を導いた巨大な変化を、どうにかして説明することを期待されていた。一九八三年には、初版から三十年の時を経て、A・R・ホールの広く読まれ広範に利用された『科学における革命、一五〇〇—一七五〇年』の第三版が出版されるにいたった。この第三版では、表題が修正され、あつかう時代がすこし狭まっており、そして科学史のどんな一貫した理解もこの時期にヨーロッパで起こった知識と方法のおおきな変化を認識することにかかっているのだという明確な意図が見られた。[39]シェイピンとシャッファーはこのホールの書物のなかに、空気ポンプは「当時のサイクロトロン」であったという雄弁な主張を見いだしたのである。過去から現在にいたるまでの知識生産を似かよった用語でいいあらわしたいという関心と、そうすることの正当性を、暗にしめした表現である。[40]数か月後ホールは、科学史学会の公式学術誌である『アイシス』のジョージ・サートン生誕百年記念特集号に、みずからの科学史における経歴の出発点を次のふたつのことがらと関連づけた感動的な回想録を寄稿した。すなわち、ケンブリッジで歴史的な科学機器の展示が設けられたことと、そして「はるかにいっそう重要なことに」単一の画期的で決定的な科学革命という考えを英語圏の聴衆にはじめて紹介した、一九四八年のバターフィールドの講義がおこなわれたことであった。[41]

ホールの『科学における革命』のような書物と付随する科学史をめぐる記憶は、不可逆的で、決定的で、その後の科学の基礎となった初期近代の革命、という考え方が科学史のなかで力をもちつづけた要因だったのである。それらは、知識を生みだすさいに概念枠組みや設備装置がはたす役割にかんして、はがゆい含みしかもっていなかった。しかし、科学革命が科学史という分野の関心と歴史叙述の中心へと押しあげられた時点でさえ、すでに問題は顕在化しはじめていた。当時『アイシス』の編集者であったアーノルド・サックレーはそのすこし前に次のように公然と宣言していた。科学革命は、たとえ科学史の「中心的な解釈装置」でありつづけているとしても、概念としての一貫性をすでに失ってしまっている。[42]歴史の記述方法についての自己意識がしだいに高まっていた時期にあたる一九八〇年には、科学革命を再検討するための共同研究プロジェクトが立ちあげられた。このプロジェクトは、科学史家のあいだに広く意見の不一致が存在することをみとめ、いかなる一貫性ある再評価をおこなうこともきわめて困難だとみとめた。[43]その後すぐに歴史家のロイ・ポーターが、科学革命という考えそのものが歴史の偶然によって生みだされたものにすぎないと指摘する切れ味の鋭い論考を書いた。彼はこの科学革命という物語の正典的な型の出現を、二〇世紀中盤の「知識重視の研究者」とマルクス主義者のあいだの対決（外在主義・内在主義のあいだの闘争や諸前提の一部であった）に結びつけた。[44]

そういうわけで『リヴァイアサンと空気ポンプ』が登場したときには、一部の研究者は科学革命という観念には興味ぶかいおおくの難題が含まれていると考えていたのである。一方で他の人びとは科学革命を、科学とその過去――「近代科学」が出現し、すべてが変化し、それ以降前の時代への回帰が起こることはなくなった瞬間――についてのおおきな見とおしを描くさいに中心となる要素だと見ていたのであるが。空気ポンプをもちいたボイルの研究と、その研究が草創期のロンドン王立協会のなかで築いていた制度上の位置は、科学革命の説明において中心あるいは中心付近に置かれていた。だからその物語のなかでの本書の位置は、本書の執筆と受容の興味ぶかい一面であるにちがいない。

科学史のなかに科学革命という枠組みへの不快感が見られた原因は明確ではない。歴史の「勝者」と同じくらい「敗者」への関心が高まっていたこと、あるいはそもそも過去を解釈するための観念として「勝利」と「敗北」は貧弱なのではないかという疑いだったのだろうか。科学についての説明のなかに含めることが必要、あるいは可能だと歴史家たちが考える初期近代ヨーロッパの人物が、数においても範囲においても増えたことだったのだろうか。知識のおおくの分野は一六、一七世紀にいかなる根本的な変化を被ることもなかったという認識、あるいはそもそも歴史のなかに「近代世界を生みだした」特定の瞬間などというものは実際には存在しないという認識だったのだろうか。「新しい」あるいは「革命後の」営みといわれていたものに「古い」営みの強固な要素がどれほど含まれているのかがしだいに認識されたことだったのだろうか。ひとつの革命が三世紀以上にわたって安定的に持続していると考えることができるのかという疑い、あるいは二〇世紀の「近代的」なものに見られるおおくの特徴が、称賛されている一七世紀の業績のなかには見いだされないという注意にもとづいて、革命の持続期間についての反省的考察がなされたことだったのだろうか。現在の「前兆」あるいは「萌芽」であるという理由で過去を掘りおこすのは歴史的に適切なことなのかという問題にかかわる、前述の不快感だったのだろうか。また過去を「当時の視点」——その時点から見た過去を含んでいるが、その時点から見た未来を知ることはできない——にもとづいて解釈するという作業が受けいれられたことだったのだろうか。

それにもかかわらず一部の書評者は、こうした種類の素材をあつかう書物は、次の問題にたいして一貫した説明を提示するはずだと期待したのである。それは、なぜボイルの実験がホッブズの演繹主義にたいして勝利をおさめたのかという問題であり、それだけでなく、どうして科学が勝利し、なぜ科学はこんにちでも文化的な優越性を維持しつづけているのかという問題である。これらの問いに答えそこねた研究はすべて不完全なものであり、これらとは別の問いに答えようとする研究はみな、科学革命の本質的な特徴を否定する倒錯的なものだというわけだ。ある社会学者は次のように判定した。『リヴァイアサンと空気ポンプ』は「科学」と呼ばれているものの当初の成功を説明したのかもしれないが、「いま問われている難題は、その策略がどのようにして維持されてきたのかをしめすことなのである」[45]。ある物理学史家は、本書に見られる自然主義と、はっきりした因果的説明にたずさわるのを好まない姿勢には、いくつかの有益な効果があると指摘した。それでも、この因果的説明を避ける態度によって本書の特徴は「不透明な自動機械」になってしまっているのであって、狭い範囲のことがらだけをあつかう本書の社会学には、決定的な仕事であるべきものを遂行する力がないのだという。決定的な仕事とはすなわち、科学的方法と実験科学の画期的な、そして今も持続している成功を説明することであった。「実験的な研究手法、そしてボイルが求めた実験プログラムは、あきらかに現在まで勝利を保ちつづけてきた――そしてこのことには、同じように長いあいだ存在しつづけている原因が関係しているのではないかと期待できる。その原因はもしかするとたとえば、人間が器具をとおして実在とのあいだに関係を結ぶにあたって、実験プログラムが非常にすぐれた有効性をもっているということなのかもしれない[46]」。同じようにある指導的な社会史家は、本書が目的論的な説明を避けており、論争におけるすべての党派を対称的にあつかっていることを称賛した。だが同時に本書が、実験が長年にわたり保っている有効性になんの因果的説明もあたえていないことを、欠点だと見きわめたのである。「シェイピンとシャッファーは、彼らが研究している実験家たちと同じように、自分でおこなうと述べていること、あるいはおこなうべきであったことを、つねにおこなっているわけではない[47]」。

「科学革命」あるいは「近代科学の起源」をめぐる物語に科学史という分野が抱きつづけてきた愛着は非常に強力なものであったので、『リヴァイアサンと空気ポンプ』の書評者たちは次のように判断したほどだった。同書はボイルを「近代科学の『創設者』」だと同定した[48]。同書は「[科学革命を]舞台の中央に置いた。」同書は「科学革命の歴史記述」や「一七世紀の『新科学』の起源を理解すること」に「貢献した[49]」。そして実際には本書のいかなる場所でも「科学革命」という語句は(大文字でも小文字でも)使用されていないので、『リヴァイアサンと空気ポンプ』を理解するための適切な枠組みがこのような仕方で見さだめられてきたことはなおさら注目に値するのである[50]。もし実際、科学革命がこの研究になんらかの種類の枠組みをあたえているのだとすれば、それは著者らが一九六〇年代から一九八〇年代までにしめされた次のような歴史的な学説にたいしてしだいに強く抱くようになった共感をとおしてあたえられたのだ。科学革命のような観念の正当性や、その観念に付随する、科学革命が「近代世界の形成」を決定づけたのだという印象の正当性にたいして、懐疑的な立場をとっていた学説である[51]。

奇妙な事件

『リヴァイアサンと空気ポンプ』は、一七世紀の科学がたどったひとつのきわめて具体的な経緯をくわしく論じた。(実際にはその経緯を解釈上の枠組みにもとづいて論じたのである。だが本書が科学的信念のみならず、科学的な知識生産のささいで日常的な細部をくわしく論じたということは、誤解なく伝わった。)おおくの書評者は、空気ポンプのはたらきと王政復古期の政体の説明が、本書のなかで細部にいたるまでかなりうまく論じられていると考えた――あるいはすくなくとも、これらの説明にかんして文句をいう必要を感じなかった。一部の読者は本書のこれらの側面を、自分自身の経験的な知識にもとづいて受けいれた。他の読者はそれらを「読んだとおりに」受けとった。というのも彼ら／彼女らは、本書の重要性が他のところにあると感じたからである――いわゆる長期的に見た「科学の成功」を説明しているのでないとしても、すくなくとも本書が「科学と社会」を記述するための概念的な語彙のおおく、さらには「近代性」を再考するよう誘ってくれているように見えたことに重要性があると感じたのだ。

この点にかんしていえば、哲学者のイアン・ハッキングとブルーノ・ラトゥールが一九八九年の本書のペーパーバック版にあたえたふたつの評価において、今述べた重要性を議論するためのよりどころとして本書がもちいられている。彼らはいずれも次のような仕方で本書をもちいた。すなわち、近代性が長い時間をかけて誕生したことについてのみずからの説に、初期近代の実験と政治をめぐる本書の議論を強固に同化させたのである。[52] ハッキングにとって本書は、ひとつの営為の起源神話を提供するものだった。この営為のなかでは、科学的な真理はもはや外部の世界におけるできごとに合致するのではなく、むしろ制限された実験室のなかで生みだされた人工的な現象に合致するのだ。続いてハーバードでおこなった講義のなかで、ハッキングは本書の物語から学べることを次のように要約した。「ホッブズは、現象は人為的に創りだされるものだというテーゼを奉じていた。だが一方彼自身の事情によってそれ［すなわち、現象を人為的に創りだすプログラム］を嫌悪していた。……彼はボイルとの争いに取りかえしのつかない敗北を喫した」。[53]

ラトゥールにとって、本書は近代の仕組みとなっている体制の基礎を記述したものだった。この体制のもとでは、政治における代表と科学的な表象に、適切に分離した相補的な役割が割りあてられるとされる。ハッキングは『リヴァイアサンと空気ポンプ』を読んでひどくホイッグ史観にとらわれた書物だとみなした。本書もまた、議論の焦点をもっぱら科学革命の古き英雄に合わせることによって、あきらかに現在私たちが関心をもっている問題の起源を論じているというのである。ラトゥールは本書の議論に不快な非対称性があると考えた。実験がたどった経緯と実験の権威を政治の言葉で説明するとはいわれていたが、一方でこれらの政治の言葉そのものは、自然を説明する言葉にたいしてなされたような吟味をまったく受けていないというのだ。著者らは到達すべき地点のほとんど近くにいたのだが、実際に到達することはできなかった。彼らは「十分な位置までは」進むことができなかったというわけだ。[54] それでも、お世辞的ではあるがハッキングとラトゥールの両者は、科学、社会、そして歴史的な変化の本性についての彼ら自身のモデルがもつきわめて高い独創性のおおくを、『リヴァイアサンと空気ポンプ』の謙虚な著者たちに帰した。彼らの見解では、本書の著者たちはすぐれた歴史的解釈をおこなったのではなく、存在論と認識論を不完全な仕方で論じていたのだった。シェイピンとシャッファーは哲学的な理論をつくる材料となるれんがの運搬者にすぎなかったとしても、それでも彼らの歴史的なれんが入れで運ばれてきたれんがを使って、大建造物を組みたてることができた。『リヴァイアサンと空気ポンプ』のなかできわめて綿密に記述された王政復古期の論争は、「科学の新しい社会理論のショウジョウバエ〔＝典型的な実験動物〕」となったように思われた。(55) シェイピンとシャッファーが注目した論争を適切に解釈すれば、科学と政体の本性についての適切な形而上学的理論に到達できるというわけだ。それゆえ二人の書評者があたえた力づよい説明のなかではいずれも、ボイルとホッブズのあいだの争いが、近代的な秩序の起源に位置づけられたのである（ハッキングのいうみずからのただしさをしめす実験室の様式によってであれ、ラトゥールのいう近代の仕組みによってであれ）。

これらの説明はひとつの予測をともなっていた。すなわち書評者たちはさまざまな言い方で、『リヴァイアサンと空気ポンプ』の形式にのっとった、あるいはその形式をさらに拡張するような新しい世代の研究が生まれるだろうと予想したのである。たとえばハッキングは、本書のなかに見いだした実験器具の伝記を書くというやり方を、ひとつの「芸術の形式」だと考えた。「今後数年間にこの形式をおおく目にすることになろう」。(56) いっぽう他の人びとは本書の方法論的および概念的な功績に着目した。これらの功績が、後に続く歴史研究——科学革命についての研究、さらには時代や主題が異なる題材についての研究——の確固としたモデルをあたえてくれるにちがいないと思われたのだ。ハッキングがいうには、本書はきわめて効果的に空気ポンプを物語の主役に仕立てあげたので、似たような仕方で科学器具の功績や科学器具が直面した困難を論じた研究があふれ出てくることはまちがいないと思われた。たしかに一九八〇年代の中盤以降、科学の設備装置の研究、とりわけ初期近代の光学装置や、近現代の物理学と天文学の機器、そして最近では次第に分子生物学とゲノム学の研究設備の研究が、精力的に進められてきた。私たちが考察したのと歴史的に近い対象としては、バロック時代の力学でもちいられた器具にかんする奇妙な技術、一七世紀のオランダ共和国における顕微鏡の位置づけ、公開演示実験における実演装置としての幻灯機、これらがすべて科学史家によって徹底的に研究されてきた。また一七世紀後半と一八世紀初頭における空気ポンプの設計やその修正の詳細についても、いくつかの興味をそそられる説明がなされてきた。(57) しかし『リヴァイアサンと空気ポンプ』がこの研究にもっとも重要な刺激をあたえたとみなすのは過大評価だろう。(58) そして、本書にしたがって、器具を文章上の表現と社会組織のかたちの両方に結びつけて知識生産を解きあかそうとした歴史研究は、あったとしてもごくわずかであった。

一九世紀科学史の研究者であるジェームズ・セコードは、本書を「トマス・クーンの『科学革命の構造』（一九六二年）以降、私たちの分野においてもっともおおきな影響力をもったテクスト」だと評した。そのさいセコードは、科学的な知識生産のなかの局地的な状況に本書が焦点を合わせていることにとくに注目し、本書に見られる局地主義が科学史において非常におおきな影響をおよぼしてきたと述べた。だがこのきわめて好意的な評価は、一冊の書物にあまりにもおおくの功績を帰してしまっており、一九七〇年代と一九八〇年代の学術研究に特徴的に見られる局地的な場面への関心がはたした役割を過小評価しているように思われる。セコードはまた、『リヴァイアサンと空気ポンプ』でなされている「文章による説得の技術についてのみごとな議論」を称賛している。だがこの点にかんしても、あらゆる種類の文化の研究におけるいわゆる「言語論的展開」が、本書が生まれたときにはかなり進行していたのである。そしてともかくセコードは、科学史が（彼がいうには）遅々として本書の「みごとな議論」の例にならってこなかったことに、失望したのである。[59]

『リヴァイアサンと空気ポンプ』は、歴史の分野のなかではもちろん一七世紀科学一般の研究、またとくにホッブズとボイルの著作についての研究に、非常におおきな衝撃をあたえると予想されたことだろう。なにより、本書のきわだった特徴のひとつは、一七世紀の具体的な実験的営みに焦点を狭く絞ったことと、科学革命研究における象徴的な人物の一人をあつかったことだったからである。しかしこのような衝撃は生まれなかった。それどころか『リヴァイアサンと空気ポンプ』は、一七世紀の科学史や哲学史の内部よりも外部でいっそうおおきな影響をおよぼしてきたように思われる。また本書の主張と方法も、一七世紀科学史と哲学史の内部よりも外部でより受けいれられてきたように思われるのだ。[60]

『リヴァイアサンと空気ポンプ』は、ホッブズについて研究しているおおくの哲学史家にとって主要な情報源とはなってこなかった。その（部分的なものにすぎないが）理由は、ホッブズが今もなお政治思想の歴史に属する人物だと理解されており、政治思想の研究者たちが自然哲学や関連する数学的問題にたいしておおきな関心を抱いてこなかったことである。ホッブズは「政治哲学者」、ボイルは「科学者」なのである。そして『リヴァイアサンと空気ポンプ』のなかでなされたいかなることも、ふたつの学問分野それぞれの内部に存在する、外部からはっきりと隔てられた感性にたいしては、おおきな衝撃をあたえなかったのである。とはいえノエル・マルコムは、すばらしいクラレンドン版のホッブズ著作集と書簡集の制作を主導しつつ、ホッブズと王立協会一般との関係、またとくにボイルとの関係について本書でなされた主張に細心の注意をはらってきた。彼は、印象的な議論を提示している諸論考のなかで、ホッブズが王立協会の一員とならなかった理由について次のように主張した。すなわちその理由は、王立協会会員の何人かがホッブズの危険な政治的立場にあまりにも接近しており、それゆえ彼らが戦略的にみずからをホッブズと切りはなそうとしたことだという。マルコムはまた、自然哲学における説明の十全性について、またとくに真空を支持または否定する証拠という問題について『リヴァイアサンと空気ポンプ』がボイルとホッブズのあいだにつけた区別は、誇張されていると結論づけた。[61] マルコムの議論をのぞけば、ホッブズ研究のなかではこれまで、実験と政体をめぐる問題にこまかく気をくばる意義があるとは考えられてこなかった。ホッブズの幾何学と、ホッブズとオックスフォードの数学者ジョン・ウォリスとのあいだでなされた長い論争をあつかったある研究書は、次のように論じている。これらの論争についてのいかなる信頼にたる説明のなかにも、いわゆるシェイピンとシャッファーの「社会学的還元主義」の居場所はありえない[62]。

もっとも多作な現代のボイル学者であるマイケル・ハンターは、一貫して本書に敵対的な立場をとってきた。事実にかんするいかなる主張への論駁も（あったとしても）ほとんどおこなうことなく、ハンターはくりかえし、『リヴァイアサンと空気ポンプ』が方法論的に有害である、またイデオロギー的に有害でさえあると主張してきた。シェイピンとシャッファーは「きわめて単純に機能主義者」であり、彼らの「事実」についての見解は「いくらかゆがめられており」、そして彼らは誤って「社会‐政治的関心」に議論を集中させてしまっているというのだ[63]。一七世紀科学についての彼らの主張や調査結果は、いかなる場合でもおおきな疑いをもって見るべきである。なぜなら彼らは反科学的な相対主義者だからである。そして彼らは「すべての知識が相対的で社会的につくられたものだとしめすことによって、真理の追究の価値を下げようとする試み」をおこなったために、適切にも非難されているというのである[64]。ハンターは『リヴァイアサンと空気ポンプ』にもっとも深刻な不快感を抱いてきたボイル学者だが、他のボイル学者も、現在にいたるまで本書にたいして煮えきらない態度をしめすか敵対的な態度をとっている。たとえばローズ＝マリー・サージェントは次のように考えている。シェイピンとシャッファーは「はたらいている社会‐政治的な関心をしめす」ことにあまりにも力を入れすぎたために、「ボイルの方法論的な著作がもつ認識的な次元を議論の対象からはずしてしまった」。ローレンス・プリンチペが書いたところによれば、ボイルの文章上のプログラムについてシェイピンとシャッファーが新しいとみとめたもののうち、真に新しいものはほとんどなかった。ヤン・ヴォイチクは、注目すべきことにシェイピンとシャッファーがボイルの科学的方法を「批判した」と結論づけ、彼らがおこなったと彼女が考えた攻撃からボイルを擁護しようとした[65]。ホッブズにかんする主題をあつかった最近の入門書では、ボイルのホッブズとの「奇妙な」論争は真剣な注目に値しないとみなされ、この論争の重要性がしりぞけられている。ホッブズにとってのこの論争は、彼が山にたいして抱いていた病的な恐怖などと同じく、付随的な個人的「特質」に属するのであった[66]。

ここでの私たちの仕事は、これまで言及してきたような批判から『リヴァイアサンと空気ポンプ』を擁護することではない。上述の批判者たちがいかに本書で提示されている証拠をそこで提示されたとおりのものとして論じようとしなかったのか、あるいは論じることができなかったのかにはすでに言及してきた。またそれらの批判での方法論にかんする議論が近視眼的であるということは、この序文の前半ですでにあきらかになっているはずである[67]。だが注目すべきは、『リヴァイアサンと空気ポンプ』が歴史学にたいしてあたえた衝撃をみとめるもっとも明確な主張が、これらの批判者のうちの一人から出てきていることである。マイケル・ハンターは、本書が「この二十年間に出版された歴史にかんする著作のうち、もっとも影響力あるもののひとつ」であるといった。というのは、本書の著者らは（ハンターがいうには）「ある歴史記述の学派を設立した」のであり、この学派に属する人びとが科学史と文化史において複数の賞を獲得するような研究書を生みだしてきたからだという。だがハンターは、『リヴァイアサンと空気ポンプ』には経験的な内容にかんしても解釈にかんしてもほとんどすぐれた点がないと考えているため、なぜ本書がなんらかの「影響」をもったのかを理解しようがなかった[68]。彼は本書を低く評価しており、それゆえ対応するかたちで、悲しいことに本書によって取りこまれてしまった彼のおおくの同僚たちのことも、低く評価しているにちがいない。

私たちはこの批判者の助けになることができない。もちろん、ハンターが嘆いたような影響を本書がもってきたのは、本書には経験的な内容や解釈にかんしてすぐれた点がないという、彼があたえた評価が、一般的に共有されていないためかもしれない。彼は、本書の研究結果や前提、目的、方法を誤って述べてきたのかもしれない。彼が本書のプロジェクトをまさに社会的-外的と知的-内的の対立という枠組みで理解してしまったということなのかもしれない（この枠組みの適切さを本書は批判しようとしたのだが）。その場合、この批判者が本書をあまり注意ぶかくは読まなかったのかもしれないし、あるいは本書がどんな種類の書物なのかについての予断をもって、彼が本書を読んだということなのかもしれない。ここでの私たちの目的はたんに、『リヴァイアサンと空気ポンプ』があたえた「影響」なるものが、疑わしいものだったとしめすことであった。いえるのは、本書は初期近代科学史という特定の分野には限定的な影響しかおよぼさなかったということだ。この分野における一部の著者はあきらかに本書を信頼できる重要な書物だと考えてきたが、他の著者はそうではなかった。

楽観的になる理由

批判への釈明をすることが私たちの仕事でなかったとすれば、私たちはまた、出版から四半世紀以上が経ったいま、あらゆる種類の研究のなかでの本書の読者層の広がりを解釈するのに適した位置に自分たちが立っているとも考えていない。とはいえすくなくともここで、この序文で記述してきた歴史的な背景をふまえて、関連性をもちうる考察の一覧表をつくりあげることはできる。『リヴァイアサンと空気ポンプ』がなぜ学術的な探究の一分野にとどまらない範囲で関心を引いてきたのかを知りたければ、これらの考察を念頭に置くのがよいかもしれない。

第一に、本書は実際、ひとつの実験器具についての書物である。またその実験器具のはたらきと、その実験器具から生みだされるもの――その器具に由来する知識と、その器具にともなう社会的関係の諸形態――の解釈および評価とに付随する、人間の広範な集合的営みについての書物である。一九八〇年代中盤以降にそのような書物の読者層が存在しえたことには、いくつかの理由が存在する。第二次世界大戦後の世界では科学の制度的な位置が根本的に変化した。そして科学の解説家たちはときおりそのような変化との折りあいをつけようとしていた。以前の支配的な見解は、科学を純粋な思想としてとらえていた。それとは異なり戦後の解説では、科学が器具をもちいた作業としてとらえられるようになり、また知識の本性の重要な部分が、その知識を生みだす所定の作業手続きから生まれてくると考えられるようになった。偉大な科学者個人が出現した瞬間ではなく長く連なる労働の集積に重要性があるのだとしだいにみとめられるようになった。科学研究をすすめるさいに器具がはたす役割は、アルビン・ワインバーグによる「ビッグ・サイエンス」の記述や、ドワイト・アイゼンハワー大統領による「軍産複合体」という不穏な本質規定を特徴づけている要素のひとつであった。[69]ポランニーは一九五〇年代後半に、科学的知識が作業的、職工的な本性をもつことを強調した。そして彼の見解は一九六二年にクーンの『科学革命の構造』のなかに吸収されて再提示されたのである。[70]一九七一年に歴史家のジェローム・ラベッツは、科学が職工的、作業的な地位を有するということにはいかなる含意があるのかを描くことで、科学の社会的および政治的な位置づけを図示しようとした。そして科学的な知識生産を論じた初期のイギリスの社会学的研究のおおくは、ポランニーのいう「暗黙知」や、現代の実験室の作業世界に注意を向けた。[71]同じ頃、若干のイギリスの科学社会学者――研究している素材は多岐にわたっていた――は、一部の古典的な説明プロジェクトに軽薄で表層的で還元的な性質があるとみなし、それらの性質にたいする不満を表明した。そして知識生産にかんして「どのように」を問うことが適切であり建設的でもあると提案していた。[72]どのように事実をつくり、その信頼性を保証したのか。科学的な表象はどのように生みだされたのか。どのように推論がなされたのか。また証明はどのように提示され、みとめられたのか。どのようにして科学的知識は個人のものから集団のものになったのか。実践の諸様式のあいだの手続き上の境界は、どのようにして可視化され、正当化されたのか。科学的な知識生産は、ひとつの集団の産物であり、作業であり、パフォーマンスであるとみなされうるし、またそのようにみなされるべきなのだった。『リヴァイアサンと空気ポンプ』はこの環境のなかから生まれた。本書は、科学がたどった歴史的な経緯について書くさい、ここで言及した考え方を利用していたように思われる。そして本書は、科学をつくりだすという、日々おこなわれている器具をもちいた社会的な作業の理解に貢献することをめざしていた。[73]

『リヴァイアサンと空気ポンプ』は、おおくの――すべてではない――科学史家が、外在主義・内在主義の枠組みにうんざりしつつあった時期にあらわれたのである。科学史家たちは、外在主義・内在主義論争のカテゴリーや枠組みには問題を感じていなかったにしても、その論争でもちいられていた用語が科学の変化を歴史的に再構成するにはあまりにも洗練されていないと感じはじめていた。またイデオロギー的な環境が、第二次世界大戦の序盤から冷戦の絶頂期まで外在主義・内在主義論争に盛りあがりをあたえていた巨大な政治的分裂から、しだいに切りはなされつつあった。本書はこのイデオロギー的な環境のなかで生まれたものでもあった[74]。アカデミックな社会学のなかでは知識社会学と呼ばれる分野が、新しくて生産的な探究の路線をほとんど生みださなくなり、終わりかけの分野に見えるようになってきていた。科学史のなかで起こっていた、おおまかにいえば似た動きとしては、知識を構築するさいの社会的な要因、いいかえるならば「社会存在にかかわる」要因のはたらき――あるいはそのような要因は知識の構築と無関係であること――をしめすという古典的な研究計画からは、科学史や関連領域の研究者の興味を引く重要で新しい研究が生まれていなかった。イムレ・ラカトシュの哲学的な用語を借りていうと、古典的な知識社会学は「退行的なリサーチ・プログラム」にとてもよく似て見えたのだ[75]。科学――そして、科学のなかでも、観察言明や演繹的推論――は、伝統的に、「社会的要因」の役割をしめすのがむずかしい「厄介な事例」だと思われていた。それでも一九七〇年代以降、科学史家たちは、より詳細に文脈にこまかな注意をはらいながら科学的なできごとを説明することによって、その「厄介な事例」において社会的要因の役割をしめすという難題を解くことができるのかどうか探究していた。本書の著者たち自身もそういう論考を書こうと何度か試みた。そして当時著者たちは次のように感じていたのではないかと思われる。この路線を追求してみると、結局は「知識に影響する社会的な要因」という枠組みが適切あるいは建設的なのかどうかという考察に行きついてしまうということである[76]。『リヴァイアサンと空気ポンプ』は、なによりもまず、ひとつの具体例となることを意図して書かれたのである。すなわち、伝統的な研究では前提とされていた「ゲームの規則」をしりぞけたとしたら、知識社会学はどのようなものになりうるのかをしめす、大規模な具体例である。もし本書のなかに取りだすことのできる方法論上のスローガンが存在したのだとすれば、そのスローガンはこれであった。「知識の問題にたいする解決策は、社会秩序の問題にたいする解決策である[77]」。これは学術世界のなかできわめて広範にもちいられているように思われる定式である[78]。

『リヴァイアサンと空気ポンプ』は、なによりも、科学知識の社会学のなかのひとつのリサーチ・プログラムにもとづく、具体的な研究であった。いわばひとつの事例研究（ケース・スタディー）だったのだ。本書は、一七世紀の自然哲学の重要な諸特徴をあきらかにすることをめざしていたけれども、同時に、知識の社会学的および歴史的な研究一般のための行動計画を考案しようとしてもいた。本書はけっしてどちらか一方のことだけに取りくんでいたのではなかった。本書があらわれたときには、科学的な知識生産を自然主義的に研究することに関心をもっていた小規模な社会学者の集団にとって、事例研究という研究領域は魅力的なものとなっていた。一連の綿密な事例研究――太陽ニュートリノ、重力波、隠れた変数理論、植物分類法などにかんする現代の研究についての――をとおして、方法論的あるいは理論的観点から興味ぶかい点が指摘され説明されていたし、科学知識の社会学のそれぞれのタイプの正当性や関心についての諸論点が考察されていた[79]。事例研究という領域とその使用は、文化人類学のなかではありふれたものだった。ヒクイドリや双子-鳥の分類を題材として、また毒の託宣の有効性をめぐる議論をとおして、「相対主義」と「合理主義」がしばしば論じられていたことを思いだしてほしい。またさらに、クーンが科学の変化を説明する一般的なモデルのなかで歴史的な事例研究をもちいていたことを考慮してほしい[80]。そしてまた通常科学そのものが、事例の考察や事例をもちいた訓練によってどんなふうに進行するとクーンが主張していたか、考えてみてほしい[81]。『リヴァイアサンと空気ポンプ』は、科学における実験的営みを議論するためにボイルの空気ポンプに注目したさい、J・B・コナントの『ハーバード実験科学事例史研究』によって形づくられた事例研究の伝統にしたがっていたのである。『事例史研究』は、クーン自身も教壇に立った有名なハーバード大学の一般教育課程でもちいられた。また『事例史研究』であつかわれた事例が、『科学革命の構造』[82]の経験的内容のなかのきわめて重要な部分となったのである。

そういうわけで『リヴァイアサンと空気ポンプ』は、人類学のなかではよく知られていた事例を重視する研究領域に属するものだったのであり、またそれに付随する合理主義と相対主義についての論争に属するものだった。しかし同時に本書は、科学史のなかの長い歴史をもつひとつの研究伝統にたいする意欲的な貢献ともみなすことができる。この伝統は、歴史上の個別事例の考察をとおしていわば隣接する一般性を明確に記述することにはかならずしも適していない。そしてマイクロ・ヒストリーの方法は、「通常の」また「異常な」事例から歴史の理解を生みだすさいに、もちいることができる手段についての重要な反省をもたらしている[83]。もしフランスにおける一八世紀の実験的営みがもつ個別的特徴に関心があるなら、一七世紀イングランドでの実験的営みを綿密に研究することからおおくの成果を生みだす必要はない。もし特殊性だけが目的であるなら、もちろん、お好みの実践や状況について、なにがそれらの実践や状況を他のあらゆる歴史的過程とは異なるものにしているのかを、浮きぼりにするような説明をあたえたいと思うだろう。ここまではよい。だがもし適切な枠組みをあたえて修正すれば、一七世紀イングランドにおける実験的営みの研究は、たとえば知識生産について、またさまざまな時代や場所において知識がいかにしてつくられるかをうまく研究するにはどうしたらよいのかについて語るさいに、関連する情報源としてもちいることができるのだ。本書は、一七世紀と現在のあいだにあるすべての段階にくわしく目を向けることによって、現在についての主張を確立あるいは正当化したわけではない。本書の著者たちは、現在についての主張をおこなう資格を得るには一八世紀や一九世紀についても議論しなければならないとは考えていなかった。もちろんこの点にかんしてもまた、歴史にかんする他の研究計画を進めるにあたり、まさにそういうやり方を望む研究者もいるだろう。

『リヴァイアサンと空気ポンプ』は、一七世紀のできごとを現代の同時代的なできごとと並置している。なぜなら著者たちは、自分たちが両方の時期に共通して見られるいくつかの重要なパターンを記述してきたと考えたからである。こういうやり方が不当だとみなすことは、そのような共通のパターンはまったく存在しないと主張するのと同じことになるだろう。あるいはもっとおだやかに、もしそういうパターンが存在するとしても、人びとは歴史家にたいしてそうしたものに関与しないよう求めているのだ、と主張するのと同じことになるだろう。ホッブズとボイルの論争を高い密度で説明したのは、実際、おおくの過去の特殊性を救いだすためであった。同時にその高密度な説明をおこなったために、あらゆる種類の状況においてあらゆる種類の知識を生産するさいに重要な役割をになっている（と著者らが述べた）、知識生産と秩序生産の形式をしめすことができるようになった。知識の問題にたいする解決策は社会秩序の問題にたいする解決策であると述べたときに、いわんとしたのはこういうことであった。著者たちには、知識や秩序を生みだす特定の過程のうち、この原理が当てはまらないものを思いうかべることができなかった。歴史的な特殊性を論じることもできるし、知識と秩序の超越論的な条件をめぐっていくつかの仕方で考察してみることもできるのだ。そのような考察をおこなうのは興味ぶかく正当なことであるように思われた。そういう種類の冒険的な研究に耳をかたむけてくれる、限られてはいたが重要な聴衆が存在する文脈のなかで、『リヴァイアサンと空気ポンプ』は書かれたのである。

どれほど事例研究から豊かな知見を引きだそうとしたとしても、歴史を理解するにあたって事例を詳細に検討することがもつとみとめられている利点は、実際、個々の特殊性を把握することにある。本書がもつひとつの避けがたい特徴は、異質性、信念や判断の多様さ、そして論争に注意を向けていることである。本書は科学的な論争――研究結果にかんする論争、また研究結果を生みだすプログラムにかんする論争――を自然なものとしてあつかうことをめざした。本書では、自然哲学におけるホッブズの研究方針を真剣に受けとめるとともに、ホッブズに敵対していた人びとのおおくが、彼の主張や忠告に反論するほどに彼に真剣に向きあっていたことをしめした。

「論争研究」と呼ばれていたものは、一九八〇年代中盤までに、近代の科学的な知識の生産をあつかう社会学的研究のなかの定型になっていた。実際に「生成途中の知識」を論じていることをしめすしるしとして、論争が探され、注目されたのであった。そして『リヴァイアサンと空気ポンプ』の著者たちは、論争に注目するというこの感性は歴史をとらえる力をもってもいると考えていた。もし彼らがおこなったことのなかになにか新奇性があったとしたら、それはたぶん彼らが、広く同意された知識ゲームのなかでの行動のただしさだけでなく、「ゲームの規則」についての論争を、くわしい考察の対象としたことにあるのではないだろうか。しかしながら、一七世紀科学を象徴するプログラムのひとつに付随する論争に注意を向け、さらにはそのプログラムの敵対者の一人にまで「寛大な解釈」を適用することは、「科学革命の本質」や「一七世紀の科学者たちが信じていたもの」についての伝統的な語りとは両立しなかった。本書は、歴史上の特殊性を救いあげたいという欲求が通常よりも広い範囲におよんだときにしばしば見いだされるもの——構造、多様さ、そして争い——について、調査報告することをめざしていた。

『リヴァイアサンと空気ポンプ』は、ある意味ではきわめて伝統的な歴史研究だった。というのも本書は、歴史において個別性を重視する立場を真剣に受けとめていたのである。ことによると当時必要だと考えられていた水準以上に真剣に受けとめていたかもしれない。本書の著者たちは発見した異質性によって動揺を感じてはいなかった。彼らは異質性が生成途中の科学にそなわる通常の、またおそらく普遍的な特徴であると考えていたのである。彼らは、異質性を論じることが歴史を記述するにあたって重要なのだと強調した。そして彼らの書物のなかの「吠えなかった犬」は、一七世紀科学や、「近代的」だということの意味、「科学革命」の、ひとつの首尾一貫した「本質」への言及がないことであった。多様さや争いにかんするこのような感覚は、本書が出版されたときに科学史家のなかで広く共有されていたわけではなかったが、次のような一群の社会史家のなかではしだいに影響力をもちつつあった。その社会史家とはたとえば、伝統的にアカデミックな歴史では無視されてきた諸集団（階級、人種、民族、ジェンダー、その他のかたちの権限剥奪によって他から区別されていた人びとなど）がもつ、それまでおいかくされてきた視点を取りもどすことに関心をもっていた人びとである。闘争は、文化的な信頼性や正当性を確保するための闘争も含めて、起こるのがふつうだとみなされていた。そしてしだいに闘争は、歴史家がきわめておおきな関心をもって記述し解釈するに値するものだとみなされるようになっていた[84]。したがって『リヴァイアサンと空気ポンプ』は、さまざまな種類のアカデミックな歴史家が異質性や闘争を記述しようとしていた時期に生まれたのだ。歴史家たちの一部にとって新しい知見だったかもしれないのは、主題が科学であっても同じ方向性の議論ができるということである。

垣根を越えて

最後に、本書への関心の広まりにかんして考察しよう。ただしこれをめぐる状況はいっそう不明瞭である。学際性はここ数十年間、きわめて人口に膾炙してきた。学際性の短所についてはあまりおおくは語られていない。一方で長所は、議論の対象となるよりも、断定的に主張されることのほうがおおい。クーンは、パラダイムによる「認識の狭まり」には変化を誘発する作用があることを、強い口調で説明していた。それにもかかわらず、学問分野の慣習、手続き、境界、価値評価の仕組みを忠実に遵守することは、想像力が限定されることや、知的な冒険の感覚が弱まることとふつう同一視されている。「心の広さ」の称賛は、クーンの『構造』を「通常科学」を批判し「革命期の科学」を称賛する書物だとみなす、広く流布しているが誤った読み方のひとつの基礎をなしている。専門分野が学術的な生活に規則をあたえるのだが、たいへん奇妙なことに、専門分野がもたらす便益を公然と称揚する者はほとんどいない。とはいえ、学際性にたいする近年の称賛――とくに人文学や社会科学のなかでの――はたんなる流行歌とほとんど変わらないのではないか、と疑ってみることができる。学術機関の経営者たちはますます学際的な言いまわしを好むようになっているが、ときにはそのような言いまわしを、たんに各部局の権力を抑制するための手段としてもちいている。また教授たちは、学際的な実践に反するような制度的構造や経歴と報酬の構造を残しながら、学際性の考え方に口先だけは賛同する方法を見つけている。研究者を訓練し、任命し、研究成果を出版し、研究を進展させ、報酬をあたえているのは、今も各専門分野なのである。学問分野の力が継続していることには疑う余地がない。また諸専門分野の権勢は、自然科学や専門学校では退潮傾向にある一方で、人文学や社会科学のなかでは増大していると主張することができるだろう。いっぽう、学際性はときには現場の研究者たちから悪くいわれてもいる。そういうとき現場の研究者たちは学際性を、ふたつ以上の専門分野に真剣に従うことではなく、あらゆる種類の専門分野をたわむれにしりぞけることだとみなしているように思われる。

　科学史と呼ばれる学問分野のなかに存在したある程度の学際性は、十分な根拠にもとづく選好というより、科学史という分野の制度的環境の一時的な特徴であった。おおくの現場の研究者たちは「科学史・科学哲学」科に属しており、原理的にこの学科は、急進的な学際性をこれみよがしに宣伝していた。他の人びとは歴史学科のなかに居場所を見つけていた。サートンが科学はふつうの歴史の対象ではないと主張しており、「主流の」歴史家たちにも言外にその主張に同意する傾向が見られたにもかかわらずである。[85]『リヴァイアサンと空気ポンプ』は学際的な研究だといわれてきた。また本書が学際的な研究成果に見えることは、本書にたいする反応のすくなくとも一部に影響をあたえているように思われる。しかし本書があらわれた学術世界には、学際性をめぐって、表面上はそうでなくとも、実際問題としてはすくなくとも多義的な立場が存在した。合衆国では、学際的という名を冠した学部課程が一九七〇年代から広まってきていた（「超領域的」、「多分野的」、あるいは「分野横断的」といった名前をもつ課程もあった）。また学生たちはさまざまな理由により、「柔軟性」を歓迎しているように見えた。あるいは単純に、ひとつの学問分野と運命をともにすることを強いられずにできるだけ長く教育を受けつづける自由を、歓迎しているように見えた。他のところでは、学際性は、現代の社会的および政治的問題にそなわる性質のゆえに必要とされうる、融通のきく技能を提供する方法として称賛されていた。それらの問題は、「科学的」、「社会科学的」、「人文的」というように特定の種類に分類することがきわめて困難だったのだ。規範にかかわる同じように多義的な主題が、イギリスでも一九七〇年代と一九八〇年代初頭という経済的・政治的危機の時期に影響力をもっていた。学際的な研究は長いあいだ、技術や合理性の観点からなされる過剰な専門化を埋めあわせる手段として宣伝されていた。部分的には、学際性に向かう動きは、伝統的なイギリスの学位授与課程の分野的な狭さにたいして学生たちが抱いていた正当な懸念への対応だと発表されていた。部分的には、学際性に向かう動きは、公平無私な探究の場としての大学の完全性をめぐって精力的になされた議論をとおして正当化されていた。このような論調が、一九七〇年代中盤の政治的および経済的な衝突とその余波という文脈のなかでいくらか変化した。学際的な戦略には、主要な研究審議会や教育寄付金によるおおきな支援がともなっていた。当時この戦略は、イギリスの大学カリキュラムを強い功利主義的目標へとうまく方向づけることができる、価値ある方法だと判断されるようになったのである。

アカデミックな学際性のレトリックや実際の制度は、一方にある諸科学と、他方にある諸人文学や諸社会科学のあいだの分断のなかあるいは周辺において、とくに一貫した仕方で見られた。こういう状況のもとで、一九六〇年代のある時期に新しい制度上の配置が生まれた。この配置のもとでは、少数の科学史家が、科学と技術をあつかう社会科学者や政治研究者とひとつ屋根のもとに置かれた。一九六〇年代中盤にはエディンバラ大学のサイエンス・スタディーズ部門が設立された。この設立は部分的には、C・P・スノーがもたらした「ふたつの文化」にたいする関心への対応としてなされた。生物学者のC・H・ワディントンは当初この部門を、学部生向けの科学教育にたいし、失われてしまっていた「リベラル・アーツ」の要素を提供するものにしようとしていた。[86]（ワディントンは、設立時の部門長であったデイヴィッド・エッジにたいし次のように述べたと伝えられている。「私たちが学生に科学を教えましょう。あなたがたが教えるのはその他のことです[87]」。）課題として認識されていたのは学部間の衝突を和らげることであり、対策は、学生がひとつの分野から別の分野へとおそらく安全かつ確実に移動するための「架け橋」——この言葉は広くもちいられた——を提供することであった。

ときには、教員にとっても「科学と社会」の学際性は利点があるのではないかと考えられた。学術誌『サイエンス・スタディーズ』——後に『ソーシャル・スタディーズ・オブ・サイエンス』に改名した——では、一九七一年からデイヴィッド・エッジが共同編集者となった。また一九七〇年代と一九八〇年代には、この学術誌に社会科学者や哲学者だけでなく歴史家の研究がしばしば掲載された。一九七五年に設立された国際科学技術社会論会議（4S）と呼ばれる専門家組織は、かつておおくの科学史家をかかえており、一九七八年からは独自の学術誌『サイエンス・テクノロジー・アンド・ヒューマン・バリューズ』を出版した[88]。一九六〇年代から、はっきりと学際性をうたった「サイエンス・スタディーズ」あるいは「サイエンス・アンド・テクノロジー・スタディーズ」の他の教育部門と研究部門が、イギリスとアメリカの学術世界のなかにあらわれた。その一部は「共通の文脈」という知的な潮流や、教育における「ふたつの文化」にかかわる感性への応答として生まれた。また別の一部は、それとは異なる種類の活動家的な発想に対応するかたちで生まれた――たとえば、科学と技術をいかにして社会的に有用なものにするのか、急速に進展している現代の科学・技術に付随する「社会問題」を見きわめ、それらの問題に立ちむかうにはどうすればよいか、どのようにして「人びとの科学理解」を促進するか、といったことが考えられていたのである――[89]。

これらの環境は『リヴァイアサンと空気ポンプ』が登場したことや、同書にあたえられた評価にあきらかに関連していたように思われる。同書は結論部で現代の状況を論じた。著者の一人は「学際的な」サイエンス・スタディーズの部門で働いていた。そして著者たちは、社会学、歴史、哲学をめぐる、分野的に雑然とした会合で一九八〇年にはじめて出あった（こうした会合がもたれていたことは、一九七〇年代と一九八〇年代のイギリスの学術界の顕著な特徴だった[90]）。歴史家、社会学者、哲学者がお互いに相手の研究に関心を見いだしうるということは、奇妙だとは考えられていなかった。その関心はしばしば明確な意見の不一致のかたちで表されていたにもかかわらずである。共有されていた関心と鋭い議論は、ひとつの文献リストをつくりだして維持する一因となった。この文献リスト自体が、ある程度まで分野をこえて共有されていた。異なる学問分野に属する人びとがしばしば同じ書物を読んだ。彼ら／彼女らはしばしば、関連する諸問題についての、またそれらの問題にかんして考えるために重要な知的道具立てについての、重なりあう感覚をもっていた。

このように理解されるならば『リヴァイアサンと空気ポンプ』は、もちろん、ひとつの学際的な研究であった。それはまさに一九八〇年代中盤のイギリスの知的および制度的状況から生まれると予想されうる種類の書物だったのである。そして説明する必要があるのは、なぜ本書によく似た書物がもっとおおく存在しなかったのか、またなぜ、一部の評者が期待したように、本書が「流行をつくる」ことにならなかったのかということなのかもしれない[91]。それでも本書の学際性は、その当時推奨されていた学際性とは、論調、構造、そして目的の点で異なるものであった。『リヴァイアサンと空気ポンプ』は、複数の学問分野を混合したり、こすりあわせたりすることの利点を称賛しようとしていたわけではないのだ。むしろ本書の著者らは、自分たちが一連の問題を論じていると考えていたし、自分たちがもちいていた知的な道具立てや方法はこれらの問題を論じるのに適切なものだと考えていた。問題のうちのひとつは、初期近代の自然にかんする知識を研究する歴史家たちの見たところでは、知識の問題と呼ばれうるものであった。一七世紀の現場の科学者たちはどのようにして自然にかんする知識を生みだし、またその知識の地位や価値を宣伝していたのだろうか。当時入手できた自然にかんする知識とみなされうるものにはどんな種類があったのだろうか。そしてそれらの知識の種類のあいだでどのような争いが起こっていたのだろうか。それぞれ異なる知識生産のプログラムの評価はなにによって決まると考えられていたのだろうか。またそれらのプログラムの検討課題、慣習、手続きは、他の社会的および文化的な営みにたいしてどのような関係にあったのだろうか。あるひとつの記述のもとでは、知識の問題は哲学者の領分だということができた。たとえ哲学者たちは、たんに知識に数えいれられるものから真正な知識を選別しようという考えをもち、知識の問題に規範的に取りくむ傾向を有していたとしてもである。本書の著者らが選んだのは、知識生産を自然主義的な調子で論じるということであった。人びとは、知識だと思うものを生みだしていたとき、実際にはなにをしていたのだろうか。彼らはどのようにして自分たちが生みだしたものの正当性を確保し、またその信頼性や権威を確立したのだろうか。

本書があつかったもうひとつの問題は、秩序の問題と呼ばれてきた。どのようにすれば社会的な秩序が実現できるのか。人びとの集団が、集団生活の日常的な形式にかんしておおかれすくなかれ同意しているかのようにして、制度（そのなかで集団生活の形式は機能しうるのである）を維持するようふるまうということがどうして起こるのか。また自分たち自身の活動を統御する――たんに集団の目的を実現するためだけでなく、集団内部での争いの基盤をつくるためにも――ようにふるまうということがどうして起こるのか。この問題は伝統的に社会学者の領分であると考えられてきた。そして社会学者たちは、ふたつの主要なありうる解決策を、弾圧の諸形式――それを彼ら／彼女らはトマス・ホッブズの思想と歴史的に結びつけてきた――と、なにがただしく正当であるかについての共有された感覚の役割を強調する諸形式――マックス・ウェーバーの社会思想に結びつけられた――に分類していた。[92]

『リヴァイアサンと空気ポンプ』は、知識の問題と秩序の問題を同一の問題としてとらえようとする試みであった。どのような場所・時代であれ、人びとの集団が、なにが知識であるのかをめぐって同意にいたった場合、それは、彼ら／彼女らが、どのようにして自分たち自身を配列し秩序づけるのかという問題を、実践的また暫定的に解いたことを意味する。知識を得ることはある種の秩序だった生活に所属することにほかならない。ある種の秩序だった生活を得ることは、共有された知識をもつことにほかならない。「社会的な」方法と「知的な」方法というのは、世界の構造を解析するための、ふたつの文脈的に理解可能な方法だったのである。ここで世界の構造とは、いつであれどこであれ、相互に作用しあう生活からなる知的でない塊〔知的な要素をもたない社会的なもの〕でもなければ、自由に浮遊するばらばらの秩序なき観念〔社会的なものと切りはなされた知的なもの〕でもない。知的なものと社会的なものについて語ることを禁止する――ブルーノ・ラトゥールが一九八七年におこなった有名な提案のように――必要はまったくなかった。なぜならこれらの種類の語りは、人びとがみずからの世界を理解し、適切なふるまいと不適切なふるまいを見わけるためにもちいていた道具立てだったし、今もそうだからである。(93) もし『リヴァイアサンと空気ポンプ』の著者らが形而上学者であったならば、彼らは「知識と秩序の絡みあい」といったたぐいのものについて語ることだけが許されると強調していたことだろう。だが彼らは歴史家であって、彼らの事業はその核となる部分において解釈にかんするものであった。彼らは、「社会的」と「知的」などのカテゴリーや関連する言葉の用法にうったえたとき、歴史上のアクターがなにを意図していたのか、またそのアクターがなにをしていたのかを知ることに専心していたのである。これらのカテゴリーについて知りたいという思いの程度や構造は、歴史上のアクターではなく著者らのものであった。著者たちは、歴史上のアクターたちを悪しき形而上学のために批判しようとしていたのではなく、歴史上の意味や用語法の基礎を記述しようとしていたのだ。

『リヴァイアサンと空気ポンプ』は過去のものである。同書が書かれたとき、学際的なサイエンス・スタディーズがその研究計画にとって重要なものであった（学際性を唱導することは同書の目的ではなかったにしても）。最初の出版から四半世紀以上が経過してもなお本書の読者がいることを、私たちはうれしく思っている。しかし私たちがこの序文を準備するというやっかいな仕事を引きうけたひとつの理由は、この仕事に取りくむことにより、本書を歴史的な対象として位置づけることができるということであった。この仕事は、私たち自身が歴史的なアクターとして登場するひとつの歴史を執筆する機会であった。しかしこの序文について考えをめぐらせたとき、私たちは、本書のようなものが書かれ、出版され、理解されうるものとなった条件がいかにはかないものであったかを認識せずにはいられなかった。すこしのあいだ、関連する人文学および社会科学の諸分野が、各分野の知見を積んだ荷馬車を一箇所に集結させていた。邪魔者を仲間うちから追いだし、それらの分野に属する人びとの文献表や、正当な問題についての彼ら／彼女らの感覚、関連する知的な道具立て、すぐれた著述の様式をかつてないほど強力に統御することによってである。(94)『リヴァイアサンと空気ポンプ』はひとつの知的および制度的な環境の産物であった。その環境は持続困難なものであり、また実際、私たちのアカデミックな同僚の一部はその環境を壊そうとしてきた。本書の再版はひとつの意味では歓迎すべきことである。だが別の意味では、前世代に属する者が書いた経験的な歴史にかんする著作の新しい版を求める声が起こらないような学術世界に住むことができたとしたらすばらしいといえよう。私たちは、『リヴァイアサンと空気ポンプ』があらゆる意味で歴史となるような日が来ることを心待ちにしている。

第1章　実験を理解するということ

アドソ：「どうしてまた」驚嘆しながら、私は言った。「外から眺めているだけで、文書庫の秘密まで、そのように解き明かすことができるのですか、あの中にいたときにはおわかりにならなかったのに？」

バスカヴィルのウィリアム：「これと同じようにして、神さまはこの世界を知っておられるのだ。天地創造以前に、いわば外側から、ご自分の頭のなかに考え出してしまわれたので。それに引き換え、わたしたちには、この世界の構造の規則が、わからない。その内側に生活していて、すでに出来あがったものとしてしか、認識しないから」

——ウンベルト・エーコ『薔薇の名前』[1]

私たちの主題は実験である。私たちが理解したいのは、実験的な営みとその知的産物とはなにか、そしてそれがどういう地位を有するかである。答えようと思う問いは以下のとおりである。実験とはなにか。実験はどのようにおこなわれるのか。実験はどのような仕方で事実を生みだすといわれうるのか。そして実験によって生みだされた事実と説明のために想定されることがら〔説明のための理論〕とのあいだにはどんな関係があるのか。どのようにして実験は成功したとされるのか、またどのようにして実験の成功と失敗は区別されるのか。この一連の問いの背景にはより一般的な問いが存在する。なぜ人は科学的真理に到達するために実験をするのか。自然にかんする知識に合意によって到達するにあたって、実験は特権的な手段であるのか、あるいはなにか他の手段が可能なのか。科学において代わりとなりうる他の手法ではなく、実験的手法を勧めているものはなんなのか。

私たちは、自分たちの答えを歴史的な性格のものにしたいと望む。そのため私たちは、自然にかんする知識を生みだす体系的方法としての実験が登場し、実験という営みが制度化され、実験によって生みだされた事実が適切な科学知識とみなされるものの基盤とされた歴史的状況を論じるであろう。それゆえ私たちは実験的手続きの偉大なパラダイム、すなわちロバート・ボイルの空気学研究と、その営みのなかでの空気ポンプの使用から議論をはじめる。

ボイルの空気ポンプの実験は科学の教科書や科学教育のなかで、そして科学史という学問領域のなかで正典的な地位を占めている。あらゆる科学史の主題のなかで、この実験ほどなにか新奇なことをつけ加えるのがむずかしい主題はないと思われるかもしれない。それはこれまでくりかえし語ってこられた物語であり、しかも概してうまく語ってこられた物語である。実際、ボイルの実験的な仕事やその仕事があらわれた環境のおおくの側面は十分に記述されてきており、そこに私たちがつけ加えられることはほとんどない。先行する歴史研究への私たちの依拠はあまりに広範囲にわたり、十分に謝意をしめすことができないほどである。一六六〇年代にボイルがおこなった空気実験についてのすばらしい説明が、著名な「ハーバード実験科学事例史研究」シリーズの第一巻を飾っているのはまったく理にかなったことだ。[1] この〔原著初版が出版された一九八五年から見て〕三十五年前の研究は、みごとなまでに私たちの出発地点を提供してくれている。ボイルの空気ポンプ実験が、信頼に値する科学知識はいかに獲得されるべきなのかについて、人びとの手本となるようなモデルを提供するために設計された（そして以来そのようなモデルを提供してきた）ものだったことを、この研究はしめしているのだ。

興味ぶかいことに、ハーバード事例史研究はそれ自体として正典的な地位を獲得してきた。科学史教育のなかで重要文献としての地位を獲得することによって、ハーバード事例史研究は以下のことがらについて具体的な見本を提供してきた。科学史という領域のなかではどのように研究をおこなえばいいのか。どのような種類の歴史的な問いが問われるべきなのか。どの種類の史料が調査に関係していて、どの種類のものはそうでないのか。歴史的な叙述や説明は一般的にどのような形式をそなえているべきなのか。だが今こそハーバード事例史研究やその他類似の研究に組みこまれた方法、前提、そして歴史研究プログラムから離れるべきときである。私たちは空気ポンプ実験にふたたび着目したい。その実験にかんする歴史史料に新たな問いをつけ加え、また伝統的な問いを別のかたちで問うためである。私たちがこの研究プロジェクトを開始したのは、ボイルの実験的な仕事についての既存の説明を批判するためではなかった。実のところ、当初私たちは過去の傑出したボイル研究者たちの仕事に自分たちがおおくをつけ加えうるのか疑念をもっていた。それでも分析が進むにつれて、私たちが答えようとしてきた諸問題が、先行する著者たちによって体系的に提起されてこなかったということを確信するようになった。なぜ提起されてこなかったのか。

答えは「内部の者の説明」と「よそ者の説明」の区別にあるのかもしれない。文化を理解しようとするときに、その文化の内部の者であることはおおきな強みである。実際、ある文化をその文化にとってのまったくのよそ者が理解するさまを思いえがくことはむずかしい。しかしある文化の内部の者であるという自覚を欠くこともまた、その文化を理解するための調査に深刻な不利益をもたらす。とりわけ深刻なのは、「自明の方法」と呼ばれうるものだ[2]。実験的営みについて私たちが問いたいと思う諸問題を、歴史家たちが体系的かつ綿密に問うてこなかったひとつの理由は、歴史家たちが生みだしてきた説明の大半が、内部の者にとっての自明の方法を前提としていたからである。この方法のなかでは、私たち自身の文化のなかで当たり前に実践されている営みを支える諸前提は、問題を含むものとも、説明を必要とするものともみなされない。たいてい、私たちの文化のなかにある信念と営みは、自然についての自明な事実をもとに説明されたり、人びとは端的にどのように行動するものか（あるいは人びとが「合理的に」ふるまうときにどのように行動するものか）ということについての普遍的で特定の個人に依存しない基準をもとに説明されたりする。私たちの文化に属する者は、もしなぜダチョウを鳥と呼ぶのかと尋ねられたならば、おそらく質問者にたいしてダチョウはまさしく鳥であるのだというだろう。あるいはダチョウを鳥に類別するリンネ的分類体系の、疑う余地のない基準を指摘するだろう。対照的に、ダチョウを鳥の綱から除外する文化にたいしては、さまざまな説明を考えだすだろう[3]。

　実験的文化の場合、自明の方法は歴史家たちの説明のなかでとくにきわだっている。なぜそうであるのかを理解するのは簡単だ。科学者たちが現在生き、活動しているところの実験的世界をボイルが創造したとみなすことに、歴史家たちが広く同意しているからである。だから、歴史家たちは自分たちが（そして現代の科学者たちが）ロバート・ボイルとひとつの文化を共有しているという前提から出発し、その前提にしたがってみずからの主題をあつかっているのである。歴史家と一七世紀の実験主義者はともに同じ文化に属する仲間というわけだ。以上の想定を実験的文化がその後にたどった歴史的経緯が裏づけてくれる。ボイルのプログラムは他のプログラムや反論に打ち勝った。とくに彼自身の国では勝利はきわめてすみやかに達成された。勝利におおきく寄与したのは、ロンドン王立協会がボイルのプログラムを強力な党派的広報活動によって助け、支援したことであった。実験プログラムの成功は一般的に、それ自体の説明とみなされているのである[4]。とはいえ、自明の方法が歴史研究のなかであらわれる仕方はよりとらえにくいものであることがおおい。それは実験の誕生、受容および制度化にかんする一連のはっきりとした言明として表明されるのではない。むしろ実験の本性と、私たちの知的活動全体のなかでの実験の地位について、特定の種類の疑問を投げかけることに意味を見いださないような傾向としてあらわれる。

　内部の者の説明、およびそれと結びついた自明の方法は、本能へとうったえかけるところ大である。それらを守り、維持する社会的な力は強力である。共有された文化のなかで「だれもが知っていること」について厄介な問題を提起する者はのっぴきならないリスクをおかすことになる。トラブル・メイカー、あるいは愚か者としてあつかわれるかもしれないからだ。実際、ある文化から排除されようと思ったら、その文化が当然視する知的枠組みを真剣に疑問視しつづけることがほぼまちがいなくもっとも確実なやり方だろう[5]。だからよそ者を演じることはむずかしい。それでもこれこそ、実験の文化にかんして私たちがしなければならないことなのだ。私たちはよそ者を演じる必要があるのであって、よそ者になる必要はない。真正のよそ者は端的に無知である。私たちは、実験的営み、およびその産物について私たちが当然視している認識を、一定の見とおしにもとづいて、またその認識についての十分な情報をそなえたうえで一旦停止させたいのである。よそ者を演じることによって、私たちは自明性から離れてみたい。私たちが「私たちの」実験の文化へ接近するやり方は、アルフレッド・シュッツがしめしたやり方と同じである。すなわちよそ者は異質な社会へと「避難所ではなく冒険の領野として、あたりまえのことではなく疑問視しうる探索の課題として、諸々の問題状況を解きほぐすための道具ではなく、なかなか修得することの困難な問題状況そのものとして」接近するのである[6]。実験的文化にたいするよそ者を装うことで、特定の文化の信念と営みを説明するにあたって、その文化の内部の者にたいしてよそ者がもつおおきな強みを私たちは獲得できる。よそ者はそれらの信念や営みにたいする代案が存在することを知る立場に立っている[7]。代案があると気がついている者こそ、当の文化を説明するに適した位置にいるのだ。

もちろん、私たちは人類学者ではなく歴史家である。どのようにしたら歴史家は実験的文化にたいするよそ者を演じることができるのだろうか。歴史家として取りあげる当の過去と私たちは実験的文化を共有しているとされており、また他ならぬ私たちの主題の一人がその文化の創設者だということになっているというのに。私たちがもちいることのできる方法のひとつは、過去における論争のエピソードを見きわめ、精査することである。自然現象と知的営みにかんする論争の歴史上の実例は、私たちの視点から見てふたつの強みをもっている。ひとつは、論争のうちではしばしば、のちにその存在が疑問の余地のないもの、あるいは確立されたものとされるようになる存在者の実在性や、のちにその価値が疑問の余地のないもの、あるいは確立されたものとされるようになる営みの妥当性について意見の相違が見られるという点である。H・M・コリンズの比喩によれば、自然界についての制度化された信念とは、瓶のなかの模型の船のようなものである。それにたいして科学的論争の実例は、その船が過去には棒と糸の山で、瓶の外にあったということを理解するための機会を提供してくれるのだ[8]。論争を研究することでもたらされるもうひとつの強みは、歴史上のアクターがしばしば私たちが演じようとするよそ者に似た役割を演じているということである。そのような人びとは論争の過程で、論争相手がみずからの信念と営みにあたえている自明性を脱構築しようと試みる。そしてそのために相手の信念や営みが人工的で慣習的なものだとしめそうとする。したがって論争の参加者は歴史家に、よそ者を演じるにあたって助けとなる道具立てを提供するのである。もちろん、科学的論争の一方の側からくる分析だけを採用し、その妥当性をみとめることは歴史家にとっておおきな誤りであろうし、私たちはそのようなことをしようというのではない。私たちは、論争の両方の側によってもちいられた建設的な戦略と解体的な戦略に注意を向けることが有効だと気づくにいたった。私たちは論争の当事者の説明をもちいるけれども、それらを私たち自身の解釈の作業と混同することはない。歴史家はみずから語るのだ。

私たちがかかわる論争は、一六六〇年代と一六七〇年代初頭にイングランドで起こった。主役はロバート・ボイル（一六二七―一六九一年）とトマス・ホッブズ（一五八八―一六七九年）だ。ボイルは体系的な実験の有力な実践者として、また自然哲学において実験という営みがもつ価値を唱えたもっとも重要な人物のひとりとして登場する。ホッブズはイングランドでのボイルのもっとも強力な論敵であり、ボイルの研究から生みだされる特定の主張や解釈を否定しようとした。さらに決定的なことに、ホッブズは実験プログラムがどうしてボイルが推奨した種類の知識を生みだすことができないのかをしめすための強力な議論を展開した。ホッブズとボイルの論争が歴史家にとってとりわけ分析しづらいものであることにはいくつかの理由がある。ひとつの理由は、ホッブズという人物が研究文献のなかで「自然哲学者」とはみなされなくなってしまったことにある。カーゴンはただしくも次のようにいっている。「ホッブズは、デカルト、ガッサンディとならんで、一七世紀中盤のもっとも重要な三人の機械論哲学者の一人であった[9]」。一七世紀にホッブズの自然哲学上の見解が真剣に受けとめられていたことをしめす証拠は十分にある。とりわけ彼の見解に深刻な欠陥があると考えた人びとのあいだでそうであった（ただしそうした人びとだけがホッブズの自然哲学を真剣にあつかったわけではない）。ホッブズの自然哲学的論考は一八世紀初頭にいたってもなおスコットランドの大学カリキュラムの重要な構成要素であった[10]。けれども一八世紀末までには、ホッブズについて科学史の観点から書かれることはほとんどなくなっていた。『ブリタニカ百科事典』の第三版（一七九七年）のなかのホッブズの項目は、彼の科学的見解にほとんど言及していないし、ボイルへの反論として書かれた諸論文を完全に無視している。同事典の一八四二年の版に収録されている「数学的および物理的科学の……歴史についての論考」にもほぼ同じことがいえる。ホッブズは倫理的、政治的、心理学的、形而上学的哲学者として記憶されるべき人物となった。そしてこれらの関心と自然についての哲学との一体性は、ホッブズによってきわめて強く主張されていたにもかかわらず、破壊されてしまい、科学は考察対象から外された。ミンツが書いた『科学者伝記事典』のなかのホッブズにかんする記事でさえ、道徳的、政治的、心理学的著作のほうにいちじるしく偏っている[11]。私たちにとって幸運なことに、ホッブズの機械論哲学にかんするブラントの一九二八年の単著以降、この状況は改善しはじめてきている。R・H・カーゴン、J・W・N・ワトキンズ、アラン・シャピロ、ミリアム・レイク、トマス・スプラゲンスなどの研究者によってなされたホッブズの科学についての近年の研究に私たちが依拠していることは、以下であきらかになるだろう。それにもかかわらず、私たちが一七世紀の自然哲学のなかでのホッブズの真の立ち位置を理解したとは、まだ到底いえない。もし本書がさらなる研究を鼓舞するならば、本書の役割のひとつははたされたということになるだろう。

カーゴンは、科学史家たちがホッブズを無視してきた理由のひとつは、彼が英雄ボイルに異議を唱え、そしてそれゆえにロンドン王立協会から排斥されたという事実にあるのではないかといっている。[12] イングランドでホッブズが加わった科学論争(そのすべてにおいて彼は決定的に敗北したと同時代人たちは考えた)が、歴史家たちが彼を考察対象から除外したことにおおきく関係しているということは疑いない。「ホイッグ的」な歴史の伝統のなかでは、敗北した側はほとんど興味の対象にならないのであり、歴史研究のなかでこの傾向がもっともいちじるしいのが古典的な科学史なのである。[13] 本書はホッブズの自然哲学論争にかかわるものであるが、彼がジョン・ウォリスやセス・ウォードとたたかわせた数学論争(私たちはそれを詳細にあつかうことはできない)は、ボイルとのたたかいよりもさらに劇的に忘れさられ、歴史的な記録からより完全に消えさってしまった。レスリー・スティーブンが書いた『英国伝記辞典』の項目では、ホッブズの論敵たちは彼がおかした「多数の不合理」をしめしたことになっている。また『ブリタニカ百科事典』第十一版でのクルーム・ロバートソンによるより詳細な説明も、この判断にならっている。そしてそれにたいして異を唱える歴史家はいないのだ。[14]

同様の状況が、ホッブズのボイルとの論争にかんする歴史家たちの説明にもあてはまる。これらの論争にかんしてはそれほどおおくが書かれたわけではなく、また関係するわずかな文献さえもいくつかの基本的な誤りを含んでいる。たとえばある著者は、ボイルの自然哲学へのホッブズの反対は、アリストテレス的な真空嫌悪をホッブズが信じていたことに由来していると論じ(まったくまちがっている)[15]、もっと注意ぶかい他のある論者は、ホッブズは自然哲学において実験が中心的役割をはたすことに同意したのだと論じた(これが誤りであることを私たちはしめすつもりだ)[16]。このような誤りがおかされたことと、一般的にホッブズとボイルの論争が無視されてきたことの理由の一部は、歴史家が着目してきた文書の範囲に関係しているのかもしれない。私たちが確認しえたかぎり、決定的に重要なテクストにあたり、その内容をなにほどか理解したと確実にいえる歴史家は二人だけである。そのテクストとは、ホッブズの『空気の本性についての自然学的対話』(一六六一年)である。[17] 事実、ホッブズの『対話』はラテン語の原典から翻訳されることはなかったし、このことは同書への無視をいくらかは説明するだろう(この状況を補正すべく、私たちは本書への付録として、シャッファーによる英訳を提供する)[2]。先の二人の例外をのぞけば、歴史家たちは勝利したボイルやその仲間たちと手を組み、ホッブズのテクストについてのボイルの判定をくりかえし、ホッブズが実際にいわねばならなかったことについては沈黙を守ることで満足してきた。ホッブズの科学についてのもっとも詳細な研究を著したブラントでさえ、『自然学的対話』や後期の自然哲学的なテクストの分析に着手しようとはしなかった。ブラントもまた、ホッブズの見解にたいするボイルの評価を受けいれたのだ。

> 私たちは［『自然学的対話』の六年前にあたる一六五五年の著作である］『物体論』のあとにあらわれた諸著作を検討しない。……これらの期間にホッブズはすくなくとも三回、さらなる精緻化をめざして自然学研究に取りくんでいる……、しかしそれは『物体論』の自然学とまったく同じ特徴を保持している。この特徴はボイルの有名な「空気のバネにかんする新実験」にたいするホッブズの攻撃においてとりわけきわだつ。ここでもまたホッブズの議論から読みとれるのは、彼が実験の重要性をいかにわずかしか理解していないのかということだ。真空について絶えまなく実験がおこなわれ、また空気ポンプが発明されたにもかかわらず、ホッブズは充満した世界という自身の見解になお固執していたのだ。ホッブズの晩年はかなり悲劇的なものだった。彼は当時まさに起こっていたイングランドの経験科学のめざましい発展を十分には理解しなかった。……そして王立協会のメンバーたちが実験的な研究方法を採用したとき……ホッブズはもはや彼らに遅れずについていくことができなかったのだ。[18]

ここにはホッブズとボイルの論争をあつかうための、そしておそらくは否定された知識一般をあつかうための標準的な歴史記述戦略の萌芽が見られる。ここにあるのは、特定の知識の棄却であり、その知識はなぜ棄却されたのかという説明で前提とされていることがらであり（それは暗黙のうちに棄却を正当化するようにはたらいている）、否定された知識と受けいれられた知識の非対称的な処理である。第一に、否定された知識はそもそも知識ではなく、誤りなのだとされる。歴史家たちがそれをおこなうさいのやり方は、受けいれられた知識の肩をもち、勝利した党派が敵対者の立場にたいしてあたえた因果的説明を歴史家自身の説明としてもちいるというものである。勝利者たちがこのようにして敵対者の立場を棄却してきたのだから、歴史家たちの棄却も正当化されるというわけだ。[19] そういうわけでL・T・モアは、ホッブズがボイルにあびせた「冷笑」は「ナンセンスの寄せ集め」であったと書き、またホッブズの立場がどんなものであったのかをくわしく論じることなしに、ボイルの決定的な反撃なるものを引用している。[20] マッキーは論争をあつかうにあたって、たんに「ボイルはきわめて正当にホッブズの議論をしりぞけ、きわめて品位ある仕方でホッブズの論争的で怒りっぽい感情の爆発をしりぞけた」と述べるだけですませている。[21] ジョン・レアードは「ボイルの［ホッブズへの］批判が本質的に正当なものであることから……ホッブズ特有の自然学の大部分については、それを詳細に吟味したとしても非生産的であるということがわかる。……」と結論づけた。[22] ピーターズは、ホッブズの批判は「自分でも実験をおこなった……人であれば、もっとうまくおこなっていただろう」[23]と主張し（これが他ならぬ実験の妥当性と価値をめぐってなされていた論争を理解するにあたっての最良のやり方であるということはありえない）、R・F・ジョーンズもこの意見に賛同した。[24]他の歴史家たちはさらに進んでそもそも実験プログラムにたいする重要な反論があったということを、歴史の記録からきれいに消しさってしまった。マリー・ボアズ・ホールは、ホッブズの名前を挙げて言及してはいないけれども、「熱心なアリストテレス主義者だけが（ホッブズはまちがいなく熱心なアリストテレス主義者ではなかった）「ボイルの議論が強力であり、説得力を有していることに気づけなかったのである」[25]といっている。またバーバラ・シャピロは、イングランドの経験主義と実験主義にかんするすぐれた研究で次のように結論している。「ヴァーチュオーソーたちをからかった批判者の小集団をのぞいて」（彼女はその人びとの名前に言及していない）「新哲学への深刻な反論は存在しなかった。」[26]

歴史家たちは広く、「誤解」という観念（とその「誤解」の理由）を、ホッブズがなぜ彼がとったような立場をとったかを説明し、またその立場を棄却するためにもちいてきた。「ハーバード事例史研究」は、ボイルに反対するホッブズの議論が「部分的にはボイルの見解の誤解にもとづいていた」と述べている。[27]M・A・ステュアートはボイルの空気学が「ホッブズを、彼が理解しなかったことがらについての浅はかな論争へと」導いたとみなしている。[28]レスリー・スティーブンとクルーム・ロバートソンはともに、ホッブズの判断をゆがめた要素、あるいはホッブズがボイルのプログラムの妥当性をみとめることができないようにした要因に言及することで、ホッブズの誤解を説明しようとしている。その要因とはすなわち次のようなものである。ホッブズは数学と物理学の素養がなかった。彼はボイルとの論争のときにはあまりにも老いて頑迷になっていた。その性分は強情で独断的だった。彼はイデオロギー的な思惑をもっていた。[29]（私たちの知るかぎり、ボイルがホッブズを「誤解」していたのかもしれないと考えた歴史家はいない。）

私たちは、「誤解」というカテゴリーとそれに結びついた非対称性はもちいずに議論を進める。それゆえここで方法にかんしてすこし述べておこう。ほとんどいわずもがなのことであるが、私たちの目的は評価ではなく、記述と説明である。それにもかかわらず、本書の中核にあるのは評価に関連する諸問題である。このことはいくつかの仕方でいえる。私たちは、実験プログラムにたいして「よそ者の視点」をとるように装いながら議論するのだと述べてきた。そうするのは、私たちの歴史研究の課題が、実験的営みはなぜ適切だとみなされたのか、またこうした営みはいかにして信頼できる知識をもたらすと考えられたのかを探究することにあるからである。同一のとりくみの一環として、私たちはホッブズの反実験主義の「内部の者の説明」に近いものを採用することになるだろう。すなわち私たちは、実験プログラムへの反論がもっともらしく、賢明で、合理的に見えるような立場にみずからを置きたいのである。ゲルナーにならっていえば、私たちはホッブズの視点に「寛大な解釈」をほどこそうとしているのだ[30]。私たちの目的は、ホッブズの肩をもつことではないし、彼の科学的名声をよみがえらせることですらない（とはいえその名声はひどくおとしめられてきたと私たちは考えている）。私たちがめざすのは、実験による知識生産の方法を取りまく自明性のオーラを打破することであり、これを達成するための有効な手段が、実験主義への反論の「寛大な解釈」なのだ。もちろん、私たちの望みは歴史の明確な判断を書きかえることではない。ホッブズの見解はイングランドの自然哲学コミュニティのなかでほとんど支持をえなかったのだ。それでも私たちがしめしたいのは、実験プログラムを是とする自然哲学上の共通見解が生みだされるにあたってなされた過去の一連の判断にかんしては、自明なもの、あるいは不可避のものはなにひとつなかったということである。もしその哲学コミュニティに別の環境が影響していたら、ホッブズの見解は違った仕方で受けとられただろう。たしかにホッブズの見解が広く信用され信じられることはなかった。しかしそれは信じることが可能な見解ではあった。たしかに彼の見解はただしいとはみなされなかった。しかしそれが見解自体として別の評価を不可能にするようなものであったわけではない（たしかにいくつかの点でホッブズの批判は十分な情報にもとづいていなかった。ただそれは、ボイルの立場のなかにも十分な情報にもとづいておらず、いい加減でさえあるとみなされうる側面があったのと同じことである。もし歴史家が現在の科学的手続きの基準によってアクターを評価することを望むのであれば、ホッブズとボイルの両者に欠点があると気づくだろう）。他方ボイルの実験主義を論じるにあたっては、実験的知識を生みだし、肯定的に評価するさいに、慣習があり、実践的な同意がなされ、多量の労力が費やされたということが、根源的な役割をはたしていたと私たちは強調するだろう。当時の知識人たちは、これらの慣習が適切なものであり、そのような同意が必要であり、また実験的な知識生産に費やされる労力には価値があり、別のなにかに労力を費やすよりも望ましいという判断をくだした。このような判断に影響をあたえた歴史的状況にはいかなる特徴があったのかを、私たちは見きわめたい。

「真理」、「客観性」、「適切な方法」についての問いを避けるどころか、私たちはこうした問題をこそ主題とする。しかし私たちはそれらを、科学史の一部と科学哲学の大半に特徴的な仕方とはいくぶん違った仕方で論じる。「真理」、「適切さ」、そして「客観性」は、ある種の達成として、歴史的に生みだされたものとして、そしてアクターの判断およびカテゴリーとしてあつかわれるだろう。それらは私たちの探究の主題なのであって、探究において無反省にもちいられるべき道具立てではない。いかにして、なぜ、ある種の営みと信念が適切で真なるものだと説明されたのか。

科学的方法をめぐる諸問題を評価するさいにも、私たちは似たような道すじをたどるつもりである。私たちは方法論を、知識を生みだす方法にかんする一連の形式的な言明としてだけあつかうのではないし、まして知的営みの決定要因としてはあつかわない。たしかに私たちはしばしば、哲学者がいかにふるまうべきかについての明確な言明をとりあげる。だがそうした方法についての言明の分析はかならず、それらの言明が生みだされた特定の環境との関連において、それらの言明をつくりだしている人びとの目的という観点からおこなわれるし、そのさいにはまた同時代の科学的営みは現実としてどのような性質のものであったかが考慮にいれられるだろう[31]。私たちの研究にとってより重要なのは、現実に実践される活動として方法を理解し、それを考察することである。たとえば、私たちは以下のような問いにおおきな注意を向けることになる。ある実験的な事実はどのようにして実際に生みだされるのか。実験の成功あるいは失敗を判定する実践的な基準はなんなのか。どのようにして、またどの程度まで、実験は実際に再現されるのか。そして再現がなされることを可能にするものはなんなのか。実験において事実と理論のあいだの境界線は、いかにして実際に管理されるのか。決定実験は存在するのか。もし存在するのであれば、どのような根拠にもとづいてそれらは決定的だと説明されるのか。さらに私たちは、科学的方法を構成するのはなにかということについて、また自然哲学における方法は文化の他の分野やより広い社会における実践的な知的手続きとどのように関連しているのかということについて、通常おこなわれている理解を拡張したい。私たちがこれをなすにあたってもちいる方法のひとつは、科学的方法と方法をめぐる論争を社会的文脈のなかにおくことである。

ふつうの理解では、「社会的文脈」を導入するとは、より広い社会に目を向けるということである。つまり大方の場合、自然哲学コミュニティのふるまいと王政復古期の社会全般の結びつきをしめそうとするということになろう。しかしながら私たちが「社会的文脈」という用語を使うさいには、それとは別のことも意味している。私たちは科学的方法を、社会的な組織のあり方が結晶化したものとして、また科学コミュニティのなかでの社会的なやりとりを律する手段として提示しようとしている。この目的のために、私たちは「言語ゲーム」と「生活形式」というウィトゲンシュタインの観念を自由に、しかし非正式な仕方でもちいようと思う。私たちは科学的方法に接近するにあたり、それを活動パターンに組みいれられたものとして理解する。ウィトゲンシュタインにとって「『言語ゲーム』という言葉は、ここでは、言語を話すということが、ひとつの活動ないし生活形式の一部であることを、はっきりさせるのでなくてはならない」。それとちょうど同じように、私たちは科学的方法をめぐる論争を、ものごとをなすための、また人びとを実践的な目的に向けて組織化するための相異なるやり方をめぐる論争としてあつかうつもりだ[32]。私たちは、知識の問題にたいする解決策は社会秩序の問題にたいする実践的解決策の一部をなしており、また社会秩序の問題にたいする相異なる実践的解決策のうちには、知識の問題にたいする対照的な実践的解決策が含まれているのだとしめそう。じつにこのことにこそ、ホッブズとボイルの論争はかかっていた。

本書が科学知識の社会学に属する作品であることに、読者は容易に気がつくだろう。人は知識の社会学とははたして可能なのかどうかを議論することもできるし、実際に知識の社会学をおこなうという仕事を進めることもできる。[33] 後者の選択肢を私たちは選んだ。そのため私たちは、知識社会学における理論的な文献にあまり言及していない。そのような文献が、われわれのプロジェクトに一貫して着想をあたえつづけてきた重要なものであるにもかかわらずである。だがたとえそうであっても、それらの文献に私たちがいかに負っているかは、私たちが実践する歴史研究の手続きがしめしてくれるにちがいない。私たちの方法論的な依拠は、他のおおくの方向にも広がっており、それらはあまりに深く広範囲にわたるので、十全に謝意をしめすことができないほどである。ホッブズ研究者のなかではとりわけ、自然哲学と政治哲学の関係を強調していることにかんしてJ・W・N・ワトキンズにおおくを負っている（ただし実験にたいするホッブズの態度という問題については、私たちはワトキンズと意見を異にしている）。また、クェンティン・スキナーにもその歴史記述法のさまざまな点について負うところ大である（ただしホッブズと王立協会との関係について私たちは彼と意見を異にしている）。科学史家のなかでは、実験的営みが実際にはどのような性質のものであったかにかんする近年の研究のうちに私たちは重要な着想源を見いだしてきた。私たちはとくにロバート・フランクとジョン・ハイルブロンの作品を念頭においている。科学的実験を理解するにあたってもっとも有効だと思われるアプローチの方向性を、私たちはイギリスとフランスの科学のミクロ社会学者たち、すなわちH・M・コリンズ、T・J・ピンチ、ブルーノ・ラトゥール、アンドリュー・ピカリングの作品、そしてパイオニアたるルドヴィク・フレックの著作から引きだしている。

以上の依拠は明白かつ明瞭である。そのため、私たちの研究計画とのつながりはそれほど明白ではないものの、本書で採用されているのと同様の方向性をしめしているふたつの経験的歴史研究に言及することには意味があるかもしれない。ジョン・キーガンは戦史についての偉大な研究を次のような告白をもってはじめている。

私は戦争に参加したことはない。近くにいたことも、遠くから戦いの音を聞いたことも、戦いのあとを見たことさえもない。……私は、もちろん、戦争について読み、語り、講義をおこなってきた。……しかし私は戦争に参加したことはない。そして私は次第に強く確信するようになった。私は戦争がどんなものなのかほとんど知らないのだと。[34]

これはキーガンがサンドハーストでの教師として、またおおくの軍事史家たちのなかにあって気づいた無知の率直な自認である。この気づきなしには、キーガンは、彼が最終的に生みだした鮮明で生き生きとした歴史を書くことはできなかっただろう。本書のための研究をはじめるにあたって、私たちはみずからがキーガンと似た位置にいることに気づいた。私たちは実験についておおくを読んできた。私たちはどちらも、学生としていくらかの実験をおこないさえしてきた。しかしながら私たちは、実験とはなんであったのか、そしてそれがどのようにして科学的知識を生みだしていたのかについて、十分に知っているとは感じていなかったのである。キーガンの戦争についての説明との類似はさらにある。キーガンはフォン・モルトケ伯によって形成された支配的な種類の軍事史がどのようなものであるのかを見きわめ、それを「将官団の歴史」と呼んでいる。将官団の歴史において支配的な重要性をもつのは将官たちの役割、彼らの戦略的計画、彼らの合理的な意思決定、そして彼らが戦闘の究極的な進み方にあたえる影響である。将官団の歴史から組織的に除外されているものは、実際の戦闘の偶然性や混乱、兵士の小部隊の役割、実地での戦争と将官たちの計画との関係である。将官団の歴史に科学史と科学哲学における「合理的再構成主義者」的な傾向との家族的類似性を見いだすのは突飛な発想ではないだろう。科学史の「フォン・モルトケたち」は、実際の科学的営みを取りあつかうことを避けるという似かよった傾向をしめし、乱雑な偶然性よりも理想化と単純化を好み、慣習を同定することよりも本質について語ることを好み、そして実際に科学研究に従事した人びとによってなされた過去の作業よりも自然についての疑いえない事実や科学的方法の超越的な基準に言及することを好んできたのである。[35] キーガンが軍事史にもたらしたものはほんの一部であったとしても、私たちがそれを実験の歴史につけ加えたと考えるのはうぬぼれが過ぎるというものだろう。だがキーガンと同じ種類の歴史記述をおこなうというのは幸せなことである。

別の予期していなかったモデルは、私たち自身の研究対象に経験的歴史研究として着目している点でより近い。それはスヴェトラーナ・アルパースの『描写の芸術』である。私たちにとって残念なことに、アルパースの書物は私たち自身の作業が実質的に完了した頃に出版された。そのため私たちは彼女の研究を満足がいくほど十分に吟味し本書に組みこむことができなかった。それでも『描写の芸術』と私たちのプロジェクトとの類似は非常に重要であり、その点を簡潔に指摘しておきたい。アルパースは一七世紀におけるオランダの描写的芸術に取りくんでいる。とくに彼女は、オランダでの描写的な絵画を好む傾向の背後にあった前提や、そのような絵画を作製するさいにもちいられた慣習を理解しようとしている。彼女は次のように書いている。「世界を発見することと職人的手仕事をもって世界に形象をあたえることが、結局ひとつに収斂するものであると、一七世紀には考えられていた[36]」。彼女は、そのような前提が文化のはるかに隔たった諸領域――普遍言語の計画、科学における実験プログラム、そして絵画――を通じて行きわたっており、またそれらの前提がオランダとイングランドにおいてとくにきわだっていたことをしめしている。オランダの描写的な絵画とイングランドの経験主義的な科学はいずれも知識の知覚的な比喩を含んでいるのだ。「私は知覚的な比喩を、次のような文化を意味する言葉としてもちいている。すなわち、私たちはみずからが知っていることがらを、精神が鏡のように自然を映すことをとおして知るのだと想定する文化である」[37]。ある知識の基礎は目撃された自然であるべきであった。それゆえ画家の工芸技術、そして実験主義者の技芸とは、直接的に見るという行為を信頼できる仕方で模倣した表象を作製することであった。

アルパースの説明には私たちにとってとくに興味ぶかいふたつの点がある。ひとつは彼女が北方の（そしてとくにオランダの）絵画についての考え方とイタリアの絵画に特徴的な考え方を対照的にあつかっていることである。イタリアにおいて絵画は第一義的にはテクストへの注釈として認識されていた。他方北方では、絵画のテクスト的な意味は省略され、自然の実在を直接視覚的に把握することが好まれた。対照の細部はここでは私たちに関係しようがないけれども、アルパースは、描写についての異なった理論が知識についての異なった考え方をしめしていると結論づける。テクストか目かという違いである。テクストか目かという対立軸が、ホッブズとボイルの論争、および論争の基礎にあった知識の理論をめぐる争いのあいだにもあったと考えるのは、あまりに正確性を欠く。にもかかわらず、実験的方法の妥当性をめぐる争いのなかにきわめて似かよった論争が見られるのである。それは、知識を生みだして根拠づける基礎としての、目と目撃の信頼性をめぐる論争である。第二に、アルパースは写実的な図像の本性にたいし、私たちが「よそ者の視点」と名づけた視点をとっている。それらの図像が実在を「反映すること」は、慣習や工芸技術の産物としてあつかわれている。「実物そっくりに見えるように、絵は入念に制作されねばならない」。写実的表象を生みだす工芸技術は、科学において写実的な言明をおこなうために必要とされたフックの慣習を受けいれることではじめて可能になる。すなわち「誠実な手」と「忠実な眼」である[38]。知識のためのこの慣習を受けいれることで、また表象の工芸技術を実行することで、表象を作製することの人工性は消えさり、それらの表象は実在の鏡としての地位を獲得する。よって私たちのプロジェクトはアルパースのものと同じなのである。慣習と工芸技術を白日のもとにさらすのだ。

次章では、ボイルが実験哲学のために提案した生活形式を考察する。どんな技術的、文章的、社会的実践によって、実験的な事実が生みだされ、妥当なものとされ、同意の基礎へと仕立てあげられるべきと考えられていたかを見きわめる。私たちがとりわけおおきな注意をはらうのは、空気ポンプの稼働と、この装置をもちいた実験がいかにして異論をよせつけないとされる知識を生みだしえたかである。私たちはボイルが実験主義者たちに推奨した社会的、言語的営みを論じる。これらの営みが、事実をつくりだし、そうやってつくりだされた事実を不和や争いを生みだすとされた種類の知識から守るにあたって、いかに重要であったかをしめそう。ここで私たちがなすべきは、実験的知識を生みだすべきとされた慣習を特定することである。

第3章では、ボイルの『新実験』が一六六〇年に出版される以前のホッブズの自然哲学の状態と対象を論じる。ここでの私たちの主要な目的は、『リヴァイアサン』（一六五一年）を自然哲学の書物として、そして認識論の書物として読むことである。政治哲学の論考として、『リヴァイアサン』は国家における秩序を保障する営みをしめすように書かれた。その秩序は内戦のあいだ、自分たちが政治的な権力にあずかっているのだと、みとめられてもいないのに強弁する、聖職者知識人らによっておびやかされるおそれがあった。このような権力の略奪行為をおこなうさいに彼らがもちいた主要な道具立ては、ホッブズによれば、誤った存在論と誤った認識論であった。ホッブズは非物体的な実体と非物質的な霊を想定する存在論の不条理をしめそうとした。それゆえ、彼は充満論的な存在論を構築したのであり、そしてその過程で、唯物論的な知識の理論を打ちたてたのである。その理論においては知識の基礎は原因の観念であり、その原因とは物質および運動なのであった。哲学の名に値する営為は、本来的に原因にかかわるものであった。それは幾何学と政治哲学の論証的営為を範としていた。決定的に重要であったのは、そのような営為が論証的な性格によって同意を生みだすということである。同意は完全なものであり、それは強制されるべきものだった。

王政復古の年にボイルの実験プログラムが公になったとき、ホッブズの哲学は『リヴァイアサン』と『物体論』（一六五五年）の両者においてすでにさだまっていた。彼はすぐにボイルの急進的な提言に応答する。ホッブズの『自然学的対話』の分析が第4章の枠組みをなしている。このテクストにおいて、ホッブズはいくつかの根拠にもとづいてボイルの実験主義を破壊しようと試みた。彼は、ボイルの空気ポンプが物理的な完全性を欠いており（漏れが存在する）、それゆえそのポンプがつくるとされる事実なるものは実のところまったく事実などではないと論じた。彼はポンプの漏れを、ボイルの発見に別の自然学的説明をあたえるためにもちいた。ポンプは、操作によって生みだされた真空であるどころか、つねに大気に由来する空気の断片で充満している。ポンプの充満論的説明はボイルの説明よりすぐれているのだった。そしてホッブズはボイルを真空論者とみなして攻撃した。ボイルは真空論者と充満論者がたたかわせてきた論争にかんして不可知論を公言していたにもかかわらずである。認識論的により重要なのはホッブズが以下の諸点にたいしておこなった攻撃である。すなわち事実をつくりだすこと、そのような事実を合意された知識の基礎にすること、そして事実をそれを説明する自然学的原因からボイルが分離したことにたいしての攻撃である。これらの攻撃は結局、ボイルの実験プログラムがどのようなものであれ、それは哲学ではないという主張に帰着した。哲学は原因にかかわる営為であり、そのため、ボイルがめざしたような部分的な同意ではなく、全体的で後戻りできない同意を保証するのだ。ホッブズのはげしい攻撃は、実験的な事実がもつ慣習性をつきとめていたのである。

第5章では、ボイルが一六六〇年代にホッブズ、および他の二人の敵対者（すなわちイエズス会士フランシスクス・リヌスとケンブリッジ・プラトン主義者のヘンリー・モア）にたいしてどのように応答したのかをしめす。ボイルの応答の相異なる性質および流儀を検討することで、私たちはボイルがなにをもっとも熱心に守ろうとしたかを特定する。それは、正当な哲学的知識を生みだす手段としての空気ポンプと、実験コミュニティの道徳的な生活を律する規則の完全性であった。ボイルはホッブズを、哲学的知識を構築するまったく異なる方法を提示している人物というより、むしろ失敗した実験主義者としてあつかった。彼は三人の敵対者によってあたえられた機会のすべてを、次のことをしめすためにもちいた。すなわちいかにして実験的営為そのものを破壊することなしに、実験をめぐる論争がなされうるのかということである。それは実質的には、実験的知識がもつ事実という基礎を強化するために、論争がどのようにもちいられうるのかということであった。

第2章、4章、5章で論じられるのは、実験プログラムにおける空気ポンプの中心的な役割と、批判者たちがいかにしてその動作の不完全性を、実験そのものを攻撃するためにもちいたのかということである。第6章ではふたつのことをしたい。第一に、私たちは物的な事物としてのポンプそのものが一六六〇年代にどのように進化をとげたのかを検討する。そのさい、その変化には初期の、とりわけホッブズによってなされた批判にたいする応答が埋めこまれていたと論じる。私たちはその十年間に成功裏に組みたてられた少数のポンプについての情報をあきらかにし、次のことをしめす。それは、ボイルが〔ポンプの組みたて方や動かし方を詳細に〕報告したにもかかわらず、オリジナルのポンプを見ることなしにポンプを組みたて、動かすことができた人はだれもいなかったということである。このことは歴史家たちがこれまで認識していたよりもいっそう興味ぶかい再現の問題を提起する。再現はこの章の第二の課題にとっても中心的である。第2章で私たちは、事実の構築が目撃者の増加を含んでいたこと、またボイルがみずからの実験を反復すべく努力していたことを論じる。しかしながら、『新実験』があらわれるとすぐ、他の哲学者、すなわちオランダのクリスティアン・ホイヘンスが、ボイルのもっとも重要な説明上の道具立てのひとつを無効化するかに思われる発見をする（いわゆる水の変則的な停止現象である）。私たちはこの重要な変則例がどのようにあつかわれたのかを検討し、次のように結論づける。すなわち空気ポンプが適切に作動しているかどうかを判断する基準は、変則的な停止のような現象が存在しうるかどうかについて各論者があらかじめとっていた立場によって変わるものだったのだ。私たちは変則例への応答を、実験コミュニティ内部での致命的な不和からコミュニティ自体を守るためにもちいられた実験的生活形式と慣習のあらわれとして分析する。

ボイルの実験主義とホッブズの論証的方法はいずれも、秩序の問題にたいする解決策として提示されていた。第7章で私たちはこの問題にたいする解決策を、社会における同意と秩序の本性および基礎をめぐって広くたたかわされた王政復古期の論争のなかに位置づけようと試みる。この論争は、秩序を生みだし守るためのさまざまなプログラムが評価される文脈をあたえていた。私たちはここで自然哲学の歴史と政治思想および行為の歴史がいかに交錯するものであるのかをしめす。ひとつの解決策（ボイルのもの）は、自然哲学の区分を矯正し、また自然哲学と政治哲学とのあいだにあった物議をかもす結びつきをほどくことによって、自然哲学の領域に秩序をあたえるというものである。このように修復することによって、自然哲学者たちのコミュニティは王政復古期の文化のなかでのその正当性を確立し、社会における秩序とあるべき宗教を保証することにいっそう効果的に貢献することができたのである。他の解決策（ホッブズのもの）は、自然哲学、人間哲学、社会哲学のあいだにいかなる境界もみとめず、その哲学のなかではいかなる意見の不一致もみとめないというような論証的哲学を確立することによってのみ、秩序は保証されうるのだということを要請した。

結論となる章では、本研究の科学史と政治史にたいするいくつかの含意を引きだす。知識を生みだし保護するという問題は政治における問題であるということ、また逆に、政治的な秩序の問題はつねに知識の問題にたいする解決策を内包しているのだということを論じる。

第2章　見ることと信じること――空気学的な事実の実験による生成

……事実はくつがえされることのない仲間で、議論の対象となりえないものだ。

――ロバート・バーンズ『夢』

ロバート・ボイルによれば、自然哲学において妥当とされる知識は実験によって生みだされなくてはならない。そのような知識の基礎は実験によって生みだされた事実でなくてはならない。これにトマス・ホッブズは異を唱えた。ホッブズの意見では、ボイルの手続きが生みだす確実性は、哲学的と呼ぶに値する営みがみたさねばならない水準に達しない。本書はこの論争をめぐるものであり、この論争の解消にかかっていると考えられていたさまざまな論点をめぐるものである。

ホッブズの立場がそなえているのは、過去の歴史に見られる異国情緒という魅力である。理性をそなえた人間が実験の価値と、事実が知識にたいしてもつ基礎的な地位を否定するなどということがどうして可能だったのだろうか。これにたいしてボイルのプログラムから感じられるのは、自明で新鮮味を欠いた考え方のように思われる。理性をそなえた人間にとってそれ以外の考え方がどうして可能だろうか。本章で私たちがあつかうのはこの自明性の問題である。そのためにボイルの実験上の手続きが知識、とりわけ「事実」と呼ばれる種類の知識をいかに生みだしていたかを検討し、あきらかにしようと思う。私たちがしめすのは以下の三つのことがらである。第一に、実験による事実の生成には多大な労力が必要であった。第二に、その生成は特定の社会的慣習と言語上の慣習を受けいれることを前提としていた。第三に、その生成は特定の形態の社会組織を生みだし守ることに依存していた。実験プログラムというのは、ウィトゲンシュタインの表現を使うなら、「言語ゲーム」であり、「生活形式」であった。そのプログラムの受容、ないしは拒絶は、ボイルとその仲間たちが提案していた生活形式の受容、ないしは拒絶にほかならなかった。ひとたびこの点が確認されれば、実験プログラムの受けいれも、事実の認識論的地位も自明ではなくなるはずだ。

私たちが現在身をおいている知的世界の慣習では、知識の種類のうちで事実ほど強固なものはない。私たちは事実を理解するための方法を改訂するかもしれない。私たちの知識の見取り図全体のうちで事実が占める位置を調整することはあるかもしれない。私たちの理論、仮説、そして形而上学的な体系が放棄されることもあるかもしれない。しかし事実は否定しがたく永続的なものとして残る。確かに私たちは個々の事実を否定することがある。しかしそうすることによって私たちは、事実というカテゴリー全体をさらに強固なものとしているのだ。理論はたとえ放棄されても理論であることに変わりはない。理論には「よい」理論もあれば「悪い」理論もある。よい理論とは現在だれもが真とみなしている理論であり、悪い理論とはもはやだれも真とは信じていないような理論である。それにたいして事実を否定するとき、私たちはそれを事実の名に値しないものとする。つまり、そもそもはじめから事実ではなかったことにしてしまうのだ。

　事実ほどに所与のものはない。日常の会話においても、科学哲学においても、事実が強固で永続的であるのは、それがあらわれるさいに人間が関与していないからだとされる。人間は理論と解釈を生みだす。人間はそれゆえそれらを壊してもかまわない。しかし事実はまったくの「自然の鏡」であるとみなされる。[1]スタンダールが考えた理想的な小説のように、事実は現実にたいして鏡をかかげたことから必然的にもたらされる受動的な帰結とみなされるのである。人間がつくったものは人間が壊してもかまわない。だが自然がつくったものには、いかなる人間も異議をさしはさむことができない。なんらかの知識をつくりだすにさいして人間がはたした役割を特定することは、その知識が別様でもありえた可能性を特定することである。知識をつくりだすはたらきを自然における現実の側に移すということは、普遍的で取りけすことのできない同意の基礎がその知識にあると規定することなのだ。

　ロバート・ボイルは実験によって生みだされた事実によって同意を確保しようとした。事実は確実であり、それ以外の知識は確実性においてはるかに劣るものであった。この点でボイルは、一七世紀イングランドで知識をめぐって展開された運動のなかでもっとも重要な人物の一人であった。その運動のうちでは、自然にかんする知識は蓋然的でまちがっていることがありうるととらえられるようになった。ハッキングとシャピロがしめしたように、一七世紀中頃より以前は「知識」と呼ばれるものは「意見」のカテゴリーとは厳密に区別されていた。[2]知識には論証がもつ絶対的な確実性が期待され、そのような確実性の典型は論理学と幾何学にもとめられた。自然を探究する学者がめざすのは、みずからの営みを可能なかぎり論証的な学問をモデルに組みあげ、絶対的な同意を強いるような確実性を達成することであった。これにたいして一七世紀中頃以降のイングランドで実験主義者たちが次第にとるようになった見解は、自然にかんする知識について期待できるのはせいぜい「蓋然性」にすぎないというものだった。彼らはそうやって「知識」と「意見」のあいだにあった根本的な区別を撤廃していったのである。自然にかんする仮説は暫定的であり改訂の余地がある。それへの同意は数学における論証にたいするものと違って、強制をともなうものではない。自然にかんする学問は、おおかれすくなかれ論証性の領域からは離れている。自然にかんする知識を蓋然的なものとするとらえ方を提唱した者たちは、そのようなとらえ方を、より野心的な目標からの嘆かわしい撤退とみなしていたのではない。むしろ失敗に終わった営みを賢明にも退ける姿勢として称賛していたのだ。知識を蓋然的なものとみなすことによって、人は適切な確実性に到達できるのであり、また知識たらんとする主張への正当な同意を確保しようとすることができるのであった。自然にかんする命題への必然的で普遍的な同意を探しもとめるのは不適切であり正当性を欠くとみなされるようになった。その探究は「独断論的な」営みに属するとされた。独断論は失敗とみなされただけでなく、正真な知識を危険にさらすものとみなされた。

科学的な説明にたいして普遍的で必然的な同意があたえられることを期待すべきでなかったとすると、適切な科学はいかにして基礎づけられるべきだったのだろう。ボイルと実験主義者たちが適切な知識の基礎として提供したのは、事実であった。自然にかんする知識の体系において、人間が最高度の蓋然的な確信をえることができるのは事実にかんしてであった。その確信とはすなわち「実践的な確実性」であった。こうして事実をめぐる領域のまわりに決定的な境界線が引かれた。他の仕方でもありえるものや、絶対的で永続的な確実性はおろか「実践的な」確実性すら期待できないものから、事実が切りはなされたのである。機械論哲学の根本をなす比喩では、自然は時計のようなものであった。針が指ししめす時間、すなわち自然が生みだす効果については、人は確信をもつことができる。しかしその効果が本当のところどうやって生みだされているかというメカニズム、すなわち時計の仕掛けのほうには、さまざまな可能性をみとめなければならない[3]。この章で私たちは実験的な事実を生みだしていた手段を検討することにしよう。

事実生産のメカニズム
——三つのテクノロジー

ボイルが提案したのは、事実を確立するのは個々人がもつ信念の集積だということであった。知的な集団のメンバーは、実際の経験にたいしてもつ信念は信頼に値するのだと、みずからにたいしても他のメンバーにたいしても保証せねばならなかった。事実とは、ある人が実際に経験し、自分自身にたいしてその経験の信頼性を請けあい、他の人びとに、彼らがその経験を信じることには十分な根拠があると保証するというプロセスの結果としてえられるものなのであった。このプロセスのうちで根本的だったのが、目撃経験を増加させることであった。経験は、たとえそれが厳密に制御された実験の実施であったとしても、目撃者が一人しかいなければ事実をつくりだすには不十分であった。もしその経験がおおくの人間に拡張されたならば、そして原則的にいってすべての人間に拡張されたならば、そのとき結果は事実となりえた。このため経験は認識論的なカテゴリーであると同時に、社会的なカテゴリーでもあるとみなされねばならない。実験的知識の基礎をなす要素、また適切に基礎づけられていると考えられた知識一般の基礎をなす要素は、人為的につくられたものであった。それらをつくっていたのはコミュニケーションと、コミュニケーションを維持しその質を高めるために不可欠だと考えられたあらゆる種類の社会形式だった。

以下ではボイルの実験プログラムが三つのテクノロジーをもちいて事実を確立していたということをしめそう。その第一は物理的なテクノロジーであり、これは空気ポンプの製作とその操作のうちにみとめられる。第二は文章上のテクノロジーであり、これが空気ポンプによって生みだされた現象を直接的には目撃しなかった人びとへと知らせていた。第三は社会的なテクノロジーである。これには実験をおこなう哲学者たちが互いに応対するさいに、また知識たらんとする主張について判断するさいに使用せねばならなかった慣習が含まれる[4]。事実をつくるさいにもちいられる三つのテクノロジーを区別するのは便利ではあるが、はっきりと区別された三つのカテゴリーがあつかわれていると考えてはならない。むしろそれぞれのテクノロジーが他のテクノロジーを包摂していたと考えるべきだ。これから見ていくように、空気ポンプという物理的なテクノロジーをもちいた実験を実践することは、特殊な形態の社会組織を生みだした。高い評価をあたえられるようになったこの社会形態は、実験による発見を文章にして伝えるさいに劇的なかたちで表現された。また空気ポンプの実験を文章によって報告することで、経験は拡張され、そうして拡張された経験は物理的テクノロジーを拡散するために必要不可欠とみなされるか、実験の直接的な目撃の有効な代替手段とすらみなされたのだった。ボイルがいかに空気学にかんする事実を構築しようとつとめたかを理解したければ、私たちはこれら三つのテクノロジーのそれぞれがいかに使用され、そのひとつひとつが他のふたつにいかにかかわっていたかを考察せねばならない。

空気ポンプという物理的なテクノロジー

明白なことを書きとめることからはじめよう。ボイルの新しい空気学における事実は機械製であった。彼の機械論哲学は機械をたんなる存在論的な比喩としてもちいていたのではなかった。決定的であったのは、機械を知的生産の手段としてもちいたことであった。特定の目的のために組みたてられた科学機械が、新しい科学の基礎をなす事実を成立させていたのだ。その機械とは空気ポンプ（あるいは「空気装置《エンジン》」、あるいは生みの親の名前をとって「ボイルの機械」）であった。空気ポンプをボイルのために製作したのは、機器製作者であるグレートレックス、そしてなんといってもロバート・フックであった。製作は一六五八年から一六五九年にかけておこなわれた。空気ポンプが事実を生みだすにさいしてはたした役割を理解するためには、この機械がいかに組みたてられ、いかに稼働していたかを述べねばならない。

ボイルはオットー・フォン・ゲーリケの機械のデザインを改良しようと考えていた。ゲーリケのデザインは、カスパール・ショットが一六五七年に出版した『流体・空気力学』のなかで記述されていた。ボイルによれば、以前つくられたこのゲーリケの機械（図22）は実際に使用するにさいしての難点をいくつか抱えていた。第一に、大量の水に沈めねばならなかった。第二に、開口部がない容器であったため、内部に実験器具をさしこむことができなかった。第三に、動作させるのがきわめて困難であった。ボイルが見たところ、そこから空気を抜くには「二人の屈強な男が数時間にわたって労働に従事すること」が必要であった[5]。これらの使用上の難点の克服がボイルとフックの目標であった。図1は彼らが最初に製作に成功した機械を描いた図版である。これは『自然学的・機械学的新実験』にふくまれる四十三の実験をおこなうためにもちいられた[6]。この機械はふたつの主要部位からなっている。ガラスの球（あるいは「受容器」）とポンプ機器である。受容器は一定の広さの空間をもっていて、内部の空気が除去された。空間の体積は約三十クォート〔およそ三十三リットル〕であった。ボイルは理想をいえばもっとおおきな受容器を望んでいたが、三十クォートという体積が彼のもとにいた「ガラス職人たち」の能力の限界であった。『新実験』でのいくつかの実験において、ボイルはいくつかのよりちいさな受容器をもちいている。そのなかには一クォートほどの体積のものがあり、より簡単に空気を抜けると期待されていた（期待は裏切られた）[7]。頂上部（B-C）にある直径約四インチの開口部から受容器のなかに実験器具がいれられるようになっていた。トリチェリの実験では大型サイズの受容器よりもさらに背の高い器具がもちいられたが、そのようなときのために特別な調整をほどこすこともできた。高い器具の一部分は封印された開口部をとおって受容器の上にまで伸ばせるようになっていたのである。

受容器は下の部分で狭くなっており、それによってコックの栓（S）を含んだ真鍮の器具（N）とかみ合うようになっていた。この器具は中空の真鍮のシリンダー（3）につながっていた。このシリンダーは長さ約十四インチであり、内径約三インチであった。シリンダーの上の口には小さな穴があり、必要なときには真鍮のバルブ（R）が挿入できるようになっていた。シリンダーの内部には木でできたピストン（ないしは「吸引具」）があり、その最上部には「なめした靴革からとった厚くて良質な切れ端」がつけられていた（4）。この靴革の切れ端はピストンとシリンダーの内側の面をきわめて密接にすきまが生じないように接合させるためにつけられたものである。ピストンは鉄のラック（5）と小歯車（7）からなる装置によって持ちあげられたりおしさげられたりした。機械は木の台（I）の上におかれていた。

受容器から空気を除去するためにこの装置がどうはたらいた

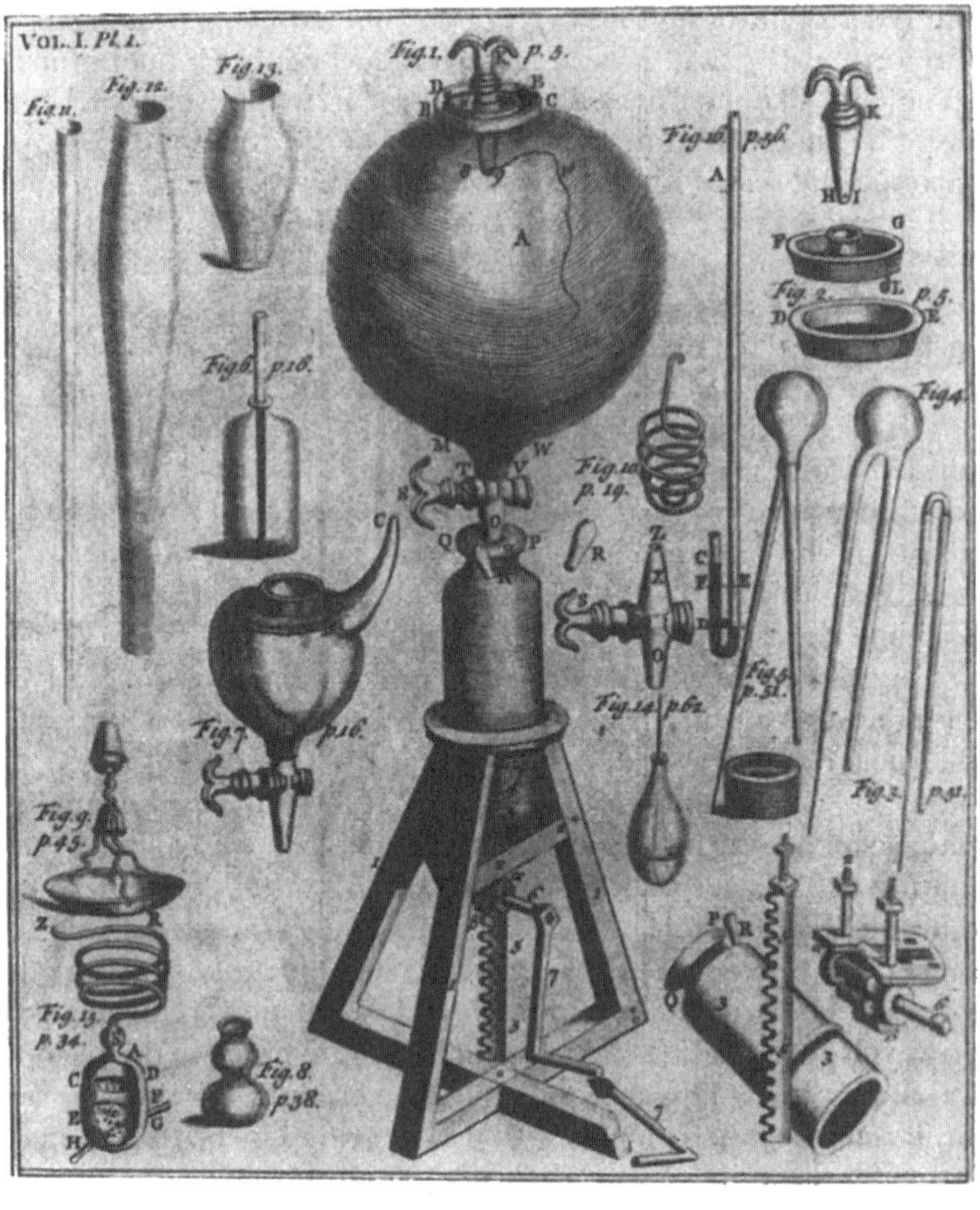

図1　ロバート・ボイルの最初の空気ポンプ.『自然学的・機械学的新実験』(1660年) に版画として掲載されたもの. (エディンバラ大学図書館のご厚意による.)

のかをしめそう。コックの栓を閉じた状態にして、バルブ「R」を挿入する。その状態で、ピストンがシリンダーの最上部にまでひきあげられている。この時点でピストンとシリンダー最上部のあいだに空気はない。それから栓が開かれ、ピストンがひきさげられる。これにより一定量の空気が受容器からシリンダー内部へと移動する。栓が閉じられ、バルブが外される。そしてピストンがひきあげられる。これにより先ほど移動した空気が外へと放出される。この過程がくりかえされる。それぞれの「吸いだし」は、受容器内に残った空気の量がすくなくなればなるほど、力を必要とするようになる（空気ポンプが空気を除去する仕方についての以上の説明は、ボイルと現代の研究者が述べるところに沿ったものであると指摘しておかねばならない。以下でみるように、ホッブズは受容器がつねに充満した状態にあると主張した。それゆえポンプの作動にかんする彼の見解［これは第4章でくわしく見る］は、ボイルのそれとは根本的に異なってぃた）。その後の一六六〇年代と一六七〇年代の空気ポンプ（これは第5章と6章で見る）は、この元来のデザインといくつかの点で異なっていた。シリンダーと受容器は間接的につなげられるようになり、ドニ・パパンによる一六七六年の改良以降は、ふたつの吸いあげシリンダーがあって、それらがそれぞれ自動で動くバルブを備えるようになった。私たちはボイルの空気ポンプを基本的には空気を薄める機械として見ていくことになるが、それは受容器内部の空気を圧縮するためにも使用することができた。空気を除去する手順を反対向きにおこなえばよいだけであった。[8]

オリジナルの空気ポンプの受容器から空気を完全に排出するのはきわめて困難であったし、排出した状態を長く保つのもまたむずかしかった。おもな難題のひとつに、漏れの問題があった。ポンプ、ないしは受容器に、空気の通り道が数おおくあるかもしれず、そこをとおって外部の空気が入りこまないよう細心の注意をはらわねばならなかった。これはけっして瑣末でたんなる技術的な問題というわけではなかった。事実を生みだすというポンプの能力は、機械の物理的な完全性に決定的にかかっていた。より正確にいうなら、いかなる実践上の目的にてらしあわせても機械は空気の侵入を防いでいると、集合的な同意がえられているという点にかかっていた。

ボイルは外部の空気が入りこむのを防ぐためにどのように機械をふさいだかを詳細に語っている。たとえば受容器の頂上にある開口部は特殊なセメントでおおわれた。それは単鉛硬膏と呼ばれ、「その微小な諸部分がきわめてよく混じりあっており、またその構造が緊密であるために、外部の空気のあらゆる侵入を防ぐと思われる」混合物であった。[9] 単鉛硬膏のつくり方をボイルは述べていない。しかしそれはおそらくオリーブオイルと他の植物の絞り汁を酸化鉛類といっしょに煮沸したものであった。

ボイルはまたいかにコックの栓が固定され、空気を漏らさないようになっているかを述べた。そのために彼は「溶かしたピッチ、松やに、そして木灰」を混ぜて使った。また彼はピストンの周りにある革の輪にいかに油が差されているかをとりわけ入念に説明した。そうすることでシリンダーの内部で輪が動きやすくなり、また「シリンダーの端と輪のあいだから空気が入ってくるのをより精密に防ぐ」ことができた。まず一定量の「サラダ油」が受容器とシリンダーの両方に注がれた。そしてさらなる油がバルブ「R」をなめらかにし、空気の侵入を防ぐために使われた。ボイルが記すところによれば、油を水と混ぜると、密閉にとってても潤滑にとってもときとしていっそう効果的であったという(10)。

さらに機械の物理的な完全性は、よりいっそう深刻な脅威にもさらされていた。ガラス吹きの技術のレベルからして(これをボイルは嘆きつづけた)、受容器にはともすればひび割れがはいり、破裂することさえありえた。ちいさなひび割れは、ボイルの見解ではかならずしも致命傷とはならない。そういったひび割れは内部と比べてよりおおきな外部からの圧力がふさいでくれるからだ。それに、ボイルはひび割れを必要におうじて修復するやり方を指示している。粉末状の生石灰、チーズくず、そして水を混ぜる。混ぜたものをこねてペースト状にして、「強い悪臭を発するようにする」。それを亜麻のしっくいにひろげて、ひび割れにあてがうのである(11)。

最後の問題として、大気の圧力とピストンを動かすためにかけられる力が真鍮のシリンダーを曲げるおそれがあった。これもまた革の輪とシリンダーの内側の面とのあいだの緊密な密封状態を損なうかもしれない。私たちが空気ポンプの物理的完全性と、それを保証するためにボイルがとった手順をくわしくあつかった理由は以下であきらかとなるだろう。さしあたっては次の三つの点を記しておくにとどめたい。第一に機械の完全性と、限定的な漏れが生じていることの双方が、ボイルが空気学の発見とその適切な解釈を正当化するにさいして重要な役割をはたした。第二に、機械の物理的完全性は、機械のおかげで生みだされた知識が完全性をもつとみなされるにさいしてきわめて重要であった。第三に、機械の物理的完全性の欠如を問題とするのは、批判者(とりわけホッブズ)によって採用された戦略であった。そうすることでボイルの主張を解体し、別の説明で代えようとしたのである。

エンブレムとしての空気ポンプ

ボイルの機械は新しく強力な実践を力強く表現するエンブレムであった。ルパート・ホールが書いているように、空気ポンプというのは当時生まれつつあった科学実験室がかならずそなえていた主要な陳列品であった。それが生みだす驚異は、高貴な人物が科学にまつわる集会に臨席するさいにはかならず披露された。化学者がもちいた炉と蒸留器に続いて、実験でもちいられた最初の巨大で高価な器具が空気ポンプであった。

それは「当時のサイクロトロン」であった。[12] 同じようにマリー・ボアズ・ホールはいう。

……ボイルの空気ポンプはフックの顕微鏡とともに［王立］協会の主要な展示品であった。名のある訪問者を楽しませねばならないときには、おもな展示はいつもポンプを使った実験であった。[13]

一六六一年の二月というはやい段階でデンマーク大使は「ボイル氏の空気ポンプをつかった実験でもてなされた」。一六六七年には、おそらく女性としてははじめて王立協会の会合に出席を許されたニューカッスル公爵夫人のマーガレット・キャヴェンディッシュが、同様の見世物によって迎えられた。サミュエル・ピープスによるとマーガレットは「まったくもって感激していた」ということである。[14] 一六六四年には王が王立協会に迎えいれられることになった。そのときまでに王は空気ポンプのことをよく知っていたので、なにがポンプにかわって王を喜ばせ、王に新たな知見をあたえられるかが入念に議論された。クリストファー・レンがオックスフォードから書いてよこしたように、

［王を迎えるという］この機会はきわめて厳粛なものであり、また私は協会の名誉を大変気にかけておりますので、私にはいかなる［他の］実験も適切ではなく、十分に目をひくものではないように思えます。トリチェリの実験のようなみごとな実験は毎年おこなわれるようなものではありません。新たにおこなわれる実験はそれほどには成果をもたらしはしません。それゆえ協会がトリチェリの実験と、それが生みだした同種の実験ばかりおこなっているのは当然のことなのです。

王の臨席という機会にふさわしい実験のもよおしは、啓発的であると同時に劇的なものでなければならず、つまりは空気ポンプの実験のようなものでなければならなかった。

もしあなたがなにか特筆に値する実験を手にしていて、その実験が哲学の原理のうちに新たな光を導きいれるように思われるなら、その実験よりも協会の意図にかなったものはないでしょう。しかしそのような実験は［王を歓待するという］いまの目的のためには無味乾燥すぎるかもしれません。ここではなにか壮麗なものが必要なのです。その一方で、ただたんに技量をしめして、驚異の念を起こさせるということ、これはキルヒャーやショットや、奇術師ですらよくやっていることですが、それはこの機会の重要性にかなわないでしょう。求められている実験は、哲学に光をもたらす実験と、その有用性と利点が説明ぬきに明白である実験のあいだにあるものなのです。さらにそれにくわえて、なにか予想もつかない結果によって驚かせ、その仕組みにみられるみごとさのために推薦に値するものでなくてはなりません。[15]

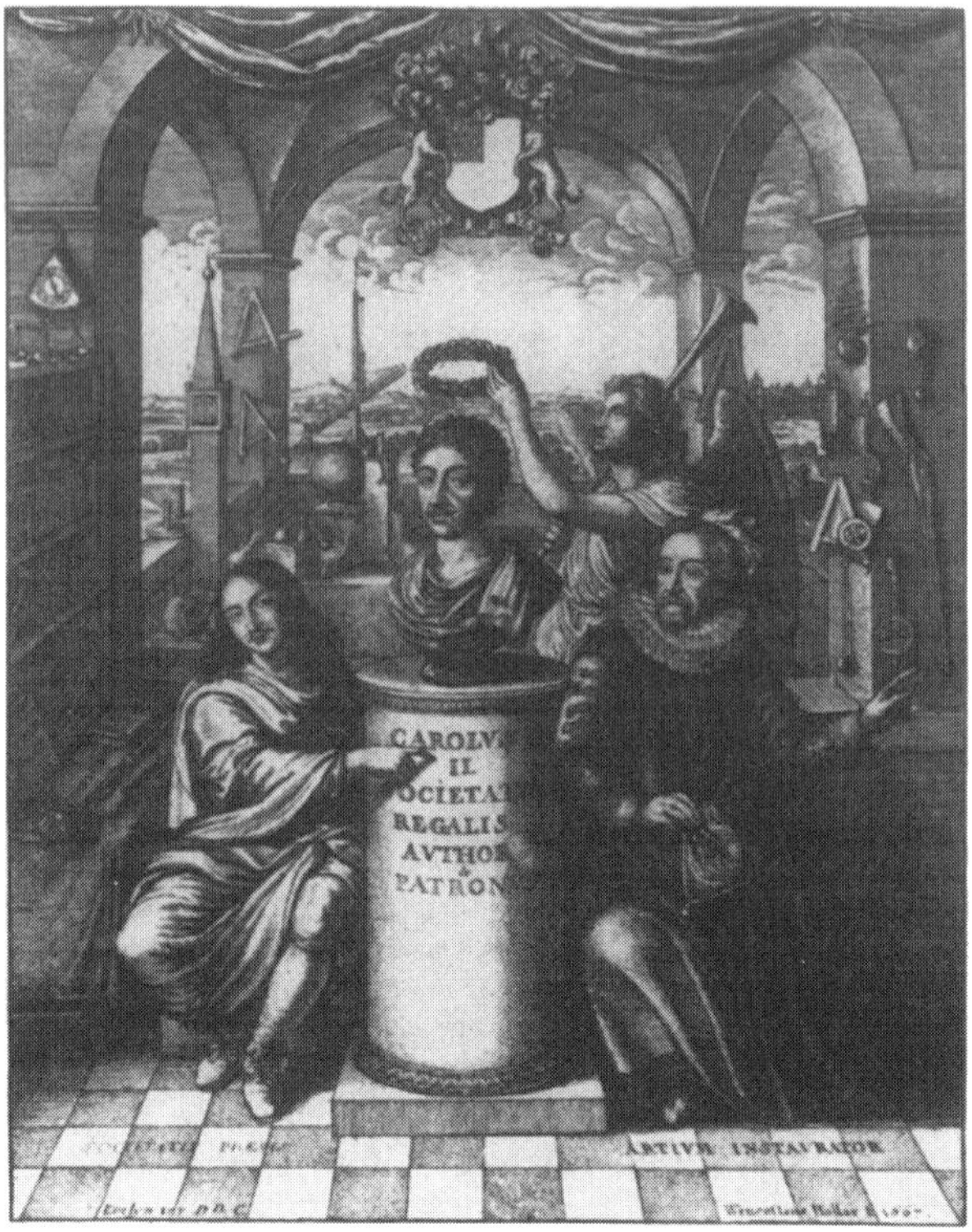

図 2　スプラットの『王立協会の歴史』（1667 年）の扉絵．ヴェンセスラウス・ホラーにより彫られた．デザインはおそらくジョン・イーヴリンがジョン・ビールのために 1666 年ごろ作成したものであり，後にスプラットの書物に転用された．ボイルの改良型の空気ポンプが背景の左中央に描かれている（図 17 も見よ）．前面に描かれている三人の人物は，王立協会会長のブラウンカー卿（左），国王（胸像，中央．女神ファーマにより冠をさずけられている），フランシス・ベイコン（右）である．（大英図書館のご厚意による．）

いかなる器具も「ボイルの機械」にとってかわって王立協会の実験プログラムのエンブレムとなることはできなかったわけだ。

空気ポンプがもっていた強力なエンブレムとしての地位を、同時代に制作された図像のうちに見ることができる。ボイルとフックはウィリアム・フェイソーンに、ボイルの姿を空気ポンプとともに描いた絵と版画を制作させることに強い関心をしめしていた（図16bを見よ）[16]。一六六〇年代の中頃には、サマセットのヴァーチュオーソであるジョン・ビールが、フランシス・ベイコンの衣鉢を継ぐ功績を重ねている王立協会をたたえようと熱心に活動していた。そのためにビールは、ジョン・イーヴリンに適切な図像を描くようすすめた。イーヴリンの絵は数おおくの紆余曲折を経たすえに、スプラットの『王立協会の歴史』（一六六七年）のいくつかの刊本で巻頭を飾ることとなった（図2）[17]。その絵の版画はヴェンセスラウス・ホラーによって彫られた。版画の左のうしろには、デザインしなおされたボイルの空気ポンプが置かれている（拡大した図として図17を見よ）。

一七世紀後半から一八世紀にかけてこのフェイソーンの図像は継続的に採用され修正されることになる。おそらく図像学的な重要性という見地からみてもっとも豊かな内容を含んでいる空気ポンプの図像は、最終的にボイルの『著作集』（一七四四年と一七七二年）のタイトルページにあらわれたものであった（図3）[18]。ユベール・フランソワ・グラヴロによるこの作品は、フェイソーンが描いたボイルの肖像画とポンプをとりこんでいた。空気ポンプの力をしめすのは、ラテン語で書かれた標語と古典古代からとられた女性がしめしている仕草である。女性の左手は空気ポンプをさして、右の手は天をさしている。この仕草の重要性を補強するのが、標語「事物の原因から至高の原因を知る」であった。この版画にあるあらゆる科学器具のうちで、空気ポンプの動作こそが、哲学者をして神を知ることへと近づくことを可能にするだろうというのだ[19]。さらに空気ポンプの製作者がだれであるかは、天を指す女性の腕のラインがボイル本人へと伸びることにより象徴的にしめされている。

図3　ブルゴーニュのユベール・フランソワ・グラヴロが，トマス・バーチ版のボイル『全集』（1744年，1772年）のために作成した挿絵．第1巻の表紙のなかの絵として採用されている．（エディンバラ大学図書館のご厚意による．）

さらに着目すべきは、さまざまな哲学的機器が空間的に分けておかれていることである。右側には空気の性質について実験するための器具がある。すなわち空気ポンプ、二手に分かれた水銀気圧計（空気ポンプにもたせかけられている）、そして二管の液柱圧力計である。これらはすべて近代的な実験器具だ。ボイルの空気学が近代的な実験哲学の模範であったのと同じである。左側には火を使う実験のための器具がおかれている。とりわけ目立つのが蒸留器のついた炉である。これらの器具はすべて中世に起源をもっていて、錬金術と旧哲学の実践者たちがも

図４ 匿名で編纂された次の自然哲学論集の扉絵．*Recueil d'expériences et observations sur le combat, qui procède du mélange des corps* (Paris, 1679)．（大英図書館のご厚意による．）

ちいていた。女性はこれらの器具から顔をそむけている。これらの器具をボイルが拒絶していたということではない（彼はこれらを自分でも使っていたのだから）。そうではなく左右で分けられたふたつのプログラムとそれらが生みだす知的産物には、価値の点で違いがあるということをしめしているのである。さらにこれらの産物は書かれたものという形態をとっており、女性の足は積みあげられた書物のうえにおかれている（知識の探究の具現化である）。これらの本があるのは空気学の道具の集まりの方だ。〔火の実験のための器具がある〕左側に本はない。[20]

この図にあらわれている一連の事物と仕草の組み合わせは、〔たんなる個人の着想にとどまらず〕科学研究機関のうちで受けつがれていくアイデアとなった。そのことをしめすのが図４である。これは実験にまつわる論文を集めた一六七九年出版のフランス語の本の扉絵である。この論集にはボイルの味と匂いにかんする一連の論考も収録されていた。[21] そこに描かれている女性はあきらかにアテナ、知恵の女神である。彼女の左手は天をさしている。一方右腕は「新実験」と書かれた巻物を手にしている。（これがボイルの空気学論文の表題だけをとくにさしているのかどうかはわからない。）女性の足は図３の図像と同じく書物のうえにおかれている。

空気ポンプと「感覚の帝国」

新しい科学器具である顕微鏡、望遠鏡、そして空気ポンプの真価は、知覚を向上させ、新しい知覚の対象を構成する能力のうちにあった。経験主義的かつ帰納主義的な実験哲学は、事実を生成することからなりたっており、その事実とは知覚経験の対象となるものであった。そのような知覚の対象を認識し構成するにさいし、補助なしの感覚は限られた能力しかもっていないのだった。ボイル自身「器具の補助により高められた感覚がもたらす情報を、感覚だけがもたらす情報に通常は優先させるべきだ」と考えていた[22]。フックは科学器具がいかに感覚を拡張しているかをくわしく述べていた。

> ……むしろ彼〔フック〕が意図したのは、感覚の特徴的な能力を改善し高めることであった。そうすることで彼がめざしたのは、補助なしで私たちの器官が感じることができているものを、数、重さ、おおきさに還元することだけではなかった。彼はまた感覚器官の限界を拡張して、補助なしの感覚がこれまで到達できず、入りこめず、知覚できなかった物質の領域でも、数、重さ、おおきさへの還元をおこなうことをめざしていたのである。そうやって感覚の帝国は拡張し、「感覚では到達できない」自然の内奥を包囲してその領域を狭めるのだ。そしてたかだか一介の兵卒であっても、これらの器具を巧みにもちいることで、近い将来自然にそのもっとも難攻不落の砦を明けわたさせることができよう[23]。

フックの考えでは、おこなうべきは人間の感覚の「弱さ」を、「器具によって、あるいはこういってよければ自然の器官に人工の器官をつけ加えることによって」治療することであった。その目的は「感覚の支配領域の拡張」だった[24]。感覚のうちでは視覚が他に優先していた。しかし「おおくの機械的な発明が私たちの他の感覚、すなわち聴覚、嗅覚、味覚、触覚を改善しうると考えるのは不適切なことではない[25]」。

これまで見えなかったものが見えるようになるだろう。土星の輪、ハエの目のモザイク状の構成、太陽の黒点などである。その他のその本質からして見えないものも、視覚的にあらわされることになるだろう。空気の圧力や、水状あるいは土状の流体といったものである。フックがいうには、「目にすることができる世界が新しく発見されている」のであった[26]。この新たに見えるようになった世界がしめしたのは、科学器具が感覚を向上させる能力をもつということだけではなかった。それはまた、感覚はその本質からして誤りうるものであり、実験哲学者の補助を必要としているという警告としても機能したのである。グランヴィルは望遠鏡による土星の輪の発見を、補助なしの感覚と、そのような感覚のうえに築かれた仮説が誤りうることをしめす事例としてとらえた。

> 新しく発見された土星のまわりの輪は……これまでこの世界が知ってきたいかなる体系によっても説明されないといってよかろう。自然の理論を進展させうるものが見つかるとしたら、私たちの観察と感覚にたいするあらわれを修正してくれそうなものからしかない。そのような修正をほどこしてくれるものがなければ、私たちは学問をこれ以上進展させることができず、不完全な推測と場当たり的な発想にとどまることになるだろう。(27)

したがって、科学器具は感覚を修正し、規律づけるものであった。このように考えてみるならば、顕微鏡や空気ポンプといった器具が押しつける規律というのは、理性が感覚にあたえる規律と類比的なものであったといえる。感覚だけでは適切な知識を構成するに不十分である。だがひとたび規律を課されたならば、感覚はこの仕事にうってつけのものとなるのだ。フックは感覚からえられたものがより上位の知的能力へ向かい、そこからまた帰ってくるという循環が適切におこなわれるさまを次のように描写している。

> 知性とは、下位の能力がおこなうより劣った仕事のすべてを秩序づけるものである。だが知性がこれをおこなうのは、法に忠実な主人としてであって、僭主としてではない。……知性は感覚の不規則性を監視せねばならない。だが感覚より前に出たり、感覚から情報がもたらされるのをさまたげたりしてはならない。……真の哲学は……手と目からはじまり、記憶を通って進み、理性によって継続される。それはそこで止まるべきではない。もういちど手と目にいたらねばならない。そうやって、ある能力から別の能力への往来を続けることによって、真の哲学はその生命と強さを保たれねばならない。人間の身体がそうであるように。(28)

理性が感覚を規律づけ、感覚によって規律づけられるのと同じように、新しい科学器具は感覚による観察を規律づけるのであり、それは対象へのアクセスを制御することによっておこなわれていた。

ボイルとフックの空気ポンプは、ボイルの言葉をもちいるならば、「精巧な」器具であった。またそれは気まぐれ（適切に動作させるのがむずかしい）であり、きわめて高価であった。つまり空気ポンプは一七世紀の「巨大科学」であった。個人レベルでその製作費用を拠出するにあたっては、ボイルがコーク伯の息子であったという事情がおおいに助けとなった。他の自然哲学者たちは、ボイルと同じくらい資金に恵まれていたと思われる者であっても、空気ポンプを製作するコストには尻ごみした。そして一六六〇年代以降、科学協会の設立のおもな理由として、実験哲学に不可欠とされた器具のために集団で資金を拠出することがあげられるようになった。(29)

一七世紀科学の歴史を読むと、空気ポンプが広く分布していたとの印象を受けるかもしれない。だがその数はきわめて限定されていた。一六六〇年代に空気ポンプがあった場所と、その稼働状況についてくわしくは第6章でとりあげよう。しかし事態はここで簡単に要約できる。ボイルのオリジナルの器具はすぐにロンドン王立協会に提供された。一六六二年までにボイルはデザインを変更した器具をひとつ、ないしはふたつ自分のために製作し所有していた。それらはおもにオックスフォードで稼働していた。クリスティアン・ホイヘンスは、一六六一年にハーグで製作されたポンプをひとつ所有していた。パリのモンモール・アカデミーにもひとつあった。一六六〇年代のなかばまでに、おそらくひとつのポンプがケンブリッジ大学のクライスト・カレッジにあった。一六六一年以降は、ヘンリー・パワーがハリファックスにひとつもっていた可能性がある。確認できる限りでは、以上が発明から十年のあいだに存在した空気ポンプのすべてである。

　これらのポンプの機構はたいへんに複雑であり、またその利用も制限されていた。ポンプへのアクセスは困難であった。この問題を克服しようと実験哲学者たちは手をつくした。以上はあきらかな事実である。それに比べるとかならずしも自明ではないが、正真な知識を生みだすとされていた器具へのアクセスを制御することは、積極的な利点を有してもいた。これらの機械が稼働していたのは生まれつつあった実験室という空間であり、それは公的な空間であるはずであった。だがホッブズのような批判者たちが即座に指摘することになるように、その公的な空間は制限されていた。もしだれかが権威をもつ実験的知識（すなわち事実）を生みだしたければ、その人はこの空間にやってきて、他の人びととともにそこで働かねばならなかった。もしだれかがそれらの機械がつくりだす新しい現象を見たければ、その人はその空間に来て、現象を他の人びとといっしょに見なければならなかった。それらの現象はどこででも見られるものではまったくなかった。したがって実験室とは規律づけられた空間だったのだ。そこでは有能なメンバーたちが、実験上の、言語上の、そして社会上の実践を集合的に制御していた。

　以上の観点からして、実験室は自然の単純な観察ができる実験室外の空間よりも、権威を有する知識を生みだすのに適した空間であった。たしかに実験室外での観察は新哲学の生命線だと考えられていたし、古代の権威への信頼よりもはるかに望ましいと考えられていた。しかしほとんどの観察報告は証言の評価という問題をかかえていた。たとえば動物の新しい種を東インド諸島で確認したという報告があったとしよう。その報告の確認を、信頼に値するとみなされていた哲学者がおこなうのは容易ではなかった。それゆえそのような報告はすべて、それが既存の知識からみてありそうかという観点と、その目撃者は信頼と信用に値するのかという観点から検証されねばならなかった。[30] このようなことは実験の実演においてはおこらなかっただろう。実験の実演においては、信頼に値し、すぐれた判断力をもつことで知られた哲学者たちが複数人でともに現象を目撃するのが理想であった。もしだれかが実験的に生みだされた事実が根本的な地位を有すると強く主張するなら、その人間は錬金術の「秘教家」と、宗教分派の「狂信家」による知識をめぐる主張を排除せねばならない。秘教家や狂信家たちは、個人に神から直接あたえられた霊感があると主張したり、そのような人物がたった一人で「自然という書物のうちを進む」ことによって、検証できない観察上の証言を生みだしたりするというのである。実験的知識の構築は公的な過程であるべきであったという私たちの指摘自体は目新しいものではない。だが私たちが強調したいのは、科学的な機械をつかって事実を生みだすことが、「公的」ということに特殊な種類の規律を課していたということである。この後に続く節では、ボイルが事実を生みだすにあたって推奨した言語上の実践と社会上の実践の性格を記述したい。この記述に進む前に、空気実験とはなんであったのか、また空気実験で生みだされた事実とその解釈・説明との関係はどのようなものとされていたかを手短に述べる必要がある。

ふたつの実験

一六六〇年のボイルの『新実験』の本文は、新たな空気ポンプでおこなわれた四十三の実験の叙述からなっていた。以下の章では、ボイルの実験プログラムの批判者たちが、ボイルが提示した事実の十全性と、彼がその説明に利用した道具立ての十全性とをいかに解体しようとしたかを見ていきたいと思う。これらの解体は、ボイルの実践と研究結果のほぼすべての側面を疑問視した。疑問視された側面は、空気ポンプの物理的な完全性から、実験的な事実を適切な自然哲学上の知識の基礎にすることの正当性にまでおよんだ。だがさしあたってはボイルが最初におこなった空気ポンプ実験のうちのふたつを、彼自身が説明するとおりに記述するのが有用だろう。これらふたつの実験はランダムに選ばれたわけではない。それらに注目する理由は三つある。

第一に、そこで生みだされた現象は、ボイルの哲学の支持者と批判者の双方によって議論の中核をなすものとみなされた。それらの現象をめぐって一七世紀には機械論的自然哲学者と非機械論的自然哲学者とが争い、またさまざまな種類の機械論哲学者たち同士が争ったのだった。第二に、ふたつの実験はボイルが成功とみなした実験と、失敗とみとめた実験のあいだの対比をつくりだしている。以下で見るようにホッブズのような批判者たちは、ボイルが失敗をみとめたことをとらえて、彼の実験プログラム全体を否定しようとしたのであった。第三に、ボイルの考えではふたつの実験は両方とも、彼の空気学がおもに依拠していた説明上の道具立ての正当性ととりわけ密接な関係を有していた。その道具立てとは空気の圧力と空気の「バネ」である。それゆえ、実験的事実とその説明とのあいだにボイルがいかなる戦略上の関係をたてたかを、これらの事例はとくによくしめしてくれる。

最初の実験は、ボイルの一六六〇年の著作での配列では一七番目のものにあたる。彼はその実験に「私の装置からえた主要な成果」として言及している。おそらく空気ポンプはこの実験をおこなうことをおもに念頭においてつくられたのであった。私たちはそれを「真空のなかの真空」実験と呼ぼう。それはトリチェリの器具をポンプのなかに入れ、受容器から空気を抜くというものであった[31]。エヴァンジェリスタ・トリチェリの「高貴な実験」は最初一六四四年に実演された。管の片方を封じ、水銀でみたしたうえで、それを同じく水銀のはいった皿でひっくり返すのである。その結果管の最上部に生じる「トリチェリの空間」は有名な現象となり、自然哲学者にとっての難問となった。生みだされてから十年のあいだ、その現象は宇宙論上きわめて重要な意味をもつふたつの問いと関連づけられていた。その「空間」の本当の性質はなんであるかという問いと、ガラス管内部において水銀がある特定の高さでとどまることの原因はなんであるかという問いである。一六四五年から一六五一年にかけて、これらの問いへの関心がみられた中心地はフランスであった。フランスではメルセンヌがイタリアでなされたこの科学活動を紹介し、パスカル、プティ、ロベルヴァル、そしてペケといった自然哲学者たちがみな自説を論じ、トリチェリの器具で実験をおこなっていた。

　この問題がおかれていた状況について、現在の私たちの議論に関連して指摘しなければならないのは以下の二点である。第一に、トリチェリの現象は自然のうちに真空は存在しうるかという長きにわたっておこなわれてきた論争の観点から議論されていた[32]。この実験は真空が存在するという決定的な証拠となるのだろうか。実際には、トリチェリの空間と水銀の高さについては、考えうるかぎりのありとあらゆる説明の組みあわせが提起されていた。スコラ学の権威たちは、トリチェリの空間は真空ではなく空気にみたされており、その空気が拡大されうる限界によって水銀の高さは決まると主張した。デカルトにとって、水銀を支えるのは大気の重さであった。だがトリチェリの空間はなんらかの精妙な物質によってみたされていた。デカルトの頑迷な論敵であるロベルヴァルにとって、トリチェリの空間は真空であったが、水銀の高さを決めるのは自然の真空嫌悪の強さの限界であった。最後にトリチェリとパスカルは、空間は真空であり、水銀は大気の重さによって支えられていると考えた。このようにトリチェリの実験は、論争のうちでさまざまなかたちで説明されていた。論争の中心にあった問題は、充満理論と真空理論のどちらをとるかであった。一六四〇年代と一六五〇年代に実際に主張された見解の幅にかんがみて、トリチェリの問題は自然哲学におけるスキャンダルの見本と考えられていたのである[33]。

　第二に指摘せねばならないのは、論争に参戦した者たちは実験という方法を、この決着のつかない争いから抜けだす道と考えていたということである。著作のなかでブレーズ・パスカルは実験がもつ慎みぶかさと、論証がもつ強制力とを組みあわせて、論敵と批判者たちの考えを改めさせようとした。一六四七年から一六四八年にかけて出版した論考のなかでパスカルが記述したのは、やがてトリチェリの実験の変種として名をとどろかすことになるものであった。ためらいがちながらも、パスカルはそれらの実験を、みずからの仮説を説得力をもって裏づける証拠として提出したのだった。そのなかには一六四八年九月のピュイ・ド・ドームでの実験の報告も含まれていた。パスカルは、ノエルのような宗教的に正統派でありかつデカルト主義哲学者であった人物たちを断固として批判した。彼らは理論を愛するあまり、はやまって仮説を立てているというのである。このようにトリチェリの実験は、実験についての特定の主張と密接に関連させられていた。それは、実験は自然にかんする信念を固定させ、論争を終わらせ、同意を生みだすものなのだという主張であった[34]。

ボイルの真空のなかの真空実験と、その彼による解釈は、同意を確保するにさいしての実験の役割を彼が強く支持していたことをしめしている。同じくらい重要なのは、トリチェリの実験とそこから派生した各種実験を記述してきた自然哲学上の言説からボイルがどれほど袂をわかっていたかを、この実験があきらかにしているということである。実験が空気ポンプの受容器のなかでなされた場合でも、その外でなされた場合でも、トリチェリの空間の内容物がなんであるかはボイルの関心をほとんどひかなかった。これまでの真空論者と充満論者の論争で争われてきた意味での「真空」を、空気を抜かれた受容器が生みだしているかどうかを決定することにも彼は関心がなかった。むしろ彼は真空論と充満論の言語を無効にするような新しい言説をつくりだそうとしていた。あるいは、ボイルにいわせれば既存の言語はスキャンダラスな論争を生みだしていたわけだが、彼がめざしたのはすくなくともその論争を最小化するように既存の言語を制御することであった。このためにふたつの空間が用意された。ひとつは受容器という空間であり、そこにいま問題となっている典型的な実験が挿入された。もうひとつの空間は、言語上の実践と社会上の実践によって構成される空間である。これらの実践はこの実験についていかに語るべきかを規定することで、論争を無効化する可能性を秘めた言説空間を構成したのだった[35]。

ボイルがおこなったのは次のことである。彼は長さ三フィート、直径四分の一インチのガラス管を用意し、それを水銀でみたした。その管をいつものように水銀のはいった皿のうえにひっくり返した。彼がいうには、そのさい水銀の内部から気泡を除去するよう注意をはらった。水銀柱は下にある皿の水銀表面からみて約二十九インチの高さのところまで降下した。最上部にはトリチェリの空間が残された。そこでボイルは罫線を引いた紙の切れ端を管の上端にくっつけた。そしておおくの糸を使って、器具を空気ポンプの受容器のなかに降ろした。管の一部は受容器の頂上にある開口部の上にでていた。ボイルは溶かした単鉛硬膏で注意ぶかく接合箇所をふさいだ。彼は水銀の高さには吸いだしがはじまるまえはなんの変化もなかったと記している（この実験設備の後のバージョンの図版として図12を見よ[36]）。

ここで吸いだしがはじめられた。最初に空気を吸いだすと水銀柱の高さはただちに下がり、さらに吸いだすとさらに下がった。（ボイルは最初それぞれの吸いだしのあとにどの程度の高さまで水銀が下がるかを計測しようとしたが成功しなかった。水銀が紙の計器の下にまで下がってしまったからである。）十五分ほど吸いだしをすると（何度吸いだしがおこなわれたかは記録されていない）、水銀はそれ以上下がらなくなった。重要であったのは、水銀柱が皿に入っている水銀の高さにまでは下がりきらなかったということである。それより一インチほど上でとどまったのだ。この実験はすぐさま目撃者の立ち会いのもとくりかえされ、同じ結果がえられた。ボイルはさらに水銀の下降はコックの栓をゆるめてすこし空気をいれてやると反転、つまり上昇させることができると観察した。だが水銀柱の高さはたとえ器具を最初の条件にもどしたとしても完全に最初の高さに戻ることはなかった。以上のような基本的な作業手順に変化を加えた実験も報告されている。実験は、上端を単鉛硬膏で封じた水銀入りのガラス管でもおこなわれた。その硬膏にどれだけ穴があるかを試すためである。ボイルは単鉛硬膏が完全にすきまのない封をしているわけではないと発見した。実験はまたよりちいさな受容器でもおこなわれた。より効果的な吸いだしをおこない、その結果としてより完全な水銀柱の下降を引きおこすことができるかどうかを見るためである（できなかった）。さらに実験は逆向きにもおこなわれた（ポンプを反対に動かすことで、受容器のなかの空気を圧縮したのである）。それにより水銀を二十九インチよりも高くすることができるかどうか見るためであった（できた）。

私たちのここまでの説明は、おこなわれ、観察されたとボイルが述べたことに限定されている。彼がこの実験にあたえた意味についてはなにもいっていない。ボイルにとって、この実験は、事実をいかに解釈してよいかの典型例を提供するものであった。問題となっていたのはトリチェリの実験と伝統的に結びついていたことがらであった。水銀の高さと、一見真空に見える空間の本性である。ボイルは真空のなかの真空実験をするにあたって、その結果にかんして特定の期待をあらかじめ抱いていた。トリチェリの器具を受容器のなかにおいたのは、「大気のあるところよりさらに上方での実験」という不可能な試みを模倣し、そのような試みと類比しうる状況を目に見えるかたちでつくりだすためであった。ボイルが推測するに、水銀柱の通常の高さは、「［大気に］接する水銀表面から大気の頂点にまで達していると考えられる空気の柱とのつりあい」によって説明される。それゆえ、「もしこの［トリチェリの］実験を大気の外でおこなえるなら、管のなかの水銀は容器のなかの水銀の面の高さにまで下がるだろう」。このような期待は、あらかじめ用意されていた説明上の道具立てとセットであった。その道具立てとは空気の圧力である。もし水銀が期待どおりに下降したならば、それは「そのとき下にある［水銀］のうえにはなんの圧力もかかっていないことになり、のしかかってくる水銀の重さに抵抗するものはなにもない」からだろう[37]。

もうひとつの関連する説明上の道具立てもボイルの期待のう

ちに含まれていた。トリチェリの器具を受容器のなかに閉じこめ、そこから空気を抜きはじめるまえには、水銀柱は以前と同じ高さにとどまっていたとボイルは記している。彼がいうには、その原因は「［受容器のなかに閉じ込められた空気の］重さより、むしろその空気のバネのおかげであるはずだ。なぜならその空気の重さが二か三オンス以上に達するとは考えられないからである。これは下降しないよう支えねばならない水銀柱の重さに比べればとるにたらない」。吸いだしがはじまると、受容器にある空気の圧力が減少するため、水銀柱の高さは下がるのであった。水銀が実際には一番下まで落ちないことは、空気がすこしだけ漏れていることから説明された。

……受容器から非常におおくの空気が抜かれ、その結果として残されたすくない空気では外部からの空気の侵入に抵抗できないようになったとき、外部の空気は（私たちができることをすべてしたとしても）どこかちいさな通り道から押し入ってくるだろう。おおくの空気は入ってこられないのであるが、少量の空気でもその時点で管に残っている少量の水銀の円柱の圧力とバランスをとるのには十分である。(38)

本章の次の節で、私たちはボイルが空気の重さとそのバネ（ないしは弾性）の概念をどのように使用したかを検証する。だがさしあたっては、重さとバネというふたつの機械論的観念が、この中核的実験を解釈するさいのボイルの記述の枠組みをさだめていたと記しておこう。

ボイルにとって水銀の高さの原因をバネや重さといった言葉をもちいて語ることは許されているし、それは義務でさえあった。だが真空の問題は根本的に異なるやり方であつかわれていた。真空の問題は可能なかぎり、そもそも問題ではないものとされねばならなかった。トリチェリの空間は真空なのか。空気を抜かれた受容器には真空があるのか。ボイルがこれらの問題をあつかうために選んだ足場は実験的なものであった。実験哲学に適切な語り方は、既存の自然哲学の言説とは種類を異にするものであった。ボイルは彼の実験がトリチェリの実験をめぐって伝統的に提起されてきた問題に関係しているとみなされるとわかっていた。その問題とは「この〔トリチェリの〕高貴な実験は真空の存在を意味するかいなか」であるとか、空気を抜かれた受容器は「あらゆる物体的実体を欠いた」空間であるのかといったものであった。ボイルが告白するに、「これほどにむずかしい問題」に立ちいるのは彼の望むところではない。「これほどに困難な論争に決定をくだそうという課題を自分に課そうなどとはあえて」しないという。だが、この実験は真空の問題に決着をつけるようなものではないし、この種の問いはすべて実験プログラムには関係がない。そのような問いは実験によって決着がつけられるようなものではなかった。決着がつけられないのだから、それらは問いとして不適切なのだった。充満論者は機械論的な理由によってか、非機械論的な理由によってか、真空はありえないと主張してきた。彼らがその理由

をとってきたのは、

実験や自然現象といった彼らの仮説を明確かつ個別具体的に証明するものからではなかった。そうではなく物体にかんする彼らの観念からであり、彼らによれば物体の本性というのは延長だけからなるのである……［これによって彼らがいわんとしているのは］物体のない空間を論じるというのは、スコラ学者たちの言葉づかいを使うなら形容矛盾を論ずるということなのである。

だがこのような理由づけをもちだしたり、このような話し方をしたりすることは、実験プログラムにおいては許されない。そのような理由や話し方は、「真空にかんする論争を自然探究にかんする問題というより、形而上学的問題に」したのであり、「それゆえ私たちはそれをもはや議論しない」のである[39]。

　ボイルによるこのような論点の動かし方は重要である。ボイルは「真空論者」ではなかった。また彼は真空の存在を証明するために『新実験』にとりくんだわけでもなかった。彼はまた「充満論者」でもなかった。彼は真空は不可能だと主張する者たちがあげていた機械論的であったり非機械論的であったりする原理に対抗する強力な議論を提出している[40]。ボイルがつくりだそうとしていたのは、そのような問いがみとめられなくなるような自然哲学上の言説であった。空気ポンプは「形而上学的な」真空が存在するかしないかを決定できない。それはポンプ側の失点ではない。むしろ強みのひとつなのであった。実験的な営みは、哲学者のあいだで論争と分断を生みだす問題を排除せねばならない。かわりに哲学者が同意できるような事実を生みだすことができる問いを立てねばならなかった。それゆえボイルは「真空」という術語を空気が抜かれた受容器の中身との関係においてもちいることにした。それにより「真空」という術語に実験的な意味をあたえたのである。ボイルは宣言する。「真空」という言葉を、「私は物体がまったくない空間という意味で理解しているのではない。そうではなく空気がまったく、ないしはほぼまったく含まれていないような空間という意味で理解しているのだ[41]」。ボイルは空気を抜かれた受容器が「なにかエーテルのような物質」でみたされている可能性をみとめた。だが「本当にそうである」とはみとめていない[42]。私たちが第5章で見るように、一六六〇年代のあいだボイルはエーテルの問題を実験プログラムのうちであつかおうとした。部分的には『新実験』への充満論者による批判にこたえてのことであった。だがこの研究プログラムにおいてすら、受容器のなかのエーテルの存在（そしてそれゆえ充満の存在）の有無に決定がくだされたわけではなかった。決定されたのは、そのようなエーテルがなんらかの実験上の帰結をともなうかだけであった。

　ボイルの真空は「ほぼまったく空気を含まない」空間であった。水銀柱が完全には下降しなかったことが意味したのは、ポンプにいくらかの空気漏れがあったということであった。ポンプの限定的な空気漏れは、彼の考えでは致命的欠陥ではなかった。むしろ実験結果を説明し、「真空」のような術語の適切な使用方法を例証してくれる価値をもっていた。それゆえ、受容器から空気を抜いて「真空」を生じさせることが実験なのではなかった。むしろ「真空」とは実験をおこない、不毛な形而上学的論争におちいることなく事実を生みだすための空間なのであった。[43] またそれは実験的空間であり、この空間をめぐって新しい言語上の、そして社会上の実践が動員され、同意を生みだすことがめざされるのであった。

ボイルの『新実験』から私たちがとりあげるふたつ目の実験は、より手短にあつかうことができる。それは一連の実験のなかで三一番目のものであり、先の実験と同じく理論的に重要で、以前からよく議論されていた現象をあつかっていた。その現象とは密着である。大理石やガラスでできた平円盤のようななめらかなふたつの物体は、互いに押しつけられると自然と密着する。この一般的な現象は、真空論者と充満論者の論争のうちで長いあいだ最重要課題となっていた。この現象をルクレティウスは真空の存在を証明するために使った。中世では真空論者と充満論者の双方が自分たちの主張を証明するためにこの現象をもちいた。この現象はまた剛性と密着の問題をあつかうガリレオの著作のなかで重要な位置を占めていた（以下の章では、ボイルが『新実験』以前に密着についておこなったことと、その現象についてのホッブズの一六五五年の『物体論』でのあつかい、そしてこの問題をめぐる二人のあいだの長きにわたる論争をあつかっていく）。ふたつの物体の表面が自然と密着するという事実は疑いようのないものであった。だがこの密着と、それを強制的に分離させるさいの状況を適切に説明するにはどうすればよいかははげしい議論の対象となっていた。だれもが一致していたのは、密着している非常になめらかな物体を、密着面にたいして垂直に力をかけて分離するのはきわめて困難だが可能だということであった。ルクレティウスによれば、それらを分離させることによって生まれる空間をみたすために端から空気が入りこんでくる速度は有限であると考えざるをえないため、分離の瞬間には真空が存在するのだった。スコラ学の充満論者たちは、分離のむずかしさを強調し、それを真空嫌悪によるものだとみなす傾向があった。分離という動作にたいして多様な説明があたえられ、それらはみな充満の存在は現実だと主張しようとするものだった。[44]

ボイルのアイデアは、トリチェリの実験のときと同じように、この現象を自分の新しい実験上の空間に挿入することであった。そうすることでその現象をみずからの技術上の実践と言語上の実践のうちにとりこんで、空気の圧力の効果をよく例証するものとしてもちいたわけである。ここでもボイルは実験にあたって、その結果に一定の期待をあらかじめ寄せており、その結果を説明するための説明上の道具立てをあらかじめ用意していた。もしふたつの「非常によくみがかれた」大理石の平円盤が互いに重ねあわされると、「それらがかたくくっつきあうために、上の方の平円盤をもっている人は、下のものがきわめて重くないかぎりは、下の平円盤も持ちあげ、それを自由空気中で支えることになるだろう」。この密着の「蓋然的な原因」はすでに用意されていた。

……それは下の石にかかる不均等な空気の圧力である。というのもその石の下側の表面はなににも妨げられることなく直接空気にさらされており、それによって圧力をかけられるのにたいして、上の方の表面は上にある石と接しているため、空気の圧力から守られているからである。その結果として空気は下の石を上方に向けて押して、下の石が落ちるのをさまたげるのである。

ボイルは受容器のなかに密着した大理石をおいて、それから受容器の空気を抜けば、空気の圧力が低下して、大理石は離れるだろうと予想した。

ボイルがおこなったのは次のようなことである。彼は直径二と三分の一インチ、厚さ四分の一ないし二分の一インチの平円盤をふたつ用意し、それを自由空気中で密着させようと試みた。ただちに問題が生じた。数分以上にわたってくっついているほどになめらかにみがかれた大理石を手にいれることができなかったのである。受容器から空気を抜くにはより長い時間がかかるので、手にいれていた大理石はあきらかに不適当であった。そこでボイルはそれらふたつの大理石の密着面をアルコールで湿らせた。こうすることで大理石表面に残されている不規則性を取りのぞくことができると考えたのだった。大理石を密着させたのち、ボイルは四オンスのおもりを下の方の石につけ（「それが下に落ちるのを容易にするために」）、大理石を糸で受容器のなかに降ろし、吸いだしを開始した（この実験の後のバージョンとして図9を見よ）。大理石は分離しなかった。実験は失敗に終わった。だがボイルはこの実験の失敗が彼の仮説の棄却につながりはしないとする理由を用意していた。空気が漏れていたと考えるのである。単鉛硬膏に穴がおおくあいていたり、ピストンとシリンダーのあいだの合わせがゆるかったりしたため受容器のなかに残った空気の量が、大理石を密着させつづけていたというのだ。先の実験で「真空」がもつ意味をさだめるのをボイルに可能にしたのは空気の漏れであった。その同じ空気の漏れが、今度は一見すると空気の圧力の否定につながる証拠を前にして、それでも空気の圧力の理論を保持しつづける理由を提供したのである。この意味で実験はまったく失敗ではなかった。[45]

この実験をめぐってはもうひとつ驚くべき点がある。実験は空気の圧力を検証し、その存在を例証するものとして報告されている。ボイルの三一番目の実験の報告はとても短く、密着現象を中核的なものとしてあつかっていたいかなる議論の伝統にもまったく言及していない。ここで密着現象は、真空と充満の問題にたいしていかなる意味をもつものとしてもあつかわれていないのである。実験一七においてこの哲学的言説の正当性に異議を唱えたあとでは、ボイルはその言説の最重要課題のひとつである密着の問題を、あたかもそのような伝統などなかったかのようにあつかうことができるとしめしてみせたのであった[46]。

事実と原因
——空気のバネ、圧力、そして重さ

ボイルの『新実験』は明示的で体系的な知識の哲学を提供しなかった。それは帰納的な推論を正当化するという問題を議論していない。自然学上の仮説を確立する形式的な基準も提案していない。原因にかんする探究を制限する形式的な規則を規定してもいない。『新実験』がおこなったのは、科学的知識の哲学を実践した見本を提供することであった[47]。具体的な実験の環境のうちで『新実験』が新しい自然哲学者にしめしたのは次のことである。すなわち、帰納をおこない、仮説を立て、原因にかんする理論を構想し、事実をその説明と関連させるという実践上の問題にいかに対処すべきかである。ボイルはそこで、実験における言語ゲームと、実験における生活形式がいかなるものであるかを描きだそうとした。その大部分を彼は自分でやってみせることによっておこなった。自分自身の例を通じて、実験哲学者として仕事に従事し、語るとはいかなることであるかを他の人びとにしめしたのである。

ボイルの認識論的な議論を構成していた要素は、事実、仮説、推測、学説、思弁、そして因果的説明をしめすためのその他のおおくの語り方であった。彼のなによりも重大な関心事は、事実をさまざまな種類の因果的な知識から分離して守ることであった。彼はくりかえし、実験的事実からその自然学的説明へ移行するさいには気をつけよと警告した。事実と説明とのあいだのこの境界を、ボイルは実践にさいしてどうやって管理したのだろう。そして実践のうえで、いかに彼は事実とそれら事実を説明する方法のあいだを移動したのだろうか。これらの疑問に答えるにもっとも適した方法は、『新実験』とそれに続く空気学についての諸論考でボイルが活用したおもな説明上の道具立てを検証することである。その道具立てとは、空気のバネ、圧力、そして重さであった。

最初に記しておかねばならないのは、空気のバネ、圧力、そして重さの認識論的な地位は『新実験』でも別の箇所でも決して明確には述べられていないということである。たとえば、『新実験』で最初の実験を報告するさいに、空気のバネはたんに「観念」として言及されている。それは、「それによってすべてとはいわずともほとんど「のボイルの空気学上の発見」が説明可能となると思われる観念」であった[48]。別の場所でボイルはバネの地位を「仮説」、あるいは「学説」と呼ぶことを選んだ[49]。そして第5章で見るように、ボイルは操作的に空気のバネを事実としてあつかっている。『新実験』の二〇番目の実験でボイルは、「空気が注目すべき弾性の力をもつ」という事実は彼の研究により「あますところなくはっきりしめされた」のであり、「それはもっとも高名な自然探究者たちによってみとめ

られはじめている」とみなしている[50]。

ボイルは知識について形式的に整った議論をおこなう才能にとぼしい哲学者であり、科学的方法論をうまく定式化する力をもたなかったと結論するのは容易だろう。私たちが導きだしたい結論はこのようなものではないものの、この点にかんしていくつか記しておかねばならない側面がボイルの手続きにあるのはたしかである。第一に、ボイルは事実からその説明へといたるステップをくわしく述べなかった。彼はたとえば、いかにして空気の「弾性の力」が「はっきりしめされ」、証明されたのか述べなかった。たんにしめされたと宣言しただけである。

第二にボイルは、空気のバネと圧力について、それらが実験で確認された事実の仮説的な原因であるのか、それ自体として事実であるのかを、明確に区別しないままもちいていた。たしかなのは、一六六〇年代のはやい時期まで（とりわけ批判者との論争においては）、ボイルはこれらの説明上の道具立てを、それらが事実であり、仮説ではないかのようにあつかっていたということである。空気のバネと圧力が実際にあることは実験によって証明されたのであり、その点につき彼はなんら疑念を抱いていなかった。実験主義者にむかって、仮説を立てるにあたっては慎重であらねばならず、原因として導入された道具立てを暫定的なものとみなすよう警告していたにもかかわらず、彼はバネと圧力というこれらの仮説を疑いようもなく確立されたものとしてあつかっていたのである。だが仮説を確立する基準と規則はあたえなかった。

第三に、ボイルは説明抜きにあるひとつの区別を立てていた。その区別とは、原因としての空気のバネと圧力について私たちがもつことのできる確信と、バネと圧力の原因について私たちがもつことのできる確信のあいだに立てられている。つまり、事実の説明としてのバネについて語ることと、バネ自体の説明について語ることとのあいだに明確な境界線が引かれたのであった。よって『新実験』の第一番目の実験でボイルが主張するに、彼が「おこなうのは空気のバネの妥当な原因を挙げることではなく、空気がバネをもつことを明確にしめし、それの効果のいくつかを論じることであるにすぎない」。このバネの原因となりうる候補を列挙しながらボイルは告白する。「それらのどれかが他とくらべて決定的なものであると表明したくはない」。たとえば、ひとかたまりの羊毛かスポンジのような繊維上の構造を空気が実際にもっており、その構造によってバネが引きおこされていると考えられるかもしれない。あるいはバネをデカルトが想定したような渦の原理を使って説明できるかもしれない。あるいは空気の粒子群というのは、実際「ちいさな細いバネの集合」なのかもしれない[51]。これらの原因のうちのどれが本当の原因であるかを決定するのは不可能であるばかりでなく、そんなことを試みるのは分別を欠いた行為であるというのがボイルの考えであった。そのような試みはすべて不毛であるとボイルは警告し、バネの原因を特定しようとしなかった。それゆえ、バネとバネの原因は根本的に異なる説明上の道具立てとしてあつかわれたのである。バネは実験によって

「はっきりしめされた」。一方実験はバネの原因をしめさなかったし、そもそもしめすことができないのだった。だがバネとバネの原因はともに原因であった。ボイルは両者がどうしてそれほどまでに根本的に異なるあつかいを受けることができるのかをしめすいかなる基準も提示しなかった。（しかし空気の重さの原因はより率直に説明された。それは任意の断面にかかっている大気柱の高さと密度の関数なのであった。）

　私たちの主張は次のように要約できるだろう。ボイルが実験哲学者に教えた言語ゲームは、暗黙のうちに境界線を引くという行為のうえになりたっていた。決定的な境界線が、実験的な事実と、その究極的な自然学的原因および説明とのあいだに引かれねばならなかった。ナイーブな者、あるいはよそ者（ボイルの実験プログラムに参画していない者）にしてみれば、観察された結果の原因として空気のバネがあげられていながら、どうしてそれが思弁的な仮説でなく事実としてあつかわれねばならないかわからないだろう。それももっともであり、私たちがここでしめしているのは（くわしくは第5章で述べるように）、空気のバネという考えが事実という領域の外側から内側へいかに移行させられたかなのである。またいかなる根拠によってボイルがバネにかんする議論をバネの原因にかんする議論から区別したかも不明である。これらの不明な点を理由に、ボイルを認識論者として、また方法論者として、批判したいと思うかもしれない。だが私たちが導きだすのはそのような結論ではない。むしろ記しておきたいのは、事実と原因とのあいだの区別を自分好みのやり方で立てるにあたってボイルがもちいた基準と規則が、慣習の地位を有しているということである。原因をめぐるボイルの語りを基礎づけているのは、彼の報告が体現している慣習である。それはちょうど事実の構築がその本性からして慣習的なものであるのと同じである（このことは本章の以下の節でしめしていく）。慣習の究極的な正当化は言語化された規則の形式をとらない。慣習を「正当化するもの」は生活形式である。生活形式とはつまり活動のパターンの総体であり、これには言語上の実践も含まれている[52]。この私たちの見解は、ボイルの批判者たちがいかにして彼の実験的営みの正当化をくつがえそうとし、それにボイルがいかに答えたかについてみていくなかで補強されるだろう。

　ボイルは空気とそのバネ、重さ、圧力におおきな存在論的関心をよせていたわけだが、これらについて語るさいに彼がどのような言語を使ったかを考えてみよう。すでに記したように、ボイルは自分の空気学研究がめざすところを、「空気がバネをもつことを明確にしめし、その効果のいくつかを論じることにすぎない」と述べていた[53]。敵対者が定義・分類されるにあたっては、個々の敵対者が事実としての空気のバネについてとっている態度がいかにボイルによって認識されるかが基準となった。たとえばボイルによれば、「デカルト主義者たち」は真空をみとめる必要はない。また彼らは、なにか精妙な物体があり、それはガラスを通りぬけることができるのだという考えを放棄する必要もない。だが彼らは「そのなかの幾名かが近年おこなったように、空気のバネを彼らの仮説に加え」なければならない。またボイルが一六六二年に述べたところによると、ホッブズのようなバネの存在を完全に否定する者よりも、イエズス会士のフランシスクス・リヌスのように、空気のバネを限定的にみとめる敵対者に対処する方がむずかしい。リヌスへの返答のなかでボイルが主張するに、「私たちは空気の重さだけでできることよりも、はるかにおおくのことを空気のバネによっておこなってみせたのです。このバネを私たちはある程度まで望みどおりに強化することができます」[54]。このコメントから、ボイルが空気のバネと重さを体系的に区別していたように思えるかもしれない。だがそのようなことを彼はしていなかった。そのことを典型的にしめすのが、ボイルが「圧力」というひとつの術語を、空気のバネと重さというふたつの性質を記述するために使っているという事実である。論争のなかで特別の必要性にせまられないかぎり、彼は圧力の原因を個別的に区別することをしなかったのである。今後「圧力」に言及するさいには、私たちはボイルの用法にならってこの用語を総称的にもちいる。

　ボイルによる用語の使い方に一貫性はまったくなかった。彼は「空気の圧迫する、ないしは支える力《フォース》」に言及したかと思えば、「空気の支える力《パワー》」に言及した。『新実験』では、空気を吸いだしたときに受容器のフタが重くなるように思われる現象を議論するにあたって、「外部の空気のバネ」、「内部で拡大した空気の力と、大気の力」、そして「圧力」という言葉を区別することなくもちいている。同書のより前の方におかれた実験では、「圧力」という言葉とともに「押しつけ」という言葉が使われている[55]。以上のような用語の使用法が、空気学と空気ポンプを使った実験をめぐる後の諸論考で一貫して使われるということもまったくなかった。一六六九年の『新実験の続編』と、ホッブズへの反論として書かれたより後年の論考では、「圧力」は重さとバネの両方を指していた[56]。また『新実験』の中核をなす一七番目の真空のなかの真空実験でボイルが報告したところによると、トリチェリの器具を密閉した受容器に挿入したからといって、気圧計のなかの水銀の高さは下降しなかった。ボイルによればその原因は、吸いだしがおこなわれていないために受容器のなかにまだ残っている空気の「バネ」にあるという。この「バネ」は、受容器のなかにあるため大気の「重さ」からは切りはなされているのだが、そのことによって影響を受けることはないのだ。したがってピストンの稼働回数と水銀の高さとの関係を計算する実験は、空気の「圧力」とその「密度」の関係を調べるものとして解釈された。これらの例からわかるように、「圧力」はバネと重さの双方を意味することができたのである[57]。

　ボイルの論述のうちでは、ふたつの重要な局面において「圧力」という用語のもちい方が実験の解釈と密接に関連している。第一の局面は、私たちがすでに論じた実験であり、なめらかに磨いた大理石の「真空」中での密着をめぐるものである。第5章で述べるように、この実験はそれ以前から続けられていた自由空気中でおこなう一連の実験の一環であった。一六五九年に執筆され、一六六一年に出版された『流動性と固さの誌』のなかで、大理石同士の密着の原因は「大気の圧力」に求められている。大気の圧力は「部分的には周囲の空気の重さからきていて、……部分的には一種のバネからきている」。密着が「空気の圧力」か、「空気の支える力」によるのだから、ポンプの受容器から空気を取りのぞけば、くっつきあった大理石は離れるはずであった。この実験は失敗した。だがこの失敗は後になって、「たとえ空気が薄められても、空気のバネは存在する」ことを証明するためにもちいられた。一六六一年と一六六二年のボイルは、この大理石の実験を記述するにあたって、「圧力」をバネと重さの双方を指すために使いつづけていた。この使用法は『流動性と固さの誌』では重要な意味をもっていた。そこでボイルは、大理石をあらゆる方向から圧迫する「空気のバネ」が大理石の密着の原因であるとする説明と同時に、「重さとしてとらえられた空気の圧力」を原因とする説明もあたえている。にもかかわらず彼はこれらバネと重さの両方を「圧力」という用語で意味しているのである。[58] ホッブズへの応答でも、ボイルはいぜんとして「空気のバネは現在問題となっている事例のなかでなんらかの役割をはたしているかもしれない」と書きつつ、空気の重さの方がより重要であると強調したうえで、密着の原因として「流動性のある空気の圧力」という用語を使いつづけたのであった。[59]

第二の局面は、ボイルが「圧力」という用語を使って、真空嫌悪からくるスコラ学の議論に異議をとなえたさいにあらわれた。そのとき「圧力」は、真空嫌悪という受けいれ不可能な神秘的学説に代わる唯一の説明とされていた。その一方で大理石を使った実験では、「圧力」はひとつの現象を説明する受けいれ可能な複数の説明を包摂する機能をもっていたのである。それゆえ『新実験』でボイルがいうには、「一般にいわれている自然の真空への敵意」とは「付帯的な〔原因からくる〕もの」であり、その原因は「この世界に存在する諸物体の重さと流動性にある。あるいはすくなくともそれらの物体が動きやすいものであることにある。そのような役割を部分的にはたすのは、そしておそらく主要にはたしているのは、空気である。空気は休むことなくあらゆる方向に拡大していこうとしており、そのためちいさな空間に入りこんでいくか、あいだにある物体をちいさな空間へと押しこむのである」。[60] 最後に、空気のバネと重さを切りはなすのは容易ではなかった。なぜなら一方が他方を生みだすからである。ボイルが『新実験』で書いたところによると、バネがもつ作用は圧縮された粒子の解放からくるのであり、この圧縮そのものは空気の重さのために起こるのであった。ボイルはこの主張を空気ポンプの実験を説明するなかでくりかえしもちだしており、そのたびに「圧力」という用語を使っている。後の『新実験の続編』のなかで、ボイルは空気の重さと圧力の区別をはじめて体系的に説明したが、印刷された論考で彼がそのような説明をおこなったのはそれがはじめてのことであった。ボイルは「スコラ哲学者たち」と、彼らの真空嫌悪概念の使用を攻撃し、「重さ」と「たんなる空気のバネ」を区別した。「私はいま、重さとは区別してバネに言及しているのである」。ボイルは自分の実験がバネと重さを区別してこなかったとみとめた。「なぜなら空気のうちの上方の部分の重さが、(こういってよければ) 下方の部分がもつバネを曲げているからである」。ボイルは『新実験』での実験に言及しながら、実践上は同一だが理論上は区別されるふたつの効果があると『続編』中で論じた理由を説明した。それらの効果のひとつは、「上方からおおいかぶさる全大気の圧力が重さとしてはたらくことからくる」効果である。もうひとつの効果は、「閉じこめられている (もののさらに追加で圧縮はされていない) 少量の空気の圧力が、バネとしてはたらくことからくる」効果であった。以上のように、「圧力」は空気のバネと重さの双方を指す包括的な用語として読まれねばならなかった。その用語のあいまいさと多義性自体を、空気ポンプの実験 (とりわけ密着する大理石をもちいた実験と、受容器のなかに水銀圧力計を入れる実験) を討議するにあたってボイルは説明のための道具立てとして利用したのである。[61]

科学を目撃する

私たちは次のような考えを深めはじめてきている。すなわち、実験によって知識を生みだすことは一連の慣習に依拠しているのだという考えである。この慣習は事実を生成し、生成された事実の説明を制御するのである。実験的な生活形式の基礎には事実があるのだから、ここからは事実が慣習のいかなるはたらきによって生みだされていたかを分析し、あきらかにしよう。ボイルの考えでは、実験が事実を生みだす力をもつのは、たんにその実験が実際におこなわれるからではなかった。むしろ決定的であるのは、実験がほんとうに報告されたとおりにおこなわれたと、関連する人間集団が保証することであった。それゆえボイルは実際の実験と、私たちが「思考実験」と呼ぶ実験とのあいだに決定的な区別をもうけた。[62] もしボイルやイングランドの実験主義者たちが執拗に主張したように、知識が経験のうえに基礎づけられていなければならないなら、知識の実験的な基礎は目撃されねばならない。実験の実演とその結果は、その実験を見た目撃者の証言によって立証されねばならなかった。おおくの現象、とりわけ錬金術師たちが主張していた現象は、粒子論的で機械論的な哲学を支持する者たちには受けいれがたいものであった。このような現象についてボイルは、「あることがらを見た者は、見ていない者とくらべてそれを信じる理由がおおいにある」と述べている。[63] 事実を保証する基準としての目撃にともなう問題は、規律の問題であった。目撃者の報告をいかに統御すれば、極端な個人主義におちいるのを避けられるだろうか。証言にもとづく報告であれば、どんな目撃者によるものであっても信頼をおくべきだろうか。

目撃するとは集合的な行為であるとボイルは主張した。刑法の場合とおなじように、自然哲学でも証言の信頼性はその数のおおさにかかっていた。

> 一人の目撃者による証言では、容疑者が実際に殺人を犯したと証明するのに十分ではない。だが二人の目撃者による証言は、たとえそれぞれの信頼度が〔先の一人の目撃者による証言の信頼度と〕同じであったとしても、……ある人物を有罪と証明するに十分だと通常はみなされねばならない。なぜなら、次のように考えるのが理にかなったことだからである。たしかにひとつひとつの証言は蓋然的なものにすぎない。だがそのような蓋然性が重なりあうということは、それらが証明しようとしていることがらが真であるとしめしていると考えてよい。よってそのような重なりあいが実践的な確実性に達するのは当然のことであろう。実践的な確実性とは、被告人にたいして死刑をくだすことを判事に保証するような確実性のことである。(64)

またスプラットは、王立協会が事実にかんしてくだしてきた判断の信頼性を弁護するなかで、次のことを問うた。

> 法によって統治されたあらゆる国で、生命や土地にかんすることがらにおいて、二人、ないしは三人の目撃者の同意以上は求めていないのはご存知のとおりである。とするならば、知識にかんすることがらにかんして、それが六十人ないしは百人の証言の一致を見ていながら、十全なあつかいを受けていないとはたして考えられるだろうか。(65)

なぜ法との類比が持ちだされたかを見のがしてはならない。類比は目撃を増加させることは権威を増大させることにひとしいと主張するだけのために導入されたのではない（これは戦略の一部ではあったが）。むしろこの類比において重要なのは、集合的な証言に依拠することで、しかるべき行動をとることができ、またとっているとみなされるということである。ここでいうしかるべき行動は、事実にたいしてみずからすすんで同意をあたえることにかかわっている。目撃が増加することは、得られた証言が自然の真なる状態について語っているということを意味した。多数の目撃があるということは、たんにその内容にお墨つきがあたえられるにとどまらず、それにもとづいて行動を起こすことにお墨つきがあたえられるということなのであった。つまり、多数の目撃は次のような結論を押しつけたのではなかったか。すなわち、行為（特定の実験）がたしかにおこなわれたのであり、さらにそれをうけた行為（同意をあたえること）の正当性が保証されたのだという結論である。

実際に実験をおこなうなかで証言を確実に増加させる方法のひとつは、実験を社会空間のうちでおこなうことであった。「実験室」は錬金術師の部屋とするどく対比された。実験室が公的な空間であるのにたいし、錬金術師の部屋は私的な空間であるとされたのである。(66)たとえば空気ポンプ実験が決まっておこなわれたのは、王立協会の集会部屋においてであった。この実験のために空気ポンプは部屋にもちこまれたのである（第4章で見るように、ホッブズは実験プログラムを攻撃するひとつの手段として、実験室が公的な空間であるという協会の主張を否定していた）。自分がおこなった実験を報告するさいにボイルは、その実施の「おおくは才気あふれる人びとの前でおこなわれた」、あるいは実施は「名高いヴァーチュオーソーたち（彼らはその実験の見物人であった）の集まりを前にして」おこなわれた、と書くのをつねとしていた。[67] ボイルの協力者であるフックは、協会が実験を記録するさいの標準的な手順を策定した。実験の記録には「そこにいあわせて、報告にあるすべての手順を目撃した証言者のうちの何名かが署名せねばならない。彼らは署名により、証言に疑いをさしはさむことはできないと証明することになる」。[68] トマス・スプラットは、「集会」の役割は、個人がおこなう観察と判断につきまとう各個人の特異性を集合的に修正することによって、「事実問題を解決する」ことにあると述べた。協会は「その過程の全体をみずからの目撃のもとにおく」のである。[69] 特別に重要であったり、また問題含みであったりする実験を報告するにさいしては、ボイルは実験の目撃者の名前をあげ、彼らの資質を明記した。こうしてオリジナルの空気ポンプによる実験のうち、「私の装置からえられると期待した主要な成果」とされたものは、「きわめて卓越した著名なる数学教授であるウォリス博士、ウォード博士、そしてレン氏の立ち会いのもとで」おこなわれた。「私がこの方々の名前をあげるのは、彼らに実験を知ってもらったことを正当にも名誉と考えているためであるし、またこのような判断力をそなえた名高い目撃者を私たちの実験にむかえることができたのを喜ぶためでもある」。[70] 別の重要な実験もウォリスによって証言された。ウォリスは「これらのことがらについてきわめて有能な判定者とみとめられることになるであろう」人物だった。[71] また錬金術師たちを批判するなかで、ボイルは自然哲学者たちにたいして次のような一般的警告をあたえた。すなわち、「次の場合を除き化学的実験を信じてはいけない。すなわち報告者が自分自身の知識にもとづいて自分のおこなった実験について述べている場合と、そして、だれか信頼できる人物が自分がおこなったとはっきりみとめたうえで記した実験報告にもとづいているとわかる場合である」。ボイルは錬金術師たちに、権威として依拠し、実際に実験をおこなったとする当の人物の名前を明示するよう求めたのである。[72] 目撃者の信頼性の判断は、個人の信頼性と信用度を判定するにさいし通常もちいられていた慣習にしたがっていた。オックスフォード大学の教授は、オックスフォードシャーの農民よりも信頼できる目撃者と考えられたわけである。自然哲学者は知識の大部分を目撃者の証言に依存するほかなかった。そして証言を評価するにあたっては、彼は（判事や陪審員と同じように）目撃者たちの信頼性を判定せねばならなかった。この判定には必然的に、目撃者がどれほど倫理的であるか、また彼らがどれほどの知識を有しているかが関与していた。「というのも目撃者にとって重要な要件がふたつあり、ひとつは報告することがらにかんしてもっている知識であり、もうひとつは知っていることをありのまま報告するという誠実さであるからである」。したがって実験哲学において目撃証言をあたえることは、王政復古期のイングランドにおける社会的評価および倫理的評価のシステムと深く結びついていたのである。[73]

　実験によって生みだされた現象の目撃者を増加させる別の重要な方法は、実験の再現を容易にすることであった。実験の手順の報告は、読者が同じ実験を再現できるようなかたちで書くことができた。そうすることで、遠く離れた地に、直接的な目撃者を生みだすのである。ボイルは彼がおこなった一連の実験のうちのいくつかを、他の実験主義者、ないしは実験主義者となる可能性のある人びとへの手紙という形式で出版することを選んでいる。一六六〇年の『新実験』は、彼の甥であるダンガーバン卿への手紙として書かれた。一六六一年の『いくつかの自然学的なエッセイ集』に収録されたさまざまな論考は、別の甥であるリチャード・ジョーンズに向けて書かれている。一六六四年の『色の誌』はもともと特定されていない友人に向けて書かれていたものであった。[74]このようなかたちで実験結果を伝えた目的ははっきりしていた。読み手を回心させて実験主義者にするためである。『新実験』が出版されたのは、「この論考の受取手が、まちがうことなく、可能なかぎりすくない労苦でもって、この非凡な実験をくりかえせるようにするため」であった。[75]『色の誌』は、たんに「実験を」語るだけでなく、若き紳士にそれをおこなうよう教えるために」企図されたのであった。[76]ボイルは若き紳士たちに、実験による探究に「夢中」となるようすすめ、それによって実験哲学者の人数と実験によって生みだされる事実の数を増加させることをのぞんだのであった。

　ボイルの考えでは、実験の再現が成功するのはまれであった。彼が『新実験の続編』を出版したとき、オリジナルの空気ポンプでの実験から八年以上がたっていた。同書で彼がみとめねばならなかったのは、空気ポンプの構造とその稼働手順の詳細を伝えるよう心がけたにもかかわらず、実験の再現はほとんど成功してこなかったということであった。[77]この状況は一六七〇年代なかばになってもおおきく変化しなかった。『続編』から七年、ないしは八年後にボイルがいうに、彼が耳にしたかぎりでは「私が製作した装置によっても、それをモデルにつくられた別の装置によっても、きわめてすくない数の実験しかおこなわれていない」。もはやボイルは、空気ポンプを使った実験がいつか再現されるという望みを失ってしまったと述べていた。彼がいうには、今では以前よりもいっそう「さまざまなことがらをその細部にいたるまで周囲の状況の記述とともに記そうとしている」。なぜなら「おそらくはこれらの実験のおおくは他人によって再検討されることも、私によってふたたびおこなわれることもけっしてないだろうから」。そのような実験を再現しようと試みる者はみな、「それはまったく容易なことではないと気がつくだろう」とボイルはいうのだった。[78]

冗長さと図像

目撃者を増加させる第三の方法は、直接に目撃している者の前で実験をおこなったり、実験の再現を容易にしたりするよりもはるかに重要である。その方法を「仮想目撃」と呼ぼう。仮想目撃というテクノロジーは、読者の心のうちに実験の場面のイメージを生みだすことで、もはや直接的な目撃も、再現も必要ないと思わせるのである。[79] 仮想目撃によることで目撃者を、原理的には際限なく増加させることができた。よってそれは事実を生みだすためのもっとも強力なテクノロジーであった。実験の有効性をみとめ、その結果を事実として信頼するさいにはかならず、心のなかの実験室で実験がおこなわれ、それを心の目が見とどけねばならなかった。そこで必要となったのは、実験がたしかにおこなわれ、しかも報告どおりにおこなわれたという信頼と保証を生みだすテクノロジーなのである。

　仮想目撃というテクノロジーは、実験の再現を容易にするテクノロジーと同種のものであった。同じ言語上の手段をつかって、実験を物理的に再現するよううながすこともできたし、読む者の心のうちに実験の場面のありありとしたイメージを喚起することもできた。より望ましかったのはもちろん実際の再現であった。証言への依存を完全に排除するものだったからである。だが直接の目撃をしておらず、実験の再現もしていない者たちが実験の報告に疑念を抱くのは自然であり、またもっともなことでもあったため、仮想目撃者からの同意を得るためには、実験が真正のものであるという保証をいっそう強固にせねばならなかった。ボイルの文章上のテクノロジーはこの同意を確保するためにつくられていた。

　仮想的に目撃させるという文章上のテクノロジーをボイルがいかにもちいていたかを理解するためには、科学テクストをめぐる通念のうちのいくつかを見直さねばならない。通常私たちは実験報告を、かつて視覚を通じて経験したことを語ったものとして理解している。つまり、実験報告によって指示されているのはテクストの背後にある感覚的経験だというわけだ。これはただしい。だが私たちは同時に、テクスト自体が視覚を通じてなされる経験の源泉であるということも理解せねばならない。そこで以下では、ボイルのテクストがいかにして、信頼に値すると考えられる仮想目撃を生みだす源泉となるように組みたてられていたかをみていこう。このような源泉としてテクストをとらえるために最適な出発点は、ボイルが文章とともに提示した図像にある。

　たとえば図1は、彼のオリジナルの空気ポンプの版画であり、『新実験』にふされている。一七世紀中頃にこの種の図像を制作するには、多額の費用がかかった。自然哲学者たちが図像をあまりもちいなかったのはそのためである。見ればわかるように、図1は定型化された線画ではなく、対象を細部にいたるまで自然主義的に再現している。陰影をつける描写法がもちいられており、ポンプの各パーツは分離した状態で描かれている。この図が描きだしているのは、空気ポンプの「イデア」ではなく、特定の実在する空気ポンプなのだ。[80] 同じことはボイルが自分の空気実験を図像をつかって表現したさいにもいえる。ある版画では、ネズミが受容器のなかで死んでいる。別の版画は、実験をおこなう者たちを描いている。ボイルはこれらの図の制作におおきな注意をはらっていた。版画を彫る者とときには直接相談し、ときにはフックをとおして相談していたのである。[81] 図像は、テクストが文字によって提供する想像上の目撃を補うことになっていた。『続編』のなかでボイルは、文字と図像という二種類の説明のあいだの関係についてよりくわしく解説している。彼が読者に向かって語りかけたところによれば、「この種の研究に通じている者や、想像力がとくに豊かな者は、私が意味するところを言葉だけで容易に理解するだろう」。だがそうでない者たちは視覚上の助けを必要とするだろう。ボイルは文章の質に比して、図像の質が低いことを謝罪している。「彫版工の作業時間のうちの大部分のあいだ、私は彼から離れていた。そのためいくつかの挿絵は置き忘れられ、それゆえ図版のなかに彫られることはなかった」[82]。

よって視覚的表象は（ボイルのテクストにおいては必然的にその数は少数にとどまったのだが）、現実を模倣する装置として機能していた。彫版工が線を刻むことによって付随状況の詳細が高密度で伝えられた。それにより視覚的表象は現実を模倣し、実験の場面についてのありありとした印象を見る者にあたえたのである。ボイルが好んだ自然主義的な図像は、より図式的な表象よりも、付随状況の詳細を高密度で伝えた。いうなれば図像は、「この実験は本当におこなわれた」とか「実験はここでいわれているとおりにおこなわれた」と告げる役割を担ったのである。こうして図像は不信の念をやわらげ、仮想目撃を促進していた。それゆえ図像による表象がはたした役割を理解することは、ボイルがその文章上のテクノロジーで達成しようとしたことを理解する方法のひとつなのだ。[83]

ボイルが最初に実験による発見を印刷にふしたのは『新実験』であったが、この本の序論で彼は、自分がどうして「すこしばかり冗長」に書こうと考えたのかを率直に述べている。彼の言い分は三つに分かれていた。第一に、すでに見たように、実験の様子を「付随する状況にわたってつぶさに」報告することは再現を容易にするであろう。第二に、付随状況の詳細を密に記述することは、報告されたのが「新しい」実験であり、そこから引きだされる結論も新奇なものであるという事実から正当化される。それゆえそれらの実験が「付随する状況にわたってつぶさに語られ、それらに読者が不信を抱くことがないようにする」のが必要なのであった。第三に、そのような付随状況の報告は仮想目撃を可能にした。ボイルがいうに、「以下の論述は、私たちの新たな空気学の消えることのない記録と［なるべきものであり］、そして［読者は］その実験についての思索や考察を基礎づけるのに十分な水準の明確な観念をえるために、みずから実験をくりかえす必要はなくなる」[84]。実験の報告が適切なやり方でなされたなら、読者は報告されている現象が起きたと信じることができた。のみならず、読者は実験の現場にまるでいあわせたかのようになるのだ。読者は実験の目撃者とみなされることができ、実験で生じたとされる現象を事実として確証できる立場に立つことができたのである[85]。それゆえ実験報告書の執筆に意を注ぐのは、実験自体をおこなうのと同じくらい重要であった。

一六五〇年代の終わり頃に、ボイルは実験プログラムでもちいる文章上のテクノロジーのための規則を記述しようとしている。適切な科学的文章をいかに書くべきかという規定は、一六六〇年代に書かれた実験報告の随所にみることができる。だがボイルは独立した論考を「実験にかんするエッセイ」という主題について書いたのだった。ボイルはそこで自分の「冗長さ」について長々と弁明している。彼がいうに、「私は簡潔な書き方をしようとはしなかった」。彼はときとして、「ことがらをより明確にするために、数おおくの言葉を使って報告した。そのためいろいろな箇所で多弁になりすぎてしまったと私本人にすら感じられるほどである」。「多弁」だけでなく、ボイルの同格節に同格節を重ねて飾り立てられた文の構造もまた、彼がいうには、付随状況の詳細を伝えて、実験が真実のものだという印象をあたえるための計略の一部なのであった。

……私は意識的に、また特定の目的をもって文体上の規則を、とくにひとつの点で踏みはずしたのだった。すなわち、ときとして私の文や挿入句をきわめて長くしたのである。というのも、私が一度に伝えねばならないと考えたことを通常の文の長さの限界内におさめることができない場合があった。そのような場合、私は修辞学者の教えをないがしろにして、それらすべてに〔一文で〕言及することにしたのである。このような書き方は、私の主題にふさわしいと思われるし、また読者であるあなたがたにとっても有用であるはずだ[86]。

ボイルの文章は、ひとつの文法上の単位が付随状況の詳細を含むように注意ぶかく構想されていた。こうして文章は、図像表現によって提供される経験の直接性や同時性と同種のものを提供することになったのである。

ボイルは実験証言の信頼できる提供者とみなされようとしていたし、他人が同じようにみなされるさいにしたがうべき慣習も提示しようとしていた。付随状況の詳細を用意することは、本当におこなわれた実験が、そこでいわれているとおりの発見をもたらしたと読者に保証する手段のひとつなのであった。またボイルの考えでは、失敗した実験を、その付随状況を含めて読者に説明することも必要であった。これはふたつの機能をはたしていた。第一に、実験をはじめたばかりの者は実験がすぐにも成功するものと期待しがちであるが、その期待が裏切られるさいにそのような者がかかえる不安を鎮めることができた。第二に失敗した実験について記すことは、実験報告者が不都合な証拠を恣意的に隠しておらず、実際に起きたことを忠実に報告しているのだと読者に保証する役割をはたしていた。付随状況の記述を含んだ複雑な説明は、複雑な実験が生みだした結果をゆがめることなく映しだす鏡と理解されるべきなのであった[87]。たとえば空気ポンプがときとしてうまく稼働しなかったことや、頻繁に空気漏れを起こしていたことを隠すのはただしくないことだった。「……私には、だれかが自分のことを忠実な実験の報告者だと告白するということは」、そのような不運なできごとを「隠さないというのと同じことだと思われる[88]」。しかしながら、以下のことは銘記されねばならない。すなわち、付随状況を含めた説明で記述したのは、起こりうるできごとから彼自身が選びとったことがらだけであったということである。彼の報告は、実験に影響をあたえうる付随状況のすべてを網羅したものではなかった。そもそもそのような網羅的報告はありえない。したがって、付随状況を記述した説明、あるいはそのために独特の文体を駆使した説明というのは、純粋なかたちでは存在しないのだ。そうではなくて、付随的なできごとのあるものは記述し、あるものは記述しないものだと公的にみとめられることで存在するようになるのである。

実験の報告にみられる謙虚さ

報告者が目撃者を増やせるかどうかは、読者がその報告者を信頼のおける証言提供者とみなすかいなかにかかっていた。ボイルの文章上のテクノロジーは、読者にボイルは信じるに値する人物だと保証せねばならなかった。そのためボイルは、誠実な人物がもつと一般に考えられていた特質を、テクストのなかで目に見えるかたちでしめす手段を見いださねばならなかった。そのためのテクノロジーのひとつは、いままさに議論したものであり、実験の失敗を報告することである。成功しなかった実験を報告する者であれば、みずからに都合のいいように客観性をゆがめていないと考えられる。ここからわかるように、ある種の倫理性を文章で表現することは、事実をつくるテクノロジーであった。現実の鏡として信頼できる報告をおこなう者は謙虚な人物であった。その人物の報告は、この謙虚さを目に見えるようにしていなければならなかった。したがって実験の報告に見られる倫理的な論調をあつかうことは、ボイルの文章上のテクノロジーが社会的なテクノロジーといかに関係していたかを理解する出発点となるのである。実験家たちが互いにいかに話すべきかという規定は、特定の社会関係をつくりだす重要な要素であった。この社会関係は、実験が生みだす知識を構成し、そうやって構成された知識を守ることができるものであった。

　ボイルは謙虚さをしめすおおくの方法を発見している。もっとも直接的な方法のひとつは、実験的エッセイという報告形式を使うことであった。エッセイ、すなわち実験の試行の断片的な報告と、自然哲学上の体系とのあいだにボイルはするどい対比をつけた。体系全体を執筆するような人びとは「自信にみちた」者たちだとされた。彼らの野心はおおきすぎて、もはや適切でないし、その目標は達成不可能なのであった。これにたいして実験的エッセイを書く者は「落ち着いていて謙虚な者」であり、「勤勉で判断力をそなえた」哲学者であった。彼は「自分が証明できる以上のことを断言し」はしないのだった。このようにふるまうことにより、実験哲学者は知的な「土台建築者」、あるいは「理性よりもいっそうおおくの勤勉さを発揮してはたらく労役者」の役割すら引きうけることになる。だがこれは高貴な性質なのであった。なぜならこの役割を引きうける者は、自分個人の名声よりも「真の自然哲学の真の進歩」を促進しようと、みずから進んで労役者となったのだから(89)。このような謙虚さを公にしめすということは、個人的な名声をえようとする欲望によって判断が曇らされたり、報告の真正性がゆがめられたりしてはいないとしめすことにほかならなかった。ここできわめて重要なのは、みずからを一介の「土台建築者」といってみせたのがだれであったかを思いおこすことである。ボイルはコーク伯の息子であった。だれもがそのことをよく知っていた。おそらくはそれゆえに、ボイルの謙虚さは高貴な側面をもちえたし、彼は実験哲学者がならうべき倫理上のモデルとして自己を強力に提示することができたのであった(90)。

謙虚さをしめすもうひとつのテクノロジーは、ボイルがいうところの「裸の書き方」であった。彼は「はなやかな」スタイルを避け、「修辞的な書きぶりというよりは哲学的な書きぶりで」書くことをめざした。簡単で、禁欲的で、飾りたてられていない（だが入り組んだ構文をもちいた）スタイルは、特定の役割をはたしていた。先述の文章上のテクノロジーとおなじく、平易なスタイルは書き手である哲学者がみずからの個人的な名声ではなく、コミュニティへの奉仕に身をささげていることをしめすのである。さらにいうならば、「はなやかな」スタイルを避けねばならないのは、それが仮想目撃を曇りないかたちで提供するのをさまたげるからであった。そのようなスタイルは、「望遠鏡の接眼レンズ」に色を塗るようなものだとボイルは考えたのである(91)。

謙虚さをしめすためにボイルがもちいた文章上の工夫のうちでもっとも重要なものは、実験プログラムの根本をなす認識論的なカテゴリーを守るためのものであった。そのカテゴリーとは事実である。事実はそれを説明するためにもちいられる語り方（理論、仮説、推測など）から分離されており、両者は分離する重要な境界線のそれぞれの側で互いに異なる認識論的な道具立てとして、独自の倫理的に適切なふるまい方と適切な話し方を有さなければならなかった。このためボイルは彼の甥に次のように告げている。

> ……以下に続くエッセイのほぼすべてにおいて、私は……きわめて疑いぶかく話しており、しばしば「もしかして」とか「～と思われる」とか「～というのがありそうもないということはない」とか、その他の似たような表現を使っている。

それは私が支持に傾いている意見が真実であるかどうかに自信がないことをしめすためである。それに原理をさだめるにあたってはたいへん用心ぶかくなくてはならず、またときとして説明をするにあたっても同じくらい用心ぶかくあらねばならないからである。

自然学的な原因についての知識は「蓋然的」でしかありえないのだった。よって、引用中でボイルがしめしているのは倫理的にただしい姿勢であり、適切な話し方だったのである。だが事実にかんしては事情がことなる。事実にかんしては自信をもってふるまうことが許されるだけでなく必要だ。「……私が思い切って自信をもって断定的に話せることがらはほとんどない。事実をのぞいては[92]」。ボイルがとりわけ念入りに警告をあたえたのは、自然学的な言明が「数学的確実性と正確性」をもつことを期待している読者にたいしてであった。「……自然学的な探究においては、私たちが下す決定がたとえ数学における厳密性を有していなくとも、現実のことがらにきわめて近づいているというのでたいていい十分なのだ[93]」。

事実については自信をもって話さねばならなかった。適切な哲学の基礎となるのは事実であるため、事実は守られねばならないからである。また事実について自信をもって話すのは適切なことであった。なぜなら事実は話している人物みずからがつくったものではないからである。経験主義者の言語ゲームにおいては、事実は発明されるのではなく、発見されるのである。

ボイルが彼の敵対者の一人に告げたように、実験的事実は「自分の道を進む」ことができるのであり、「きわめて蓋然的であるために、庇護者と擁護者をえるであろう[94]」。倫理にかなった話し方と、事実の自律性は、印刷されたページ上で目に見えるかたちで分離されていた。『新実験』のなかでボイルは、実験的発見をめぐる報告と、ときどきあらわれる解釈を披露する「論述」とのあいだに「はっきりとした隔たり」を設けるよう心がけたという。そのため実験とそれへの「考察」を独立して読むことができる[95]。実際ボイルの実験的エッセイの構成は、このふたつのカテゴリーのあいだにあるべき分離とバランスを明確にしめすものとなっている。『新実験』は四十三個の一連の空気実験を報告している。『続編』で報告された空気実験の数は五十である。『続編』の第二部はさらにおおい数の相互に関係のない実験的観察の報告を含んでいる。それらの報告に解釈はすこししかふされていない。

事実について自信をもって話すべきという要請は、権威の適切なもちい方を規定することになった。他の著者を引用するのは、彼らを「判事」としてではなく「証言者として」、「事実を証言する証明書として」もちいるためでなければならない。こうすることにより実験哲学者は読書経験に乏しく、教養を欠いた者とみなされかねないという危険があるのかもしれない。だがそれでもそれは権威の必要なもちい方なのであった。ボイルがいうには、「私は自然という書物以外の本をほとんど読んだことがないと思われることに大変満足できるだろう[96]」。権威を引いて自説を飾りたてることを禁じる要請は、事実への同意を確保するなかで重要な役割をはたした。そのような要請を掲げることにより、フランシス・ベイコンがいうところの「イドラ」のはたらきを自覚したうえで、イドラが知識にかんする主張を損なうのを防ぐための方策をとっているとしめすことができたのである[97]。実験の報告を体系家たちの権威から切りはなすことは、その報告の著者があらかじめ特定の期待をいだいて実験にとりかかったのではないこと、とりわけ理論から要請される実験結果を望んでいたわけではなかったのだということを、効果的に表現するのに役立った。たとえばボイルはしばしば、自分が一七世紀にあらわれた壮大な理論的諸体系に汚染されてはいないと主張している。実験による発見をなににもまして優先させるため、「私は意識的に原子論、あるいはデカルト主義、あるいはその他の新しいものであれ、既存のものであれ、なんらかの哲学の全体系を詳細に知ろうとはしてこなかった」。またさらに、ガッサンディ、デカルト、そしてベイコンの体系すら体系的に知ろうとはしてこなかったとボイルはいう。「そうすることで、なんらかの理論や原理にあらかじめとらわれてしまうことがないようにである[98]」。

ボイルは「裸の書き方」をもちいた。彼はみずからの謙虚さを告白し、それを目にみえるかたちでしめした。そして自分は理論に汚染されていないと強調した。これらのすべては互いに補いあいながら、事実を確立しそれを守ったのである。このような手段により、ボイルはみずからを無私の観察者として提示し、みずからの説明を曇らされてもゆがめられてもいない自然を映す鏡として提示したのであった。このように提示された著者であれば、その証言は信頼に値すると思わせることができた。その著者のテクストは信頼を獲得することができたし、彼の実験報告を目撃する者の数を際限なく増加させることができたのである。

科学の言説とコミュニティの境界

ここまで事実は社会的なカテゴリーであり、同時に知的なカテゴリーでもあると論じてきた。またボイルが文章上のテクノロジーをもちいて、仮想目撃を実験の正当性を確保する有効な手段としていたこともしめした。この節ではボイルの文章上のテクノロジーが、実験哲学者のコミュニティにふさわしい社会的関係をいかに明示的に表現していたかを検討しよう。言葉によるやりとりのあるべき規則を確立することによってのみ、事実は生みだされ、守られることができた。そしてこの事実を知識の合意された基盤とすることによってのみ、実験主義者からなる倫理的なコミュニティは創りだされ、維持されることができた。事実は公的な空間で生みだされねばならなかった。その空間とはすなわち、第一には、人びとの立ちあいのもとで実験がおこなわれ、直接的に目撃される特定の物理的な空間であり、第二には、仮想目撃によってつくりだされる抽象的な空間であった。この種の知識を生みだすという問題はそれゆえ、特定の形式の言語の使い方と、特別な種類の社会的連帯を維持するという問題にほかならなかった。

一六五〇年代の終わりから一六六〇年代のはじめに、ボイルは実験をおこない、その結果を文章にして報告するやり方をつくりあげつつあった。その頃、イングランドにおける実験コミュニティはまだ誕生したばかりであった。王立協会が創立されてもなお、実験コミュニティの中心はグレシャム・カレッジにあった。書簡のネットワークを組織していたのはヘンリー・オルデンバーグという個人であった。実験のプログラムがしっかりと制度化されているというにはほど遠い状況だったわけである。また自然学的な知識を実験によって生みだす手法への批判が、イングランドの哲学者たち（とりわけホッブズ）からなされていたし、同じ批判は合理主義的な方法を志し、また論証性をそなえた学問領域としての自然哲学の営みを志していた大陸の著述家たちによってもなされていた[99]。さらに実験主義者たちは王政復古期の劇場でおもしろおかしく描かれていた。トマス・シャドウェルの『ヴァーチュオーソー』は、空気の重さをはかるという試みのばからしさを劇化していたし、この作品に含まれるジョークのおおくはサー・ニコラス・ジムクラック（ボイル）の入りくんだ言葉使いのパロディであった。おおくの歴史家がこれまで抱いてきた考えとは反対に、実験哲学の営みが王政復古期のイングランドで圧倒的な人気を勝ちえていたわけではなかった[100]。実験哲学を正当性をもった活動として確立するためには、いくつかのことがなされねばならなかった。第一に、新規参入者が必要であった。新米の実験主義者や、別種の哲学にたずさわってきた者からの回心者を獲得せねばならなかったわけである。第二に、実験コミュニティにふさわしい社会的役割と、実験哲学者がはたすべき社会的役割と、実験哲学者がはたすべき言語のもちい方が規定され、公に広められねばならなかった[101]。そのようなコミュニティにふさわしい言葉のもちい方とはどのような性質のものだったのか。コミュニティの一員の資格をもつとみなされる者には、どのような言葉使いが期待されたのか。どのような言葉使いがなされたとき、その人物はコミュニティの慣習を逸脱したとみなされたのか。

実験コミュニティへの加入料は、事実となりうることがらを報告することであるべきだった。たとえば『懐疑的化学者』のなかでボイルは、錬金術師にすら和解を申しでている。錬金術師たちのなかには実験から堅固な発見をえている者たちがおり、そのような発見は彼らの「不明瞭な」思弁という不純物から分離することが可能であった。錬金術師たちの実験（そして数はすくないもののアリストテレス主義者たちの実験）は、往々にして「彼ら自身が証明したと主張していることをあきらかにしているわけではない」。そのため実験による発見そのものは、それを説明するのにもちいられてきた理論的な言語をとりはらったうえで、実験哲学のうちに組みこむことができる。ボイルの代弁者であるカルネアデスはいう。

あなたのヘルメス主義的な哲学者たち〔錬金術師たち〕は、きわめて重要で高貴なさまざまな実験とともに、理論も提示しています。彼らの理論というのはいわば、大変きらびやかではあるものの、堅固でも有用でもないクジャクの羽のようなものです。あるいはときとして一見理性的であるように見えながらも、やはりなにか馬鹿げた欠点があるため、注意ぶかく見られたならば愚かに見えてしまう猿のようなものです。[102]

したがって正当な哲学コミュニティに入りたいと望むなら、錬金術師たちは加入の条件となる言葉の使い方とはどんなものであるのかを教えこまれ、身につけなくてはならない。ボイルはこの原則を、実験をおこなうあらゆる人物に適用した。「彼の意見がどれほど誤っているにせよ、彼の実験が真実であるならば、私は前者〔意見〕を信じることは強制されず、同時に自由に後者〔実験〕から利益をえることができるのである」。[103] 理論を語る言語と事実を語る言語とのあいだにあるつながりは必然的なものではなく、偶然的なものにすぎないと論じることにより、ボイルは既存のさまざまなコミュニティに実験プログラムへの加入を許す言語上の条件をさだめていたのである。

それらの加入の条件は開かれたものであった。コミュニティに加わる可能性のある人間の数を最大限おおきくするためである。ボイルはヘルメス主義者たちに対処するにあたって、一六四〇年代後半と一六五〇年代にハートリブ・サークルの人びとがしめした見解に依拠していた。一方ボイルやハートリブ・サークルとは対照的に、錬金術がなしとげた近年の発見を否定する者（たとえばホッブズ）や、錬金術の実験哲学へのとりこみに反対する者（たとえばニュートン）もいた。このようななかで、ボイルがならったのがハートリブ・サークルであったことには重要な意味があった。『懐疑的化学者』の草稿は一六五八年の夏以前に、アリストテレス主義とパラケルスス主義の化学理論についての「考察」として書かれた。この対話篇の構成と、その議論の進め方には先例があった。まずメルセンヌの『学問の真実』（一六二五年）があった。キリスト教哲学者、懐疑主義者、そして錬金術師のあいだでなされた会話からなる作品であり、錬金術の開かれた学院の創設を提案していた。またプラットの『錬金術師たちへの忠告』（一六五五年）があった。これはボイルの著作とおなじく、錬金術と自然学の分野での開かれた成果のやりとりを求める書物であり、そこでプラットは議会の面前で金属変成を証明しようとした試みに言及している。最後にルノードの『哲学者の石をめぐる会合』があり、これはプラットの本とおなじくハートリブ・サークルのメンバーたちの著作を出版した書物にふくまれていた。そこでは七人の人物が金属変成について公に議論していた（ある者はその可能性に懐疑的であり、ある者はその実現を信じているという設定になっていた）。空気と硝石の実験をはじめるためにオックスフォードにうつった一六五五年から一六五六年にかけて、ボイルはハートリブ・サークルからすこしばかり距離をとることになる。しかし彼は実験の言葉使いの規則の範囲内に錬金術をとりこもうとしつづけた。この点でニュートンとの対比がおおくを教えてくれる。ニュートンは錬金術と実験哲学において、それぞれの伝統のうちでは適切であるが互いにまったく異なる仕方でふるまった。それにたいしてボイルは錬金術を公的な領域にもちこもうとした。このためボイルが一六七〇年代に錬金術にかんする著作を出版する一方で、この決断をニュートンが批判することになったのである[104]。

　錬金術師とは別に、ボイルが仲間のうちにとりこむのを絶望視していた自然哲学者たちがいた。私たちがこれから見ていくように、ホッブズは実験哲学にたずさわる同志として受けいれるのが不可能なタイプの哲学者であった。ホッブズは体系的で手のこんだ実験の価値を否定し、事実が知識の基盤となることを否定し、原因を論じる言語と事実を記述する言語のあいだの区別を否定したからである。実験的な言語ゲームと、合理主義的な言語ゲームは根本的にあいいれないものとみなされた。それらのあいだに和解はなく、あれかこれかの選択があるだけであった。

論争の作法

知識として主張されるすべてのことに実験哲学者が同意せねばならないわけではなかったので、論争と不同意が生まれることが予想された。必要なのは、そのような同意の欠如を安全な範囲のうちにとどめることであった。原因にかんする説明についての意見の不一致は、知識の基盤になるのはそのような説明でないとみとめられてさえいれば、安全なものだとみなされえた。安全でもなく許容もできないのは、事実をめぐる論争であった。あるいは実験によって事実を生みだすさいに使われるゲームの規則をめぐる論争であった。

　王政復古初期の科学では、いかに議論をおこなうかというのは現実と深く結びついた真剣な関心事であった。内戦と空位期のあいだ、「熱狂者たち」、ヘルメス主義者たち、そして党派主義者たちが、知識にかんする過激な個人主義を生みだそうとしていた。そこでは「私的な判断」が既存のあらゆる権威をむしばんでいた。また正当な知識を生みだしていたのは既存の制度化された慣習であったのだが、彼らの個人主義はこの慣習の信頼性もむしばんでいた。さらにくわえて、アリストテレス主義の自然哲学者はさまざまな学派にわかれており、それらは安定し一体性をもつ知的コミュニティという公的なイメージをもっていなかった。スコラ哲学者たちの「論争好き」は、批判者である実験主義者たちに指摘されるのがつねであった[105]。そういうわけで、実験コミュニティのうちに広く調和と同意があることをしめせなければ、その指導者たちが望んでいた正当性を実験コミュニティが王政復古期の文化のうちで確保するのは無理な話であった。しかも同意は、実験によって知識を生みだすという新たな実践の基盤に事実をすえるにあたってもなくてはならないものであった。

一六六〇年代の初頭までに、ボイルは自然哲学の領域でいかに論争をおこなうべきかの具体例をしめすことのできる立場に立っていた。三人の敵対者が論争の相手として参戦してきたのである。彼らはみなボイルの『新実験』の諸側面に異議をとなえてきたのであった。第4章と第5章で、彼らがどのような異議をとなえており、それぞれにボイルがどのように返答したのかを見ていくことになる。その三人とはホッブズ、リヌス、そしてヘンリー・モアであった。とはいえ論争に表だって参加する以前から、ボイルは実験哲学者がいかに論争に臨むべきかを規定した規則を定めていた。たとえば一六五七年に執筆され、一六六一年に出版された『序言的エッセイ』のなかで、ボイルはながながと論争を制御せねばならない倫理的慣習を論じている。論争は発見についておこなわれねばならず、人物についておこなわれるのであってはならない。不正確な報告にきびしい見解をとるのは適切なことである。だがそのような報告をおこなった人物の性格を攻撃するのはきわめて不適切である。「というのも、私は人物について礼儀ただしさをもって、ことがらについては自由に話したいと望んでいるからである」。対人攻撃をもちいたスタイルはなんとしても避けねばならない。対人攻撃はたんに意見が一致しないだけの人を敵に変えてしまう危険があるからである。鍵となるのは、事実の発見に貢献する可能性がある者であるならば、たとえ彼らがいかにまちがった方向に進んでいようとも、実験的な生活形式へ回心しうる人物としてあつかわねばならないということであった。冷酷なあつかいをうけてしまえば、彼らは実験哲学の生活形式から完全に離れてしまい、それにより実験哲学のコミュニティから離れてしまうだろう。十分におおきなコミュニティで同意が確保されていることが事実を正当化するのだから、このような離反はおおきな問題であった。

おおくの人びとのあいだであまりにも広く次のようなことがなされている。すなわち、他人の人格をののしったり、他人の言葉尻に難癖をつけることが、その人物の意見を論破するのに必要であると考えているような者たちがおおくいるのである。私はまずそのようなけんか腰で中傷的な書き方は、哲学者としてもキリスト教徒としても大変ふさわしくないと思う。それにまたそのような書き方は挑発的であり、それだけ賢明ではないと思うのである。というのも、もし私が礼儀をわきまえながら、ある人物を説きふせ、彼の意見を改めさせようとつとめるとしたら、私がおこなうのはひとつのことだけであり、それは相手の理解をただすことである。だが私が彼の誤りを手きびしく、あるいは不快感を生じさせるような調子でただしたならば、私が立ちむかうことになる困難を増やしてしまう。そして彼の判断ばかりではなく私にたいする気持ちまで敵対的なものとなる。そうなってしまえば彼を転向させるのは大変困難になる。彼はもはや私たちに同意しないのみならず、私たちの敵になっているのだから。[106]

これにくわえて、自然哲学のうちに複数の学派が存在しているとみとめることすら、実際には得策ではなさそうだった。諸学派について語りすぎることで、それらの生存を許してしまうかもしれないのである。「自然学者のなにか特定の学派に与したり、敵対したりするのは私のめざすところではまったくない」とボイルはいう。問題に決着をつけるのは実験なのだ。諸学派の見解に注意をはらう必要があるのは、その見解が実験に基礎づけられているときだけであった。著作のなかで実験による発見をもたらさない者たちにきびしく臨むのは、ただしいことであったし、適切なことでもあった。そのような者たちは事実を生みだすことになんらの貢献もしないからである。だが実験哲学者は適切におこなわれる論争には意義も目的もあるとしめさねばならなかった。実験哲学者は自分の立場が誤っていたとしめされたなら、それを公の場でみとめ撤回する準備がなければならない。自分は誤りうるとみとめているからこそ、柔軟な対応ができるのである。ボイルが書いたように、「絶対にまちがっていないと確信できるより前に、意見を絶対に変えようとしないというのは適切ではない[107]」。

論争を制御するための慣習は『懐疑的化学者』の構造にもよくあらわれている。アリストテレス主義者、二人のヘルメス主義者、そしてボイルの代弁者としてのカルネアデスのあいだでおこなわれる架空の会話は、ソクラテス的な対話ではなく、合議の形態をとっている[108]。その会話はひとつの劇場であり、そこで演じられるのは、説得、不同意、そして最終的には真理への回心のしかるべきあり方であった。このボイルの説得の劇場については、いくつかの指摘すべき点を手短にまとめることができる。第一に、参加者は架空の人物であり実在の人物ではない。これは実在する哲学者同士の関係を悪化させることなく意見を論破できることを意味している。あきらかに「ボイルの身代わり」であるカルネアデスですら、ボイル本人ではない。実際ボイルはカルネアデスに「私たちの友人であるボイル氏」といわせている。こうすることで意見が実際の個人から切りはなされているのである。著者はテクストから分離され、また彼が実際に支持している意見からも分離されるというわけだ[109]。第二に、真理はカルネアデスから対話相手に教えこまれるわけではない。むしろ真理は会話のなかで生まれてくるように表現されている。誰もが同意という大団円に貢献しているように見えるのだ[110]。第三に会話は例外なく礼儀ただしくおこなわれている。ボイルがいうには、「礼儀ただしさをもって論争すらおこないうるという例をしめす機会がもててうれしく思う[111]」。どの参加者も他の者を罵倒しない。不機嫌になる者はいない。立腹したり、いらついたりして会話の場から立ちさる者もいない[112]。第四に、そしてこれがもっとも重要なのだが、知的なやりとりの通貨、および合意に達するための手段となっているのは、実験によって生みだされた事実であった。そこでは、すでに私たちがしめしたように、事実はなにか特定の哲学学派が独占する財産としてはあつかわれていない。錬金術師たちであっても、実験による発見を生みだしたならば、実験的な知的交換の真の通貨を鋳造したことになるのである。彼らの実験は歓迎されているが、彼らの「不明瞭な」思弁は歓迎されていないのだ。アリストテレス主義者たちが実験をほとんどおこなわず、また彼らの体系のうちにある実験と理論のあいだの「アーチ」のように堅く結合した「相互の一体性」を解体しないかぎり、彼らは実験的な合議にほとんど貢献できない[113]。こうして、この架空の会話の構造とそこでの言語上の規則は、実験哲学にふさわしい現実の会話のための規則を明確にしめしているのである。

以下の各章では『懐疑的化学者』での架空の論争に続いて実際にはげしく戦われた論争を検討する。フランシスクス・リヌスは、実験はおこなったが空気のバネの力を否定した敵対者であった。ヘンリー・モアはボイルが同盟を結ぶことを望んでいた敵対者であった。モアはボイルの空気学的発見に、（彼にしてみれば）より神学的に適切な説明をあたえた。それにたいしてホッブズは実験の価値と、事実の基盤的な地位を否定した敵対者であった。これら敵対者のそれぞれにたいしてボイルは入念に考えられた返答をおこなっており、これらの返答は実験哲学者がいかに論争をおこなうべきかのモデルとして提示されていた。ボイルは返答のそれぞれにおいて、自分はおのれの名声を守ることに関心はなく、むしろあるべき哲学を集合的におこなうにあたって生命線となることを守ろうとしているのだと論じた。生命線とはすなわち、体系的な実験をおこなうこと（とくに空気ポンプのような「手のこんだ」器具をもちいた実験をおこなうこと）、実験が生みだす事実、その事実をより低い確実性しかもたない認識論的要素〔原因についての説明など〕から分ける境界、そして実験コミュニティでおこなわれる会話を統制する社会生活の諸規則である。ボイルが規定したところによれば、論争の対象は事実ではなく事実の解釈であった。そして哲学的論争は倫理的に礼儀ただしく、また開放的なかたちでおこなわれねばならないのだった。

これらの論争にかかっていたのは、哲学者が自分たちのあいだにある分断をいやし、みなでそろって知識の基盤に同意をあたえ、そうすることにより王政復古期の文化のなかでの信頼を勝ちえるための落ち着いた空間をつくりだし、それを維持することであった。以上の目的の達成にあたって本質的であったのが落ち着いた空間である。ボイルが『新実験』（これは王政復古の「すばらしく、平和を告げる年」に出版された）の序文のなかで読者に告げたように、「この不幸な国が経験した前例のない混乱（そのなかで私はこれらの実験をおこない、それを書きとめたのである）は、幸福な思索に欠かせない精神の平静と思考の落ち着きをかき乱すものであった[114]」。スプラットは王立協会を生みだしたオックスフォードの実験家たちのグループが置かれていた状況を次のように回顧している。「彼らの第一の目的は、もっと自由な空気を吸って、あの暗い時代の激情と狂気にのまれることなくおだやかに人と会話し、満足することだけであった[115]」。

三つのテクノロジーと同意の本性

私たちは三つのテクノロジーが事実の生成とその正当化にかかわっていたと論じてきた。物理的なテクノロジー、文章上のテクノロジー、最後に社会的なテクノロジーである。また三つのテクノロジーは別々ではなく、それぞれのはたらきは他のテクノロジーのはたらきに依存していたとも強調してきた。この点を深めるために、ボイルの三つのテクノロジーのそれぞれが事実を確立するためのひとつの共通戦略にいかに寄与したかをみていこう。この章の最初の節で私たちは、事実は、それが人間の生みだしたものとみなされないかぎりにおいて、知識の基盤として機能するとともに、同意を確実にもたらすことができると論じた。ボイルの三つのテクノロジーのそれぞれは、事実をあたかも所与のものと見せるよう機能していた。すなわち、それぞれのテクノロジーは客観化をおこなう手段として機能したのである。

事実を生みだすにあたって空気ポンプがはたした役割を例にとろう。すでに述べたように、空気学の事実は機械製であった。科学機械の重要な特徴のひとつは、それが人間の知覚能力と、自然の現実自体とのあいだに立つことにある。機械からえられた「悪い」観察を人間の側のまちがいのせいにする必要はない。また「よい」観察を個人が恣意的に生みだしたものとみなす必要もない。観察結果を生みだしたのは、非人格的な装置である機械なのだ。第6章でこの論法が使われた興味ぶかい事例を検討することになる。一六六〇年代にクリスティアン・ホイヘンスがボイルの説明上の道具立てのひとつと衝突するかに見える事実を提示した。そのときボイルは、彼の仲間の実験主義者の知覚上、あるいは認識上の能力に問題があるとして批判することはなかった。むしろ対立を生みだしているのは機械なのだと論じることが彼には可能だったのである。「[私はホイヘンスの]推論を疑問視しているのではありません。むしろ彼のポンプの漏れにくさだけを疑問視しているのです」[116]。機械は事実を生みだす過程から人間のはたす役割を排除するためにもちいられうる道具立てなのである。ちょうど次のようにいうかのごとくである。「それをいっているのは私ではない。機械だ」「あなたのまちがいではない。機械のまちがいなのだ」。

ボイルの文章上のテクノロジーの役割は、実験コミュニティをつくりだし、そこでの言葉の使い方をコミュニティの内部においてもコミュニティ外部との関係でも限定し、コミュニティ内部での社会的関係のあり方とそこで人びとがしたがう慣習を提供することにあった。仮想目撃という文章上のテクノロジーは、テクストの読み手全員に実験の目撃を正当なかたちで経験させることにより、実験室という公的な空間を拡張した。ボイルの言語上の実践がさだめた境界は、コミュニティの分裂を防ぎ、普遍的な同意をえられるタイプの知識を、長きにわたって分断を生みだしてきたタイプの知識から守るのであった。同じように、論争における適切な作法にかんするボイルの規定は、社会的連帯を保証する役割をはたした。この社会的連帯が事実への同意を生みだし、実験的生活形式の倫理的潔白さを損なうような非難を追放するのだった。実験によって生みだされた事実がもつ客観性は、特定の形式の話し方と、特定の様式の社会的連帯によって人為的につくられたものだったのだ。

ボイルの社会的なテクノロジーは、知識の生産を集合的な営みとして明示化することによって、客観化をおこなう手段としてはたらいた。「それをいっているのは私ではない。私たち全員だ」。スプラットが強くこだわったように、みなで実験をおこない、みなで目撃することにより、「イドラ」が本来もつはたらきを訂正することができた。ここでいうイドラとは、いかなる個人の判断や観察能力にもつきまとう不完全さ、特異性、あるいはバイアスのことである。王立協会はみずからを「目と手の団結体」として売りこんでいた。協会が実験によって知識を生みだす空間は公的な空間とされた。その空間が公的であるということの意味は、きわめて正確に特定され、きわめて厳格に管理されていた。というのも、だれもがそこにこられるわけではなかったし、どの人間の証言にもひとしい価値があたえられるわけでもなかった。またただれもが同じように協会があたえることになる同意に影響をおよぼせるわけでもなかったのである。それにもかかわらず、ボイルが提案しており、王立協会が支持していたのは、知識の生成もその正当化も公的におこなうという方向へと、決定的に重要な一歩を踏みだすことであった。これと対比されたのが一方では錬金術師の私的な営みであり、他方では体系的哲学者が個人としてくだす、「世界はこう理解されるべきだという」命令なのであった。

王立協会が公式に定式化したところによれば、実験によって知識を生みだすことは、諸個人の見て信じるという行為からはじまり、そうやって見られ、信じられるべきとされたことについてすべての個人が互いに自発的に同意することによって完成される。この過程で人びとは互いに話すわけだが、この話すという自由は特別の規律によって守られねばならなかった。過激な個人主義では、一人ひとりがそれぞれにとって知識の最終的な判定者となれてしまう。これは適切な知識を支える慣習的な基盤を破壊するだろう。これにたいし実験的生活形式が達成する社会組織は集合的なものであり、そこには規律がある。この社会組織は事実という知識の基盤を生みだし維持するだろう。このように実験主義者たちは哲学における「独断論者たち」や「僭主たち」から身を守ったのである。同じように彼らは、私的であり規律を欠いた空間で知識にかんする主張を生みだしている「秘教家」たちを憎んだ。どんな個人もなにが知識とみなされるべきかをさだめる権利をもつべきでなかった。正当な知識は、それが集合的に生みだされ、その集合を形成している個人たちが自発的にそれに同意することによって客観的なものとして保証される。知識の客観化は、その生成と評価が人びとのあいだで共有された基盤のうえでおこなわれているとしめされることによって達成されるものだった。人間による強制は実験的生活形式のなかでは目に見える地位をもつべきでなかった。[117]

もし知識の諸項目への同意の義務が人間の強制に由来するものではなかったなら、その義務はどこから来たのだろう。自然からである。人間ではなく自然が同意を強制すべきなのであった。人が事実を信じるべきであり、また自分は信じていると宣言すべきなのは、その事実が自然の現実の構造を反映しているからであった。私たちはボイルが事実を生みだすためにもちいたテクノロジーと、理想的な実験コミュニティによる知識の生成を制御する慣習を論じてきた。だがそのうえで、実験によって生みだされた知識を自然の方へと転置するには、これらのテクノロジーと慣習を自明なものとして定着させねばならなかった。実験によって生みだされる知識の自然化は、実験にともなう慣習を制度化することにかかっていたということである。このことから、実験によって知識を生成することの妥当性と客観性への攻撃は、その営みがもつ慣習的な基盤をあきらかにすることにより可能であったことがわかる。知識を生みだすにあたってなにがなされているかをあきらかにし、実験によって生みだされた知識への信頼を義務づけるものはなにもないとしめせばよかったのである。ここから実験的な生活形式に代わる生活形式がしめされるかもしれない。それはより効率的に同意を確保するかもしれない。よりすぐれた同意の義務を生みだすかもしれない。まさにこれこそ、ボイルのプログラムへの批判のなかでホッブズがおこなおうとしたことであった。ホッブズは、実験的な生活形式は有効な同意を生みだせないと主張した。彼にいわせればそれは哲学ではなかったのだ。

第3章　二重に見ること——一六六〇年以前におけるホッブズの充満論の政治学

筋書きはもうできている、その危険な幕開きは……

——シェイクスピア『リチャード三世』(1)

実験哲学のためのボイルのプログラムは秩序の問題にたいする解決策であった。それまで自然哲学はスキャンダラスな意見の不一致の状態にあった。スキャンダルがもっとも明瞭にあらわれていたのは、トリチェリの現象とそれに関係する効果をあつかう場面だった。ボイルは、自然哲学において探究を進めるための新しい方法を提案することによって、この意見の不一致を改善しようと試みた。この新しい方法とは、作業し、話し、自然哲学者のあいだに社会的関係を構築するためのものだった。ボイルとその同僚たちにとって、秩序の問題の実験による解決は可能であり、効果的であり、そして安全であった。その解決策が実効性と力をもつこと、また害をなさないことを保証するのは、新しい実験的生活形式の実践をとりまく決定的な境界線を確立し維持することであった。この境界の内側での意見の不一致は安全であり、さらには生産的で必要ですらあった。この境界の内と外にまたがる意見の不一致、そして意見の不一致のなかでもとくに、実験的生活形式からは排除された話し方を押しつけるようなものは、致命的に危険だとみなされた。

この境界の一方の側では、哲学者たちは実験的「自然学」の言語を語ることを義務づけられた。もう一方の側では哲学者たちは、いまや「形而上学」の汚名を着せられた、自然哲学の伝統的な言語を話したのである。私たちはボイルがどのようにして空気ポンプの実験にかんする適切な語りを新しい実験的言説のなかに位置づけようとしていたのかを見てきた。この新しい言説においては、形而上学的な真空なのか形而上学的な充満なのかという問題にかんして決定をくだすことは必要でなくなるのだった。ボイルが『新実験』のなかで言及している「真空」は、自然哲学の用語のなかの新しい項目であった。それは操作的に定義された存在であり、それへの言及は新しい人工的な装置のはたらきにもとづいてなされるのだった。

一六六一年にホッブズが攻撃したのは、この語法とそれが組みこまれた実践だったのだ。ホッブズの見解では、秩序の問題にたいするボイルの実験による解決は、可能でも効果的でもなく、危険なものだった。ホッブズは第一に、ボイルが確立し維持しようと提案した境界は哲学上の意見の不一致を改善するどころか、無秩序の継続を保証してしまうものであると論じた。第二に彼は、秩序を勝ちとりたしかなものとするための唯一の方法は、形而上学的な言語を放棄することではなく、適切な形而上学的言語をさだめることだと論じた。とりわけホッブズは、「真空」という用語を新しい実験的言説のために流用する権利がボイルにあることを否定し、その新しい言説の正当性に異議をとなえた。形而上学を論ずることなしに真空について語ることができるというボイルの主張を、ホッブズは否定したのである。ホッブズの読解によると、ボイルはみずからの機械が形而上学的な真空、すなわちあらゆる物体的な実体を欠いた空間を生みだしたと主張していた。そのうえでホッブズは、本書第4章でしめすように、ボイルの機械がそのような真空を実現できなかったということを証明しようとつとめていた。そのように定義された真空は自然のなかには存在しないし、ボイルの実験的空間のなかで生みだされてもいなかったのだった。

なぜホッブズはボイルのテクストをこのような仕方で読んだのだろうか。ホッブズがなにか短絡的に敵対者であるボイルのテクストの意味を「誤解した」というわけではない。次章で見るように、ホッブズはボイルの一六六〇年のテクストを細部にわたってきわめて綿密に論じていたのだ。とはいえホッブズは、自分自身の関心に影響を受けながら、そのときまでに得ていた知識にもとづいて、ボイルのテクストを読んだのである。彼の読解は、彼自身が一六六〇年以前にすでに発展させていた知的な道具立てや分析という土台のうえでなされたのだ。第一に、ホッブズは主要な自然哲学者としての自身の地位を守ろうとし、またみずからが一六四〇年代と一六五〇年代をとおして構築し洗練させてきた自然哲学の枠組みを守ろうとした。第二に、ホッブズはみずからの体系を、秩序を確保し哲学の適切な目標を達成するのに適した唯一の体系として発展させていた。他のあらゆる自然哲学の計画は秩序を危険にさらすものだった。第三に、意見の不一致という実践的な問題にたいする過敏さが高まっていた。この過敏さの高まりは王政復古体制が形成されているあいだ、すべてのイングランドの知識人たちのなかに見られた（第7章を見よ）。

本章では、真空論と充満論の問題にたいしてホッブズが向けた考察の範囲をしめしたい。そして、その問題を議論するのにふさわしい哲学的言語とはどんなものだとホッブズが考えたのかを理解したい。私たちは第一に、ホッブズが真空論にかんしてなにをまちがいだと考えたのか、そして第二に、彼がその立場にかんしてなにを危険だと考えたのかをしめそうと思う。最後に、私たちはホッブズの考え方の一貫性を指摘するであろう。一貫性とはすなわち、彼がいかに、自然界にあるものの適切な理解と哲学という営みについての適切な考えが、公共の平和を保証するだろうと見つもっていたのかということである。

「真空を否定すること」
――ホッブズと実験的空気学

ホッブズは一六四〇年代に充満論的な自然哲学を構築しはじめた。この時期全体をとおして、彼はパリにおける自然哲学コミュニティのまさに中心にいた。トリチェリの現象と実験的空気学はこのコミュニティの主要な関心事の一部となっていた。ホッブズは一六三〇年代にパリですでに「哲学者の一人に数えられて」いた。彼は一六三五―一六三六年にフランスを訪れた。第三代デヴォンシャー伯ウィリアム・キャヴェンディッシュの個人教師をつとめていたときのことだ。ホッブズは、ケネルム・ディグビー、チャールズ・キャヴェンディッシュ、そして彼を雇っていた一家とつながりをもっていた集団の他のメンバーたちを介して、フランスの人びとと書簡を交わしていた。[1] ホッブズは一六四〇年の一一月にイングランドから亡命した後、パリへと戻った。彼はいまや、マラン・メルセンヌを中心とするサークルの主要なメンバーとして、デカルト、ガッサンディやその他の自然哲学者たちと議論したのである。一六四四年にメルセンヌが光学と機械学にかんするホッブズの著作を出版した。一六四八年にはサミュエル・ソルビエールがホッブズの『市民論』の増補版を出版した。[2] この時期のテクストは、ホッブズの自然学の思想的源泉を見きわめ、彼の充満論への傾倒がいかなる性格のものだったのかを判断するためにもちいられてきた。とくに、歴史家たちは彼の自然哲学的著作である『物体論』（一六五五年）の完成にいたる思想的発展を跡づけてきた。『物体論』が書かれた文脈は、実験的空気学の価値について、ホッブズがボイルとの論争以前につくりあげていた見解をあきらかにしてくれる。[3]

本書の議論の成否は、いかなる点においても、ホッブズの自然哲学をまったく新しいもの、あるいは特別なものとして描くことにはかかっていない。私たちは、一六六一年にボイルへの応答のなかでホッブズが使用することができた知的な道具立てに関心があるのだ。といっても実際には、すでに同時代人たちがホッブズの思想的源泉をおおいに問題視している。彼の批判者たちは、「ホッブズ的な前提条件にもとづいて機械論を好んで受けいれてきた」一群の人びとにしばしば言及した。ホッブズの著作を他からの受け売りとして描くことで、彼がもたらした脅威は〔以前から存在していた脅威にすぎないとみなせるので〕軽減されえたのだ。ボイルはホッブズとデカルトの見解を一緒くたにあつかった。ジョン・ウォリスはいつもホッブズの独創性のなさを指摘していた。一六五四年にセス・ウォードはホッブズを、キャヴェンディッシュ・サークルの別のメンバーであるウォルター・ワーナーから光学の理論を盗んだかどで批判した。さらにウォードはホッブズの自然哲学が、デカルト、ガッサンディ、ケネルム・ディグビーによる、より信頼がおけ、だれの目にもただしいことがあきらかな理論に由来しているのだと主張した[4]。ホッブズの自然哲学をありふれた機械論哲学として描けば、彼がしめした特定の異議申し立て（もっとも明白にはボイルにたいする彼の攻撃のなかでしめされた）を軽視することができた。その一方で、この哲学を完全に独特のものとしてあつかえば、ホッブズと自然哲学コミュニティのあいだの密接な結びつき（とくに彼が一六四〇年代にフランスにいたさいの結びつき）を無視することができた。それらの結びつきから、ホッブズは実験と充満論にかんする分析のなかでもちいた知的な道具立てを得ていたのである。

実験的空気学にたいするこの時期のホッブズの態度には三つの顕著な特徴があった。第一に、フランスの実験家たちと哲学者たちは、充満論者と真空論者というふたつの排他的な陣営に分かれていたのではなかった。一六四〇年代に生みだされた重要な諸実験の適切な解釈にかんして意見の一致は存在しなかった。ホッブズ自身は、エピクロスがつけた区別、すなわち物質のなかにちらばったおおくの微視的な空虚な空間（散りぢりの真空）と、あらゆる物体の欠如によって生みだされる巨視的な空虚な空間（集合した真空）のあいだの区別をもちいていた。ガッサンディもこの区別をもちいた。一六四〇年代に書いた光学にかんするテクストのなかで、ホッブズは太陽の膨張のはたらきを記述するさいに微視的な散りぢりの空虚の概念にうったえている。しかしこのことは彼が「真空論者」であったことを意味しない。というのも彼はけっして巨視的な空っぽの空間が実在することをみとめなかったのだ[5]。第二に、ホッブズはなにかある一組の空気学実験がこれらの論争を解決する力をもつ、あるいは人工的な真空の存在を証明する力をもつということを疑問視した。これらの実験にかんする幅広い競合する解釈が存在していたことは、当時の自然哲学が権威を欠いていることの証左であった。最後に、ホッブズは不条理な形而上学の言語が自然哲学におけるこれらの困難の主要な源泉だと見きわめた。彼は空虚な空間についての一貫性のない語りがもたらす危険な帰結を指摘し、競合する複数の自然哲学の枠組み（とくにデカルトのもの）のあいだで一六四〇年代に生まれていた言語的な差異を分析した。

ホッブズがフランスで書いた諸テクストにはこれらの特徴がいずれもみとめられる。一六四一年の春にホッブズは機械学と光学にかんしてデカルトとはげしいやりとりを開始した。彼は非物体的な実体というデカルトの観念をすべて退け、そしてデカルトのいう「精妙な物質」が、空間をみたす流体という彼自身のモデルと同一であると主張した。ホッブズが充満論にたいし、「物体」の定義を拒否した。デカルトは用語のこの再定義が誤っていることを根拠として反論する場合、デカルトがしばしば主要な攻撃対象であった[6]。一六四二年から一六四三年にかけての冬、ホッブズはカトリックの哲学者トマス・ホワイトによる一連の対話篇への批判を書いた。ホワイトの『世界論』にたいする批判のなかで、ホッブズは充満論という主題にかんして自然哲学コミュニティのなかで意見の分裂がつづいていることを指摘している。彼は真空論と希薄化、すなわち「自然学のあれらの深遠な不可思議」にかんする諸実験に疑念を抱きつづけた。彼は〔真空をめぐる〕論争のふたつの有名な典型的主題を論じている。すなわち、温度鏡（球のなかのあたためられた空気が〔気温におうじて冷えるさいに〕その球につながれた管へと水を引きあげる）と、メルセンヌによって報告された当時発見されたばかりの空気装置、すなわち空気銃である。ホッブズは次のように書いている。「温度鏡のなかでの空気の膨張と圧縮の原因は、私たちが真空を否定したとしても、なお十分に説明可能である」。デカルトを攻撃したときと同じように、彼は自然哲学における不条理な定義と誤った信念との結びつきに着目した。いわく、人びとは「無数の悪霊の存在を信じるようになった」のだが、それはたんに「彼らは視線が通りぬけるあらゆるものを真空であると考えてしまう」からである。ホッブズは、すべての物体が不透明なわけではないと論じる。彼は一六四〇年にイングランドを離れるすこし前に書いた政治的論考『法の原理』でも同じことを主張していた。共通感覚は見かけ上空虚な空間の性質を知るための導き手としては信頼できないのであった。そう考えておかないかぎり、人びとは「実体のない存在者」あるいは「霊」があるのだと誤って信じてしまうことになるだろう、と彼は書いている。(7)

このような信念の危険性と実験の特徴が、ホッブズが『物体論』のなかで充満論をめぐる議論を組みたてたときの、彼の最大の関心事だった。ホッブズはみずからの光学論考が一六四四年にメルセンヌによって出版されたあとでこの著作を書きはじめた。『物体論』の最終版は、一六四八年までにはできあがっていた可能性がある。この時期、ホッブズはすきまに存在する空虚〔＝散りぢりの真空〕をめぐる議論とデカルトの形而上学にたいする攻撃を継続しておこなっていた。彼の同僚たちとパトロンであるチャールズ・キャヴェンディッシュおよびその兄ニューカッスル伯が一六四五年にパリに到着した。彼らの書簡はホッブズの計画の内容についていくらかのことを教えてくれる。ホッブズは一六四六年にニューカッスル伯にたいして、太陽の「膨張」によって散りぢりの真空が生みだされうると述べ、デカルト的な充満論を攻撃した。「といいますのも、延長と延長をもつ事物は別のものだということを、いったいだれが知らないというのでしょうか」。(8)一六四八年の二月、ホッブズはメルセンヌにむけて、とりわけイエズス会士の哲学者ノエルの考えに反論するなかで、これらの見解をくりかえしている。ノエルは温度鏡や温度計のふるまいを論じるさいにデカルトの精妙な流体を不当に利用したのだ、とホッブズは主張した。(9)しかしながら同時に、ホッブズは実験的空気学のなかでなされた新しい実験を考察し、自然哲学の分裂を解消することにおけるそれらの役割に異議をとなえてもいた。

メルセンヌは、一六四五年の春にフィレンツェからパリへと戻ると、トリチェリの現象の報告を出版した。一六四六年の秋から一六四八年の秋までのあいだに、パスカルやロベルヴァルなどの実験家たちがさまざまな非常に重要な現象を生みだした。そのなかには真空のなかの真空実験やピュイ・ド・ドームの実験が含まれていた。[10] ホッブズはパリでこれらの実験のいくつかを実際に目撃したかもしれない。また報告は一六四八年の春以降にイングランドに送られた。ボイルはキャヴェンディッシュ、ハーク、そしてハートリブの書簡をとおして、このときはじめて実験的空気学におけるこれらの成果を学んだのである。[11] ホッブズにとっては、これらの報告はまったく決定的なものではなかった。一六四八年の二月に彼は、メルセンヌとその同僚たちに、トリチェリの空間のなかでの音と光の伝達にかんする実験を試みるようすすめた。パリとロンドンの実験家たちは「ガラス管のなかで水銀のうえにあるのが本当の真空だとはまだ断言したくない」[12] と表明した。だがメルセンヌがホッブズとこれらの実験を議論したとき、ホッブズはそういうなんらかの実験によって結論が得られるということ自体が疑わしいと述べた。一六四八年の五月、ホッブズはメルセンヌにたいし次のように述べている。「あなたや他の人びとによる水銀をもちいた実験のいずれも、空虚が存在することを結論づけてはいません。なぜなら圧迫された空気のなかにある精妙な物質は、水銀やあらゆる他の液質の物体のなかを、いかにそれが熱で溶かされたものであったとしても、通りぬけるだろうからです。それはちょうど煙が水のなかを通りぬけるのと同じようなものです」[13]。

ホッブズはここでロベルヴァルらメルセンヌの同僚たちによっておこなわれた実験を論評したのである。コイの浮袋をもちいたロベルヴァルの実験（浮袋がトリチェリの空間のなかで膨らむ）が同じ月にはじめておこなわれた。それは巨視的な空虚を実験によって生みだすことができるといういっさいの確信におおきな打撃をあたえた。ロベルヴァルがメルセンヌとパリにおける彼の同僚たち（そのなかにはホッブズも含まれていた）にしめした実験は次のことを示唆したのだった。「空虚であるように思われる空間（その空間は光と色を通す）にかんして、真に確実なことはなにも立証することができない」。一六四八年の春にメルセンヌは、パスカルにたいするノエルの攻撃とロベルヴァルの研究によって提起された難問にかんして次のように書いた。「私たちはそれが真空ではないのだといまや信じはじめている」。五月に彼は、トリチェリの空間のなかでのコイの浮袋の実験は「解決不可能な問題」だとみとめた。ロベルヴァルにとってこの実験は、空気が弾性をもつこと、またトリチェリの空間が完全に空虚ではないということをしめすものだった。こうしてデカルト的な充満と物体を欠いた巨視的な空間というふたつの学説はいずれも疑問を投げかけられたのである。競合する実験家たちは、まったく対立した自然哲学を支えるために、また異なった形態の精妙な流体の作用をあきらかにするために、これらの典型的現象をもちだした。[14]

これらの標準的な空気学実験にたいするホッブズの態度の基礎をなしていたのは、一六四〇年代のフランスでの論争であった。パスカルの実験は決定的なものでも解釈がひとつにさだまるものでもなかった。ホッブズは一六四四年から一六四六年にかけての光学論考のなかで散りぢりの真空を説明のためにもちいた。だがこのことによって彼が、実験的空気学を真空論的に解釈する立場に立つことになったわけではなかった。そのような解釈をするのではなく、彼は、メルセンヌ、ガッサンディ、キャヴェンディッシュ、そしてデカルトとのやりとりのなかで、空気学における問題は哲学におけるただしい言語の問題なのだと論じた。いかなる個々の実験の試行も、空間をみたしている精妙な流体の特性を決定することはできないのだった。これらの流体はあらゆる自然のはたらきを媒介していた。これらの流体の探究は、物体、空間、そして運動の特性にかんして〔実験に〕先立っておこなわれる分析に依存するのであって、不確実な実験や信頼できない感覚与件だけから引きだされることはなかった。一六五七年にホッブズはガッサンディの弟子であるソルビエールにたいして次のように説明している。「エピクロスの意見」でさえ、「彼が真空を解していると思われる意味においては、私には不条理だとは思われません。なぜなら私の考えでは、彼が真空と呼んでいるものを、デカルトは精妙な物質と呼んでおり、そして私はもっとも純粋なエーテル的実体と呼んでいるのだからです[15]」。不確かな経験と確かな哲学的言語の区別は、ホッブズがイングランドに戻った後一六五五年に出版された『物体論』の完成稿のなかにも同じくはっきりと見られる[16]。

『物体論』の最初の三部のなかでホッブズは、みずからの自然にかんする知識の枠組みの哲学的基礎を確立した。実験的空気学との詳細な対決は第四部のなかにだけ含まれる。この部は「自然学」と呼ばれる自然哲学の一領域をあつかうものである[17]。他の箇所でホッブズは、適切な言語を導く定義にかんする探究をしめしている。「場所」と「一致」の定義のなかで、ホッブズは空っぽの空間の可能性を受けいれているように見える。

> ……自然本性的にそなわった感覚をもつ人のうちだれに、ふたつの物体のあいだに他のいかなる物体もないという理由で、両者は必然的に互いに接触していなければならないと考えることができるだろうか。あるいは、真空は無である、あるいは彼らのいうところによれば、非存在者であるという理由で、真空は存在しえないと考えることができるだろうか。そのような考えは、次のように推論すべきであるといっているのと同じくらい幼稚なものなのである。だれも断食をすることはできない。なぜなら断食とは無を食べることだからである。ところで無は食べることができない、と[18]。

実際には、ホッブズはここで真空が存在すると主張したのではなかった。彼はスコラ学者たちにたいして、真空の存在あるいは非存在が、不条理な語りや言葉の不適切な使用をとおして立証されることはありえない、ということをしめしたのである。

機械論的な運動と物質の連続性の適切な分析は、なんらかの「空虚を含まない流体状の媒質」を要請した[19]。ホッブズの自然学のなかでは、この空間をみたしている媒質は、運動が閉曲線にそって起こる〔運動が切れ目なく空間的に連続して起こるとともに、運動の始点と終点が同じになる」であろうということを含意していた。この単純な円環運動はホッブズの自然学的説明にとって根本的なものだった。以上のことがらは原因についての定義的な知識をとおして確立された。「自然学」にかんする最後の部分、とくに「世界と星々について」という章のなかでついにホッブズは、真空という自然学的問題と実験的空気学が主張していた内容を直接的に論じている。彼の解答は明確なものだった。空気学を検討するなかで、真空を支持するすべての論拠と真空の存在を裏づけるとされたすべての現象が退けられたのである。ホッブズは、一六六一年にボイルの実験結果にたいしておこなうこととなる批判の予行演習をおこなったわけだ。

「真空を取りのぞきたいと考える」者は、「真空によらないで、これらの現象の、より確からしいとはいわないまでも、すくなくとも同じくらい確からしい原因をしめすべきである[20]」。ホッブズはこのことを、自然や実験システムのなかで真空を証明しているといわれた主要な現象を体系的に処理していくことによって、なしとげたのである。真空に反対するホッブズの自然学的な議論の一部は（一部にすぎないのではあるが）、流体的なエーテルにうったえるものだった。彼は、世界には以下のものがすべて含まれていると想定していた。すなわち、地球や星々のような可視的な物体、「地球や星々のあいだの空間全体にわたって散りばめられている微小な原子」のような不可視の物体、そして「最後に、もっとも流体的なエーテル」であり、このエーテルが「宇宙の残りの部分すべてを非常にすきまなくみたしているので、宇宙のなかにはまったく空っぽの空間が残されていない[21]」。ホッブズの真空にたいする反論のうち、私たちの目的にとってもっとも重要な部分は、世界の一般的な成りたちではなく、トリチェリ的な伝統のなかで規範的な地位を占めていた実験をあつかった箇所である。

ここでホッブズは、彼としては非常に詳細な実験手順の説明をあたえている。一方の端が閉じられた「十分な長さの」ガラスの円筒を水銀でみたせ。開いたほうの端を指でふさいでその端を同じ液体が入った容器に入れよ。そして指を離せ。ガラス管のなかの水銀の高さは低下し、ガラス管の上端には空間が残される。「ここから彼ら〔真空論者たち〕は、水銀のうえにある円筒中の空洞はあらゆる物体を欠いた状態にあるのだと結論づけている」。「しかしながら」とホッブズは述べる。「この実験において私は真空〔の存在〕の必然性をまったくみとめない」。トリチェリの空間のなかにはなにがあるのか、またその内容物がいかにしてその空間へと到達するのかということについてホッブズが真空の代わりにあたえた説明は、のちのボイルや「グレシャムの人びと」との論争でのホッブズの議論の原型となった。その説明は、充満とその充満のなかでの物質の円環的な運動の存在にもとづくものであった。ホッブズは次のようにいった。水銀が下降するときになにが起こるのか考えてみよ。〔水銀の入った〕筒を支えている容器のなかの水銀の高さは上がるに違いない。そして、それが上がるにつれて、「下降した水銀のための場所を空けることができる」量の隣接する空気が

「押しのけられるに違いない」。その空気は別の場所へと行くことにならざるをえない。そしてその空気は、動くにつれてまたその隣の空気を押しさることになり、「以下同様のことが続き、最終的には、最初に押しのけがはじまった場所への回帰が起こる」。

そしてそこでは、そのようにして押された最後の空気は、最初の空気が押しのけられたのとひとしい力によって容器のなかの水銀を押すことになるだろう。そしてもし〔管のなかの〕水銀が下降する力が十分におおきければ、……その力は空気を容器内の水銀に透入させ、管のなかを上昇させて彼ら〔真空論者たち〕が空っぽのままだと考えた空間をみたさせることになるだろう。

このようにトリチェリの空間は、一部の哲学者にとっては真空の存在の決定的な証明だったのだが、実際には充満しているのであり、しかも大気中の空気でみたされているのである。なぜ水銀が完全に流れでてしまうのではなくある高さで止まるのかということの説明もしめす必要があるとホッブズは気づいていた。彼の回答は、水銀柱がどの高さから下降するのかということと、この下降が隣接する空気にあたえる力、つまりはめぐってきた空気が下方の容器のなかの水銀の表面へと戻る力との関係にかかわっている。約二十六インチのところで、下降する水銀の「努力」と、めぐってきた空気によって透入されることにたいするその水銀の抵抗とのあいだのつりあいの状態に達するのだ、と彼は主張した[22]。

ホッブズは中世と初期近代の自然哲学における他のいくつかの標準的な「実験」を説明するためにも、円環運動と充満という同じ説明手段をもちいた。たとえば、庭師の水やりじょうろの通常のはたらきは真空が存在しないことを証明するために提示された。典型的な〔じょうろの〕容器の下の表面には無数のちいさな穴が開けられている。〔上方の〕細い口の部分は指で押さえることができる。押さえるともはや水は流れでないようになる。なぜそうなるのだろうか。口の部分が押さえられたときに庭師のじょうろの穴から水が流れでることができないのは、ホッブズがいうには、下側にある空気が究極的に行きつく場所が存在しないからなのである。指を口の部分から離すことによって水が再び流れでるようにすることができる。この場合には隣接した空気が、「連続する努力によって」口の部分へと進んでいき、そして「流れでる水があけわたした場所へと入りこむ」ことができるのである。いや、たとえ口の部分を押さえつづけたとしても、出ていく水が「みずからの重さによって同時に同じ穴から空気を容器のなかへと上昇させることができる」ほどにじょうろの下部の穴が十分おおきければ、流れを確実に引きおこすことができる[23]。この実験やホッブズが論じた他のいくつかの古典的な実験において、彼が活用した説明戦略のひとつは、空気がもつある能力であった。すなわち、空気が十分強く押された場合に、とくに液体を入れている容器の最外部で、水あるいは水銀のなかに透入することができるという能力である。この空気は真空論者たちが空気を締めだすために配置したもっとも密ですきまのない自然学的境界を強力に侵犯した[24]。

今の文脈のなかでとくに興味ぶかい実験のひとつは、なめらかな大理石あるいはガラスの密着にかんするものである。前章で真空中での密着についてのボイルの実験、すなわち『新実験』の第三一番目の実験を簡潔に論じた。私たちは、ボイルが規範的な地位を占めていたこの現象をどんな仕方で新しい実験プログラムの言語上の実践のためにもちいようとしたのかを指摘した。『新実験』の五年前に書かれた『物体論』のなかでホッブズは密着を検討し、そのただしい自然学的説明が真空論とは両立不可能であることをしめそうとした。ホッブズは機械論哲学者であったため、みずからの充満論を支えるために真空嫌悪をもちいることはしなかった。その代わりに、彼は硬さにかんする自身の理論のなかにこの現象を取りこんだ。もし、実際に、ふたつの密着した物体が完全に硬くまた完全になめらかであったとしたら、垂直な力を加えることによってそれらを引きはなすのは不可能であろう、とホッブズは論じた。その理由は、この分離が「ふたつの物体のあいだに」入りこんでくる空気の無限の速度を必要とするだろうから、というものだった。ホッブズにとって無限の速度や無限の硬さは、無限の世界という観念とまったく同じように不可能なのであった。そのためホッブズが提示した分離の自然学的説明は有限の速度と有限の硬さにもとづくものだった。もしある人が密着した物体にきわめておおきな力をかけたとしたならば、それらの物体はたわみ、そして空気の漸進的な侵入をゆるすことになるだろう[25]。それゆえ密着にかんするホッブズとボイルのあいだの相違は、機械論の違いでもなければ、真空嫌悪にたいする態度の違いでもなかった。二人はともに前者を受けいれ、後者を忌避していたのだ。両者の相違は、そのような現象にかんする適切な語りとはどんなものなのかをめぐる考え方の違いだったのであって、それゆえ、自然哲学者が研究をどう進めてゆくべきかをしめすさいの違いだったのである。

ホッブズの見解では、真空が自然のなかに存在するという考え、あるいは真空が実験家によってつくられるという考えを支える決定的な議論や決定実験は存在しなかった。『物体論』においてホッブズは自然学的な根拠にもとづいて「真空を取りのぞいた」。みずからの充満論的自然学のなかで、彼は真空論を裏づけるために提示されていた現象を説明する「より確からしいとはいわないまでも、すくなくとも同じくらい確からしい」議論を提供していた。彼はいくつかの実験には十分くわしかったし、またトリチェリのプログラムのなかでもっとも重要な実験の一部を目撃していた可能性がある。だが彼は実験をみずからおこなったとは主張しなかった。さてこれから私たちは、ホッブズが以上の経験を受けて採用し、のちにボイルの『新実験』に向きあうさいに活用した最終的な充満論がはたしていた目的について問う。この時期に書かれた非常に重要なひとつのテクストが存在する。このテクストは、ふつう政治史家の管轄だと考えられてきたため、科学史家にはほとんどもちいられてこなかった。すなわち『リヴァイアサン』（一六五一年）である。この書物のなかでホッブズは定義上の根拠、歴史的な根拠、そして究極的には政治的な根拠にもとづいて、真空を取りのぞいた。ホッブズが攻撃した真空論は、たんに彼の自然学的なテクストのなかでいわれていたように不条理であり誤っているだけではなかった。真空論は危険なのであった。真空についての語りは、国家における適切な権威を打倒するために不当にもちいられていた文化的資源と結びついていたのである。(26)

リヴァイアサンの政治的存在論

私たちは『リヴァイアサン』を自然哲学の書物として読み解きたいと思う。『リヴァイアサン』のなかで、そしてとくに「暗黒の王国について」と題された部分において、ホッブズは自然界とそこに含まれる事物の種類についてのあるひとつの描像を攻撃対象として提示している。この存在論は、イデオロギー的な目的のためにつくりだされ、維持されていたものだったために、非難されるべきものであった。ある知識人たちの集団が、適切な哲学的目的のためではなく、彼らの社会的利益に資するため、また彼らが権威をもっているのだという不当な主張を支えるために、この存在論をもちだしていた。それは自然にかんする頽廃した哲学、また頽廃をもたらす哲学であった。その拡散は社会の災厄の源泉となってきており、その不当性があばかれないかぎり、社会秩序を腐食する作用を発揮しつづけるだろう。適切な哲学は、公共の平和にたいする貢献によって評価されるべきなのであった。

自然にかんするこの不当な哲学のなかでもっとも重要な観念のひとつは、非物体的実体という観念である。ホッブズにとっては非物体的実体というようなものについて語ることは、言語使用上の不条理であり、ただしい哲学における不可能事でもあり、聖職者らの謀略のなかでもちいられた鍵となるイデオロギー的な道具立てのひとつでもあった。聖職者たちにはそのような用語をもちいるうえで結託している強力な仲間がいた。逍遥学派〔＝アリストテレス主義〕の哲学者たちにとって非物体的実体という観念は、「実体形相」と「分離本質」をもちいる根拠となっていた。それはちょうど、聖職者たちにとって非物体的実体が彼らの「霊」や「霊魂」の概念、そしてこれらの用語の終末論的な用法にとって基礎的役割をはたしていたのと同様であった。

ホッブズにとっては、たぶんボイル以上に、ただしい哲学は言語の適切な使用に立脚していた。私たちは、適切な哲学的言語へといたる道すじのひとつが定義にかんする探究をとおって続いていくものであったことを見るだろう。しかしながら聖職者らと議論する場合には、言語の使用や言葉の意味の聖書のなかに見られる根拠を精査するのがふさわしかった。霊魂が非物体的実体だと考えることを正当化するなんらかの根拠が、聖書のなかにあったのだろうか。あるいはさらにいえば、霊魂を人間に特有の所有物だとみなすことを正当化するなんらかの根拠が聖書のなかにあったのだろうか。ホッブズの読解によればそのような根拠は存在しなかった。聖書のなかにはたしかに霊魂、天使、霊にかんするおおくの言明が含まれていた。しかしながらそれらが非物体的なものであると決定的に述べている言明は存在しなかったのだ。霊魂は任意の生きものに帰されうるもので、身体から離れて存在することはなかった。善い天使と悪い天使の両者が語られていたが、聖書のどこにおいても、天使が非物体的だとは語られていなかった[27]。また神が非物体的な存在者であると述べることにすら、聖書上の根拠は存在しなかった[28]。聖書には霊へのおおくの言及があり、それらの箇所で霊という語は風、あるいは恩寵という神の贈り物、あるいは熱意、あるいは夢、あるいは生命力を意味しえた。しかしながら非物体的実体を意味することはありえなかった。ホッブズがいうには、聖書において霊は、どこでも「本来の意味では実在する実体を、あるいは、隠喩的には精神あるいは身体のある種の非凡な能力あるいは情動を」意味するためにもちいられていた[29]。もし神を霊的なものであるといいたい場合、正当な仕方でそのようにいうことはできる。すなわち、神に敬意を表したいという欲求を表現する手段として、神が霊的だということは可能なのである。しかしながらこの場合においてさえ、敬意を表す用語を存在論的な用語と捉えてしまう危険、つまり「名誉の諸属性」を「本性の諸属性」に変えてしまう危険があるのだった[30]。

聖職者たちがたわごとを語っているのだとすれば、専門家として彼らと結託している人びと、すなわちスコラ哲学者たちもまた同様なのであった。ここでもまた、「不条理な語り」と不適切な言語使用が問題の根底にあった。「実体形相」、「抽象的本質」、「分離本質」というスコラ学の観念は無意味であった。さらに悪いことに、彼らスコラ哲学者は正真な哲学的説明の探究を不可解なものへと変えてしまっており、そのため探究にとって有害なのだった。「言語のそのような無意味さを、たとえ虚偽の哲学として指摘することはできないにしても、その無意味さは次のような性質をもっている。すなわち、真理を隠すだけでなく、人びとに自分たちが真理をもっていると思わせ、それ以上の探究をあきらめさせてしまうという性質である[31]」。アリストテレス主義のなかで自然学的説明だとみなされているものは、実体形相の学説に依存するものであったため、たわごとであった。たとえば、物体は「重い」から下に落ちるのだといわれていた。「だがもしあなたが、重さとはどういう意味なのかとたずねるならば、彼らは重さを、大地の中心へ行こうとする努力だと定義するであろう。つまり事物が下方へと落ちていくことの原因は下方へ行こうとする努力だということになる。これは、諸物体が下降または上昇するのはそれらがそうするからだ、というのとまったく同じである」。アリストテレス主義による自然現象の目的論的説明はこっけいなものだった。

それは「あたかも石や金属が人間と同じように意欲をもったり、人間と同じように自分たちがいたいと思う場所を識別できたり、人間とは違って休息を愛したり、一片のガラスが窓のなかにあるほうが路上に向かって落ちているよりも安全でなかったりするかのようである」[32]。しかし物体がみずから動くことはない。物体は、いわばそれらのなかにそそぎこまれその物体的な本性から分離されうるような本質をもってはいない。物体が有する、理性や感覚とは無縁の物体的な本性こそが物体の本性なのだ。人とその意志も構造的に類似の仕方で把握されるべきものであった。人は意欲や嫌悪という「欲求」の影響を受ける。この欲求は石に作用する物理的な力に類比的なものである。「熟慮」はこれらの欲求のかわるがわるのはたらきからなっており、熟慮において「行為に直接に付着している」最後の欲求が「……私たちが意志と呼ぶものである」[33]。それゆえ一般的にいって、人も生きていないものも二重の本性をもつものだと考えられるべきではなかった。そのどちらも、物質に加えて分離可能で非物体的な霊的本質、形相、意志をもち、両者の結合によって成りたっているというわけではない。自然界に存在するものについてここで見てきた以外の仕方で語るということは、すなわち不条理に語るということであった。そういう不条理な仕方で語る者はだれも、真正な哲学者ではありえなかった。

なぜ聖職者とその仲間たちは不条理なことがらを語っていたのだろうか。ホッブズは次のように述べている。それはそうすることが自分たちの利益にかなうと彼らが考えていたからであった。つまり、もしそのような観念が拡散され信じられたならば、聖職者やその仲間たちは利益を受けるだろうからであった。ホッブズは利益にかんする説を語ることによって、聖職者らの不条理と悪しき哲学の信頼を損なわせようともくろんだのだ。彼は「だれの利益のために？」という問いを立て、そして答えようとした[34]。聖職者とスコラ学者は政治における平和とよき秩序を犠牲にして富を得ようとしてきていたのである。分離本質というアリストテレス主義の教義は、歴史的には社会を制御するための不当な戦略のなかでもちいられてきたものだった。世俗的な主権者にのみ属している権威の分け前に聖職者たちがあずかるという目的のために、この教義が使用されてきたのである。ホッブズは次のようにいっている。アリストテレスの『政治学』は「統治とは相容れない」。というのは、「アリストテレスの空虚な哲学のうえに築かれた」この「分離本質という学説は、［人びとを］空虚な諸名辞を使っておどろかして、自国の法に服従することから遠ざけようとする。それはちょうど人びとが、鳥をからのダブレット服と帽子と曲がった棒によっておどろかして、穀物から追いはらうのと同じようなものである」[35]。聖職者の謀略によって案山子の哲学がつくりあげられた。この案山子の哲学は、人が将来について抱く自然な不安と、手もとにあるいかなる材料からも因果的説明を構築したいという人が自然本性的にもっている性向に、つけこんできたのだった。できごとの可視的で既知の原因が存在しない場合、なんらかの不可視の力あるいは行為者がはたらいているのだということが広く想定されていた[36]。聖職者の謀略がこれらの自然な傾向性を助長していた。さらに彼らの謀略は、教会の独立した道徳的および政治的権威を支えるという目的のために、人の無知や臆病さや不安を利用していた。この目的のために聖職者たちは、非物体的な実体と非物質的な霊についての悪しき哲学をまん延させていたのだ。

聖職者の謀略、そしてそのなかで悪しき哲学がもちいられていたことにたいするホッブズの非難は、きわめて詳細なものだった。この非難のなかでは、聖職者らのそのような道具立てが略奪する権力として利用されている主要な諸点に注意が向けられた。『リヴァイアサン』は宗教的な儀式においてもちいられる概念的な道具立ての念入りな分析をしめしていた。たとえば聖餐の儀式を考えてみよ。聖職者たちは、この儀式がもつと想定されていた効果のために、神的な力を利用することができていたのだ。もし聖別されたパンのなかにキリストが字義どおりに存在すると解されているのだとすれば、聖餐は「きわめて粗暴な偶像崇拝」であった。パンはキリストを表現しているのであってそれ以上ではなかった。聖職者の謀略においてなされたのは「聖別を魔法に」読みかえるということであった。それは奇術師や手品師のすることだった。同様に洗礼も、象徴的に解釈するのであれば正確に理解することが可能だった。しかしながら、「幽霊や空想上の霊を追いはらうのに有効なもの」として「魔法をかけられた油と水」をもちいることは、宗教にかこつけた悪しき詐欺だった。そのような霊は存在しないし、物質的な成りたちとは別になんらかの霊的な特性を有している聖別された油も存在しないのであった。さらに、霊による憑依というような現象は存在しなかった。悪魔ばらいの儀礼は、実際にはけっして人に影響しないようなものを彼のなかから「追いだしている[37]」。そして人間が、彼の死後にも生きつづける身体から分離された霊魂をもっているという考え、またそのような身体から離脱した霊が天国あるいは地獄という場所へと飛んでいくというような観念についても、同じことがいわれうる。このような考えは分離本質という学説から直接生まれてきていた。しかしながら実際には霊魂は「身体から分離された存在」を有していないし、霊魂が身体から離れて生きのびるなどと述べることはばかげているのだった。物体的な霊魂というホッブズの考え方には聖書の支えがあった。「『ただ、その血は断じて食べてはならない。なぜなら血は霊魂であり』すなわち『生命だからである[38]』」。ホッブズは、聖書のなかで「永遠の生と永遠の拷問」に言及することで意味されているものについて、印象的な注釈をあたえている。これらの用語は「混乱や内戦という惨事」を回避するかそうでないかということを意味していた。「神の国」は地上にあったし、将来キリストが再臨したときにも、地上にあるだろう。地獄や天国は場所ではなかった。それらは精神の状態、あるいは社会的無秩序と秩序という状態だったのである[39]。三位一体というしかけもまた、神あるいは神の顕現や受肉を非物体的な実体だとみなす根拠をいっさいあたえてくれなかった。神が本性上三位一体のものだといわれているのは、みたび代表されてきたからであった。すなわちモーセによって（父）、イエスによって（子）、そして使徒とその後継者たちによって（精霊）[40]。

非物体的な実体にかんする以上のすべての不条理な語りとその使用は、利害関係をもつ専門家集団の道具として展開されてきたものだった。ホッブズは次のような問いを提起した。だれが「みずからの主権者より、いやそれどころか神自身よりむしろ、神をつくることができる司祭のほうに服従しないであろうか。あるいは、幽霊をおそれている人のうちいったいだれが、それらの幽霊を彼のなかから追いだす聖水をつくることができる人びとにたいして、おおきな尊敬をはらおうとしないであろうか」。聖職者の謀略によって悪しき哲学にもとづいて構築されたこの悪しき宗教が広められたのは、権力を略奪するという目的のためだった。「彼らの悪魔学と、それに属する悪魔ばらいやその他のものの使用とによって、彼らは人民を、彼らの力にたいしていっそう畏怖させておく。あるいは、そうさせておいているのだと彼らは思っている」。彼らは「臣民たちの、みずからの国の主権者権力にたいする依存を、弱めようと」していたのだ[41]。そしてこのことは略奪というもっとも具体的な行為のなかに見られるものであった。略奪とはすなわち、王たちは司教からさずけられたものによって統治するのだという聖職者たちの主張のことである。王の権威、権力、そして正当性が神の恩寵から生まれてくるというのは、それらが教皇や司教たちに由来するという意味ではないのであった。というのも究極的な宗教的権威は世俗的な主権者なのだから。宗教がなにからなっているのかを定義するのはこの主権者なのであった。彼自身が死すべき神だったのだ[42]。「というのも、聖職者らが（どこであれ彼らが国家に臣従する場所で）、自分たち自身の権利において——それを彼らは神の権利と呼んでいるのではあるが——自分たちのものとする権力は、なんであれ略奪にほかならないからである」[43]。そうした略奪から聖職者たちは利益を得ていた。彼らは神の名において、また不可視の霊的世界を彼らが運営していると考えられていたことを根拠に、十分の一税を取りたてていた。こうして人びとは「ひとつは国家へ、もうひとつは聖職者へと、二重貢納をするように」義務づけられたのである。修道士たちは特権を要求していた。司祭たちは世俗的な免税を要求していた。牧師たちはみずから国家の統治官となっていた。そしてこのことにおいては、「ローマの聖職者と長老派の聖職者」のあいだにほとんど違いはなかった[44]。

二重貢納の帰結は内戦と混乱であった。もし国家における権威と権力がおのおのの分け前を要求する複数の専門家集団に分割、分散されていることを許容してしまえば、内戦と混乱というこれらの帰結が生じることは避けられないように思われた。すべての専門家集団が悪かったのだが、なかでももっとも悪いのは聖職者だった。一六五六年にホッブズは『リヴァイアサン』の狩人の一人にたいして、彼がどのような経緯でこの書物を書くことになったのかを説明した。それは「内戦の起こる前と起こってから最初の時期に聖職者たちが、説教と執筆を通じてその内戦にいったいどんな影響をおよぼしたのかの考察であった[45]」。そして『ビヒモス』（一六六八年）のなかでホッブズは、ようやく終結した内戦についての個別的な歴史的分析をしめした。この大惨事にたいして非常に責任がおおきかった者のなかに人びとの「扇動者」がいた。これらの扇動者のなかでももっとも非難されるべきは、みずからが世俗的な権威を経由せずに直接神から託された力をもつと主張していた教会関係者たち、そして叙階されていたか否かにかかわらず、神から直接に私的な霊感を受けたと主張していた人びとであった。ホッブズはこれらの人びとすべてを、混乱と戦争を引きおこすのに関与したと非難した。すなわち〔これらの人びとは〕、「キリストの下僕と自称している人びと、またときには、説教のなかで神の代理人を自称している人びとで、彼の教会区のなかのすべての人を統治する権利を神から得たという、また彼らの集団が国家全体を統治する権利を神から得たという、偽りの主張をしている」のだ。もちろん教皇のとりまきたちは、とりわけ憎まれるべきであった。なぜなら彼らは、世俗的な権威と権力を分けあっているというだけでなく、自分たちの仲介によって絶対的な霊的権力を国家に委託するという役割を担っていることまで主張していたからである。しかしローマやカンタベリーに強く反対しているように思われる信念や実践をもつ宗教的集団、すなわちプロテスタントの諸党派もまた、ひとしく有害なのであった。独立派、再洗礼派、第五王国派、クエーカー、アダム派にかんしていえば、「これらは、すべての人びとが母語で読むことのできる聖書の私的な解釈にもとづいて、国王陛下に反旗をひるがえす敵であった[46]」。私的な判断と個人的な解釈は、社会秩序にとっての究極的な脅威であった。聖書が英語に翻訳されてからというもの、

> あらゆる人が、いやそれどころか、英語を読むことができるあらゆる少年少女さえもが、自分たちは全能の神と語り、そして神がなにをいっているのかを理解できるのだと考えた。……改革されたこの地〔イングランド〕の教会にたいして、またその主教や牧師にたいしてもたれるべき崇敬と従順は捨てさられ、そしてあらゆる人が宗教の判事になり、自分自身にとっての聖書の解釈者になったのだ[47]。

問題は現実についての分裂した見方から生まれでてくる分裂した忠誠であった。したがって「現世的統治および霊的な統治とは、人びとがみずからの合法的主権者を二重に見て誤解するようにと、この世界にもちこまれたふたつの言葉にすぎない」。改善手段はこの分裂を解消することなのであった。彼は次のように述べた。

> この世においては、国家についても宗教についても、現世的な政府の他には政府はない。またその国家と宗教の双方について統治者が禁止した学説を教えることは、いかなる臣民に

とっても合法的ではない。……そして統治者は一人でなければならない。さもなければかならずコモンウェルスのなかで、教会と国家のあいだ、霊の側の人びとと現世の側の人びとのあいだ、正義の剣と信仰の楯のあいだに、分派と内乱が生じるに違いない。……(48)

物質と霊のあいだの序列をともなった区分を破壊することによって、この「二重に見ること」は解消されうるものだった。そしてその序列を破壊して物質の側に立つことによって、世俗的な主権者の勝利が保証された。『リヴァイアサン』が唯物論的で一元論的な自然哲学を提示したのはこの目的のためだったのだ。宇宙は「すべての物体の集合体」なのだから、「その実在的な部分であって同時に物体でないものは存在しない……したがってまた、非物体的実体というふたつの単語は、結合されたさいにはお互いを破壊してしまう。非物体的物体といっているのと同じなのである」(49)。世界とは次のようなものである。

この世界（私は地球だけのことをいっているのではなくて……宇宙、すなわち存在するすべての事物の集合全体のことをいっているのである）は物体的なのであって、つまり物体である。だからおおきさの諸次元、すなわち長さと幅と深さをもっている。また物体のどの部分も同じように物体なのであって、同様の諸次元をもっている。またそれゆえ、宇宙のすべての部分は物体である。そして物体でないものは宇宙の部分ではない。さらに宇宙がすべてなのだから、宇宙の部分でないものは、無であって、したがってどこにもない。(50)

世界は物体で充満している。物体でないものは存在しない。そして真空はありえない。このことを証明している論拠は、本章の前半で記述した自然哲学の言説のなかで発展させられたのではない。そうではなく、真空に反対する論拠は、政治的な発話状況のなかでしめされたのだ。公共の平和を確かなものとするためにホッブズは、真空であるにせよ非物体的な実体であるにせよ、物質ではないものが入りこむ余地を残さない存在論をつくりあげ、展開したのであった。彼がみずからの唯物論的一元論を推奨したのは、それが社会秩序を確保することに寄与すると思われたからである。彼が二元論や霊の存在をみとめる理論を非難したのは、それらが実際に秩序を壊すためにもちいられていたからである。第5章で見るように、ホッブズが真空を取りさったことの背後にあった政治的目的は、ロバート・ボイルをはじめとする彼の批判者に見のがされたわけではなかった。

リヴァイアサンの政治的認識論

ここからは『リヴァイアサン』を認識論の書物として読んでいくことにしよう。ホッブズは、義務の本性と安全な社会秩序の基礎を人びとにしめすという総合的な企てのなかで、知識の理論を発展させたのであった。彼は知識がどのように生みだされるのかということや、それと人間の生体の生理機構との関係を描いた。そしてまた彼は、もっとも高次かつもっとも有用な形態の知識、すなわち哲学を獲得するためにはどのようにふるまえばいいのかを人びとにしめした。『リヴァイアサン』の一方にある認識論的な企図と、他方にある存在論的、また政治的な議論とのあいだの結びつきは、実質的かつ明瞭であった。第一に、世界のなかになにが存在するのかをめぐる適切な理論と、知識を生みだす適切な方法は、同じ場所から出発するのであった。すなわち、不条理を排除できるように言葉の定義と用法をさだめるという同意であり、続いてこれらの定義から結論へと進むためのただしい方法を使用するという同意であった。第二に、人がどのようにして知識を把握し生みだすのかという問題をめぐるホッブズの理論は、一元論的で唯物論的な存在論をもちいていた。彼の霊魂論は物質と運動にもとづく理論だったのであり、非物体的な霊魂の観念が入りこむ余地を残していなかった。最後に、公共の平和を獲得し確立することにおいて存在論と認識論はひとしい重要性を有していた。無秩序と内戦は、どのようにして知識が生みだされるのか、また知識の本性はなんであるのかという問題についての不正確な認識から容易に生みだされてしまうものだった。それと同じくらい、どんな種類の事物が存在するのかという問題についての不正確な考えからも、容易に生みだされてしまうのであった。人びとにたいして知識とはなんなのかをしめすべきなのであって、そうすれば、彼らにたいして同意や社会秩序の基礎をしめしたのと同じことになるだろう。(51)

適切に基礎づけられ、適切に生みだされた知識のモデルはすでに存在していた。そしてこのモデルは、同意とよき秩序を確保することを本当に目的としているすべての知識人たちが模倣できるものであった。それは「幾何学、すなわち神がこれまでに人類にさずけてくださった唯一の学問」であった。幾何学は、その方法にただしく従えば、反論や異論の出されえない知識を生みだすのだった。人は幾何学において誤りを犯すこともありうるが、ひとたびその誤りがあきらかになればまちがったままでいつづけることはないだろう。「すべての人は自然本性によって、同じ仕方で推論するのであり、また手元によい原理があればうまく推論するのである。というのも幾何学において誤りを犯すのみならず、他人が彼の誤謬を指摘してもなおその誤りに固執するというほど愚鈍な者がいるだろうか」。幾何学において見られる知識は「議論の余地がない」ものだった。そしてそれは知的な同意のモデルを提供するのにちょうどよいのであった。なぜなら幾何学の課程は専門家たちのなわばりではなく、自然な理性を有するいかなる人にも開かれていたからである。(52)同意に達するためには、人は同意から出発しなければならない。どのようにしてこれをおこなわねばならないのかということもまた、幾何学がしめしていた。なぜなら幾何学〔において人〕は、定義からはじめる。すなわち「語の……意味を決定するのである」。そして「それを計算のはじめに置く」。定義の決定は社会的な行為であり、私的な知的営みと対比されるべきものであった。「人の論究が定義からはじまらない場合、その論究は以下のいずれかからはじまる。まずその人自身のなんらかの別の観想からはじまることがある。この場合にもやはりその論究は意見と呼ばれる。あるいは他人（真実を知る能力と欺くことのない正直さをもつことを彼が疑っていないような人物）のなんらかの言明からはじまることがある」[53]。第4章では、幾何学的な知識がいかにして社会的行為にもとづいていたのか、また幾何学的な推論の力はどういうところにあったのかを検討する。今のところは、定義をあてがうことが普遍的な同意を確保することを目的とした知的企てにとりかかるための方法であったということ、また幾何学に見られるような知識はいかなる個人の信念、意見あるいは判断とも対照的なものであったということに注意しておけば十分である。

　社会的な知識生産は、定義という出発点から「ただしい理性的考察」の使用によって進められるものだった。この「理性的考察」にかんして専門的で難解な意味あいは存在しなかった。それは「計算すること」、すなわち「私たちの思考をあらわし、指ししめすために合意によって取りきめられた一連の一般的諸名辞の、足し引き」なのであった[54]。このような推論が思考の連鎖の全体をとおして厳密に続けられなければならなかった。さもなければ結果は望んでいた確実なものとはならないであろう。「なぜなら最終的な結論の確実性は、すべての肯定と否定（結論はそれらに立脚しているのであって、それらから推論されるのである）の確実性なしにはありえないからである」。推論の連鎖のなかに弱い結びつきが存在してはならなかった。推論がどこかひとつの段階でも不十分であったとしたら、人は「なにごとも知るのではなくただ信じるだけ」となるだろう[55]。このようにして信念は知識や「学知」とは厳密に区別されていた。知識を生みだすさいにもちいられた方法が、その知識が私的な信念ではないことを保証するのであった。そうした私的な信念が、哲学が目的とする普遍的な同意を下支えすることはけっしてありえなかった[56]。

　前章では事実というボイルの概念を検討し、どのようにして事実が適切な実験的知識の基礎へと仕立てあげられていたのかをしめした。私たちは、ボイルと彼の同僚たちが事実を構築するために動員した社会構造をしめした。では、ホッブズの見取り図のなかでは事実の知識はどのような地位にあったのだろうか。興味ぶかいことに、『リヴァイアサン』は事実の知識がもつ身分を根本的に引きさげ、事実の知識を「学問」や「哲学」から区別し、諸個人の経験と同じようなものにしていた。ホッブズにとって事実についての知識は、「私たちがある事実が引きおこされているのを見たり、それが引きおこされたことを想起したりする場合のように」、「感覚と記憶以外のなにものでもなかっ」た[57]。その「他のなにものでもないもの」は感覚的印象にかんするホッブズの理論に由来していた。この感覚的印象とは、人の感覚器官に作用する物質の運動によって引きおこされ、脳や心臓へと運ばれるものだった。それゆえ、そのような印象が〔人の〕外部にある対象そのものに対応しているという私たちの考えは、ホッブズにとっては「偽りの見かけ、あるいは空想」でしかなかった。同じ印象が、実在する外部の対象のなかの物質の運動によって、あるいは目をこすることによって、眠っていても起きていても得られるのであった[58]。このようにホッブズの見解では、事実の知識は感覚的印象にもとづいたものであるため、認識論的に特権的な地位をもってはいなかった。どのようにしてそのような事実の知識を社会的に処理しようとめざすかにかかわらず、いずれにせよ限界が残るのだ。事実の知識は、たしかに、私たちの知識全体を構築するなかではたすべき価値ある役割をもっていた。だがそれは確実性や普遍的な同意を確保するような種類のものではなかった。実のところ、ホッブズは事実の知識の総体を「哲学」あるいは「学問」から区別するために、別の名前で呼ぶことを望んでいたのだ。「事実の知識の記録」をホッブズは「誌《ヒストリー》」と呼んだ。「自然誌」とは「人間の意志にまったく依存しない、自然の事実、あるいは効果」の目録なのであった。したがってホッブズが事実の知識（あるいは誌）と哲学のあいだにつけた根本的な区別は、人間の能動的行為のはたらきに関係していた。自然がもたらす効果は人には制御できない。だが、定義をさだめ、知性で認識できる原因の観念を同意にもとづいてとりきめることであれば制御することができた。哲学や学問は結果と原因の知識によって構成されているのだった。そしてここでも、モデルは幾何学によって提供されていた。「しめされた図形が円であるならば、その中心をとおる任意の直線がその図形をひとしいふたつの部分に分割するであろうことを、私たちが知る場合のようなものである」。ホッブズはいう。「そしてこれが、哲学者にもとめられる知識である[59]」。

私たちは、ボイルと初期の王立協会にとって実験哲学という社会形式にはふたつの主要な脅威があったことをしめしてきた。すなわち「秘教家」および狂信家の私的判断と、「最近の独断論者」の専制である。〔『リヴァイアサン』を出版した〕一六五一年およびそれ以降のホッブズにとっては、私的な判断だけが、よい哲学とよい秩序への致命的な脅威となりうるものに含まれた。もし目標が確実な知識とくつがえされることのない同意であるのだとすれば、そこにいたる道すじは、個々人の信念の状態のような私的で手の届かないものをいっさい通過できなかった。知識、学問そして哲学は一方の側に置かれており、信念と意見は別の側にあった。前者は確実で、堅固で、論争の余地のないものであった。他方で後者は、人の情念や固有の関心の移りかわりに影響を受けるため、仮のもので、変化しうるものであり、本来的に論争を呼びおこす性質をもったものなのであった。誤った信念が知識にもたらす帰結、また無秩序を助長するもののなかに秩序を基礎づけようとする試みの帰結は、破局的なものであった。このことこそが、ホッブズが適切な知識を作成するための処方せんを『リヴァイアサン』に含めたことの理由であった。つまりそれは内戦を避けるための処方せんだったのだ。

私たちはすでにホッブズが内戦の原因だとみなした不適切な知識のふたつの源泉に言及してきた。第一に、聖職者たちとスコラ学の不条理な語りがあった。この語りにもとづく推論は「論争と扇動、あるいは侮蔑」を生みだしていた。[60] 第二に、とくに『ビヒモス』のなかで非難されている、急進的なプロテスタント諸党派の私的な判断があった。[61] 宗教的主題における私的な判断についてこれらの党派がとなえていた教義は、反逆のとくに悪辣な形式であった。各個人が宗教的な真理や原理を決定するという主張は、権威の究極的な断片化であった。ホッブズの見解では、「善の私的な尺度」は存在してはならなかった。なぜならそのような尺度は「国家にとってきわめて有害」だろうからである。聖書を個人的に解釈する権限もあってはならなかった。この権限はただ、聖書の意味と宗教的教義を決定する権威を適切にも保有している、世俗的な主権者にだけ属していた。[62] 神的な霊感を受けるという非国教徒の主張の正当な根拠は、あるいはすくなくとも、そのような主張を信用する正当な根拠は、存在しなかった。人が「超自然的な霊感によって語る」と述べるのは、「その人は語りたいというはげしい意欲、あるいはなんらかの独自の強力な意見をもっているが、その自然的で十分な理由をいいたてることはできないと、いっているにひとしい」。たしかに、そのような主張をおこなっている個人が真理を述べているということもありうる。だが彼は人間にすぎないのであって「誤ることがありうるし、そしてなによりも、嘘をつくこともありうる」。私たちはどのようにして本物の預言者、すなわち神のことばを真に語っている人物を知ることができるのだろうか。そのような人は奇蹟をおこない、そして世俗的な権威によって確立された教義だけを説くのである。それゆえ、神からきた真正な言葉でありながら反乱を説きすめるものは、存在しえなかった。それどころか、「今では奇蹟は起こらなくなっている。［だから］私たちには、だれか私人が啓示あるいは霊感だと主張するものを承認するよりどころとなる徴証がなにも残されていないのである。そしてまた、熱狂や超自然的な霊感をひきあいに出さずとも聖書に一致するような教義以外の、どんな教義にも耳を貸すべき義務もない……」。[63]

以上からわかるようにホッブズは、世俗的な主権者に属する権力をみずからのものと主張するために国教会がもちいていた謀略をまったく支持していなかったし、また国教会の敵対党派のふるまいを支持してもいなかったのだ。彼らはまちがいを信じこんでおり危険なのであった。そして私的判断にかんする彼らの教義をとおして、彼らは内戦にたいするおおきな責任を分かちあっていた。個々人が独自に知識をもちうるのだという主張を許容するあらゆる社会は、かならず混乱へと落ちこんでしまうだろう。しかし、国教会がもちいていた概念的な道具立てと国教会が有する独立した権威の根拠を攻撃したとき、ホッブズは国教会のあらゆる敵に武器を提供したのだった。[64] 一方ではホッブズは私的判断の正当性を取りさった。他方で彼は個人の私的な信念を制御する宗教的権威の権限を取りさったのだ。世俗的主権者権力の代理人として、国教会は、ふるまいや信念の言葉による公言を制御する権限を有していた。しかし国教会は、人びとの精神にまでその制御範囲を広げようとする権限を有していなかった。だから次のようなことになるのであった。神と直接的な意思疎通をおこなうという主張は信じられえない。なぜならそのような主張が他者によって妥当なものだとみとめられることはありえないからである。それでも、もしそのような主張をおこなう人物が「私の主権者であれば、その人物は私が服従するよう義務づけることができる。つまり、私がその人物を信じていないということを行為あるいは言葉で表明しないように義務づけることはできるのである。だが、理性が私に説得するのと違う仕方で考えるように義務づけることはけっしてできない」[65]。その他のいかなる代理人もこうした問題における厳密な服従をもとめる権限をもたないし、いかなる代理人も厳密な信念をもとめる権限をもたないのであった。

知識生産についてのホッブズとボイルの戦略のもっとも根本的な差異は、信念の状態をあつかう局面であらわれている。ボイルの実験によって生みだされた事実は信念の状態に基礎をもっていたということを私たちは見てきた。すなわち、個々人は自由に目撃すべきであり、次にそれがなんであるとみずからが信じるかを自由に述べるべきであった。すべての人が同じ内容を信じた場合に知識は構築された。同じようにボイルの仲間の聖職者たちにとっては、宗教は信念の問題であり、そのような信念を証言するという問題であった。信念と公言のあいだに亀裂が存在してはならなかった。このようにして信念をそのまま発話へと移動させることを、ホッブズは宗教と自然哲学の双方から駆逐しようとしたのである。彼の戦略は、内心を道徳的に制御するのではなく、ふるまいを制御するということであった。信念を制御することがまちがっているわけではなかった。そのような制御は役に立たないし、秩序を保証するには不十分だということだった。信念や意見は諸個人に属するものなのであって、そうであるがゆえに、公共の秩序のための基礎へと仕立てあげることのできないものだった。信念のうえに秩序を打ちたてようという試みにはいくつかの致命的な問題点があった。個人の信念の状態は原理的に制御不可能なものであった。なぜなら実際に手が届くものではないからである。私はあなたがなにを信じているのかを知ることができない。私が知ることができるのはただ、あなたがなにを信じているといっているのかだけである。もしかしたらあなたは嘘をついているのかもしれない。私はあなたになんらかのことがらを述べさせることができる。だが私は述べられた内容があなたの信念の状態に合致していると保証することはできない。また、信念と意見は個々の人びとに属しており、その人の情念や関心の影響を受けるので、それらは社会的秩序の枠組みを構築する基礎としてはあまりにも変化しすぎて役に立たないのであった。

これらの根拠にもとづいてホッブズは信念をふるまいや理性とは対照的なものとみなした。ふるまいと理性の両者は公的な領域に属していた。というのもふるまいはすべての人の目に見えるものだからである。そして理性はすべての人がもっており、かつ同じ程度もっているものだからである。行為は、必要であれば強制によって、うまく制御されうるものだった。それゆえ、私的な信念の状態には手をつけることなく言葉の表明を制御することをめざすという戦略は、実践的な観点からすれば道理にかなったものだった。ホッブズは次のように述べた。「語と約束ではなくて人びとと武器が、法に力と権力をあたえるのだと」〔人びとが〕認識するのは、「おそらく内戦のすこし後になるだろう」。彼は次のように問うた。「自然本性的にそなわっている感覚をもつどんな人間が……法が自分を傷つけうるのだと信じるであろうか。法というのはすなわち、人びとの手も剣もともなわない語と紙にすぎないのである」。だから主権者権力とその霊的部門には、「人びとの言葉と行為がもつ順応性にもかかわらず、彼らが考えていることの検査と審問によって、行為の規則であるにすぎない法の力を彼らの思考と良心にまでおよぼそうとすること」に関与するいわれはなかったのだ[66]。ホッブズはふるまいの制御という彼の戦略からくるもっとも極端な帰結にもひるまなかった。もし主権者がある人にキリストを否定するように命じたらどうであろうか。その場合には人は命じられた言葉の表明をしなければならない。というのは「舌による宣言は、外面的なことがらにすぎないのであって、私たちの従順をあらわす他のどんな身ぶり以上のものでもない」のだから[67]。それゆえ、強制は秩序の維持に役立つものであった。同様に理性もそうであった。理性的な思考において誤りを犯した人は、推論の規則にたいする違反を指摘されることで、ただしい考えにいたることができるのだった。実際問題として、これらの規則がある一人の人物やひとつの集団に属するものだとは考えられていなかった。それらについて「だれの利益のために？」と問うことはできなかった。だから抵抗できない物理的強制力を適用することと理性を適用することは、似かよった営みであり、似かよった結果をもたらすのであった。両者はいずれも同意を効果的に確保することができる手段であった。信念に依存した戦略は有効ではなかった。

それにもかかわらず、同意を確かなものとするために計画されたどんな戦略も、無知な人びと、あるいは私的な関心をもつ人びとによってくつがえされる可能性があった。ホッブズは、ボイルと同じように、哲学的な論争における「マナー」の問題に関心をもっていた。哲学者たちに適切にふるまう用意がないかぎり、同意が生みだされることはありえなかった。無作法は同意なき状態を招いてしまうものだった。「というのは、理解力あるすべての人びとの悪辣な言葉は、反逆、また開戦の申しいれであるとみなされているのだから」。『物体論』出版のすぐ後、ホッブズはオックスフォードの「きわめて悪質な教授たち」（ジョン・ウォリスとセス・ウォード）と幾何学にかんして悪口にみちたやりとりをおこなった。そのなかで彼は敵対者らにたいして、適切なマナーと適切な知識の結びつきを説教して聞かせている。

判断力の欠けている人にはいかなる種類のものであれたいした学問があるとは期待できない。また書面による公的な論争で当然もちいられるべきマナーを知らない人に判断力があるとも期待できない。そういう論争においてはどちらの側の目的も、ただ真理の考察と発表であるべきなのだ[68]。

彼は「侮辱的な言語」、節度を欠いた表現、故意の曲解、対人攻撃の使用を非難した。ボイルと同じく、ホッブズは哲学者たちが互いをキリスト教徒の紳士としてあつかうべきだと考えていた。しかしながら彼は、左の頬をも向けるという教えを実践せず、むしろ「ウェスパシアヌスの法」を推奨した。「邪悪な言葉を最初に使うのは無礼だが、邪悪な言葉に〔同じように邪悪な言葉で〕応答するのは礼儀や法にかなっている」というものだ[69]。そしてホッブズがウェスパシアヌスの法にうったえたとき（彼はウォリスやウォードとの論戦のなかで実際にそうしたのだが）、ボイルの言語との類似性はすべて消えうせていた。「ならば勝手にするがよい。野蛮な教会人、非人間的な聖職者、道徳上の反面教師、愚かなる同僚、きわめて悪質な二人のイッサカル族の者、学問の府のきわめて悪しき保護者であり番人であるかたがたよ……[70]」。またウォリスの攻撃のひとつは、以下のように要約されている。「……すべては誤りと暴言、つまり悪臭を放つ風なのである。駄馬が満腹の腹をきつく締めつけられたときに放つ屁のようなものである[71]」。

哲学の目標

ボイルはあるひとつの空間を確保することによって自然哲学のなかに平和を実現し、スキャンダルを終わらせることをめざしていた。それは、そのなかではある特定の種類の意見の不一致が制御可能であり、安全であるというような空間であった。実験的生活形式のなかでは、自然の結果の原因にかんして同意しないことは哲学者たちにとって正当なことだった。というのも原因にかんする知識は確実性の領域から、いやそれどころか実践的な確実性の領域からすら、外れていたからだ。ホッブズにとっては意見の不一致が安全である、あるいは許容されるような哲学的空間は存在しなかった。自然の原因をめぐる意見の不一致は、哲学がまだはじまっていないこと、あるいは問題となっている営みが哲学ではないことを意味していた。哲学はその構造からして本質的に原因にかかわる営みとして定義された。つまり原因にかんする知識は哲学の出発点のひとつだったのだ。哲学とは、「私たちが最初に有している、結果やあらわれの原因あるいは生成の知識から、真の理性による考察によって得る、これらの結果やあらわれの知識であり、そしてまた、原因や生成の結果を最初に知ることから得られる、その原因や生成の知識」であった[72]。次章ではこれらふたつの方法にあたえられていた地位がひとしくなかったことを論じるが、現在のところは以下のことを確認しておけば十分である。すなわち、以上の考えにしたがえば、事実にかんする語りと自然のなかにあるそれらの事実の原因にかんする語りのあいだに手続き上の境界線をひこうとするいかなる計画も、哲学的ではなかったということである。哲学のめざすものは獲得されうるなかで最高度の確実性なのであった。哲学は、まさに期待することができる確実性の程度にしたがって、他の知的営みと対比された。適切な方法にもとづいて確立された真正な自然哲学は、新しいものであった。ガリレオ、ハーヴィ、そしてとくにホッブズ自身が引きおこした革命以前にはなかったものなのだった。ホッブズがいうには、その革命以前には「すべての人びとの自分自身にとっての経験と自然誌の他には、自然哲学のなかに確実なものはなにもありませんでした。確実性において政治史よりもおとる自然誌を、確実なものということができるならばですが」。自然誌は低い程度の確実性を生みだすのであって、哲学の領域からは締めだされていた。「なぜならそのような知識は経験、あるいは権威にすぎないのであって、理性による考察ではないのだから」。感覚的知識が哲学の基礎を形成することはありえなかった。感覚や記憶は、「人とあらゆる生きている被造物に共通のもの」で、知識をつくりだしてはいた。しかしそれらの知識は理性によってあたえられたものではないので、「それらは哲学ではない」。経験は「たんなる記憶にすぎない」のである。[73]

私たちが哲学をする場合、目的がなんであるのかを理解することが決定的に重要である。確実性を生みだすことで論争は終結し、完全な同意が確保されるであろう。哲学は平和をもたらすもっともすぐれて有用な技芸のうちのひとつであった。

しかしながら哲学の有用性、とくに自然哲学と幾何学の有用性がどんなものであるかは、次のことを試してみればもっともよく理解されるであろう。すなわち、人類が受けとることのできる便利な品のおもなものを数えあげ、そしてそれらを享受した生活の仕方と、同じものを欠いた他者の生活の仕方とを比較してみるということである。

こうした便利な品のなかには純正な知識に由来する技術的な利益も含まれていたが、同時に道徳哲学と政治哲学の成果も含まれていた。道徳哲学や政治哲学の方法は自然哲学の方法と重なりあっているのだった。これらの有用性は、

> ……これらの諸学問を知ることによって私たちが得る便益によってではなく、それらを知らないことによって私たちがこうむる惨禍によって評価されるべきである。さて、人間の努力によって回避することのできるそうした惨禍はすべて戦争から、さらにいうならとくに内戦から生じる。というのも内戦から虐殺、孤独、そしてあらゆるものの欠乏状態が生じるのだから。[74]

ホッブズの見解では、真空を消去することは内戦を回避することに役立つのであった。聖職者らによって展開されていた二元論的な存在論は、物質でない存在者のことを語っていた。このことが人びとに「二重に見る」ことを強いるとともに、有無をいわさず混乱と内戦を導いてしまうような、権威の分裂をもたらしていた。アリストテレス主義者たちは物体的な存在者にそそぎこまれた分離本質について語っていた。一方真空論者たちは、物質の立ちいりを禁止した空間に非物質的な霊を住まわせていた。これらは秩序にとっての敵がもちいる存在論的な道具立てなのであった。それどころか二元論的な存在論は、自然学的原因にかんする私たちの観念のなかに不条理をつくりだした。自然界にいかなる種類の事物が存在するのかを理解すれば、いかなる種類の事物が原因とみなされうるのかを理解できるだろう。ホッブズにとっては、物質的な物体の運動にはただひとつの原因だけが存在した。隣接した物体の運動である。それゆえ自然のなかの因果関係を語るさいにもちいられる言語は唯物論的一元論の言語なのであった[75]。したがって、因果的な語りは事実の語りよりも確実性が低く、意見の相違を引きおこしやすいとみなされうる、というような考えはばかげたものだった。因果的な言語も存在論的な言語も、ただしい定義と語の用法をさだめるという同じ営みから生まれてくるものだった。両者は同意から生まれでるのであり、それゆえ同意に依存していた。それらは不同意の源泉ではありえなかった。ホッブズにとっては、真空を排除することとは意見の不一致が生みだされうる空間を消去することだったのだ。

第4章　実験にまつわる困難――ホッブズ対ボイル

……人間社会の他の諸規則がそうであるのと同じ意味で、推論法則はわれわれを強制している、といえる。

――ウィトゲンシュタイン『数学の基礎』[1]

ロバート・ボイルの『自然学的・機械学的新実験』は一六六〇年の夏に出版された。一六六〇年五月に王が復位し、そしてその年の夏にロンドンで「おおくのりっぱな人びと」の会合がもたれた。続いて一六六〇年の一一月にグレシャム・カレッジで、王立協会が組織としてのかたちを整えた。[1] ホッブズはいまや、自然哲学の探究のたんなる有用な付随物としての実験ではなく、十分に発展させられた自然哲学のための実験プログラムと対峙していた。空気ポンプ実験やその他の関連する実験についての出版物がまもなくヘンリー・パワー、ロバート・フック、ジョン・ウォリス、そしてもちろんボイル自身によって生みだされることとなる。ボイルは新しい実験哲学にかんするおおくの論考を書きはじめていたのだ。[2] ボイルとその仲間たちはいまや次のように主張した。自然にかんするいかなる哲学も、実験的営み、すなわち『新実験』とその出版のすぐ後に続いて登場したさまざまな論考で説明された手続きにもとづくのでないかぎり、同意の確固とした基礎を打ちたてる見こみはない。一六六〇年の一二月にグレシャム・カレッジでおこなわれた協会の会合は、会員数を五十五人に制限するとともに、さらに男爵以上の身分の者に制限すること、また協会が国王チャールズ二世から認可を得たことを宣言した。[3] ホッブズは、ボイルやこれらの変化した状況にたいしてすぐさま応答した。すなわち『空気の本性についての自然学的対話』を一六六一年の夏に出版したのである。[4]

　ボイルの著作および実験プログラムにたいするホッブズの批判は、いくつかの主要な形態をとった。

・ホッブズは、実験の実施は公的なものであり、また他者に目撃されるという特徴をそなえているとする主張に懐疑的であった。またそれゆえ、実験の実施が同意を生みだす能力をもつということにも懐疑的であり、そのような能力が実験のゲームの規則のなかで発揮されるということにすら懐疑的であった。

・ホッブズは実験プログラムをむだなものとみなした。一連の体系的な実験をおこなうことは無意味なのであった。というのももしある人が実際、自然の結果から原因を特定することができるなら、単一の実験をおこなうだけでも十分なはずだからである。

・ホッブズは実験プログラムから得られる成果が哲学の地位をもつことを否定した。ホッブズにとって「哲学」は、原因からどのように結果が帰結するのかを証明する営み、あるいは結果から原因を推論する営みであった。実験プログラムはこの定義をみたしていなかった。

・ホッブズは、実験主義者らによる次の主張をみとめることを、系統的な議論にもとづいて拒否した。すなわち、実験によって生みだされた実在する規則性（事実）を観察することと、それらを説明する自然学的な原因（理論）を見きわめることのあいだに、手続き上の境界をさだめることができるという主張である。

・ホッブズはかたくなに、実験主義者たちの「仮説」と「推測」を真の原因にかんする言明としてあつかった。

・ホッブズは次のように主張した。実験によって生みだされた現象を説明するためにボイルが提示したいかなる仮説的な原因あるいは自然の状態にたいしても、それに代わるよりすぐれた説明をあたえることが可能だし、実際にそうした説明はすでに手もとにある。具体的にいうと、ホッブズは、ボイルの説明が真空論にうったえているとみなしていた。ホッブズの代案は充満論からくるものだった。

・ホッブズは、実験的体系にはその本性上、後から無効化されてしまう可能性が内在していると主張し、それゆえ実験的営みが生みだした知識にも同じ可能性があると主張した。ホッブズは、すべての実験には装置の実際の構造とはたらきのなかに埋めこまれた一連の理論的な前提が付随していること、また原理的にも実際上も、それらの前提にはつねに疑義を呈しうることを指摘した。[5]

実験的空間

サミュエル・ソルビエールにささげられた『自然学的対話』の献辞のなかで、ホッブズはみずからの論敵たちをひとつの集団とみなし、また空気ポンプを彼らの象徴的な装置とみなした。[6]

非常に信頼を集めており、他の人びとにとっての主人であるかのようなグレシャムの会員たちが、自然学にかんして私と論争しています。彼らは、みずからの真空とささいな驚異を見せるために新しい機械を展示しており、そのさい彼らは異国の動物をあつかう人びとであるかのようにふるまっております（それらの機械は対価をしはらわねば見ることができないのです）。これらの人びとすべてが私の論敵であります。[7]

このグレシャムの会員たちとはいったいだれだったのだろうか。彼らは何人くらいいて、どうやってそのグレシャム・カレッジという場所へと来たのだろうか。ホッブズの対話に登場する、「実験主義者」である対話相手がこたえた。彼らは、

> 学識と才知においてきわめて卓越しているおよそ五十人の哲学者で、［彼らは］自然哲学の振興のためにグレシャム・カレッジで毎週会合をひらくことを仲間うちで決めました。彼らのうちの一人がこの自然哲学という主題にかかわる実験あるいは方法あるいは器具をもっている場合、その人は自分がもっているそれらのものを提供します。それらのものをもちいることで新しい現象が解明され、また自然の事物の原因がより容易に見つけられるのです。

ホッブズはただちに次の問題へと進んだ。この新しい実験的空間は実際のところ開かれた公的なものであるのかどうか、という問題である。なぜたった五十人なのか、と彼は問うた。「私が思うに彼らは公的な場所で集まっているわけですから、もしだれか希望する人があればその人はそこへ来て、見られた実験にかんして、彼らと同じように自分の意見を表明するということはできないのでしょうか」。対話相手は答えた。「まったくできません」。ホッブズは食いさがった。「どのような法によって彼らはそれをさまたげるのでしょうか。この協会は公文書にもとづいて成りたっているのではないのでしょうか」。彼は対話相手から、「彼らが会合をもっている場所は公的な場所ではない」という告白を引きだした。そしてそれゆえホッブズは次のように結論した。実際には、すべての人が協会の実験を目撃することができるのではない。仲間うちで選ばれたごくわずかな人だけが目撃できるのだ。「もしその場所の主人の意にかなうなら、彼らは五十人を百人にすることができる[8]」。

これはふたつの理由で破滅的な判定であった。第一に、ホッブズがしめしたのは、実験主義者たちは自分たちが公的な空間にいると主張しているように見えたが、実際にはその主張のとおりに公的な空間にいるわけではないということであった。空間へのアクセスは事実上制限されていた。そしてそれゆえ実験の目撃は（事実の作成はこの実験の目撃に依存していたのである）私的なことであり、また不公平なことである可能性があった。もし事実が私的な空間のなかで生みだされるのだとすれば、それらがほんものの事実であることを私たちはどのようにして知るというのだろうか。第二に、ホッブズはグレシャムの実験主義者たちがいる空間には一人の「主人」がいることを強調した。だれが参加できて、だれができないのかを決定する主人がいたのだ。そしてそこにはまた「他の人びとにとっての主人」、すなわち「非常に信頼されている人びと」もいた。哲学的空間の「主人」であるとはいったいいかなる意味でありうるのかについて、ホッブズは鮮明なイメージをもっていた。彼は一六四〇年代のパリにおける「ミニム修道会での」会合という個人的な経験を思いおこした。神父メルセンヌが座長であり、「ある

問題をあかるみに出したと思われた人はだれでも、メルセンヌや他の人びとに検討してもらうために、彼にそれを提出する習慣になっていました」。「私が思うに」とホッブズは対話相手に向けていった。「あなたがたも同じことをしているのです[9]」。こうしてホッブズは、グレシャムの人びとがつくりだしたといっていた空間の社会的性格に疑いをさしはさんだ。ホッブズは、グレシャムの人びとには彼らの知識を形成するさいに権威を行使する「主人」がいるのだといった。グレシャムの人びとは、自分たちは自由で平等な人びとであり、自分たちの事実は実在の構造を鏡のように映していると述べていたのだが。

ホッブズは、協会の組織がもつ性格についての、また実験演示を見せる聴衆についての協会のとりきめは実情とは異なっていると指摘した。そうすることで彼は、グレシャムの人びとが実験による発見の完全性のためにあたえていた正当化の基盤を切りくずしたのである。ホッブズの主張では、それらの発見はすべての人によって目撃されてはいなかった。実験主義者たちが社会のなかで占有することにした空間の性質のために、それらは公的に目撃されることさえできないのだ。たとえ公的な目撃ができるものだったとしても、目撃という観念そのものをめぐってはかりしれないほどの諸問題が存在した。実験主義者たちが彼らの空間を真に公的で、すべての人が入れるようなものにしたと考えてみよ。実験を目撃しているそれぞれの人によってなにが見られるのだろうか。実験の目撃についての諸問題は、自然誌における証言の評価に含まれる諸問題と異なった種類のものではない、とホッブズは遠回しにいった。「誌を盲目的に信じないのが」ただしいということにホッブズは同意した。「ところで、あなたがた一人ひとりによって日ごとに見られうる諸現象は、あなたがた全員がそれらを同時に見るのでないかぎり、疑わしいものではないのでしょうか」。実験の演示は、実際のところ同時に目撃されたのだろうか。それらは実験集合体のすべての成員によって一緒に目撃されたのだろうか。もしそれらが同時かつ一緒に目撃されたのではないとしたら、実験の証言の評価は、証言の評価一般とどのような仕方で異なっていたのだろうか。ホッブズは、そこには実質的な違いは存在しないこと、そしてそれゆえ実験的生活形式は客観的知識をつくりだすための王道を発見したわけではないということを、強く示唆した。続いてホッブズは一連の実験を反復しておこなうことに力をそそぐプログラムの必要性を手短に論じた。結局のところなぜ、ただひとつではなく非常におおくのこれらの実験の演示をおこなうことが必要であったのか。なぜ実験によって生みだされた人工的な現象は、各人がみずからのものとして有している経験よりもすぐれているとみなされたのか。「いと高き天、海、広き大地によってしめされた十分な量の［実験］があるのだと、あなたがたはお考えにならないのですか[10]」。ホッブズは実験プログラムがむだなものであると判定した。この結論をささえる彼の根拠が、結果から原因へといたる帰納的推論の妥当性に関係していたということを、以下では見ていく。人工的にくりかえし［現象を］産出することの必要性をめぐる彼の立場は明白なものであった。「ただひとつだけの現象の経験から、運動にかんする理性的考察によって諸原因が知られるというのに、［実験主義者たちは］彼らが新しい諸現象を生みだすというこのひとつのことがらを頼みとしているのです」[11]。

実験のなかのさまざまな空気

ホッブズは、ボイルとグレシャムの人びとにたいする批判を、抽象的なプログラム上の根拠だけにもとづいておこなっていたのではなかった。『自然学的対話』は、空気ポンプがどのようにはたらくのかについて、あるいはむしろ、いかにそれが主張されていたとおりの仕方ではたらかないのかについて、詳細な批判的説明を提供していた。空気ポンプは信頼できる哲学的な器具ではない、とホッブズは裁定をくだした。それはボイルが述べた仕方でははたらかなかった。その機械の物理的な完全性は大幅にそこなわれており、それゆえ空気ポンプが受容器のなかに真空（空気のない空間）を生みだすという主張には根拠がなかった。この論証のなかで、「真空」が全体的なものとして解釈されるのか、あるいは（ボイルの条件つきの操作的定義におけるように）部分的なものとして解釈されるのかはホッブズにとってほとんど重要な問題ではなかった。ホッブズがしめそうとしたのは、ポンプのあらゆる現象は、受容器がつねに充満していると想定することによってもっともうまく説明されるということであった。

まず、空気の組成にかんするただしい考えを選びとることが本質的に重要だとホッブズは考えた。ホッブズによれば「空気の本性がはじめに知られるのでないかぎり」空気ポンプ実験を理解することは不可能だった[12]。『対話』では、空気の組成は三つの理由で重要な意味をもっていた。第一に、空気の究極的な流動性にかんするホッブズの規定が、絶対的に不透過な密閉の可能性を排除し、そしてそれゆえ確実な真空の可能性を排除したためである。第二に、ホッブズが空気を相異なる諸流体の混合物として記述したことが、ポンプによってしめされた現象を説明することを可能にしたためである。そして最後に、ボイルが空気のバネにかんして確固とした原因を提示するのをしぶり、空気がバネをもっているとしめすだけで満足していたことは、ボイルの不適切な自然哲学観の徴である、とホッブズが主張したためである。ホッブズは空気の構造にかんする一連の基礎的な仮説を立てた。空気はより純粋でより精妙な部分を含むので、いかなる空気ポンプも不透過ではあり、え、な、かった。また空気はより粗野でより土に近い性質をもつ部分を含むので、バネには容易に識別できる機械論的な原因が存在した。この基礎から出発し、ホッブズは続いてなぜグレシャムの人びとが、彼らの機械は真空を生みだすと誤って主張していたのかをしめしたのだ。

『対話』のなかではホッブズと対話相手の両者が、ボイルの空気ポンプの図像をもっていないことを詫びている[13]。それにもかかわらず、空気ポンプとそのはたらきの記述は、全体としていずれもきわめて詳細で正確なものであった。実験主義者は、ピストンが引きさげられ、バルブが適切に操作されたときには、真空が生みだされるのだと主張した。ホッブズの見解ではこの基本的な想定が誤っているのであって、それゆえボイルが提示しているどの自然学的説明もまったく妥当性をもっていなかった。ホッブズの論証は、『物体論』でのトリチェリの実験や庭師のじょうろのはたらきについてのより一般的な議論と類似のものだった。とはいえ今回の文脈では、彼は機械の密封における特定の、必然的な欠点を見きわめることにとくに関心をもっていた。端的にいえば、空気ポンプは漏れていた。つぎはぎしようという試みはむだだった。なぜならそれはつねに漏れる運命にあったからだ。ホッブズは、空気ポンプが実際にはどのようにはたらくのかを、次のように考えた。ピストンが引きさげられると、外部の充満のために残されている空間はかなりの程度ちいさくなる。そして隣接する多量の空気が押すことによって、

> 必然的に空気はピストンによってあけわたされた空間へと入ることを強いられ、ピストンの凸状の表面とシリンダーの凹状の表面のあいだへと入りこみます。というのは、空気の諸部分は無限に精妙であると想定しているのですから、ピストンによって残されたこの通路をとおって空気の諸部分が透入することは避けられないのです。

空気を抜いたと考えられた機械に空気が侵入しうるいくつかの通路が存在した。皮の輪（図1、「4」）と真鍮製のシリンダーの内壁の接触は、「すべての点で完全ではありえない」のであって、「純粋な空気」が通りぬけられる残されたすき間があるに違いなかった。第二に、ピストンが引きさげられる力は非常に強いので、これが「シリンダーの空洞部分をほんのすこし広げ」る。こうして空気が通りぬけるためのまた別の道すじが形成される。最後に、「もしなんらかの固い原子がふたつの面の端のあいだに入りこむというのであれば、同じようにして純粋な空気も入りこむのです」。このように、閉じた系だと主張されている系のなかでピストンを引くことは、実際にはまったく真空を生みださないのだ。さらに、シリンダーと受容器のなかの「純粋な空気」は、その侵入の仕方のために、周回運動をすることを強いられる。そして、ホッブズのいうところでは、「運動を吸収する、あるいは運動を減衰させることができるようなものはなにも存在しえない」ので、「この［周回］運動を弱めることができるものは……なにもありません」[14]。

ポンプの密封が不完全であることと、その結果としてこれらの通路を空気がはげしく通りぬけるということは、ボイルや実験的営みに反論したホッブズの後年の論考のなかでも基本的な考えでありつづけた。一六六二年の『自然学問題集』でホッブズは、革の輪とシリンダーのあいだの密封の厳密さにかんする

以前の見方を発展させた。

確かに私はそれ〔＝革の輪とシリンダーのあいだの接触〕がわらや羽毛を締めだすのに十分なほどぴったりとしたものであると考えていますが、空気や物質を締めだすのに十分だとは考えていません。というのも、革の輪とシリンダーがきわめて厳密にぴったりと接しているのではなく、細い髪の毛が入りこむ程度のずれが存在したと考えてみてください。その場合、木の円柱〔＝ピストン〕の引きさげは空気を引きいれますし、そのときに引きいれる空気の量は〔ピストンが〕元の位置に戻るときに〔外へと〕戻す空気の量と同じです。またそのさいにいかなる感覚されうる困難もともなわないでしょう。また残された通路がより狭ければ、空気ははるかにより速く入りこむでしょう。あるいは、革の輪とシリンダーが接触しており、その接触がいくつかの点におけるものであってすべての点におけるものではないという場合にも、〔ピストンを引く〕力が適宜強められるならば、空気は先の場合と同じように入りこむでしょう。最後に、革の輪とシリンダーが厳密に接触していたとしても、もし革〔＝革の輪〕か真鍮〔＝シリンダー〕のいずれかが強力ならせんの力を生みだすならば（真鍮のシリンダーもそういった力を生みだしうるのです）、この場合にもまた空気は入りこむことになるでしょう。……それゆえ彼らがポンプを動かすことの帰結は、はげしい風、非常にはげしい風以外のなにものでもないのです。[15]

また一六七八年の『自然学のデカメロン』のなかでも、ホッブズは「〔革と真鍮のあいだの〕きわめて厳密な接触や、革の〔空気を通さない〕堅牢さといったものをまったく」みとめなかった。「なぜなら私は、嵐のなかで空気か水のどちらか一方でも締めだすであろうものをまったく手にしたことがないのだから」。ひとたびこれらの不完全な密封を通りぬけて空気が入りこめば、それにより開始される例のはげしい周回運動が「装置のなかで起こったすべての変化を」説明することができた。[16] ホッブズは、ボイルの装置が物理的に閉じた系ではなく開いた系であることをしめしたのとちょうど同じように、その装置の発見だといいたてられていたものにも再定式化の可能性が開かれているということをしめした。つまりホッブズは、その発見がかならずしもボイルらの主張する現象ではないということをしめしたのだ。

ホッブズは、ボイルの機械が生みだすあらゆる現象に元の説明とは異なる自然学的説明をあたえようとしていたわけではなかった。彼はただボイルの一連の現象のうちの一部にだけ注目していた。彼はそのうちのいくつかを若干の紙幅をさいて解説しており、またいくつかを非常に詳細にあつかっている。あきらかに、それらを根本的に重要なものとみなしたからである。これらの「決定的な」現象のいくつかは以下で論じる。しかし第一に、私たちは「空気」、「エーテル」、そして「真空」という用語の適切な意味を規定するさいに『対話』がとっている戦略を検討しなければならない。なぜならこれらの規定は、ホッブズの敵対者にたいする反論の残りの部分を特徴づけるものだからである。以下の諸点が彼の分析のきわだった特徴である。通常の空気は、土状および水状の発散気と純粋な空気との混合物からなっており、後者の純粋な構成要素がときに「エーテル」と呼ばれていること。そのような諸流体は無際限に流体であるということ（諸流体の流動性は、なんらかの微小な非流体粒子からくるのではなく、流体である媒体の本性からくる）。そして最後に、「真空」という用語はあらゆる物質を完全に欠いた場所のことをただしく指示しなければならないということ。それゆえ、「私の考えでは、空気は流体であり……容易に諸部分へと分割することができ、そのさい分割された諸部分もなおつねに流体であり空気なのです。そのためあらゆる分割可能な諸量がそのなかにいくらかは存在するのです。エーテルとみなされうるような、土と水のあらゆる発散気という不純物を取りのぞいた空気だけを理解することができるのだと、私はただ考えているだけではなく、信じてもいるのです」。ホッブズは続いて王立協会が流動性の概念について誤りをおかしていると論じた。「彼らは空気、水、その他の流体が非流体からなっていると考えているのだとあなたがおっしゃったことで、私はあなたがたの会合から成果を得るという望みを失いました。……もしそのようなことがいわれるべきであるとしたら、流体でないものはなにもないことになってしまいます」[17]。

ホッブズは「真空」という語の適切な用法をさだめた。彼はこの語が真に空っぽの空間を意味するのでなければならず、それゆえ例のポンプが真空を生みだすことはできないと論じた。ここでの彼の戦略はジョン・ウォリスによって一六六二年の『自分自身に復讐するホッブズ』で分析された。

というのもホッブズ氏は、他者の言葉を自分自身であらためて取りあげ、新しい意味、すなわち他の人びとにとってその語が意味するのとは異なる意味を付与することによって、その人びとを論破することにたいへん長けております。そしてそれゆえ、もしあなた［ボイル］がチョークについて述べる機会を得るとしたら、彼はあなたに、チョークという言葉で自分はチーズのことを意味しているのだ、というでしょう。そして次に、あなたがチョークについて述べていることがチーズにかんして真ではないとしめすことができれば、彼は自分が大勝利をおさめたとみなすのです。そして同じようにして、私たちがそのなかで呼吸している、異質な諸成分からなる混合物（それがなんであるにせよ）が通常空気という名で知られており、そして私たちがそのなかに生きているところのこの空気はしかじかの本性をもった諸部分に富んでいるとあなたが述べる場合、彼はあなたにたいして次のようにいうのです。空気を、彼は星々のあいだにあるようなエーテルのこととして理解しているのであって、この空気のなかにはそのような諸粒子はまったく含まれていない、と[18]。

一六四〇年代にホッブズはデカルトとの議論において同様の困

難に直面していた。第3章で指摘したように、デカルトはみずからの精妙な物質をホッブズのそれと同一視することに苦情を申したてたのだ[19]。一六五七年にホッブズはサミュエル・ソルビエールにたいして次のように述べた。庭師のじょうろの実験の文脈では、エピクロス主義者たちは「デカルトが精妙な物質と呼んでおり、私がもっとも純粋なエーテル的実体と呼んでいるものを、真空と呼んでいます。それはそのいかなる部分も原子ではなく、つねに分割可能であるような諸部分へと……分割されうるものなのです」[20]。さて一六六一年にホッブズは、なにが真の空虚を構成しているのかにかんする自身の見解をくりかえした。『対話』での対話相手は王立協会の見解を報告した。

> 私たちのなかで同じくらい権威ある他の人びとは次のような意見をもっています。すなわち、真空によってあらゆる物体的な実体を含まない場所が意味されたとしてもそれほど矛盾はないだろうというのです。というのも彼らは、空気がすきまなしには集められえない諸粒子からできていると考えているので、必然的にこれらのすきまが物体的な実体、あるいは（よりはっきりいうとすると）物体を収容することができるということになるとみなしているのです。ですが彼らは、充満論者たち、とくに最近の充満論者たちが、真空をそのようなものとして理解しているとは、考えていません[21]。

ホッブズはこれらの見解にはげしく応答した。彼は「充満論者」のなかに現実の存在論を可視的な実体に限定するような者がいることを否定した。そしてデモクリトス、エピクロス、ルクレティウスを、真空の次のような定義、すなわち可視的および不可視的な物体の不在という定義を支える権威として引用した（もっとも彼らは真空論者なのだが）。「あなたが充満論者と呼んでいる人びとのうちのだれも、まったく物体的な実体が存在しない場所以外のものとして真空を理解してはいません。もしだれか不注意に話す人が、『その〔＝真空の〕なかには可視的な物体も空気も存在しない』といおうとするなら、その人は、空気という言葉で、大地と星々以外の空間すべてをみたしているあの物体全体のことを意味しているのだといっていることになるでしょう」[22]。ホッブズは、このように真空を定義したうえでいまや、なんらかの実体が——たとえ不可視のものであるにしても——つねに空気ポンプの受容器のなかに存在していることをしめすという課題をみずからに課した。

この取りきめとともに、ホッブズは空気ポンプ実験の結果にかんする非常に強固な境界条件を設定した。それらの実験は真空が存在することをしめすことができなかった。ボイルの同僚のうち、実験がそのようなことがらをしめしたと主張していた者はほとんどいなかった。ジョン・ウォリスは一六六二年にボイルにたいして次のようにいっている。「その点にかんして私には、あなたがどこかで真空が存在するかいなかについての意見を述べたという覚えはありません。私が覚えているのは、ただあなたが関連する事実を述べたことだけです」。といってもウォリスとボイルは、「私たちが空気と呼ぶもののほとんどは受容器から抜きだされている」と述べていたし、ウォリスは、そのことを「ホッブズ氏は否定していない」と主張していたのだが[23]。ボイル自身、ホッブズへの応答のなかで次のように書いていた。「土と水からなる球〔＝地球〕を取りまく大気あるいは流体は、たぶん、より粗野でより固い諸粒子（大気あるいは流体に豊富に含まれる）の他に、より希薄な物質から構成されているのである。区別のために私も今後はこれをエーテル的〔物質〕と呼ぶことにしよう[24]」。同様に、ボイルの協力者の一人であるヘンリー・パワーは、トリチェリの装置について「管の上方の部分に完全な真空は存在しない」と述べた。そして彼自身のように水銀の上方に精妙な流体が存在していると主張する人びとの見解と、真の真空論者であり「そのすきまからいかなるエーテルや外部の実体が入りこむこともみとめない」ガッサンディの弟子たちの見解を注意ぶかく区別した[25]。最後に、第6章で見ることになるように、空気ポンプのなかでの変則的な停止の現象という新事実によって、後に続く著者たちは、受容器のなかにはるかに複雑な精妙な諸流体の混合物が存在すると理論的に想定するようになった。ウォリス、ホイヘンス、フックのような権威ある人びとはみな、そのような流体とその重要な機能および作用について書いたのである。一六七二年の九月にウォリスは、「私たちが『空気』という語で意味するのは」より純粋な物質（デカルトの「精妙な物質」あるいはホッブズの「純粋な空気」と同一視されるべきものだった）とより粗野な一群の土状の発散気（ホイヘンスの「空気」と同一視された）の混合物であると説明した。「それゆえ私が『真空』について話す場合、……絶対的な真空（それが自然のなかに存在するかいなか、また存在しうるかいなかを、私は議論したくないのです）を主張していると理解されないように……明示的に注意しておきます[26]」。「空気」や「空虚」の意味にかんするホッブズの諸規定はこの文脈のなかで効果を発揮した。それらの規定は実験主義者たちからの応答を求めるものだったのであり、そして獲得したのであった。

では、ホッブズは空気をどのように記述したのだろうか。『対話』のなかで彼は、空気の組成にかんするみずからの「仮説」がふたつの部分からなっていると述べた。「第一に、空気のなかには土に近い性質をもつおおくの粒子が散らばっており、その本性には単純な円環運動が固有のものとしてそなわっています。第二にこれらの粒子の量は、地球に近い空気においては、地球からより遠い空気におけるよりもおおいのです[27]」。ホッブズは『物体論』のなかで概説した、可視的物質、不可視の物質、そして流体であり空間をみたしているエーテルという三つのものからなる類型論を活用した[28]。究極的な流体（そこにより粗野な諸実体が混ざりあっている）にうったえるというのは、ホッブズ自然学の典型的な戦略であった。たとえば彼は、ペストにかんする瘴気の理論のなかでこの戦略をもちいた[29]。一六六二年の『自然学問題集』のなかで、ホッブズは究極的な流動性についての見解をくりかえし、そして次のように述べた。「あらゆる自然の物体を相互に区別するのはその〔物体の諸部分にそなわった不可視の〕内的運動なのである」[30]。さらに、流動性と固さが物体の諸粒子の運動に依存しているという議論、また空気がさまざまな粗野な諸粒子の混合物であるという議論は、それ自体、一六四〇年代にデカルトがデカルトの反論に対抗して発展させられたものだった。デカルトはそうした粒子の運動によって流動性を説明した一方で、ホッブズはそうした運動によって固さを説明したのである。キャヴェンディッシュが一六四五年にユンギウスに向かって、またホッブズ自身がメルセンヌに向かって述べたとおりである。「人びとは、もし彼らのいう物質が物体であり、彼らのいう精妙なものが精妙であることを望むなら、必然的に、ふたつの異なる名前で呼ばれているものが同じものであるということを、望んでいることになります」[31]。ホッブズは、いま『対話』で検討しているそれぞれの現象にかんしても、観察された結果を説明するために純粋な空気と土状の発散気がもつ対照的な流動性を利用した。そうすることでホッブズは、流動性と固さにかんするふたつの仮説から前述のような説明を生みだすことがいかにしてつねに可能であるかをしめしたのだ。また彼は、絶対的な真空にうったえることは必要でもないし哲学的でもないということをもしめしたのだ。ホッブズはいま一度、空気ポンプの研究プログラムの中心的な問題点を指摘した。ボイルは、バネを説明する、あるいは真空を証明するいかなる体系的な試みをも避ける一方で、空気のバネを事実として確立しようとつとめていた。ホッブズの反論のなかでは、真空の誤りがしめされ、見かけ上のバネの自然学的な説明があたえられた。ホッブズの対話相手は同意して次のようにいった。「あなたの仮説は空気の弾性力の仮説よりも私を満足させるものです。というのも、真空の真偽あるいは充満の真偽が前者の仮説の真偽にかかっている一方で、後者の仮説の真偽からは、問題のどちらの部分についてもなにも帰結しないと、私は思うからです」[32]。ホッブズが問題だと考えたのは、ボイルの原因にかんする不可知論、そしてボイルがその不可知論を適切な哲学的態度として推奨したことであった。それゆえ『対話』でのホッブズの努力は次のことに向けられた。すなわち、ボイルが原因を発見するのは不可能だと述べたあらゆる現象を、自分のふたつの仮説がいかに容易に説明しうるかをしめすということである。

「真空」という語の意味にかんするホッブズの規定をふまえるならば、明白には空気のバネを含んでいないような現象を論じる場合には、彼の課題はこみいったものではなかった。たとえば、彼は「排気された」受容器のなかで動物が死ぬことにかんしてボイルに同意していた。だが動物たちは生命に不可欠の空気を奪われるわけではない。はげしく周回する風によって、文字どおり吹き殺されてしまうのだ。（これはホッブズが医師であるる友人サミュエル・ソルビエールにたいし、注意を向けるようとくにすすめた現象だった。）ろうそくも同じ理由によって消えた。ホッブズもみとめていたように「空になった」受容器のうえのふたを持ちあげることは困難だった。だがそれは充満の本性とガラスの受容器のなかでの猛烈な周回運動のためなのであった。[33] その一方で、空気のなかの「バネ」の存在をあきらかに証明しているといわれていた現象においては、ホッブズは次のような機会を得たのである。すなわち、空気の成りたちおよび流動性とその発散気にかんするみずからの仮説をもちいることで、徹底した機械論的説明を展開する機会である。ホッブズは「バネ」をあらわすために抵抗という用語を使った。ヘンリー・モアが一六四七年にもちいるとともにセクストゥス・エンペイリコスのなかに見いだしたと主張していた語である。[34] ここでもまた、ボイルがバネの作用の明白な例として重視していた現象が、次のような作用をしめす実例として流用された。つまり、単純な円環運動によって動いている、土に近い性質をもつ粒子と精妙な粒子との、不均等な混合がもたらす作用である。吸いだしのあとで手を放した場合にピストンが迅速に上昇する原因は、気圧の違いではなく、土に近い性質をもつ粒子の数の違いなのだった。ピストンを引きさげるとき、純粋な空気は受容器のなかに漏れいることができるが、土に近い性質をもつ粒子は入れない。そのためピストンの外側には後者がおおきな割合で残存することになり、ピストンを非常に迅速に押しあげるのだ。[35] ハイドロスコープのなかでの水の上昇も同じ観点から説明された。

> はじめ球状のガラスは空気によってみたされているのですが、その空気は、先ほど記述した単純な円環運動をしている土に近い性質をもつ粒子によって動かされ、また注入の力によって圧縮されます。そのため空気のなかの純粋な部分は、水のために場所をあけるべく、注入された水のなかを通りぬけて外部の空気のほうへと出ていくのです。すると、土に近い性質をもつ粒子にはその自然運動をおこなうのによりすくない場所しか残されないということになります。それで相互に衝突しあうので、それらの粒子が水を押しだすことになります。そして〔水が〕出ていくさいには、外部の空気がそこに透入し（というのは、宇宙は充満していると考えられているのですから）、そして続いて、出ていった空気の〔前に占めていた〕場所を占有するのです。同じ量の空気が置きかえられ、諸粒子がその運動にとって自然本性的な自由をふたたび得るまでです。[36]

ホッブズがこれらの現象にあたえた説明は、土に近い性質をもつ粒子が「その自然運動をおこなう」ために必要な空間にうったえるものだった。彼が『物体論』のなかで述べていたように、この運動自体が物体の固さを生みだしていた。またこの固さが、圧縮にたいする抵抗と、より土に近い性質をもつ空気を含む物体の運動がもつ力を説明した。それゆえ、空気と真空にかんして彼が当初あたえた定義は、注目すべき帰結をもたらしたのである。空気のより精妙な部分は、たんに真空を不可能たらしめている部分であった。その一方で、より粗野な部分は、ボイルが「バネ」として解釈した作用を実行する部分であった。これらふたつの種類の物質はしばしばその作用において結びついていた。たとえば、適度に膨らませた浮袋を受容器のなかに入れたうえで受容器を空っぽにするというボイルの実験では、浮袋が膨張し、最終的には破裂することが観察された。ロベルヴァルは似かよった実験を、トリチェリの空間のなかに精妙な流体が存在する証拠として発展させていた。ボイルはこの実験を空気の弾性の証拠としてもちいた。ホッブズの説明では、ここでも空気のより純粋な部分の猛烈な周回運動が根拠として挙げられた。

> すべての皮はこまかい糸でできています。それらの糸は、その形状のために、正確にすべての点で互いに接触することはできません。浮袋は皮なのですから、空気だけでなく汗などの水をもとおすにちがいありません。それゆえ、打ちつける力によって浮袋の内側でもその外側と同じ空気の圧迫が起こります。そしてこの空気の運動がいたるところで交差する道すじにそったものであるために、この空気の努力はすべての方向において浮袋の凹状の表面に向かう傾向があります。だから必然的に、その浮袋はすべての方向において膨らみ、そして努力の強さが増加することで、最終的には破られるのです。[37]

ここでは以下の諸点が重視されている。すなわち、空気ポンプのなかの素材の多孔性、より純粋な空気がそのような素材すべてを透過可能であること、これらの諸粒子の単純運動がもつ明白な力である。これらの点はすべて、『対話』でホッブズがしめした説明に特徴的なものだった。ここまで見てきたようにこれらの知的な道具立てはあきらかに、ホッブズがこのとき定義したかぎりでの真空やバネに反論するために、ここで発展させられたのである。

ホッブズがもっともおおきな関心を向けた実験は、ボイルの『新実験』の三一番目の実験であった。この実験では密着したふたつの大理石が受容器のなかに据えられ、排気すれば両者は離れるであろうと予想された（この予想は裏切られた）。ホッブズは、問題となっていたこの実験を説明するとともに、見かけ上の難点をホッブズの立場から見れば秩序にしたがった正常なものとして解釈するという難題に立ちむかった。『対話』のなかで、ホッブズの対話相手はボイルの言い分を述べた。彼は密着にかんするボイルの説明の一般的な形式を概説し、次のように主張した。

> ……もしこのように密着した大理石が受容器のなかに移されてそのなかに吊るされ、そして空気が排出されたさいに、かりに下側の大理石が上側の大理石にくっつくのをやめるならば、割りあてられていた原因が真であったことを疑うことはできないでしょう。大理石は受容器に入れられましたが、予想された結果はともなわなかったのです。というのは、たまたま大理石が十分しっかりと結合していないというのであれ

ば別ですが、そうでなければ、他のどんな方法によってもそれらが密着をやめることはないでしょうから。

応答のなかでホッブズは次のようにいっている。「この［実験］のなかには、大気の重さによってなされるようなことはなにも存在しなかったのです」。そしてまた「真空を主張する人びとに反対する、この実験以上に強力な、あるいは明白な議論は考案されえませんでした[38]」。ホッブズの説明の一部は、『物体論』で展開された密着と重さにかんするみずからの議論にならったものだった[39]。ボイルが論争に参入してきたことにたいする応答のなかで、この議論が拡張され修正されたのである。充満のなかでは大理石の分離は、瞬間的な運動か、あるいはそうでなければふたつの物体を同時に同じ場所に置くことを要請するであろうが、「これらのどちらを述べることも不条理なのです」。彼は続いて、ボイルがその現象について提示しえたふたつのありうる説明を検討した。そのひとつは大気の重さの概念を含むものだった。ホッブズはまず重さを次のように定義した（「他のあらゆる人びとと同じく、彼らにも十分にみとめられている」）。すなわち「あらゆる場所から大地の中心へと直線的に向かおうとする努力」であり、それゆえこの努力は大地の中心に頂点をもつピラミッドのかたちではたらくのである。ホッブズは次のように論じた。上の大理石は、下の大理石にとっていわば「重さの影」としてはたらくのであって、下の大理石は大地の表面からの反射された努力をまったく受けない。「だから、下の大理石が受けている大気の努力の結果としては、上の大理石との接触からの分離を妨げるようなものはなにも生みだされないのです[40]」。

ボイルが提供しうる、もうひとつのありうる説明は空気のバネを含むものであった。ホッブズの対話相手は次のように問うた。「……彼らが空気の中にあるといっている弾性力が大理石を支えるのになにか役だつということはありえないのでしょうか」。けっしてありえない、とホッブズは答えた。

……大地の中心へと向かう空気の努力は、宇宙のなかの他の任意の点に向かう空気の努力とくらべておおきくはないのです。あらゆる重い事物は大気の端から大地の中心へと向かう傾向をもっており、またそれゆえに、反射して［もとの努力が大地の中心へと向かったのと］同じ直線にそって大気の端へと向かう傾向をもっています。ですから、上方への努力は下方への努力とひとしくなるでしょうし、それゆえ互いに打ちけしあうことによってそれらはいずれの方向にも努力しないことになるでしょう[41]。

ホッブズは受容器が充満しているという主張をすでにおこなっていたので、充満論的な説明がただしいものだと容易に主張することができた。そしていまやホッブズはボイルの説明を「夢想」として非難したのだった。「もし人間の技芸によってふたつの硬い物体の表面が、創造されうる最小の粒子すらも通過させないほどに、厳密に接触させられうるということを私が否認すべきなのでしたら、その場合にどうしたら彼らの仮説が適切に維持されうるのか、また私の否定がただしく証明されていないと論じることがどうしたら可能であるのか、私にはわかりません」[42]。あきらかにホッブズは、論点を解決済みのものだとみなしていた。彼はボイルのプログラムにとって中心的でありまた問題の種でもあった、実験によって生みだされたひとつの現象に目をつけた。彼はみずからの自然哲学と矛盾をきたさない自然学的説明をすでにあたえていたのだ。それどころかホッブズは、内心では、いわばこの実験の将来の試行に「賭けていた」のであった。もしボイルがこの実験を成功に導いたとしたら（つまり、大理石が受容器のなかで分離されたとしたら）、その場合には、対話相手によれば、ボイルの説明のほうがよりすぐれていることを「疑うことはできないでしょう」。次章ではボイルがこの難題にいかに対応したのかを見ることになる。

哲学の装置

ホッブズがみずから実験をおこなわなかった、あるいはすくなくともボイルの実験のうち彼が反対したものの再現実験をおこなわなかったことを根拠として、一部の歴史家たちはホッブズの批判を考察対象からはずしてきた。実は、次章で見ることになるように、これはホッブズの見解をしりぞけるためのボイル自身の戦略のひとつだったのである。そのため私たちは、自然哲学における実験的手続きの役割と価値にかんするホッブズの意見にたいし、とくに細心の注意をはらう必要がある。ホッブズが実際には実験を支持しており、また適切に構築された哲学において実験が中心的な地位をしめることをみとめていたのだという主張をまずは取りあげてみよう。たとえば、J・W・N・ワトキンズがものしたホッブズ哲学についてのすばらしい研究書は、「ホッブズが実験を軽蔑したという通俗的な考え」を否定しようとしている。「……彼はたんに、無計画に実験をおこなうことを軽蔑したのである」[43]。証拠としてワトキンズは、『自然学のデカメロン』でホッブズがあたえている次の指示を引きあいに出している。すなわち、自然学上の仮説を考察するさいには「可能なかぎり……おおくの実験を自分でおこなう必要がある」[44]。ワトキンズはまた、ウォリスの攻撃のひとつにたいする応答のなかでホッブズがおこなった主張にも言及している（引用はしていない）。その文章は次のようにはじまっている。

余剰の金銭をもっているあらゆる人は、かまどを手にすることができるし、炭を買うことができる。余剰の金銭をもっているあらゆる人は、おおきな型を作成したりガラスをみがく職人を雇ったりする代金をしはらうことがきる。そして同様に最良で最大の望遠鏡を手にすることもできるのである。彼らは装置をつくらせてそれを星々に向けることもできるし、

受容器をつくらせて結論を試すこともできるのである。……[45]

（この文章の残りの部分はすぐ後で取りあげることになる。）

くわえて、一六五六年のホッブズの『六つの講義』のなかには実験という主題にかんする興味ぶかい言明がある。ここでホッブズは、彼自身の友人であるウィリアム・ハーヴィの実験的著作を不当に無視したというウォリスの非難からみずからを守ろうとした。話はフランドルのイエズス会士モラヌスがハーヴィのもとを訪問したことに関連していた。ホッブズによれば、「通俗的で子供じみた学知しかもたない」人物であるこのイエズス会士は、学識ある自然学者〔ハーヴィ〕から教授されることを拒んで、ただ彼自身のうわべだけの意見を口にしたにすぎなかった。ホッブズのいうところによれば、そうすることで、「彼〔モラヌス〕は、私に反論して書く機会をとらえたのだが、ハーヴィ博士から、彼の学知を公然と軽蔑するという仕方で、反撃される運命にあった。彼は、みずからの学知はたんなる実験にすぎないのだと、私にたいして述べた。彼の述べるところによれば、私は実験には政治史以上の確実性はないといっていることになっている。これは誤りなのだが」。続いてホッブズは『物体論』の「献呈書簡」のなかでのこの主題にかんするみずからの言明を引用した。「これらの人びと〔ガリレオとハーヴィ〕以前には、すべての人びとの自分自身にとっての経験と自然誌の他には、自然哲学のなかに確実なものはなにもありませんでした。確実性において政治史よりもおとる自然誌を、確実なものということができるならばですが」。ホッブズは、「私はすべての人びとが自分自身でおこなっている実験を不確実なものから明白に除外している」ことと、ハーヴィへの非難はいっさいしていないということを指摘した。[46]

王立協会の実験主義者たちがハーヴィの名声を私物化していたことにかんするホッブズの敏感さは、『自然学的対話』の序文のなかではよりいっそう明白にしめされた。ホッブズは、あらゆる感覚的経験は外部の運動の帰結であるということをしめそうとした。彼の対話相手は、太陽の明るさによって目をくらませられたことを報告した。ホッブズは彼に「視覚器官のその過剰な運動がしずまるまでのあいだ」座っていることをすすめた。対話相手は次のように返答した。

あなたはよい助言をしてくださいます。たしかに私は、太陽の熱に起因するこの種の倦怠感には心の曇りをいくぶん増加させる傾向があるという意見をもっています。ですが私は、光あるいは熱のいずれかがそのような作用を生みだす仕方について十分には知りません。あなたが私たちにはじめて証明してくださったときから、私は次のことをもはや疑わなくなりました。すなわち、あらゆる感覚のみならずあらゆる変化も、感覚している身体あるいは動いている物体のなかのなんらかの運動であるということ、またこの運動がなんらかの外部の動者によって生みだされるということです。というのも以前にはほとんどすべての人がそのことを否定していたのです。おそらく彼らは、立っているのであれ、座っているのであれ、横になっているのであれ、なお自分たちが感覚しているということを、十分に理解していたからでしょう。

私たち自身の感覚は私たちの内部にあらわれるのであり、そしてそれゆえ、もしそのようなあらわれが知識の基礎になるべきだということになったら、それらのあらわれは私たちを誤った結論へと導くであろう。続けてホッブズは次のようにいった。たとえばそのような感覚は「自分自身の血液が動いているのかどうか」を人びとに疑わせることになる。「なぜならだれも、みずからの血液が流れでていないかぎり、血液の運動を感じることはないからです」。対話相手は同意していった。「実際ハーヴィ以前にはだれもがそのことを疑っていたのです。しかしながらいまやその同じ人びとが、ハーヴィの意見が真であるとみとめており、また視覚を生みだす運動についてのあなたの信念を受けいれはじめてもいるのです。というのも私たちの協会には他の考えをもっている人はほとんどいないのです[47]」。個人の経験ではなくハーヴィが、ただしい哲学的方法をもちいることによって、人びとに血液が動いていることを納得させたのだ、とホッブズは主張した。そして彼は自身の光学理論の地位をハーヴィの血液循環の見解の地位になぞらえた。ホッブズの論じるところによれば、もしハーヴィがグレシャムの人びとにとっての英雄であるべきだとするなら、ホッブズもまた同じように彼らの英雄であるべきなのであった。ホッブズは次のようにいった。ただしく理解されるならば、ハーヴィとホッブズは方法論上の同盟者であって、両者とも個人的経験が知識の基盤としての性質をもつということを否定しているのだ、と。

「すべての人びとが自分自身でおこなっている実験」は経験である。それらの実験は、ホッブズが以前いったように、ただの「感覚および記憶」にすぎなかった。そのためそれらの実験は、その経験を有している人のなかには確実性を生みだしたけれども、哲学の特権である、集団の全員にわたる確実性を生みだすことができなかった。自然哲学における実験的営みの役割についてのホッブズの見解は、いずれにせよ、他の場所で明確に述べられていた。『自然学のデカメロン』のなかでホッブズは、だれもが得ることのできる自然現象の経験と比較して、形式的な実験的手続きの役割をあきらかに低く評価した。「広く知られている平凡な実験にかんしていえば、私はそれらを、火をもちいる、非常にすくない人びとにしか知られていない実験とくらべて、自然のずっとすぐれた証人であると考えています[48]」。そして、対話相手に「可能なかぎりおおくの実験（それを彼らは現象と呼んでいるのですが）を自分でおこなう」ことを求めた後、それにこころよくおうじた対話相手は同意して次のように述べた。「私が実験に望んでいるものをあなたはご自身の貯蔵庫、あるいはあなたが真であることを知っている自然誌のなかから、供給することができるのです。もっとも、普通に生みだされているのをだれもが見ているようなことがらの原因の知識で私は十分満足することができるのですが[49]」。もちろん、自然哲学における実験についてホッブズが抱いていた意見の最良の証拠は『自然学的対話』に含まれている。そこでは彼の意見はグレシャムの人びとのプログラムにたいする応答という具体的な文脈のなかで展開されていた。だがここでは「余剰の金銭をもっているあらゆる人」が「かまど」や「望遠鏡」や「装置」によってなにをなしうるかについて、ホッブズがあたえた説明からはじまる文章をつづけて見てみよう。彼は次のように結論づけた。

彼らは装置をつくらせてそれを星々に向けることもできるし、受容器をつくらせて結論を試すこともできるのである。しかし彼らはこれらすべてのことがらにかんしてよりすぐれている哲学者ではけっしてありえない。金銭を、好奇心をそそる、あるいは有用な楽しみのために投じることは称賛に値すると私はみとめる。しかしそれはけっして哲学者にたいする称賛ではない。そしてそれでも、大衆は判断することができないのだから、彼らは非熟練者でありながら自然哲学のすべての部分における熟練者としてまかり通るであろう……他のあらゆる技芸についても同じである。海を越えて新しい機械じかけ、あるいは他のしゃれた装置をもたらすだれもが、そのことゆえに哲学者であるというわけではない。というのももしあなたがそのように考えるのであれば、薬剤師や庭師のみならず、他のおおくの種類の職人が、賞を求め、そして得ることになるだろうからである。(50)

そしてさらに、「かりに自然の諸事物にかんする実験を学問といわねばならないなら、最良の自然学者はやぶ医者だということになる(51)」。

「才知」、独断論、そして実験コミュニティ

ここで注目すべき肝要な点は、ホッブズが実験を「軽蔑した」ということではないし、彼が実験はなされるべきではないと論じたことでも、適切に構築された自然にかんする哲学のなかで実験が重要な地位を占めていないと論じたことでさえもない。そうではなく、ホッブズが主張していたのは、体系的に実験をおこなうことが哲学と同一視されるべきではないということだったのである。つまり、ボイルが実験主義者たちに推奨していた方法にしたがって探究を進めることは、哲学的営みと同じものではないというわけだ。実験によって生みだされた事実に哲学の基礎を置くことはできなかった。この実験的方法と哲学的方法は根本的に異なるものであった。ふたつの方法は知識人のなかでの同意と政治における平和を確立する力の点で異なっていた。ホッブズがつけようとした区別は、一七世紀中盤の枠組みのなかでは密接に関連しているとみなされていた四つの問題をともなっていた。すなわち、哲学者の役割がもつ地位、哲学者の社会的および道徳的な性質、知的な作業をおこなうことに含まれている思考の過程、そしてこの作業の結果であ

る知識の本性である。ホッブズは、実験的生活形式を採用することは適切な自然学者を「やぶ医者」へと変えてしまうと主張した。このとき彼は、実験主義者の役割、性質、そして営みにかんしてきわめて軽蔑的なことを述べていたのである。ホッブズの見解では、機械の世話をする人が哲学者だとみなされるべきではなかった。哲学者は「おもしろおかしい自然のさまざまな奇観」を生みだす機械手品師と同一視されるべきではないのだ[52]。

哲学者と機械技師に結びつけられていた知の様式は異なっていた。『自然学的対話』のなかでホッブズはこの対比を強調した。「才知と方法は別のものである。ここでは方法が必要なのだ[53]」。一方の方法あるいは哲学と他方の才知が、ホッブズの批判のなかでくりかえし並置されていることは重要である。おそらくホッブズは、語源学的なもじりという手段をもちいて実験的心性にかんする実質的な主張をおこなっていた。ラテン語の *ingenium* は「生来の能力、賢明さ、独創性」を意味する。ラテン語では *ingenio* は一種の製粉機の意味にもなり、古フランス語の *engin* や中英語の *gin* はこの語源からきているのである。だからホッブズが才知をいわば「装置《エンジン》の哲学」だとみなしたことは、実験プログラムとその産物に課そうとした評価にちょうどぴったりなのだ。つまりそれは熟練工や機械技師の知的プロセスに依拠しており、そしてそれゆえ、より低級の知識を生みだすのであった[54]。このことが、ホッブズが「職人」や「やぶ医者」や「庭師」を哲学者と対照的にあつかったことの理由であり、また彼が「しゃれた装置」の獲得者だれもが「哲学者」であるわけではないと強調したことの理由なのである。哲学者はたんに手仕事をする者ではなかった[55]。

これに関連してホッブズとボイルにはふたつの共通点があった。第一に、両者はいずれも、知識を生みだす者の道徳的な気質やその人物の周知の清廉さを考慮にいれてその知識の価値をはかっていた。これは一七世紀中葉の考えのなかでは当然視されており、第２章で検討したように、証言を評価するという問題がこの考えを重要なものにしていた。第二に、ホッブズとボイルはいずれも哲学者が高貴だとみなされるべきだと考えていた。それでも両者が描いた哲学者の役割と営みの特徴は正反対のものだった。実際のところ、どちらがしめしたタイプの哲学者が高貴だったのだろうか。ボイルとその同僚たちが実験哲学者を「つつましく」て「謙虚な」人物、「土台建築者」、「労役者」として描くことを好みつつ、こういう哲学者を高貴な人物だと規定していたことを本書では見た。ボイルと王立協会におけるその仲間たちは、特定の目的のために、職人の言語を使用し、つつましい職工の外見を身にまとおうとしたのである。ホッブズが遠回しにいおうとしたのは次のことだった。すなわちグレシャムの人びとは、才知をたたえることによって実際には哲学を下等なものにしてしまっているということである。これは王政復古初期の社会においては深刻に打撃をあたえる非難でありえた。ホッブズとボイルは、価値ある知識は価値ある人びとによって生みだされるということに同意していた。だがそれでもボイルとその友人にとっては、才知は称賛されるべきであったし機械によって生みだされた知識は価値あるものとみなされるべきであった。機械の世話をすることにいかなる烙印が押されているとも、機械がつくりだす知的産物にいかなる汚名が着せられているともいわれなかった。また実験における機械の操作と哲学のあいだにはいかなる対比もつけられていなかった。グレシャムの人びとは互いを才知ある人物としてあつかうことを好んでいた。才知あるボイル氏、才知あるレン氏といった具合だ。しかしこれは、高貴で正直で信頼できる人びととの実験的作業に参画することによって高貴なものとなる才知なのであった。これが、おおくの一七世紀中盤の言語の使用法では「才知」（ingenuity）と「高潔さ」（ingeniousness）が自由に交換可能な単語としてもちいられていた――ロバート・グリーンが鋭敏にも指摘したように――ことの理由のひとつなのである[56]。それでも、公的に宣言した内容とはうらはらに、王立協会会員たちは、機械技師や庭師を哲学者としてあつかっていたわけでも、あるいは職工の証言を紳士の証言とひとしいものとみなしたわけでもなかった。また「才知あるボイル氏」が空気ポンプをみずから操作したことはたぶんまったくなかったということを思いおこすとよい。作業は彼の監督のもと、「力の強い職人たち」と技能をもった器具製作者たちによってなされたのである。

いまや私たちは実験的営みにたいするホッブズの非難の諸側面を理解したので、彼と法人としての王立協会との関係を挿話的に論じておくことができる。なぜホッブズは会員ではなかったのだろうか。彼は「排除され」ていたのだろうか。もしそうだとしたら、どのような理由で排除されていたのだろうか。一見これは私たちが丹念に論じる必要のある主題ではない。というのも私たちは、王立協会そのものではなく、一七世紀中盤のイングランドにおける、自然の知識を生みだすための相克する諸戦略を研究しているのである。それでも、最近の一部の研究ではホッブズが王立協会会員でなかったことが問題として論じられてきたので、この主題に私たちのもつ資料がどんな仕方で関係しているのかを指摘しておくべきである。クェンティン・スキナーは、ホッブズが宗教的非正統性を理由に、あるいは実験主義や自然哲学一般にかんして彼がもっていた意見のために協会から締めだされていたという見解に反論してきた。スキナーの説明では、「一七世紀中盤の科学の大局的な戦略」のなかで「ホッブズと王立協会は一貫して同じ『側』に立っていた」[57]。スキナーは次のように結論している。「それでホッブズの排斥はたやすく説明される。すなわちだれもクラブでうんざりしたくはなかったのだ」。より最近ではハンターが、ホッブズには王立協会に友人、とくにサー・ジョン・ホスキンズとジョン・オーブリーがいたことを指摘しつつ、スキナーの判断をくりかえした[58]。

実際、ホッブズと王立協会で指導的立場にあった人びととのあいだに相互の敬意と友好が存在したという主張のもっとも明白な土台を提供しているのは、オーブリーなのである。オーブリーによればホッブズは「王立協会に高い敬意をはらっていて……、そして王立協会は（おおむね）彼に同じような敬意をはらった。それゆえ、もし彼が仇敵と思いこんだ一、二の人間さえいなかったら、とうの昔に会員に指名されていただろう」。これらの「敵」は、オーブリーが指摘したところによれば、「ウォリス博士（とそのとりまきもたしかに敵対していた）、またボイル氏である。それにサー・ポール・ニールを加えてもよいかもしれない。この人はだれにたいしても不親切である」。それだけでなく、オーブリーは『ビヒモス』におけるホッブズの次の言明を引用してもいた。「『自然哲学は大学からグレシャム・カレッジに移ってしまった』。つまりそこで会合した王立協会のことを指す」。オーブリーはホッブズの肖像画が協会の会合場所に掲げられていることを指摘し、またホッブズがヘンリー・スタッブと喧嘩したことを書きとめている。「その理由はスタッブが大法官ベイコンや王立協会を中傷したことである」[59]。

オーブリーの言明は検討を必要とする。それらの言明を含んでいる『ホッブズの生涯』は、ホッブズの死後、彼の友人であり、王立協会会員であり、ホッブズの辛辣な論敵のうちの一部の友人でもあった人物によって書かれた、かたよった説明なのである[60]。それはホッブズの死後になされた調和の試みであり、ホッブズと指導的な会員たちとのあいだでの辛辣な一連の論争を沈静化させたのである。オーブリーは『自然学的対話』のくわしい説明をまったくあたえていないが、そのなかでホッブズはあらゆる「グレシャムの人びと」が自分の「敵」であると表明したのであった[61]。ホッブズの『ビヒモス』からオーブリーが引用した言明は文脈から切りはなされている。この言明は王立協会にたいする称賛でもなければ、実のところグレシャム・カレッジの教授たちにたいする称賛でもない。大学と聖職者が社会のなかに不和をもたらす役割をはたしているという理由で、大学と聖職者にたいしてなされた別の詳細な非難の一部なのである。そして「グレシャム・カレッジ」が王立協会のことを指そうとした言葉であるのかどうかさえ、完全にはあきらかでない[62]。ホッブズの肖像画にかんするオーブリーの主張すら、よりくわしい考察を必要とする。問題となっている絵画はJ・B・カスパーズにより一六六三年に描かれたもので、オーブリー自身によって依頼されたものであった。オーブリーはそれを七年後に王立協会に寄贈した。『ホッブズの生涯』の手稿版への注記のなかでは、オーブリーは「自分自身の寄贈品に言及するのは私にとって不適切なこと」であるだろうかどうかと自問しており、最終的に言及しないことに決めた[63]。それでも、会員の資格をもっていた人びとのなかにホッブズの友人や賛美者がいたことを疑う根拠はまったくない。オーブリーとホスキンズの他に、ジョン・イーヴリン、サー・ウィリアム・ペティ、サー・ケネルム・ディグビー、そしてもちろん、ホッブズのパトロンである第三代デヴォンシャー伯ウィリアム・キャヴェンディッシュを数えいれることができるだろう。さらに、ホッブズは過去には偉大なるベイコンの書記をしていたし、ウィリアム・

ハーヴィの友人であった。両者は協会の二人の英雄であった。[64]
この点にかんしてより興味ぶかいのは、王立協会の「創立者」兼パトロンである新国王チャールズ二世とのホッブズの関係である。王政復古の後、チャールズは以前の数学教師〔であるホッブズ〕を宮廷に迎えつづけた。彼らの関係はある種「冗談めかした」性質をまとっていたが、公にはそれは愛情のこもったものだったように思われる。国王は老哲学者を「クマ」と呼ぶのを好んでおり、そして、オーブリーのいうところによれば「宮廷の才人どもはとかく彼をいじめる傾向があった」ので、チャールズは「『ほら、クマがいじめられにやって来たぞ』」と叫んで彼の参内を歓迎したものだった。[65] 二人の結びつきは十分強固だったので、国王はホッブズにかなりの年金を（しはらいが不定期だったとはいえ）あたえ、またホッブズは一六六二年の『自然学問題集』を国王に献呈するとともに、その機会を利用して『リヴァイアサン』がもたらしていたかもしれない不快を謝罪した。国王はまた（サミュエル・クーパーによる）ホッブズの肖像画を保有しており、オーブリーによれば、その肖像画を「ホワイトホールの私室に、珍奇な品々のひとつとして保存しておられる」のであった。[66] また、チャールズはホッブズが協会の会員に選出されることに反対ではなかったようだ、という興味ぶかい示唆も存在する。ソルビエールは国王への謁見を物語っている。そこでは「以下のことはあまねく同意され」ていた。「すなわち、もしホッブズ氏があまりにも独断的というわけではなかったとしたら、彼は王立協会にとって大変有用であるし必要でもあったことだろう、ということである。なぜなら、ホッブズ氏以上に物事の内奥を深く見とおすことができる人、あるいは自然哲学の研究にあれほど長く身を捧げてきたという人は、ほとんどいないからである」。協会ができて間もない頃、国王は、王立協会にホッブズの幾何学の論証のひとつを転送したさいに、数学者としてのホッブズの価値についてのみずからの意見をしめした。[67] 何人かの歴史家が述べているように、国王とその偉大な独断論者〔ホッブズ〕との緊密な関係は、王立協会の実験主義者たちにとって重大な脅威となっていたにちがいない。国王は新科学のパトロンであり、王立協会は国王から物質的支援を得るという望みをもっていたが、国王が合理主義と実験主義のプログラムを明確に区別していたという証拠はほとんどない。実際、ピープスが報告したように、彼は協会が象徴的なものとしてあつかっていたまさに実験活動そのものを冷やかしていたことで知られていた。「グレシャム・カレッジを国王はひどく笑いものにしていた。設立以来、空気の重さをはかることばかりに時間をかけ、他にはなにもしていない、という理由によってである」。また協会の空気学的実験の結果をめぐる王のたわむれの賭けごとを王立協会がどう見ていたのかもあきらかではない。[68] 協会が国王に向けた絶えまない過度の称賛は、王の後援を得るという協会の期待――ほとんどかなえられることのなかった期待――に密接に関連していた。その一方で、宮廷での「ホッブズ的な」道徳には不安そうなまなざしがそそがれていた。そして、イングランド国内でホッブズの政治的名声や影響力が高まることが恐れられていたちょうどそのとき、大陸ではホッブズは哲学的に重要な立ち位置を占めていたのだ（第3章で指摘したように）。それゆえ「クマをいじめること」は、新しい実験哲学の境界の秩序を保ち、なにが適切な科学的営みとみなされ、なにがそうみなされないのかを公にしめすさいの重要な戦略だったのである。ド・ビアが述べているように、「ホッブズは王立協会の初期の方針に影響をおよぼしたといってよいだろう。なぜなら彼は、会員に選んではならない人物の種類についての不変の基準を確立したのだから(69)」。

一六七〇年代をとおしてホッブズは王立協会を論争に引きこみつづけた。彼が一六六〇年以後のボイルの空気学における研究を十分に理解した、あるいはそれに応答したという証拠はない。だが一六五〇年代にはじまったジョン・ウォリスとの幾何学論争はくりかえし燃えあがった。一六七一年と一六七二年に、ホッブズは『幾何学のバラ園』と『数学の光』のなかで、そして「閣下と他の方々、また王立協会会員各位」に向けて書いたパンフレットのなかで、ウォリスを攻撃した(70)。ウォリスは応答のために『フィロソフィカル・トランザクションズ』をもちいたが、ホッブズにはその誌面を利用することがみとめられなかった(71)。この侮辱に次第にいら立ったために、ホッブズは一六七二年の一一月にオルデンバーグに書簡を書き、「今後私が自然学あるいは数学の進歩に資する、分量の長すぎない論文をなにかあなたに送付した場合には、協会付き印刷者によってそれが印刷されるようにしてくださる」よう求めた。「あなたがいつもウォリス博士のためになさってきたのと同じようにです。それで私はいくらか費用を節約することになるでしょう(72)」。オルデンバーグはウォリスと、ホッブズの願いに同意するのははたして賢明かどうか協議した。だがウォリス教授は、この問題にたいして冷淡な無関心をしめしながら、ホッブズは幾何学にまったく貢献してこなかったと判断した(73)。こうして助言によって武装したうえで、オルデンバーグはなだめるような調子でホッブズに次のように書いた。

……私は［ウォリスの］回答をくりかえそうとは思いません。もしできることなら、あなたがたの仲をさらに引きさくよりも、あなたがたを友人にしたいと強く思っているからです。また王立協会は、あなたとの論争の裁定に踏みこみたいとは考えていません。あなたの年齢を考慮しており、またあなたのすぐれた才を尊敬してはいますが、今回の論争においてはあなたが誤っているのではないかと疑っているからです。しかしながら私には、あなたのその特定の要望におうじる用意はあります。つまり、あなたが自然学と数学の進歩に資するために私に送ってくださる論文のうち、長すぎもせず、また個人的な意見と混ぜあわされてもいないもの、つまり王立協会の評議会でみとめられるであろうものの、出版にかんする要望のことです(74)。

一六七四年のもうひとつの数学的論考は別にして、ホッブズは論争から身をひいた[75]。彼はオルデンバーグに返信しなかったし、王立協会によって彼の書いたものが印刷されることは一度もなかった。

実のところ中心的な問題点はホッブズの「独断論」であった。しかしホッブズが個人的に独断的であったという主張と、彼が自然哲学の営みのなかで推奨しているとみなされていた独断論とを分けて考えてしまうと、要点をつかめなくなってしまうだろう。彼の性格について私たちが知っていることからして、ホッブズが、ときにはみずからのやり方に固執し反論を好まない気むずかしい人物だったということは、ほとんど疑いない。「謙虚」で「つつましい」王立協会の実験哲学者とは対照的に、ホッブズはみずからが哲学の完全で自己充足的な体系をつくりあげたのだと自信をもって主張していた。実験哲学者たちは考え方の欠点を改善するために彼のところに来て教えをうけるべきなのであった。他方、ホッブズの友人たちは彼のことを好んでおり、またそういっていた。彼はユーモアにかんしてはよいセンスをもっていて、そのユーモアを西部地方のやわらかなアクセントでいっていた。彼は「楽譜にもとづいた歌」を歌い（下手だった）、ごくたまに酒を飲み、週に一度テニスをし（七十八歳のとき）、惜しげもなく施しをし、尋常でないほどハンサムだとみなされていた（図5を見よ）。しかし結婚はしていなかった。彼が支援している非嫡出の娘についてのうわさはあったけれども。彼はまったく適切だとみなされていた水準よりはすこし口汚い罵倒をしたが、個人的な不品行のたしかな証拠はないし、彼は死の床で聖餐を受けたのである[76]。これらの根拠にもとづいて、ホッブズが典型的な「社交界の厄介者」であったとみとめるのはむずかしい。ともかく、彼は主要な敵の一人であった王立協会会員、ジョン・ウォリスよりもはるかに社交的な人物であった。ウォリスは、オーブリーによれば「低俗なスパイになることを商売にしており、あらゆる才知ある人びとから議論を盗んで印刷した……彼はきわめて性格の悪い人で、とんでもない嘘つきで、陰口をたたく人で、お世辞をいって媚びへつらう人であった[77]」。ボイル自身は病弱な人物として有名であった。彼は冗長な話をしたがプライバシーに気を配っていた。後年には訪問を受けつける時間を扉に掲げるまでになった。ときおり彼の交友関係は寂しいものにもなった（ボイルの肖像画としては図16を見よ）。

王立協会の指導的立場にある人びとには、ホッブズの独断論を酷評するさい、彼の個人的な性質にかんする批評と彼の哲学的プログラムにかんする判定を結びつける傾向があった。個人的な独断論も哲学プログラム上の独断論も実験哲学の営みには禁物であり、どちらも許容できるものではなかった。「最近の独断論者たち」にたいするスプラットの攻撃は、特徴的なことにホッブズを名ざしで言及してはいないのだが、ホッブズを念頭において書かれたとしか考えられないものだった。スプラットは哲学と政治のあいだの類比を語ることで自説を述べた。最近の独断論者たちは、古代人たちの独断論的な「専制」をしり

図5　トマス・ホッブズ．81歳のとき（1669年）の肖像画．J・M・ライトにより描かれた（ロンドンのナショナル・ポートレート・ギャラリーに所蔵されている．同ギャラリーの許諾を得て複製）．

ぞけたうえで、直接的に

> ……新しい理論をつくりあげ、それを人間の理性に押しつけるにいたったのである。その理論は古代人たちの理論にともなっていたのと同じくらい巨大な権利の侵害をともなっていた。それは、この時代に生きている私たちが世界という舞台で上演されたのを見てきた、いくらかのことがらになぞらえうる行為であった。というのも私たちはまた、公的な自由を詐称した者たちが、みずから最悪の専制君主へと変質するのを見てきたのであるから。

「私には次のように思われる」とスプラットは述べた。「学知の発展と、世俗社会の政府の発展のあいだには、対応関係がある」。それぞれのなかの専制は撲滅されるべきものだった。また近代の哲学者たちの専制を古代人たちの専制よりも好むべきいかなる理由もなかった。哲学の完全で申し分のない体系をつくりあげたとただしく主張することは、だれにもできないのであった。そのような独断論的体系はすべて、意見の不一致を生みだすもとを含んでおり、またそれゆえ体系そのものの破滅をもたらすもとを含んでいるのであった。

おそらく、あらゆる事物は運動によって自然のなかに秩序づけられているということを最初に発見した人物［＝ホッブズ］は、彼以前のだれよりもすぐれた見解にもとづいていたのである。しかしいま、もし彼が、自然や運動の原因一般についてうまく論じることによってたんにこの見解を操作するだけで、それをあらゆる個別の物体をふまえてくわしく論じることをしなかったら、彼はよりすぐれた種類の形而上学以外のなにに、最終的に到達することになるというのだろうか。また何世代か後の彼の追従者らは彼の学説を、スコラ哲学者らが質料と形相の学説を分割したのと同じくらいおおくの種類に分割することになるだろう。そして学説全体の生命もまた、空気や言葉のなかへと消えさっていくことになるだろう。スコラ哲学者たちの学説の生命がすでに消えさってしまったのと同じように。

スプラットは哲学的な独断論とそれがもたらす社会的関係との因果的結びつきを認識していた。独断論は人びとを「横柄に」し、確信をもっていることがらにおいて迷いをなくし、「反論を認容できない」ようにする傾向にあった。この独断論は自己中心主義や個人主義、つまり「他のどれよりも危険な、精神の気質」を生みだすのだった。独断論が危険な理由は、事実にもとづく自然の知識を他のもののたすけなしに生みだして維持することができる社会的関係を崩壊させてしまうからであった。対照的に、王立協会の実験哲学者たちは「謙虚で、つつましくて、友好的」なのであった。彼らは意見の食いちがいに寛容であり、達成可能な確固とした目的をめざして共同で研究をおこなっていた。(78)

私たちはいまや、「なぜホッブズは王立協会から排除されていたのか」という問題にたいする解答をもっている。この解答のなかでは、ホッブズの人柄の評価と彼の哲学的プログラムの判定を区別することはしない。個人的な性質、社会的関係、そして哲学的営みのあいだの結びつきは、スプラットの非難がしめしているように、実質的なもので、決定的に重要なものだと考えられていたのである。謙虚でつつましい実験プログラムがホッブズの傲慢な合理主義と対照された。これとまったく同じように、謙虚でつつましいボイルが不寛容で自信にみちたホッブズと比較されたのだ。どちらの哲学的プログラムも、それぞれのプログラムに特徴的な社会的関係にもとづいていたのであって、そしてどちらも特徴的な哲学的人格を重視していた。合理主義的な知識の生産に結びついていた社会秩序は、王立協会の実験主義に付随する社会秩序をおびやかすものだった。そういうわけでホッブズと王立協会との関係という問題への議論の脱線は、実際には、私たちがおもに関心をもっている、相剋する知識生産戦略という問題との関係で、瑣末なものではなかったのである。『自然学的対話』や他の場所で表明されたようなホッブズの反実験主義が、彼が排除される理由をあたえたのだ。(79)

実験と原因

第2章では、（実験によって生みだされ提示された）事実についての語りと、それらの事実の自然学的原因についての語りのあいだに手続き上の境界を打ちたてるというボイルの計画を論じた。この営みのなかでは、神が多数の異なる原因によって同じ結果を生みだしうることが認識され、真の原因の探究にたいする適切な不可知論の態度が明言されたのであった[80]。そのような真の原因は究極的には実験哲学によってあきらかにされうるものだった。しかし因果的な探究を論じるには謙虚な注意ぶかさをもってするのが非常に賢明かつ安全なことだった。原因の知識はせいぜい憶測上のものにすぎず、真の原因の探究は、事実を探究する営み――実験哲学の基礎を構築する営み――からは注意ぶかく分離されるべきだった。ホッブズが非哲学的だとして攻撃したのは、この境界であり、またこの境界によって結果の知識と原因の知識のあいだに明示された認識論的な序列であった。ホッブズの見解では、ある知的営みが哲学だとみなされるためには、事物の原因にかんして不可知論をとることはできなかった。それどころか、哲学は原因のただしい知識から結果の知識へと進むことができるのだった。ボイルとホッブズによって提案されていた営みのあいだにあったこれらのプログラム上の差異は、『自然学的対話』のなかで具体的にしめされていた。

実験主義者であるホッブズの対話相手は、空気のバネを説明するとともに、このバネを羊毛になぞらえることで理解する仕方を説明した。ホッブズは言葉をさえぎって次のように述べた。「……あなたにお聞きしますが、次のことはあらゆる仮説にとっての規則ではないのでしょうか。すなわち、想定されるあらゆるものは、ありうる性質、つまり想像しうる性質をもつのでなければならないということです」。実験主義者は同意して次のように述べた。「おおくの事物のなかに見いだされ」、それゆえ「空気のなかにもあるときわめて容易に想像されうる」復元力によって、弾性仮説は支えられている。ホッブズはこの答えに満足しなかった。

そういうものの真の、あるいはすくなくともきわめてもっともらしい原因を探しだすことが、哲学者の仕事なのです。圧縮された羊毛、鉄板、あるいは空気の原子の復元についてどんな原因を、あなたの実験哲学者たちは、提出するのでしょうか。もしくは、なぜ弓においては鉄板が通常時のまっすぐさをあれほど速く取りもどすのかということに、あなたはどんなありそうな原因を提示しているのでしょうか。

実験主義者は、ボイルが要請した原因にかんする不可知論を誇示しつつ答えた。「私はそのことのきわめて確実な原因を挙げることができません」。ホッブズが原因にかんする探究の営みを強要したことは、実験主義者を困らせた。原因をめぐる問いはどこで終わるのだろう。「どのような真の原因を私がお教えしても、あなたがその真実性をみとめることはないでしょう。そうではなく私に、ではその原因の原因はなんなのか、とさらに問うでしょう。そうしてその問答は無限に続いていくことになると思います」。ホッブズはこれをきっぱりと否定した。「……適切な原因を同定することは探究を終わらせるのである。あなたが今後なんらかの最終的な原因へと到達したときには、そこで私はあなたに問うことをやめるでしょう[81]」。もし原因にかんする不可知論の表明が実験主義者らにとっては許容可能であり、称賛すらされるなら、ホッブズにとってそれは、実験プログラムが哲学的ではないことののっぴきならない自白にひとしかった。原因の探究は結論に到達することができた。そして原因の探究は、意見の不一致をもたらすのではなく、意見の不一致のもっともたしかな解決策をもたらしうるのであった。

ホッブズは原因にかんする自然学的説明としての空気のバネという問題をきびしく追究しつづけた。空気の弾性は原因の説明として提示されていたか、そうでなかったかのどちらかであった。もしそうでなかったとしたら、実験プログラムからは原因についてなにも知ることができず、実験プログラムという企て全体がまったく空虚なものであった。さらに、たとえ空気のバネが原因として提示されていたとしても、ホッブズがしめそうとしたように、そこから帰結するものは不条理であった。ボイルがもちいた空気のバネという概念は、物体についてのありえない観念から生まれてきたもので、根本的に反機械論的なのだとホッブズは論じた。哲学者が「正当な仮説をつくるのは、次のふたつのことからなのです。ひとつは、それが想像可能なもの、つまり不条理でないものだということです。もうひとつは、それをみとめることによって現象の必然性が推論されうるということです」。やはり空気のバネの仮説は、「ひょっとして私たちが、みとめられるべきではないことがら、つまりなんらかのものがそれ自体によって動かされうるということを、みとめないかぎりは、」不条理であった。「というのもあなたは、空気の粒子は、圧縮されているときにはたしかに動かずにとどまっているのですが、みずからの復元へと向かって動かされると考えており、その粒子自体をのぞいては、そのような運動の原因をなにも割りあてていないのですから[82]」。

もしこの議論がみとめられたとしたら、ボイルの立場にたいするこれ以上に破壊的な反論はありえなかった。ボイルはみずからの機械論哲学を、自己運動する物質という「通俗的」で危険な概念の根拠を突きくずす最良の方法として宣伝していたのである[83]。さてホッブズは、真の無矛盾な機械論は空気の弾性の物質的で機械論的な原因を特定せねばならないと論じた。

というのはもし、空気の繊維のなかになにかバネがあると彼ら「グレシャムの人びと」がみとめており、その繊維がいくらか曲げられてなお静止している場合に、どうしてふたたびまっすぐになるのか、とだれかが「彼らにたいして」尋ねたとしたならば、次のことがいえます。すなわち彼らは、自然学者とみなされたいのであれば、そのバネになんらかのありうる原因を割りあてなければならなかっただろうということです[84]。

そしてもし実験主義者たちがそのような原因を割りあてるのを断るとしたら、その場合彼らは、「『真空忌避』や『自然がもつ嫌悪』などのような比喩的用語に」うったえた、逍遥学派の人びとやその他の人びとと、どう違うのだろうか[85]。実際、実験主義者らはみずからが原因について無知であるとみとめることによって自分自身を非難することになるだろう、ということでホッブズは満足していたのである。彼は次のように問うた。「しかしどんな原因を……彼らは割りあてているのですか」。回答。「今までのところなにも割りあてていません。ですが彼らは実験そのものによって原因を探求しています[86]」。また後にいわく、「それではあなたは、彼らのうちの一人が」原因にかんするホッブズの仮説をさらに「いっそうもっともらしいものに」するはたらきをもつ「ひとつの機械を見いだしたことをのぞいては、あなたの同僚たちから自然の原因にかんする学問の進歩はまだなにも得られていないとみとめていることになります」。実験主義者。「それをみとめるのは恥ずかしいことではないのです。というのも、その先のことが許されないのであれば、そこまでが進むべきところなのですから」。ホッブズは徹底的に適切な結論を押しつけようとした。

なぜそこまでなのですか。どうしてホッブズがすでに進んでいたのと同程度のところにたどりつくために、あのような製作のむずかしい機械を準備し、もちいたのですか。なぜあなたはむしろ彼が中断したところからはじめなかったのですか。なぜあなたは彼が確立した諸原理を利用しなかったのですか。アリストテレスはいみじくも「運動を知らないことは自然を知らないことにひとしい」と述べたわけですが、あなたがたはどうやってその責務を引きうけようとしたのでしょうか。またどうやって、私たちの国のきわめて学識ある人びとのみならず、海外のきわめて学識ある人びとのあいだにも、自然学の進歩への期待を呼びおこそうとしたのでしょうか。まだ普遍的で抽象的な運動の学説（それは簡単で数学的なものなのですが）を確立していないというのに[87]。

これが、実験「哲学」は原因にかんする知識に基礎づけられた学問ではないため、機械技師にすぎない人びとが習得する伝承の知と大差ない、とホッブズが述べた理由である。

もし実際、哲学が原因についての学問であるということになれば（事実そうなのですが）、実験に役だつ機械を、その実験の原因を知らないまま発明した人びとは、原因を知らないで機械を設計した人物とくらべて、どのような仕方でより哲学に通じていることになるのでしょうか。というのは、知識をもっていない一方の人は自分が知らないということを自認しており、他方の人びとはそのように自認していないということをのぞいては、違いはなにもないのですから[88]。

実際『自然学的対話』の大部分は、このように低級職人と原因を知らない実験哲学者はひとしいのだとしめすことにあてられていた。ホッブズは、空になった受容器のなかではかりに吊るされた浮袋のなかの空気の重さを測定するという有名な実験を攻撃した。ボイルは排気のさいに浮袋が実際に下がることには満足したが、それゆえに浮袋がより重くなるということには満足しなかった。なぜなら彼は重さの作用因についての知識をまったくもっていなかったからである。同じように、ホッブズはボイルがバネの原因をまったく提示していないことを指摘し、彼を、「最初の一突きを聞いていなかったにもかかわらず」鐘が何回なったのかを問う人になぞらえた[89]。せいぜい、実験主義者たちが成しとげたのは「自然誌」を充実させることにすぎなかった。つまり彼らは「現象を目に見えるようにしている」のである[90]。こうした目的は軽蔑されるべきものではなかったけれども、哲学者の目標ではなかった。哲学は人びとに同意することを義務づけるが、自然誌はそのような拘束力をもたないのだ。

ホッブズの文章上のテクノロジー

ホッブズの哲学がめざしていた同意の範囲と性格は、前章で簡潔に素描した哲学的方法についての彼の見解のなかにあらわれている。より具体的には、ホッブズの文章上の営みのなかに見ることができる。ボイルとホッブズが採用した文章形式を対比させてみることからは学べることがある。たとえば、両者はともに自然哲学において対話形式をもちいた。ところが、『懐疑的化学者』を構成している対話でのボイルの言葉の使い方と、『自然学的対話』、『自然学問題集』、『自然学のデカメロン』といった自然哲学上の対話におけるホッブズの文章上の営みには有意な差異がある。第2章で、『懐疑的化学者』の対話が四人の参加者のあいだでの話しあいという特徴をもっており、一致した見解はその話しあいから生まれるものとしてしめされるという構造になっていたことに言及した。どの参加者も大団円に向かってなにか貢献する役割をあたえられており、その大団円は事実にかんする情報の自由な交換にかかっているとみなされていた。ホッブズの自然哲学上の対話は伝統的なソクラテス的雰囲気に包まれていた。参加者は二人だけであった。一人は明確にホッブズの代理であり、もう一人は論敵（真空論者、実験主義者、帰納主義者）の役をつとめていた。真理はホッブズと彼の対話相手のあいだの意見交換をとおして生まれるのではなかった。なぜなら真理はホッブズの哲学のなかにすでに完全なかたちで含まれているものだったからである。知識はホッブズから対話相手へと流れていくものとして描かれており、対話相手はおもに知識を受けとる者の役割をはたしていた。

それにもかかわらず、対話相手の役割は無視できるものではなかった。ホッブズが哲学のために推奨した知識の概念とその社会的な伝達を文章のかたちで例示するためには、彼の参加が不可欠だったのである。(91) 対話相手は単純な質問を問いかけるかあるいは当惑を表明することがあり、それにたいしてホッブズが納得のいく解決策を提供する。自然学の進め方にかんする意見を述べたり、あるいはなんらかの立場（ホッブズにより誤りだとしめされるような立場）に同調したりすることがある。対話相手の言明にたいしてホッブズが質問を投げかえし、定義をもとめることもある。このとき対話相手は、自身の言葉のもちい方には十全な定義がないとみとめる場合がある。するとホッブズは対話相手の言明が不条理な語りにもとづくものである理由をいうことができる。もしくは、対話相手はホッブズの質問に答えることもある。そのなかにホッブズは不備のある論理的手続きを見いだすのである。「その議論は成りたっていません」。対話相手はホッブズの主張が不完全である可能性を指摘することもできる。「これらの主張は論証を必要とします」。そしてその証明をホッブズが提示する。すると対話相手はホッブズの証明に満足したことを表明し、そして同意する。「それはきわめてもっともらしいことです」。「おそらくそうでしょう」。「疑いありません」。「それは真実です」。対話が進むにつれて、対話相手は論敵の代表者であることをやめ、回心する可能性のある者へと変化する。「私は他の哲学をあなたに説きつたえる者なのであって、擁護する者ではありません」。対話の終わり近くでは、回心は完全なものとなる。「……私はあなたがこれまでに述べたすべてのことに同意し、それらを承認します」。しかしダマスコへと向かうこの哲学的な道の上で踏みだされるべき一歩がまだ残っている。同意した結果として、対話相手はいまや自分自身「哲学者」としてふるまうことができるのである。彼はホッブズの誤りをただし、そしてそうすることで、ただしい方法がもつ、教師からさえ同意を得る力を体現することができる。だから『自然学的対話』の最終行はホッブズの出番であり、次のようになっている。「私も同じように判断します。私はまちがっていました。あなたは適切に私の誤りを修正してくださいました(92)」。

このようにホッブズの対話は、哲学的な方法がもつ、完全な同意を確立する力を劇的に表現していた。人びとは誤りうる。だが適切な方法の力は、人びとの誤りの本質が指摘された場合に、安全かつ迅速に誤りをただすことができるという点にあるのだ。哲学的知識は、論理学という道具をもちいて生みだされるのとちょうど同じように、論理と三段論法にもとづいて伝達されるのである。そしてこの伝達は効果的なのだ。だから、『物体論』のなかでホッブズは、人びとが知識をつくりだす方法、つまり「発見の方法」を記述し、続いてその方法と私たちが他者にたいして証明するさいにもちいる方法との関係をしめした。

そして教えることとは、教える対象となる人の精神を私たちが発見したことがらの知識へと、私たち自身の精神で獲得したのと同じ道すじによって導くことにほかならないのだから、それゆえ、私たちの発見に役だったのと同じ方法が、他者への証明にもまた役だつであろう。……［この方法は］、探求されてきた結論の真理性を学び手がついに理解するまで、諸命題を三段論法へと絶えず組みたてることで進んでいく。(93)

ホッブズの述べたところによれば、適切な方法論を目のあたりにしながら誤りにおちいりつづけることはだれにもできない。対話は、方法がもつ、同意を強制し誤りを修正する圧倒的な力を表現している。ホッブズの対話のなかでは、人びとの誤りをただして同意を集めるのは事実ではなく方法である。対話のなかで経験的証拠——観察からくるものであれ実験からくるものであれ——に役割があたえられる場合、その証拠は方法によって到達された結論を例示する役目をはたしているのであって、信念を決定する役目をはたしているのではない。このようにボイルの著作でもホッブズの著作でも、文章の構造と進み方が、知識の生産に適切だとみなされる社会的な関係と営みを劇的なかたちで表現している。知識生産と価値判断の理論における差異が、相異なる文章上のテクノロジーのなかでしめされているのだ。

似かよった問題がホッブズの哲学における図像利用の特徴にも影響をおよぼしている。ホッブズの自然哲学上の諸著作で図解のために付された図は、ほぼすべて幾何学的な性質のものであり、自然の過程についての抽象的で幾何学的な議論を図示している（たとえば私たちの『自然学的対話』の翻訳のなかの、重力作用をあらわしている図を見よ）。ホッブズは自然の現象あるいは過程を図像によって表現したものをごくまれにしか著作に盛りこまなかったし、彼が実験システムを図像によって表現することはさらにまれだった。ひとつの例は『自然学問題集』のなかにある。この図像は基本的なトリチェリの実験の銅版画であるが、装置の詳細を最小限しか描いておらず、どれか特定の実験装置の固有の特性をしめそうと努力した形跡はない。(94)ボイルとちがってホッブズは、実験の情景についての仮想的な感覚経験を読者に提供するため版画師の技芸をもちいるということをまったくしなかったのだ。私たちはすでに『自然学的対話』のなかでホッブズが図像のたすけなしに空気ポンプを記述しようとしていたことを指摘した。あきらかに、精神が目の助力を（そして手の助力はなおさら）必要としているとは考えられていなかった。こういう仕方で、ホッブズの哲学における図像利用は、一方の論理的および幾何学的方法と他方の実験システムの操作に課していた、彼の相対的な評価をあらわしていたのである。図像にかんする彼の好みと用法は論敵に認識されていた。一六六二年に幾何学者のジョン・ウォリスは次のように書いた。

……私は、一般的にいって、彼の自然学的な仮説と幾何学的な推論のあいだにおおきな類似をみとめずにはいられない。というのも後者において彼が、問題を作図しあるいは証明することにかんしてはまったく無駄にしかならないおおくの直線をひいているように……、彼の仮説のおおくは自然の作用にかんしてはいかなる用途ももっていないのである。[95]

ホッブズの哲学における原因、慣習、確実性

ホッブズはボイルの実験プログラムを拒絶した。なぜなら彼はそのプログラムを哲学でないと考えたからである。そしてそのプログラムは、哲学でないのだから、哲学的探究にふさわしい種類の確実性を生みだすことはできなかった。それでは確実性はどこに存していたのだろうか。哲学的知識はいかに基礎づけられるべきであり、方法は確実性の探求にどんな仕方で貢献するものだったのだろうか。ホッブズとボイルは知識の問題にたいして根本的に異なる解決策を提示していたので、両者が受けいれていた立場から議論をはじめるのが興味ぶかい方法である。

ボイルは、神はおおくの異なる自然の原因によって同じ結果を生みだしうると考えていた。そしてこの根拠にもとづいて彼は、真の原因をあきらかにする自然哲学者の能力にかんして方法論的に警戒することを推奨し、また不可知論すら推奨していた。ローダンはこの立場、またとくにこの立場を表現するためにボイルが時計のメタファーをもちいたことを、デカルトの方法論的著作の影響によるものだとみなした。一六四四年の『哲学原理』のなかでデカルトは、同じようにただしく時間を知らせてくれるがかなり異なった内部のしくみをもつ、ふたつの時計を記述した。神は、私たちが観察している結果を生みだすために、任意の数だけの異なる仕方でこの時計じかけの世界に秩序をあたえることができただろう。粒子の世界は私たちの感覚では捉えられないものである。だから私たちにできるのはせいぜい、世界がどのようにして組みたてられうるのかにかんする「仮説」をつくりだすことにすぎない。デカルトは次のように結論している。「そして、もし私が列挙してきた諸原因が、私たちが世界のなかに見いだす結果に似た結果を生みだしうるようなものであれば、それらの結果を生みだす他の手段があるかどうかが知られていなくとも、私は十分なことをなしとげたことになるだろうと信ずる[96]」。デカルトの見解がボイルに「影響をあたえた」のかどうかは、今の私たちの関心事ではない。けれども、ボイルがこの立場から導きだした結論は強調しておこう。それは次のようなものだ。原因の探究は自然哲学者のおもな仕事から戦略的に分離されるべきである。また原因にかんする仮説は推測上のものであって、事実の産出とは遠く離れてい

るとみなされるべきである。

ローダンも簡潔に指摘しているとおり、ホッブズは見かけ上同じ立場をとっていた。たとえば、一六六二年の『自然学問題集』のなかでホッブズは次のようにいっていた。「自然の原因についての学説には、無謬で明白な原理はありません。なぜなら、神の力がおおくの相異なる仕方で生みだすことのできないような結果は存在しないからです[97]」。またそれより前には、「きわめて悪質な数学教授たち」に向けて書いた『六つの講義』のなかで、ホッブズは次のことを強調していた。自然哲学には「私たちが探し求めている諸原因がなんであるのかの証明は存在せず、諸原因がなんでありうるかの証明が存在するだけである[98]」。ここでも私たちが関心をもっているのはホッブズの立場の典拠ではない。ザバレッラ、ガリレオ、そして「パドヴァ学派」(ホッブズがおおきな敬意をはらっていた)の他の人びとの著作のなかにも似かよった見解が見いだされるとはいえ、デカルトの影響にかんするローダンの提起は十分もっともらしいものであるように思われる[99]。神がおおくの相異なる原因によって同じ結果を生みだしうるという主張から、ホッブズはいかなる方法論的帰結を引きだしたのだろうか。ボイルと著しく対照的なことにホッブズは、自然の原因にかんする私たちの知識は推測上のものだとみとめることから、原因にかんする探究を自然哲学の基礎から取りのぞくという戦略へと進みはしなかった。ホッブズにとって原因にかんする言明は、どんな哲学的営為であれその基礎や出発点のひとつとなるべきだった。

『物体論』のなかでホッブズは「哲学」のふたつの定義をあたえた。いやむしろ、彼は哲学的営為をふたつの側面からしめした。「哲学とは」と彼は述べている、「私たちが最初に有している、結果やあらわれの原因あるいは生成の知識から、真の理性による考察によって得る、これらの結果やあらわれの知識であり、そしてまた、原因や生成の結果を最初に知ることから得られる、その原因や生成の知識である[100]」。それゆえ哲学には議論を進めるふたつの方法がある。第一の方法(ホッブズはそれを「総合的」と呼んだ)は、知られている原因から結果へと進む。第二の方法(「分析的方法」)は、「感覚」から因果的な原理の構築へと向かう[101]。『物体論』のいたるところで、哲学的営為の蓋然的な性格が強調されている。「哲学とは、諸々のあらわれもしくはあらわれている結果について、その同じあらわれや結果のなんらかのありうる産出あるいは生成にかんして有している知識から、真の理性による考察によって私たちが得る知識であり、また既存のもしくはありうる産出について、結果について有している知識から私たちが得る知識である[102]」。ジェイムズがただしくも述べているとおり、ホッブズは哲学の総合的側面と分析的側面にひとしい価値を置いたのではなかった[103]。総合的方法においては、人びとは定義的な根拠あるいは事物の原理にかんして同意しており、そしてそのうえで結果がいかにして必然的に帰結するのかを論証する。分析的方法においては、私たちはなにかある結果に着目し、それらの結果を引きおこしたであろう想像しうる原因を探す。私たちが思いついた原因はその特定の結果の真の原因であるかもしれないし、そうではないかもしれない。

これらふたつの哲学的営みのあいだの区別は、知識のさまざまな領域がもつ、原因にかんする確かな説明を提供する力が相異なるものであることを際だたせている。ホッブズの見解では、幾何学が確実な知識と原因にかんする知識双方の模範例である。幾何学が原因にかかわると述べることは奇妙に思われるが、ホッブズはあるきわめて重要な理由でそう述べていたのだ。その理由とは、人びとが幾何学の定義と対象の両者をつくりだしていることである。[104] 幾何学の公理上の、また定義上の基礎が人間の構築物であるということを理解するのはむずかしくない。だが、いかにして幾何学の図形が人間のつくりだしたものであるといわれうるのかは、それほど明瞭ではない。それらは、物理的な存在者としてではないにしても、本質あるいは形相として、私たちの外部に端的に存在するのではないのだろうか。ホッブズは線を「点の運動によってつくられるもの、面を線の運動によってつくられる」ものと定義した。[105] ところで点を動かすのはなにかといえばそれは人の手である。ホッブズによれば幾何学は論証可能なのだが、「なぜなら、そこから私たちが理性による考察をおこなうところの線や図形は、私たち自身によって引かれ、描かれたものだからである」[106]。だが空間についてはどうだろうか。空間は幾何学の対象なのではないだろうか。そして空間が構築されたものだと述べるのは不条理ではないのだろうか。ホッブズは、物質や運動とはちがって空間については、それが真の存在者であるという見解をしりぞけた。彼は次のように述べた。事物の世界全体が消滅したと想像してみよ。さらに、この宇宙全体の破滅をたった一人の人だけが生きのびたと想像してみよ。

> それゆえかりに私たちが、諸事物のその想定上の消滅の前に世界のなかに存在したなんらかの事物を思いだした、あるいはその像を有しているとし、そしてその事物がどのようなものであったかを考えるのではなく、ただそれが精神なしに存在していたとだけ考えるとするならば、私たちはいま、空間と呼ぶものの概念を有しているのである。それは実際には想像上の空間なのである。なぜならたんなる像でありながら、それでもなおあらゆる人びとが空間と呼ぶ当のものだからである……私は……空間を次のように定義する。「空間とは、端的に精神なしに存在している事物の像である」。……[107]

それゆえ空間の観念自体、つまり幾何学の対象の基体そのものが、人のつくったものなのである。

ここで私たちは、ホッブズとボイルによって提案された相異なる生活形式に含まれていたものについての私たちの理解にたいし、一見すると逆説であり障害物であるものに直面している。私たちの文化のなかでは、知識が人工的で慣習的なものだと述べることは、それは結局のところ真正な知識ではないと述べることにひとしい。この一般的な傾向は次のような事実を説明するものである。ウィトゲンシュタインがおこなった考察のように、知識の慣習的基礎をあきらかにしたりしめしたりすることにかかわる学術的考察は、暴露あるいは非難をしようとする試みであるかのようにあつかわれるという事実である。日常生活のなかでは私たちは、知識たらんとする主張が、構成されたものであるという性格、あるいは慣習的な基礎をもっているとしめすことによって、そういう知識たらんとする主張をみずからの手で弱めている。こうした営みはある特定のゲームのなかで意味をなす。そして第2章でしめしたようにこのゲームは次のようなものである。すなわちこのゲームのなかでは知識がいわば人間の行為（個人的なものであれ集合的なものであれ）によってではなく、実在そのものによって究極的には保証されているのだ。人は製作者ではなく鏡である。けれども他の言語ゲームのなかでは、状況はかなり違っている可能性がある。知識は、それがあるきまった方法で構築されているとみなされ、またあるきまった諸慣習をもちいているかぎりにおいて、たしかなものだと受けとられるということもあるかもしれない。私たちが論じているのは、これがホッブズの場合に当てはまるということなのである。つまり確実性は慣習の機能なのであった。この地点こそが、合理主義者としてのホッブズと規約主義者としてのホッブズが相まみえる場所なのである。この点は、幾何学と政治哲学から期待されうる確実性にかんするホッブズの議論のなかに、たぶんもっとも明瞭にあらわれている。幾何学的な図形が「私たち自身によって引かれ、描かれたものである」から幾何学は論証可能なのだと述べたうえで、次にホッブズは以下のように主張した。「政治哲学は論証可能である。なぜなら私たちはみずからの手でコモンウェルスをつくるのであるから」[108]。これは経験主義者の直感にそむくものである。ホッブズは、人はみずからがつくったものだけを完全に説明あるいは理解することができる、と述べていたのである。一方経験主義者は、知識のうちで人がつくった部分は精神が実在を反映するさいに生じる歪みなのだと考える[109]。

それでは、確実性の階層のなかで自然哲学はどんな位置にあるというのだろうか。ホッブズの見解では自然哲学は、幾何学や政治哲学が特権的に有しているような種類の確実性をあやつることはできない。なぜなら、自然の結果の原因は私たちが構築したものではなく、結果そのものから探し求められなければならないからである。ホッブズはいう。「自然の原因にあなたが期待できるものはといえば、蓋然性にすぎないのです[110]」。それにもかかわらず、自然哲学においてありうる原因を探究することは、瑣末なことではない。また適切に追求された場合、その結果がさまざまな強制力をもたないというわけではない。もし私たちが挙げた原因が結局のところ神の原因ではなかったとしても、それでもなお私たちの理性を満足させるような原因ではあるはずだ。それらはつくりごとの可能性もある原因ではあろうが、もしみとめられれば、結果がどのようにして必然的に帰結するのかをしめすような原因であるだろう。ホッブズが『光学論考』のなかで述べたように、「それゆえ自然学には、次のこと以上は要求されていないのである。すなわち、運動にかんして考えられあるいは想定されたことがらが、想像可能なものであるべきだということ、またこれらのことがらをみとめることから現象の必然性が論証されるべきだということ、そして最後に、それらから誤りがなにも導きだされえないということである」[111]。あるいは、ジェイムズが簡潔に要約しているように、

……死すべき者の理性による考察にとっては次のことを知るだけで十分である。つまり、なにが知性によって認識できる仕方で［観察された結果を］引きおこした可能性があるのか、なにがこれらの結果を必然的にもたらすような原因として考えられうるのかである。このようにホッブズは、創造のさいの神の方法を発見することよりもむしろ、人間精神の理性的要請をみたすことにいっそう関心をもっていた。そして私たちが実際に真の原因を知っているのか、それとは別の、しかしひとしく知性によって認識できる原因を知っているのかということは、人間の幸福にかかわる結果にとっては重要ではないのだ。ホッブズが追い求めていたのは実在よりは知性による認識の可能性なのである[112]。

じじつ、創造のさいの神の原因にかんする知識は、哲学の営みから神学を締めだしたのと同じ根拠にもとづいて、哲学の営みからは締めだされている。つまり「永遠で、生成せず、把握されえない」神については、人はいかなる確実な知識ももちえないのだ[113]。それゆえホッブズにとって、自然哲学者に課された仕事は幾何学者や政治哲学者がつくったものに可能なかぎり近づくことであった。自然哲学者は確実性を生みだすという点で幾何学者や政治哲学者に匹敵することはできなかった。だがそれでも、ただしい方法をもちいることで、スコラ哲学者あるいは実験主義者よりは前へ進むことができた。スコラ哲学者はみずからの哲学を不条理な語りとありえない存在論で基礎づけたために無駄足をふんだ。実験主義者は自然誌を自然哲学と混同したために失敗した。原因にかんする探究と分離されており、ただしい方法によって体系づけられていない事実の目録は無意味だったのである。「私たちは経験から……いかなる普遍的な命題を結論することもできない」[114]。

ホッブズがボイルのプログラムにたいしておこなった攻撃は、実験的手続きは真の哲学がもつ強制力を欠いているという主張から出てきていた。ホッブズとボイルのプログラムはいずれも同じように同意の問題に関係していたが、両者の解決策は根本的に異なっていた。ボイルの見解では同意は、集合的な目撃をとおして事実へと組みこまれた、実験的発見を生みだすことをとおして、確立されるべきものであった。個人は他の諸個人とのあいだで、なにを目撃し信じたのかということにかんして同意した。それゆえこのプログラムは、集合化された諸個人の感覚的経験に基礎を置いていたのである。意見の不一致は、形而上学のようにそのようにして基礎づけられていない項目を自然哲学の範囲から除外することによって、制御されえた。ボ

イルの強制は部分的なものにすぎなかった。異論をもつ余地が存在したし、この部分的で自由主義的な同意を維持するにあたっては寛容が不可欠であった。実験主義者たちの道徳的コミュニティのなかでの制御された意見の不一致は安全だった。統制不可能な不和や内戦は他のなんらかの経路をとおってくるのであった。

ホッブズにとっては、絶対的な強制を確保できないいかなるプログラムからも内戦が生じた。グレシャムの人びとにとっては賢明で自由主義的な除外の戦略であったものが、ホッブズにとっては、万人の万人にたいする戦いに直結する扉をひらく端緒だったのである。知識の問題にたいするいかなる実際上の解決策も、秩序の問題にたいする解決策であった。その解決策は絶対的なものでなければならなかった。だからホッブズは個人、その個人がもつ信頼できない感覚的経験、また個人の信念というカテゴリーを避けようとしたのである。ではホッブズの強制はどこに存していたのだろうか。ホッブズはみずからの解決策を、信念や目撃ではなくふるまいのなかに見いだした。そして個人的なものではなく社会的なもののなかに見いだしたのであった。彼が、人はコモンウェルスをつくると述べたとき、一部の人がつくるといっていたのではない。すべての人が社会をつくり、維持するのである。というのも自然本性的にそなわった理性をもつすべての人は、リヴァイアサンがつくりださ れ保たれるのは自分たちの利益のためだと理解できるようになっているからである。彼ら自身を守るために政治的な社会をつくったのだから、服従の義務は全面的なものである。服従を求める力は、社会に加入して社会的な存在として生きているあらゆる人びとを代表する力である。このことをすべての人びとにたいして合理的に論証する知的な営みは、絶対的な強制を課すという性質をもっている。哲学におけるこの知的な営みは、社会におけるリヴァイアサンと同じなのである。人びとはみずからがつくったものを真に理解することができる。そしてそれは幾何学においてもまったく同じである。人びとは定義、図形、そして空間という幾何学の基体をつくるのであって、またそれらのものが彼らによりそうしてつくられたものだということはしめされうる。だから幾何学と政治哲学は同等のものなのである。だが論理の力にかんしてはどうだろうか。

論理、あるいは推論の法則がそれら自体として強制力をもつとホッブズが述べている、ととらえるのは誤りであろう。というのは論理の力は、リヴァイアサンが服従を確立するのにもちいる力とまったく同じだからである。つまりそれは社会を代表する力であり、すべての人びとに自然本性的にそなわる推論の能力にはたらきかけるのである。宗教の教義について宣言をおこない、聖職についている聖書の専門家の解釈を拒否するという、王がもつ権威をめぐる歴史的な議論のなかで、ホッブズは幾何学における王の特権との比較をおこなった。これは解釈の鍵となる比較である。

そして、祭司らは本質的にも、また訓練によっても他の人びとよりも〔聖書解釈の〕能力をもっているのではあるが、それでもなお王たちは彼らの下にそのような解釈者を任命することが十分可能なのである。そしてそれゆえ、王たちはみずから神の御言葉を解釈したわけではないが、それでもなお、解釈の職務は彼らの権威に依存しうるのだ。またそれゆえ、王たちがその職務をみずから実践することができないという理由のために、王たちにこの権威を引きわたすことを拒否している人びとは、幾何学を教える権威を、王自身が幾何学者でないかぎり、王に依存させてはならない、といっているのと同じようなものなのである。[115]

リヴァイアサンがコモンウェルスの法をさだめ、執行するさいにもちいる力は、それゆえ、幾何学的推論の背後にある力と同じなのである。

本章を終えるにあたって私たちは、同意についてのボイルとホッブズの異なる戦略が含意している、さまざまな知的文化の関係について考察することができる。ボイルと王立協会にとっては、自然哲学と政治的な議論とのあいだには厳格な境界線が存在すべきであった。この境界線は、それぞれの領域がもつ意見の一致と同意を確立する力について彼らがあたえた評価をはっきりとしめしていた。事実をとおして、実験的自然哲学は実際に一致のとれた意見をまとめることができた。対照的に、政治哲学は分裂の種をまいてしまう可能性があった。そしてこの分離は必然的に自然哲学の営みに影響をおよぼすように思われた。しかしながら、自然哲学と神学のあいだに規定された関係はより問題のおおきいものだった。一方では、神学的議論は分裂し、徐々に腐食していくという傾向を有しており、スプラットや他の人びとがいうところによれば、神学的議論には手出しすべきでなかった。他方で自然哲学の営みは、ただしいキリスト教の高次の真理に従属すべきものだった。「自然からそれを創造した神の方へと」人は探究の歩みを進めることができたし、進めるべきなのであった。ボイルにとっては、後年のニュートンと同じように、神にかんする言説は自然哲学に適切に属していたのである。ホッブズにとっては、議論の各分野の関係はかなり違っていた。政治哲学と幾何学は、同意を生みだす能力という点ではひとつに合わさっていた。自然哲学は、それらふたつの分野の方法を模倣することができるかぎりにおいては、同じ言説の一部を形成した。だが神学は分離されなければならなかった。なぜなら私たちは不可知であるものを知ることはできないからだ。それゆえリヴァイアサンがさだめたものを教義として受けいれねばならない。リヴァイアサンの真理と空気ポンプの真理は相異なる社会的生活形式から生みだされたものなのである。

第5章　ボイルの敵対者たち――擁護された実験

ロングヴィル：でも、いったいなんのためにあなたさまはこの空気の重さをはかっていらっしゃるのですか？

サー・ニコラス・ジムクラック：なんのためか、ですって？　どれくらいの重さなのか知るためですとも。そう、知識というのはすばらしいものなのです。

――トマス・シャドウェル『ヴァーチュオーソー』（一六七六年）

だれがボイルの敵対者だったのか。これは一見単純な問題であるように思われる。『新実験』の出版から三年のうちに、ボイルは三つのおもな戦線で批判的応答に直面した。一六六一年には、ホッブズの『自然学的対話』があらわれただけではなかった。イエズス会士フランシスクス・リヌスによる、『諸物体の不可分割性についての論考』と題された敵意ある論考も登場した。次の年にはケンブリッジ・プラトン主義者のヘンリー・モアが、『無神論への解毒剤』第三版のなかで展開した論説をもって攻撃にくわわった（彼の論説は以後十五年間にわたりおおくの論考のなかで敷衍された）。

　ボイルはこれらの批判のそれぞれに応答したが、応答の仕方は相異なるものだった。相異なる主張をおこない、またみずからの研究成果やプログラムの相異なる側面を擁護するためであった。前章でホッブズの批判を詳細に検討した。リヌスとモアの見解にかんしては、それと同じやり方で議論を進めるつもりはない。本章における私たちの関心の中心は、ボイルと、ボイルによってみなされていたかぎりでの敵対者の概念にある。ボイルはだれをみずからの敵対者だとみなしたのだろうか。その敵対者たちのさまざまな批判のうちなにについて、彼はとくに反論しようとしたのだろうか。みずからの概念的な持ち駒と営みのうち、どの側面をとくに擁護しようとしたのだろうか。そして、批判者たちへの応答のなかでボイルが履行した論争の規則はどんなものだったのだろうか。私たちがここで関心をもっているのは、敵対者たちの立場をボイルがどう規定したのかである。そこで私たちは、おもにボイルが敵対者たちから自説を守ろうとした範囲のことがらにかぎって、彼らの所説を考察しようと思う[1]。

本書における私たちの関心に鑑みて、私たちは、ボイルの敵対者それぞれやボイルと彼らとの関係をひとしく重視あるいは強調する必要はない。ホッブズ、リヌス、そしてモアはボイルの研究のそれぞれ異なる側面を攻撃した。簡潔にいえば、ホッブズとモアは実験プログラムそのものの決定的な諸側面を攻撃したが、リヌスはそうではなかったのだ。彼らはいずれも、ボイルの研究結果や解釈のおおくに反対した。そのなかには「空気のバネ」がもつ説明上の地位も含まれていた。ホッブズだけが実験によって知識を生みだすという戦略を疑問にふした。モアは、ボイルがさだめた、ひとたび生みだされた実験的知識の使用法に異を唱えた。本書は実験主義にまつわる論争をあつかっている。そこで私たちは、実験的知識が有する地位について疑念を表明した人びとにたいする、ボイルの反応に注意を集中させる。敵対者にたいするボイルの反応についてのこの研究は、付随的な目的のためにも利用できる。歴史家たちは、一六六〇年以降のボイルの実験研究に相対的にちいさな注意しかはらってこなかった[2]。私たちは、ボイルが敵対者たちの見解、とくに彼らが指摘した実験の問題点をいかに真剣に受けとっていたのかをしめす。それにより私たちは、『新実験』に続く十年間のボイルの実験的研究のおおくは、これらの批判に立ちむかうために着手されたということをしめすであろう。第6章ではさらに進んで、ボイルが空気ポンプそのものにくわえた技術的な調整が、ポンプの完全性（これによって彼は実験によって生みだされた知識のただしさを保証しようとしたのだった）を擁護するという同様の関心によっていかに影響を受けていたのかをしめす。

本章は三つの部分に分かれている。第一の部分ではリヌスが『新実験』にたいして提示した反論の性格、またボイルがそれらに反撃した仕方を概観する。第二の部分ではホッブズにたいするボイルの応答のより詳細な説明をあたえる。そして第三の部分ではボイルとモアのやりとりを検討する。

リヌスの細紐仮説

リヌスはもともとリエージュのイングリッシュ・カレッジで数学教授をしていた。一六五八年から彼はロンドンに住んだ。リヌスの『諸物体の不可分割性についての論考』は筋金いりのアリストテレス主義者の著作である[3]。ホッブズと同じようにリヌスは、ボイルを真空論者だと規定し、充満論を支持する立場からボイルへの反論を書いた。ホッブズとはちがってこのイエズス会士は、なぜ真空が不可能なのかを機械論的ではない仕方で説明した。すなわち「自然は真空を嫌悪する」[4]。充満論を擁護するさいのリヌスの論拠は、部分的にはアリストテレス主義の公理に、部分的には実験に由来していた。リヌスは、トリチェリの空間のなかには真空は存在しないと述べた。その空間をとおして向こう側を見ることができることから、それはあきらかであった。もし真空が存在するのだとしたら、「いかなる

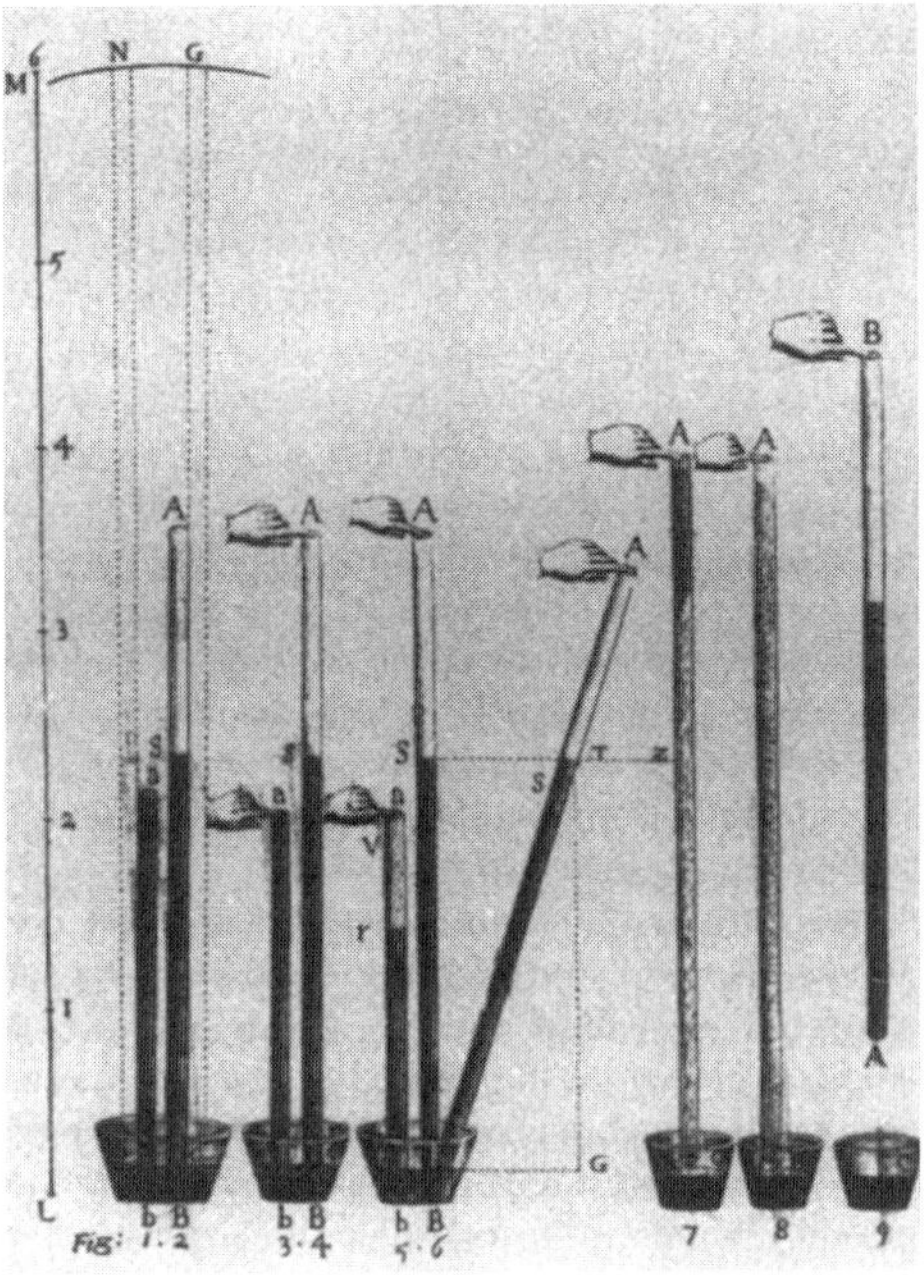

図6　フランシスクス・リヌスの『諸物体の不可分割性についての論考』（1661年）の図．吸引の現象から細紐が存在するという証拠をしめしている．ガラス管のなかにある流体へとつながった糸によって，指が管のなかに向かって引きこまれている．（エディンバラ大学図書館のご厚意による．）

可視的な形象も、そこから、あるいはそこをとおして、目へと進むことはできなかっただろう」し、トリチェリの空間はまっ黒なちいさい柱のように見えたことだろう。[5] リヌスはトリチェリの空間についての三つのありうる妥当な解釈を挙げた。すなわち、ホッブズのもの（その空間は「通常の空気」でみたされている）、イエズス会士ノエルのもの（「彼がエーテルと呼んでいる［空気の］より精妙な部分であって、これはガラスの細孔をとおって進入するのである」）、イエズス会士ズッキのもの（その空間は水銀的精気でみたされている）である。第四の理論は、ガッサンディ、マグナーニ、ペケ、ウォード、チャールトンなど、真空論をとっている大多数の自然哲学者たちのものである。[6]

重要なことに、トリチェリの空間の問題にたいするリヌスの解決策はふたつの機能をはたしていた。それは空間をみたすと同時に、ボイルが空気のバネの証拠として挙げていた発見の機械論的でない説明になってもいたのである。それこそが細紐であった。リヌスは、細紐とはどのようなものであるのかを見きわめるさいに、実験により生みだされた現象にも依拠していた。もしトリチェリの実験をおこない、水銀の入った管の上方の口を指でふさいだとしたら、その人は自分の指が管のなかに向けて下に吸いこまれていくと感じるだろう（図6）。リヌスはこの観察が、外部の空気の圧力が実際に水銀柱を押しあげているというボイルの主張と矛盾していると述べた。リヌスにとってはこの現象は次のことを意味していた。すなわち、トリチェリの空間のなかにはある実体が存在し、この実体が水銀柱をある位置に保つ役割をはたしているということである。この実体が管の内部のある種の糸（細紐）なのであった。この細紐は上端で指に接しており、下端で水銀の表面に接しているのだった。リヌスが好ましいと考えた見解は、この細紐が希薄化された水銀でできているというものだった。[7]（しかしながら、細紐は他の実体でできていることもありえ、この場合でもその細紐は同じ機能をはたした。）細紐は希薄化された状態では収縮し、希薄化されていない状態では弛緩した。だからこの細紐は、世界のなかでの物質の連続性を保持することによって真空の生成に抵抗するのみならず、トリチェリの実験において人の指にかかる吸引の力を説明した。

リヌスは、ボイルの一連の実験のうちのおおくを体系的に検討し再構成するなかで、空気のバネにたいする代案として細紐をもちいた。たとえば、リヌスは空気ポンプにおいてピストンを引くさいに感じられる力を説明した。彼の説明はふたつの主張に依拠していた。(1)ピストンを引くことは受容器のなかの空気を希薄化する。そして(2)空気が希薄化されればされるほど、その空気の細紐が収縮しようとする力は強くなる。彼が述べたところによれば、ポンプは実際に「うまく排気されていた、つまり、ある種のきわめてうすい空気でみたされていた」のである。ポンプが作動するにつれて、「空気全部が（可能なかぎり）受容器から取りのぞかれ」そして「残った空気は（可能なかぎり）希薄化される」。受容器のなかに残っているものは「強力な自己収縮の力」を獲得しており、そしてこれがピストンにかかる力の原因となっていた。[8] 同じように、リヌスは真空のなかの真空実験を再解釈するさいにも細紐がもつ収縮力をもちいた（ボイルの第一七番目の実験である。本書第2章を見よ）。トリチェリの装置を受容器のなかにおいて空気を抜いた場合、水銀は実際に、下の容器に入っている水銀とほぼおなじ高さにまで下降した。しかしながらリヌスによれば、これは空気のバネのせいではなかった。

水銀はその排気のために管のなかで下降するのである。なぜなら水銀は、［下の容器に］たまっている水銀の上方に広がる空気によって引きさげられるからである。というのはその［容器の水銀の上に］寄りかかっている空気は、排気によって非常に希薄化され拡張されるためにはげしく自己収縮するのであり、そしてこの収縮によって、下にたまっている水銀を容器のなかから持ちあげて外に出そうとするのである。その結果として（こうなるとたまっている水銀はその容器の底にたいしてあまり重くのしかかっていないのだから）管のなかの水銀は必然的に下降することになるにちがいない。[9]

おそらくもっとも興味ぶかいのは、リヌスがみずからすすんでボイルの第三一番目の実験、つまり空気ポンプのなかでの大理石の円盤の密着にかんする実験を論じたことである。彼は円盤が、ボイルが予想しまた期待したとおりに受容器のなかで排気のさいに分離することはなかったと指摘した。「彼［ボイル］

はこのことに気づいたさい、下側の石が落下しなかった理由を考察し、空気のバネの理論を放棄するのではなく、それを受容器の不完全さのせいにした。空気が十全には抜かれえないといわんとしたのだろう」。リヌスによれば誤りは機械ではなく理論のほうにあった。自然の真空嫌悪のために、また大理石の実体から細紐をつくりあげることが非常に困難であるために、大理石の円盤は密着しつづけたのだ。

そのように落下する下の石は、同時に、一瞬のうちに、上の石の表面全体から離れる必要があるだろう。だが隣接している空気が残された空間全体へと瞬時に入りこむことはできないであろう。だから必然的に次のようになるだろう。つまり、石はみずから微細な実体をあとに残していくのでないかぎり、下降することはないであろう。水銀あるいは水がこのような仕方で下降するさいにはそういう微細な実体を背後に残すのだ。だがそのような実体が大理石から分離されるのには、水銀や他のどの液質の物体とくらべても、よりおおきな困難をともなう。それゆえここで大理石は非常に強力に密着するということになるのである。

リヌスは次のように思いきったことをいっている。「もしふたつの完璧にみがかれた大理石が、それらのあいだにまったく空気が残されていないというほどにぴったり合わされたとしたら、それらは人のいかなる力をもってしても引きはなされえないだろう」。リヌスは敵対者であるボイルに反論するために、密着したきわめてなめらかな物体を分離することの非常な困難さについてのボイル自身の説明を引用したのだ[10]。

リヌスは、ボイルの機械論的な空気のバネに反対して細紐仮説を展開したのだが、大気が重さとバネをもつことを否定したわけではなかった。リヌスが主張したのは、空気のバネがもつ力とその力が成しとげうることがらは非常に限定的だということであった。端的にいうと、空気のバネは、ボイルがみずからの実験システムのなかでバネがおこなうと述べたことを実際におこなう力をもっていなかった。「私は空気にいくらかの重さがあることを否定しない。また弾性があることや、あるいは空気がよりちいさな場所へと押しこまれたさいに、もとの広がりをふたたび得ようとする力があることすら否定しない……。しかしながら私は、空気がここで想像されているようなおおきな重さあるいは弾性をもちうるということを、否定しているのだ[11]」。リヌスは、ボイルにたいしてバネの力をしめしてみよと挑発したとき、機械論哲学の力を証明してみよと挑発したわけだ。

リヌスによる個別の実験の再構成をこれ以上たどる必要はない。現在の目的のためにはふたつの点を強調しておく必要がある。第一に、リヌスは実験そのものの役割や価値を否定しようとしたわけでもなければ、実験によって生みだされた知識の地位を攻撃したわけでもなかった。第二に、リヌスは空気ポンプの物理的な完全性にけっして疑いを向けなかった。これらの考察はいずれも、ボイルの応答の性格を理解するにあたってきわめて重要である。実験的手続きに関係するかぎり、リヌスはそれらの手続きを称賛したし、また実践したのである。リヌスは「この実験哲学の最大の功績者である、非常に傑出したロバート・ボイル」を称賛した。「[彼は] 最近出版された書物『新実験』に見られるように（そのなかで彼は実際、非常に学識ある人びとの面前で公開され検討された、おおくのきわめて美しい実験を披露しているのだ）、マグデブルクの機械を復興して……よりすぐれたかたちに高めた」[12]。『論考』のなかでリヌスは、ボイルのテクストに含まれている空気ポンプの版画を忠実に再現し、彼自身の実験手順を説明した。[13] 彼は、実験による発見とそれらの自然学的解釈の関係にかんするボイルの規定をくりかえしさえした。「私はこの著作のなかでその諸実験にたいし、これまでにしめした根拠よりもいっそう適切な根拠をあたえようとしているので、賢明な読者はいずれがすぐれているのかを判断してくださるでしょう」[14]。

実験にたいするリヌスの熱意は、空気学実験のなかでもきわめて面倒なもの、すなわちパスカルのピュイ・ド・ドームの実験（トリチェリの器具を山へと運びあげた）の再現実験をおこなうほどにまで達した。しかし彼が得た結果は、パスカルが報告し、そしてボイルがみずからの空気のバネの理論に取りこんでいた結果とは根本的に異なっていた。

……水銀が外部の空気によってその高さへと押しあげられ保たれているということをしめすさいに［真空論者たちが］非常におおくおこなっているあの実験に、私は同意していないとみとめる。操作のなかでなにか誤りが起こったのではないかと疑っているからだ。なぜなら、それほど高くはない別の山の上で似かよった実験をおこなってみたが（そのような高さはまったく必要なかった。なぜなら知覚可能な降下のほとんどすべてがその山の下方の部分で起こるのを私たちは見るのだから）……、いわせていただくが、このような仕方で実験をしたものの、私は、山のふもとと頂上での水銀の高さにまちがいなくなんのちがいも見いださなかったのである。[15]

いずれにせよ、もし器具を山へ運びあげたときに水銀が降下することが観察されたとしたならば、それはたぶんバネではなく気温の変化に起因していた。[16] 私たちの第二の論点は空気ポンプについてのリヌスの見解に関係している。『論考』のなかでリヌスはこの機械がどのようにはたらくかを詳細に記述した。[17] たとえばピストンを引くときに感じられる力を説明する場合に、細紐仮説がどんな仕方で空気のバネに代わる説明となっていたのかを私たちはすでにしめした。それゆえリヌスは、ボイルのバネの説明としての適切さをしりぞけたのである。しかしながら彼は、ホッブズとはちがって、ポンプの完全性にかんする問題がボイルの提案した説明にとっての問題であるとはけっしてみなさなかった。というのは、彼はポンプが漏れているとはいわなかったのである。それどころか彼は、密着している大理石の事例では、機械論的説明を守るための手段として残存する空気と漏れを指摘したボイル自身の説明を棄却していたのだ。

リヌスにたいするボイルの応答は、一六六二年に出版された『新実験』第二版の補遺にすみやかにくわえられた[18]。それとはまったく独立した補遺がホッブズを論じていた。というのは、ボイルのリヌスにたいする弁論の序文は、二人の敵対者と、ボイルがどのようにしてその二人の議論を取りあつかおうとしているのかということに触れているのだが、ふたつの応答は大部分別物になっていた。このことは、ボイルがみずからのプログラムのそれぞれ異なる側面を擁護しなければならないと認識していたことをしめしている。興味ぶかいことに、ボイルが二人の敵対者への批判を結びつけているわずかな言明のうちのひとつは、実験的に生みだされた事実の地位を擁護するものだった。彼がいうには、リヌスもホッブズも「私が実験として発表しているいかなることがらを否定する理由も見つけなかった。……だから彼らはたいてい、私の個別の説明にたいしていかなる問題点をしめすこともしないで、やむなく仮説そのもののほうを攻撃しているのである[19]」。（しかしながら、ホッブズの『対話』の場合にすでに見てきたように、ボイルの規定はひかえめにいっても疑わしい。ホッブズはボイルの事実を否定したのである。とりわけ、空気ポンプの「排気された」受容器のなかになにが含まれているのかを述べる場合にはそうだった。）

ボイルの『リヌスにたいする弁論』は、実験研究を非難から免れさせる機会であるとともに、自然哲学における適切な研究の進め方を再論し例示する機会でもあった。この著作は四つの主要な要素を含んでいた。(1)論争をおこなうただしい方法など、実験のゲームの規則の再主張。(2)自然の知識と神学の境界、また事実と仮説の境界など、実験哲学の境界条件の再主張。(3)リヌスの細紐仮説にたいする、みずからの機械論的解釈の弁護。(4)空気ポンプによって生みだされたものや関連する空気現象を説明するために空気のバネがもつ力の個別的な弁護。

ボイルは、リヌスが批判を組みたててしめしている方法を、全体としては是認しているのだとわざわざ明示した。ボイルはリヌスを批判者として真剣に受けとめた。「なぜなら彼は、他のいく人かの人びと［ほぼまちがいなくホッブズのこと］よりもいっそう念いりに、私たちの学説を吟味したように思われるからである[20]」。ボイルはリヌスが実験コミュニティの一員としての資格をもっていると判断したわけだ。それどころか、ボイルはリヌスを活発な実験家として称賛していたのである。リヌスがパスカルのピュイ・ド・ドームの実験の再現実験をおこなったときのように、実験結果が受けいれられていた結論に矛盾するといわれた場合ですらそうだった。

しかしそれでも私は、みずから実験をおこなうという彼の知的好奇心を、非難するのではなく、称えるにやぶさかでない。とりわけその実験は新しく重要だったからである。そしてやはり私は、実験家が観察を誠実に発表しなかったのではないかと疑うのではなく、［パスカルの］観察の仕方になんらかの誤りがあったのではないかと疑うときにみられる、彼の謙虚さを好んでもいる。[21]

それにもかかわらず、リヌスの実験的観察はしりぞけられなければならなかった。そしてボイルはリヌスにたいし、実験が失敗した一連の理由を提示した。ボイルがいうには、「どこかにかならず誤りがあり」そして「私はその誤りをパスカル氏のではなく検討者の観察（検討者の観察のことをいっているのであって、検討者の誠実さの欠如のことをいっているのではない）に負わせなければならない」。ボイルによれば、パスカルの観察はリヌスのものよりも十分に目撃された。ガッサンディがパスカルの信頼性を裏づけており、そしてまたガッサンディは「同様の観察が五回くりかえされたと述べている……その付随状況は、オーベルニュで実験が試行されたさいの勤勉さを十分に立証している」。イングランドでは、パスカルの報告はボール、パワー、タウンリーによって吟味されたし、またボイル自身も装置をウェストミンスター寺院に運びあげることによって再現を試みた。たしかに、これらの試行において水銀がどの高さまで下降するかについての報告にはばらつきがあったが、ボイルはバネを放棄せずにこのことを説明しうる補助仮説を提示した。彼はリヌスにたいして、このばらつきは「実験がなされた個々の場所や時刻における、隣接する空気の濃度や他の偶有的性質のちがいに」よるものだと述べた。気温の役割についてのリヌスの提案にかんしては、ボイルはこれをみとめたがらなかった。ボイルが正当なものだとみとめたいずれの実験においても、気温のちがいは説明に含まれていなかったにもかかわらずである。[22] こういうわけでボイルは、敵対者であるリヌスの実験的営みとそれを報告する方法を高く評価した一方で、リヌスの結論を受けいれるべき理由はなにもないと考えたのだ。というのは、信頼性の高さの比較ではリヌスは分が悪かった。リヌスがパスカルの結果の妥当性を失わせるためにしめした論拠はもっともらしいものではなかった。そしてリヌスのものを含めて、報告されているばらつきをなんとか説明するために、おおくの副次的な仮定を挙げることができた。（ちなみに、パスカルのピュイ・ド・ドームの実験についての現代の研究者は、一連の実験で報告された「高度な正確さ」を深く疑っており、いくぶんかはこんにち「データ操作」と呼ばれているものが含まれていたのではないかと考えている。[23]）

そういうわけでボイルは、リヌスが実験的な議論に参加する能力をもたないといったり、彼が〔受けいれられている結果との〕矛盾をきたす結果を発表するのは不誠実だといったりはしなかった。「……私は、彼が私のいわんとしていることを意図的に取りちがえているのではないかと疑ってはいない」。[24] しかしたぶんリヌスは、実験主義者として十分なほどに勤勉ではなかった。たぶん彼は十分な数の実験をおこなわなかったために誤った結論に達してしまったのだ。密着した大理石のボイルの解釈にたいするリヌスの反論については、ボイルは「私たちがおこなったと主張している大理石の密着にかんするあらゆる実験を、彼がおこなっていれば、彼はそれほど確信をもって語ることはなかっただろうに」といっていた。そして彼はリヌスにたいし以下のことを強く念押しした。すなわち、受容器の漏れによって真空のなかの真空実験と密着にかんする実験双方の異常な点がもっともらしく説明されうるということである。[25]ボイルの考えではリヌスは、自分の理解したことや実験上の勤勉さによってもたらされた限界のなかで可能なかぎりの判断材料を動員したのだ。聖アウグスティヌスを引用しつつ、ボイルは次のように判定した。「『不運のために彼らはそうするしかないのだ。だが、不運を負うようにしむけたのはだれだろうか』」。リヌスは十分よく推論したのだが、しかしよくない基礎のうえに立って推論してしまった。彼は「論争の遂行においてではなくむしろ選択において誤って」いたのである。[26]適切なマナーを維持することは可能だった。

それゆえ『弁論』のなかでボイルは、リヌスが誤っていることをしめしただけではなく、実験をめぐる論争がどのようにおこなわれるべきかをしめしてもいたのだといえよう。ボイルははじめに読者にたいしわざわざ断り書きをしている。「私が元来どれほど論争に乗り気でないのか」、また「公にふたつの論争に同時に巻きこま」れることで彼がどれほど悲しんでいるのかということである。[27]ボイルがいうには、なんの応答もしないようにする気でいた。だが彼は、争いを好まず引っこみ思案であるという、みずからの生来の態度をやめることを義務に感じたのである。ボイルが論争の渦中で出版することにたいして表明していた気乗りしなさは、一六六〇年代にくりかえし語られた主題だった。だがこのときボイルは、敵対者たちが「私の想定のひとつやふたつ」だけでなく、空気のバネという中心的な仮説を含む大多数の想定を攻撃してきていると感じていた。第二に応答は、実験をとおして空気のバネの力を再論してさらに描写する機会を、彼にあたえたといえよう。第三に、ボイルは次のことを心配していた。もしみずからが応答しなかったならば、その沈黙は批判が妥当なものであることを意味していると受けとられかねないということである。第四に、ボイルは彼自身の名誉や名声を守る立場に立っていたわけではなかった（彼はそれをするのは気が進まないと表明していた）。そうではなく、みずからが王立協会の実験主義者たちの共通の立場を、共通の利益のために、擁護しているのだと考えるようになった。[28]こうすることで、ボイルは個々の敵対者の性格に非難を向けるのを回避することになっただろう。彼はみずからの「判断にかんして非常に意見を異にしている場合でさえも、礼節をまもるという習慣」をしめしたのだといえる。この論争は人格にかんするものではなく、事実の解釈にかんするものであった。「私の回答のなかではいかなる辛辣なことがらを見かけることもないように望んでいる。なぜなら私は、著者の人格や彼の正当な名声のことで文句をいっているわけではないのだから」。さらにボイルは、みずからの学説や発見を支持しているのは、証拠によって根拠づけられているからなのだと強調した。もし誤りであることがしめされたならば、彼はそれらの学説や発見を放棄するだろうし、あらゆる実験主義者たちも同様なのであった。[29]それゆえ、リヌスとの論争に対処することは、実験哲学者の道徳的コミュニティのなかでの適切な言説の具体例をつくりだすことだったのである。

ボイルの『弁論』の第二の側面は、適切な自然哲学の内部と周囲の決定的な文化的境界を明確にしめしているということにある。すでに見たようにボイルは、ホッブズとリヌスのどちらも、事実にかんして自分と論争しているわけではないのだと主張していた。ボイルがこの点を強調したのは次の目的のためだった。すなわち、彼が基礎的だとみなしたもの――実験によって生みだされた事実――を保護し、彼が事実の「上に構築された」ものとしてあつかおうとしたもの――仮説――を棚あげしておくという目的である。だからボイルは次のように判定したのである。リヌスは「実験そのものについては例外なく、それらを私たちが報告したとおりに受けいれている（これは、敵対者――彼はいくつかの箇所では目撃者としてそれらの実験について語っている――からなされた、事実が適切に伝えられているという、軽視すべきでない証言である）」。それどころかボイルは、リヌスがまさに空気にある種の復元の運動を帰したために、「空気のバネを否定した他のおおくの充満論者たちが、彼らの仮説から――それがみとめられたとして――演繹しうるよりも」、「はるかにおおくの」ポンプの現象を理解することができたのだと指摘した。さらにボイルは、リヌスが反対しなかった諸実験を、暗黙のうちに両者に同意されたものとしてあつかいもした。[30]こうすることでリヌスとの論争を、解釈にかんするものであり、事実には、あるいは知識を生産するための適切な営みにはかかわらないものとして描きだすことができた。このことを基礎とすることで論争を正当に進めることができた。またこの基礎の範囲のなかに論争を入れることができたし、この基礎の範囲内で論争を礼儀ただしくすすめることが可能だったのである。ボイルはリヌスにたいし次のように注意をうながした。「[『新実験』での]私のおもなねらいは、理論や原理を確立することではなく、実験を考案すること、また誠実におこなわれ発表された観察によって自然誌を豊かにすることであった[31]」。

それでもリヌスが「細紐」にうったえたことは、自然哲学と宗教のあいだの境界をおびやかした。それはボイルが決定的に重要だとみなした境界であり、実験的自然哲学が宗教にたいしてもつ真の有用性はこの境界に依拠していたのであった。ボイルによれば、リヌスが書いたテクストのなかでは、見かけ上は自然哲学的な説明のうちに秘密裏に目的因が取りいれられていたのである。充満論と真空嫌悪がリヌスの議論の背後にはひそんでいた。そしてこのふたつの学説の背後でもっとも重要な区別――粗野な自然と神性のあいだの区別――の侵食が起こっていた。ボイルは、リヌスとホッブズいずれにたいする応答のなかでも、神の活動についてのイメージをもちいた。彼は批判者たちがア・プリオリな議論を不当にもちいていることを指摘し、続いてこの不当さを、自然哲学の適切な境界を侵害するという同じように容認できない行為と結びつけた。リヌスにたいしては次のように述べている。「[私よりもいっそう]神の全能をみとめ、敬おうとしている人はだれもいない」。ところで「私たちは神がなにをなしうるかを論争しているのではない。私たちの論争は、自然の作用因——自然の領域を超越しているのではない——によってなにがなされうるかをめぐるものなのである。というのは、神は創造することも消滅させることもできるが、自然はどちらもなしえないのだ。そして真の哲学者たちの判断のなかで、私たちの仮説が敵対者たちの仮説よりも好まれるものであるようにするためには、次の利点があれば他にはなにも必要ないだろうと私は考えている。それは、敵対者たちの仮説では奇蹟をたのみとしなければならない一方で、私たちの仮説のなかではことがらが自然の通常の過程によって説明されているという利点である」[32]。同様に、ボイルはホッブズにたいし次のように述べた。「ホッブズ氏は、神はなにをなしうるのかということをたのみとしているのだが（私たちのどちらも、神の全能をみとめるおおきな根拠をもっている）、流動性にかんする論争にたいして全能の創造主がなにをなしうるのかではなく、実際になにをなしたのかを判断するのが重要なのである」[33]。ボイルの機械論は、なにが自然に属しなにが神に属するのかを規定するひとつの方法だった。ところがリヌスの説明は、この区別をあらゆる次元で危険にさらし、それゆえ適切な自然哲学と適切な神学の両者をおびやかしたのである。

とりわけ、ボイルが維持しようとした二種類の境界、つまり「自然学」と「形而上学」の境界と、神の力と自然の力の境界の両者に関連するひとつの主題が存在した。それは空虚という主題であった。ボイルはくりかえし、自分は「真空への賛成、あるいは反対を表明し」てこなかったし、これからもしないだろうと述べていた[34]。ボイルは、なぜリヌスがホッブズと同じように、ボイル自身が真空論という主題にかんしてはっきりと不可知を主張しているにもかかわらず彼を真空論者として攻撃し、また問題を形而上学的な性格のものとみなしたのかが理解できないと述べた。しかしながらリヌスの充満論とは戦わなければならなかった。なぜなら彼が真空をしりぞけるためにもちいた説明上の道具立ては、反機械論的なものだったからである。ボイルによれば、リヌスの細紐仮説は、彼が真空を否定するのにもちいている実際の戦略をおおい隠していた。リヌスは細紐を「その現象の直接的な原因」としていたが、「審問をさらにもうすこし進めてみると、彼はそれらの細紐を自然の真空にたいする嫌悪へと還元する」[35]。細紐がもつと主張されていた収縮の動きさえも、リヌスの根源的な反機械論や生気論的な自然概念をあらわしていた。細紐はみずからその本性的な弛緩の状態に戻っていくといわれていた。つまり細紐は自己運動するものだった。しかしボイルが冷淡に述べたところによれば、「私は、生命をもたない物体が目的に向けて行為するのをみとめることにあまり乗り気ではない」[36]。

最後にボイルは、リヌスが空気のバネの力に課したと思われた限界から、バネを擁護した。空気がいくらかの弾性を有していることをリヌスが否定していなかったことにボイルは気づいていた。だから課題は、そのバネが空気現象の十分な説明となるほど強力だと論証することであった[37]。ボイルはこの機会をとらえて、空気のバネというみずからの中心的な機械論的概念がもつ説明上の力を、その実際の作用をしめすことによって、見せつけたのであった。この目的のために彼はさらなる実験に着手した。リヌスは「空気がいくらかの重さとバネをもっていることを否定しているのではない。二十九インチの水銀柱とのつりあいを保つというような大仕事をなすにはそれはきわめて不十分だと主張しているのである。……私はここで、目的をもってなされた実験によって、次のことをしめそうと試みよう。すなわち、空気のバネは、トリチェリの実験の現象を解明するためにそれに帰さねばならないことがらよりもはるかにおおきなことをなす力をもっているということである」[38]。これこそがまさに「ボイルの法則」がつくりあげられた文脈であった。リヌスにたいする応答のなかでボイルが着手した研究は、空気ポンプではなく、「J」のかたちに特別に作成された管（そのなかでは大気圧よりも高い気圧を得ることができた）をもちいたものであった。この装置をもちいてボイルは、通常よりも二倍強く空気を圧縮すると、二倍強力なバネを生みだすことができるとしめしたのである。彼は、この過程は無限に続けることができるのであって、そのため空気のバネの力には限界が存在しないのだと結論した。バネの圧縮にたいする関係を説明する表でしめされている数学的な規則性は、リヌスがバネに課そうとした制限にたいする個別的な反論だと明記されていた。「……ここにおいて私たちの敵対者は次のことがらを明確に理解できるだろう。すなわち、彼が非常に軽んじている空気のバネが、二十九インチの水銀の重さに耐えうるだけでなく、ある場合には百インチ以上もの水銀の重さに耐えうること、またそのさいに彼の細紐の助けを借りるわけではないことである」[39]。あらゆる現象を説明するために、細紐はまったく必要でなかった。「その学識ある考察者が私たちの仮説をしりぞけるように仕向けているふたつのおもなことがらは、自然が真空を嫌悪するということと、空気は若干の重さとバネをもっているものの、これらは知られている現象を生みだすには不十分だということである」[40]。それゆえリヌスの細紐仮説はふたつの根拠にもとづいてしりぞけられた。つまりその仮説は「知性によって認識することが不可能」（スコラ学のあらゆる説明上の道具立てがそうであったように）であり、また不必要（なぜなら空気のバネと重さが十分に強力だったから）なのであった。

敵対者としてのホッブズ

ボイルが敵対者としてのリヌスにたいして抱いていた見方は、空気のバネがもつ自然学上・説明上の力を擁護するという関心によって形づくられていた。ボイルが空気のバネの学説よりもいっそう注意ぶかく守ったものがひとつだけ存在した。それは、空気のバネの学説のような知識の項目を生みだしていた生活形式、つまり実験プログラムであった。ホッブズは自然哲学者の実験的生活形式をおびやかした。ホッブズにたいするボイルの応答の基調をなしていたのは、実験的営みの完全性や価値の擁護だった。だからそれは、イエズス会士の実験主義者にたいするボイルの応答とは論調の点でも実質的な内容の点でも異なったものだった。ボイルとリヌスは、機械論の問題にかんしては根本的に意見を異にしていたものの、実験への深い傾倒という共通点をもっていた。ボイルとホッブズは、広義の機械論的な自然観を共有していたが、知識が生みだされるべき方法にかんして根本的に意見を異にしていたのだ。

ボイルの『ホッブズの「対話」の検討』は、『リヌスにたいする弁論』とともに『新実験』第二版への補遺として一六六二年に出版された。このときまでにボイルはリヌスへの反論をおおかた終えていたが、『検討』は、十年以上にわたって続いたホッブズの『対話』にたいする公然また暗黙の応答の一斉射撃のうちの、最初の一発にすぎなかった。ホッブズにたいするボイルの応答は、四つの主要なテーマにそくして分類することができる。(1)空気ポンプの設計や動きの修正などの技術的な応答、(2)実験のゲームの規則の再主張、またこれらの規則のなかではホッブズは自然哲学者として失格であるという規定、(3)ホッブズが『新実験』についての論評のなかで指摘した問題点を解決することをめざす実験プログラム、(4)イデオロギー的な応答（ホッブズの自然哲学をしりぞけるための神学的な根拠を同定するものだった）である。

ホッブズは次のように述べていた。空気ポンプは漏れている。その漏れは大量に起こっている。そしてそれゆえ、実験的に生みだされたボイルの事実は、ボイルが主張したような地位をもってはいない。ボイルは、みずからの事実の完全性を擁護するためには、空気ポンプの物理的完全性を擁護せざるをえなかった。ボイルは空気ポンプが漏れていることを認識していた。しかしボイルは『新実験』のなかで、この漏れがみずからの諸発見の証拠としての地位を深刻に掘りくずしてしまうことを否定した。空気学における実験プログラムの内部に、機械の性能を高めることを追求するもっともな理由が存在した。ホッブズの攻撃に直面して、いまやボイルにはそれに取りくむふたつの理由があった。まず、漏れは実験プログラムの内部で難問の源泉だと認識されていた。次に、ホッブズを介して、漏れは実験プログラムそのものを滅ぼす可能性をもつ広く可視化された難問となっていた。

一六六一年の後半、ホッブズの『対話』への応答を書いていたのと同じ時期に、ボイルはみずからの空気装置を精力的に再設計していた。（一六六〇年代におけるこの再設計の作業は次章でくわしく説明する。ここであたえる簡潔な説明では、ボイルの説明のなかの一部の技術的な詳細や食いちがいには立ちいらない。またこの時期のイングランドと大陸双方の空気ポンプにかんするテクノロジーのあいだの関係も、先のばしして第6章で考察する。）図7に修正された空気ポンプをしめす。彼はこのポンプをまちがいなく一六六七年までにつくりあげていたし、もっといえば、ほ

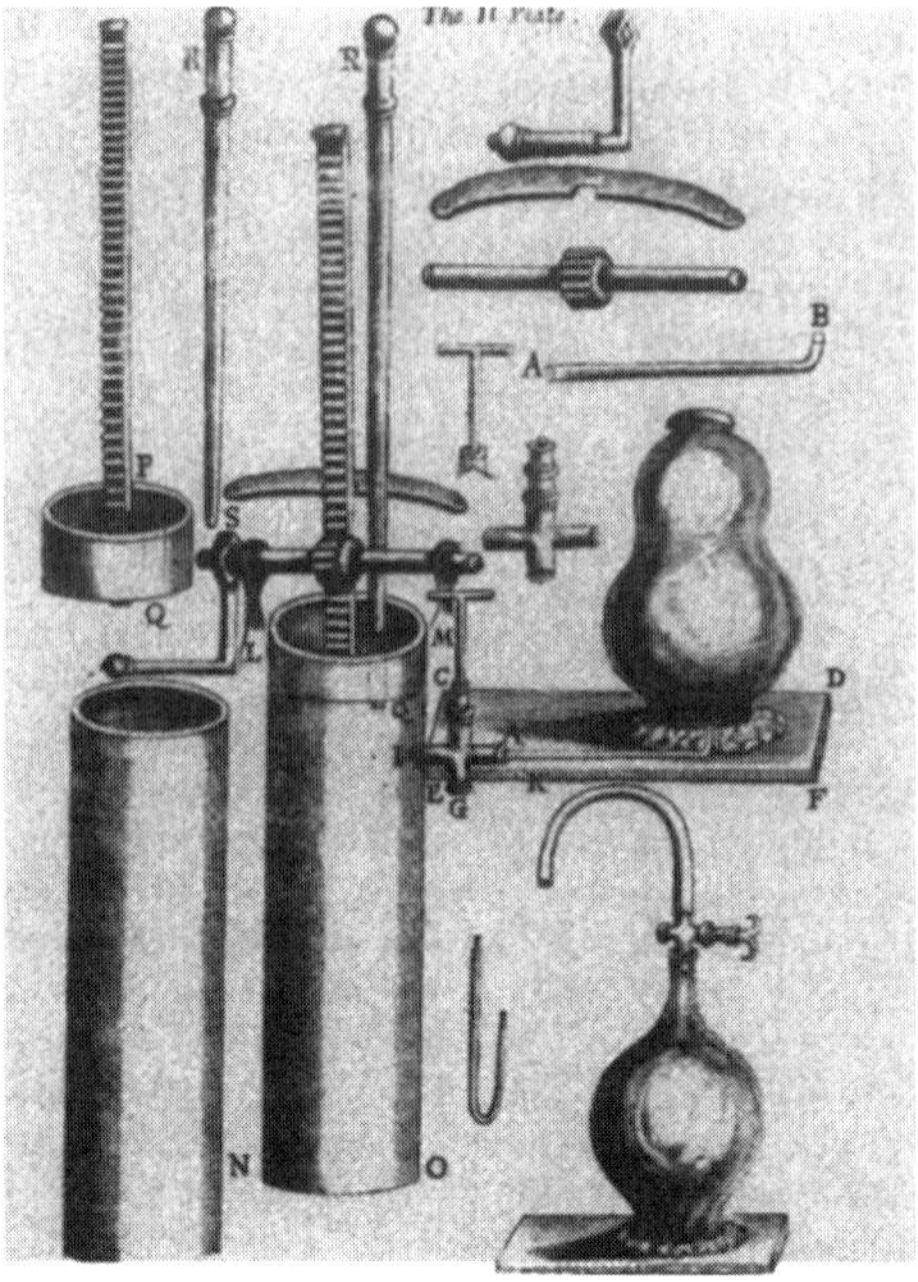

図7　ボイルによる改良型の空気ポンプ.『新実験の続編』(1669年) に描かれたもの.(エディンバラ大学図書館のご厚意による.)

ぼ確実にはやくも一六六二年一月にはつくりあげていた[41]。一六五九年のオリジナルのつくりにたいしてボイルがほどこした主要な変更は次の三つであった。(1)ポンプ器具が水のはいった桶に沈められた。(2)受容器が今度は平らな木と鉄の板のうえに置かれており、ポンプそのものとは間接的に接続された。(3)外部の空気の侵入から装置を守るためにもちいられるセメントや封にさまざまな改善がなされた。これらの修正はすべて、空気ポンプという機械の物理的完全性——すなわち大気中の空気を除去し、入りこませないようにする力——を高めることを意図したものだった。

ボイルの『新実験の続編』にあらわれている設計を参照して、空気ポンプにおける以上の変更の詳細をいくらかしめしてみよう。(1)ポンプそのものの真鍮の筒(図7、NO)は、水でみたされた木の箱のなかに、開口部を上に向けて置かれた。オリジナルのつくりとはちがって、この新しい筒にはバルブがなかった。そのかわりにピストンには、長い棒(R)をもちいてあけたりしめたりできる穴(PQ)があった。ボイルはこの仕様変更には次の利点があると述べた。すなわち「つねに水面下に置かれ、水面下で動くピストンは、つねに膨張し膨らんだ状態にある。そして水は、すぐそばにあって、ピストンと筒の内壁のあいだに生じうるなんらかの微小な隔たりや隙間をいつでも埋めあわせることができる。この水は、ピストンが膨らんでいるという新しく言及されたことがらとあわせて、空気をしっかりと締めだすことにおおきく寄与するのである[42]」。このように、新しいつくりのこの側面は、ホッブズが特定した空気の侵入のためのおもな通路を封じこめることを目的としていた。(2)ポンプと受容器が間接的に接続されるようになったことには三つの理由があったように思われる。第一に、ポンプが上下さかさまに水に沈められていること、またとりわけその結果としてラックと小歯車の装置が突きでていることを考えてみれば、これは圧倒的に使い勝手のよい配置である。第二に、間接的に接続したことによって受容器のまわりのより簡単で効果的な密封が可能になった。受容器に取りつけられたコックの栓は必要なかった。コックの栓が漏れを引きおこしていることは前からわかっていたのだ。そして圧力による自己密封とセメントの新しい組みあわせによって、機械のこの部分の完全性が高まった。第三に、この仕様変更によって受容器が簡単に取りかえられるようになった。望みどおりの、またおこなおうとしている実験に適した、任意のおおきさのガラスの受容器をたやすくもちいることができた。実験器具を板の上に置き、受容器をその上にかぶせて配置することができた。さらに、受容器の上部に開口部——これも漏れの通り道となってしまう可能性があった——は必要なかった。(3)最後に、ボイルは空気の侵入を防いで機械を密封するためのよりよいセメントを探求しつづけていた。新しいつくりによって漏れを引きおこす可能性がある開口部の数が減った。これによりセメントの質の悪さという問題がある程度は軽減された。それでもボイルがいうには、「板に……受容器を固定するためのよいセメントを」見つけることは、「かなり重要なことがらである」。そして彼は相異なる実験上の目的のためにそれぞれ異なる配合のセメントをもちいた。『続編』のなかで発表された一連の実験のなかでは新しいセメントがおおいにもちいられた。すなわち「よく練った蜜蠟とテルペンチンの混合物である。この混合物は、他のほとんどのものよりも空気をよく締めだすのだが、それと同時に、次のちいさくない利点をもっている。つまり加熱する必要がほとんどなく、おおいに加熱する必要はさらにまれにしかないということである。冬に夏よりもすこしだけおおくのテルペンチンをもちいれば、とくにそうなのである」[43]。

ボイルの空気ポンプの詳細は一六六九年になるまで発表されなかった。だがはやくも一六六二年の『ホッブズの検討』のなかで、ボイルは空気ポンプの新しい特徴をもちいた。空気ポンプが大量に漏れを起こしているという敵対者〔ホッブズ〕の批判に反撃するための説明上の道具立てとしてである。「ポンプが最初から最後まで水のなかに保たれていても、外気のなかにおけるのと同じように、シリンダーと受容器の排気がなされるであろう。そこで私はホッブズ氏にたずねるのだが、純粋な空気はいかにして、水中に沈められているピストンの横をとおって入りこむというのだろうか」。ボイルは敵対者がしてきそうな反撃を思いえがいた。「私はここで彼が次のようにいうのではないかと……思う。すなわち、空気は水の本体部分を通りぬけて、〔もともとなかにあった空気が〕去ってしまった後の空間をみたすのであって、そうでなければその空間は空虚になってしまうにちがいないと」[44]。ボイルは、みずからの装置の完全性という問題が、同意を生みだす手段としての実験的生活形式の完全性にまったく直接的に結びつくことを、適切にも察知していた。彼はホッブズが返してきそうな応答を、内在的な難点を根拠にしりぞけた。「……私はあらゆる理性的な人にたいしてうったえているのだが、私はホッブズ氏の粗悪な主張にもとづくことがらのような、あれほどありえそうにないものを信じなければならないのであろうか。もしそうだとしたら、私は実験によってことがらを証明することをほとんど断念しなければならない[45]」。そして一六七四年にはじめて出版された後年のテクストのなかで、ボイルはホッブズの憎しみを解釈した。ボイルがいうには、ホッブズは「自分の意見のうちのいくつかを破壊した装置［＝空気ポンプ］に復讐したいと」望んでいたのだ[46]。

「議論の方法」

『リヌスにたいする弁論』におけるのと同様、ボイルはみずからが公的な論争に参加することを正当化した。しかしながら、ホッブズにたいする応答の場合には、これらの正当化は空気のバネの擁護よりもはるかにおおくのことを含んでいた。正当化は「自然の諸事物にかんして議論する方法」や、実験そのものの保護にも関係していたのである[47]。ボイルの応答の複数の側面は、リヌスにたいする応答を説明してきたなかですでにな

じみぶかいものとなっている。ボイルはみずからの敵対者を、実験哲学、その営み、そして決定的な境界という土俵に乗せようとしたのだ。「私の記憶によればホッブズ氏は、私が述べたいかなる事実の真実性も否定していない」。ボイルは読者にたいし、以下のことを考慮するよう求めた。「ホッブズ氏は、自然誌を豊かにするために……どんな新しい実験あるいは事実をつけ加えてきたのか。彼はどのような新しい真理を発見し、またはどんな誤りを……彼はうまく論破してきたのか」。ボイルはホッブズの批判を、事実の否定ではなく解釈の否定だとみなした。ホッブズは空気の重さとバネ、つまり「私たちのふたつのおおきな仮説そのもの」を否定したのだ[48]。ボイルは、みずからとホッブズのあいだの不同意を、解釈にかんする対立にしてしまったわけだ。こうすることによりここでボイルは、自分とホッブズとは同じゲームをおこなっており、そしてホッブズはそのゲームを下手くそにおこなっている、といったのである。

しかしボイルの見解では、ホッブズがいかなる新しい「事実」も生みだしてこなかったおもな理由は、この敵対者が実験をおこなうことを体系的な議論にもとづいて低く評価したことであった。ホッブズはあらゆる実験主義者のおおきな悩みの種として立ちあらわれていた。「……私の敵対者は、私の実験の説明に依拠することに満足せず、（私の知るかぎりたぶん前例のない企てによって）自明でない実験そのものの価値をおとしめようとし、他の人びとがそういう実験を生みだすのを思いとどまらせようとしたのである」。これはきわめて危険なことで

あった。なぜなら、もしホッブズの反実験主義が信用されてしまったら、「私は勇気をもっていいたいのだが、ホッブズは、他の彼自身の著作すべてによって……哲学を進展させうるよりもはるかにおおきく、このひとつの論考によって哲学をゆがめてしまうことになるだろう」[49]。ホッブズが「めざしているように思われたことがら」は、ボイルがいうには、「真の有用な哲学にたいする偏見を助長するもの」であった[50]。ホッブズがみずから実験をおこなう労をとってこなかったという事実にもかかわらず、彼の著作は危険なものだった。なぜならこの種の攻撃は、適切な哲学の基礎を掘りくずすことがどれほど容易であるかをしめしてしまいかねなかったからである。実験室での骨おりがお茶の間での批判によって台なしにされかねなかったのだ。ボイルは次のことを望むと表明した。適切に律された哲学コミュニティにおいては、批判者の権威は実験をおこなうさいの彼の周知の腕前によって判断されるということだ。実験を批判するためには、人は実験主義者であらねばならないというわけだった[51]。

ホッブズがとりわけ「自明でない実験」、ホッブズの言い方では「火をもちいる」実験の意義を批判していたことに、ボイルは気づいていた。「自明でない」あるいは「精巧な」実験は、目的をもって設計された装置の力を借り、人びとの集団的な労働にもとづいて、人工的な現象を生みだした。こうした実験は「自明な実験」、つまり自然に生みだされた現象、あるいはありふれた現象のたんなる観察と対比された[52]。ボイルはけっしてそういう「自明な実験」を軽視しようとしていたわけではなかった。だが「精巧な実験」のなかで労働や訓練がもちいられることによってとくに、それらの実験は推奨されるべきものとなっていた。しかしながらホッブズはもっぱら「自明な実験」に依拠しており、そしてボイルはいまや自明な実験にはきびしい制約があることをしめそうとしていた。ボイルは次のように述べた。かりに哲学者が本来（ホッブズが主張していたように）原因にかんする知識を追求するものなのだとすれば、「自明な実験」はその事業には適さないだろう。

……自明な実験はけっして軽蔑されるべきものではないが、それでもいかなる場合であれ、そうした実験で満足することは安全ではない。とりわけ次の場合にはそうなのである。それらの実験がしめしている現象が複数の原因に由来するかもしれないと考えるべき理由、またより人工的な実験がその複数の原因のうちいずれが真かを決定するかもしれないと期待すべき理由がある場合だ[53]。

こうしてボイルは、他の場所では実験による事実の産出と原因の考察を根本的に区別していたのだが、ここでは因果的探究において役だつ道具立てとして実験プログラムを推奨したのである。

生まれたばかりの実験プログラムはホッブズの攻撃によって危険にさらされる可能性があった。といってもボイルの見解では、その理由は批判の実質的な価値とはほとんど関係がなかった。ホッブズの批判がもたらす危険は、彼の名声や支持者、機械論哲学の指導的唱導者としての地位（機械論哲学内部の多様性は初学者が簡単に区別できるようなものではなかっただろう）、そして彼が推奨し例示していた哲学的言説のなかでの議論の進め方に由来するものだった。ボイルは、みずからが「元来論争にたいして乗り気でないこと」を公言していたけれども、以下のように主張した。すなわち自分には応答する義務があり、それはおもにはホッブズの「名声と、自信にみちた書きぶりが、まだ哲学にうとい人びとの精神のなかに実験哲学への偏見をもたらしてしまうかもしれない」からであると。ボイルはみずからのことを、ホッブズと比較して、年長者〔であるホッブズ〕がもたない「若い著者」にすぎないといった（彼はホッブズよりも四十歳ほど若かった）[54]。ホッブズの誤りが公然としめされないかぎり、読者は「自信を証拠だと勘ちがいしてしまう」かもしれなかった[55]。ホッブズにたいする応答の必要性は、リヌスにたいする応答の必要性よりもおおきかった。なぜならホッブズは、実験主義者たちが確立しようとしていた調和や協調を乱すように哲学的な論争をおこなっていたからである。

それゆえ『自然学的対話』の登場は、「刺激されたわけではないのに刺激してくる敵対者にたいして、辛辣さや無礼なしに、印刷物のなかで反論する実例をしめす」ための貴重な機会をボイルにあたえた。無礼には礼儀ただしさが、情熱には良識が返された。人格攻撃は実質的な議論をおこなうことでかわされ、高慢な独断論は謙虚な実験によって弱められた。こうしてボイルは、たんに彼の実験にたいするホッブズの個別の批判を打ちやぶっただけでなく、同時に、論争がどんなふうに制御されて結論へと至らしめられるべきなのかを具体的にしめしたのだといえよう。ボイルの見解では、ホッブズは王政復古期の才人として書いていた。ホッブズは、ボイルによれば、人びとの考えを攻撃するための手段として、人びとの人格を攻撃していた。しかしながら『検討』のなかでボイルは、「論争のなかで敵対者の人格や主義主張をあばき、あるいはけなすためにしばしばもちいられている、するどくて辛辣な表現を」ひかえようとした。もしホッブズがボイルの弁論に応答しようとするのなら、実験主義者であるボイルは「私がみずからの検討を攻撃的でないものにしようとしてきたのと同じように、彼の応答も攻撃的なものでないことを」望んだ。ウェスパシアヌスの法を覚えておくように、とボイルは説いた[56]。

演繹主義という獣から実験哲学の適切な手続きを擁護していたとき、ボイルは機知に富んだ話や当てこすりをまったくしなかったわけではない。彼はホッブズを、デカルト哲学にたいするあつかいのために酷評した。ボイルはデカルト哲学が「一部の個別の点ではホッブズ自身のものとそれほどちがっていないと考えられている」と述べた。それどころかボイルは、一六七五年には次のような見解を出版した。物体の運動にかんする「ホッブズ氏の大枠での立場」は、「デカルトによって……以前に注意ぶかく提示されていた」のであって、しかもその立場がいま「ホッブズ氏の賛同者らによって粗雑な仕方で提示された」。一六六二年にボイルは、デカルトの学説をそのような仕方で取りあつかうことは、「外国の人びとの意見にたいするイングランド人の礼節について」悪い評判をもたらすことになるだろうとにがにがしく注記していた。ボイルは、ホッブズが誤った標的を見さだめてきたのだと論じた。ホッブズは個人としてのボイルの見解の代わりに王立協会を攻撃してしまった。ボイルは実験者集団を構築しようと努力していたし、実験的知識が公的で合意にもとづいているという性質をもつことを強調していた。それにもかかわらず、ホッブズにたいして、テクストの著者個人と実験コミュニティのちがいを思いおこすよう説いたのだ。論争はそのコミュニティの内部でとどめられねばならなかった。コミュニティそのものが全体として問題視されてはならなかったのである。ボイルはホッブズにたいして次のように述べた。王立協会は、けっして彼の実験を疑うことのできない真理として受けいれるのではなく、適切にも、それらの実験を反復しようとしてきた。これこそ彼が空気ポンプを王立協会にゆずった理由である。それなのにどうして、「グレシャムの人びと」を攻撃するのか。いやそれどころか、「[ホッブズ]自身の偉大なパトロンであり、また私のきわめて名誉と学識ある友人である、デヴォンシャー伯その人が傑出した会員である」王立協会を、どうして攻撃するのか。[57]

ボイルは、もし『検討』がホッブズを黙らせたり回心させたりするだろうと予想していたのだとすれば、まちがっていた。一六六八年にホッブズのアムステルダム版哲学著作集があらわれた。そこには『自然学問題集』一六六二年版のまったく変更されていないテクストと、『自然学的対話』のすこしだけ修正された改訂版が含まれていたのだ。このことがボイルからの応答を誘発した。すなわち一六七四年の『ホッブズ氏の真空にかんする問題集の批判』である。[58] こうして、『理性と宗教の調和可能性についての考察』(一六七五年)でボイルがホッブズにたいしておこなった批判や、ホッブズ自身による『自然学のデカメロン』(一六七八年)の出版を考慮にいれるならば、二人のやりとりはほとんどホッブズが死ぬまで続いたのである。ボイルはここでもまた、公的な論争への参加を正当化するための理由を述べた。第一に彼は、『自然学問題集』に含まれている批判は『自然学的対話』の「若干の焼きなおし、あるいは補足にすぎない」と判断した。ボイルは十二年前に『自然学的対話』に応答しており、またホッブズはその応答に満足していないように見えたので、さらなる努力が必要だった。第二に、ボイルはこのさらなる攻撃の書を国王に献呈するというホッブズの厚かましさに言及した。国王の庇護を揺るがして実験プログラムから引きはなそうとするすべてのこのような試みは阻止されねばならなかった。最後に、ホッブズは実験の全般的な妥当性という問題を提起しつづけていた。そして王立協会設立の十四年後になされたボイルの応答は、いまだに実験主義が当然のものとして受けとられることはなかったということをしめしていた。

ボイルは次のように述べた。ホッブズは

嬉々として、実験主義の哲学者（彼はそう呼んでいるのだが）全般について非常に軽蔑的な仕方で話してきたし、より悪いことに、精巧な実験を生みだすことを軽蔑してきた。［それゆえ］彼がめざしているように思われたことがらは、真の有用な哲学にたいする偏見をおおいに助長するものであると私は判断したのである。それゆえ、もし私が次のことをしめそうと……試みるならば、それほど知識をもたずそれほど注意ぶかくもない読者層にたいしていくらか貢献できるのではないかと、私には思われたのだ。それは、実験にしばしばうったえることを過小評価するのは、実験をしないで自然の現象を真に説明することとくらべて、はるかに容易だ［実験をおこなうことを批判するのは簡単だが、実際に実験なしに自然現象を説明するのは容易ではない］ということである。

興味ぶかいことにボイルは、ホッブズがみずからの批判を表現するのに対話形式をもちいていることにとくに注目していた。そしてこの機会をとらえて皮肉をこめて模倣したのだった。「私の敵対者は彼の問題集をAとBとの対話というかたちでしめしたのだから、思うに、私がみずからの批判に同じ形式をあたえたとしても怪しまれないだろう」[59]。ホッブズの対話における のと同じように、対話相手は主人公の議論と根拠に完全な同意をあたえる役割をはたしていた。

空気の組成

自然哲学のなかでの適切な「議論の方法」が道徳的な問題であったことは容易にわかる。道徳的な考察は、ボイルがみずからのポンプの完全性にたいしておこなった概念的および技術的な擁護にも影響をあたえた。ホッブズが生みだした自然哲学者たちのコミュニティにたいする道徳的な脅威は、一方では、彼が実験にかんする議論の規則と慣習を破ったことからきていた。というのは、彼の「独断論的な」方法は実験的調和の庭園に分断の種をまいてしまうおそれがあったのだ。しかし彼の批判がそなえていた個別的な性質もまた、実験哲学者によってさだめられていた境界条件にそむくものだった。ホッブズは「自然学」と「形而上学」との境界、「事実」と原因にかんする知識の項目との境界を侵害していた。こうして彼は、友好的な議論を可能にするとともに強制によらない同意を生みだしていたそれらの分類をおびやかしていたのである。概念的なもの、技術的なもの、そして道徳的なもののあいだのこれらの結びつきは、空気の組成をめぐるボイルの議論にもっとも顕著に見られる。なぜならこの問題は特定の実験をおこなうこととそれにたいするホッブズの批判に関係していたからである。ホッブズの見解はふたつの方面において矯正されねばならなかった。第一に、ボイルが真空論という「形而上学的な」主題にかんしていかなる立場をとるとも公言していなかったのに、ホッブズはボイルを真空論者とみなして攻撃していた。[60] 第二に、ホッブズが展開していた空気の組成についての考えそれ自体が、「形而上学的」であるかあきらかに誤っていた。[61] どちらの場面でも、空気の成りたちにかんするホッブズの主張は、もっとも重要な問題にとくに向けられたものだった。すなわち、空気ポンプの物理的完全性とそのポンプにより生みだされた発見の正当性という問題である。これらの批判をめぐるボイルの議論は、プログラム的形式と実験的形式の両方のかたちをとった。

ホッブズは、ボイルの機械はまったく真空を生みだしてないと論じていた。ボイルがおこなった技術的な応答はすでに説明した。彼は、大気中の空気にかんしては漏れの可能性がまずまちがいなくいっそう低い、改良版の空気ポンプを設計していた。[62] とはいうもののボイルは次のことに気づいていた。つまり、ホッブズにたいし決定的な反論をおこなうことで、彼自身が以前にすでに提示していたよりいっそうあからさまな、空気の組成にかんする論争に巻きこまれてしまうだろうということだ。これにかんしてふたつの点を指摘しておかなければならない。第一は、そういう論争にかかわるテクストでの空気の組成についてのボイルの議論は、空気ポンプの物理的完全性という特定の問題、またホッブズがその完全性を攻撃していた方法につねに向けられていたということである。第二は、ボイルが、空気の組成にかんするホッブズの主張のさまざまなバージョンを提示していたということである。それぞれのバージョンを論駁することで、ボイルは、相異なるがひとしく重要な仕方で、ポンプやその実験的産物の正当性を擁護することができた。

ボイルは、ホッブズは空気の組成について意見を表明するさいに「はっきりしなかっ」たと述べた。しかし『自然学的対話』におけるホッブズの基本的な主張は以下のとおりであった。大気は、土に近い性質をもつ粒子――「生来の」単純な円環運動をそなえている――と、純粋な空気――ときに「エーテル的物体」になぞらえられた――の混合物からなっていた。前者の部分は機械論的な仕方でボイルがバネに帰した機能を発揮した。一方後者の部分はつねに受容器のなかの空間をみたしていた。空気のより精妙でより純粋な部分は、なお空気なのだった。だから受容器が空っぽであると正当な仕方でいうことはけっしてできなかった。ホッブズの主張によれば、この部分こそが空気ポンプの完全性を阻害しているのだった。[63] それにもかかわらずボイルは、ホッブズの中傷からみずからのポンプの完全性を擁護したさい、次の三つの立場を否定することをめざした。そしてボイルはそれらすべてをホッブズの立場だとみなしたのだ。(1)ポンプがホッブズのいう「純粋な空気」にかんして漏れを起こしているという立場。(2)ポンプが「通常の空気」にかんして漏れを起こしているという立場。(3)機械に侵入しているのはいわゆるエーテルなのだという立場。ボイルの規定とそれにともなう擁護のすべてが、彼が次のように述べることを可能にした。ポンプは主張どおりにはたらくのであり、そのはたらきについてのホッブズの技術的な批判には根拠がないということである。

ボイルが一六六二年につくった修正版のポンプ（ポンプ機構が水中に沈められていた）が、ポンプの完全性を攻撃するホッブズの戦略のひとつへの適切な反撃だとみなされたことはすでに指摘した。ボイルはホッブズに次のように問うた。「純粋な空気は」どうやって、「水中に沈められているピストンの横をとおって」入りこむというのだろうか。[64] ボイルは、ホッブズのいう「純粋な空気」というカテゴリーと、この純粋な空気がポンプのなかの真空にたいする反論のなかではたしていた役割に十分気づいていた。しかしながら、『ホッブズの検討』と後年の『批判』のどちらにおいてもボイルは、「通常の空気」がポンプに大量に侵入しているという立場を敵対者であるホッブズのものとみなした。ボイルの見解ではこれはまったく支持することのできない主張であり、一連の実験による発見を指摘することによって容易に処理することができた。『検討』のなかでボイルは、もしもホッブズが実際、空気ポンプはつねに「通常の空気」でみたされていると主張しているなら、それはあきらかにただしくないと述べた。「装置の大部分はそれ〔＝通常の空気〕を欠いている」。[65] そしてまた『批判』のなかでボイルは、みずからの論敵であるホッブズが次のことを「しめそうと」しているると論じた。「私たちの受容器がつねに完全に充満しており、またそれゆえいかなる時点においても、他の任意の時点と同じように、通常の、あるいは大気中の空気によって充満しているということを」である。ボイルがいうには、ホッブズが「私たちの受容器は、私たちがほとんど排気されたといっている時点でも、いつもどおり（というのも彼は受容器が完全に充満していると考えるだろうから）通常の空気で充満している」と主張するのは、ばかげたことだった。[66] ボイルは、彼の受容器が大気中の空気をまったく含まない場合があるとはけっして主張しなかった。けれども、彼がおこなった実験の大多数では、少量の残った空気が存在することは深刻な問題ではなかった。[67] ボイルにいわせれば、彼は操作的な真空、つまり大気中の空気がほとんど完全に存在しない状態を得ていたのだ。いくらかの空気が排気された受容器のなかに残っていることは説明されていたし、その空気がボイルの空気学実験の適切な解釈を揺るがすことはなかった。

漏れと空気の組成をめぐるホッブズの見解についてボイルがもっとも重視したのは、エーテルの役割にかんしてであった。ボイルは、空気が異質な成分からなる混合物とみなされうるという点では彼の敵対者に同意していた。その成分のひとつがエーテルでありうるということをみとめており、さらに、このエーテルが受容器のなかに侵入する（あるいはつねに存在している）可能性があるということすらみとめていた。しかし、ホッブズがそのエーテルをポンプの発見を攻撃するのに利用したことは、みとめるわけにはいかなかった。「ホッブズ氏」は次のことをしめせば「私を十分に論破したことになると考えているようなのだ」。

> すなわち、私が空気でみたされているとはみなしていないいくらかの場所に、彼がエーテル（私が思うに彼はそれをもっと説明すべきだった）と呼ぶ精妙な実体が存在しているということ。またそのエーテルが、私が否定しているか空気に帰しているいくらかの偶有性をもっている場合があること。そして私はこれを否定していないのだが、土と水からなる球〔＝地球〕を取りまく大気あるいは流体は、たぶん、より粗野でより固い諸粒子（大気あるいは流体に豊富に含まれる）の他に、より希薄な物質から構成されているということである。区別のために私も今後はこれをエーテル的〔物質〕と呼ぶことにしよう。

このエーテルは実験によって存在していると証明されねばならず、そうでないのなら形而上学的な存在者とみなされるべきだった。端的にいえば、空気ポンプ実験の文脈においてホッブズがエーテルを導入したことは、ボイルにとって、実験的証拠にまったくもとづいていなかった。ボイルは空気について常識的に——つまり、空気ポンプのなかにそれが存在しているかどうかが実験によって考察されうるような実体としての空気について——語ることをよしとした。ボイルによれば、ホッブズは

> 空気についての私の考えを誤解しているように思われる。というのは、私が空気は重さと弾性力をもっている、あるいは空気の大部分が受容器からポンプで排出されていると述べるとき、私が空気をその語の自明の一般的な意味、つまり私たちが呼吸し、またそのなかで暮らしているところの大気の一部として理解していることは、十分あきらかだからである。[68]

エーテルが存在する可能性と排気された受容器がエーテルを含んでいる可能性をみとめることは、ボイルにとってふたつの目的に役立つものだった。第一に、それは彼に、デカルト的-充満論的な存在論と原子論的-真空論的な存在論のいずれにも与しないことのさらなる根拠をあたえた。第二にそれは、エーテルの存在が実験プログラム内部で有意味な目に見える効果をしめすかどうかを検討する、さらなる実験的研究の出発点となりえた。もし受容器がエーテルを透過させうるなら、次のような可能性がボイルには開かれた。ポンプの漏れだといわれていたことがらを、エーテルはあらゆる素材や障壁を透過するのではないかという、よりあつかいやすくて困難のすくない問題と同一視する可能性である。[69]

一六六〇年代における再設計された空気ポンプのおもな用途のひとつは、エーテルといわれていたものを、その自然学的、実験的作用にかんして調べることだった。『自然学的・機械学的新実験の続編』のなかでボイルは、ふいごを取りつけた受容器をもちいた一連の実験を記述した（図8、左下を見よ）。受容器をふだんどおりに排気すれば、ふいごをはたらかせることができ、その結果、そのさいに残存しているものがなんであれ、その残存物に噴出流を形成させることができた。つづいてこの

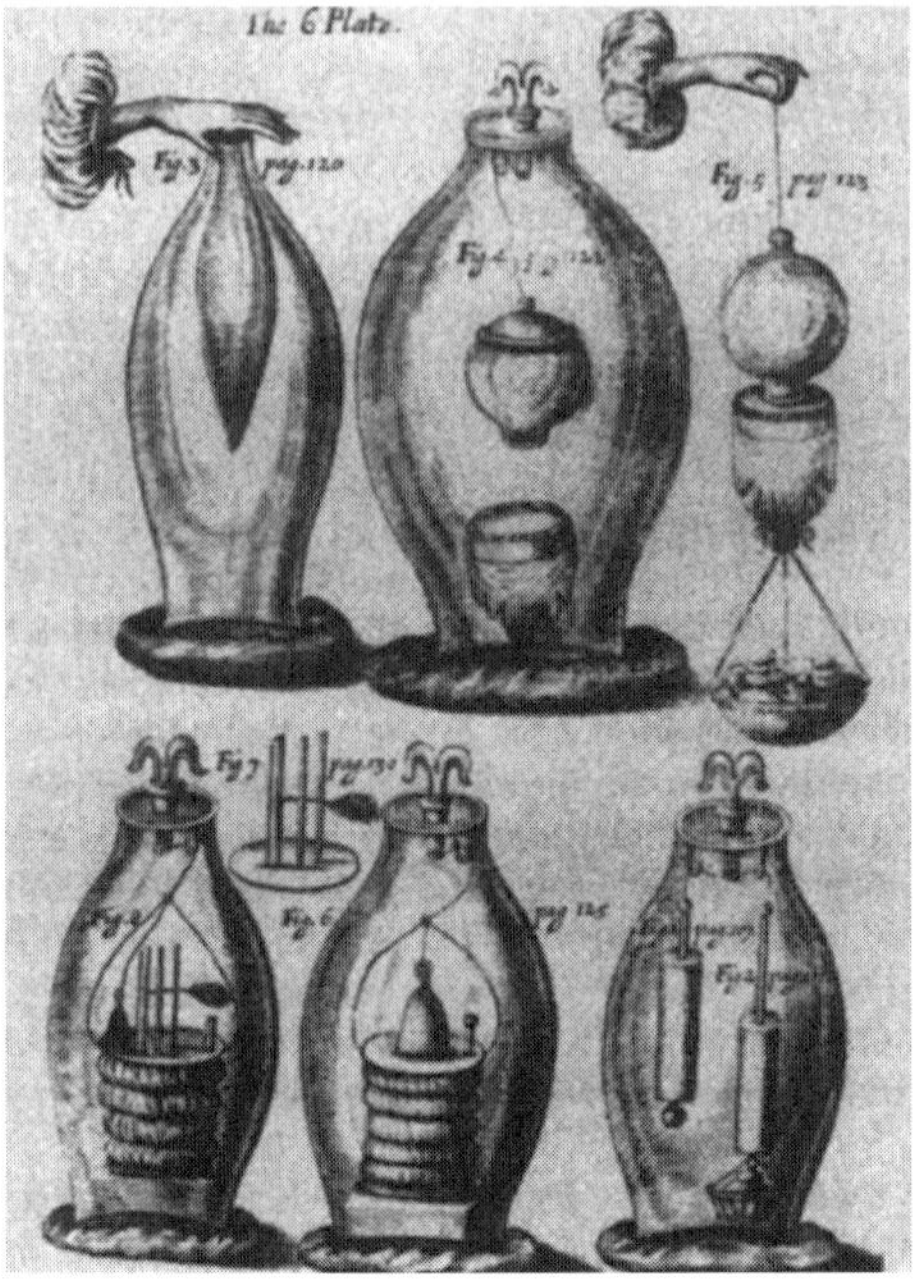

図 8 排気された受容器のなかのふいごから放たれる「エーテルの風」の作用をしめすために，ボイルがおこなった実験を図示したもの（『続編』より）．とくに左下の図に注目してほしい．この図では羽毛が風の検出器としてもちいられている．ボイルは，「エーテルの風」の存在をしめす運動はなにも検出されなかったと主張した．（エディンバラ大学図書館のご厚意による．）

噴出流を、軽い風車や羽毛などの検出器へと向けることができた。[70] これらの検出器がすこしでも動けば、それは、排気された受容器がまだ、すくなくない量の大気中の空気、あるいは自然学的な帰結をもたらすエーテルを含んでいることをしめしていると理解できた。前者の可能性は真空のなかの真空実験（最初の『新実験』の第一七番目の実験）を再現したことによって消去された。新しい機械をもちいて、ボイルは水銀を下の容器のなかの水銀と厳密に同じ高さまで下降させたのだ。これにより彼は漏れの問題が、あらゆる実践的な目的にかんして、解決されたと結論づけることができた。検出されうる大気中の空気はまったく残っていなかった。[71] ふいごをもちいた一連の実験の目的は、エーテルといわれていたものを「感覚可能な実験（というのも私は、思弁的な議論によってなにが試みられてきたのかを聞き知っているのだから）」の主題にすることと、デカルト主義者や他の充満論者たちによって提起されていた「この膨大なエーテルの存在と性質にかんしてなにごとかを発見する」ことであった。[72] 最終的に、ボイルはふいごから放たれると想定されていた「噴出流」がみずからの検出器のうちのどれも動かさないということを見いだした。なにが結論されたのだろうか。

もしエーテルが存在し、木、革、ガラスを透過しうる「真にきわめて精妙でかたちを変えやすい物質」であり、また排気された受容器のなかに存在するとしたら、そのエーテルは「感覚可能」ではなかった。そのエーテルは空気ポンプの実験プログラムに関係するような自然学的性質をまったくそなえていなかったのだ。こうなれば真空論者は、「ふいごの空洞部分は完全に空虚であるか、あるいはそうでなければ、感覚可能な実験によってその空洞部分が充満していると証明するのは非常にむずかしいであろう」と論じることができた。ボイルにとっては、これらの実験は不可知論のさらなる根拠をあたえるものだった。「私たちは、いかなる学派への支持も表明してこなかったが、実験から次の教訓を得ることができる。すなわち機械学的な実験によって［エーテルを］容易に感覚可能なものにすることができるというような過剰な期待は抱くべきでない」。充満論者は、エーテルが存在するという信念を述べることができたし、エーテルが空っぽにされた受容器のなかに存在するという信念を述べることも可能だった。だがポンプの現象の自然学的な説明としてそのエーテルを活用することはゆるされなかった。というのはこのエーテルは「軽い羽毛を感覚可能な仕方で動かすこともできない物体なのである」[73]。『続編』のなかでボイルが実験により成しとげたのは、彼の空気ポンプ研究にたいする充満論者の批判を「感覚可能な」実験の足がかりへと変化させることであった。ボイルは充満論者に、空気ポンプ実験の解釈のなかにあらわれないかぎりで、あらゆるものに行きわたっている精妙な物質を論じつづけることをゆるした。エーテルは「感覚可能」ではなく、それゆえ実験プログラムのなかではいかなる正当な役割ももたない形而上学的存在者なのだった。このように『続編』で報告された空気ポンプ実験は、ホッブズに名ざしで言及してはいなかったものの、ホッブズの批判によって誘発され喫緊の課題となっていた研究プログラムであった。

　本節では、ボイルが、機械の完全性へのホッブズの攻撃にたいして、次のような仕方で応答したということをしめしてきた。空気の組成をめぐるホッブズの考えについていくつかの規定をおこなうという仕方、また系統的な技術的、実験的そして概念的反駁を提示するという仕方である。応答のそれぞれの側面が、実験の価値を擁護し、実験哲学に属する営みとそうでない営みのあいだの決定的な境界を強化する効果をもっていた。大気中の空気がポンプに侵入しているという主張にたいするボイルの技術的および実験的な応答は重要だった。なぜなら、もしそのような侵入が起こっていたとしたら、ボイルの解釈が依拠していた事実はまったく事実ではないことになってしまっただろうからだ。ポンプがつねにエーテルで充満しているという主張にたいするボイルの技術的、実験的、そして概念的な応答は重要であった。なぜなら彼は、この主張について論じることによって、正当な「自然学」の言説と正当でない「形而上学」の言説とをへだてている境界を管理下におくことができたのだから。実験哲学は、ポンプが実際に含んでいたもの、また「感覚可能」なものを取りあつかった。この根拠にもとづくことではじめて、実験プログラムは自然哲学コミュニティのなかに同意と秩序を生みだすことができた。空気ポンプが実質的には侵入を受けることがないとみなされた場合にのみ、実験プログラムはそれに期待された認識論的および道徳的な役割をはたすことができた。これらの理由のために、空気の組成をめぐってボイルがホッブズにたいしおこなった応答は、実験的な営みの弁明者たちが確立し、確保しようとした道徳的秩序の擁護だったのである。

ボイルとホッブズ
——大理石のような人びと

実験が失敗する可能性はあったのだろうか。あるひとつの明白な意味において、答えはイエスである。ある実験の、予期されたのではない結果はいずれも、失敗とみなされえた。たとえば、真空のなかの真空実験をおこない、管のなかの水銀の高さが「〔下の容器に〕たまった」水銀とほぼ同じ高さにまで下降しなかったとしたら、この実験は失敗とみなされた。予期された結果が実現されなかったからだ。「不成功におわった」実験の問題は、ボイルが出版した実験研究のうち初期の段階において、おおきな関心事だった。『実験の不成功にかんするふたつのエッセイ』は、空気ポンプ実験が〔はじめて〕おこなわれたのとだいたい同じ時期に書かれた。これらのエッセイのなかでボイルは、一般的に実験をおこない、解釈し、報告するにあたって、決定的に重要なふたつのことがらを論じている。第一に、彼は個別の実験の失敗にたいする弁解のレパートリーを提示した。彼は（とくに「自明でない」あるいは「精巧な」実験の）期待された結果が得られない場合があることのもっともらしい理由の一覧をしめした。試料が混ぜものを含んでいた、あるいは不純であったかもしれない。それらの試料の組成はもともと一様ではないのかもしれない。職人たちが不器用だったのかもしれない。ちいさい規模では成功した実験がおおきな規模ではうまくいかないのかもしれない、などである。[74] このようにボイルは一式の要因をしめしたのだが、これらの要因をもちいることで、実験が失敗したからといってかならずしも特定の予想あるいは理論の妥当性を否定しなければならないというわけではなくなった。理論にはなにもおかしいところがない可能性もあった。問題点は試料や器具、実験計画の内在的な御しにくさ、あるいは容易には特定できないさまざまな要因にあるのかもしれなかった。[75] 第二に『ふたつのエッセイ』でもボイルが経歴の初期に出版した関連する諸エッセイでも、彼は実際の実験結果を、うまく予想に合致するものであるかいなかにかかわらず、率直かつ全体的に報告することの重要性を強調した。[76] 第2章で論じたように、そのような完全で「付随する状況にわたる」報告をおこなうことは、合意にもとづく自然哲学の基礎としての実験的営みの信頼性にとって不可欠だった。失敗のくわしい状況が報告されてはじめて、成功についての同様の説明が十分な信用を勝ちとることになると思われたのだ。さらに、失敗をみとめてその原因を取りのぞくために共同体のたすけを求めることは、実験主義者の「謙虚さ」の鍵となる要素だった。

だから、ボイルにとって「不成功」という観念は実験プログラムを妥当なものとするさいの積極的な知的道具立てであった。実験の失敗によっていずれかの特定の自然学的仮説を放棄せざるをえなくなるという根拠はなにもなかったし、高く評価されている仮説や基本的な仮説であればなおさらそうだった。実際にボイルは失敗した空気学実験のおおくの事例を報告した。だが彼がこれらの失敗のいずれかを、空気のバネという「学説」を放棄する根拠とみなすことはけっしてなかった。それどころか、その学説に深刻な疑いを投げかける根拠とみなすことさえなかったのだ。（次章では、とりわけ厄介なひとつの発見、すなわち「変則的な停止」の問題における「成功」と「失敗」へのボイルの応答を検討することになる。）ボイルのプログラム的な著作から、彼自身の実際の実験や推論の営みへと目をうつせば、彼の実験は失敗しえなかったという一見逆説的な主張をおこなうことすら可能だろう。

　ボイルの営みのなかには、成功あるいは失敗を見きわめる没人格的で抽象的な基準はなかった。成功した実験とは、成功したとみなされた実験のことだった。ある実験が成功したという判断は、その実験が実際問題としてすべての期待をみたしたという判断にほかならなかった。実験の失敗をみとめたとしても任意の自然学的な仮説を守ることができた。さまざまな補助仮説に言及することによって、あるいは実際問題として変わっていないとみなされうるような仕方で鍵となる仮説を修正することによってである。「成功した」と判定されたどの実験も、他のだれかによって「不成功におわった」と判定される可能性があった。どんな実験にたいしてであれ、困難な問題を提起したいと思う批判者は実際にそうすることができた。このことが意味するのは、「決定実験」などというものは存在しなかったということである。実験の実施や意味にかんするあらゆる判断は、必然的な判断ではなかった。[77] それでも、必然的でない問題として、ボイルはいくつかの実験の成功の結果に（他の実験におけるそうした結果よりも）いっそう力をそそいだ。真空のなかの真空実験などの実験は、空気のバネの決定的な確証としてラベルづけされたのであって、それゆえ、これらの実験が実際に成功したという判断は、空気のバネという学説を支持するきわめて重要な証拠としてあつかわれたのだ。

　本節では、ボイルが完全な成功だとはみなさなかったひとつの実験を考察する。ホッブズは、ボイルの説明上の道具立てのたしかさを決定的に否定するものとしてこの実験に飛びついた。私たちは、ホッブズの批判にたいするボイルの応答がどんな性格のものであったのか、またいかなる方法によって重大な失敗を決定的な成功へと変化させることが可能になっていたのかをしめす。この実験の成功あるいは失敗になにが賭けられていたのか、また問題となっている実験にかんする疑いを軽減することが実験プログラムの完全性にとってどういう仕方で重要だったのかを見ていくことになる。

　その実験は、私たちがすでにさきの複数の章で論じてきたものだ。すなわち、なめらかな大理石のふたつの円盤を空気ポンプのなかに据え、空気ポンプを排気した場合の、大理石の円盤の密着である。ボイルは、実は最初の空気ポンプ実験の前にすでに、密着の問題にかんして実験をおこなっていた。『流動性と固さの誌』（一六六一年）で、ボイルは一六五九年頃におこなった密着実験を報告している[78]。彼の目的は、密着という現象を実験的自然哲学の中心的な要素として、またとくに空気のバネと重さという彼の学説の中心的な要素として、詳述することであった。ボイルが率直にみとめていたように、密着にかんする一連の実験の試行全体が、厄介なものだった。そもそも密着という現象を生みだすことそのものがまったく容易ではなく、失敗することも普通だった。彼は『流動性と固さの誌』とともに、不成功におわった実験についてのエッセイを出版していた。そのなかで概説された原理をもちいて、彼は再現をおこなう可能性のある人びとにたいして、彼らが失敗しうるさまざまな理由をしめした。弁解のひとつは、十分ななめらかさをもつ大理石（あるいはガラス）を入手するさいの問題に関連していた。二枚の大理石あるいはガラスの表面にある不規則性のために、それらのあいだに空気（および付随するバネ）がすこし侵入できてしまうかもしれなかった。それゆえそれらは密着しないか、あるいはすみやかに分離してしまうかもしれなかった。

……経験は私たちに次のことを教えている。すなわち私たちの並の職人から、かくも完璧に接近しあうような二枚のガラスあるいは大理石を得ることは、かりにそもそもそんなことが可能であるとしても、きわめて困難だということである。というのも私たちは、直径わずか一ないし二インチであっても、二、三分ほどのあいだ空気のなかで接触によって互いをもちあげるような一対の丸い大理石をつくってくれる、熟練した石切職人あるいはガラス研磨の技能をもった人物に出あうことはほとんどなかったからである[79]。

密着の実験における成功は、スコラ学的な真空嫌悪へのうったえを攻撃する武器とみなされた。再現実験をおこなう人びとには、はじめの失敗に促されてスコラ主義に歩みよることがないようにとの警告があたえられた。同様に、成功は空気のバネと重さの学説にとっても決定的だとみなされていた。再現実験をおこなう人びとには、上述のような困難がこの学説にかんする疑念をしめしていると捉えないようにとの注意がなされた。

……実験のなかでのそのようなわずかな環境のちがいが私たちの努力をおおきくそこないうる、というような種類の実験を、私はこれまでのところまったく見いだしていない。それゆえ私は次のことをいっておく。そのような実験がふたたび試みられた場合に、もし他の人びとが一回目か二回目、あるいはことによると十回目あるいは二十回目の試行において、私が――おおくの練習によってこの精密な実験における熟練者となり、ここで個別に簡潔に書きしるすことができないような、実験を円滑化するさまざまな付随状況を知ったあとに――おこなったのと同じようにできなかったとしても、それ

> ほどおかしなことではないと考えられるのである。[80]

これらの困難を耐えぬくだけの価値はあった。なぜなら密着にかんする諸実験は、実験的自然哲学者にとっておおいに有望なものだったからである。第一に、もし密着という現象についての、ボイルの存在論と矛盾のない説明をあたえることができたとしたら、そのことは哲学者たちがおこなう体系の選択においておおきな重みをもつことになると思われた。なぜなら、密着という現象はスコラ的自然学の申し分のない典型事例だったからである。

> アリストテレス主義者たちとスコラ哲学者の大半は、大理石がくっつくのが、私たちが割りあてている原因のせいではなくて、自然の真空にたいする嫌悪やおそれのせいだと自信をもって考えるであろうことを私［＝ボイル］は知っている。［しかしながら］、そのような疑わしい原理にまったく依拠せずとも、空気の圧力あるいは重さによって、提示されている現象のただしい説明をあたえることができるのである。

第二に、ひとたび密着していた大理石が分離することは、次のことがらの証明とみなされえた。真空嫌悪などというようなものがまったく存在しないか、あるいはすくなくともその力がきわめて限定されたものだということである。

> ……もし、誤って述べたてられているように、自然がきわめてはげしく真空に反対するというのであれば、私たちがもちいることのできたなんらかの力が真空をつくりだしうるということは、ありそうにない。ところが私たちの事例のなかでは、下方の大理石にくわえられた若干の追加の重さが、大理石の分離にたいする抵抗にまさりうるということを見いだすのである。それによって真空を生みだしてしまうという危険が想定されているにもかかわらずである。[81]

密着現象は典型例としての性格をもっていたため、その説明は自然哲学者たちのはげしい議論の対象になっていた。この現象の解釈をめぐって、自然哲学者のあいだに同意はほとんど存在しなかった。それゆえこの現象を自然学的に説明することはきわめて重要視された成果だったのである。[82]

一六六二年の『検討』のなかでボイルは、『流動性と固さの誌』で発表した密着にかんする彼の最初期の実験、なかでもなめらかな大理石の密着と空気中での分離を考察した実験に言及した。しかしながら、後年のテクストである『検討』では、ボイルは密着現象を生みだすことの技術的なむずかしさを詳述した。そしてとくに、なめらかなふたつの平面のあいだに空気が入りこまないようにするのをたすけるために、純度を高めたワインの酒精（レシピは同書の別の箇所であたえられている）をもちいる技術をくわしく論じた。アルコールは「あまりにも揮発性が高く、また精妙すぎる」ことを見いだすと、彼はアーモンド油をもちいた。そのさい彼は、これらの液体がのりになっていると考えることはできないと読者に保証した。というのもふたつの物体は密着していてもなおすべってずれることができるからだった(83)。これらの実験からふたつの重要な教訓を得ることができたであろう。第一に、それらの実験は次のことをしめしていた。「空気のこの押す力あるいはささえる力は、いつもどおり注目されていないが、非常におおきい。他方で、それがどれほどおおきいのか私たちが推測するのをたすけてくれもする」。もし必要ななめらかさと一定の直径をもつ一組の大理石を得ることができれば、分離を引きおこすのに必要な重さを空気の圧力の指標としてあつかうことができた。ボイルは、さまざまな潤滑剤を塗ったさまざまな直径の大理石をもちいて実験をおこなった。彼は、密着している一対のうちの下方の大理石におもりをふして、どの時点でそれらを分離させることができるのか調べた。彼はこの一連の実験のなかで、直径およそ三インチの密着している一組の大理石に、最大で千三百四十四オンスのおもりを吊るすことができたと述べた。しかしながらふたたびボイルはこの実験システムの変動しやすさと再現のむずかしさという問題に直面した(84)。

第二に、これらの実験は疑いなく、ボイルの実験的自然哲学にとって決定的に重要だとみなされていた。なぜならそれらの実験は、固さの学説という文脈において、空気の圧力がもつ力に彼があたえた表現に合致するものだったからである。この『流動性と固さの誌』のなかで、ボイルは物体の固さの原因が「物体を構成する諸部分のおおきさ、安定した接触、密接な結びつき」であることをみとめた。それにもかかわらずボイルは、密着という実際の事例のなかでは、次のものが説明をするうえでより上位の重要性をもっていることを強調した。すなわち「部分的には周囲の空気の重さから生まれ……そして部分的にはある種のバネ（それがもつ力能によって空気は、みずからに隣接する諸物体を押しつづけているのである）から生まれる、大気の圧力」である(85)。実際ボイルは、空気が密着を生みだしうる単一の様式を特定することよりも、説明のなかで空気の圧力がもつ役割をしめすことにいっそう関心をもっていた。だからボイルは密着における空気の役割についてふたつの説明の選択肢をしめしたのだ。どちらの場合でも、等方的な圧力が空気のなかで吊るされている密着したふたつの物体へとどのように向かいうるのかをしめすことが必要だった。なぜなら、ふたつの物体が水平に吊るされていても垂直に吊るされていても、密着を生みだすことができたからである。密着しているガラスあるいは大理石の組の下側の表面において、なんらかの圧力が（それがなんであるにせよ）いかに生みだされるのかということもしめす必要があった。

第一に、ボイルは空気のバネ、つまり「地球から上方に向かうある種の反跳（適切にそう呼ばれるわけではないが）」にうったえた。このバネは「押されて圧迫してきた物体を跳ねかえす弾性力をまったくもたない他の任意の物体に対抗して、圧迫することのできる任意の物体を、強力に押すことができるのである」。第二に、ボイルは完全に代替可能な説明として「重さとみなされる空気の圧力」にうったえた。この説明は複雑なものであった。空気は「重さを欠いてはいなかっ」たので、かならず大地へと向かって落下した。空気はそこでさらに先へと進むのをさまたげられるだろうから、「他のあらゆる方向と同じように上方へも押しすすむ」ことになるだろう。この場合、大理石を同時的に分離させるのはきわめてむずかしいだろう。なぜなら、そのような分離を成しとげるためには、分離の力が「上述の大気柱の重さがもつ力にまさることができ」なければならないからだ。最後にボイルは、接触面が垂直であるような大理石の分離をさまたげる「側方の空気の重さあるいは圧力」が現実に存在すると主張していた(86)。

これらふたつの説明の両方で空気の圧力が有していた重要性をふまえるならば、ボイルにとっての究極的な目標は、空気ポンプのなかでの大理石の実験を成功させることであっただろう。その成功は、物理的な力としての空気の圧力の決定的な実例としてしめすことができたのである。第2章で見たようにボイルは、受容器から空気が取りのぞかれれば、密着している大理石の円盤はおのずから離れおちると予想していた。ボイルは『流動性と固さの誌』で報告した実験を一六五九年までにおこなった。その年の終わりまでには、彼はみずからの新しい空気ポンプの受容器のなかでそれらの実験をふたたびおこなうことができるようになっていた。彼は結果を一六六〇年の『新実験』のなかで報告している。しかしながら、下方の大理石にちいさなおもりがつけられた場合でさえ、『新実験』の第三一番目の実験は「成功し」なかった。つまり、大理石は分離しなかったのだ。ボイルは密着が持続した理由としてふたつの可能性を指摘した。第一に彼は、アルコールがたんに大理石のあいだに侵入しようとする空気を排除する手段としてだけでなく、のりとしてもはたらいたのかもしれないと推測した。しかし彼は以前には、アルコールが「粘着性の物体のような仕方で」はたらくというのは疑わしいと表明していた。第二に、彼は次のように論じることによって、見かけ上の失敗を実際上の成功としてよみがえらせた。「下側の大理石が落下しないことが、受容器のなかに残っている空気の圧力のためであるというのは、ありえないことではない」。彼は第一九番目の実験にうったえた。この実験で、受容器のなかの気圧計に含まれる水は、排気をしたときに高さ一フィートのところまでしか下降させることができなかった。このことが、一見空っぽになった受容器のなかに、一フィートの高さの水をささえることのできる空気が残っていることをしめすためにもちいられた。ボイルが論じたところによれば、それゆえこの空気は、二枚のなめらかな大理石を密着させつづけるのに十分な圧力をおよぼしうる。こうしてボイルは実験三一を「空気のバネの強さのおどろくべき証明」として提示したのである(87)。

『自然学的対話』のなかでホッブズは、このボイルの実験的失敗の事例に注目した。彼は対話相手に、（ボイルのいう）成功の結果が得られたら、そのさいには次のようになるだろうと請けあわせた。「［ボイルによって］割りあてられていた原因が真であったことを疑うことはできないでしょう」。ホッブズの見解では、この実験はじつは成功したのだった。というのも実験の結果（大理石が分離しなかったこと）は、ホッブズの自然学体系のなかで予想されていたものだったからだ。彼の体系は充満論的なもので、すでに見たように、密着という事例における空気のバネの役割をみとめていなかった。ホッブズは、ボイルが『流動性と固さの誌』と『新実験』であたえた説明に異議をとなえた。彼は、『流動性と固さの誌』でボイルがふたつの相いれない説明をしめしていると注記している。彼はまたボイルの以下の三つの主張に注目した。空気はみずからの重さのために大地の表面で反射する。空気の圧力は円筒状にはたらく。そのような圧力は横方向のものであることも垂直方向のものであることもありうる。ホッブズはこれら三つの主張をいずれも否定した。ホッブズはさらに実験三一の「失敗」に目を向けて、この失敗報告を祝った。この実験はどちらの党派によっても決定的なものと考えられていたのであり、そして論点ははっきりとちがっていた[88]。

ボイルは、いわば、一方の実験結果に賭けていたのである。だがその結果は生みだされなかった。ホッブズは（この比喩を続けるとすれば）「彼の賭けを見て賭け金を引きあげた」。ボイルにたいするこの挑戦は、実験を活用することにほかならなかった。ボイルの強力な敵対者は、もしその実験の結果がボイルの予想したとおりになったら、自分はボイルが割りあてた原因に納得するだろうとほのめかした。このときにかぎっては、論争のよりどころはボイルが好ましいと公言していたものであった。つまり自然学的な説明は、「自明でない実験」の結果によって決まるものだったといえよう。このときボイルにとって、ポンプにごくわずかな漏れが起こっているという補助的な想定に言及することで実験を守るというのでは、もはや十分ではなかった。それまでボイルは、漏れを残念ではあるが許容できる問題だとみなしており、ときには有効活用できる問題だとみなしていた。もし密着の実験が「成功す」べきであり、批判者からの同意が確保されるべきであったのなら、この見方は（実験計画の他の特徴とともに）いまや修正される必要があっただろう。実験一七、一九、三一においてボイルは漏れを、実験結果を成功としてよみがえらせる手段としてもちいていた。他の箇所では彼は漏れをささいな問題としてあつかった。ところがいまやホッブズはポンプの漏れを、重大な問題をもたらす源泉へと変えてしまった。それから十五年以上にわたって、ボイルは大理石の実験を成功させることに力をそそいだのである。

一六六二年の『検討』でホッブズに応答することになったとき、ボイルは上述の意味で実験を成功させたと報告できる立場には立っていなかった。第一に、彼はこの実験を、大理石が強く密着していることと空気の圧力が強力であることの証拠としてしめした。単純に、受容器は空気を吸いだしたあとでも「十分には排気されていなかっ」た。だから大理石は分離できなかったのだ。ボイルはホッブズの注意を、ポンプをもちいずにおこなう密着についての他の諸実験へと向けさせた。これらの実験はリヌスへの応答のなかでなされたものであった。自由空気中では、空気のバネは、四百―五百オンスの付加されたおもりの力を上まわって密着を続けさせるほど強力であった。それゆえボイルは次のように問うた。ポンプに残っている少量の空気のバネが四―五オンスのおもりの力を上まわるとみとめるのが、なぜむずかしいのか[89]。第二にボイルは、空気ポンプのなかでの大理石の実験にたいするホッブズの攻撃を、密着というその現象が論じられていたもともとの哲学的文脈と意図的に結びつけた。すなわち流動性と固さの学説という文脈である。ボイルは、『新実験』にとっては第三一番目の実験は実際のところ周縁的なものにすぎないと主張した。その実験のテクストは『流動性と固さの誌』への参照を暗に含んでいたので、ボイルは次のように論じることができた。「私はここではこの問題を付随的にだけあつかうのであり、私がよりはっきりとそれを論じた箇所で述べたことを活用することができる。というのは、私はその議論を以前から『流動性と固さの誌』のなかで印刷物のかたちでおこなってきているのである。ホッブズ氏は、そのなかの一部の文言を非難していることからわかるように、その著作に目をとおしたのだと思われる。彼の非難を以下では検討していくことにしよう」。このようにボイルは、攻撃を受けているテクストのなかで大理石の実験がになう役割を最小化し、別のテクストからの引用を不当にもちいているとしてホッブズを非難した。そして最後に、『検討』に長大な補遺をつけ加えて、学説全体にたいするホッブズの攻撃を論駁した[90]。この補遺のなかでボイルは、大理石の実験にたいする攻撃を、用語の定義、とくに「固さ」の定義にかんするより一般的な論争と結びつけようと取りくんだ。ボイルにとって「流動性」と「固さ」というのはまったく経験的なカテゴリーだった[91]。

密着実験を擁護するさいのボイルの最後の戦略は、証明責任を敵対者に投げかえすことであった。ボイルは自身の説明がホッブズのものとくらべて劣っていないとしめすことで満足していた。ここで四つの関連する点が論じられた。第一に、ボイルはみずからが空気のバネと空気の重さという両方の観点からの説明を提示したとみとめた。「圧力」という用語はこれらの説明の両者を包含していた。どちらの原因も、疑う余地のないものというわけではなかったが、どちらも正当なものではあった。けれども、ホッブズのほうはいかなる正当な原因もしめしていなかった。ボイルは、自然哲学において受けいれることのできる因果的説明についての、うまく機能していた基準を引きあいに出した。第二に、ボイルは自由空気中での実験の成功にうったえた。「下方の大理石に吊るされた十分な重さのおもりが瞬時に大理石を引きはなすということはどうして可能なのだろうか」。これらはポンプをもちいた実験にかならずしも関連しているわけではなかったものの、ポンプをもちいた実験とともに論じられねばならなかった。第三にボイルは、空気の圧力による重さのかかる直線が、円筒ではなくピラミッドのかたちになるというホッブズの主張を、屁理屈だとみなした。重さのかかる直線は、事実上平行なのであった。最後に、そしてもっとも重要なことに、ボイルはホッブズの説明を、ホッブズの明晰さの欠如をしめしている主要例として指摘した。「私［＝ボイル］は、彼がなにをいおうとしているのかよく理解していないとみとめる……。そして、彼がしばしばかなり不明瞭に書いていることにたいして不満をもっているのは、私だけではない」。再三にわたってボイルは、ホッブズが実際には彼のものでない見解を不当に彼に帰していたことにたいして不服を述べた。このことは流動性についてのボイルの学説に当てはまったし、また大地の表面での空気の反射についてのボイルの学説にも当てはまった。ボイルの主張では、ホッブズは、空気の粒子が大地で反射して大理石の下の表面にぶつかりうるという考えを攻撃していた。だがボイルが同時に主張したところによれば、彼自身の実際の見解は次のようなものだった。空気は「その下降が地球の表面で食いとめられるので、そこで拡散することになる。そのため水や他の液体と同じように、ほぼひとしくすべての方向に進む」。このように、ボイルが『検討』のなかでしめした応答は、受容可能な自然哲学の言語、自然哲学のマナー、ただしい実験的営みに焦点をあわせたものだった。[92]

次にボイルは、『続編』の実験五〇のなかで、密着実験という問題含みの実験に立ちもどった。この実験がおこなわれた正確な日付ははっきりしない。だがホッブズへの応答の直後にあたる一六六二年になされたと信ずるにたる根拠がある。[93] ボイルはついに実験の成功を報告した。[94] ことによると彼がおこなった空気学実験のなかで、これほどくわしい技術的な細部にまで踏みこんだ、これほどの劇的な効果をもたらす詳細な説明がなされたものは、他になかったかもしれない。劇的な要素は、ボイルの予想と目撃された結果のあいだの、時々刻々と起こった相互作用のうちにあった。彼は、成功をたしかなものとすべく、もともとの実験システムにいくつかの修正をほどこしていた。新しい器具と実験は、一六六〇―一六六一年に記述されたものとは、ほとんどすべての側面でおおきく異なったものであった。相違点のひとつは、設計しなおした新しい空気ポンプをもちいたことであった。この新しいポンプはよりちいさな受容器をそなえており、ボイルがいうには、より完全な実用的真空を生みだすことができた。別の変更点は、まったく異なる潤滑用の物質を使用したことであった。その役割は、大理石の向かいあうふたつの表面のすべてのでこぼこを埋めることによって、完全なめらかさを確保することだとボイルは主張していた。アルコールは粘着作用をほとんどもっていなかったものの、揮発性が高すぎて使用できなかった。他のあらゆる潤滑剤が粘着作用をもつことは否定できなかったが、そのことはおおめに見なければならなかった。最後に、ボイルは下側の大理石に一六五九―一六六〇年よりもはるかに重いおもりをつけた。おもりは、もともとの実験では四―五オンスであったが、一ポンドほどになることもあった。そしてこのことは、大理石の「油のねばり気や受容器の不完全な排気がもたらすかもしれない密着」を克服する手段として正当化された。（問題点を見つけようとしていた批判者は、くわえられたおもりが、たんに「自然な」結果に反してはたらく力を修正することだけでなく、大理石の分離を確実に引きおこすことにも役だっているのだといって反論することができた。)

ボイルはその実験をくわしく書きしめし、「私たちの仮説の最近の支持者たちのいく人か」さえも、その実験「に手こずっていると述べた」ことをみとめた。以下は、ボイルがみずからの成功を説明している箇所の抜粋である。

装置がみたされて準備完了となったところで、私たちは装置をはげしく揺らした。その装置をふだん管理していた人びとが、稼働によってこれほどはげしく揺れることはないだろうと結論づけるほどにである。[ポンプを排気する通常の過程はあきらかに一定量の振動を生みだすものだった。] その後で空気を抜きはじめたが、大理石は結合しつづけているのが観察された。この状況は、空気がかなり抜きだされ、大理石は本当に分離するのだろうかと私たちが疑いはじめるようになるまで続いた。しかし十六回目の吸いだしのさい……装置の振動が(完全には終わっていなかったにしても)ほとんど終わったときに、大理石は自発的に分離して落下したのである。それまで大理石を結合させていた空気の圧力がなくなったからだった。

読者を安心させるために以下のことが請けあわれた。すなわちボイルが「大理石を分離させるほど空気を引きだすには非常におおきな労力がかかるだろうと予想した」こと、そしてこれが「この実験を成功させた唯一の機会ではなかった」ことである。ときには分離は八回めの吸いだしのときに起こったし、あるいはもっと早く起こることさえあったと述べられた。またボイルは、一ポンドではなく半ポンドのおもりが大理石に吊るされた場合、「よりおおくの排気」が必要だということも見いだした。[95]

これらすべての修正にもかかわらず、また分離が成功したと報告したにもかかわらず、ボイルは「先入観が着想させるかもしれない」ような「反対あるいは疑念」が起こることを見こしていた。これらの反対や批判は、大理石から吊るされたおもりの役割や、排気と分離の関係に関心を集中させるのではないかと思われた。排気と分離の関係は、受容器の中身を測定する手段としての分離の使いみちを意味していた。真空のなかの真空実験において、ボイルは空気の圧力のはたらきの証拠としての水銀や水の降下を、受容器の中身を計測する気圧計として転用した。彼はここでも同じ戦略にしたがった。彼はひとつの実験をつくりだした。この実験のなかでは、密着が起こるかいなかが、空気が相対的に存在するかいなかに依存するものとしてしめされた。実験器具は図9にしめされている。この図版は、大理石の実験がすっかり変化したことをあらわしている。(それはもはや「同じ」実験ではまったくないといってよい。)この実験器具は、上側の大理石に固定された糸のついた回転する栓と、下側の大理石が落下したさいにそれを受けとめる機構からなっ

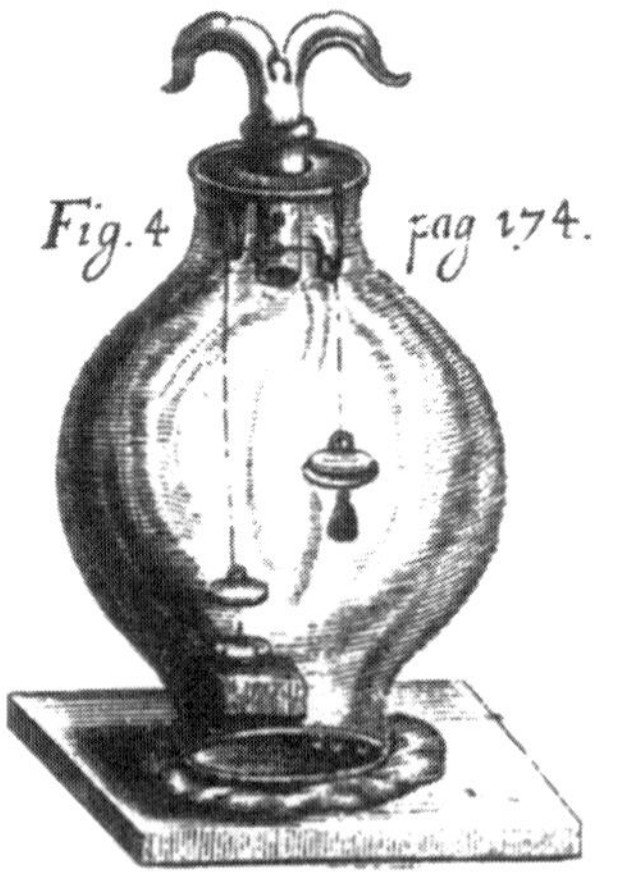

図 9　受容器のなかでの密着した大理石のふるまいを調べるために，ボイルがおこなった実験を図示したもの（『続編』より）．（エディンバラ大学図書館のご厚意による．）

ている（図の左側を見よ）。回転する栓と糸のおかげで、実験家は大理石を正確に上げ下げすることができた。ボイルは、以前と同じく排気のさいに大理石を分離させることができたと報告した。この新しい実験では、彼は、分離した円盤をもとに戻してかさね、そのうえで外部の空気を引きいれることができるようになった。そうすると大理石は、実験をはじめたときと同じくらい強力に密着したのだ。彼は受容器のなかの空気の量を変え、そしてさまざまな度合いの密着を観察することができた。「受容器のなかに残っている少量の、非常に拡張された空気は」十分な空気がふたたび入れられるまでは「それらの大理石を押しつけておくのに十分な強いバネをもっていない」。こうして密着という事実は、成しとげられたことがら（固さについてのボイルの学説の力をしめす）から基準（受容器を測定する）へと変化したのだ[96]。

ボイルは、この報告によって実験の成功は疑いなく達成されたとみなした。その成功は「私が思うに、必ずや歓迎されるだろう。なぜなら私たちにまぎれもない事実をあたえてくれるのだから[97]」。原理的にいえば、この実験はひとつの事実以上のものをあたえた。つまり、その結果にかんするホッブズの賭けは負けに終わり、また同時に、ホッブズの自然学体系の信頼性も失われることになっただろう。しかしながら、ホッブズは自説を撤回しなかった。一六七八年の『自然学のデカメロン』のなかでも、ホッブズはいまだに真空中での密着にかんするボイルの「成功した」実験にはいっさい言及しなかった。彼は説得されることも態度をあらためることもなかったのだ。彼はいまだに大理石の密着を、充満論の説明をささえる典型的な根拠として引きあいにだしていた。ボイルは一六七四年の『ホッブズの批判』でこの実験的問題に立ちもどってふたたび試行をおこなった。彼は以前のみずからの失敗を思いおこした。この対話における対話相手は次のように論評した。ボイルは「もしあなたが、ふたつの密着した大理石を……あなたの空気の受容器のなかに水平に吊るして分離させる……というあなたがおこなった試みにおいて成功していたとしたら、……ホッブズ氏その人を納得させる見こみは十分あったでしょう」。しかし続いてボイルは『続編』で報告された後日の成功を引きあいにだし、その成功はいまや次のことをしめしたと主張した。すなわち「残存している少量のすくなからず拡張された空気のバネ」が「きわめて弱まって下側の大理石をささえられないようになると」

大理石は実際に分離した[98]。一六六〇年のときとはちがって、一六七四年には、ボイルは拡張された空気がもつ弱まったバネにうったえる必要があった。十四年前には彼は失敗を説明するために、拡張された空気がもついちじるしく強力なバネにうったえていたのだが。

　さらに、ボイルは固さをめぐるホッブズの学説にたいしてみずからがおこなった攻撃をくりかえした。ホッブズの主張では、大理石の分離は次のような仕方でのみ起こりえた。大理石が実際にまがり、たわみによって生まれた空間を空気が順にみたしていくという仕方である。ここでは大理石の分離は、ふたかけらの蜜蠟の分離と類比的に描かれている[99]。もしホッブズがただしかったならば、よりおおきな直径をもつ大理石は、よりちいさな直径のものよりも容易に分離されただろう。ボイルはこのことをたしかめるために実験をおこなったが、そのような相関関係はまったく見られなかった。そのため彼は空気の圧力の理論へのさらなる支持を表明した。彼がいうには、最終的に大理石は接触している端の部分からすこしずつ分離していくのだというホッブズの主張をささえる実験上の証拠は存在しなかった。大理石は「同一の瞬間にすべての点において離れ」たのだ。重要なことにボイルは、この一連の実験をふまえてホッブズがとりうる（とボイルが主張した）選択肢を規定した。ふたつの選択肢しか残されていなかった。すなわちホッブズは真空論者の列にくわわるか、あるいはそうでなければ、すくなくとも「通常の空気」が受容器のなかに漏れいっているという彼の学説を放棄する必要があるだろう。この最後の点がまだボイルの悩みの種となっていた。彼は、ホッブズが次の主張を正当におこなうことが可能だとみとめた。「空気よりもいっそう精妙で、ガラスを通りぬけることができるエーテル的な物質あるいはその他の物質」が受容器のなかに存在しているという主張である。しかしボイルは、ホッブズがポンプの無条件な漏れを主張しつづけることは許容しなかっただろう。ボイルの読解では、ホッブズは、受容器には「通常の空気」を通す穴があると主張していた。〔実際には〕ホッブズはつねに、受容器には空気の一部分――一部分ではあるがなお空気である――を通す穴があると主張していた。この論争は究極的にはポンプの構造、また空気やその圧力にかんする事実を生みだすポンプの能力に、焦点を当てることになった[100]。

　本節の冒頭で私たちは、ボイルがおこなった実験は失敗しうるものだったのかどうか、またいかなる仕方で失敗しうるものだったのかを問うた。大理石の実験は当初ボイルによって不成功におわったと判定された。後年におこなった実験は成功とみなされた。しかし敵対者を説得するのにすぐには成功しなかった。この非常に重要な点において、実験は失敗だった。実際問題としては、この「決定」実験が問題を決定的に解決することはなかったのだ。それでもこの特定の実験と一六六〇年代と一六七〇年代にその実験がたどった経緯についての私たちの考察は、実験プログラムや同意の問題を理解するために一般的に興味ぶかいいくつかの点を浮きぼりにしている。第一に私たちがおこなった考察は、実験が洗練されるさいに批判がはたす役割をしめしている。以上で論じてきたように、大理石の実験を成功させるという課題は、ホッブズの反論という事実のために、ボイルにとって決定的に重要で急を要するものとなったのである。原理的には、ボイルが一六五九―一六六〇年の当初の「失敗」だけを後世に残すべきでなかった理由はない。なにしろ彼はその失敗を、彼が信頼性を確立しようと望んでいた学説のなかでうまく消化していたのだ。この失敗を致命的なものではなくささいなものとしてあつかうことや、さらなる考察対象からのぞくこともできただろう。だがこの行動方針をとることは、ホッブズや他の人びとの異議によって実際問題としては不可能になった。批判者たちは、当初の結果がボイルの実験哲学にとっての重大問題の源泉であると判定した。大理石の実験を成功へと導くために費やされたおおくの労力や技術的な綿密さは、その判定によって誘いだされたものなのである。

第二に、それぞれの関係者がこの実験の結果に賭けていたことを私たちは見てきた。歴史的には、密着という現象は自然哲学の多様性をしめす典型例であった。この現象は真空の存在を証明するためにもちいられた。また反機械論的および機械論的な原理の役割を立証するためにもちいられた。そしてさまざまな種類の機械論哲学者の議論の対象となった。それゆえ、大理石の実験が決定実験であるという考えは、密着という現象の説明があらゆる自然哲学体系を確立するための基礎であるという共有された同意に由来するものだった。ボイルは密着を、空気のバネと重さをあざやかに証明するものとしてもちいようとした。そしてバネと重さの学説に反論していた人びとは、ボイルの説明に異議をとなえた。それだけでなく、密着は実験の力と完全性の証明としてももちいられることになった。空気ポンプのなかでの密着の実験にかんして認識されたいかなる問題も、ポンプにとっての、そして実験的生活形式にとっての問題の種であった。この実験はとくに、ボイルの判定においてだけでなく、彼のライバルである哲学者たちの判定においても、成功したと見られなければならなかった。つまりその実験が彼らの同意を勝ちとることが求められた。このように、この実験上の問題の「終結」は、実験的営みの完全性を立証するさいの決定的な戦略となるものだった。

密着している大理石をもちいたこれらの実験は、はかりしれない価値をもつ知的な道具立てだった。ボイルはその使われ方を統御することができなかった。一六六九年に報告された「成功した」大理石の分離は、ホッブズにたいする熟慮のうえでの応答であった。別の文脈のなかでは、ボイルの著作の読者にとっては初期の「失敗」のほうがはるかに有用な場合もあった。たとえばニュートンとホイヘンスは両者とも、『新実験』のなかで報告された実験を、ガラスを透過する精妙なエーテルの存在を裏づける不可欠の論拠だと考えた。排気された受容器のなかで大理石の分離が失敗したことは、ボイルが分離を実現したと発表した後の文献のなかにもとどまっていた。一六六四年の初頭に、ニュートンは『新実験』にかんするノートをとっている。それによればボイルの報告は以下のことをしめすものだった。「空気の圧力がそれほど強くはない」ということ、また「ふたつの大理石のふたつの磨かれた面の」密着は、地球と太陽のあいだの「物質すべての圧力」に起因しているにちがいないということである。したがってボイルの失敗は、惑星間に存在するエーテルの圧力を説明することに成功したというわけだ。一六七〇年代に、ボイルは機械論哲学にかんする自分の出版物の大部分をニュートンに送り、また何度もニュートンに会った。ニュートンはまた、真空中での大理石の分離を報告した『ホッブズの批判』(一六七四年)を入手してもいた。それでも一六七九年の二月にニュートンは、「私たちが論じている自然学的な質」についての長大な論評をボイルに送った。この有名な書簡のなかで、ニュートンは排気された空気ポンプのなかにたしかに存在する「あるエーテル的な実体」を措定している。ニュートンはこのエーテルの圧力が「空気を抜いた受容器のなかでふたつのよくみがかれた金属が密着する」理由だと述べた[101]。

同じように、ホイヘンスは一六七二年の七月に、同様のエーテルにかんする論文をパリ王立アカデミーとロンドン王立協会に送付した。ホイヘンスは次のように主張した。空気の圧力の他に「それよりも強力な、空気よりいっそう精妙な物質に起因する別の圧力が存在すると私は考えている。この物質は難なく……ガラスを透過するのである」。この圧力の存在を証明している決定的な現象は、ここでもまた、排気された受容器のなかで大理石の分離が失敗したことであった。『続編』(一六六九年)でのボイルの報告は無視されたのだ。一六七三年の二月にライプニッツは、ボイルとホイヘンスによる近年の説明にはあきらかな矛盾があると指摘した。しかしながら、ホイヘンスのエーテルが影響を受けることはなかった。このように、一七世紀後半の自然哲学における主要課題のなかで、密着の現象は「終結し」ていなかったのだ。次章では、空気ポンプのなかでの毛細管現象がたどった、たいへんよく似た経緯を検討する。どちらの現象も、完全に機械論的な枠組みのなかでは解決困難であることがわかった。そしてこの状況のなかでニュートンは、一七〇六年の『光学』の最後の疑問において、非機械論的な引力の理論を提案したのである。「私は、真空中でふたつの磨かれた大理石が密着することからも、同じことがらを推論する」[102]。こうした議論においては、一六六〇年のボイルの「失敗」は、一六六九年に報告された彼の「成功」よりもはるかに価値のあるものだった。

ホッブズ、イデオロギー、「通俗的な」自然概念

ボイルはホッブズを、重要なすべての側面において、実験プログラムの敵とみなした。そしてボイルが敵対者であるホッブズについておこなった議論は、実験プログラムの系統的な擁護

となっていた。ホッブズの批判はしりぞけられねばならなかった。なぜならその批判は、実験の技術的な基礎、実験哲学の概念的な道具立て、そして事実と同意を生みだすためになくてはならないと考えられた人びとの社会組織をそこなうおそれがあったからである。しかしながら、ホッブズが提起したと考えられた脅威には別の側面があった。ボイルは、ホッブズの見解がよき宗教にとって、またただしいキリスト教に不可欠な自然概念にとって危険なものであることを理由に、自然哲学者たちにたいしてホッブズの見解を拒否することを求めた。本節では、ボイルが純粋に神学的な基礎と呼ばれうるものに依拠してこの意見を主張していたということをしめす。彼がいうには、ホッブズが推奨していた神やその役割についての考えは、神の存在や摂理を人びとに納得させるにはあきらかに不十分であり、無神論をまねくものだった。この理由だけでもキリスト教徒の自然哲学者は、自然を研究するさいにホッブズの原理にたいし疑いぶかくあらねばならなかった。ボイルの見解では、自然哲学者の役割にはキリスト教の護教家の職務が含まれていた。だから自然にかんする哲学が宗教や道徳的秩序にたいしてどんな含意をもっているると認識されているのかを考慮せずに、その哲学を評価することはできなかった[103]。しかしながらボイルは、ホッブズのプログラムがもつ宗教上の危険とはなんであるのかを、純粋に神学的な仕方で見きわめたわけではなかった。ただしい宗教にたいしてホッブズがあたえた脅威のいくつかは、同時に、ボイルの自然哲学の中心的要素にたいする脅威でもあったのだ。その要素とはつまり空気のバネの学説と、自然哲学における説明項目としてそのバネをもちいることであった。

ただしいキリスト教にとってもっとも好ましい自然概念にかんするボイルの見解は、一六六六年に次の作品で展開された。『通俗的に受けいれられている自然概念にかんする自由な考察』である（このテクストは一六八六年にようやく出版された[104]）。この自然概念にかんするなにが「通俗的」で危険であったのかといえば、それは、ただしくは神のみのものであるはずの属性を、自然や物質に帰していることであった。自然は行為者とみなされるべきではなかった。自然はそれ自体ではなにもおこなうことはできなかった。自然は目的、意志、感覚力を欠いていた。物質的な自然はそれ自体としては、生命をもたず「粗野で思考をもたなかっ」た。世界のなかの行為の唯一の究極的な源は、神自身であった。ボイルの論証にとって中心的だったのは、「運動は本質的には物質に属していない」という主張だった。ひとかたまりの物質にしても自然全体にしても、自己運動することはできなかった。それ以外の主張をおこなうことは誤りであるとともに危険なことだった。それが危険であるのは、自己運動する物質や自己充足的な自然という観念は、神の能動的な管理を不要にしてしまうからであった。そして自然を能動的に管理することのない神という考えを抱くのは、神などいないというにひとしかった。

人びとが自然にたいしてもつ過剰な崇敬の念は、その崇敬の念のために一部の哲学者がそうしてきたように……神を否定するのである。だから、そのような崇敬の念がおおくの人に神を忘れさせてしまうことが、おそれられなければならない。……あまりにしばしば、誤りにみちた自然の観念は、宗教全体の基礎を、打倒するとまではいかなくても揺るがしてしまう強い傾向をもっていることが、見いだされるだろう。宗教の敵となりそうな人びとを、神の必要性を見おとすことから、神の存在を否定まではしないにしても疑うことへと誤り導くことによって、そうするのである[105]。

自己運動する物質、あるいは感覚力をもつ物質という観念をささえるように思われる、いくつものよく知られた自然現象が存在した。そのなかでもっとも重要であり広く引きあいにだされていた現象が、吸着と復元であった。生涯にわたってボイルは、吸着についてのある説明に反論しようとつとめていた。真空嫌悪を物質に属性として帰すような説明にである。機械論的な説明と空気のバネがそなえていた長所のひとつは、まさにそれらが、たんなる物質に感覚力や意志という性質を帰する「通俗的な」概念は説明として不十分だとしめしていることだった[106]。このように空気のバネの学説は、ただしい宗教にとって（ボイルがいうには）危険な自然と物質の観念に反論するための、重要な知的道具立てであった。復元の適切な理解も同じように決定的に重要だった。「バネ状の物体」の復元の理由を、それらの物体がもともと感覚や自己運動を有していることに求めるというのは、魅力的な考え方だった。バネ、あるいは羊毛の山を圧縮した場合に、他にどのようにしてそれらの物体は、みずからがふたたび獲得すべきもとの形状を「知る」というのだろうか。また他にどのようにしてそれらの物体は復元を実現しようとするというのだろうか。ボイルは復元の原因についての単一の決定的な説明をしめさなかった。しかしこの現象の「通俗的な」とらえ方が適切であるという立場には強力に反論した[107]。

　復元はボイルの機械論哲学のなかで中心的な位置を占めていた。なぜなら彼の空気学においては空気のバネがもっとも重要な説明上の道具立てだったからである。第2章と第4章で見たようにボイルがいうには、彼は機械論的・実験的哲学のなかでは原因にかんする観念の探究を禁止しようと望んでいた。とくに彼は、空気のバネという考えを、その原因を特定しないままもちいたいと考えていた。これはホッブズにとっては容認できない不可知論であった。というのは、バネの原因を特定しないような営みは、哲学ではありえなかったからだ。さらにホッブズは、ボイルの不可知論が、ボイルの実験哲学の主要部にある反機械論的な悪の根源をおおい隠しているのではないかという疑念を表明していた。ホッブズが『自然学的対話』で書いたところによれば、空気のバネの学説は、「ひょっとして私たちが、みとめられるべきではないことがら、つまりなんらかのものがそれ自体によって動かされうるということを、みとめないかぎりは」不条理なのであった[108]。

ホッブズとボイルの争いは、なによりもまず、機械論を標榜する権利をめぐる争いであった。ボイルの哲学がその中核において反機械論的であるという攻撃は、致命的なものになる可能性があった。さらにこの攻撃は、論駁しないかぎり、ボイルの自然哲学を「通俗的な」哲学と同一視するものだった。ホッブズによれば空気のバネというのは、ボイルがよき宗教にとって危険だと考えた物質の観念まさにそのものだった。つまりそれは物質を自己運動するものと想定していた。ボイルは『ホッブズの検討』のなかでこの攻撃に応答した。ボイルの戦略は、ホッブズに自分で自分の首をしめさせることだった。ボイルは尋ねた。真に機械論的なのはだれの自然哲学だろうか。そしてだれの哲学が本当に「通俗的な」自然概念を含んでいるのだろうか。ボイルの意見では、この非難によってホッブズの哲学は、ボイル自身の哲学にくらべてはるかにおおきな被害を受けた。ボイルがいうには、ホッブズは「運動が物質の、すべての部分ではないにしても一部にとっては、自然本性的なものである」と信じているように思われた。また彼は「土に近い性質をもつ多数の粒子に、それら自体の運動を帰している[109]」。例としてボイルは、土に近い性質をもつ粒子の「単純な円環運動」の観点にもとづく、ホッブズの重さについての説明に言及した。この粒子の運動の原因はなんだろうか。ホッブズは申し分のない機械論的な原因の説明を生みだしてはいなかった。その結果として「『隣接する物体と運動による以外には、なにものも動かされない』という彼の基本的な学説」との矛盾が起きてしまっていた。一六七五年にボイルはホッブズが抱えるジレンマをくわしく説明した。もし「あらゆる物体が外部の運動を必要とするなら（このことが要請されるというのはありえる話だが）、いかにしてこの世界のなかでなんらかの事物が位置運動することになるというのだろうか」。ホッブズは、神のようななんらかの外部の第一動者にうったえる必要があるだろう。ところで、神が非物質的であるとしたら、ホッブズは物質となんらかの非物質的なものの相互作用によって運動が生みだされることをみとめざるをえなくなるだろう。他方、神が物質的であるとしたら（そして「ホッブズ氏は一部の著作のなかで、非物質的な実体という観念そのものを不条理だと考えていると思われているのだが」）、ホッブズは、この神という形態の物質に内在的な運動を帰さざるをえなくなるだろう。こうしてホッブズは、運動が霊によって生みだされたものであることか、運動が物質に内在的なものであることの、いずれかをみとめることになるだろう。一六六二年にボイルはこのような「自然運動」がもつ神学的な含意が見落とされないように注意した。

一部の人びとがホッブズ氏の仮説のなかでとくに疑問に思うだろうことは、まちがいなく、彼がそれぞれの原子の規則的な運動を、原子とともに生みだされたその自然本性としていることである。というのも哲学者のうち、宗教のことをたいへん気にかけていること、また宗教によき奉仕をしてきたこ

とで知られている人びとは、個別の現象を説明するために
ホッブズ氏がしてきたような仕方で創造にうったえるのを、
極力避けようとしてきたからである。(110)

ホッブズにたいするボイルの応答のなかに含まれていなかったのは、ホッブズが空気のバネにたいしておこなった当てつけへの個別的な返答であった。もしボイルが復元やバネに機械論的な原因をあたえることができなかったのだとしたら、復元運動が物質にもともとそなわっているという非難から、いかにして彼はみずからを弁護することができたのだろうか。もし原因にかんする説明をもちだしたとしたら、彼は実験哲学のもっとも注意ぶかく管理された境界のひとつを侵害することになった。結局のところ、ボイルはみずからの原因にかんする不可知論を保持することを選んだのである（生涯の終わりまで彼は、バネがはたらく仕方のさまざまな可能性をしめしつづけていたのではあるが(111)）。

以上のボイルとホッブズのやりとりは、それぞれの著者のいわば「真の立場」がなんであったのかを見きわめることのむずかしさを浮きぼりにしている。あきらかに、ボイルとホッブズはともに機械論哲学者であり、どちらも真空嫌悪のような反機械論的な観念を忌み嫌っており、またどちらも物質に自己運動を帰すというようなことは避けていた。これらのことがらはこれ以上ないほど明白である。それでも両者はそれぞれ、もっともらしい仕方で、機械論を深刻にゆがめたとして相手を攻撃できる立場にあった。ホッブズはボイルの空気のバネが反機械論的だと申したてることができた。同じようにボイルは、ホッブズの単純な円環運動は自己運動する物質という考えを想起させるものだと申したてることができた。このように、機械論哲学というカテゴリーは解釈の産物だったのである。それはテクストあるいはその著者の意図のなかに本質として存在しているなにものかではなかった。もしボイルが、ホッブズは機械論を「通俗的な」仕方でねじまげているという解釈をつくりあげてその解釈を信頼にたるものにできれば、彼はふたつの重要な目的を達成できた。第一に、彼はホッブズが首尾一貫していないとしめすことができた――どんな著者の哲学体系であれ、首尾一貫していないことはその体系の悪しき欠陥だとみなされたのだ。第二に彼はホッブズを、宗教にとって危険だとみなされていた自然概念と結びつけることができた。ボイルはホッブズの自然哲学についてふたつの別々の評価――神学的な評価と哲学内部の専門的な評価――を求めたのではなかった。そうではなく、彼は両方の種類の基準を含むひとつの評価をおこなうことを求めた。ただしい宗教を導くものは、同時にただしい自然哲学の基礎でもあったのだ。

ホッブズがキリスト教の破壊者であるとするボイルの攻撃は、自己運動する物質というホッブズの「通俗的な」観念にだけ向けられていたのではなかった。ボイルは、神や、神の本性、場所、世界のなかでの役割をめぐるホッブズの考えを直接的に論じた。この文脈のなかでボイルは、ホッブズの充満論と

「非物体的な実体」にたいする攻撃とが結びついていること――第3章で論じたように――を広くうったえたのである。『ホッブズの批判』のなかでボイルは次のことがら両方に注目している。すなわちホッブズが、神が存在するという信念を公言していたことと、「散りぢりの真空」という考えにすら反対していたことである。ところがホッブズの神は物体的であった。そこでボイルは次のように問うた。ホッブズの充満のなかのいったいどこにそのような物体的な神のために残された空間があるのだろうか。

> というのも彼は、神が存在することを主張し、この神が世界の創造主だとみとめている。また他方では、複数の物体が同時にひとつの場所を占めることは不可能であると公言されており、また彼はこの宇宙のなかにいかなる真空が存在することも否定している。それゆえすでに物体で完全にみたされている世界のなかで、『リヴァイアサン』第三章への補遺のなかで彼が述べているような物体的な神が、世界にかんして神に属している属性や作用にとって不可欠であると思われる接触手段を――この世的な物質の微小部分にたいしてさえ――もつことができると考えるのは、困難であるように思われる。しかしながら私は、ホッブズ氏のふたつの意見、つまり神の物体性と、世界の完全な充満とが結びつくことが、神学にどのような影響をおよぼしうるのかを考察することは神学者たちにまかせておく。……物体的な神というホッブズ氏の粗悪な概念は……適切な哲学によっては正当化されない。[112]

ボイルは、もしホッブズの自然学が適切ではないとしめすことができれば、ホッブズの宗教や政治哲学にたいする公衆の支持を切りくずすことができるだろうと思うことができた。それゆえボイルはホッブズにたいする最初の応答を、勝利が適切な宗教にもたらしうる利益によって正当化したのである。

> 私が彼の『リヴァイアサン』に見いだした、いくつかの根本的ではないにせよ重要な宗教的問題にかんする危険な意見は……さまざまな人びとにあまりにもおおきな印象をあたえてきた……。またこれらの誤りはおもには、人びとがホッブズ氏の哲学の論証的な方法について抱いた意見によって、受けいれられやすいものになっている。そのため自然学自体のなかで彼の意見が、また彼の理性的な考察すら、一部の正統的なキリスト教自然学者のものと比較しておおきな利点をまったく有していないとしめすことは、彼と私の論争のなかにあるよりも高次の真理に奉仕することにもなりうるであろう。[113]

ボイルは、ホッブズの自然学が無宗教を導くものであることを理由に、自然哲学者たちにたいしそれをしりぞけるように求めた。またボイルは、もしホッブズの自然学が適切ではないということがしめされたならば、彼の政治哲学と神学の妥当性も失わせることができるのではないかと述べた。このようにボイルの弁護は一七世紀の典型的な思考回路を浮きぼりにしていた。この思考回路では、よき宗教を評価するためにもちいられた基準はよき自然哲学の評価のなかに組みこまれていたし、逆もまた真であった。これは、それ自体としては私たちの独創的な発見ではない。しかしながら、この思考回路がはたらいていた正確な仕方や、その回路が哲学内部の専門的な実験結果に影響する仕方は、それほどよく理解されてきたわけではない。たとえばボイルは、ホッブズの「通俗的な」自然概念を攻撃することによって同時に、一般的に実験プログラムの完全性を、またとりわけ空気ポンプの完全性を擁護してもいた。ホッブズの充満論や充満のなかでの単純な円環運動という仮説は、空気ポンプの受容器がつねに充満していることを証明するためにもちいられていた。神やその属性についての適切な考えを（ボイルによれば）おびやかしているその同じ概念的な道具立ては同時に、空気ポンプという機械（そのはたらきが自然にかんする適切な知識を得るための鍵だった）がもつとみとめられていた完全性をおびやかしてもいた。それゆえボイルがホッブズにたいしておこなったイデオロギー的な攻撃は、ボイルが実験やその強力で象徴的な装置であった空気ポンプを擁護するためにおこなった議論の、不可欠な部分となっていたのである。

ヘンリー・モア――「自然学者たちと、彼ら自身の用語で話しあうこと」

考察されるべきボイルの敵対者の三人目はヘンリー・モアである。モアはケンブリッジ大学クライスト・カレッジの神学者・哲学者だった。彼は『無神論への解毒剤』第三版（一六六二年）と『形而上学の手びき』（一六七一年）のなかで、物質の無力さと世界における精気〔霊〕の力をしめすために、ボイルの空気ポンプ実験の報告を勝手にもちいた。ボイルは一六七二年にこれらのテクストに応答した。機械論哲学を確立した作業のふたつの重要な側面が、この論争のなかであらわれた。第一に、ボイルとモアは二人とも、みずからの出版物は自然哲学の議論におけるよきマナーの典型例であると述べた。というのも、どうすれば著作家たちは敵意を生むことなく事実のもちい方について論争できるのかを、彼らはしめしていると思われたのである。第二にモアとの論争は、適切な実験研究についての、またいっそう重要なことにその研究の適切なもちい方についての、ボイル自身のモデルの試金石となった。ボイルは、モアが実験によって生みだされた事実を不適切に流用し、またそれらの事実を彼自身の目的のために不適切な仕方で動員しているとして、彼を非難した。ここで思いおこされるのは、ボイルがリヌスへの応答をある議論の仕方の理想的な例としてしめしていたことである。その議論の仕方にしたがえば、自然哲学と神学の規則と境界が遵守されている場合には、自然哲学者はイエズス会士とさえ公正に議論することができるというわけだった。同様にボイルは、ホッブズが哲学を破壊しているとして非難した。というのもホッブズはボイルのものに対抗するような実験研究をしめしていなかったし、事実が基礎の地位をもつことを否定していたからである。今回のモアとの論争において も、ボイルは自然哲学コミュニティとそのふるまいのひとつのモデルを擁護した。ボイルはこのモデルをモアにたいして注意ぶかくしめしたのである。同時にボイルは、この擁護が結局のところモアの形而上学上の立場にたいする攻撃になっているということを否定した。(114)

モアは一六六二年に『哲学集成』を出版した。ここに集められているテクストから、モアが空位期に攻撃していた政治的および神学的な標的の範囲を知ることができる。またそれらのテクストは、空位期にモアが取りくみだしたと主張していた哲学的な営みの要約となっていた。『集成』ではモアの敵が定義されている。すなわち、急進的な非国教徒、狂信家、そしてホッブズ主義的な機械論者である。『集成』では、寛容と従順な服従にもとづく王政復古体制をつくるという、モアの野望が述べられた。この体制はケンブリッジ大学で教育を受けた聖職者によって強化されるべきだとされた。『集成』では「自然の精気」が記述されている。「自然の精気」の最初の説明は、『集成』のなかで再版されたモアの『霊魂の不死性』(一六五九年)のなかであたえられた。他のものにたいし支配的な立場にあるこうした「精気」は、ある存在論の一部となっていた。この存在論は、機械論的な無神論者や狂信家の存在論にたいする効果的な反論になっているように思われた。最後に、モアは実験哲学に習熟した聖職者層が求められていると説明した。再版された『無神論への解毒剤』(もともと一六五三年に出版された)のなかで彼は、そのような実験研究が自然のなかでの精気の実際の活動をしめすにちがいないと論じた。実験のなかでもちいられた説得の形式は、無神論者を攻撃する強力な武器だった。そのような実験の産物は、適切な神学を強化するように思われた。「あらゆる聖職者は、みずからの機会や能力におうじて、可能なかぎり理性的な人間、あるいは哲学者でもあろうとつとめるべきである」。ケンブリッジにおけるモアの協力者であったサイモン・パトリックも同意した。一六六二年に彼は次のように問うた。「もし聖職者が人びとと同じように自然にかんして知識をもっているのでなかったら」どうして「宗教を軽蔑や侮辱から解放できようか」。モアは次のように主張した。このような「理性的で哲学的な時代においては」彼や彼の同僚たちの関心が自分たちに、「自然学者たちと、彼ら自身の用語で話しあうこと」を要請している。(115)

ボイルは、モアとパトリックが利用した自然学者のなかでもっとも著名で身近な人物であった。ボイルのほうも一六六〇年代初頭には、モアやその協力者たちと非常に親密であった。ボイルは『ホッブズの検討』のなかで、モアがホッブズにたいしておこなった攻撃を引用した。パトリックは同じ年にボイルの『新実験』を引用した。ラルフ・カドワースはボイルに、最後の晩餐についてのみずからの有名な論考を一冊送付している。また一六六五年の六月に、モアはボイルの『冷の自然誌』を送ってもらったことに感謝する礼状を書き、次のようにコメントした。ボイルの事実は「自然の規則性」の「真の写し」である。「学識ある人びとのなかから、自然そのものの裁判官にたいするうったえであるかのようにして、それらの事実にたいするうったえがいずれ起こるであろう」[116]。ボイルは、当面の関心がもたれていたすくなくともふたつの領域において、ケンブリッジの神学者たちにとってきわめて密接な共同作業者でもあった。彼らはケンブリッジ大学のなかで開始された政治的キャンペーンにかんしてボイルに助言を求めていた。また彼らは、ホッブズ主義者たちに反論するのにもちいるための、信頼できる霊の証言を集めることにおいて、ボイルと共同作業していた[117]。ボイルが「マスコンの悪霊」の説明を出版するのを支持したことは、モアが「ティドワースの太鼓たたき」の報告を支持したことと対になっていた。霊的現象の領域や聖職者が権限をもつ領域では、ボイルの著作や実験的自然哲学の規則は、ヘンリー・モアや彼の同僚たちにとって堂々と利用することができるものだとみなされていた[118]。

『無神論への解毒剤』の一六六二年版のなかで、モアははじめてボイルの実験を公にもちいた。モアはふたつの重要な事例を引用した。実験二においいて、ボイルは排気された受容器のふた（「栓」）をもちあげるときに経験される困難を記述した。「栓をすこしもちあげる者は、みずからの手で圧力をささえねばならない。その圧力は、内部の拡張された空気の力と、栓……の上部の上にかかっている大気の力のあいだの不均衡にひとしい」。ボイルはこの実験を、空気の圧力と、受容器から空気が排気されたことの強力な証拠だと解釈した[119]。実験三二ではこの現象をすこし変化させたものが論じられた。受容器が排気され、シリンダーの上からはずされた。シリンダーとのあいだをつないでいた穴には代わりにバルブが挿入され、そこで単鉛硬膏によって密封された。ボイルは、そのバルブをはずすのがきわめて困難であったことを報告し、またバルブを押している空気がそれを開かないようにしているのだろうと報告した。大理石の実験のときと同じく、彼は『流動性と固さの誌』に言及した。そこで彼は「大気の最上部ではじまり、そして地上では ね返って押している物体にまで届いていると想定することが可能な空気の柱にさえも、おおきな力を」帰していたのだ[120]。ボイルは空気の圧力のこの定量化を、真空嫌悪の学説に反論するのにもちいた。ボイルは、不当なスコラ学の説明を攻撃するため、また受動的な物質のなかに目的をもったはたらきが存在する余地はないことをしめすために、しばしばこの圧力を定量化しようとした。「私たちの実験は、想定されている自然の真空にたいする憎悪が偶有的なものにすぎないことを、教えてくれているように思われる」と彼は書き、そして一連の真の原因をしめした。ボイルは実験三二および三三の註解のなかでこの点をくわしく説明している。

（よく知られた言いまわしにあるように）真空の忌避によって生みだされる諸運動のなかで、物体が、それらにしばしば帰されている寛大さや考慮をもたずにふるまうということは、私たちの第三二番目の実験から十分あきらかである。その実験においては空気の激流が、空になった受容器のなかに入ろうとしているように見えるのだが、空気が通ることのできる唯一の開口部を閉じてしまうほどにはげしくバルブを押すことによって、みずからのもくろみをあきらかにさまたげていたのである。[121]

ボイルはこの種の証拠をもちいて、リヌスが生命をもたない自然に目的を帰していたことに反論した。ここで、第三二番目の実験にたいする註釈のなかでは、ボイルは自然哲学におけるふたつのレベルの目的論を区別した。自然哲学と神学のあいだにある境界のために、ある範囲の性質は物質に帰すことができなかった。「憎しみあるいは憎悪は、霊魂の情動なのであって」こうした憎しみや憎悪が「水、あるいは同様の生命をもたない物体のなかにあるとは考え」ることができなかった。ボイルは「宇宙の公共善への気づかい」を「生命や思考をもたない物体に帰している」人びとを皮肉った。ところが、次のことがらをしめすのは自然哲学者にとって必要なことであった。「宇宙とその諸部分は非常にうまく設計されているので、そのなかに真空を生みだすのはむずかしい。あたかもそれをさまたげようと宇宙の諸部分が意図的に共謀しているかのようである」[122]。だからボイルはこの註解のなかで、ヘンリー・モアにふたつの知的な道具立てを提供したのである。第一に、彼は自然哲学のなかでの神学の適切な位置を概説し、また粗野な物質がそれ自体としていかに理性的な計画をする能力を欠いているのかを説明した。第二に、ボイルは空気ポンプをもちいたこれらの実験が、上述の区別をする強力な根拠をあたえてくれると主張した。モアはこれらの知的な道具立てを両方とも利用した。

一六六二年のモアのテクストでは以下のことがらが論じられている。(1)物質そのものは受動的で、不活性で、思考をもたない。(2)物質の運動は「世界のなかの物質にたいして指導的なはたらきを行使する、なんらかの非物質的な存在者」によって導かれている。(3)機械論は単独では、ボイルの現象を説明するには不十分な手段である。モアの最初の主張は、空気の運動がバルブを閉めてしまうことにおいてしめされていた。ボイルの書物の実験二と三二は、「以前に自然にそうあったように受容器をふたたび空気でみたそうとする、自然のなかの熱心な努力のあきらかな証拠である」。だがこの努力の結果を考えてみよ。まさにその努力によってバルブは閉じられたのである。それゆえちょうどボイルが論じたように、この運動は自滅をまねいてしまっているのだった。モアはボイルの見解に解説をふした。

空気そのものであれ、なにかより精妙で神的な物質であれ

(空気の抜きだしのさいには、この物質は受容器のなかでいっそう群がって集合しているのだが)、いかなる意思の自由も有していないし、なにかをなすためのいかなる知識あるいは知覚も有していない。というのもそれらはきわめて混乱しているのであって、受容器をふたたび空気でみたそうと努力するさいには、非常におろかに、またばかげた仕方でふるまうからである。

同じことは、排気された受容器のふたをはずすときの困難からもあきらかであった。空気の圧力は、空気がふたたび受容器に入ろうとする努力の結果なのだが、みずからがそこに入るのを妨げていた(123)。モアは、みずからのいう「非物質的な存在者」の力をしめす経験的な証拠として、ボイルの実験三二と三三にうったえた。これらの実験では、シリンダーのなかで再上昇するピストンによっておおきなおもりがもちあげられたのである。モアはこれらの実験が次のことをしめしていると主張した。すなわち、重力のいかなる機械論的な法則も限定的にしか妥当しないことと、「すべてを裁定し、規則づけている、物質の本性や力を超越した原理が存在する」ことである。ボイルが空気のバネの証拠として解釈した実験が、ここではモアによって、機械論の説明能力が限定的であることの証拠として解釈されたのである(124)。最後にモアは、みずからの論考の序文で、精気の力を排除して純粋に機械論的な法則の範囲内にすべてを収めようとする自然学者たちに反論した。

たんなる機械論的な力によっては起こりえないと証明できることが、共感によって存在すると結論づけるのは、不可知というよくある避難所に逃げかくれるということではない。そうではなく、現象の近接している直接的な原因を述べること、つまり最大限に哲学をおこなうことなのである(125)。

モアはボイルの実験報告をみずからの目的のために書きかえたのだ。彼はそれらの報告がもつ事実としての価値を受けいれた。彼は、ボイルが自然のふるまいの見かけ上の目的性だとみとめた箇所に着目した。彼は、ボイルが自然哲学から霊魂の属性を除外したことを、自然において、そして適切な神学において物質がもつ属性についての制限だと読みとった。モアはバネの力をみとめること、あるいはもちいることを拒否した。彼はバネを、機械論哲学に課されている究極的な制限をしめすものとして描きつづけたのである。最後に、彼は自然哲学の成果を神学における武器としてもちいるべきだと強調した。じつはこれこそそれらの成果の最良の機能であり、また唯一の適切な機能なのであった。二人のあいだにあったこれらの差異が、一六六二年以降にあきらかな論争になった。その論争の中核にあったのは、ボイルのプログラムの機能をめぐる相異なる考え方と、事実を活用する相異なる様式であり、またそれゆえ実験哲学と宗教における相異なる生活形式であった。

「あの怪物的な空気のバネ」
――モアにたいするボイルの応答

一六六〇年代の種々のできごとが次の変化をもたらした。すなわち、実験的自然哲学における研究がもつ有用性と様式について の互いに補いあうふたつのモデルが、互いにたいして排他的で、相対立するふたつのモデルへと変化したのである。ボイルとモアは空気ポンプ実験の報告から対立を生みだした。どちらの論者も、敵意を欠いていることは、事実の使用にかんする論争がただしく秩序づけられたものであることをしめしていると一貫して主張していた。そうすることで両者は、この対立を適切なマナーの典型例としてもちいているのだと主張したのである。それでも問題となっていた点は、実験的な営みの存続にとって、また聖職者層と哲学コミュニティにそなわった相異なる力にとって、決定的なものだった。モアは「自然の裁判官」としてのボイルの報告にうったえた。一方ボイルは、その判決の権威を（彼が主張するには）破壊してしまうようなうったえに正当性があるとはみとめなかった。

ホッブズとリヌスにたいする応答を考察するなかで、私たちは以下のことを見てきた。一六六〇年代後半の空気学にかんするボイルの報告は、空気のバネと重さがもつ、実験によって生みだされた事実としての地位を強化するために、組みたてられていたということである。これらの報告はまた、自律的で権威をもつ実験的な営みの正当性を確立した。実験的自然哲学者たちは独立したコミュニティを形成しているということが、ボイルの敵対者たちにたいして告げられた。ボイルの出版物としては、パスカルの流体静力学についての王立協会への報告として一六六四年五月に書かれ、修正されて一六六六年のペスト流行後に出版された『流体静力学のパラドックス』、一六六九年に出版された空気ポンプの報告の『続編』などがある。ヘンリー・モアはこれらのテクストを次のような計画に内在する危険をしめす例として読んだ。神学や形而上学におけるよりおおきな闘争に従属するものであることをみとめようとしないような計画である。彼はボイルの『流体静力学のパラドックス』は「非常におもしろい論考」であるとみとめた。だがそれでも「自然の精気が存在するでしょう。その存在に反対するためにいわれていることや、そのような趣を欠いた原理を避けるべく案出されたあらゆることにもかかわらずです」。『神学対話』（一六六八年）のなかでモアは、「宇宙全体のなかに、純粋に機械論的な現象はけっして存在しない」ということをしめすために、ふたたび空気ポンプ実験をもちいた。モアにとって空気のバネとは、運動状態にある純粋な物質の力をしのいでいる諸力をさす名前であった。つまり空気のバネは、ポンプによってしめされたたんなるひとつの事実ではなかった。モアはボイルが次のような人物であると簡潔に述べている。「他の点では敬虔さや徳にたいするまちがった主張をあまりもっていないのだが、宇宙の現象を解明するときには純粋な機械論といううまちがった主張に」専心している。[126]

一六六〇年代の終わりに、モアや彼と書簡を交わしていた人びとは、イングランドでの実験哲学のこれらの進展が、オランダやその他の場所での無神論的なデカルト主義の伸長と密接に結びついていることを目にした。ジョン・ウォーシントンは、モアには適切な哲学を擁護する義務があるといって彼にせまった。モアは以前には実験哲学という立場を推奨していたけれども、いまおおくの人びとが「そこから、宗教にたいして悪しき帰結をもつ諸観念を引きだしている」ときには、モアは次のことをすべきだというのだった。「彼らの手に、まずまちがいなくもっとも効果的な解毒剤であるような、別の自然哲学の本体を引きわたす」ことによって、「その害悪を述べる」ことである。モアの応答としては、『神学対話』(そこで彼は「物体主義者」という、自然のなかに神性の存在する余地をまったく見いださない人びとをあらわす新語をつくった)、『形而上学の手びき』(一六七〇年までに完成し、一六七一年に出版された)、マシュー・ヘイルの著作についての一連の『所見』(一六七六年)などが書かれた。ヘイルは、一六七三年から一六七五年までのあいだに、ボイルの空気学にたいする批判を出版した人物である。これらの書物のなかでモアは、自律的な実験哲学のもつ危険を劣悪な形而上学や神学と結びつけ、そのさいにボイルの事実を、そういう実験哲学と競合関係にあり矯正力をもつ自然哲学の一部としてもちいた。とりわけ、モアが一六七六年に書いたところによれば、「弾性を語る哲学者たち」は疑わしかった。なぜならこの哲学者たちは、「実験のため、あるいは時間つぶしのため、あるいは偉大な自然哲学者、あるいはむしろ偉大な機械論哲学者だと見られたいがために実験をおこなっており、またすべての自然現象が、いかなる非物質的な原理の現前する補助あるいは導きもなしに起こりうるということをしめそうと望んでいる」からであった。[127]

『形而上学の手びき』のふたつの章で、モアが空気ポンプ実験についておこなったくわしい再解釈がしめされている。ボイルはモアに『流体静力学の論文』のなかで応答した(この作品は、いつもどおり乱雑な集成である『論文集』(一六七二年)のなかに収められた)。モアはボイルに『手びき』を一冊送付するとともに、個人的に彼を訪問した。キングス・カレッジのフェローでありモアの同僚でもあったエゼキエル・フォックスクロフトの仲介をとおして、モアにボイルの応答が伝えられた。続いてモアは一六七一年一二月四／一四日にボイルに書簡を書き、彼が空気ポンプ実験をもちいている仕方の三つの側面を説明した。第一に、モアは適切な哲学を機械論的な無神論——とくにオランダのデカルト主義者たちや、スピノザの著作のなかにみられるようなもの——から切りはなすことが必要だと書いた。「私は……この機械論的な方法がすべての現象に当てはまるわけではないだろう、という自分の意見をつねに表明してきました(私は実際につねにそう考えていたのです)。しかしこのことによって私たちが、才知ある人びとのうちの一人、彼らの集団のうちの一人だとみなされなくなるわけではないでしょう」。第二に、この仕事は祝福されたものであった。なぜなら真の宗教を証明することをめざしていたからだ。それは「すなわちひとつの計画であって、この計画以上に時宜にかなったものは、このような時代にはなにもありえません。いまは、精気の観念があまりにもおおくの人びとによって、無意味だと野次られているような時代なのです」。モアはボイルに、この価値ある計画において協働するよう誘いかけた。「神と宗教に真摯に向きあう心をもったすべての人びとが、私の苦労にたいしてあたたかい感謝をしめしてくれるだろうと、私は心から期待していきます。しかしながら私にたいする報奨は、私を仕事に向かわせてくれた方のものでもあります」。最後にモアは、この仕事がもつ性格と敵の性質とを理由に、次のように主張した。すなわち、仲間になる可能性のあるボイルとのあいだに、討論の規則が敵意を生みだすということがあってはならない。事実は、価値ある目的を掲げ、「公平性という至上の法則にしたがってふるまってきた」解釈者であればだれでも利用することができるのだった。モアはボイルにたいし次のように述べた。創造的に活用された場合、空気ポンプ実験の成果は「私の書物の計画にとって、また手がけていた重要な点の論証にとって卓越した重要性をもつものでしたから、それらを省略することは私にはけっしてできませんでした。もっとも私は、私の諸著作のいくつかの箇所でも、確立しようとつとめていた教義のおもな保証としてそれらに言及していたのですが」。モアはボイルにたいして次のように書いた。それゆえ「たとえあなたの経験や実験と私の経験や実験にかぎりない食いちがいがあるにしても」ここにはなんの危険もない。「そういうわけで自由な才知ある人びとのあいだでは、哲学上の対立にほとんど害はないのです！」実験研究の「確立された記録」は自然哲学の外側でも正当に活用できるのであり、その記録の目標は実は真の宗教のなかでのみ達成されるのだと、モアは主張した。その一方でボイルは、実験コミュニティの境界の外側でみずからの成果が利用できるということに異を唱えた。[128]

ボイルはモアにたいする応答の全体をとおして、この実験コミュニティの自律性と地位を擁護した。ボイルはこのことを次の各点においておこなった。すなわち、テクストの構造、論争における適切なマナーにかんする主張、実験哲学のなかでの精気の適切な地位にかんする見解、そして個別の実験、とりわけ大理石の密着実験についてのくわしい議論においてである。テクストの構造は、事実の解釈にかんするモアの主張を論駁するためにつくりあげられていた。ボイルは、空気学と流体静力学にかんするさらなる三つの一連の『新実験』を提示した。これらは、モア自身の解釈にこたえた別の著作である『流体静力学の論文』の知的な道具立てとしての機能をはたすべく書かれたのだった。『論文』の補遺としてボイルは、スコットランドの数学者ジョージ・シンクレアに向けた書簡をふした（ボイルはシンクレアとのあいだで口汚い先取権論争をおこなっていたのだ）。新実験をモアにたいする応答と切りはなすことによってボイルは、みずからの以下の主張の具体例をしめした。実験哲学者のコミュニティの外部にいる人びとが事実を無際限に再解釈することは許されていないという主張である。

ボイルはまた、実験プロジェクトの境界という観点から、自身が出版を決めたことを弁護してもいた。彼は同じことをリヌスやホッブズにたいする反論のための出版物のなかでもおこなっており、彼はそのことをここで思いおこさせた。というのもモアのテクストは「回答不能」なものではなかった。というのもモアとの論争は、真空忌避のような主題をめぐるものではなかったからである。ボイルは次のように書いた。「すぐれた学者がかならずしもよき流体静力学者であるわけではない。だから、もっともすぐれた聖職者たちがふつう門外漢であるようなある主題にかんする若干の思いちがいは、私たちが〔その主題にかんしては〕彼と異なる意見をもつ十分な理由となるだろうし、その場合私たちは、彼の名誉にたいする敵対者になる必要はない」。ボイルはこれらの得意分野を多用した。実験は特権的な学知の境界を打ちやぶるような営みであった。「私は、その博士が証明しようとつとめていることがらが、彼よりもはるかにとぼしい学知しかもたない人によって、いかなる疑わしい原理を導入することもなく、もっとも適切な議論の進め方にそってしめされうると考えている」。同時に、たとえモアがそのような特権的な学知をもっていたとしても、この特権が実験哲学において論争をおこなう資格を彼にあたえるわけではなかった。「流体静力学において不運にも誤りをおかしてきた人が、学知の他の諸部分においては、またより重要な部分においては、非常にすぐれているということもありうる」。こうして、ボイルは「デカルト主義者」あるいは「精気論者」と論争をおこなわなかったものの、そのような形而上学者たちが自然学者たちにまで支配的な力をおよぼすべきではないと強調した。なぜなら「形而上学の書物のなかで証明のために非常な厳粛さをもって述べられることがらが、形而上学的な証明以外のものだということもありうる」のであって、それゆえ自然哲学からの攻撃に影響されることもありうるのだ[129]。ボイルはみずからが「〔大学の学者が着る〕ガウンを着ていたことはなかった」とみとめた。だが、たとえそうだとしても、実験によって生みだされた事実の正当でない使用にかんして、権威の返還を要求する権利が彼にあることは否定されえなかった[130]。

ボイルは精気について話すことのできる適切な場所を慎重にさだめた。彼があたえたくわしい説明の大部分は寓話の形式をとっていた。

「もし」私が、中国の国王に最初の時計を贈ったといわれているイエズス会士たちとともにいたとしたら（国王はそれを生き物とみなしたのだ）、次のような場合に、私はその時計に十分説明をあたえたと考えたはずだ。すなわち、バネ、歯車、おもりや時計の他の諸部分のかたち、おおきさ、動きなどから、そのような構造をもつ装置はかならず時をきざむことになるだろうと、しめした場合である。たとえその時計が生命をあたえられていないことを中国の王に納得させるような議論を提示することはできなかったとしてもだ[131]。

モアを中国人になぞらえ、それにたいしてボイルはイエズス会士の役割を演じたわけだ。ボイルは「これらの事例においてはいかなる天使やその他の非物質的な被造物も介入しえない」ことをしめそうとしているのではないと述べた。彼は「かの博士の壮大で称賛すべき計画」について書いた。「その計画のなかで彼が非物体的な実体が存在することの証明におおきな成功を収めるのを、私は心より望んでいる」。しかしながらボイルは、次のような主張にたいしては異を唱えた。すなわち、モアのいう「物質を制御する原理」が実験によってしめされるという主張や、その原理を実験哲学の一部として語ることができるという主張である。そのようなことは不可能だった。空気のバネと重さはボイルが生みだした主要な成果だった。それらはモアが彼のいう「知識をもっている」原理から引きだしているすべての機能をはたすことができる存在者であった。この原理が行使する「力」は「ゆるぎないものではなかっ」たので、ボイルは次のように述べた。「私たちがそのようなもののところへ逃げこむ必要はまったくないと思う。なぜなら空気のバネや重さのような、物質の機械論的な性質は、……非物体的な被造物に頼らずとも、その現象を生みだしたり説明したりすることが十分できるだろうから」。ボイルは「あの学識ある博士の『物質を制御する原理』というようなものは存在しえない」ということをしめそうとしたのではなかった。「そうではなくただ、それがあるかいないかにかかわらず、私たちの流体静力学はそれを必要としていないのだといおうと」していたのだ。この原理は「いかなる明白で事実にもとづく証明もないまま述べられた、たんなる仮説」であった。つまりそれは、「自然学的ではない原理（ここではそれ以上のことをいう必要はない）」なのであった[132]。

ボイルは、モアの精気は自然学の原理ではないため、組織的に研究をおこなう実験家たちの言語には属さないのだと論じた。ボイルは、この主張をおこなうためには、よい実験的言語の適切な基準をさだめる必要があった。それゆえまたもや、ボイルは事実を確立するさいの組織化された不可知論と集合的な目撃に言及した。これらふたつの特徴が実験コミュニティの境界をしめしていたのだ。ボイルはモアにたいして、知識のどの項目が実験的言説の対象となりえ、どの項目がなりえないのかを説明した。空気の圧力がもつ力は、「疑わしい想定や粗悪な仮説」から「引きだされたものではなく」、「現実の感覚可能な実験から」引きだされたものであった。だからこの力は、原因はまだ疑わしいが、事実であった。「私たちは、経験が真理であるとしめしたことがらを否定するのではなく、疑わしい問題についてのみずからの無知をみとめるべきなのである」。これは、磁力の実験（そこでも同じように原因は不確実であった）、あるいは空気の圧力が生物の身体におよぼす効果の実験（そこでは証言がまだ信頼できるものではなかった）にも当てはまることだった[133]。

受けいれることのできる実験的な知識の項目にかんしてボイルがさだめた定義のなかでは、目撃が中心的な知的道具立てだった。ボイルはモアがこの規則をみとめていないことをとがめた。ボイルは「王立協会のいく人かの学識ある会員」に助言を求めた。「そのうちの二人は数学者であり、一人は［モア］自身の友人［おそらくサー・ロバート・マリのこと］である」。彼らはボイルにたいし次のように述べた。モアは「その事実が真であることを本当に否定したのだ。そのようなことを私は簡単には思いえがくことができない。なぜなら当該の実験は私たちの協会全体の前で、またきわめて決定的なことに協会の王的な創設者、すなわち陛下ご本人の前で試行されたものだからである」。ここでボイルは、モアが事実を粗暴に否定したことに対抗して、目撃者の社会的な地位をもちいたのである。ボイルは同じ議論を、水中の潜水士は押しつぶされるような圧力をまったく感じないというモアの主張に反論するときにももちいた。ボイルがいうには、「その事実にかんして私は完全に納得しているわけではない」。信頼できる目撃によって検証されていない証言と比較すると、実験室での実験のほうがつねによりおおきな権威をもっているのだった。

詳述された私たちの実験における水の圧力は、生命をもたない物体（先入観をもったり、私たちに偏った情報をあたえたりすることはない）にたいする明白な作用を有しているのだから、無知な潜水士らの疑わしく、ときには互いに食いちがっている説明よりも、偏見をもたない人びとにとってはいっそう重要であるだろう。偏見からくる意見が潜水士たちをおおきく動揺させることがあるし、彼らの感覚そのものも、他の通俗的な人びとの感覚と同じように、生来の傾向や他のおおくの事情によって影響されうるので、彼らは容易に誤りうるのである[134]。

ボイルはモアに反論するために、実験コミュニティの権威のすべての重みを動員した。流体静力学における十分に目撃された実験を否定することはできなかった。コミュニティに属さない者による裏づけのない証言がそのような実験をおびやかすことはありえなかった。ボイルは『新実験』（一六六〇年）にみずからが書きしるした見解、また『流体静力学の論文』に補遺としてふした一連の実験に言及した。モアは、水の圧力を検知することはできないと主張したが、ボイルはすでにこの圧力を他の実験家たちのためにあきらかにしていた。モアは、空気ポンプに入ろうとする空気がポンプのバルブを閉じてしまうという現象をたびたびもちいた。しかしボイルはすでに一六六〇年に、生命をもたない物体に霊魂の特性が属することはありえないと明確に述べていた。ボイルのコミュニティのなかでは、実験において、生命をもたない物体と特権的な目撃が最高の権威を有していたのだ。ボイルは、スコラ的自然学の生気論に対抗するものとして、能動的な自然の「一般的な協力」についてのみずからのモデルを構築した。そして彼は、「自然の真空忌避」あるいは「実体形相」あるいはその他の「非物体的な被造物」をみとめることによって、実験家たちの仕事は失敗することになってしまうだろうと指摘した。彼はリヌスやホッブズなど以前の敵対者たちへの反論として同様のことを書いていた。彼は今回、実験にかんする語彙のなかに「物質を制御する精気」を受けいれることもまた、同じ結果をもたらすだろうといったのだ。オルデンバーグは一六六六年にボイルにたいし次のように述べた。ボイルの主要な業績は「実体形相というあの悪魔」を排除したことなのであって、その悪魔は「真の哲学の前進を止めるとともに、もっともすぐれた学者たちが、個別の物体の自然本性にかんして、もっとも低級な農民以上の知識を得ることがないようにさせてきた」[135]。ボイルは自然のなかでの精気のはたらきを否定できなかったし、否定しなかった。しかし彼は、実験の言語のなかでこの精気を使用することは禁止せずにいられなかった。

最後に、空気ポンプの実験によって得られたおもな見かえりは、空気の重さとバネを確立したことであった。モアによるそれらの実験の解釈は、この業績にたいしてもっとも深いレベルで異議を提起した。彼はボイルの非常に重要な実験のうちのふたつ、つまりピストンが手をはなしたさいに排気された受容器へ向かって迅速かつ強力に上昇するという実験と、受容器のなかでの大理石の密着にかんする実験を考察した。モアは、ピストンが迅速に引っこんでいく原因が、ピストン、あるいは排気されたシリンダー、あるいは空気自体の、いずれかのなかになければならないと論じた。ボイルの説明はこのうちの最後のものだった。だがボイルは、重さそのものを説明することなしに、重さの観点から説明をあたえていた。モアは次のように問うた。「もしこの解答が真に機械論であるのだとしたら、個々の粒子、あるいは大気全体の重さの作用には、真に機械論的などんな原因があたえられうるというのだろうか」。ボイルは、実験的報告のなかではそういう一般的な原因を提示する必要はないと主張した。「私は、私たちがそのなかに住んでいるところの空気が、重さを欠いておらず、また弾性力あるいはバネ性をあたえられているということを十分にしめした。そこで私は……真空忌避、世界霊魂、あるいは類似の自然学的でない原理にたよることなく、〔空気の重さと弾性力という〕これらふたつの原理によって、私たちの装置のなかでしめされた諸現象を説明しようとつとめたのである」。ボイルが完全な原因にかんする哲学をつくりだしていないというモアの主張をしりぞけるために、ここでもまた、実験の限定的でつつましい性質が引きあいに出されたのである[136]。

モアはまた次のことを論じるためにもピストンの上昇にうったえた。

もし弾性的なバネが、百ポンド以上の鉛を上昇させうるほどの力をもっているとするならば、実際互いに結合しているあらゆる地上の物体は、暴力によってはげしく圧縮されることになるだろうし、その暴力があまりにおおきなものであるため、どの物体もそのような圧縮に耐えることができないほどだろう。結果として、それらの物体はばらばらになるか、そういうはげしい圧縮を受けるなかで諸部分の衝突によって粉々になってしまうだろうし、すぐに消滅してしまうことになるだろう。

モアは当該の実験のこのような解釈を、流体静力学にかんする一連の主張と結びつけた。モアは以下のことがらを主張していた。物体は、流体中で降下していないときには、まったく重さをもたない。空気の圧力は等方向的ではありえない。異なる体積の空気は異なる圧力をおよぼす（「このことは、あの才知あふれる仮説全体が、この点にかんしてはつくり話であることの明白なしるしであろう」）。なにより、バネの力を例証しているものとして見るかぎり、空気ポンプ実験には弱さがあった。なぜなら他の場所ではバネは「自明ではなかっ」たし、不明瞭だったからである。すでに他の敵対者たちがこのことを主張していた。モアは空気のバネをひとつの仮説に変えたのである。ボイルはみずからが得たものは事実だと主張していた[137]。

ピストンの上昇にかんする実験にあたえた解釈へのこの持続的な攻撃にたいして、ボイルは著作の出版をもってこたえた。ボイルは、『流体静力学の論文』とともに出版した一六七二年の『新実験』諸巻に集めた実験をもちいた。これらの新しい実験は次のことをしめしていた。「自然のつりあいにおいては静力学の法則がみごとに観察される」。これらの実験の一部で、ボイルは水銀入りのビンの口を浮袋でおおい、そのビンを水が入った容器に入れた。すると浮袋の形が変わった。ボイルはこれを、水銀にたいする水の圧力の結果だと解釈した。水がもつ重さは、ガラス［のビン］を水中に入れることによってもしめされた。なかの空気を抜くとガラスは粉々に割れたのだ。そして空気ポンプの受容器のなかでガラスが割れることとの類似が指摘された[138]。ボイルはこれらの類似をもちいて以下のことがらをしめした。空気ポンプは特殊な事例ではないこと、それは他の自然現象と合致していること、そして空気のバネと重さは普遍的に力をもっていることである。重要なことにボイルは次のようなモアの主張にたいして応答したのである。それは、バネの作用はポンプという限定的な環境のなかでのみ可視化されるのであり、他の場所では不可視なのだから、バネは「自明ではない」現象だというものだった。一六七二年の『論文集』につけ加えられた『重い固体と流体のさまざまな圧力にかんする新実験』のなかで、ボイルは水と空気のあいだ、また空気ポンプ実験と身近でなく不明瞭な現象のあいだの、精緻な類比が必要であることを指摘した。これらの類比は、潜水士たちがおおきな圧力を支える能力をもつとされていたことや、空気の重さを支持する現象としての証拠が欠けていたことについて、議論をおこなうことを可能にした。「もし月の近くに……大気や、それに匹敵する流体がまったく存在しないようななんらかの場所が存在したとして……あの人びと［＝潜水士たち］がそこへと送られ、私たちの地球に向けて降下しはじめたと考えてみるならば、その場合には、私たちの論争にかなう実験がなされることになるだろう」。実際にはそのような実験はなかったのであり、ボイルは身を低くして「私たちの空気装置のなかの類似した」ものに依拠した。未来の実験家たちの裁定が、形而上学的な屁理屈や報告よりも優先されねばならなかった。[139]

モアは密着している大理石をもちいた有名な実験も考察した。一六六〇年代にモアとホッブズはいずれも、排気された受容器のなかでの密着した大理石の分離にボイルが失敗したことに着目していた。モアはこの実験を論じるさいにふたつの戦略をもちいた。ボイルはこの実験を、空気の圧力がもつ力の証拠としてもちいていた。だがモアは、重さの真の原理に無知であることの証拠としてそれをもちいたのである。大理石実験の失敗は、目下のところ重さについての機械論的な説明が存在しないことをしめしており、それゆえ「質料の原理あるいは自然の精気がもつこめられた力」にうったえることが必要なのであった。ここでもまた、一六七〇年代におけるニュートンやホイヘンスの場合と同じように、ボイルの初期の失敗のほうがのちの成功よりもはるかに有用だった。モアは、ボイルの実験報告が完全な自然哲学をあたえていないことをしめすために、その失敗を利用したのである。

モアは、空気の圧力の役割を調べることができそうな修正版の密着実験を提案した。この修正版では、密着においてなめらかさがはたす真の役割を検討するために、一方の大理石が木片に置きかえられるべきだとされた。[140] ボイルは『続編』に言及してこたえた。そこでは大理石の分離の成功が報告されていたのだ。ボイルがこの実験にいくつかの修正をくわえていたのを思いだすことができるだろう。しかしモアの修正は受けいれることのできないものだった。『続編』のなかでは、分離は空気のバネの学説の「確証」としてしめされていた。モアにたいする応答のなかで、ボイルは次のように論じた。どんな批判者も、まずはいま公になっている成功した実験を反復しなければならない。「私がしめしたように、その実験は試行の結果たいへんうまく成功したのだから、もし［モアが］それを現実にそうであったように成功したものとして考察していれば、とくに不都合ではなかっただろうし、またその実験は、周囲の空気の圧力が大理石の分離をさまたげることができないわけをしめしたのである」。この実験は「成功」だったのだから、「木の板による置きかえ」は「必要なかっ」た。ボイルは『水中での物体の絶対的あるいは相対的な軽さについての新実験』のなかで、この実験についてのみずからの議論を敷衍した。彼は空気の泡がもつバネの効果を、すこし時間をかけて論じた。この空気の泡は、なめらかでない物体のあいだに存在し、それで物体の密着を妨げているように思われた。続いて彼はこれらの実験を本文のなかで引用し、事実に忠実であることの必要性をモアに思いおこさせた。「私は次のような仮定のうえに立って話してきた。すなわちかの博士は、厳密になめらかな木の板が大理石の板に密着しないということにかんして彼が述べていることがらを、実験にもとづいて知っているという仮定である」。もし彼がそのような仕方で知っていないなら、彼の見解は、実験にかんする論争のなかでは受けいれることができなかった。[141]

敵対者たちとのこれらの論争のなかで、ボイルは一貫して実験家のコミュニティと外部の批判者たちのあいだの境界に言及していた。モアやホッブズは、新しい事実を生みださなかった、あるいはボイルの事実を再現しなかったかぎりにおいて、実験的な論争の規則を破っていた。リヌスは、実験的な生活形式を受けいれていたかぎりにおいて、価値ある論敵であった。すべての場合にボイルは、実験コミュニティ内部での議論が、終結させ、解決することのできるものであると主張した。ボイルのホッブズにたいする応答は、この敵対者の同意を勝ちとらなかった。またモアにたいする応答も同様であった。反対に、一六七二年の五月にモアは次のように書いている。「ボイル氏は、私が公的に発表した彼にたいする異論を、私が望んだように率直には受けいれていません。そのことを私はとても悲しく思っています」。その後十八か月のあいだに、彼はボイルと会ってこの問題について話した。同時に、王座裁判所主席裁判官であったマシュー・ヘイルが両方の論者を攻撃する一連のテクストを書いた。一六七三年にヘイルは、ステヴィンとメルセンヌの権威あるテクストを利用して次のように論じた。「重さの作用は運動そのものであるか、あるいは努力あるいは運動へと向かう奮闘である」。彼は物質を制御する原理と空気のバネの説明能力を否定した。次の年に、ヘイルはこの議論を拡張してボイルの実験をくわしく批判した。ヘイルはリヌスや他のイエズス会士たちの見解を支持すると表明した。彼はボイルとリヌスによって報告された自由空気中での実験のうちおおくをおこなった。彼はトリチェリの空間と受容器の中身についての充満論の説明を受けいれた。また彼は空気に「この下層の世界の相異なる部分の、共通の接合剤と結合剤」の役割をあたえた。このようにヘイルは実験のゲームの規則を受けいれたのだが、ボイルの有名な空気のバネが高次の説明能力をもつということは否定した。[142]

モアとヘイルにたいする応答は、そういう実験的営みの重要性をあきらかにしている。ボイルは、ヘイルに直接応答して論争を継続するのはやめようと決めた。ジョン・ウォリスとジョン・フラムステッドの両者が、王立協会の事務総長を介して応答した。ウォリスは一六七四年六月に、オルデンバーグにたいし次のように述べた。ヘイルは実際には「事実上、論争の対象になっていることがらをみとめているのです。すなわち空気が重さとバネを有しているということ、またこれらによってその諸現象が解明されうるということです」。フラムステッドは、「空気の重さの作用」をより確実に証明しうる、さまざまな別のかたちの空気ポンプ実験を提案した。空気のバネはいまや実験コミュニティの一員としての地位をしめすしるしになっていた。ウォリスはヘイルが空気のバネをみとめていると主張したけれども、ヘンリー・モアはヘイルがバネを否定しているのだと主張した。モアは『所見』のなかでヘイルにこたえて次のようにいった。卓越したボイルは「なにも出版などしなかったほうがよかった」。モアはヘイルを味方に引きいれようとしたわけだ。彼はヘイルのスコラ学的な言語を修正してその神学的な疑わしさを弱めた。ヘイルは重さの原因としての、物質のなかにそなわる努力について書いていた。それにたいしてモアは、そのような努力がもともと物質にそなわっているということはけっしてありえず、監督的な役割をになう物質を制御する原理の作用にちがいないと論じた。ヘイルは大理石の実験を分析したさい、リヌスにならって真空忌避にうったえた。それにたいしてモアは次のように書いた。この真空忌避という原理は「たんなる目的因でしか」ない。密着の真の作用因は「自然の精気と、それがもっている物質を制御する法」なのであって、「この法により精気は物質を支配する」。だから、適切な註釈をほどこせば、ヘイルの書物はモアによって実験哲学にたいするさらなる攻撃としてもちいることができるものだった。実験哲学は、精気を排除するとともに、現象を適切な宗教のために差しだすことを拒絶していたのだ。一六七六年二月にロバート・フックは王立協会で講義をおこなった。彼はこの講義で、物質を制御する精気というモアの学説にはっきりと異議を唱え、また実験研究の自律性を強力に支持した。このように、フックとボイルが空気のバネを実験哲学にとって欠くことのできない事実にした一方で、モアは一貫して空気のバネを、空気ポンプ実験を適切にもちいるうえでの主要な障害物とみなしていたのである。モアは次のように書いた。

もし私がみずからの実験において誤りをおかしたとすれば、ボイル氏はその誤りを私や世界の他のすべての人びとにたいしてしめしてくれると思います。そのため私は、それらの実験を印刷にふしたほうがよいと結論づけたのです。私や私のような者が、ボイル氏や彼がヘイル卿や私に対抗して雇っている人びとによって、誤りをただしてもらえるようにです。というのは、ヘイル卿と私自身が同意している見解のなかでボイル氏を非常に困らせているのは、あの怪物的な空気のバネを論破していることだからです。(143)

本章をとおして見てきたのは、ボイルが、空気のバネを事実として受けいれることを、実験コミュニティの入会試験にしていた様子である。モアとホッブズにとっては、このコミュニティは「弾性論者」あるいは「弾性を語る哲学者」からなっていた。本章ではボイルの次の主張に着目した。それによると、コミュニティのなかにおいては、論争は安全に進めることができたし、確実に解決することができた。また、実験という営みの境界を侵犯し、この営みの規則を破っているとみなされた敵対者たちを、ボイルがいかに取りあつかっていたのかを見てきた。次章では話題を変えて、実験家たちが、みずからのコミュニティの内部で問題が起こったさいにどんな行動をとったのかを検討する。

第6章　再現・複製とその困難——一六六〇年代の空気ポンプ

空気ポンプは弱めもするし、抜きとりもするが、けっして完全に吸いだしはしないのだから。
——クリストファー・スマート『神の子羊を喜び祝え』（一七五九年）

事実とは秩序と同意の問題を解決するために実験哲学者が利用した根本的なカテゴリーなのだと論じてきた。実験は取りけしのきかない事実を生みだすことができるのであり、そのような事実こそが確実な知識の基盤となる。これを否定したのがホッブズであった。そのために彼がとった戦略のひとつが、事実をつくりだすためになにがなされねばならなかったかをあかるみにだすことであった。事実を生みだすにあたって必要な作業が特定されたならば、それを基点に事実を破壊できるというわけだ。ホッブズの議論は原理的にはただしい。事実の確立には膨大な量の作業が必要なのである。その作業がいかなるものであったかを本章ではあきらかにする。そうすることで以下のようにして歴史を記述したい。すなわち、自明であり、さらなる説明を要しない事実が実験により生みだされるとする自然探究の方法は、じつは不十分なものだと論じるのである。知識を生みだすための制度化された方法はすべて、社会的な慣習のうえに成りたっている。その慣習は次のようなことを規定している。すなわち、知識はいかに生みだされるべきか。その過程でなにがあれば疑問にふすことができるか。疑問にふすことができないのはなにか。その過程で通常起こると期待されているのはどのようなことか。どのような事例であれば変則的なものとみなされるのか。そしてなにが証拠であり証明であるとみなされるべきか。ボイルの実験哲学の場合、もっとも重要な慣習のうちのいくつかは、事実を生みだすための手法にかかわっていた。つまり事実とはその成りたちからして社会的なカテゴリーなのだ。それは公的にみとめられた知識の一種である。ここまで私たちは、私的な感覚経験が、公的に目撃され同意された自然についての事実へと変化していく過程をみてきた。そこで事実を生みだすさいの基礎を実験科学に提供していたのは、再現・複製という考えであった。再現・複製とは一連のテクノロジーであり、信念とされるものを知識とされるものへ変形するのである。

第2章で私たちは、複雑にからみあった一連のテクノロジーとして再現・複製を考察しはじめた。再現とは、たんに実験を物理的にくりかえすのみならず、文章上のテクノロジーによって、実際の実験の代替となるような仮想の目撃を提供することも指すのである。さらに第5章では、実験コミュニティの内と外とを区切る境界が、事実の地位を受けいれるかいなかによってさだめられていたことを見た。これらの議論を統合するのが本章の課題だ。再現・複製と特定の事実の確立とがいかなる関係にあるのかを検証するのだ。この検証により、事実を社会的な慣習とみなす私たちの見解はより説得的なものとなるだろう。再現・複製とはきわめて問題含みの営みであるとしめし、それにより事実とみなされるものもまた、問題含みのものであるとしめすのである。再現・複製において、問題となっている実験の再現を実験家に可能にする明確な規則というものは存在しない。証言の数を増加させるために必要なのは、一連の特定のテクノロジーと器具を広めることである。今の場合、これら一連のテクノロジーは空気ポンプを中心としたものとなる。ボイルがみずからの生みだした現象についておこなった主張は、空気ポンプを複製すれば事実に変えることができた。だがそのときボイル以外の実験家たちは、自分たちが複製に成功したと判断できねばならなかった。この判断をおこなう唯一の方法は、ボイルが空気ポンプで生みだしたと主張する現象を、彼ら自身が自分の空気ポンプで生みだせるかいなかを確認することであった。生みだせれば、新しい空気ポンプの製作に成功したことになるだろう。とすると実験家は空気ポンプのできを判断するまえに、あらかじめボイルが主張する現象を事実として受けいれていなければならなくなる。だが実験家が現象を事実として受けいれるためには、その前に自分の空気ポンプが適切に動いていると確認しておかねばならない。この循環を、H・M・コリンズは「実験家の後退」と呼んだ。この後退から脱出するために、実験家たちは互いにどのような交渉をおこなったのだろうか。それを記述するのが本章の目標である。実験家たちは再現・複製の過程のあらゆる段階で交渉をおこなっていた。それらの段階のうち、以下のような場面で彼らが判断をくだしたさいに、社会的慣習は重要な役割をはたしていた。すなわち、空気ポンプを製作するための技術が伝えられたとき、空気ポンプの複製がなされたといえるようになったとき、その複製されたポンプがボイルが報告したのと同じ現象を生みだしたとき、最後に、複製されたポンプが生みだした現象がボイル自身の主張への挑戦と考えられるようになったときである。再現・複製ははたして起こったのか。また複製されたポンプが生みだしたと主張された現象はたしかに自然の事実として存在するのか。このような判断は、それぞれの実験家がどのような立場を支持しており、またそれまで彼らがどのようなことに努力を傾けてきたかによって、おおきく分かれることになった。(1)

そこで私たちは一六六〇年代に空気ポンプがたどった経歴をたどりながら、一連の問いを提起していこう。空気ポンプがいかに広まり、いかに製作され、またその設計がいかに変更されたかを見ていこう。空気ポンプ複製の成否を判断するためにもちいられた現象を列挙しよう。また空気ポンプ製作の技術が伝達された場所を指摘し、そうして伝えられた技術にいかなる判断がくだされたかを論じよう。最後に実験コミュニティの内部に、さまざまな種類の境界があったと指摘しよう。いかなる現象や技術がボイルへの挑戦とみなされたのか。いかなる現象がボイルを支持しそこねるものとみなされたのか。あるいはいかなる現象が、機械をあつかう技能の点でボイルに及ばなかったゆえに実験家の失敗とみなされたのか。そして事実の再現・複製と生産という際限のない過程に、いかにして実験家たちは終息をもたらすことができたのか。科学史家たちが空気ポンプを非常に重要視してきたことにかんがみると、発明から続く十年のあいだに空気ポンプがたどった経歴については驚くほどわずかしか知られていない。ボイルは自分の報告を使って他の実験家も彼ら自身の空気ポンプを製作し、自分の発見を再現できるだろうとくりかえし主張していた。この主張の重要性はみとめられているにもかかわらず、私たちはボイルの望みを実現していたかもしれない一連の歴史的過程についてほとんどなにも知らないのである。そこでこの章では、イングランドと大陸の双方における空気ポンプの数、設計、そして所在地についての情報を集めていく（図10を見よ）。

ボイルが『新実験』、ないしは『新実験の続編』で報告した設計どおりのオリジナルの空気ポンプは残っていない。[2] 一九世紀前半には、王立協会が所有している空気ポンプはボイルとフックが一六五八年から一六五九年にかけて製作したオリジナルの設計のポンプだと広く信じられていた。この誤解を訂正したのは、ジョージ・ウィルソンである。ウィルソンは王立協会に残されている空気ポンプにはふたつのバレルがついているのにたいして、初期につくられたボイルのポンプにはバレルがひとつしかなかったと指摘したのである。[3] ボイルが王立協会に寄贈したオリジナルの空気ポンプは、一六七〇年代から一八世紀の終わりまでのあいだのどこかで紛失したか、廃棄されてしまったようだ。残っている空気ポンプのうちで最初期に分類されるいくつかのポンプは、一八世紀の初頭につくられたものである。それらはふたつのバレルをもつホークスビー型のポンプであり、一七〇三年から一七〇九年ごろに製作された。同じ時期のオランダのポンプも残っている。ボイルが最初に製作した空気ポンプは、現代に入ってから幾度か複製されている。これらの複製がどのようにつくられたかについては、ほぼなにもわかっていない。それらがいかに設計され、どのような機構を有していたかは、複製にかんする重要な問題を提起するにもかかわらずである。私たちが知るかぎり、複製された空気ポンプが実際に動かされたことはない。ボイルが一六五〇年代末と一六六〇年代におこなった空気ポンプ実験が現代でくりかえされたことはないのだ。[4]

それゆえ、ボイルと同時代人とのあいだでのやりとりに依拠して、空気ポンプの来歴にかんする情報を集めねばならない。この時期に製作され、使用されたポンプを、いくつかの主要な場所ごとにとりあげていこう。主要な場所とはオックスフォー

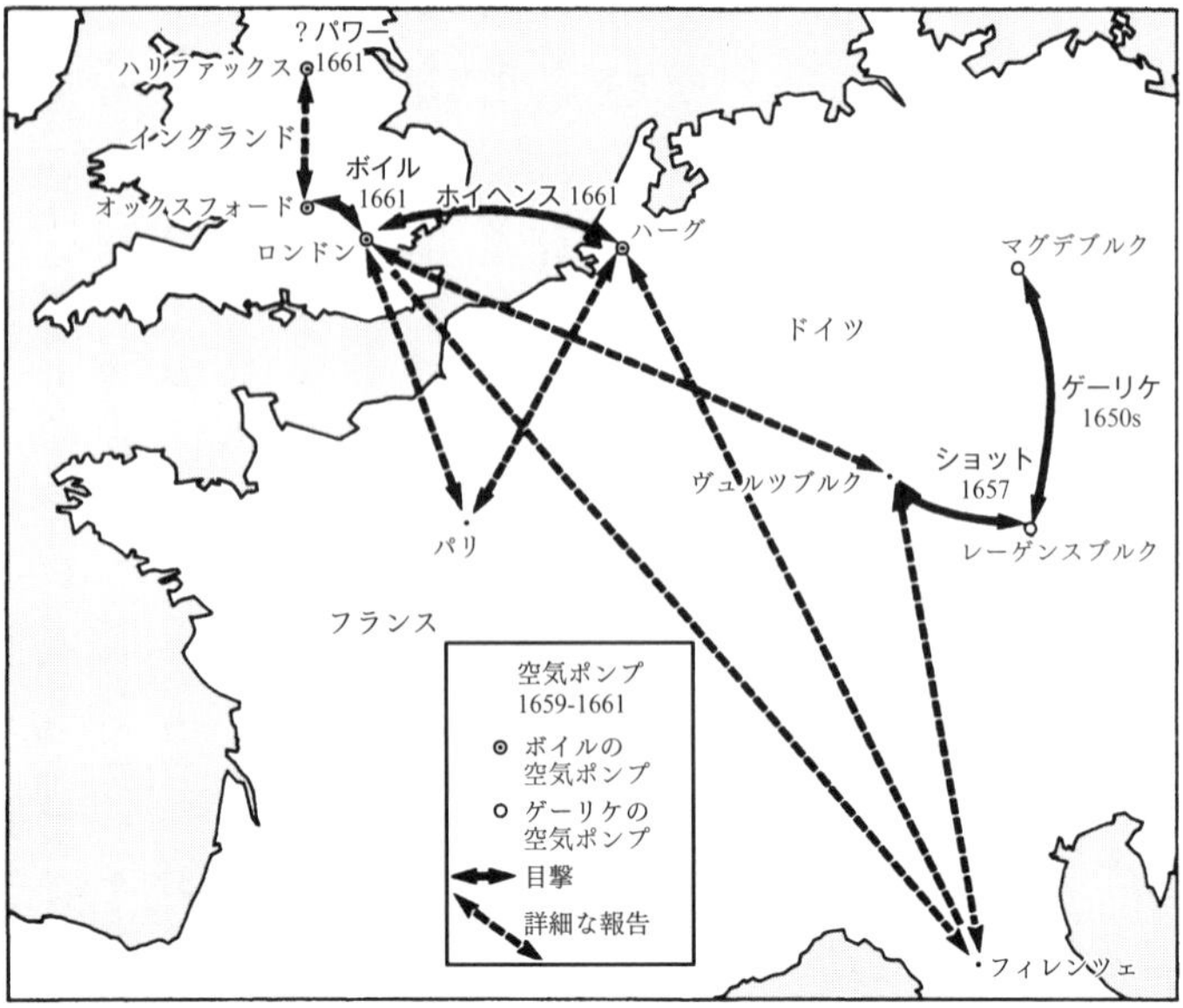

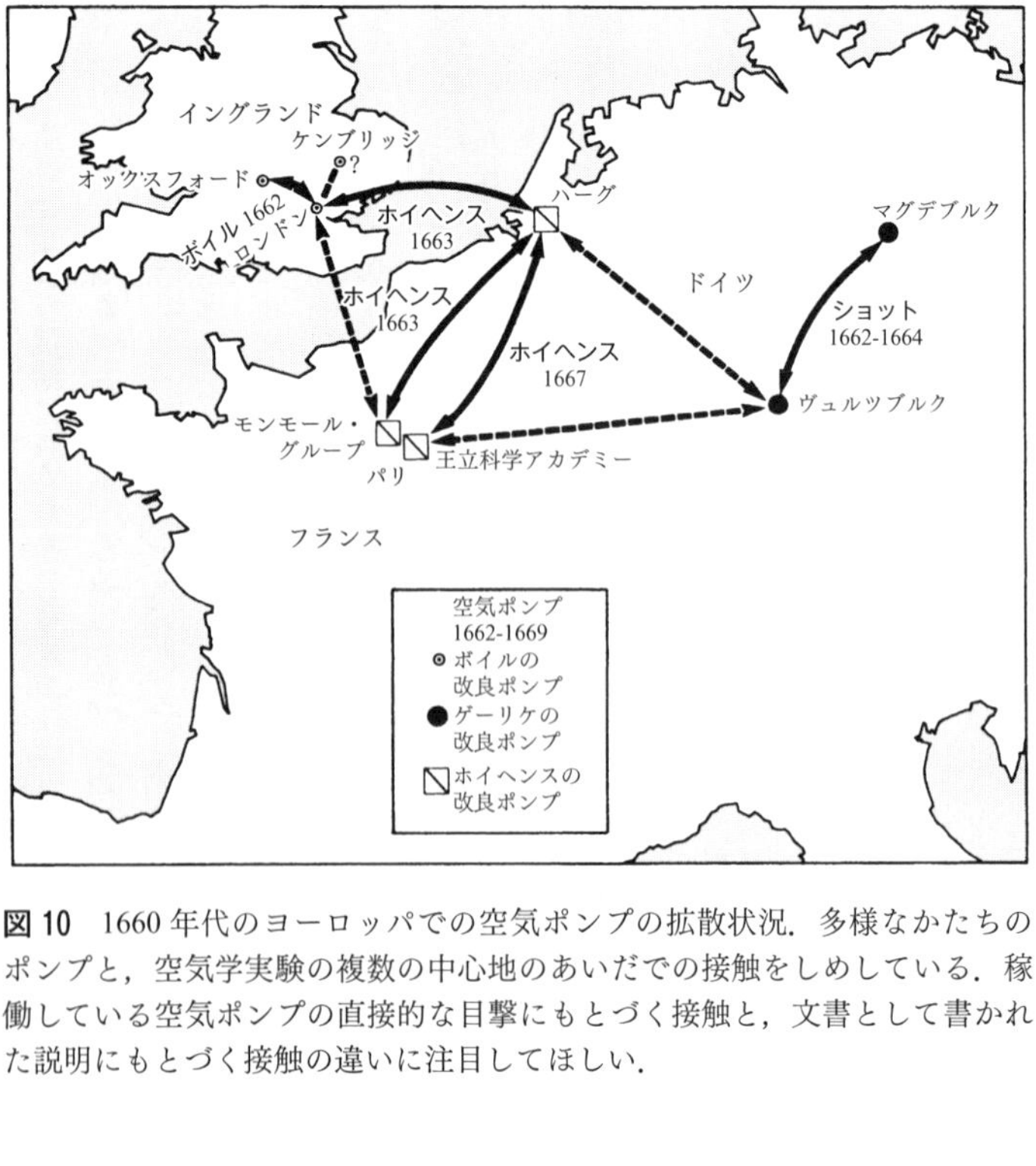

図 10 1660 年代のヨーロッパでの空気ポンプの拡散状況．多様なかたちのポンプと，空気学実験の複数の中心地のあいだでの接触をしめしている．稼働している空気ポンプの直接的な目撃にもとづく接触と，文書として書かれた説明にもとづく接触の違いに注目してほしい．

ド、ロンドン、オランダ、そしてフランスである。私たちが着目するのは、ポンプの構造の細部におよぶ設計変更であり、またポンプが生みだす現象のうちでも、実験家の有能さの判断指標となり、また彼らの空気ポンプ製作の成否の指標として機能したものである。以下で報告する諸事項を明確にしておくため、集めた情報の意味するところを要約しておこう。

(1)　ポンプはみな、つねにトラブルを抱えていた。空気が漏れるといった直接的なトラブルであることもあったし、ライバルに攻撃されるという間接的なトラブルのこともあった。どのポンプにしても、真に安定しているとみなされていたときはなかった。また空気ポンプのそれぞれの設計と、その稼働状態はつねに変化するので、一定した記述をあたえることはできない。

(2)　いかなる時点においても、動いているポンプの数は大変すくなかった。オックスフォードにボイルが管理していたポンプが一台、ないしは数台あったことがわかっている。またロンドンのグレシャム・カレッジにも一台、または数台のポンプがあった。ホイヘンスが管理し、改良を続けていたポンプが一台オランダにあった（一六六一年の秋以降）。パリのモンモール・グループにも一台ポンプがあった（一六六三年の一一月以降）。そして一六六七年から一六六八年にパリの王立科学アカデミーが設立されて以降、アカデミーに一台あったことがわかっている。また一六六一年にハリファックスに一台の空気ポンプがあり、一六六〇年代のなかばにケンブリッジに一台あったという証言がある。以上からわかるように、空気ポンプ実験をおこなうことができる者の数はきわめて限られていた。

(3)　空気ポンプの数は大変すくなく、その設計にはつねに変更が加えられていた。そのため実験家たちが「ボイルの機械」を製作し、ボイルの実験をおこなうのは、イングランドでの実験を実際に目撃していないかぎりきわめて困難であったということが理解できる。そのような目撃経験なしに、ボイルの機械を製作した者はいなかったのである。ボイルの文章上の記述だけに依拠して製作されたポンプはなかった。ポンプ製作技術の伝達を可能にしていたのはホイヘンスであった。彼は一六六一年の春にロンドンでおこなわれた空気ポンプ実験の場にいあわせており、一六六一年の秋には自分のポンプを製作していた。ホイヘンスの存在は一六六三年にモンモール・グループが空気ポンプを製作するにあたって不可欠であった。ドイツのオットー・フォン・ゲーリケもフィレンツェのアカデミア・デル・チメントの会員たちも、ボイルの機械を製作することはなかった。彼らはみな、ボイルの空気ポンプにかんして十全な文章上の説明をあたえられていたにもかかわらずである。

(4) イングランドの空気ポンプとホイヘンスのポンプは、時の経過とともに根本から再設計されていった。変更はホッブズが『自然学的対話』でおこなった批判に応えるために必要なものばかりであった。空気がピストンとシリンダーのあいだから漏れているかもしれない。革と金属とのあいだの接触が十分に密でないかもしれない。シリンダーがゆがむかもしれない。だが同時に、ホッブズは実験にもとづく論争に加われないよう厳格に排除されていた。彼は根本的に重要な批判をおこなった。しかし、だからといって彼が実験哲学者のコミュニティの一員となれたわけではなかったのである。

(5) ボイルの実験を再現・複製しようと、継続的に努力を傾けたのはホイヘンスであった。だが彼が自分のポンプのできを、イングランドのポンプとの比較から判断しようとしたまさにそのことが、受容器の中身についてのボイルの説明にたいする最初の、そしてもっとも重要なトラブルを生みだしたのであった。そのトラブルとは変則的な停止という現象であり、以下でくわしく見ていくことになる。実験家としての力量が攻撃されたさい、攻撃された側はみずからの力量への疑念を払しょくするために、空気ポンプ相互の違いと、現象を解釈するさいの枠組みが実験家によって違うという点にうったえた。それゆえ、ホイヘンスが変則的停止現象を根拠に自分の空気ポンプはボイルのポンプよりもよくできていると主張したとき、ボイルはその現象が事実としての地位をもつことを否定した。実験をおこなうにあたっての力量と、空気ポンプのデザインの違いが、この現象を変則例とみなすのか、あるいは器具の性能を測る指標とみなすのか、それともたしかな事実とみなすのかという違いを生みだしていた。ポンプが適切に動作しているかどうかの見きわめをめぐる交渉は、実験家たちの力量に、また空気ポンプの中身についてどのように考えるかという点に、密接に関連していたといえる。第2章では、ボイルがなんであれ信頼がおけるかたちで生みだされた事実は歓迎すると述べたのを見た。だが彼は自分の書き物のなかで変則的停止現象に説明をあたえることはけっしてなかった。彼が沈黙をまもったのは、変則的な停止の存在が、空気のバネが現象を説明するという彼の主張と衝突したからである。この現象がイングランドで事実とみなされるようになったのは、ホイヘンスがグレシャム・カレッジを訪れて、ロバート・フックとともに変則的な停止にかんする実験をおこなって以後のことであった。同様に、一六六一年から一六六三年のあいだグレシャム・カレッジの空気ポンプをうまく動かすことができたのはフックだけであった。ではイングランドと欧州における一連の交渉についてくわしく説明していこう。

ポンプを製作する
——ロンドンとオックスフォード

空気ポンプを手にしようとボイルが考えるにいたったのは、実験をおこなっているときのことであった。そのことを彼は、一六五〇年代に書いた硝石についての一連の論考で述べている。それらの論考が依拠していたのは、オックスフォードの同僚たちの書き物であった。彼らは空気の活動を硝石と関連づけ、そうすることで弾性、抵抗、ないしはバネと関連づけていた。一六五五年以前に、ボイルはメルセンヌ、ガッサンディ、そしてその他の人物たちによる空気の重さについての報告や、空気銃やトリチェリの管といった器具についての報告を手にしていた。一六五八年の一月までに、ボイルはドイツでのゲーリケの仕事を、カスパール・ショットの『流体・空気力学』（一六五七年）の報告を通じて知るにいたっていた。[5]　一六五八年の後半に、ボイルはロンドンの器具製作者であるラルフ・グレートレックス、そしてロバート・フックにも連絡をとった。フックはオックスフォードに一六五五年に到着し、ボイルの助手としてそこで一六五七年からはたらきはじめていた。ボイルは密閉されていて（すなわち空気の侵入をふせいでいて）、かつ実験上の操作をおこなえる空間をつくりだす器具を要求した。協力作業により、一六五九年の初頭までに空気ポンプがつくられた。この機械は「地面からのさまざまな蒸気をおおく含んでいる」と当時考えられていた空気にさらにどんな用途があるかを調べるためにつくられたのであった。[6]

ボイルが『新実験』で記述したのはこの空気ポンプであった。彼は完成したポンプを一六五九年三月にロンドンからオックスフォードへ運んだ。すでに見たように、このポンプはおおきなガラスの受容器をそなえており、その頂上には開口部があった。受容器の下には真鍮のシリンダーがあり、そのなかにピストンがあって、歯車にかみあわされたハンドルをまわすことによって上げたり下ろしたりできた。受容器の底にはコックの栓がつけられ、シリンダーの上にはバルブがつけられていた（図1）。一六五九年一一月、ボイルはハートリブに、「以前にあなたにお知らせした装置を使って、いくつかのことをおこなっています」と告げている。ボイルが望んだのは、彼の仕事が「私たちの新しい哲学者たちに、たとえ彼らがどこにいようとも、おそらくは受けいれてもらえるものとなる」ことであった。「ですが私たちはまだ私たちの装置になすべきことをおこなわせてはいません」。一二月にボイルは、これらの実験についての情報を提供してほしいというオルデンバーグとパリのダンガーバンからのもとめに応答し、実際一二月二〇／三〇日に著作を完成させた。その書物は一六六〇年の夏に刊行され、すぐにラテン語に翻訳された。一六六〇年の夏までにボイルはポンプをオックスフォードからロンドンにもちかえり、そこでポンプがどのような現象を生みだすかを公に実演しはじめた。[7]

この時点で空気ポンプを使った実験をおこなうことができた場所は二箇所だ。ボイルがオックスフォードで所持していたいくつかの空気ポンプがその後どうなったかはよくわからない。一六六〇年代初頭のあいだ、ボイルは頻繁にロンドンを訪れていたが、よりおおくの時間をオックスフォードの自宅で過ごしていた。彼がオックスフォードを去ったのは一六六八年のことであり、その後は姉のラニラがロンドンに所有する家に移動したのだった。その時点までに、ボイルが複数の空気ポンプをオックスフォードで所持していたのは確実である。ジョン・メイヨウはボイルの技師としてオックスフォードではたらいていた。一六六七年の秋にボイルの家を訪問した人物は、「ボイル氏の家で氏の空気ポンプとトリチェリの実験」を披露されたのであった。[8] これらの空気ポンプは一六六〇年に『新実験』で述べられたものとはおおきく異なっていた。一六六一年の三月、王立協会はボイルに「空気ポンプにくわえようとしている変更を急ぐように」と指示した。そして一六六一年五月一五／二五日に、ボイルはオリジナルのポンプを王立協会に寄贈した。一六六一年一二月までに、ボイルがオックスフォードでまったく新しい空気ポンプをデザインしはじめていたのは確実である。この再設計はホッブズの攻撃によってうながされたものだろう。[9]

ホッブズの『自然学的対話』は一六六一年八月にあらわれた。ボイルはオックスフォードでそれをすぐに読んだ。一〇月はじめ、ボイルはホッブズの本にたいする『検討』をオックスフォードで書きはじめた。この著作のなかでボイルは、ポンプを水中に沈めたと書いている。彼はこの事実を、受容器のなかに通常の空気が入りこんでいるというホッブズの批判をしりぞけるためにもちいたのであった。ロバート・マリがクリスティアン・ホイヘンスに送った報告もまた、新しいポンプの製作が一六六一年一二月から計画されはじめたと教えてくれる。ホッブズへの返答をボイルが書きはじめた後すぐの時期にあたる。マリがホイヘンスにいうところでは、ボイルは、

……別の機械をつくっています。彼の最初の機械よりもさらに正確なものです。まださまざまな細部については決めかねている状態ではあるものの、彼は、あなたに次のように告げるよう私に頼みました。すなわち彼の考えでは、ポンプのシリンダーを水平方向にして、水でみたした容器のなかに入れるというのです。そうすることで空気がなかに入るのをより良く防げるというわけです。彼が私にさらに教えてくれましたら、あなたにもお知らせしましょう。[10]

ホッブズはボイルの元来の設計のポンプでは、空気の漏れが起こるのではないかと論じていた。空気漏れが起こりうる場所として彼が挙げたのは、革の輪とシリンダーの内側の壁のあいだ、つまり革の縁の部分と真鍮のあいだであった。空気漏れの原因としては、シリンダーの空洞部分が変形しうるということが挙げられた。これらのトラブルを、ポンプを水に沈めること

によって回避できるかもしれないとボイルは考えたのであった。これらの変更の意義をホイヘンスが即座に否定したのも重要である。ホイヘンスによれば、ゲーリケがすでにほぼ同じ変更を加えており、それでもなおおおきな問題に直面していたのであった。ホイヘンスがボイルに提案したのは、たとえば「ピストンがよりよく調整されるように」設計を改良するというものであった。以下で見ていくように、これらの問題のせいで、ボイルのオリジナルの実験を初期の著作で報告したように再現するのは困難をきわめた(11)。

すでに見たように、一六六一年三月までに、王立協会は空気ポンプに変更を加えるようボイルに要請しはじめていた。一六六一年五月以降、この空気ポンプ（ボイルのオリジナルの設計のポンプである）はグレシャム・カレッジにあった。私たちが詳細を知ることのできる実験のほとんどは、グレシャム・カレッジでおこなわれたのであった。そしてこのポンプもまた、ほぼ常時改造されていたことがわかっている。改造として、ガラスの受容器が取りかえられたり、拡張されたりした。受容器は簡単に壊れたし、また簡単に取りはずせたのである。改造がくりかえされるにしたがって、ロンドンのポンプは徐々に変形し、ボイルが一六六二年初頭からオックスフォードで所持していたポンプに近いものになっていった。一六六一年一〇月にマリがホイヘンスに告げたところによると、「私たちは［ボイルが］協会に寄贈したポンプを改良しようとしています。改良はおもにポンプから空気を排除することにかかわっています」。王立協会がポンプの改造を計画したのは、またもや空気漏れへの批判に対処するためであったことがわかる(12)。

空気ポンプをめぐってロンドンでおこなわれていた議論では、三つのことがらに関心が集まっていた。ひとつは受容器をおおきくできるかどうかという問題であり、第二はポンプを空気漏れから守ることであり、最後にオランダからホイヘンスが報告してきた新たな現象を再現することであった。このうちの最初の関心にもとづいて、人間が入れるくらいおおきな受容器の製作が試みられた。第二の関心事は、王立協会のポンプの設計を変形することになった。最後の関心がもたらしたのは、空気ポンプのアイデンティティをめぐる長きにわたる論争であった。一六六二年の三月から協会はみずからが所持する空気ポンプについて詳細な議論を開始した。マリはホイヘンスにたいして、ロンドンの空気ポンプはまだ「ボイル氏が製作した他のポンプほどには十分に調整されているとはいえません。さらに私たちは人間を入れることができるくらいおおきな機械を製作しようと決心しました」と告げた。三月の終わりには、協会はホッブズの『自然学問題集』を受けとった。その書物のなかでホッブズは、ポンプには穴があるとさらなる批判を展開していた。そこで王立協会はガラス製作者のラドクリフに、よりおおきな受容器を発注したのだった(13)。一六六二年の四月と五月のあいだ、王立協会は人間の腕が入るほどにおおきな受容器をそなえたポンプを使い、実験をおこなった。一六六二年七月には、ポンプの「操作者」にたいして「ボイル氏の装置をオールドフィールド氏のもとへと運び、シリンダーの上端とピストンをぴったりと合わせるよう」指示があった。これはもちろんホッブズが一六六一年八月、そして一六六二年三月に指摘した問題であった。この時期を通じて、すくなくともロンドンのポンプは長きにわたって稼働させることができなかった。空気漏れの問題は深刻な問題として残りつづけた(14)。

新たな困難もまた持ちあがった。とりわけオランダからの報告をめぐる困難である。一六六二年三月、マリはホイヘンスに次のように告げている。「私たちの機械はあなたのものほどうまく調整されていません。そのため私たちはまだなにも価値あることはしておりません」。三月五／一五日、マリはホイヘンスから受けとった手紙を王立協会で読みあげ、オルデンバーグが会員の一人をオランダに送り、ホイヘンスのポンプを調べさせた。ホイヘンスがおこなったことを再現する任務を課せられたのは、クルーン、ゴダード、そしてルークであった。一六六二年六月にルークが死んだ。ルークが死んだために、協会は空気ポンプの稼働に成功していないのだとマリはホイヘンスに説明した。ホッブズからの批判と、ホイヘンスによって報告された新たな現象の存在は、ポンプが稼働しないという事態を深刻視させるに十分であった(15)。一六六二年八月までに、ポンプはふたたび稼働をはじめていた。そして一一月五／一五日にロバート・フックが王立協会の実験主任となった。重要なのは、フックが実験主任になったそのときから、ロンドンの空気ポンプが円滑に稼働するようになったということである。以後六か月のあいだに、ロンドンの空気ポンプはオックスフォードでボイルが所持していたポンプに沿うかたちで完全につくりなおされた。オックスフォードのポンプ製作は部分的にフックにになわれていたのだった。以上からわかるように、フックがポンプの責任者となり、ホイヘンスが一六六三年の夏にロンドンにやってくるまで、オランダでの実験をロンドンでおこなうことはできなかったし、改造をほどこされたロンドンのポンプが十分な信頼度をもって稼働するということはなかったのである。フックとホイヘンスという特別に有能な技師がいてはじめて、ポンプの稼働は可能であった。このような状況のもとでは、再現・複製はおおきな問題であった。同じ実験を、異なるレベルの実験技術でおこなおうとする複数の場所がしのぎを削ることになったのである。続いてホイヘンスが一六六一年に生みだした再現・複製のネットワークを検討しよう(16)。

ポンプを複製する——ロンドンとオランダ

ボイルの空気学実験が発展するにあたって、空気ポンプの普及は不可欠であった。ホッブズは実験コミュニティの外にいたため、普及の過程に参加していなかった。他方、クリスティアン・ホイヘンスは一六六〇年代にボイルとフックの直接的な指導なしに空気ポンプを製作したただ一人の自然哲学者であった。これはどんな空気学実験が生みだされ、その後どんな経緯をたどるのかということにとって、おおきな重要性をもっていた。ホイヘンスはロンドンを一六六一年四月に訪れ、四月一一／一一日にグレシャム・カレッジでひらかれた王立協会の会合に出席している。そこでは空気ポンプが議題となり、実験がおこなわれた。翌日ホイヘンスはボイルの訪問を受け、二人は「長いあいだ議論した」。協会が当時取りくんでいた実験のなかで、ホイヘンスが論争にくわわったものとしては、発砲時に銃にかかる反動、望遠鏡のレンズ、そしてサイフォンをもちいたボイルの実験があった。ホイヘンスは弟ローデウェクに、ボイルの『新実験』を一冊入手したと告げ、彼自身も「おおくの美しい実験」を見たと知らせている。実験は「真空にかんするものでした。彼らはちいさな管に水銀を入れて真空を生みだすのではなく、ポンプを使いおおきなガラス容器から空気をすべて取りのぞくことによって、真空を生みだしているのです」[17]。ホイヘンスは夏にオランダに戻るとオルデンバーグの訪問を受け、ロバート・マリとも連絡をとりつづけた。マリはホイヘンスに、ホッブズの『自然学的対話』が出版されたと告げ、またリヌスが提唱した細紐仮説を王立協会が検証しようとしたと知らせている。一六六一年九月の終わりに、ホイヘンスはマリに手紙を書き、まもなく空気ポンプの製作にとりかかるつもりだと告げた。「真空のなかでいくつか新しい実験をおこない、また［ボイルの］著作にある実験の一部を試してみたいのです」。彼はまたパリに向けて次のように書き送っている。ロンドンで「ボイル氏による興味ぶかい実験」を見て、「私は、彼が使っていたような機械を製作したいと思うようになりました。……［ボイルが］まだ思いついていないさらなる実験をおこなってみようと思うのです」。ホイヘンスは『新実験』のシャロックによるラテン語訳を入手したところであり、彼が自分のポンプを製作したときに引用していたのはこのラテン語訳からであった。ホイヘンスがマリに告げたところによれば、ポンプが「完成しましたら、私がくわえた変更をお教えしましょう。まずは成功するかどうか見てみないといけませんから」。マリは、この手紙をロンドンで受けとると、次のような返事をしたためた。「あなたはご自身のやり方でポンプを製作しようとしています。そこで私たちはポンプの改造を、あなたがご自身のポンプをおつくりになるまで延期しようと思います。ですから、ポンプの設計にかんしてあなたがおこなおうとしていることはみな私たちに知らせていただきたいのです」。ホイヘンスがポンプをどうやって製作していったかは、アリス・ストゥループの研究がくわしく論じている。ストゥループはまた、ポンプのさらなる普及にあたって、ホイヘンスがどんなふうに中心としての役割をはたしていたのかに注目している。ここではロンドンのポンプとオランダのポンプの違いにかかわるふたつの問題と、ロンドンとオランダのあいだで情報が交換された手段に注目したい。ホイヘンスがポンプ製作の初期段階におこなった報告にはすでに、彼の再現・複製計画についてまわることになる困難があらわれていたのであった[18]。

一六六一年一一月と一二月のあいだ、ホイヘンスは空気ポンプの製作過程についてノートをつけていた。またロンドンのマリと、パリのローデウェク・ホイヘンスに進捗状況を知らせている。一〇月一二／二二日に、ホイヘンスはポンプのでき具合をたしかめるためにボイルが挙げた検証法を列挙している。ポンプが完璧に稼働するかどうかは、バルブとシリンダーをつなぐ封じ目と、ガラスの受容器とポンプの上部をつなぐ封じ目にかかっていた。一〇月二五日／一一月四日に、ホイヘンスは、ポンプはまだ「準備ができていない」とマリに告げている。なぜなら「シリンダーの空洞部分が十分に正確につくれていないからです。私はそれを直そうとしています」。ボイルがくりかえし嘆いていたように、ホイヘンスもまた「いい職人」がいないと不満をこぼしている。彼はバルブの設計についてボイルに問いあわせた。ホイヘンスは銅のバルブを使っており、ボイルによる木製バルブの使用に批判的であった。木でできたバルブはたわみかねないと考えていたからである。彼はマリにたいして次のように伝えている。「空気ポンプの建造にあたり、私は変更をくわえ、それがうまくいくかどうかを試しております。このような私の試みからあなたが利益を得たいと思われるのでしたら、私があなたの試みから利益を得るのも正当なことでしょう。ボイル氏のポンプにあるかもしれない（ですが氏が修正可能だと考えている）欠点や難点を隠さないでいただきたいのです」[19]。一一月の残りの期間、ホイヘンスはポンプを完成させようとしており、そのできをボイルの主張にそってたしかめようとしていた。彼は最初につくったシリンダーを放棄し、「巨大な銅」でできたものに取りかえた。受け皿をポンプの上、受容器の下で接合するようにした。そうすることで、より簡単にガラスの受容器を取りはずせるようにしたのだ。彼の報告によると、この時点で兄のコンスタンティンはプロジェクトから身を引いた。「費用を不安に思ったので」という理由だった[20]。

一六六一年一一月の終わりまでに、ホイヘンスはすくなくともボイルの空気ポンプと同程度にはできがよく、満足のいくポンプを所有していた。一一月一九／二九日の段階でのポンプは、頂上部分が閉じた受容器をそなえていた。そのため、受容器のなかに器具を入れるには、受容器をいったん土台から取りはずさねばならなかった（ボイルの機械はガラス受容器の頂上に開口部があった）。これがホイヘンスのポンプとイングランドのポンプとのあいだの違いのひとつであった。ホイヘンスは受容器の頂上に開口部をつくらないことで、ポンプの密閉性を高めようとしたのである。他の違いとしては、受容器の底にテルペンチンを塗って封をしていたことや、バルブ、および受容器とポンプをつなぐ管のところを密封するための黄蠟と樹脂の製法を新しくしていたことがある。もっとも重要であるのは、ホイヘンスが自分の設計（図11）はボイルの設計よりもすぐれていると考え、これには証拠があると主張したことであった。彼は同じことを一一月二〇／三〇日に弟に告げている。「昨日から私の空気ポンプは動きはじめました。そして一晩中、浮袋はポンプのなかで膨らんだままでした。……これはボイル氏にはできなかったことです」。膨らんだ浮袋の使用は、受容器の内部

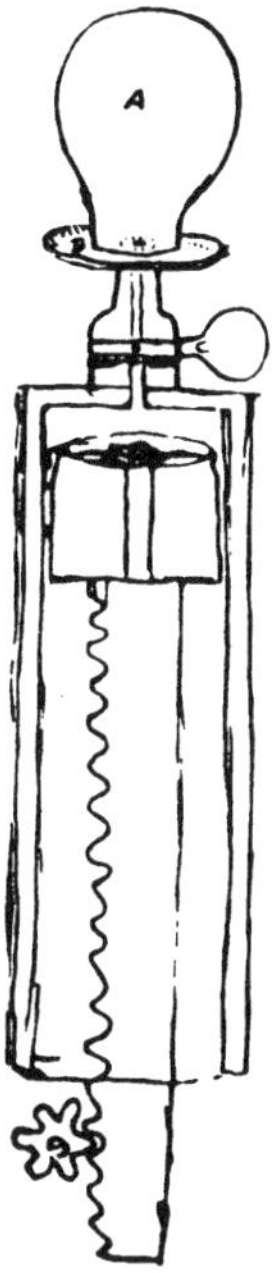

図 11　ホイヘンスが描いた空気ポンプの最初の設計図（1661 年 11 月）．ホイヘンスの作業ノートから取られた絵である．Huygens, *Oeuvres*, vol. XVII, p. 313 の図 36 から複製した．（エディンバラ大学図書館のご厚意による．）

状態を知るための方法としては一般的なものであった。ボイルはポンプのなかで浮袋がきわめてゆっくりとしぼんでいったと述べている。(21) さらにホイヘンスは、受容器のなかの状態を知るためのいっそう複雑な方法を考案し、そこから自分のポンプがいかにボイルのポンプよりすぐれているかをしめそうと試みた。

一六六一年一二月のあいだ、ホイヘンスはこの作業にかかりきりであった。月の中旬までに、彼は受容器から九十九パーセントの空気を除去できたと主張していた。この主張を検証するため、一二月一一／二一日、彼はボイルの一九番目の実験をおこなっている。それは真空のなかの真空現象にかんする実験のひとつであった。水を使った気圧計を受容器のなかにいれ、水の高さを受容器のなかに残る空気の指標としてもちいるというものである（図12）。ホイヘンスによれば、彼の新しいポンプは「完全に密封されていた。そのため受容器からすべての空気がのぞかれた。このことは次の実験によってしめされる」。ホイヘンスの報告によれば、「五回か六回ポンプで吸いだしをおこなうと」、気圧計のなかの水が下の容器の水の高さにまで降下した。空気を受容器のなかに再度入れてやると、水はふたたび上昇し気圧計を完全にみたした。「残ったのはちいさな空気の泡だけであり、この泡は麻の種子よりもすこしおおきい程度だった」。この泡はまる一日たつと最終的に消滅していた。この空気の泡の動きに着目することで、ホイヘンスは受容器とポンプに穴があるかどうかをたしかめようとした。(22)

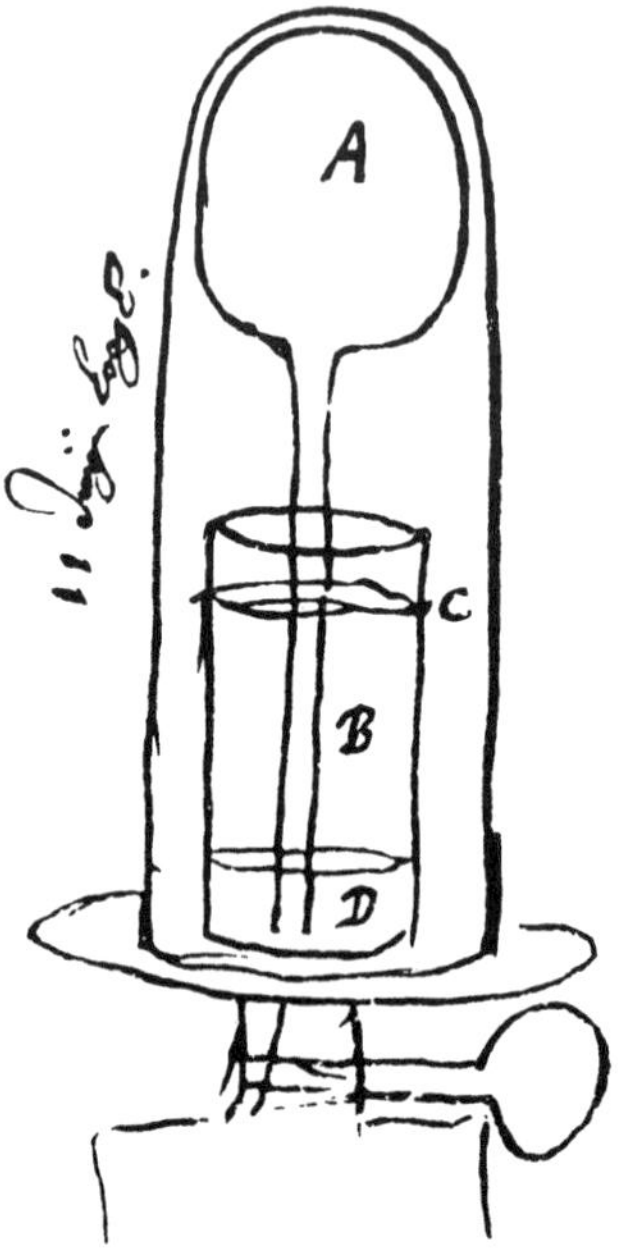

図 12　ホイヘンスが新しい空気ポンプをもちいておこなった，真空のなかの真空実験の試行を図示したもの（1661 年 12 月）．A：水でみたしたフラスコ，D：フラスコの外側の容器（B）に入った水，C：受容器から空気を抜きだした後の，フラスコ（A）と容器（B）両方の水の高さ．Huygens, *Oeuvres*, vol. XVII, p. 317 の図 39 より．（エディンバラ大学図書館のご厚意による．）

『新実験』の第二二番目の実験のなかで、ボイルは空気が水のなかに含まれうるか、そしてそれゆえ受容器から完全に空気を除去することができるかどうかを論じていた。ここで思いだしておきたいのは、ボイルによる空気の定義によれば、空気とは受容器から吸いだし可能な唯一の流体であり、また空気の存在は受容器のうちにみとめられるのであった。そのため、ボイルは泡の一部分だけが本当の空気であると考えた。ホイヘンスもまた、この泡がまる一日で消滅すると「二回連続して」観察したために、「私はそれが本当の空気であるかどうか確証がもてない」とみとめた。泡がすべて本当の空気であるとみとめるなら、空気がすべて除去できていたかどうかわからなくなり、ポンプの完全性が損なわれることになる。ホイヘンスはただちにローデウェクに手紙を書き、一連の実験を記述した。彼はそこで、実験は「受容器もまた完全に空であるはずである」と決定的なかたちでしめしていると論じていた。続く四日のあいだ、ホイヘンスはポンプの封じ目をより硬くすることに専念した。油に浸した革に銅のワイヤーを巻きつけ、その革で栓を覆った。一二月一六／二六日に、ピストンの頂上部を再設計し、接着剤の新たな製法を考案した（図13）。同時にロンドンにいるマリから、ボイルが五月に協会に寄贈したポンプを取りかえようと「別のポンプをつくっており、それは彼の最初のポンプよりもいっそう精密である」と知らせる手紙を受けとった。[23]

　ホイヘンスにとって、自分のポンプがボイルのポンプよりも

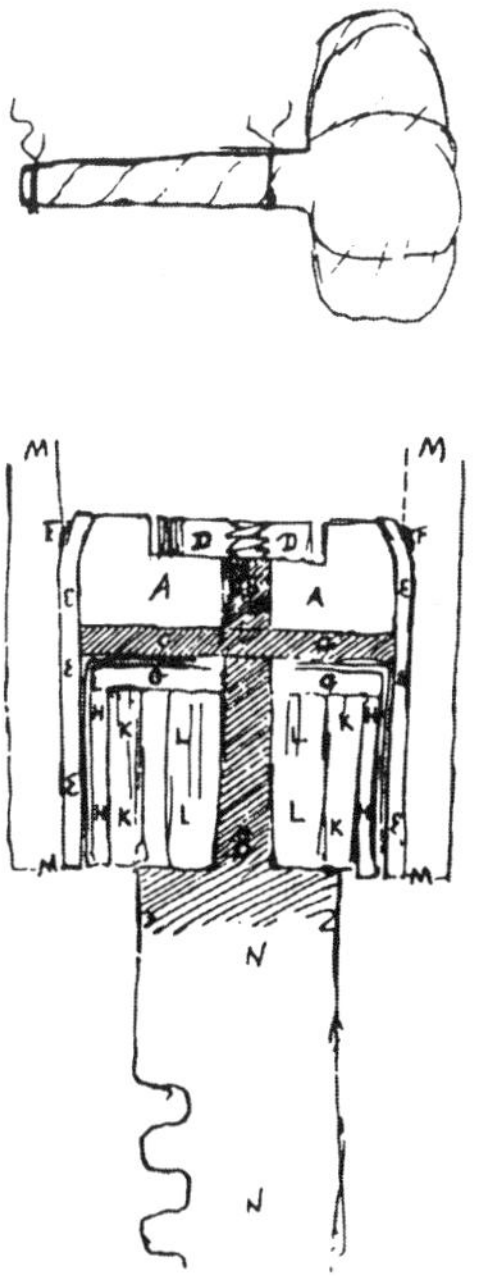

図13　ホイヘンスがコックの栓（上の図）とピストンにくわえた変更をしめす図（1661年12月）．M：シリンダー，N：ピストンのレール部分，D：鉄のねじ，A：木，C：鉄，E：頑丈な皮．鋲（F）によってピストンに打ち付けられている，K，L：コルク，H：ブタの膀胱に詰められた羊毛．Huygens, *Oeuvres*, vol. XVII, p. 319の図40および41より．（エディンバラ大学図書館のご厚意による．）

すぐれているとマリとローデウェクにたいしてしめすことが、おおきな重要性をもつようになったのである。彼はボイルの一九番目と二二番目の実験をおこない、そのさいにトリチェリ管のなかの水に空気の泡が大量にあるのを発見し驚愕した。泡の空気がなんであるかが、ポンプに穴があいているかいないかを左右する。そこで一二月一七／二七日に、あらかじめ受容器のなかに長時間放置して空気を抜いておいた水を使って、同じ実験をおこなった。空気を抜いた水でトリチェリ管をみたし、ポンプから空気を抜いた。だがホイヘンスの報告によると、「驚くべきことに、可能なかぎり完全に空気を抜いても、水は下降しようとしなかったのです」。受容器から空気を抜いてもなお、空気を抜いた水が（そして後に使われた水銀が）気圧計のなかを下降しなかったことは、後に「変則的な停止」と名づけられた（図14[24]）。ホイヘンスがさらに報告するところによると、トリチェリ管のなかに空気の泡を入れてやったところ、水は最終的に下降した。トリチェリ管に入れられた空気の泡はポンプで吸いだしをおこなうたびに拡大し、水は最終的に容器の水の高さにまで下降した。ホイヘンスはこれを何度もくりかえし、泡と水との関係をより厳密に調査した。ホイヘンスはこの実験を一六六二年一月から二月まで続けた。トリチェリ管の長さを受容器の上に出るまで伸ばし、封じ目を硬くしつづけた。それがあれば水が下降し、なければ下降しないような空気の性質とはいかなるものであるかを検討した。彼はノートのなかに次のように書いている。

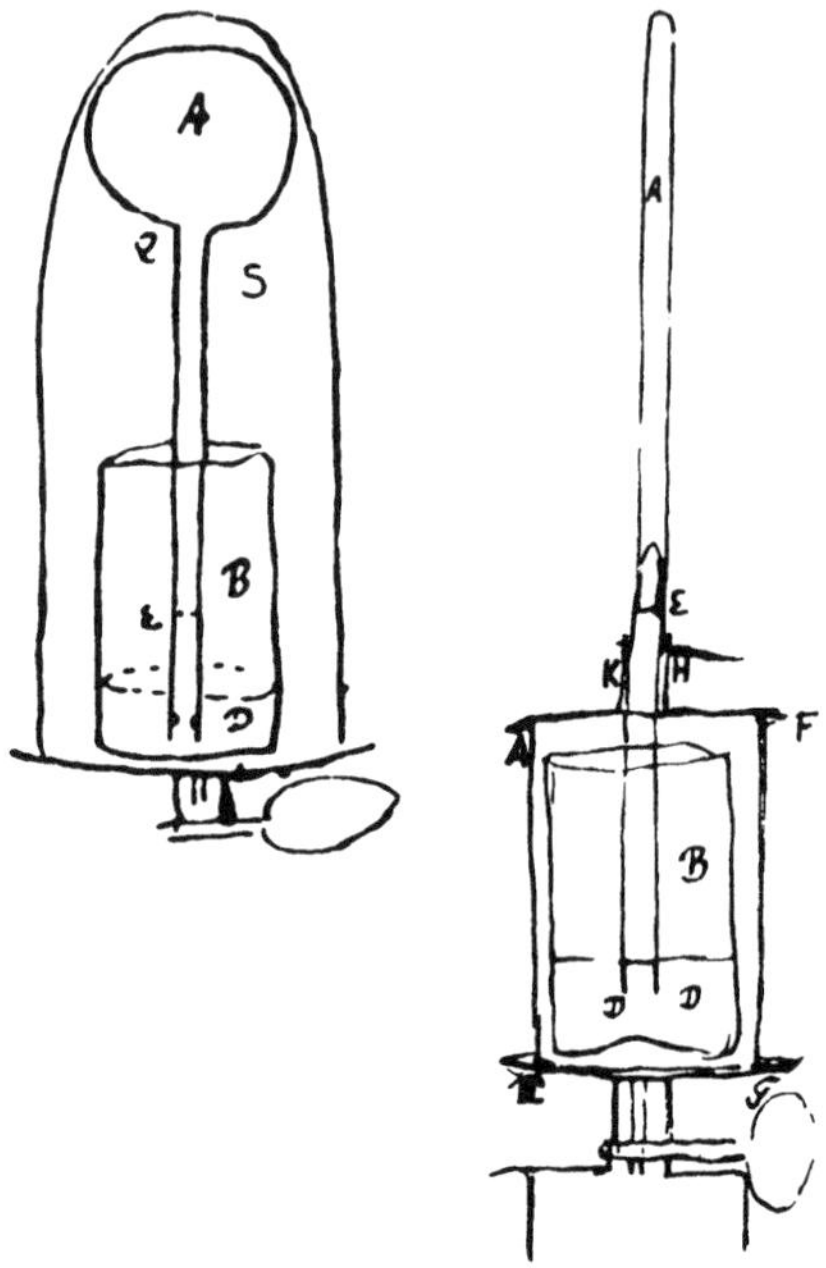

図 14　ホイヘンスが変則的な停止の現象をつくりだした実験を描いた図（1661 年 12 月）．A：水でみたされたガラス管，D：フラスコ（B）の水の高さ，E：管（A）のなかの空気の泡．Huygens, *Oeuvres*, vol. XVII, p. 323 の図 42 および 43 より．（エディンバラ大学図書館のご厚意による．）

これらの実験からは、空気は十万倍にまで拡大することができ、そのような状態にあってもなお力を行使することがわかる。それは空気の弾性のためである。ただし空気のなかに、ここで考察すべき、空気の重さと弾性以外のなにかまだ知られていない性質がなければの話だが[25]。

ホイヘンスがこの現象を生みだしたのは、自分のポンプがボイルのポンプよりもすぐれていると実験によってしめすという特定の文脈のなかでのことだった。一六六一年の終わりまでに、彼のポンプはロンドンとオックスフォードのポンプとはおおきく異なるものになっていた。マリはこのことを一二月一三／二三日の手紙のなかで確認している。マリはまだ彼自身見ていないボイルの新しいポンプに言及し、ボイルが銅のバルブを使うというホイヘンスの計画を受けいれなかったと報告した。これにたいしてホイヘンスは、ポンプを水のなかに入れるというボイルの考えを拒絶した。変則的な停止という新たな現象にうったえながら、ホイヘンスは彼が新たに設計したバルブとピストンはボイルの使ったものよりもすぐれていると論じた。自分のポンプにある穴の数は、あきらかにボイルのポンプにある穴の数よりもすくないというのだ。「ポンプの構造を述べるには手紙のほぼ全体を費やさねばならないでしょう。ですがおもな点は、銅のシリンダーが完成した後ではなく、完成の前にピストンを入れたということです。そして入れた後で、シリンダーにすこしずつ羊毛や別のものを詰めていき、それをもはやなにも入らなくなるまで続けました」。実のところ、ホイヘンスは彼がくわえた変更のすべてを語っているわけではない。彼がノートのなかに記録しているピストンの複雑な構造は、マリに書いた手紙のどれでも十分には述べられていない。また白鋳鉄と蠟の封をつかって銅の板を三つ積み重ねることで、受容器をポンプの上で分離させることを彼は可能にしていたのだが、このすぐれた機構も手紙では触れられていない。[26] このため、イングランドとオランダのポンプ製作者たちが互いのポンプを比べるためには、ホイヘンスが報告したあらたな現象があらわれるかいなかを基準とせねばならなくなった。

一六六二年二月には、空気を抜いた水が起こす変則的な停止と、泡を入れるとその水が下降することとをもって、ホイヘンスは自分のポンプがボイルのポンプよりすぐれている証拠だとみなすようになっていた。ここで決定的であったのは、ホイヘンスが水にあらわれる空気は通常の空気ではないと考えるにいたっていたことである。水のなかの奇妙な空気は、空気学のなかでもっとも重要な物質としてあつかわれた。ポンプで吸いだしをおこなったときに水がチューブのなかを下降するのは、受容器のなかに空気がなくなるからではない。むしろ水の上にあるこの新奇な物質から必然的に圧力がかかるためであるとされた。この物質は「通常の空気よりもおおきな拡張力」をもつ。なぜならこの物質に大気からくる外部の泡をつけくわえても、くわえた大気の量に比例して水の下降の度合いがおおきくなるということはなかったからである。

一六六二年一月三〇日／二月九日、水銀を使った場合は変則的な停止をつくりだせなかったことを説明するために、ホイヘンスはこの新たな物質を利用した。失敗は主として、水銀からこの物質を抜くのが水から抜くよりも困難であることから説明された。水銀のうちにはつねにこの物質がいくらか残っており、それが水銀から管へと出てきて、水銀を下降させるのである。そのため水銀を使った場合、変則的な停止を実現するのがむずかしい。[27] 一六六一年の終わりごろから一六六二年初頭にかけてボイルの空気実験を再現しようとする過程で、ホイヘンスはふたつの結果を手にいれた。第一にホイヘンスは、ポンプの完成度の検証を可能にする決定的な現象を自分のために確保した。第二にこの基準となる現象を解釈するために、ホイヘンスはこれまで知られていなかった流体が存在するとみなし、通常の空気の重さとバネが水の下降の説明として十分であるという学説に異を唱えた。この新たな流体が引きおこす水の降下は、すぐれたポンプだけが生みだすものであった。この流体は通常の空気ではありえなかった。もしそうだとすると、ポンプに穴があいていることになってしまうからである。ポンプが精密に製作されているかいなかの判断は、いまや空気のバネと新たな種類の流体の存在についていかなる判断をくだすかという問題に接続されたのである。十八か月以上ものあいだ、ホイヘンスのどちらの主張も事実としての地位をあたえられなかった。続いてイングランドの実験家たちがこれらの変則例をいかにあつかい、そして彼らがその再現の困難をめぐっていかにホイヘンスと交渉したのかを見ていくことにしよう。

較正と変則例――オランダとロンドン

一六六二年一月二四日／二月三日づけの手紙で、ホイヘンスは変則的な停止と、それがポンプの完成度を判断するさいにはたした中心的な役割について、マリに知らせている。彼はまたパリにいる弟ローデウェクにたいして手紙を書き、自然哲学者ジャック・ロオーと共同でポンプを製作し、その完成度を変則的な停止を使って調べるための手はずを整えるよう告げている。この手紙には変則的な停止を描いた図が同封されていた。ホイヘンスは一六六二年一月にロバート・サウスウェルの訪問を受け、三月にはヨハン・コールハンスの訪問を受けた。彼らは二人とも空気ポンプ実験を見たことがあり、コールハンスはヘンリー・オルデンバーグの友人であった[28]。三月になると、イングランドの自然哲学者たちがホイヘンスの主張への応答を開始した。彼らが利用できた空気ポンプはふたつだけである。ひとつはボイルが一六六一年五月に王立協会に寄贈したものである。このポンプは、オランダとオックスフォードから送られてくる報告の影響をうけるかたちでほぼつねに改造されていた。もうひとつのポンプは新しい設計のもので、オックスフォードでボイルが直接管理していた。どちらのポンプもホイヘンスのポンプとは違っていた。三月三／一三日にマリは、ロンドンのポンプは「うまく動いていない」とみとめている。よって「あなた［ホイヘンス］にこの問題の検討を続けてくれるよう頼まねばなりません」。この問題は一六六二年を通じて続くこととなる。一六六二年には、イングランドのどちらの空気ポンプも変則的な停止を生みだすことはなかった。これにたいしてボイルとフックの往復書簡と、ボイルとホイヘンスの往復書簡で問題となったのは、ホイヘンスがオランダで一六六一年終わりから一六六二年初頭にかけておこなった実験をいかに理解すべきかであった[29]。

イングランドの自然哲学者たちは、三つの議論を使ってホイヘンスに対抗した。第一に、ボイルはすでにリヌスとホッブズの批判への応答を完成させており、そのなかで自分がつくりなおしたポンプについて記述し、空気のバネにかんする新たな法則をしめす実験を報告していた。ボイルはホイヘンスに反論するさいにこの法則をもちいた。第二に、ボイルは自分のポンプがホイヘンスのポンプよりすぐれていると主張した。変則的な停止がしめしているのは、ホイヘンスが十分に完成度の高いポンプをつくれていないことだというのだ。最後に、ボイルはポンプの完成度の指標として変則的な停止を使用することはできないと主張した。この主張のなかでボイルは、ホイヘンスが受容器の中身をたしかめるにあたって、イングランドでみとめられていた方法をもちいなかったと批判した。一六六二年三月と四月のあいだ、マリはホイヘンスにボイルの『検討』と空気のバネの法則について知らせた。マリはまた、変則的停止を事実としてみとめることはできないというボイルの主張も手紙に同封してている。ボイルがホイヘンスに告げたところによると、「水が下降しなかったのは」、おそらくは「空気が十分に排出されていなかったからです」。ボイルがすすめたのは、「受容器のなかの（こういってよければ）ゲージ、しるし、あるいは目盛りを使って、受容器からどれだけ空気が排出され、どれだけ侵入が防がれているかを見る」ことであった。ボイルによると、イングランドでは使われているゲージには二種類ある。ひとつはちいさな浮袋であり、それがどれだけ広がるかが「受容器のなかで空気がどれだけ膨張しているか」の指標となる。もうひとつは水をつかった液柱圧力計であり、Jのかたちをしたチューブのなかに水とちいさな泡を入れたものであった。「泡がちいさくなれば、容器から空気が漏れていることがわかり、またなかに侵入してきた空気の量も推測することができます」。ボイルが主張してゆずらなかったのは、ホイヘンスがたしかめたのは空気ポンプに新たな空気が侵入してきてはいないということだけであり、最初に空気をすべて排出したかどうかはたしかめられていないということであった。最後に、ボイルは『新実験』に収められた真空のなかの真空実験を参照するようホイヘンスに求めた。その実験によれば、十四インチの水を支えるだけの空気が受容器のなかに残っていたのである。以上のような方法を使って受容器のなかの状態をたしかめないかぎり、ホイヘンスはボイルのポンプを複製したと主張することができなかった。そして複製できていない以上、変則的な停止はポンプの完成度の指標とはならず、むしろ製作の失敗を意味するのだった。(30)

こうしてホイヘンスは、自分の空気ポンプはイングランドの空気ポンプよりもおおく空気を漏らしていると告げられた。変則的な停止は正当な事実として受けいれられなかった。そこで五月三〇日／六月九日に、彼はマリに変則的な停止を詳細に説明する手紙を送った。ホイヘンス以外のだれもこの現象を再現していなかったからである。ホイヘンスはまた、ボイルがあきらかにした空気のバネの法則をより詳細に説明するようマリに要求した。マリの報告が理解できなかったからだ。最後にホイヘンスはボイルに次のように伝えるようにと書いた。「私はこの実験を三十回以上おこないました。そして受容器が私のポンプによってできるかぎり空にされていると十分知っております」。ホイヘンスはすでに、受容器のなかでちいさな浮袋を使っていたし、空気を抜いた水を入れた管と、空気を抜いていない水を入れた管との比較もおこなっていた。(31) マリはホイヘンスにボイルの『リヌスにたいする弁論』を送った。ホイヘンスは七月四／一四日に手紙を書いて応答し、それは数日後に王立協会で読まれた。そこでホイヘンスは彼の変則的な停止について再度述べ、変則的な停止は実際に起こったのであり、また水のなかにある微細な流体が現実に存在するのだとまたもや主張したのだった。ホイヘンスはまた、ボイルの法則があらゆる流体に適用されるとするなら、通常の空気よりもはるかに強いバネをもつ流体の使用は困難になるだろうと主張した。こうしてホイヘンスはイングランドのポンプの性能とボイルの法則の適用可能性に疑問をさしはさんだのであった。ボイルの返答はすばやかった。彼は次のことをみとめた。「なにか特殊な組成の物体があるか、なにか気がつかれていない状況があるために、奇妙な現象や、その他の説明がきわめて困難な現象が起きるかもしれない」。しかしボイルは続けて、ホイヘンスのポンプからはやはり空気が漏れているのだと論じた。それにたいしてフックはすべての流体はバネの法則にしたがわなくてはならないと論じた。なぜなら流体が流動性をもつのは、それが渦を巻いた構造をしているからなのである。ボイルとフックの主張するところでは、彼らの議論は「[ホイヘンスの]推論を疑問視しているのではありません。むしろ彼のポンプの漏れにくさだけを疑問視しているのです[32]」。

ホイヘンスが次におこなったのはポンプを再設計して、新たな設計のポンプで変則的な停止を生みだすことであった。彼はローデウェクに九月二五日／一〇月五日に手紙を書き、あまりにおおくの人がポンプを見せてくれと訪れてくるので、ポンプがうまく動いていないふりをせねばならなくなったと告げている。だが「私はほとんど嘘はついていません。というのもピストンがいとも簡単に動作不良を起こすので、ポンプが完全な状態で動きつづけていることはほとんどないからです[33]」。彼の新しいポンプはこの問題を解消し、イングランドからの批判に応じるためのものであった。新たなポンプは九月二七日／一〇月七日までには完成していた。それはボイルが前年に製作したポンプにいくぶんかは似ていたものの、いくつかの決定的な点で異なっていた。ホイヘンスは受容器を独立した台のうえにおき、ポンプをひっくり返し、そうすることで吸いだし時にポンプがシリンダーのなかを下降するようにした。彼は水と油を混ぜたものをピストンの上にあてがった。それは接合部を覆って、そこが乾ききってしまうのを防いでいた。この混ぜものがあふれてきたときに集めるために、受け皿がシリンダーの下に置かれた。だが新しいオランダのポンプとイングランドのポンプのあいだのもっとも重要な違いは、その動かし方の違いにあった。ボイルの新しいポンプでは非常に長い棒（R）がピストンの頂上にバルブとしてつけられていた。受容器から空気を抜くためにはピストンをシリンダーの底（NO）まで押し、栓（G）を開いた状態で、そのピストンをシリンダーの上へと引きもどす必要があった（図7）。空気は受容器から押しだされ、ピストンの頂上のバルブをとおって外へ出ていくことになっていた。だがホイヘンスの新しいポンプでは、ちいさな穴（B）がシリンダーの底にあけられ、それが蠟、ないしは革で封をされた（図15）。受容器から空気を抜くには、このちいさな穴を開けた状態でピストンをシリンダーの底まで押し、すべての空気をシリンダーから出す必要があった。それからちいさな穴と栓（A）の両方を閉めた状態で、シリンダーの頂上までピストンを引きもどすのである。そこで栓を開けて、受容器から空気が流れこんでくるようにしてやる。そして栓を閉じ、ちいさな穴をふたたび開けたうえでもう一度シリンダーの内部でピスト

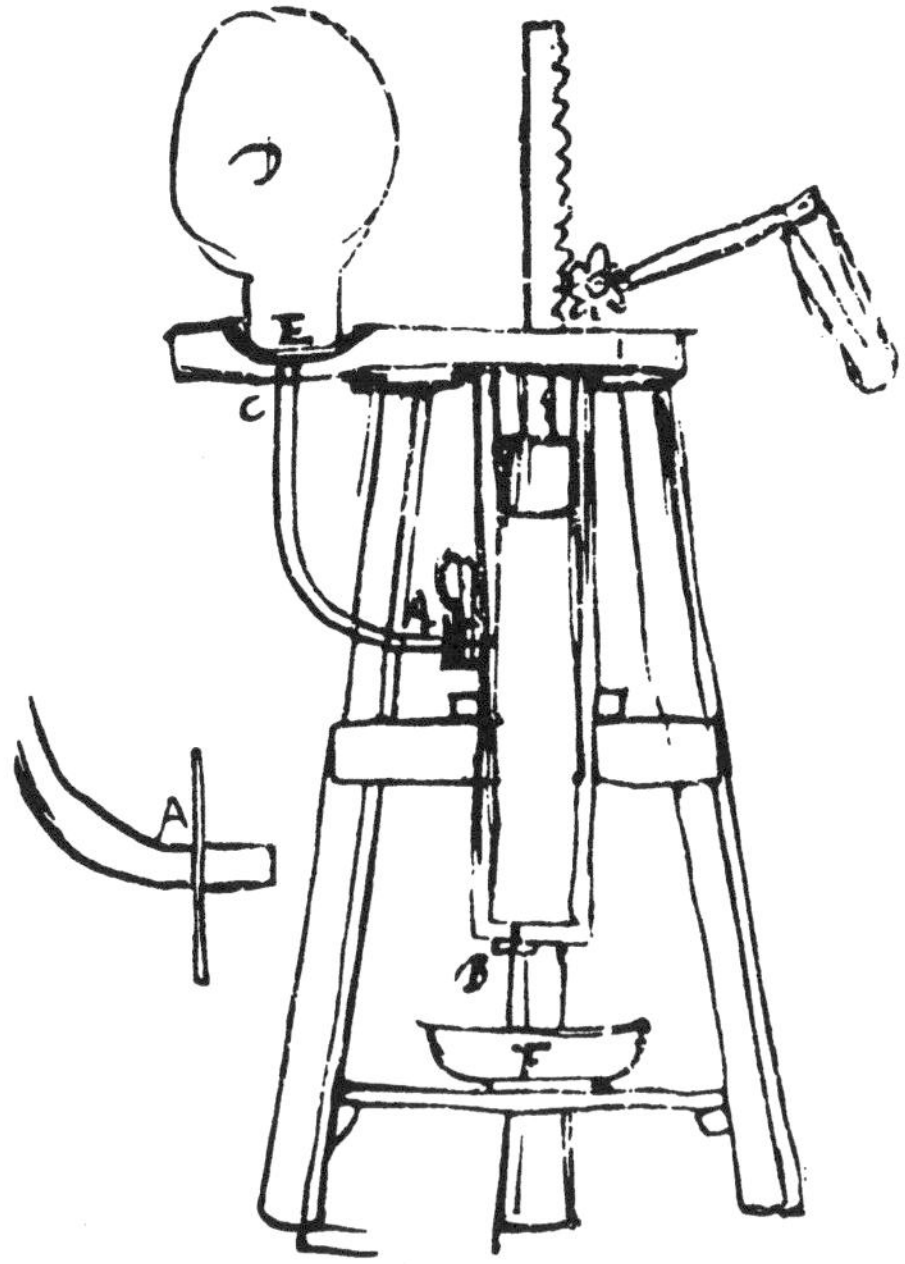

図 15　ホイヘンスの改良型の空気ポンプ（1662 年 10 月）．D：受容器，A：コックの栓を介して受容器とシリンダーをつなぐチューブの連結部，F：シリンダーからあふれてきた密閉用の液体を集めるための受け皿，B：バルブ．Huygens, *Oeuvres*, vol. XVII, p. 333 の図 47 より．（エディンバラ大学図書館のご厚意による．）

ンを押しさげ、なかに入った空気を放出するのである。

ホイヘンスはこの方法の優越性をノートのなかに書いている。

> ボイルの元来の方法にしたがうと、空気ポンプにしっかりと封をするのはきわめて困難であり、封はすぐにほころびてしまう。そこで私は銅のシリンダーを下から上へとひっくり返すのがよいと考えた。……そうすればハンドルを回転させるとピストンが下から上へと動くことになる。こうすることによってシリンダーへの空気の侵入は不可能になる。ピストンを構成する素材が完全に空気の侵入をふせげなかったとしてもである。……この方法はボイルのものよりもはるかにすぐれている。[34]

ホイヘンスは新たな空気ポンプを描いた図をパリと、ロンドンのマリへと送った。彼はマリにたいして、自分のポンプはイングランドのポンプよりすぐれていると告げた。またバネにかんするフックの説明は物質に運動を内在させてしまっているとも書いた。そして最後に、「私があなたに十分に説明を尽くして伝えた注目すべき奇妙な現象を」ボイルがいぜん無視していると伝えた。したがって、「受容器のなかに残った空気が下降をさまたげた」ということはありえない。ホイヘンスは自分の新しい空気ポンプに依拠しつつ、変則的な停止はイングランドでも受けいれられねばならないと主張したのだった。[35]

だがここで決定的となったのは、一六六三年の冬と春にかけてのロンドンのポンプの状態であり、またそれが変則的な停止を生みだすのに失敗したということであった。すでに述べたように、一六六二年一一月五／一五日にフックは王立協会の実験責任者となり、空気ポンプを直接管理するようになった。一二月三／一三日からフックは「空気を抜いた水を使って、その水がトリチェリの実験にしたがって下降するかどうかの実験」をおこなおうとしていた。だが実験はいくども延期された。「装置が気密でなかった」からである。空気ポンプの完成度が、変則的な停止の再現を基準に判断されていたことがわかる。一六六三年一月初旬、マリはふたたびホイヘンスに、ボイルは引きつづき変則的な停止を事実としてみとめていないと伝えている。なぜなら「あなたはそれが真実であるかどうかをまだ十分に保証していないからです。というのも、空気が同じ状態にあるかどうかを知る方法をあなたはもちいていないからです」。ボイルは、「原因を決定する前に、それがはたしてほんとうに起きているかどうかたしかめようではないか」と論じていた。前年の春から事態はほとんど進展していなかった[36]。だがいまではホイヘンスは説得のための新たな資源を有していた。彼はマリにみずからがつくった新たなポンプの詳細な図解を送り、それがボイルのポンプとくらべていかにすぐれているかを指摘した。マリは返信のなかで、オックスフォードでボイルがポンプの設計を改訂したと知らせた。マリが伝えたのは、ボイルの新たなポンプは水のなかに沈められているということ、またボイルは栓のまわりの蠟の封の製造法を変えてはいないということであった。もっとも重要なことは、ボイルがいまだに変則的な停止を生みだしていないということであった。

最初のポンプを協会に寄贈して以降にボイル氏が使っているポンプは、かたちの点ではほとんど違いがありません。それはあなたのポンプと同じように水に覆われています。ただし覆われ方は違っています。……私の考えでは、ボイル氏が使っているものよりも柔らかい接着剤を使うのがよいのかもしれません。しかし彼はいつもあなたのではなく彼自身の接着剤を使っています。ですが今までのところボイル氏はすこしも下降しない水というあなたの実験に成功しておりません。できることはすべてしているにもかかわらずです。受容器のなかには空気がまったく入らないようにし、また受容器からは空気を十分に抜いています。そのため計測のために管のなかに入れられた水銀は、下にあるちいさな皿に入った水銀の高さにまで下がっています[37]。

したがって一六六三年の三月と四月には、次のことがあきらかになったのだった。すなわち、使用できたふたつのポンプのうちのどちらかで変則的な停止をイングランドで生みだせないかぎり、だれもイングランドではホイヘンスの主張を受けいれないし、また彼が空気ポンプの実験家としてすぐれているともみとめないであろう、ということである。二月一九日／三月一日にホイヘンスが受けた知らせによると、フックに「[ロンドンにある]われらの機械を調整して、われらが自分の実験から学ぶことができるようにせよ」という命令がくだった。ここで問題となっていたのが、ロンドンのポンプがトリチェリ管のなかにある水から空気を確実に抜くことができないということであったのはあきらかである。三月二五日／四月四日までに、「空気を水から抜く実験」はまだうまくいっていなかった。「装置が十分に封をされているとはいえないからである」。マリは「こことオランダの通常の水のあいだにはなにか違い」があるのかもしれないと示唆しさえしていた。この違いのために、ロンドンの水から空気の泡を抜くのが困難をきわめているのかもしれないというのである。とはいえポンプの状態自体がほぼつねに問題を抱えていた。あきらかに空気漏れを起こしていたのだ。たとえば四月一／一一日に、フックは「現時点での空気装置の組みたてられ方」を書面で提出するよう命じられた。彼は水から空気を抜いて、変則的な停止をためすよう四月のあいだずっと指示されていたにもかかわらず、何度も何度も失敗した。再現の困難は差しせまったものであった。それはホイヘンスがロンドンにいなければ解決できないものだったのである。(38)

ホイヘンスは三月にパリに赴き、五月三一日／六月一〇日にロンドンに到着した。イングランドには九月の下旬まで滞在することになる。王立協会のいくつかの会合に出席し、六月二二日／七月二日には会員に選出された。ホイヘンスがグレシャム・カレッジを訪れたことは、変則的な停止のその後の経歴を決定的に左右するできごとであった。この時点ではボイルはロンドンから離れており、エセックスのリーズにいた姉のウォーウィック伯爵夫人のもとに滞在していた。ボイルはそこに八月までとどまっていたため、変則的な停止というやっかいな現象の最初の再現を目撃していない。六月一〇／二〇日に、オルデンバーグはボイルに手紙を書いて、ホイヘンスの到着を告げている。同じ日にフックは管のなかの水からあらわれる泡が通常の空気なのか、それとも他の流体であるのかを検証する実験に参加している。同時に王立協会はトリチェリの現象を検証する委員会を設立した。ここでフックはロンドンを去り、オルデンバーグの手紙を携えてリーズにいたボイルのもとへ向かい、彼のところに二週間滞在した。重要なことに、オルデンバーグはボイルにたいして、フックがすぐにロンドンへ戻ることが肝要だと伝えている。というのも、「すでに述べた外国人たちがいましばらくのあいだここに滞在しそうだからです」。そして「協会には実験主任がぜひとも必要です。あなたにおきましては、持ち前の親切さを発揮していただいて、この[ポンプの管理という]公共の利益のために一刻もはやくフック氏を役目から解放していただきたく思います」。ロンドンに戻ったフックは、すぐにホイヘンスとともに空気ポンプを使用した実験を開始した。(39)

この計画は七月一／一一日にはじまった。当初は、水の変則的な停止という現象をつくりだすことはできなかった。フックはボイルに告げている。ホイヘンスは「彼自身の実験をおこないました。だが成功しませんでした。装置はきわめてよく密閉されていると彼がみとめているにもかかわらずです。実験はまた明日おこなわれます」。だがホイヘンスはグレシャム・カレッジのポンプと自分のポンプとのあいだにある重要な違いを記している。「彼らの機械は私の機械とは向きが正反対であり、完全に水中に沈められている。……空気穴はピストンのなかにあり、管とともに上がったり下がったりする」。フックとホイヘンスがロンドンでおこなった実験に参加した重要な人物の一人に、ハリファックスの医師であるヘンリー・パワーがいる。パワーがロンドンにいたのは彼の『実験哲学』の出版の手はずを整えるためであった。彼はその本をジョン・ウィルキンズとフックに見せてコメントをもらっていたのである。パワーはまた六月と七月のあいだグレシャム・カレッジでの会合に出席し、七月一／一一日には会員に選出された。七月一一／二一日に、パワーは一連の実験を「ボイルの装置を使って」おこなった。その装置は「ボイル氏とカレッジによって調整され、設計を変更されたものであった」。パワーの協力者のなかにはグレシャム・カレッジの天文学教授であったウォルター・ポープがいた。ポープは、協会が設立したトリチェリの現象を検証するための委員でもあった。彼らがおこなった実験には、受容器のなかでの水の沸騰や、動物を使っての実験があった。受容器に入れられた動物にはツバメ（「ボイル氏がいうようにツバメは死んだ」）とウナギがいた。もっとも重要であったのは、パワーと協力者たちが受容器のなかに置いた管の内部で水の変則的な停止をつくりだしたことである。彼らによれば水から泡をすくなくとも二日間かけて抜く必要があり、また三度空気を吸いだすと「水を押し下げることはできなくなった」。ではそのときに水の柱の重さを支えていたのはなんだったのだろう」。七月一六／二六日までに、パワーは「すべての水のなかにはそれなりの割合で空気が含まれている」と結論した。同じ日にフックは協会にたいして、彼が七月六／一六日から八／一八日のあいだにおこなった変則的な停止についての実験を報告し、パワーとポープがおこなったのと同種の実験はたしかに成功すると確証した。[40]

水の変則的な停止の再現がロンドンのポンプでおこなわれた以上、そのことをボイルに伝える必要があった。フックはすぐに七月初旬におこなった実験について報告した。「私たちは［ホイヘンスの］実験をおこないました。それはいまのところ成功していません。使用したポンプでは、水は下降しませんでした。ですがわたしはもしポンプをより長時間動かしていれば、結果はおおいに違ったものとなっていたと自信をもっていえます」。あきらかに、この時点でもまだ変則的な停止は新種の微細な流体ではなく、受容器のなかに残った空気が引きおこすものと主張されていたわけだ。変則的な停止は八月にボイルがエセックスから戻ったあとに再度つくりだされた。ホイヘンスの記録によると、「空気を抜いた水を使う私の実験が、高さ七フィートのパイプにつくられた真空のなかでおこなわれるのを見た。水は下降することなく上でとどまっていた。実験は二度か三度成功した。そこにはブラウンカー卿、ボイル氏、そしてその他大勢の人びとがいた」。ボイル自身も実験がホイヘンスとブラウンカー（王立協会の会長であった）によって「おこなわれ……大変な成功をおさめた」とみとめた。だがボイルはいぜんとして次のように主張しつづけた。「彼らはどれほど受容器から空気を抜いたかをみるための計器を使っていない。そのため管にある水を受容器のなかで三、ないしは四フィートの高さに保つのに十分な［空気］が残っているのかもしれないと推測するのは馬鹿げたことではない」。こうして変則的な停止はついに事実とされた。だがそれはきわめて問題含みであり、いくつもの競合する説明が可能であった[41]。

この問題がとりわけ厄介であったのは、ボイルが同じ時期に、実験の地位と真空の存在可能性をおびやかしかねない対立説にまたもや直面していたからであった。一六六三年七月の王立協会での実験に参加した者のうちすくなくとも一人、すなわちヘンリー・パワーは、自他ともにみとめる充満論者であり、トリチェリの真空への反論を彼の新著『実験哲学』のなかでおこなっていた。パワーが七月の実験について残したノートは、なにもないとされている空間や水のなかにも、実は空気とエーテルが残りつづけているのだと強調している。だがパワーは実験の地位を攻撃することは避けた。そのような攻撃は実験コミュニティのなかでの議論から排除されていた。たとえば、ホッブズ自身はこの変則的な停止をめぐる議論の外にとどまっていた。ホイヘンスはホッブズや彼の友人であるサミュエル・ソルビエールとともに、フランス大使の家で夕食をとっていた。そこにはホッブズの庇護者であるデヴォンシャー伯も同席していた。フックもまたロンドンの器具屋であるリチャード・リーヴスの店で七月初旬にホッブズに出あっている。これらの機会に空気ポンプの件が話題になったかどうかはわからない[42]。この点が重要なのは、変則的な停止は深刻なかたちで充満論の問題を提起していたからである。ストゥループが論じたように、この現象は空気の弾性という仮説と真空の仮説が「両立しない」ことをしめしていた。「空気ポンプの最初期の擁護者にして、おそらくは最大の影響力をもった擁護者であった」ホイヘンスは、「古来の論争における充満論者の側に立った」。グレシャム・カレッジでの実験が成功したすぐ後に、オルデンバーグは国外にいる文通相手に、管のなかの水、ないしは水銀の高さを保っているのは空気の圧力ではありえないという「あきらかな結論がでたようだ」と伝えている。七月三一日／八月一〇日には、オルデンバーグはスピノザにもこの実験が「真空論者をたいそう苦しめ、充満論者をたいそう喜ばせている」と伝えている。スピノザは一六六一年の夏にオランダでオルデンバーグに会い、一〇月にはボイルの『いくつかの自然学的なエッセイ集』を手にいれていた。一六六二年春より、彼は硝石の再生をめぐるボイルの仕事を攻撃し、実験のみによっては確実な知識は生みだされないと主張した。一六六三年七月一七／二七日には、そのような知識は「まず私たちが哲学の機械論的原理から学んで」はじめて達成されるのだと書いている。ボイルはオルデンバーグを通じて返事をした。彼は「新しく、そしてより堅固な哲学の学説はあきらかな実験によってあかるみにだされる」と引きつづき主張した。これは彼がホッブズにたいして論じていたことであった。スピノザはまたホッブズとともに充満論を支持していた。ボイルはこの問題について論争することを拒絶した。なぜなら充満論は「いかなる現象によっても証明されていない」からである。「むしろ……充満論は真空が不可能であるという仮説からもっぱら推定されているのだ」[43]。だがここにきて変則的な停止という現象が充満論者に自説の論拠をあたえているように思われた。スピノザとホッブズは実験コミュニティの外側にとどまっていた。彼らの存在がしめしていたのは、この新しい現象を変則例ではなく、当然の現象とするような自然理解の枠組みがあるという事実であった。これはボイルの枠組みと競合する危険な枠組みだった。さらにスピノザとホッブズを潜在的に危険にしていたのは彼らの充満論だけではなかった。彼らはたんに充満論を支持していたのではなく、実験というゲームの規則にしたがって動くことを拒絶していたのである。

そこでボイルがとった戦略は、変則的な停止という問題を、空気ポンプの文脈から切断するというものであった。すでに変則的な停止の地位は変質していた。変則的な停止の有無を、ホイヘンスのポンプがイングランドのポンプより劣ることの証拠とみなすことはもはやできなかった。なぜならホイヘンスの助けによって、変則的な停止がロンドンで生みだされたからである。変則的な停止はもはやポンプの性能の判断にさいして信頼のおける「ゲージ」ではなくなったのだ。なぜなら受容器のなかの流体に説明をあたえる、競合する複数の自然理解の枠組みが存在したからである。ホイヘンスはフランスへと戻った。ここでボイルは、変則的な停止を水ではなく水銀で試すべきだと提案した。ホイヘンスはこれまで一度も水銀の変則的な停止を生みだしたことはなかった。大気は水銀を三十インチの高さに保つ。それ以上の高さで水銀が止まったならば、それは「外にある空気」とは違うなにかのために生じたことになるだろう。九月九／一九日に、王立協会はブラウンカーとボイルの両者にこの実験をおこなうよう要請した。ここでボイルは一策を講じた。長い管のなかでの水銀の停止を、空気ポンプを使わずに試すべきだと主張したのである。ボイルはオックスフォードにある空気ポンプでは一度も水の変則的な停止を生みだせなかったと述べた。「私の装置は壊れているのかもしれない」。さらに「装置のなかで水銀の高い柱が停止するというのは、トリチェリの実験に関連してこれまでおこなわれてきたどんな実験にもほとんどまったく合致しないと思われる」。したがって変則的な停止は空気ポンプのなかに残った空気のふるまいと結びつけられるべきではない。ボイルはオックスフォードに戻ると、「開かれた空気のもと、水銀が長めの管のなかで三十インチ以上の高さで停止させられるか。この点について満足のいく回答を得るまでは、機械を使っても意味はないだろう」と考えた。ボイルとその助手が大気中で水銀から空気を抜いて変則的な停止を生みだすにはすくなくとも四日かかった。九月二三日／一〇月三日と一〇月七／一七日に、ボイルとブラウンカーの双方が、空気をよく抜いた水銀は空気ポンプを使わずともすくなくとも五十二インチの高さに停止すると報告した[44]。これらの実験結果は空気ポンプ性能の比較の問題とは無関係であった。一〇月二九日／一一月八日、ボイルはこの実験についてのコメントをオルデンバーグに送った。マリはその手紙を翻訳し、ホイヘンスに送った。ボイルは水銀柱のうち下の部分の三十インチは大気によるものだと指摘した。ブラウンカーはこれより上の水銀はなにか別の流体によって支えられているのだと指摘した。それゆえボイルは、変則的な停止は空気のバネという「私たちの以前の仮説をくつがえしは」しないのであり、むしろそれを補うのだと主張した。ここでこの他の流体がなんであるかという説明をしてみせる者はだれもいなかった。空気ポンプを使った実験が空気には弾性と重さがあるということをしめしたのと同様に、いまなにか別の性質が要求されるようになったのである。「私たちの装置によっておこなわれた新しい実験により、トリチェリ主義者たちによって主張されてきた空気の重さの仮説を拒絶するのが適当だとは思いませんでした。むしろ私たちはその仮説に空気の弾性をつけくわえたのです。それによって理論は改善されたのですが、この理論はこのたびの新しい発見によって誤りとしめされたのではなく、むしろ不十分だとしめされたわけです[45]」。したがって変則的な停止は空気学において厄介ではあるもののたしかな事実とみなされるようになった。それが引きおこす問題はもはや、ボイルの空気ポンプの完全性と、空気ポンプが実験プログラムのうちでしめる位置をおびやかすことはなくなったのだ。

一六六三年の一一月から、ホイヘンスはよろこびいさんでイングランドで生みだされた成果にたいして返答を開始した。実験家のあいだでの意思疎通の問題は継続した。ホイヘンスは空気ポンプを使わずに、どうやって水銀から空気を抜いたのかがわからなかった。彼は何度もマリにたいして、どうやって「彼らは水銀からすべての空気をうまく抜くことができたのか」たずねている。また「五十五インチが残ったのは受容器から空気が抜かれたときなのか、それとも抜かれる前ですらすでにそうであったのでしょうか。なぜなら後者はすでにひとつの奇跡なのですから」とも問いただしてもいる。一二月までに、ホイヘンスはイングランドで生みだされた事実についてのより詳細な説明を受けることができた。それゆえホイヘンスにとっても、変則的な停止によって彼のポンプをイングランドのポンプから区別することはできなくなった[46]。ボイルは完全性と変則的な停止のあつかいを分離しようとした。ボイルが公刊物のなかで、変則的な停止が引きおこす問題に触れたのは一度だけである。『続編』（一六六九年）の実験一四番にふしたコメントのなかでボイルは、空気を抜いた受容器に設置した気圧計のなかで水銀と水の高さが異なるのは、「できうるかぎりのことをおこなったにもかかわらず、いぜん水のなかに残っている空気の粒子のせいかもしれない」としている。事実、ここでも空気のバネだけが液体の高さを説明しているのである。ジョン・ビールをはじめとするボイルの文通相手たちは、バネによる説明を補うさまざまな説明を提案していた。たとえば磁気の減少によって、水銀が下降しそこなっているのではないかというものである。だがボイルはそれらの提案を議論しなかった。彼はそのキャリアを通じて、変則的な停止を公刊物のなかで説明することはけっしてなかった。それは空気のバネと空気ポンプの地位を揺るがしかねなかったからだ。変則的な停止がその後いかなる運命をたどったかは、この章の終わりで見ることにし、さしあたっては空気ポンプがいかに発展していったかを論じていきたい。[47]

空気ポンプのアイデンティティを確立する
——ロンドンとオックスフォード

一六六〇年代には、どの空気ポンプにしても決定版というにはほど遠い状態にあった。ポンプに柔軟性があったからこそ、実験家たちはここまで論じてきたような駆け引きができたといえる。第5章では、ボイルがポンプからの空気漏れをみとめることで、受容器のなかで大理石を分離しそこねるという初期の失敗を説明したのを見た。ホイヘンスが一六六一年秋から一六六二年秋のあいだにいくつかのポンプをつくったとき、彼はただちにおおくの点で設計を変更した。ロンドンとオックスフォードのポンプは異なっており、それらはしばしばうまく稼働せず、そうでなければ改造中であった。このためフックは一六六三年四月に「現時点での空気装置の組みたて方」を説明するよう求められたし、マリは一年を通じてホイヘンスに報告を送りつづけたわけである。[48] ポンプの設計にくわえられた変更を、実験家がみな重要視していたということもすでに指摘した。変更が施されたからこそ、ホイヘンスは変則的な停止を生みだすことができ、ボイルやフックは生みだせなかったのだと説明された。ポンプ相互の違いが重要であるかないかの判断は、実際にはいかに空気ポンプが動き、ポンプのなかにはなにがあり、実験家たちのそれぞれがどれほど有能であるかという諸点についていかなる判断をおこなうのかという問題に他ならなかった。とはいえ、原理的にいえば、空気ポンプは容易に同定可能な、物質からなる対象であると考えられていた。もしそうでなければ複製という過程の全体が崩壊してしまうことになっただろう。それゆえ一六六〇年代における空気ポンプの問題は、競合しあう実験家たちが自分たちのポンプの特徴を見きわめ、他のポンプとのどの違いが重要であるかを見きわめるという点にかかっていた。

空気ポンプのアイデンティティは、ポンプが実験哲学の象徴としてもちいられることによって強化された。第2章では、空気ポンプがいかに象徴的に活用されていたかを見た。一六六〇年代の後半に、ニューカッスル公爵夫人とトスカーナ大公が王立協会を訪れたさいに披露されたのは、空気ポンプの実験であった。一六六三年の七月には、国王がグレシャム・カレッジを訪れたならば、ポンプを披露するのがいいのではないかとレンが提案していた。一六六四年の夏に発注され、フェイソーンが作成したボイルの肖像にしても、スプラットの『王立協会の歴史』（一六六七年）に付されたジョン・イーヴリンの図像にしても、空気ポンプを描いている（図16 bと図2）。だがここですら空気ポンプをいかに描くべきかが論争の的となっていた。フェイソーンのもともとのデザインは、純粋に慣習的なものであり、背後には風景が描かれているだけであった（図16 a）。

図 16a　ウィリアム・フェイソーンが作成したボイルの肖像画の，当初のデザイン（1664 年夏）.

図 16b　ウィリアム・フェイソーンによるボイルの肖像画．背景に空気ポンプが描かれている（1664 年）．図 16a と 16b はオックスフォードのアシュモール博物館（サザーランド・コレクション）の許諾を得て複製したもの．

図 17　スプラットの『王立協会の歴史』（1667年）の表紙絵に描かれた，ボイルの改良型の空気ポンプ．図 2 の一部を拡大したものである．胸像はチャールズ 2 世のもの．（ケンブリッジ大学図書館のご厚意による．）

一六六四年八月二五日／九月四日、フックはボイルにたいして、フェイソーンの絵に入れられるような「書物、あるいは数学的・化学的機器といったようなものをおもちかどうか」をたずねている。フックとボイルが達した結論は、ここでは象徴として空気ポンプを使うべきだというものであった。フックはボイルにたいして九月に、「ちいさなスケッチをつくりました。それは机の上にあなたの最初の装置があるさまを描いています」。そしてフックはボイルが「空気装置にあなたが最近くわえた改造」をくわえるかどうかをたずねている。ボイルはくわえなかった。フェイソーンの最終的な版画は、空気ポンプの最初期の形態を描いている（図16 b）。他方、イーヴリンのデザインはポンプのより後のヴァージョンを描いており、それは水のなかに沈められている（図17[49]）。ロンドンの空気ポンプはすでに一六六三年の夏までにこのようなかたちに改造されていた。一六六四年三月にジョナサン・ゴダードは「装置にガラスを接着させた状態で」実験をおこなっている。ここからこの時点で受容器のために、分離した板がつけられていたことがわかる。一六六五年前半と、大疫病後に会合が再開された後に、ポンプは磁気と振り子の運動の実験のために使われ、しばしば改造をほどこされた[50]。

ポンプの標準的な設計をさだめることができるかどうかは、空気漏れを防いでポンプを適切に稼働させられるかどうかにかかっていた。さらなる問題は受容器のおおきさが変化していたことであった。受容器のサイズは、新しいガラスの費用さえ負担できれば比較的簡単に変えられたのである。おおきさについてはさまざまな説明が見いだされる。一六六二年春、王立協会は人間が入れるくらいのおおきさの受容器を計画していた。一六六七年五月、ニューカッスル公爵夫人に披露されたポンプは、「九ガロン三パイント」の容積であり、これはオリジナルの空気ポンプとほぼ同じおおきさである。ボイルが再設計したポンプには分離した板がついており、それにより受容器の交換がより容易になっていた(51)。フックもまた受容器の拡大を試みていた。一六六七年六月、「フック氏によって、人を入れられるくらいのおおきさをもつ、空気を希薄にする木製の装置をつくるという提案がなされた。この提案はボイル氏によってみとめられた」。見積額は五ポンドであった。この装置は七月一一／二一日につくられたが、「十分に密閉されていない」ことがあきらかとなった。封をする方法をめぐる議論が続けられた。セメントよりも鉛がよいとされた。だがいずれにせよ「(フック氏が考えたように)真鍮のピストンに空気が入ってきていたため、彼は代わりに木製のピストンをつけたと協会に伝えた」。ポンプのアイデンティティをめぐるさらなる問題は、それらが置かれていた場所にあった。一六六六年のロンドン大火のあと、協会はアランデル・ハウスに移ったが、ポンプはフックの管理のもとでグレシャム・カレッジに残った。フックは機械を動かすことで起こる不都合に不満を表明している。「グレシャム・カレッジからアランデル・ハウスまでの運送［ほぼ一・五マイル］で、装置の接着部にひびが入り、アランデル・ハウスでは使えなくなってしまった(52)」。こういうわけで、ボイルが一六六八年四月にオックスフォードを去りロンドンに向かったときまでに、ロンドンとオックスフォードのポンプはどちらもおおきな変更をこうむっていた。それらは動いたり動かなかったりをくりかえしていたし、ホイヘンスがもたらした変則的な停止という新奇な現象や、あいもかわらず起こりつづける空気漏れといった問題に悩まされていた。複製の問題は、空気ポンプの状態が変わりつづけることによってますます困難をきわめていたというわけである。

一六六八年二月はじめ、ボイルはオックスフォードを去る準備をしていた。彼はオルデンバーグに、『新実験』の続編をつくるための、おおくの空気実験を」集めたと告げた。それらの実験はボイルの指示のもと一六六〇年代におこなわれたものであり、一六六八年三月に完成し、一二月に出版された『続編』に収録された。さらなる実験を集めたのがボイルの『炎と空気の関係についての新たな実験』(一六七二年)である(53)。彼の出版物においてたいていそうであったように、ボイルは『新たな実験』のなかでも、長年にわたってさまざまな協力者とともにおこなってきた実験を報告した。一六五九年以降に空気ポンプがいかにつくられてきたかについてもボイルは議論していたが、彼の説明は一貫性を欠いていたし、不正確であった。改造したポンプにボイルが公刊物のなかで最初に言及したのは『続編』でのことであった。すでに見たように、このポンプは彼が一六六一年終わりごろから一六六二年初頭にかけて製作したものである。ボイルによると、一六六一年にオリジナルのポンプを王立協会に寄贈してからというもの、「それ以降同じくらいよくできた別の空気ポンプを手にいれることが」できなかったという。そのためしばらくのあいだ仕事を中断したという。続けてボイルがいうに、オリジナルの空気ポンプの複製が困難であったため、以後にもごくごく少数のポンプしかつくられることはなかった。そのため新たな設計のポンプをつくったのだという。新しい設計のポンプは実際には一六六二年の春よりも前に完成していたのだが、ボイルは違うストーリーを語った。

……空気のようにきわめて微細な物体や、大気のように重い物体を遮断できる……装置をつくるのは大変困難であった（それに、おそらくはさらなる他の困難もあっただろう）。それゆえ五年か六年のあいだ、私は稼働にいたった装置のことをひとつかふたつしか聞かなかったし、それらの才気あふれる所有者によってつけ加えられた新たな実験もひとつかふたつしか聞かなかった。もし私が［ポンプをもちいた］仕事を再開しなかったならば、この分野で重要なことはまずなされないであろうと主張する人びとがおり、そのような人びととの声を私は聞きはじめた。それゆえ（私が以前雇うのに失敗した職人たちとは……別の職人たちの力を借りて）新しい装置を製作した。それは以前に製作したものよりもちいさく、いくつかの点で異なってもいた。（困難をともないながらも）私たちはそれを以前のポンプと同じように稼働させたし、いくつかの目標にたいしては以前のものよりもうまく稼働させたのである。[54]

『続編』はボイルが彼のポンプを複製し、実験を再現するにいたった動機を説明している。だがそれは同時に再現・複製をするにあたって直面せざるをえなかった困難もはっきりさせている。

ボイルは実験コミュニティ内部の読者に、三つの難点があると伝えた。第一に、水に沈め、分離した板の上に受容器を乗せたとしても、新しいポンプにはいぜんとしてあきらかな欠陥があった。「空気が木製の台と鉄製の板のあいだから侵入してきて受容器のなかに入りこんでくる……かもしれない」。これはホッブズが一六六〇年代初頭に指摘していたのと同種の問題であった。同じように、ボイルはホイヘンスが一六六一年一二月に指摘した問題もみとめていた。「コックの栓を回転させるさいに細心の注意をはらわないと、水が受容器のなかに押しやられて、さまざまな実験をだいなしにしてしまう」[55]。第二に、『流体静力学のパラドックス』（一六六六年）でも『続編』でも、ボイルは信頼できる職人を確保するのが困難であると不満をこぼしていた。彼は「ただ空気のバネの力だけを借りる」いくつかの実験をおこなうことができなかった。というのも「私が考えた計画にしたがって作業ができるほどに練達した職人がいなかったから」である。この問題は受容器のおおきさにまつわる困難とも関係していた。ボイルによれば、新しいポンプは受容器が以前のものよりちいさいために穴はよりすくないはずであった。だが彼は「おおきめの動物、そしてひょっとすると子供か大人が一人入るほどにおおきい受容器をつくる試み」もまた推奨していた。だが彼が「金属製のシリンダーを工夫を重ねてつくり、これをもちいた改良」によっておおきな受容器のポンプを実現しようとしたさい、「指示されたことをできるような職人を確保することが……できなかった」。この種の問題が、後にボイルは、標準的なポンプや、その時点で確定しているポンプの発展についてのボイルの説明には数おおく現れる。最ンプの設計の詳細を十分精密に表現するのが困難であると述べた。これは部分的には実験と実験機器を図像を使って表現するさいに生じていた問題からきていた。ボイルは読者にたいして、「この種の研究につうじている者や、想像力がとくに豊かな者は、私が意味するところを言葉だけで容易に理解する」ことを望むと告げた。「というのは、さまざまなことがらについて別の機会であった。「というのは、空気ポンプの図解は信用できないものであった。さまざまなことがらについて別の機会を期さねばならないだろうと予測がついた時点で、私は実験方法を変更することがあった。また彫版工の作業時間のうちの大部分のあいだ、私は彼から離れていた。そのためいくつかの図は置き忘れられ、それゆえ版画に彫られることはなかった」。だがボイルが提供した詳細な論述のすべてをもってしても、すでに指摘したように、だれも彼の空気ポンプを実際の稼働を目撃することなしには複製できなかったのであった。さらに、ボイルは「いくにんかのヴァーチュオーソーたちは別のもの「すなわち、より以前のポンプ」をすでにもっているかもしれない」と書いた。ボイルは彼らにたいして、「いくつかの変更を加えて、最初の装置を使用する、あるいはすくなくとも最初の装置でなんとか間にあわせる」よう助言している。これらの変更はおもに栓と受容器のあいだに板を挿入することにかかわっていた。板は「栓にたいしてはんだづけにより、あるいはねじによって固定される」。それによりボイルの新たなポンプとほぼ同じように、受容器の底の部分を十分に分離させることができるはずであった。ここでボイルが主張しているのは、自分の実験は異なるポンプを使っても再現可能だということであった。それゆえポンプのあいだにある違いは実験にとって重要ではないことになる。(56)

複数のポンプのあいだにある違いに重要性をみとめるかいなかは、実験家たちが使うゲージの形態と、彼らがなにを空気とみなすかに左右されていた。ボイルにとって弾性を有するあらゆる流体は空気であった。それはバネをもつからである。一六六五年三月、王立協会で「粉末状にしたカキの殻を溶かして」、弾性をもつ流体を生成する実験がおこなわれた。この流体は空気とされたのであるが、目撃者たちは「空気とされたものが……本当の空気であるとどのように知られたのかと問いただねた」。ブラウンカーは「熱によって希薄にされ、寒さによって圧縮される物体は真の空気である」と答えた。この定義はバネの計器として浮袋を使うことを促進した。生成された「空気」は、浮袋のなかに集められ、この浮袋を炎のうえにもってくると膨らんだのだった。一六六七年五月、ニューカッスル公爵夫人の訪問についてコメントしたさい、ボイルはポンプから十分に空気が抜かれたかどうかを判断するために「ゲージ」を使うべきだと提案した。このような各種の計測こそが、ポンプが生みだした事実を守ることを可能にしていたのだった。したがって、一六六〇年代初頭に呼吸の実験について議論したさい、ボイルは彼自身のポンプをその他のポンプと対比させ、その特徴を「私たちの真空」の定義と空気の測定にもとづいて記述したのだった。ある空気ポンプの特色とは、そのなかになにがあるかという問いへの答えと不可分であった。「『ボイルの真空』ということで、ボイルは通常の空気が存在しないということを意味している。そしてこの状態は『ボイルの機械』が稼働することでつくりだされる、ないしは生みだされるものなのである」。だがもし真空がある特定の空気ポンプに固有のものであるとしたら、比較は不可能になってしまわなかったのだろうか[57]。

比較のためには受容器の中身を計測する必要があった。『続編』でボイルは空気ポンプを計測する手段を論じている。それぞれの計測方法は、ポンプの稼働をいかに理解し、空気をどのようなものと考えるかによって異なっていた。ボイルは浮袋の使用を否定した。なぜなら浮袋はおおきくなりすぎるからである。また水銀を使ったちいさな気圧計やサイフォンは「装置の運動によって揺りうごか」されてしまう。ボイルが推奨したのは水銀を使った液柱圧力計であった。この圧力計は、片方の端が丸く曲がっており、そこに空気泡が含まれ封がされている。これを水銀でみたし、別の端を受容器にたいして開くのである。この「(こういってよければ)標準的な計器」が、標準的な量の水と比較されねばならなかった。もし「計器のなかの水銀が一定の水準にまで下降したならば、水を入れるとよい。もしその液体が受容器の四分の一をみたしたならば、約四分の一の空気が排出されたと結論できる。あるいはまた四分の一のバネが……排出により失われたと結論してよいだろう」。水銀の下降をはかる目安は、ガラスの玉、ないしは封のための蠟によって印づければよい。また長い管に入った色つきの水を使うこともできた。だがボイルが推薦する方法が、すべての実験家にとって受けいれ可能なわけではなかった。それは空気の構造についての特定の理解を前提としていたからである。ボイルはこの較正のさいに水を空気の代替とした。それから水そのものではなく、水銀を使ったゲージをバネをはかるためにつかった。フックは違う方法をとった。呼吸と燃焼の実験で彼は炎と動物の命が受容器に含まれた水にどのような影響をあたえるかを調べた。彼は水の量をバネの直接的なはかりとして使った。フックとボイルは空気について異なるモデルを有していた。ボイルにとって、弾性をもつ流体はすべて空気であり、それゆえそれは水銀を使った圧力計ではかることができた。フックにとって空気とは、複雑に混じりあい、化学的に活性をしめしている混合物のひとつであった。一六七〇年代にフックとメイヨウの両者が、受容器のなかの空気で呼吸がおこなわれても、水銀の計器はほぼ反応しないと観察した。だが水の量は目に見えて受容器のなかへと上昇していった。それゆえ水の高さをバネの指標とするのがもっともよいように思われたわけである。はかりの選択は存在論上の選択からきていたというわけである。同じ問題は空気が熱くなる燃焼にかんする実験でも起こった。ボイルは水銀の計器は圧縮された空気のバネをはかるために使えると主張した。だが計器内の空気が温まっているときには、計器が空気の排出をおおめに見つもってしまうということをみとめていた。これは燃焼実験において起こった。そのときポンプは計器がそれ以上下降することがないところまで動かされなければならない。「この実験に精通した人は、いつこれ以上ポンプで空気を排出しなくていいかを十分に判断できるだろう」。このような経験から得られる技量を獲得するためには、もちろん、空気ポンプを同定する明確な特徴を提示する必要があったし、また空気ポンプを広め、複製をおこなったという主張を相互に比較する必要があった。私たちはすでに複製・再現の問題をあつかってきた。私たちは続いてホイヘンスが彼のポンプをいかに広めたかをみていこう(58)。

ポンプを広める——オランダとパリ

一六六〇年代初頭にあった別の唯一のポンプは、モンモール・グループとして知られるパリの自然哲学者たちのグループのためにつくられたものであった。このポンプはホイヘンスの直接的な指示のもとにつくられた。彼がいなければ機械は稼働しなかった。またパリのグループのメンバーたちは、ホイヘンスがオランダでなにをしていたかを、彼がパリでそれを実演するまで理解していなかった。ストゥループが指摘しているように、フランス人たちは一六四〇年代と一六五〇年代におこなわれた空気学上の研究を発展させていたにもかかわらず、パリでの空気ポンプをもちいた探究活動を支配することになったのはホイヘンスであった。ここから、ポンプをもちいて実験をおこなうための技術を伝えるにあたり、ホイヘンスが重要な役割をはたしたことがわかるし、また変則的な停止を別の場所で事実として受けいれさせるためには彼がそこに行って実験をおこなわねばならなかったということもわかる。ホイヘンスが技術を伝え、実験を実演したからこそ、空気ポンプのフランスへの伝播は可能となり、また必然となったのだった。モンモール・グループは一六五七年一二月に結成されて以来、ホイヘンスと連絡を取りあっていた。メンバーはソルビエール、オーズー、モンモール、テヴノー、ペケ、プティ（彼はルーアンでパスカルと協力していた）、ロベルヴァル（彼は一六五八年以降グループを去った）、ロオー、そしてシャプランであった。彼らが共同でおこなった仕事のおおくは真空と毛細管現象にかんするものであり、ホイヘンスが一六六〇年から一六六一年にかけてパリを訪れたさいにも議論の対象となった。プティはすでに空気ポンプについてのボイルの報告を読んでいたものの、一六六〇年一〇月にオルデンバーグにたいして、フランス製の「適当なガラス容器を手に入れられなかった」と告げている。一六六一年秋のあいだ、ボイルとホイヘンスは空気ポンプを製作していた。このあいだにホイヘンスは彼のポンプの設計を手紙に書きパリに送った。プティからは、空気についての実験をおこなうためにルーアンからガラスを買っている最中であると知らされた。またホイヘンスはパリの自然哲学者たちに、ボイルの本のラテン語訳が二種類出版されたと告げている。一六六二年一月、ホイヘンスは当時パリにいた弟ローデウェクに手紙を書き、ロオーが空気ポンプを製作し、変則的な停止を実験で生みだしてみてはどうかと提案した。だがロオーは失敗した。(59) この結果、ホイヘンスはモンモール・グループのメンバーと継続的に書簡のやりとりをするようになった。そのやりとりからは、メンバーに実験について理解してもらい、その結果について同意してもらうのがいかに困難であったかがわかる。

一六六二年二月と三月のあいだに、ホイヘンスはフランスの人びとにたいして、ポンプの構造、空気漏れを防ぐ機構についての図解、そして変則的な停止について、次第に詳細さをましていく一連の説明を送った。三月一九／二九日、ホイヘンスはローデウェクにたいして「空気のバネ以外の原理を探さねばなりません」と書き送り、この書簡はモンモール・グループの手に渡った。すぐにホイヘンスは文通相手であるモンモール・グループの人びとに「事実が十分に伝わっていない」ことを理解した。彼らの説明は、ホイヘンスの手順の重要な部分をまちがえて述べていたり、無視したりしていたからだ。たとえば四月二〇／三〇日に、ジャン・シャプランは変則的な停止と彼が考える現象についての分析をホイヘンスに書き送った。シャプランはホイヘンスが次のような一連の作業をおこなったと理解していた。すなわち、水の入った管を受容器のなかに入れ、受容器から空気を抜いて、水を下にある容器へと下降させる。それからふたたび空気を受容器のなかに戻し、水が管を上昇するようにし、最終的に二度目に空気を抜いたときに、水が下降しなかったのを確認するというものである。ホイヘンスはシャプランの手紙にたいして一連のコメントをつけ、シャプランが述べている現象は自分が変則的な停止として生みだした現象とは異なっているとした。ローデウェクにたいしては、ローデウェクが変則的な停止という現象をパリの人びとに明確に伝えていないと不満を表明し、シャプランにたいしては、シャプラン自身の提唱する理論はかならずしも間違っていないかもしれないが、それは自分の論じていることとは無関係だと告げた。シャプランは六月五／一五日に、「もしあなたがいるところに私がいあわせたならもっと深くあなたのいうことが納得できたでしょう」と返答している。ホイヘンスは再度、自分は空気を抜いた水を使い、それをすこしずつ管のなかにいれたのだと書き送った。また彼のモデルはきわめて強い弾性をそなえた微細な流体を使っており、この流体はボイルのバネの法則にはしたがわないのだと主張した。これらの主張のどれも、モンモール・グループには理解されなかった。(60)

そのため一六六二年の夏のあいだ、ホイヘンスはパリに戻ってポンプを製作し、フランスで変則的な停止をみとめさせねばならないと考えるようになった。彼にたいしてテヴノーは、オックスフォードでボイルがつくった新しいポンプの知らせがフランスに届いたと書き送った[61]。秋のあいだにホイヘンスは新しいポンプを完成させ、一六六三年三月にパリに向けて出発した。三月三一日／四月一〇日、彼はモンモールとソルビエールを訪ね、ポンプを製作する計画について議論した。またモンモールとソルビエールは自然哲学者からなる組織をつくることを計画しており、その組織のための「新しい会則」について知るためにも、ホイヘンスは彼らを訪れたのだった。四月一〇／二〇日、モンモールはホイヘンスに「数学者、および銅をあつかう職人」を派遣した。モンモールが望んだのは、「私〔ホイヘンス〕が彼らに、どうすれば私が以前製作したものと類似の真空機械を製作できるかを教える」ということであった。このポンプは五月の終わりまでに「半ば完成した。すなわち、栓のついたシリンダーが完成したのである」。だがこの時点でホイヘンスはロンドンに赴き、作業は中断した[62]。機械の完成にとりわけ熱意をしめしたのは、テヴノーとオーズーであった。彼らは七月にモンモールとプティに圧力をかけ、パリにいるホイヘンスにたいして次のような手紙を書き送らせた。「この機械の正確な図面を送ってください。支えとなる棒の高さ、幅、おおきさはどうなるでしょうか。ポンプ、ハンドル、そして受容器はクランクとどこで組みあわせればよいでしょうか。作業はホイヘンス氏が不在のため中断しています。氏こそがこの作品の発明者であり、それゆえこの作品の製作を進めてきたのです」。プティもまたホイヘンスにたいして、「私たちのアカデミーにあなたがいらっしゃり、真空機械を完成させるのをお待ちしております」と書き送っている[63]。

この要請にたいしてホイヘンスは、注記を付した図面を送った。それは詳細にいたるまで前年の秋に彼がオランダで描いたものに対応していた。主要な変更点はポンプの単純化にあった。ホイヘンスがけっして複製をつくることに成功しなかった複雑なピストンの代わりに、油で浸したロープをきつく巻きつけた木製の棒が使われていた。ホイヘンスはまた受容器をシリンダーにつなぐパイプのはんだづけを、真鍮の栓に接着した銅の板を使って改良した（図18）。だがこの図面では十分ではなかった。一六六三年九月、ホイヘンスはロンドンからパリに戻り、ついにポンプを完成させた。完成したポンプは一一月の終わりまではうまく稼働しており、ホイヘンスはそれに穴があいていないかどうかを確認するための実験を開始した。一二月のあいだ、ホイヘンスはこのポンプをパリの名士たちに見せていた。マリにたいしては、ロオーが変則的な停止について新しい説明を考案したと伝えた。だがパリのポンプは変則的な停止を一六六四年三月まで生みだすことができなかった。そのあいだホイヘンスは、フランスの人びとによる変則的な停止の説明を憂慮していた。彼らはガラス管のおおきさから現象を説明していたからである。前述のように、ホイヘンスはロンドンの自然哲学者たちが水銀を使って、空気ポンプをもちいずに変則的な停止を生みだしたということをすでに承知していた。そこで彼はマリにたいし、このためにロンドンでは正確にどの程度の太さの管が使われたのかを尋ねた。最終的に三月二／一二日付のマリ宛の書簡で、パリのオーズーの部屋でポンプがうまく稼働するようになったとホイヘンスは書き、またそれ以外のパリの著名な人びとのためにも変則的な停止を生みだせるようになったと知らせている。[64] マリがロンドンの管は指一本分の幅よりも細いと書き送ってきた時点で、オーズーは自分の変則的な停止

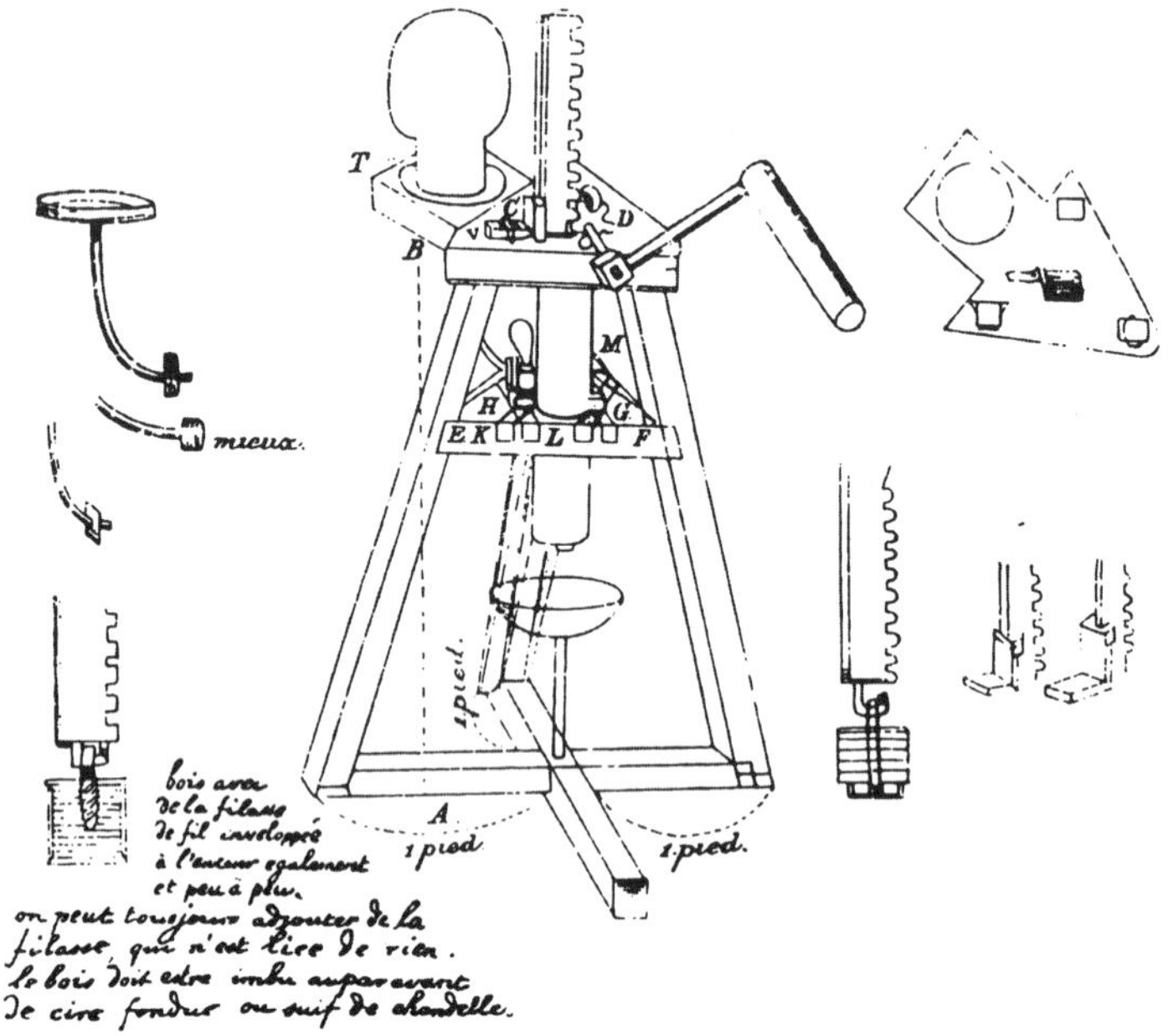

図 18　ホイヘンスが製作したふたつめの空気ポンプの設計図．この図版はロンドンからパリのモンモール・グループに向けて送られた（1663 年 7 月）．右上に描かれているのは，受容器の土台となる板とピストンの頂上部．左中央は受容器から入ってくるチューブと，コックの栓，シリンダーとの連結部である．左下はピストンを動かす器具と，ピストンの先端部．ろうそくのろう，あるいは溶かしたろうを塗ったうえで，細い糸を巻きつけてある．Huygens, *Oeuvres*, vol. VI, opposite p. 586 より．（エディンバラ大学図書館のご厚意による．）

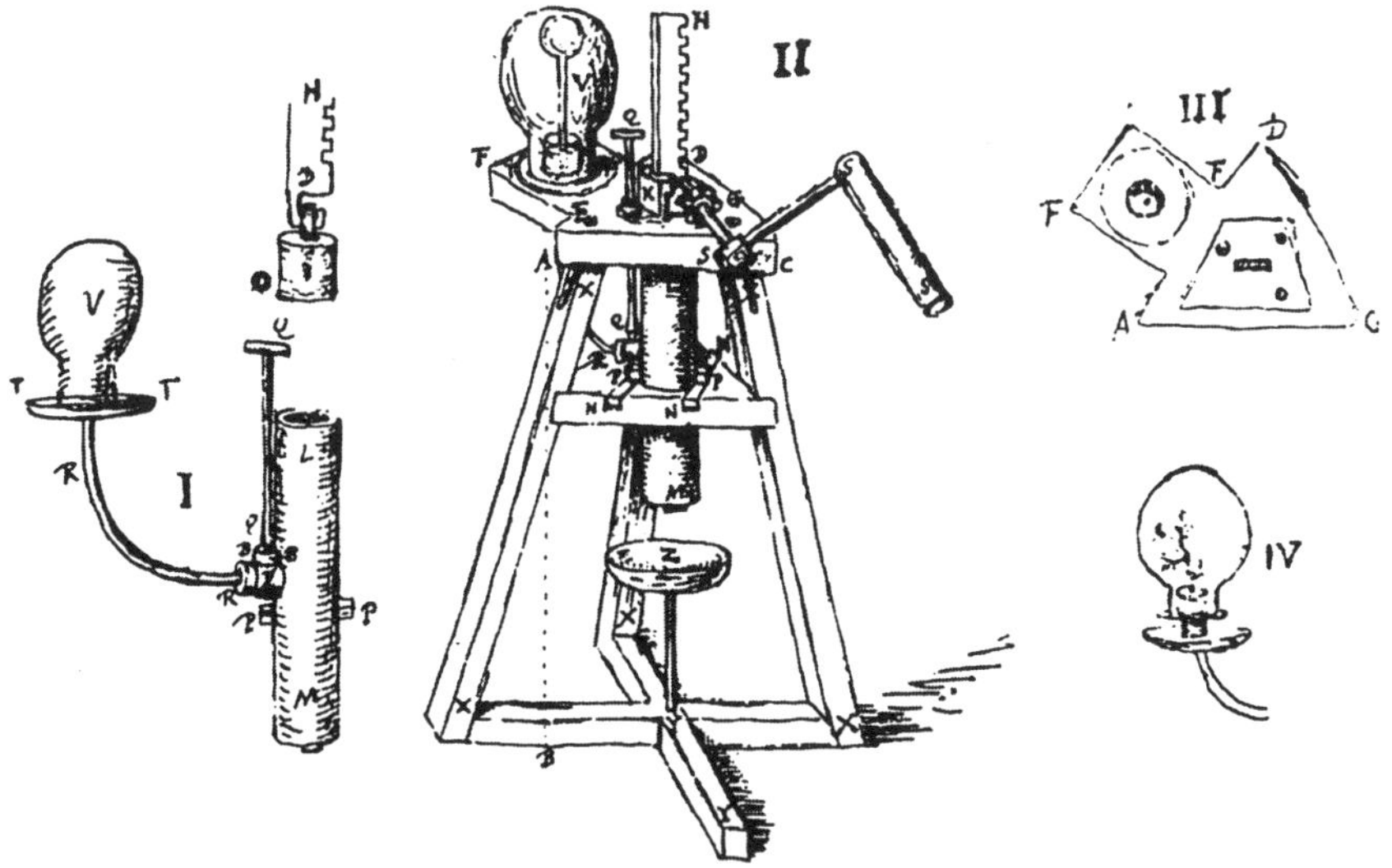

図 19　パリの王立科学アカデミーで披露されたホイヘンスの空気ポンプの設計図（1668 年 5 月）．コックの栓につけられた長いハンドルに注目してほしい．Huygens, *Oeuvres*, vol. XIX, p. 202 の図 95 より．（エディンバラ大学図書館のご厚意による．）

の説明を放棄し、ロオーも自説を撤回した。それゆえ一六六四年の春までに、モンモール・グループは変則的な停止という事実とホイヘンスの提唱する微細な流体が真であることを受けいれたのである。彼らのポンプがその後どうなったかはよくわからない。モンモール・グループは一六六四年五月に解散し、ホイヘンスは六月にオランダに戻った。モンモールの機械は消えてしまったようである[65]。

空気ポンプを使った実験がフランスで再開されるのは、ホイヘンスが一六六六年夏にパリに戻ってからであった。彼はコルベールの庇護のもとに新しく設立された、王立科学アカデミーに参加するために帰ってきたのである[66]。アカデミーはその年の秋に創立された。その会員になるとまもなく、ホイヘンスは空気ポンプの製作にとりかかった。一六六七年の初頭に設計書を書きはじめた。この設計書は彼が一六六二年にオランダで製作し、一六六三年にパリで製作したポンプの設計にもとづいていた。一六六八年の春までに、ホイヘンスは新しいポンプをアカデミーに披露することができた。ホイヘンスによれば、自分のポンプが推奨されるのは、ゲーリケのポンプが「非常に使いにくいと考えられており」、またボイルが「［ゲーリケのポンプの］完成度を高めた、ないしは新たなポンプを製作したにもかかわらず、……なおそのポンプに欠陥が見られた」からである。そこでホイヘンスは、真空にかんする実験を「はるかに容易に」おこなうことのできるポンプを製作したわけである。ホイヘンスはこの新しいポンプに一連の設計変更をほどこした。栓をまわすためのハンドルははるかに長いものとなった。受容器を支えるための板は改良された。ピストンは繊細な紐で覆われた銅の円柱からできていた（内側はテルペンチンをすりこまれ、外側はろうそくの油をぬりこまれていた）。ピストンをシリンダーのなかで動かしたときに生じる摩擦にホイヘンスはとくに注意をはらった。しかし彼はポンプを水に沈めるというイングランドのやり方には批判的なままであった。ピストンから空気が入らないかを確認するために水を使うというアイデアの有効性こそ否定しなかったものの、ピストンの頂上部を水と油で覆うという彼のやり方のほうがまちがいなくすぐれていると主張してゆずらなかった。さらに一六六八年製の新しいポンプは、一六六二年製のポンプと同じ機構を有していた。ポンプから空気が抜かれるのは、銅のシリンダーの最下部にあるちいさな穴からであった。この穴は革、蠟、ないしは人間の指でふさがれるのであった（図19のZの上）。このような一連の製作方法を採用することによって、機械は簡単に使用できるようになり、それゆえ複製しやすくなるのだとされた。またホイヘンスによれば、このようにつくることにより、ポンプにある穴はすくなくなり、彼が主張するところの微細な流体の効果がよりよくうかがえるようになるのであった[67]。

一六六八年三月から五月のあいだ、ホイヘンスはこのポンプがうまく稼働するかをアカデミーでテストした。ポンプの動作を調べるために彼は、さまざまな当時一般的にもちいられていたゲージを使った。受容器のなかで膨らんだままになっている浮袋、受容器のなかにおくと音が聞こえなくなるアラーム時計、そして目に見えて沸騰するアルコールである。さらにホイヘンスと同僚たちは空気ポンプのなかでの植物の成長を調査する新たな研究計画の概略を述べている。これらの実験は空気を抜いた状態を非常に長いあいだ保たなければできず、ホイヘンスは自分のポンプがロンドンのポンプよりもその状態を長く保てるということに自信をもっていたのである。この主張のただしさは、空気ポンプの性能をはかる標準的な手段、すなわち水をもちいた六インチほどの長さの気圧計によって裏づけられたように思われた[68]。ホイヘンスはまた自分自身の理論的関心を有しており、そのためにも信頼のおけるパリのポンプを使えるということが重要な意味をもった。その関心とは、微細な流体にうったえる説明をめぐるものであった。一六六七年の秋、ポンプ製作を計画したすぐ後に、ホイヘンスはこの「微細な物質」についてのノートをつけていた。そこで彼はこのような流体が、重さと慣性の点で一般的な物体とは異なるふるまいをするかどうか考察していた。一六六八年春にポンプをアカデミーで披露したのと同じころ、彼は「重さについて」と題された文書を執筆している。このテクストの発表はアカデミーでおこなわれ、ホイヘンス、ロベルヴァル、マリオットのあいだで、衝突の法則と微細な物質の性格をめぐるはげしい論争を引きおこした。論争は一六六九年秋のあいだアカデミーで続くことになる。八月一八／二八日に、ホイヘンスは彼の公理を宣言した。「重さについて、理解することのできる原因を見つけたいならば、ひとつの物質からなる物体しか自然のうちにみとめてはならない」。このようにしておこなわれた意見の交換をうけて、ホイヘンスはすぐに空気学の研究に立ちかえった。より多様な種類の微細な流体があり、それらが現象を引きおこしているということをあきらかにするような事実を生みだすためであった。そしてこの試みにおいて、彼の新しい空気ポンプと変則的な停止がおおきな役割をはたすことになる[69]。

変則的な停止はもはやホイヘンスのポンプがすぐれていることをしめす手段でなかった。アカデミーによる同意が彼のポンプの価値を不動のものにするだろうと考えたホイヘンスは、微細な流体という考えを批判する者たちへの反論のために変則的な停止をもちいたのである。一六七二年七月、ホイヘンスは影響力のある『ジュルナル・デ・サヴァン』に書簡を掲載し、そこで空気ポンプをこの目的のために利用した。ホイヘンスは空気ポンプと変則的な停止の歴史をまとめている。王立協会が変則的な停止を事実としてみとめることに最初抵抗をしめしたがのちに受けいれることになった経緯にふれることで、現象への同意をいっそう避けがたいものであるかのように彼は記述した。ホイヘンスはまたしても、自分のポンプが他のポンプに優越しており、また他のポンプには見られない機構をそなえていると強調した。よって自分は微細な流体の効果をよりよく検証できるというのである。ホイヘンスは物質のあいだにある多様な関係にうったえかけた。彼が使った関係のなかには、リエゾンの概念も含まれていた。この概念は彼の機械論的原則とは相いれないものであったが、流体の活動をより説得的に説明することを可能にしていた。ホイヘンスが読み手に思いだささせようとしたこととしては、受容器を排気したさいにボイルのポンプでは水は容器の水から一フィート上の高さのところまでしか下降しなかったのにたいし、彼のポンプでは容器にある水の高さにまで下降したということがあった。これはホイヘンスのポンプがボイルのポンプよりもすぐれていることをしめしていた。「私は自分のポンプになにか欠陥があるとはほとんど考えていない」。変則的な停止を生みだす彼の実験がしめしているのは、「トリチェリの実験で水銀を二十七インチの高さで支える空気の圧力の他に、それよりはるかに強い別の圧力があり、これは空気より微細な物質に由来する」ということであった。そして「この物質はガラス、水、水銀、そして空気が通過できないと思われるその他すべての物体を貫通するのである[70]」。

ホイヘンスは、ポンプがいかに動いているかについての、また彼が認識している事実についての説明をいくつかの点で変更していた。一六六二年に彼は、微細な流体は希薄で弾性をもつ特殊な物質であり、液体に含まれていると論じていた。この流体が管の水のうえに逃れたとき、その強力なバネが液体を押しさげるのである。だが一六七二年の彼は、このような流体があらゆる空間に存在しているとしめさねばならなかった。したがって一六七二年の流体は大気中にあり、そこから受容器のガラスを貫通してくるのであった。流体は受容器の外から来るのであって、水のなかから来るのではなかった。ホイヘンスはリエゾンという概念をもちいて、どうしてその流体が管のガラスや水自体は通りぬけられないかを説明した。彼はまた一連の別の実験も参照している。とりわけ重要視されたのが、サイフォンについての実験と、空気ポンプのなかでの大理石の密着にかんする実験であった。すでに論じたように、真空のなかで大理石を分離させそこねたというボイルの報告にホイヘンスはくりかえし言及していた。実際一六六九年にボイルが分離の成功を発表した後ですら、ホイヘンスは失敗の報告に触れつづけたのであった。ボイルの失敗はホイヘンスにとって、手放すことのできないデータであった。彼は空気ポンプが生みだした空気学上の現象を、一六七八年に出版した重さと重力にかんする分析のなかで詳細に説明したし、また一六八六年の『重さの原因についての論議』でも説明をあたえている。ホイヘンスにとって空気ポンプが生みだす主たる現象とは、大理石の密着と水の変則的な停止であり、これらこそが空間をみたすさまざまな微細な流体が存在するという彼の主張を裏打ちするのだった。「空気の圧力とは別に私が想定したような新たな圧力があることには自信がある」。この主張を確かなものとするためにも、ホイヘンスは自分のポンプが空気は絶対に通さない一方で、微細な物質はかならず通過させると主張せねばならなかった。これらふたつの物質の種類の区別が、いかにポンプが動作するかの説明を規定していたのである(71)。

一六七二年から七三年のあいだ、ホイヘンスの主張はイングランドとフランスで詳細に議論された。一六七二年夏、変則的な停止についてのホイヘンスの論考の翻訳をオルデンバーグが印刷した。これはスルーズの反論を呼び起こした。微細な流体は必要ないというのである。またタウンリーも、変則的な停止を再現できなかったと主張してはげしく反論した。フックはこの問題を一六七二年一一月に王立協会で取りあげた。またウォリスはオルデンバーグに一連の手紙を書き送り、そのなかで変則的な停止にあたえられたさまざまな説明を検討し、それぞれの説明が互いに異なる「空気」と「微細な物質」の定義をもちいていると述べている。空気ポンプの中身について異なった考え方があったということをしめすために、すでに第4章でウォリスの手紙を引いておいた。このようなイングランドからの反応がしめしているのは、空気についていかなる理解をもっているかが、空気ポンプのはたらき方とそれが生みだす現象の解釈を左右していたということである(72)。フランスでは王太子の教師をつとめていたピエール・ユエがホイヘンスを攻撃した。また水文学について権威ある著作を書いていたピエール・ペローもホイヘンスを批判した。ユエが否定したのは、事実そのものであった。彼がいうには、空気ポンプが空気漏れを起こしているのは周知の事実である。「幾何学のわかりやすい証明」と「自然学のより明白な証明」は区別されねばならず、後者の領域ではホイヘンスの理論は不確かなものにすぎないとユエは主張した。アカデミーは論争を生みだしているだけではないかという、面目にかかわるような批判からユエはアカデミーを守ろうとした。そこで彼はホイヘンスに返答を求めなかった。そのかわりにリエゾンの考えを攻撃したのである。水とガラス、ないしは水銀とガラスとのあいだにそのようなつながりがあれば、それだけで液体の長い柱を支えるに十分になってしまい、もはやホイヘンスが主張するような、その存在がいっそう不確かな微細な流体など必要なくなってしまうというのである[73]。一六七二年夏に、ホイヘンスはペローから真空嫌悪にかんするテクストを受けとった。ホイヘンスはこの概念を拒否し、変則的な停止と空気ポンプの受容器のなかに含まれている微細な流体についてさらなるノートをつけることになる。一六七三年五月、ペローはホイヘンスが手紙で披露してみせた議論をホイヘンス自身に突きつけた。ペローが提唱したのは戦闘的な懐疑主義であった。「実験は一般的な決定をあたえないし、ほとんどの場合なにも証明しない」。ペローは「運動の原理が知られていないのだから」、「牽引を否定して衝撃をみとめるいかなる理由もまったく」ないと述べた。ペローが機械論を攻撃するためにもちいた例の筆頭にきたのは、またもや変則的な停止であった。この現象によって判明したのは、それまで諸作用が空気の圧力によって説明されてきたが、それはまちがいだったということなのだ。ホイヘンスは返答する。「私はこの現象につき満足のいく原因を考えだしました。またそのことによって、従来空気の圧力で説明されてきたことがらを否定することはまったくありませんでした」。ホイヘンスは自然哲学者の仕事を暗号解読者の仕事になぞらえている。そのうえで、自分の推測には十分に根拠があるが、しかしつねに暫定的なものであると強調した[74]。実験哲学の正当性をめぐる以上のような論争は、ホイヘンスがアカデミーで自分の研究を披露したことの直接的な結果であった。そこでのやりとりはボイルがホッブズとの論争のさいにおこなったやりとりと比較できる。ボイルとホイヘンスが実験にかんしておこなった主張は、空気ポンプの完全性という前提のうえに成りたっているとみなされた。ホッブズ、ユエ、そしてペローはこの完全性を攻撃したのである。これらの主張はまた変則的な停止を事実としてみとめるかいなかという態度とも結びついていた。ホイヘンスは変則的な停止を彼の物質理論の中核にすえ、それゆえその報告を出版し、この事実が批判者たちに誤って利用されていると主張した。一方変則的な停止という事実はボイルの目的にはかなっていなかった。彼はそれについて刊行物のなかでけっして触れなかったし、ホッブズはその現象をもちいて議論することはできなかった。おそらく変則的な停止がたどった来歴は、かりにホッブズがその現象を知っていたらどう反応し、どう利用していただろうかという点について、各論者がどのような想定をするかによって決定されていた。それゆえ、ホッブズは自分がけっして登場しないステージの上で主演を演じるという、一見すると矛盾した状況になっていたのである。

一六七〇年代のあいだに、空気ポンプは数人の特権的な個人だけが使える制限された財産から、商業的に入手可能な物品へとすこしずつ変わっていった。ポンプはいぜんとして実験哲学の象徴として掲げられていた。ホイヘンスのポンプは王立科学

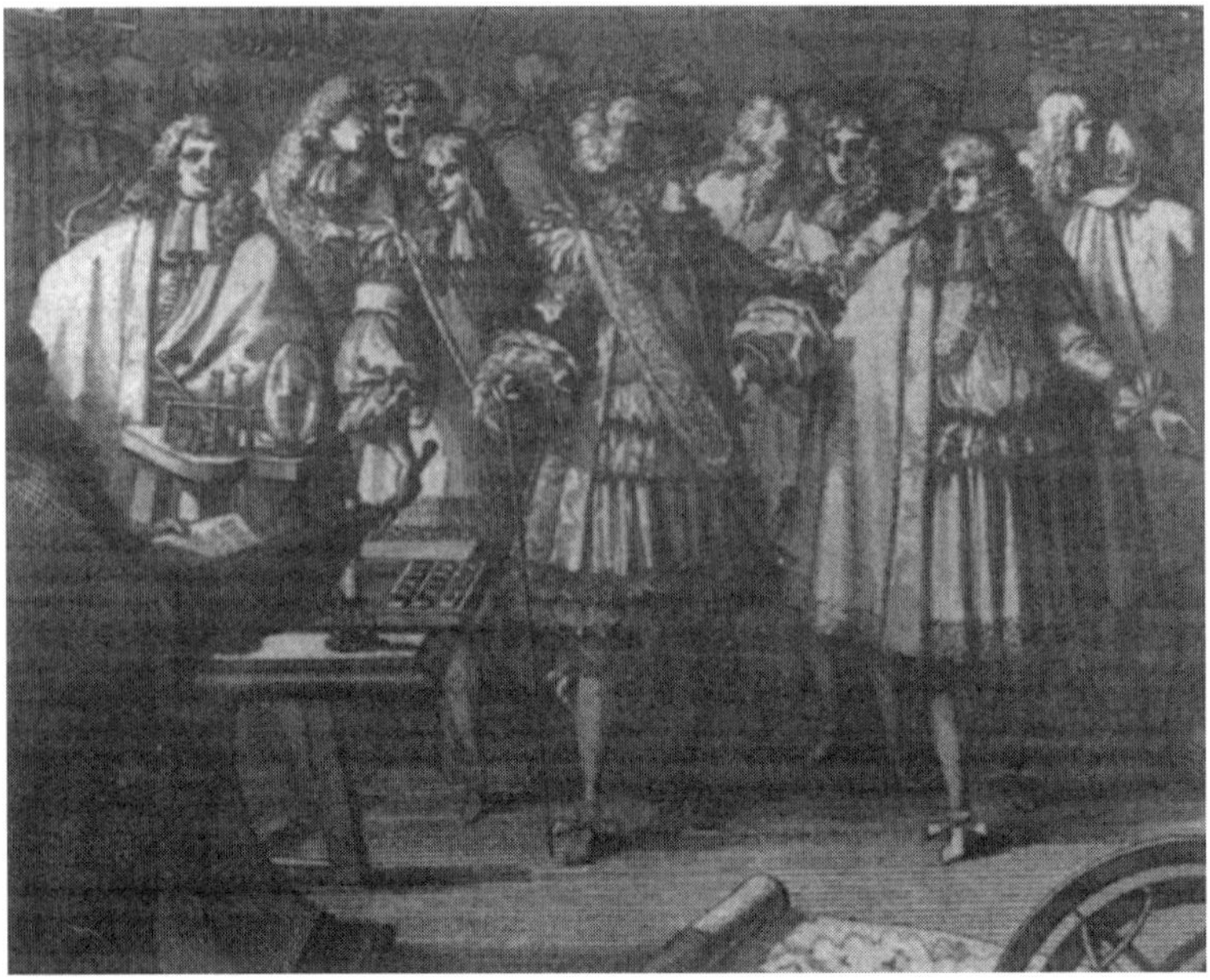

図 20 Claude Perrault, *Mémoires pour servir à l'histoire naturelle des animaux* (Paris, 1671）の扉絵．セバスティアン・ル・クレールにより彫られたもの（ここでは版画の一部を拡大してしめしている）．ホイヘンスの改良型の空気ポンプが左に描かれている．ルイ 14 世（中央）とコルベール（右）がアカデミーを訪れるという想像上のできごと（1671 年）を描いた図である．（ケンブリッジ大学図書館のご厚意による．）

アカデミーが資金援助をした一六七一年の書物の巻頭を飾っていた(図20)。だが空気ポンプはもはや問題を引きおこさない装置となっていた。もはや理論的にも実践的にも論争を引きおこしかねない多数の要素を含んだ器具ではなくなっていたのだ。ポンプが適切に稼働しているかどうかの確認はルーチンワークとなっており、論争の主題ではなくなっていた。この変化は部分的にはドニ・パパンの仕事のおかげであった。パパンはホイヘンスとともにパリで一六七三年夏から作業を開始した。翌年、『真空にかんする新たな実験』を出版する。この著作のなかには、ホイヘンスが一六六八年にアカデミーで披露した新しい空気ポンプにあたえた説明が掲載されている。パパンはまた水の変則的な停止にも言及していた。だが変則的な停止はもはや、空気ポンプの適切な稼働を判断するために水をもちいた気圧計をなぜ使ってはならないのかを説明する役割しかはたしていなかった。水は空気の泡を含みがちなので、その高さは受容器から空気が抜けているかどうかの指標としては不適合であるというのである。そして水から泡がすべて除去されれば、水はまったく下降しなくなるだろう。それゆえパパンは「私は『試験』という言葉で、長首フラスコ、あるいは管を意味している。受容器のなかの空気の量をはかる目安の役割をはたすもののことである。私はしばしばこれらの管を水ではなく水銀でみたした」。変則的な停止は、空気ポンプを使用する者にとっての関心の大半を失っていたのである[75]。

パパンはまた、空気ポンプが商業的に広まるのを後押しした。彼によると、「この種の研究をとりわけ好む世紀に私たちは生きている。真空をつくりだす機械をきわめて単純に、かつ簡便に製作できるようになったことで、だれもが自分の機械をもてるようになったのだから、時の経過とともに私たちがこれまでしてこなかったような、新しいことがらについての実験がおこなわれていくのはまちがいないだろう」。パパンは一六七三年以降に設計された、非常に単純化された空気ポンプの設計図を詳細に描いてみせた。彼は読者にパリの時計職人であるゴードロンのもとを訪ねるよう求めた。そこでなら「完成した機械」を見つけることができるというのである[76]。また一六七三年一一月には、ほかならぬホイヘンスがパリからプロヴァンスへの空気ポンプの輸送についての相談にのっていたという証拠が残されている。一六七四年五月、マリオットはパパンの著作を手に入れた。そしてブルゴーニュにいる彼の文通相手にたいして、パパンの機械はホイヘンスの機械よりも十倍安く、「より堅固である」と告げている。そしてポンプの見本をひとつ送ろうかと提案している。一六七〇年代のなかばまでに、空気ポンプのための商業市場は拡大していたようだ。一六七八年にはパリの空気ポンプは「王のエナメル引き職人」であり、かつてホイヘンスのもとで機器を製作していたユバンによって、四ギニーに相当する価格で売られていた。オランダでは、サムエル・ファン・ミュッセンブルークがライデンで空気ポンプをつくっていた。一六七五年以降、イングランドではパパンがボイルとともにふたつのバレルをそなえた新しい設計のポンプをもちいて、空気ポンプ実験をおこなっていた。これらの実験は一六八〇年に出版されたボイルの第二の『続編』に収録された。[77]空気ポンプは今やより安価になり、より広く利用可能となったのだった。ゲルラックがしめしたように、ボイルとパパンが発展させた空気ポンプの技術は、最終的にはフランシス・ホークスビーへと伝えられた。ホークスビーは一七〇三年にアイザック・ニュートンのための研究を王立協会で開始した。ホークスビーの実験は、すくなくとも一六六〇年代の実験を想起させるものであった。真空中での毛細管現象にかんする彼の仕事は、ニュートンが一七〇六年以降に発展させ、『光学』の「疑問」に収録された物質理論におおきな影響をあたえたのであった。この過程のうちに、論争がいかにして終焉をむかえたかを見てとることができる。空気ポンプはそれが一時期思わぬかたちで有することになった関心をもはや失っていた。そしていまや「実験哲学の仕事」のための、問題を引きおこさない道具として登場するようになっていたのである。[78]

再現・複製の限界——ドイツとフィレンツェ

続いて実験家たちがボイルのポンプを複製しようとしなかった場所を見ていこう。本節ではふたつの事例を検証する。フィレンツェのアカデミア・デル・チメントの会員たちと、ドイツのオットー・フォン・ゲーリケとその協力者たちである。アカデミア・デル・チメントは、一六五〇年代、および一六六〇年代には空気学にかんするもっとも重要な研究拠点のひとつであった。オルデンバーグは、フィレンツェの人びとにたいして、ボイルの『新実験』のシャロックによるラテン語訳を一六六一年一〇月に送っている。一六六二年八月、アカデミアはボイルが報告したいくつかの実験について議論した。彼らはまた、トリチェリ管を使った真空の生成とボイルのポンプを使った生成を比較した。比較は動物の死亡にもとづいていた。動物が死ぬのは、空気ポンプのなかよりも気圧計のなかでのほうがはやかったのである。ボイルは同じ比較をおこなったが、異なったゲージをもちいた。ボイルの主張によると、彼は三十秒以内に空気を抜くことのできるちいさな受容器を使ったという。また気圧計のなかで「すこしでも容易に」おこなうことのできた実験の数は非常にすくなく、「いくつかの実験はまったく」おこなうことができなかった。またトリチェリの空間は不可避的に「水銀にひそんでいた空気の粒子」、ないしは「〔ガラス〕表面と〔水銀とが〕しっかりと密着していないために」、それらのあいだにひそんでいた「空気の粒子」によってみたされていると主張した。だがフィレンツェの人びとは、「これらふたつの実験は、互いに矛盾するということはまったくなく、すばらしいほどに一致している」と結論した。彼らの考えでは、もし気圧計をゆっくりとかたむけたならば、そのとき「空気は段階をへてじょじょに希薄になっていくだろう。そしてすこしずつ〔体積を〕おおきくしていくだろう（彼〔ボイル〕の受容器の吸いだしで起こっているのとちょうど同じように)」。フィレンツェの人びとは、ボイルが生みだしたものはトリチェリの空気学への異議ではまったくなく、また直接的な再現を要求するものでもないとして満足したのである。[79]

だが、アカデミア・デル・チメントの研究を牽引してきた歴史家がすでに論じているように、フィレンツェの人びとはトリチェリの実験とボイルの実験を比較し、その結果を利用することに関心をしめしていたにもかかわらず、空気ポンプを製作しようとはしなかった。また同種の器具でボイルの実験を再現しようともしなかった。彼らは「ボイル氏がその器具でおこなったすべての実験を確証した」と主張していながら、そのような器具を製作しなかったのである。一番近いものはゲーリケの機械に似たポンプに銅の箱を接着してつくった機械であった。フィレンツェの人びとが報告したところによると、この機械では「水銀のときのように完全に容器を空にすることは」できなかった。またこの機械を使っておこなわれた実験はほとんどなかった。事務総長ロレンツォ・マガロッティを含むアカデミアの会員たちは、一六六八年にイングランドを訪れ、オックスフォードのボイルのもとで空気ポンプ実験を目撃した。一見すると、ボイルは彼らに自分の機械の優越性を納得させたようである。というのも、「フィレンツェの卓越したアカデミーの人びとが私にたいして喜んでみとめたように」、彼らはトリチェリの空間にあるガラスについた泡を壊すことができなかったのにたいして、ボイルはしばしば壊すことができたからである。このことは「私が使っている装置でおこなわれたのであり、それを彼らのいる前でおこなうことによって、私には〔泡を壊すことが〕できるのだと彼らに納得させたのです」。以上はボイルが製作したような空気ポンプを製作することができたにもかかわらず、製作をおこなわず、そのうえで自分たちの機械がボイルの機械と同種のものだと考えていた実験家たちの事例である。[80]

オットー・フォン・ゲーリケは一六五〇年代にレーゲンスブルクで「空気のポンプ」と呼ばれていた独自設計のポンプをもちいて実験を開始した。実験の成果は一六五七年にカスパール・ショットの『流体・空気力学』で報告された。ボイルはこの報告を読み、ゲーリケの当初の設計にある深刻な欠点を指摘した（図22を見よ）。ボイルの批判は第2章で確認したが、彼によると、ゲーリケのポンプは水に沈めねば使うことができなかった。そのポンプは実験をおこなうための空間を提供していなかった。またそのポンプの稼働はきわめて困難であった。[81]このようなボイルの批判を考慮にいれるなら、後にショットとゲーリケもまたボイルの新しい設計のポンプを同じくらいはげしく攻撃したのは重要であった。また彼らはボイルのポンプのどれも複製しようとはしなかった。ボイルとショットは一六六〇年代に書簡を交わしあっており、ボイルはしばしば他のイエズス会士の仕事とならんでショットの仕事にも好意的なコメントを寄せていた。一六六二年二月にゲーリケはショットに手紙を書き、ボイルの本がマグデブルクに届いたが、まだ読んでは

図 21　オットー・フォン・ゲーリケのふたつめの空気ポンプ．マグデブルクの彼の家に置かれている．Schott, *Technica curiosa* (Würzburg, 1664), p. 67 より．（ケンブリッジ大学図書館のご厚意による．）

いないと知らせた。ゲーリケはまたショットにたいして、設計を改良したポンプの計画を伝えた。そのポンプは家の二階分を占拠することになるのだという（図21）。

ポンプは水の下に沈められる予定であり、稼働にはすくなくとも二人の人間を必要とするはずであった。四月三〇日／五月一〇日、ゲーリケは再度ショットに手紙を書き、ボイルの著作の一六六一年のラテン語訳（これを彼はすでに読んでいた）の特定の箇所について議論している。ゲーリケの関心を引いたのは、ボイルが受容器からすべての空気を排出しそこねたことをしめす節だけであった。そこで論じられていたのは、受容器のなかでの大理石の分離に失敗した実験であり、また真空のなかの真空実験で水を最下部まで下降させることに失敗した実験であった。ゲーリケは書いている。

これらと他の箇所からわかるように、どうやら空気の大部分は排出されてはいるようですが、同時にそれ以上の空気がひそかにピストンの側面をすり抜けて入ってきているようです。これは私の機械ではけっして起こりません。親愛なる神父よ、私の機械の図面は先日あなたに送りましたし、そこから思いだしていただけるでしょう。私はしばしばガラス、銅の球、そしてその他の類似した容器から三か月間、あるいはもっと長いあいだ、空気を抜いたままにしておいたのです。

ゲーリケの結論では、ボイルのポンプは「けっして真空を生みだすのに適切ではない。その理由の一部は、ポンプが水に沈められていないからだし、また別の理由として、支える部分が震えるために、十分にはやく動かせないということがある」。よってイングランドの機械を複製する必要はどこにもなかった(82)。

　一六六四年にショットは『好奇心をそそる技術、あるいは技芸の驚異』を出版し、そこでもっとも詳細にゲーリケの空気学を解説した。この巨大な著作の最初の巻はゲーリケの報告を収録していた。第二巻はボイルの『新実験』全体のラテン語訳を収録しており、「イングランドの驚異、あるいはイングランドでおこなわれた空気実験」という表題がつけられていた。ショットはボイルについてのゲーリケの書簡を印刷し、イングランドのポンプの欠陥について彼自身の論評をつけ加えた。

> ゲーリケが確かに断言しているところによると、［ボイルのポンプでは］おおくの外部の空気が機械のシリンダーとピストンの面のあいだから入りこんできている。なぜなら機械が水に沈められていないからである。同じことは受容器のカバーと開口部についてもいえる。だから内部の空気の排出と外の空気からの守りは、この機械よりもマグデブルクの機械の方が完全だし、労力もすくなく達成できるのである。

ショットはさらに先をいき、ボイルによる真空の暫定的な定義は、彼のポンプが空気を通していることをしめしていると指摘した。

> この著者は真空を、そこにまったく物体がない空間ではなく、そこからは空気が完全に、ないしは不完全ではあるが抜きとられている空間として理解している。このことからいかにマグデブルクの機械の方がイングランドの機械よりもすぐれているかがわかる。というのもマグデブルクの機械の方では空気が入ってくる可能性があるところはすべて水に沈められているため、外部の空気は完全に排除されるからである。イングランドの機械はそうではない(83)。

もちろん一六六四年までにボイルの機械は水に沈められていた。そしてまさにショットが記述したのと同じ方法で、空気の侵入を防ぐために接合部に覆いがほどこされていた。ショットはプラハのイエズス会士であるゴットフリート・キネルを通じて、変則的な停止にかんするホイヘンスの実験についても知らされていた。一六六五年一月、ホイヘンスはキネルに水銀の変則的な停止についての報告を送り、これがショットに回された。だがこれらの論争にもかかわらず、ショットは一度も変則的な停止の実験について報告しなかったし、ショットやキネルといった自然哲学者がホイヘンスが製作したようなポンプを製作しようとすることもなかった(84)。

　すぐれた技能をそなえており、情報にもよく通じた自然哲学者たちがボイルのポンプを複製しようとしなかった事例をふたつ見てきた。双方の事例で、彼らは自分たちの機械がボイルのポンプと同程度の性能をもつ、ないしはボイルのポンプよりもすぐれていると主張していた。彼らはこの主張を正当化するために、空気ポンプがどういうふうにはたらくのかについての独自のモデルにうったえていた。ゲーリケの事例はとりわけおおくのことを教えてくれる。彼によるボイルへの攻撃は、空気ポンプの完全性にたいするホッブズの攻撃と似ていた。皮肉なことに、ゲーリケの「空気のポンプ」に向けてボイルがおこなった攻撃も、ホッブズの攻撃に似ていたのである。

一六六〇年代に空気ポンプがたどった来歴から、実験家たちがいかに事実をつくっていたかが見えてくる。ふたつの点を指摘できよう。(1)複製が達成されたかどうかは、成否の判断という、特定の人間が特定の状況のうちでおこなう偶然的な行為に左右された。複製がいつ達成され、いつ達成されていないかを決定する定式化された規則というものはない。すでに存在するポンプの複製が成功裏に達成されるときには、つねに直接的な目撃がなければならなかった。文面上の指示だけから空気ポンプを製作した者はいなかったのである。ポンプを製作し、それを稼働させる技術を伝達するには、人間の移動が必要だった(図10)[85]。さらにフィレンツェの事例があきらかにしているように、検証という考えすらきわめて問題含みであった。フィレンツェの人びとは、ボイルが得た結果をボイルの機械なしに検証したと宣言していた。それゆえ、(2)もし再現・複製が信念を知識に変えるテクノロジーなら、そのとき知識の生産は紙と観念の抽象的な交換だけでは成りたたず、人間と機械を実践的に、また社会的に制御することが必要となった。空気学にかんする一連の結果を受けいれさせ、それらをたしかな事実として確立するためには、同じ社会的慣習を共有して作業にあたる実験家のコミュニティをつくりだし、共同体内部と外部の境界をはっきりと引かねばならなかった。これはすなわち、知識の問題にたいする有効な解決策は、社会秩序の問題にたいする解決策と密接に結びついていたということである。ホッブズの批判は実験によってつくられたいかなる事実も不適切であるというものだった。なぜならその事実を生みだすために費やされた作業をあかるみにだすことがいつも可能であり、それゆえ事実自体にいくつもの競合する説明をあたえることが可能だからである。事実を生みだすために費やされた作業をあかるみにだすか、隠すかという決断は、ある生活形式を破壊するか守るかという決断にほかならなかった。

第7章　自然哲学と王政復古——論争のなかでの利害関心

……同質な知性が忠誠を
鈍重な器具によって呼びおこす

——e e カミングズ『オラフを歌う』

ホッブズとボイルは、一六四〇年代と一六五〇年代の研究をもちいて、自然哲学の研究を進めるただしい方法について、相対立する説明をあたえた。私たちは、実験哲学者らがボイルのプログラムをどんな方法で敵対者たちから守り維持していたのかを検討してきた。また彼らが自分たちのコミュニティのなかでどのようにして問題を処理していたのかも見てきた。そういうプログラムを受けいれることで左右されたものはいったいなんだったのだろうか。ここからは、一六六〇年代におけるホッブズとボイルの計画の評価に影響をあたえていた諸問題を検討しよう。そのためには王政復古期の政治および教会の文脈を概観しておかねばならない。王政復古体制の危機によって、同意を保証する方法の提起がきわめて切迫した課題となった。私たちは一六六〇年代の知的な駆引きのなかでの良心と信念の重要性を考察する。内戦や共和制の経験は、論争中の知識が国家の内部での衝突を生みだすことをしめしていた。そもそもある形式の知識によって社会的な調和を生みだしうるということ自体、まったく自明ではないように思われた。それでも、それこそがまさに実験家と実験研究の宣伝者が主張していたことだったのである。さらに王政復古体制は、無政府状態への逆戻りをふせぐ方法に関心を集中させており、そのために知識の生産と普及に規律を課そうとしていた。これらの政治的な配慮が、競合する自然哲学プログラムの評価を左右していたのである。

同意を保証する手段とくつがえされることのない政治的秩序の確立というふたつのことがらの結びつきは、実験主義者たちとホッブズのどちらにとっても明瞭だった。第2章では、ボイルのテクノロジーは実験的営みのための堅固な社会的空間のなかでのみ同意を獲得できたということを論じた。ホッブズはその空間の防護を攻撃したのである。なぜならその空間は、政治的な服従の点で権力が分裂し、まなざしが二重化していることの、ひとつのあらわれだったからである。だからボイルとホッブズのあいだの論争は、社会のうちに引かれた一定の諸境界が提供する安定性と、それらの境界があらわす利害関心についての争いになったのである。ボイルにとってはこの議論は、実験哲学者の仕事とキリスト教の護教家としての聖職者の仕事との結びつきに必然的に関係していたであろう。両者の機能は互いを強化するのであり、ホッブズは両者の共通の敵なのであった。だがホッブズにとっては、聖職にかんするもの、法的なもの、自然哲学的なもののいずれであれ、自律した権限をもつ分離された領域が存在するのだと主張するあらゆる職業は、そのことによって、一体としての国家がもつ権威を打ちこわしてしまっているのだった。王政復古期の諸事件を受けて、国家の権威が哲学にとってのきわめて重要な関心事になっていたのである。

「繊細な良心」と王政復古体制

一六五九年五月に、護国卿政治のはかない政府（ボイルの兄、ブログヒル卿ロジャーはその中心的人物であった）が崩壊した。軍、議会、さまざまな対立する政治的党派のあいだの九か月間続いた長い論争の後、スコットランドにいた軍司令官ジョージ・マンクが亡命中のチャールズ二世に連絡をとった。一六六〇年五月までに国王はオランダから帰国し、ウェストミンスターで仮議会が招集された。ホッブズは王の帰還を目撃すべくダービーシャーからロンドンに向かい、チャールズと面会した。ボイルもロンドンにいた。六月に彼の『自然学的・機械学的新実験』が出版された。一六六〇年から、復古体制は、長きにわたる安定性確保の試みを開始する。一六六〇年代のなかばまでに、クラレンドン法典の厳格な立法のなかで王政復古体制が具現化されるにいたった。それは、規律という形式をとおして御しがたい臣民の信念やふるまいを制御しようという一連の試みを体現していた。これらの試みはホッブズやボイルのような人びとによって提示された知識と社会組織のモデルに直接的に勢いをあたえた。臣民の揺らぎやすい信念と、教会や国家にたいし彼らがあたえる同意とのあいだには、強力な結びつきが存在すると考えられていた。なにがただしい知識であり、また集団としてどう行動すべきかという点にかんして同意を勝ちとるための大胆な提案はすべて、いまやこの文脈のなかで評価されることになったといえよう。そのような提案はいずれも、実現可能であり、有効であり、安全であるとしめされねばならなかった。つまり、知識がどんなふうに公共の平和と結びついているのかがしめされねばならなかった。どのようにしてそうした知識を生みだすことができるのかがしめされねばならなかった。そして構想されていたコミュニティが聖職者たち、あるいは復古された政体の力といった既存の権威をおびやかすことはないだろうとしめされねばならなかった。

王政復古期の体制の敵はふつう、党派主義者の汚名を着せられ、空位期の体制打倒活動家と結びつけられた。これらの党派は公共の秩序にたいする主要な脅威だとみなされた。それらの党派によるさまざまな信念の公言にたいして、規律をあたえる必要があったわけだ。実際「熱狂家《ファナティック》」という用語は、マンクが一六六〇年二月の「軍事あるいは政治的な力」についての演説のなかでもちいて以降、一般に使われるようになったのである。ブログヒルは、アイルランドのそういう「熱狂家」によって「半長老派」と呼ばれ攻撃されていた。そこでブログヒルは一六五九年のあいだ、その濡れ衣をはらすために彼らに反論するキャンペーンを続けていた(2)。政府が誘発していた、また諸党派が計画しているといわれていた陰謀や陰謀のうわさのために、さしたる抵抗も受けずに過酷な法律を制定することができた。同時に党派の集会を取りしまるために設計された処置も実施された(3)。これらの処置が体制支持者にとっての課題を規定した。すなわち彼らの仕事は、諸党派を制御し、党派的知識を反駁することができる方法の概略を描くことだった。これは強い制約であった。なぜなら知識そのものが党派的抗争の源泉であると広く論じられていたからである。だから、平和的な知識の見こみのあるモデルを提案しようとする者は、そのモデルが意見の不一致を促進する傾向をもつことを否定せねばならなかったし、また同時に、諸党派のもつ独自の信念の根拠を否定しなければならなかった。

こうした知識のモデルはふたつの領域において討議された。すなわち、教会体制のための提案と、情報拡散を統制するための提案である。教会の再建はあきらかに、良心や党派的な意見の不一致というこれらの問題に関係していた。検閲制度の導入と出版認可制もまた、公的な知識の性格や作用という問題をよびおこした。一六六〇年四月四／一四日に国王は、主席顧問官であったエドワード・ハイドの助言を得てブレダ宣言を発表した。この宣言は、「繊細な良心の自由」をはっきりとうたっており、その理由を次のように論じていた。「時代の熱情と非寛容は宗教のなかに複数の意見を生みだしてきたのであり、それによって人びとは相対立する派閥や敵対心にかかずらっている。しかしながら、彼らが議論の自由のもとで団結すれば、それらの派閥や敵対心は調停されるか、あるいはよりよく理解されるだろう」。この宣言では、相異なる良心の自由な活動にもとづいて論争の公的な解決をはかるという方針が支持された。この布告によって、強制の源泉が政治における中心的な論点になったのである(4)。穏健な長老派の指導者であったリチャード・バクスターは、その月末の説教のなかで、敵対心をおさえる規律というメッセージを説いた。「悪いことに、いずれがより高次の権力であるのかという点で、私たちのあいだには考え方の違いが存在してきた。……問題は、主教がいるかいないかではなく、規律があるかないか、そしてそれをもちいることで十分かどうかなのである」(5)。一六六〇年の夏以降、体制の前途はまったく明確ではなかったし、体制が確立されたものとなったとも思われていなかった。エドワード・ハイド（このときクラレンドン伯となっていた）にとって鍵は、相克する利害関心を平和的に解決することを可能にすると思われた、ある形式の規律のうちにあった。ここでの彼の役割はきわめて両面的なものであった。歴史家たちはこれまで彼を、意見の不一致を消しさることをめざす権威主義者とみなすか、あるいは、寛容の穏健な支持者ではあるが、ご都合主義や下院の極端な立場によって抑圧をおこなうことを強要されていた人物とみなしてきた。彼は一六六七年に失脚した後に書いた弁明的な自伝のなかで、王政復古が摂理によって基礎づけられていたことと、それでも王政復古体制には不安定さが内在していたことを、口を酸っぱくして強調した。「国王はまだ王国の支配者になっていたわけではなかったし、その支配の安定性は、広くいきわたっていた音や喝采、つまりは鐘やかがり火が、いいたてていたほどのものではなかった」[6]。

それゆえ一六六〇年の夏以降の政府の政策は、以下のことがらを含んでいた。すなわち、空位になっていた教会の役職に望ましい候補者を任命すること、党派的反乱のうわさを利用して下院を統制すること、主要な非国教会派の集団の指導者たちと交渉を続けることである。一六六〇年一〇月にウスター・ハウスでおこなわれたバクスターやその仲間たちとの交渉の結果として、教会体制についてのひとつの宣言が生まれた。この宣言は論争のもたらす災厄を強調しつつも、ある程度の寛容を志向したものだった。クラレンドンもまた、穏健な主教制のための提案について話しあう準備をしていた（そのような穏健な主教制は、バクスターとアッシャーによって一六五五年に提起され、護国卿政治のもとでボイルや彼の仲間たちによって推奨されていた）。このころボイル自身も、トマス・バーロー、ピーター・ペット、ジョン・デュリーら同僚たちに、寛容の長所や今述べたような体制のモデルを広めることをすすめていた。しかし翌月、仮議会の過半数をすこし上まわる議員によってウスター・ハウスの宣言は拒絶された。そして冬に党派的な蜂起が多発したのち議会が解散され、一六六一年三月には選挙によってはなはだしく王党派、国教会派寄りの下院が成立した。これに引きつづいて規律と抑圧の方向への変化がすみやかに起こった[7]。

これらの数か月間をとおして、政府は体制にたいする脅威や国教会に反対する諸党派の活動を調査していた。一六六〇年一二月には除隊された兵士たちの陰謀が報告された。そして一六六一年一月のはじめ、国王がロンドンを離れていたときに、第五王国派の集団が首都で暴動を起こした。「ヴェナーの陰謀」と名づけられたこの蜂起を受けて、迅速な対応がとられることとなった。国務長官ニコラスは次のように書いている。「熱狂家たちが王国全体で陰謀を準備し、そして実際にこの都市で実行にうつした」のだが、それでも「私たちは（神のおかげで）今では完全な静穏を享受している。というのはその静穏を守るために、陛下が熱狂家と非国教徒のあらゆる私的な会合と集会を禁止する布告を発布されたからである」。この布告は一六六一年一月一〇／二〇日に発行された。布告は、「纖細な良心にたいしあたえられていた自由の一部を制限することで」この布告がブレダ宣言に違反してしまっていることをみとめつつも、次のような人びとの会合を禁止したのであった。すなわち「神に仕えるという口実のもとに、大人数で、秘密の場所において異常な時刻に日々会合をおこなっている、（再洗礼派、クエーカー、第五王国派の名で、あるいはなにかそれらに似たような名称で知られる）さまざまな人びと」である。[8] 春にはおおくの選挙において高教会主義の議員が復帰した。ただし、全員が「自称敬虔な〔非国教徒の〕牧師たちを駆逐している主教の味方」というわけではないことが、ロンドンのシティや他の各所でしめされていた。クラレンドンはサヴォイ・ハウスで長老派の人びととさらなる議論を開始した。長老派の代表者のなかにはリチャード・バクスターと、ホッブズの敵であるジョン・ウォリスがいた。そこでの会合は七月まで続いたものの、結局は不成功に終わった。[9]

この頃国務長官ニコラスとクラレンドンの両者がさらなる党派的反乱を報告した。その一方で、政府は教会における礼拝の統一を強制する法案を準備しはじめていた。一六六一年九月にニコラスはクラレンドンにたいし次のように報告した。長老派、再洗礼派、第五王国派が同じ教会のなかで説教をおこない、会衆にたいして「彼らの主権者に反対して戦いつづけるよう」説きすすめていたというのである。二週間後にニコラスのところにとどいた知らせによれば、政府がロンドンや地方での一連の謀議の証拠をあげた一方で、「ヴェナーの件での最近の二人の囚人」はさらなる反乱のおおきな望みをもっていた。この年の終わりまでに、非国教徒を公職から追放し、反逆的な言辞を禁止する法令が通過した。[10] 一六六二年二月には、議会は非国教徒を弾圧する礼拝統一法をみとめた。宮廷のなかにあった懸念にもかかわらず、五月には国王もこの礼拝統一法に同意をあたえた。一六六二年の聖バルトロマイの日に多数の非国教徒の聖職者が正式に職を追われ、また一方では、宣誓をおこなうことの拒否や出版物のなかでの扇動を禁止する法律も制定された。一六六二年一〇月一四／二四日に国王は「説教壇に立つ」説教師らにたいし、「説教師の放縦な言行」に反対する内容の通達をくだした。こうした言行は「党派心の強い人びと（この人びとが彼ら説教師に、政府にたいする不信感をもたせるのである）の精励によって、無秩序をはなはだしく増幅させてきたのであり、いまもなお増幅させつづけているのである」。通達は説教師たちにたいし次のように忠告していた。「主権者の権威を制限するため、あるいは主権者と人びととのあいだの差異を決定するため、あるいは神の選びや神罰、自由意思などの深遠な論点を議論するために」説教をもちいることがないように。「彼ら説教師は、可能なかぎり論争を避けるべきである」。[11] 一六六二年一二月に国王は、礼拝統一法の効果を弱めるための信仰自由宣言を計画した。しかし議会は次の春にこの宣言に反対し、その後の十八か月間に反・非国教のキャンペーンを強める法律を通過させた。選挙について取りきめていた三年議会法が廃止され、秘密集会が禁止された。この頃には一六四〇年代に抵抗を正当化していた規範のおおくは取りのぞかれ、国教会と国王の力が強化されていた。「私たちは最近の論争の時代を忘れることはできません。その時代にはおおくの人びとが自由を有しており、そして一部の人びとは、教会の規律と統治を踏みにじることを喜びとしておりました」。礼拝統一法案の提出にさいして、下院の弁士はこのように演説した。似たような仕方で下院は、一六六三年の春に信仰自由宣言に反対した。そのさいの論拠は、党派的な非国教徒へのいかなる寛容も、内戦の時代への逆行をもたらしてしまうだろうというものだった。「宗教における宗派の多様性は、公然とみとめられた場合、すぐに人びとを諸党派に分断し、そのうえ彼らに自分たちの人数を数える機会をあたえるのである」[12]。

クラレンドン法典（ことによるとクラレンドンみずからの提案によりつくられたと考えられているかもしれないが、実際にはそうではない）はこのとき、規律という手段や政治的混乱への逆行を抑止する方法についての、特定の見解にかたちをあたえたのである。一六六五年までに、「教会あるいは国家のいずれかにおける統治の変更をいつももくろんでいる」者に対抗するための法律は、市民生活のほとんどの領域に向けられるようになっていた。この法律が対象としていたものは、臣民の良心と、復古された正当な秩序にたいする臣民の同意だった。クラレンドンは、一六六一年五月の議会での開会演説のなかで、臣民の信念と王政復古体制への共通の合意や同意とが結びついていることを説明した。

もし現行の宣誓がそれらのうちに、繊細な良心が誠実にも同意をためらうような言葉あるいは表現を含んでいるのでしたら、神の御名においてそれらの代わりに、統治の政策が強いねばならないすべての義務を包含するような、他の宣誓がつくられるようにせねばなりません。ですがそれでも、かの信仰自由にたいする規制として、輒が、宣誓が、法があらねばなりません。良心の自由という口実のもとに、人びとが法と良心のあらゆる義務から解放されるべきではないという規制です[13]。

この種の演説は、論争の境界を安全に確立すると思われた手段を要約したものだった。そのような境界の内側では論争が許容され、信徒のコミュニティは公的に知識の諸形式を論じることができた。しかしながら、そのような規律づけられた境界に実効力をあたえる約束や強制がなければ、この種の論争はすべて、たちまちに不和を生みだしてしまうだろう。体制は傷つきやすいものだとされていた。また不和によって平和的な同意が疑問視され、臣民は相対立する集団へと分裂してきていたのだ。だから不和が起こってしまえば、その体制は崩れて内戦が生みだされてしまうだろう。ホッブズのパトロンであるニューカッスル伯が国王にたいして注意喚起したように、「論争はペンによる内戦であり、すぐに剣を引っぱりだしてしまうのです」[14]。

規律と「コーヒーハウスの哲学」

王政復古期には、あらゆる自由な論争が内戦を引きおこすことはあきらかだと思われていた。そもそも自由な論争によって内戦を抑止しうる知識を生みだすことが可能だというのは、信ぴょう性に欠ける考えだった。この問題にかんする基本文献のひとつ、ミルトンの『アレオパジティカ』(一六四四年)は、開かれた論争によって到達される安全で効果的な知識の例をながながと論じていた。「おおくの学ぶ意欲があるところには、かならずおおくの討議とおおくの書かれたものと、おおくの意見があります。なぜならよき人びとの意見は、生成途中の知識にほかならないからです。党派や分裂にたいする昨今の法外な恐れのもとでは、私たちは知識や理解にたいする神がかき立ててくださったまじめで熱心な渇望にただしく対処できません」。だがミルトンが壮語した「預言者、賢人、有徳の人たちからなる国民」はすぐに、トマス・エドワーズが『ガングリーナ』(一六四六年)で非難したような無政府状態へと崩壊していってしまった。ミルトンでさえもホッブズを許容してはいけない著者の一人に挙げていた。一六五〇年代にも急進的な人びとはまだ次のように論じていた。「不正をもたらす隠れた原因……は、人びとの審判にかんするキリストの力への、役人たちの干渉である」。こうした急進派の人びとは、論争にかんする新しい形式の規律を提唱する、リチャード・バクスターのような人びとの試みには否定的な反応をしめした。チャールズ二世は、人びとが聖書を読めるということすら「つねに嘆いておられた」といわれていた。「この自由が私たちの党派すべての起源であった。この党派はそれぞれ、彼らの劣悪な観念にしたがって、また彼らのおそろしい悪事を完遂するために、〔聖書を〕解釈しているのである」[15]。

印刷と出版を取りしまる法令が、一六四九年の秋に制定されて護国卿政治のもとで断続的に更新されていた。一六六〇年六月にこの法令が再確認される。この法令にもとづく統制は、一六六二年の特許検閲法によって強化された。出版の独占が書籍出版組合と諸大学にみとめられた。政府は、政治あるいは歴史にかんするあらゆる著作を、事前に検閲して認可することができるようになった。出版者の数は六十から二十に減ることとなり、カンタベリー大主教とロンドン主教によって管理されることとなった。きわめて高教会主義的なジャーナリストであったロジャー・レストレンジに、印刷を認可する責任があたえられた。一六六三年に彼は次のように書いている。「最近の反乱をもたらした、偽善、恥辱、悪意、誤りそして幻惑の精神が、まだ広く行きわたっていた」。翌年には次のようなことが論じられていた。いかなる出版の自由も自動的に戦争に結びついてしまう。それゆえ王室による独占が出版業者の事業に取ってかわらねばならないというのである[16]。

この新しい政策の典型的な犠牲者は、占星術師であり薔薇十字会員であったジョン・ハイドン(一六六三年に投獄され、一六六七年に国王のホロスコープを作成したあとにふたたび投獄された)と、空位期のもっとも重要な急進的出版者であるジャイルズ・カルバートであった。カルバートは、トマス・ボーン、ジョン・ウェブスター、ベーメ、デル、ウィンスタンリー、そして水平派や喧騒派の著者たちの著作を出版していた。カルバートの印刷所が、そうした活動の中心地としての役割をはたしていたのだ。あるスコラ学の擁護者は一六五四年に、「悪しきジャイルズ・カルバートの印刷所、すなわちあの悪魔の工房」について不平を述べた。「そこからあのようにおおくの冒瀆的で誤りにみちた恥ずべきパンフレットが……国全体へと広がり、その結果として私たちにたいする神の怒りを誘発してきたのである」。サミュエル・ハートリブは一六五八年にカルバートと協働していた。しかしカルバートは扇動的な『厳粛なる同盟と盟約という不死鳥』を出版したかどで一六六一年に投獄された。彼は〔解放された後〕ロンドンを離れた。また彼の妻は、暦書を作成して「そのなかの迷信的な信念や、陛下の人格および統治への嫌悪感や憎悪を、臣民の心のなかに浸透させた」かどで拘留されていた。カルバートの作品は一六六四年に再審理された。彼自身は〔再投獄後に〕ニューゲート監獄のなかで獄死していた。これらの処置は一六六〇年以前に発展させられた思想の拡散をある程度統制した。ハリントン、ネヴィル、ヴェインといった人びとは獄中にいたかすでにこの世を去っていた。さらに、よりきびしい規制が出現したことの影響は、より広範囲の著者、すなわち反対意見を表明するさいに思慮ぶかくふるまっていた著者にまでおよんだ(17)。

出版の検閲・認可がふたたび共通課題となった。王立協会にとって、書物を協会自体の出版認可にもとづいて発行する権利は、価値ある特権だった。この文脈においては、学識ある人びとのあいだの論争が過度に攻撃的であるように見えてはならなかった。一六六九年一二月にピーター・デュ・ムーランは、高教会主義の主教であるピーター・ガニングが彼の「王立協会をたたえる英雄詩」の出版許可を拒絶してきたと、ボイルに伝えている。一六六八年にはジョセフ・グランヴィルの論敵であるロバート・クロッスが、協会にたいする攻撃を出版する許可を拒絶された。グランヴィル自身の『プルス・ウルトラ』がサマーセットにおける党派的な動乱と関連していたということが、最近あきらかになっている。クロッスはグランヴィルを無神論のかどで非難した。またグランヴィルは非国教徒たちから攻撃を受けており、彼を攻撃した非国教徒たちは次のように述べていた。「彼ら〔＝非国教徒たち自身〕には良心の自由があるのだ。そして政府は、ずっと持続することはありえないのだから、彼らの自由をみとめざるをえないのだ」。検閲・認可の営みによって、王政復古期の論争の宗教的な意味とその論争の政治的安全性とが密接に結びついたのである。グランヴィルの味方であったヘンリー・モアは、『形而上学の手びき』(この書物ではボイルの「怪物的な空気のバネ」への異議が表明されていた)の出版許可を得るために一六七〇年七月にランベス宮を訪ねた。この書物の表題は、「世界の諸現象が純粋に機械論的な原因で説明されうると考えている」すべての人びととの「虚栄心と誤り」を告げていた。検閲官のサミュエル・パーカーは、「ひと目見て、表題そのものからその著作がどんな方向に向かっていたのかを読みとって」許可をあたえた(18)。

公的な会合場所もまた、疑いの目をもってあつかわれた。あまり効果がなかったにせよ、監視の一環として新しいコーヒーハウスの統制もおこなわれた。コーヒーハウスは、ロンドンでは一六五二年にもろもろの特許検閲法が失効した頃から開かれはじめ、すぐに非国教や新哲学の広まりと結びつくようになった。一六五六年に開店したオックスフォードのティリヤードは実験哲学グループの会合所だった。一六六一年にピーター・シュタールがボイルとハートリブによってオックスフォードに招かれ、化学の講義をはじめたのもこのティリヤードでのことだった。一六六二年には、トリチェリの現象の原因が真空忌避であることを支持するパンフレットが、「その論争がおこなわれた、ワイルド・ストリートにあるコーヒーハウスで」出版された。「ものごとを見わける力を頭のなかにもっているすべての人に、どちらの側にばかげた考えが存するのかを、自分で読んで判断してもらうため」であった[19]。新しい体制はこのような自由に疑いをさしはさんだ。大陰謀家であり元水平派であったジョン・ワイルドマンは、一六五六年の夏にみずからのコーヒーハウスを購入し、コモンウェルス・クラブは一六五九年夏のあいだそこで会合をもった。ハリントンのロータ・クラブも非常に似かよった集まりであった。ジョン・オーブリーはその一員だった。彼が書いたところによると、一六六〇年以降ロータにとって会合をおこなうことは「反逆」になった。一部の聖職者たちは、国王はロータ・クラブの影響に対抗するために王立協会を設立したとすら主張していた。ホッブズ主義もまた「コーヒーハウスの哲学」という烙印を押されていた。一六七三年にグランヴィルは、コーヒーハウスのような場所では「あらゆる人が水平派であるように見える」と書いた。国璽尚書ギルフォードの考えではコーヒーハウスは規制されねばならなかった。なぜなら「もし怠惰な時間の浪費者たちによる乱雑な数おおくの会合の機会が取りのぞかれれば、悪しき人びとが、これまでのように人びとの精神におおきな影響をあたえることは、できなくなるだろうから」であった。一六六六年という過酷な年に、クラレンドンはそのような会合場所を規制することを考えた。政治的論争にとってそうした場所が重要であったことは、公的な論争にたいする疑いのさらなる例証であった。イングランドの「自然な統治者たち」は、競合するあらゆる知識の形式について、それらが巨大な力をもちうると考えていた[20]。

王政復古期の危機や規律についてのこれらの処置によって、ここで見てきたような知識を生みだそうとしていた人びとは、意見を改めるか沈黙を守ることを強いられた。ホッブズの「コーヒーハウスの哲学」は宮廷において上流社会の人びとからある程度の支持を得ていたが、「リヴァイアサンの狩人たち」から体制打倒のかどで非難されてもいた。一六六〇年代のホッブズの経験をふまえることで、法的な力と哲学の公的な表明とのただしい関係について彼がおこなった分析を理解できる。一六六一年に彼は聖職者会議で訴追された。オルデンバーグは「会議で、ホッブズの原理が主張する言説」を報告した。そしてオーブリーが書いたところによれば、主教たちは「そのよき老ジェントルマンを異端のために火刑にしようという動議を提出した」。一六六六年に下院は『リヴァイアサン』というホッブズの書物」の検査と「印刷物のなかでの罵詈雑言の調査」を命じた。[21] 一六六八年にホッブズは、英語で――これは重要な留保である――政治あるいは宗教にかんするいかなる著作も出版しないよう命じられた。そしてその同じ年に、ケンブリッジのフェローであったダニエル・スカージルは、公的に「ホッブズ的な」信念を撤回するよう強制された。ホッブズ自身は、英語で書いた内戦についての歴史である『ビヒモス』の公刊が禁止されたと考えた。この著作が印刷物のかたちでようやくあらわれるのは一六七九年のことである。一六六八年六月に、『リヴァイアサン』や『自然学的対話』を含むホッブズの著作のラテン語版選集がアムステルダムで発行された。九月にピープスは、英語版の『リヴァイアサン』が「非常に強く求められており」また高価であると書いている。なぜなら「主教たちは「それが」再版されるようにはしないだろう」からであった。ホッブズはまた、このラテン語版の『リヴァイアサン』に異端と迫害についての補遺をつけくわえた。彼の議論のおもな部分は、もともと一六六二年に書かれた草稿にもとづいたものだった。一六六二年とは、彼が教会からの非難を受けた時期にあたる。ホッブズは「異端についての歴史的な説明」を執筆した。彼は国務大臣のジョセフ・ウィリアムソンに手紙を書き、次のように述べている。「あなたが誤解しており、また困難なく取りのぞかれうるような、異端にかんする諸言辞を」含んでいるが、「私はそれらの言辞に反対する理由をなにも見いだせないのでありまして、それらを修正しないままにしておきたいと望んでおります。修正しないままではその書物の残りの部分の出版が許可されえない、というのでなければですが」。この嘆願は失敗した。彼の異端にかんする著作の出版は一六八〇年まで遅れたのである。その著作の論述は、王政復古の後で課された検閲の状況に直接対応したものだった。ホッブズは、公的な知識をめぐる論争と信念を規律づけようという試みとの関係を描きだした。彼は危険な知識に対抗してとることのできる処置を特定し、そのような知識がどのようにして定義づけられるべきなのかを記述した。[22]

ホッブズは、迫害と異端についての最初の草稿のなかですでに、次のような主張の予行演習をしていた。聖職者が独自の権力によって信念を迫害することを正当化する現行法は存在しないという主張である。ある信念が聖職者らと対立するような場合でさえ、臣民にたいして「なんらかの犯罪的な問題あるいはことがらを理由として、自己を非難したり、自己の罪を償わせたり」するように強いることのできる純粋な教会権力はなかった。「歴史的な説明」のなかでホッブズはこの説明を敷衍した。彼は迫害を知識の諸形式と結びつけ、そして異端の系譜を哲学上の論争までたどった。

ギリシアで哲学の研究がはじまったのちに、哲学者たちのあいだで意見があわず、自然のものごとについてだけでなく、道徳的および政治的なものごとについても、彼らはおおくの問題を提起した。各人がそれぞれ自分の好む意見をとったので、そのそれぞれの意見が異端と呼ばれた。この言葉は、個人の私的な意見を意味するにすぎず、真偽にかかわるものではなかった。

ホッブズの説明は、信仰箇条の言語のくわしい分析と制定法の準備とを強く求めるものだった。異端が「屈辱的なこと」だとみなされたとしても、そのことをもって迫害にお墨つきがあたえられるわけではなかった。なぜならそのようなお墨つきをあたえるのは世俗法の施行だけだったからである。それゆえ、共和国のもとに「人びとは義務からではなく恐怖から服従したのである。また人間がつくった法律は効力あるものとしてなにも残されてはいなかったので、だれかある人が好きな宗教の教義を説教したり書いたりするのを抑制することができなかった。そしてこの戦争の熱気のなかでは、国家の平和を乱すことは不可能であった。そのとき平和は存在しなかったのであるから」。この文脈のなかでホッブズは、彼自身の主張によれば「国王の権力を擁護するために」、『リヴァイアサン』を出版したのだった。そして彼は、いまや信念を不当に取りしまる法を押しつけようとしていた主教たちや、ジョン・ウォリスのような長老派の神学者に言及した。というのも彼らの行為には法的根拠がまったくなかったからである。「人びとは、自分たちの学識や力が議論されている論争においてはおおくの場合非常に攻撃的になるので、けっして法というものに思いをめぐらせることなく、挑発されればただちに『十字架につけろ』と叫ぶのである」[23]。

迫害の法的な基礎についてのホッブズの分析は、彼が国家にたいする同意について、また私的な信念の信頼のおけなさについて述べていたことと矛盾なく合致していた。そうした私的な信念は制御可能な範囲を越えたものだった。そのため、臣民の信念を制御することや知識の体系の基礎を信念に置くことを主張している者は、不誠実であり（なぜなら彼らはなされえないことをなすと主張していたから）、同時に危険であった（なぜなら彼らは世俗的権威の権力から分離された権力を要求していたから）。ジョン・ウォリスやウォルター・ポープなどの聖職者と実験哲学者は、応答として、ホッブズの疑わしい政治的経歴と、彼が共和国を支持していたという疑惑を指摘した。すなわち彼らは、ホッブズが一六五一年に「政府にとりいるためにロンドンで『リヴァイアサン』を印刷するという目的で」パリから戻ってきたと主張したのである[24]。さらに別の急進的な寛容の支持者であったロジャー・コークは、一六六〇年にホッブズにたいする攻撃の書を印刷した。この書はホッブズをトマス・ホワイトの同じく疑わしい政治学説と結びつけるものだった。ホワイトの『服従と統治の基礎』（一六五五年）もまた一六六六年に議会で審査を受けていた。ホワイトとホッブズはいずれも彼らの独断論のために、実験哲学の宣伝者らによって攻撃されていた。とりわけグランヴィルは『学問的懐疑』のなかで彼らをはげしく攻撃した。彼らはいずれも権威主義的な政治学のために、ボイルの味方であったピーター・デュ・ムーランのような著者から非難されていた。デュ・ムーランは、ホワイトが犯している罪は「オリヴァー〔・クロムウェル〕の専制の最高潮のなかで」クロムウェルを支持することにひとしいとして、彼を非難していた。ホッブズがとった対応は、王の後ろだてを得ようとめざすことだった。『自然学問題集』（一六六二年）と幾何学におけるいくつかの論考は、いずれも国王に献呈された。「教会の権威を完全に王の権力によって基礎づけることを……陛下が無神論とも異端ともお考えにならないよう、私は望んでおります」。しかし教会と自然哲学の問題におけるホッブズの反対者たちも、ホッブズと同じことを求めたのだった。彼らはまた、宮廷でホッブズへの支持を得ようとするいかなる試みをも憂慮していた。ジョン・ウォーシントンは一六六八年六月、ホッブズの著作集がアムステルダムであらわれたときに、モアにたいし次のように書いている。その著作集は「国王にたいして献呈」された。「そうであるならカドワース博士の［ホッブズにたいする攻撃の書］も同じように国王に献呈されるべきかもしれないと、博士に伝えました(25)」。

ホッブズの批判は、政治的権威の体制と知識を生みだす社会組織とが結びついていることを指摘した。ホッブズがいうには聖職者と実験哲学者は、みずからの見解を広める独立した権限をもっていると主張していたため危険だった。しかしおおくの国教会の神学者にとっては、一六六〇年代には教会自体は良心を取りしまるための道具として不十分であるというのが共通認識であった。グランヴィルとサマーセットにおける同僚たちが国教会をおびやかす脅威に直面し、また後ろだてのない教会は無力であるという事実に直面していたことはすでに指摘した。グランヴィルは一六六七年にビールにたいして、非国教徒が「人数と尊大さの点でいまだに成長している」と述べた。一六六三年に当時エクセター主教であったセス・ウォードは、〔カンタベリー〕大主教にたいし、礼拝統一法がもたらしたやっかいな影響について書簡を書いている。デボンでは「排斥された長老」を無理やり戻ってこさせて説教をさせていた。というのは「だれも彼の代役に任命されなかったからです。そして……人びとは、ある者は無神論や放蕩へと、他の者は非国教の党派へと、向かっていってしまったのです」。この人物は、千五百人以上もの群衆にたいして説教をした後で逮捕され投獄されていた(26)。さまざまなかたちの「無神論」がしばしばホッブズの影響と、また当時の教会の弱さと結びつけられた。ジョン・イーチャードは聖職者が受けている軽蔑について書き、それに続いてホッブズの「自然状態」にたいし辛辣な攻撃をおこなった。セント・デイヴィッズの主教ルーシーはホッブズについての『考察』を一六六三年に再版した。彼もまた、非国教や無神論にたいして聖職者がもつ力という問題について、直接的な経験をしていた。

これらの熱狂家たちは……教皇派の人びとと同じように、私たちによる破門をほとんど恐れておりません。また実際私は、私たちの破門を非常に恐れているような党派をまったく見いだせないのです。とはいえ私は、すべての教区には……アムステルダムにおけるあらゆる党派と、さらにくわえてカトリックによる党派が存在しているのではないかと疑ってはおりますが、それでも、それらすべてよりもかくれた無神論のほうをいっそう恐れているのです。というのも、教会の規律の復興とともにそれらの諸党派がゆくゆくは徐々に弱体化していくと私は期待していますが、無神論は使徒的な人びとによってでなければ克服されないだろうからです……私たちは、自分たちが忠告やおどしやおこないによってなしうることをなさねばなりません。[27]

教会は私的な信念と戦い、その信念を制御するために、「使徒的な人びと」や「知恵」を必要としていた。だがこの仕事に自力で成功する望みがあると表明していた聖職者はほとんどいなかった。一六六〇年にヘンリー・モアは教会秩序の現状を嘆いている。それは「無神論と冒瀆からなる原野で、いわばすっかりサテュロスと野獣のすみかとなっている」のであった。モアの信奉者であったギルバート・バーネットは、『歴史』のなかで次のことを回想している。「聖職者たち自身が怠惰になり、固有の義務を無視するようになった。そして他の人びとにたいして説教したり書いたりすることをやめ、安楽や怠惰のなかで自分たちの役目を忘れさってしまったのである」。バーネットは王政復古体制にたいするふたつの脅威を述べた。教会の現状そのものと、「非常に風がわりな表題をもつきわめてよこしまな書物」である『リヴァイアサン』の魅力である。彼はまたこれらの脅威に対抗してなされたふたつの動きを指摘した。ひとつはケンブリッジでモアとその仲間たちによって開始された改革キャンペーンであった。これらの人びとは、「宗教と道徳の諸原理を、明確な基礎にもとづいて哲学的な仕方で主張し、検討しようとつとめていた」。いまひとつは、ロバート・ボイルによって主導された実験哲学の出現であった。[28] そういうわけで、知識を生産する者は、弱体化した聖職者に武器を提供することができれば、王政復古期の社会のなかに居場所を見つけることができたのである。ボイルは実験哲学がそのような武器を提供すると考えた。一六六〇年代のあいだに彼は、これらの武器がつくられるべき方法とつくられた武器のただしい使用法について、他の人びとに教えていたのである。

「手と目の論争」——実験と弾圧

一六六〇年代に宗教的および政治的権威は、臣民の信念を、王政復古体制にたいする危険の源泉だとみなしていた。そのとき実験家たちが、体制の問題にたいするひとつの解決策を提示した。彼らは自分たちのコミュニティを、論争が安全に起こりうるとともに破滅的な誤りがすみやかに修正されるような理想的な社会として描いたのである。彼らの理想的な社会を特徴づけていたものは、実験家たちが推奨していた権威の源泉だった。実験哲学者たちは作業のなかで専制と独断論に警戒していた。いかなる孤立した強力な単一の権威も、信念を押しつけるべきではなかった。知識の力は自然から来るのであって、特権的な諸個人から来るのではなかった。コミュニティが自由な状態において共同の同意をしめしたとき、事実は形成された。この文脈のなかで実験の社会的条件についての三つの特徴が生まれた。(1)実験研究の宣伝者たちは、健全な知識は適切につくられまたもちいられた場合に、有益な政治的効果をもちうると論じた。(2)礼拝統一を厳格に押しつけることによって臣民の信念の安全な状態を確立することはできなかった。一方で、競合する意見の自由な活動は、社会的安定を導くことができた。(3)この自由な活動は、論争がその内部でのみ許容されるところの境界が注意ぶかくさだめられて守られた場合にのみ、安全でありまた効果的であるとされた。これらの条件をみたすことができれば、実験集団の活動は政治と教会の体制に手助けをあたえることができた。ボイルとその仲間たちは、王政復古期の社会が利用することのできるふたつのものをつくりあげていた。実験的空間のなかで営まれていた生活形式と、実験家たちが作成に寄与していた事実である。

　第一に、争いをもたらす傾向をもたない知識の形式が存在することをしめす必要があった。共和制のもとでは、ペティ、ボイル、デュリーのような人びとは、世俗社会と既成の哲学のおぞましい現状について同じような言葉を使って書いていた。それらは「カラスにえさをあたえて空気を汚染することにしか役だって」おらず、「それらを生きかえらせて活性化させるための魂」を必要としているのだった[29]。ただしい知識と効果的な社会組織がこの問題を解決するように思われた。一六五五年六月にオルデンバーグは、ホッブズにたいして、たしかな知識は政治的なはたらきをなしうると述べた。

> 食べものが空腹をみたして満足させるように、この論証的知識は精神をみたして満足させるのです。そして、十分に消化されたよい肉が自然にそなわっている身体のすべての器官に行きわたるのと同じように、その論証的知識は政体のすべての部分へと、それらすべての部分の利益のために、行きわたるのです。そして必要はあらゆる月下の事物がなしうるうちで最大の満足を生みだすに違いありません[30]。

このイメージは共有されていた。一六五五―一六五七年にオルデンバーグは、ジョン・ミルトンや他の人びとにたいし、ボイルやフックらオックスフォードの実験家たちの研究について書いて知らせた。オルデンバーグは次のように力説している。「それは、私が思うに、精神を混乱させるのではなく、安定させるような知識だと判断されるべきなのです」。政治的な調和、そして政体の体質や体液のバランスという比喩的な描像がこのときもちいられたのは、治療する知識――「政体の栄養」――

を差しだす機会をつくるためだった。実験の唱導者たちはその政体という体を治療するための処方せんを発展させたわけだ。とりわけ彼らは、統制されていない臣民からいかに同意を勝ちとるべきかについて独特な説明を発展させた。[31]

この説明では、法的な弾圧のレトリックに対抗して限定的寛容のレトリックが据えられた。安定的な同意が勝ちとられるのは、信念をもつ人びとが、限定され境界づけられた社会のうちに自分たちを組織化するからだった。この社会はよき秩序の基礎を受けいれない人びとを排除するような社会であった。統一は、その後に達成される成果として生まれるだろうと考えられた。そのコミュニティの一員である、信念をもつ人びとにたいし、外部から課されるべきものではなかったのだ。ボイルと政治における彼の仲間たちは、そのような外部から課された規律がうまくはたらくことを否定した。厳格な規律は、長老派のものであれ国教会のものであれ、専制的で誤っているとみなされた。一六四六―一六四七年にボイルはロンドンから「この混乱した都市を彼ら全員の集会所としている、非国教徒たちのまやかし」について書いて知らせた。長老派と議会におけるその連携者たちは、諸党派による瀆神を取りしまる法を計画していた。ボイルは、むしろおおくの「まやかし」が「あいまいな真理、あるいは以前には隠されていた真理の顕在化」だということは十分ありうると論じていた。彼はかつてジュネーヴに行ったことがあった。そして彼が友人のジョン・デュリーに語るには、そこではカルヴァン派の制度が尊重されていた。しかしながら、いかに完全なものであっても、なんらかのそうした理想が、法的な手段による長老派の規律の押しつけを正当化することはありえなかった。「首つりひもによって知性に新しい光を導きいれようと考え、あるいは身体への拷問によって精神の誤りを治そうと考えるのは」誤りであった。そのような処置は「病巣にはたらきかけはしない」のであった。[32] 一六五〇年代をとおして、社会制度への確固とした同意の基礎は根本的に重要な政治と教会の課題でありつづけた。デュリーは、一六四九―一六五一年にホッブズや他の人びととのあいだでおこなわれた、共和国にたいする忠誠についての論争のなかで、中心的な役割を果たした。デュリーは一貫して、教会における諸派閥の平和的な和解を支持する議論、また政治的な論争を回避するであろう知識の形式を支持する議論をおこなった。大主教アッシャーなどアイルランドにおけるボイルの味方は、教会体制と限定的寛容のためブログヒルが一六五八―一六五九年に復活させた計画を発展させた。これらの提案はすべて、教会と国家におけるまだ実現されていない統治機構の理想を表現したものだった。それらは臣民の同意と規律とのただしい関係に基礎づけられるべきものであった。ハートリブやボイルが護国卿政府にたいして提案した「普遍的な学問を奨励し、進歩させる」ための計画もまた、このかたちの体制をめざすものだった。[33]

寛容と弾圧の問題は王政復古期にさらに深刻なものとなった。一六六〇年代初頭の政策を特徴づけていたのは、統一を課すという方向への変化である。この変化が寛容の唱導者たちにきびしい困難をもたらしたのである。ブログヒルは、王政復古が間近であると思われるようになるとすみやかに国王に連絡をとったが、一六六〇年四月の終わりには、極端な社会形態にたいする恐怖を書いている。「私は騎士党をものすごく恐れています。そしてもし万が一議会がそのような党派のものになるとしたら、なにが犯罪になるのかは神のみぞ知ることになります」。六月にオルデンバーグ（このときにはボイルの親しい同僚、またボイルのおいの個人教師になっていた）は、王政復古はこれまで「血を流さなかっ」たのだから、新しい社会形態も「おだやかで穏健」なものになってほしい、との望みを書いた。夏のあいだ、ボイルとオックスフォードの友人であるピーター・ペットは次のような恐れをいだいていた。「復職した聖職者が、最近受けた苦しみにあおられて、キリスト教と政治の真の基準に反するような復讐的なかたき討ちをするのではなかろうか[34]」。キリスト教と政治の関係が聖職者たちを分断していた。ウィルキンズとウォードは大学から追放されたが、すぐに主教職を得た。彼らは非国教徒にたいする寛容あるいは抑圧の利点に関連して互いを論難していた。ウィルキンズは礼拝統一法をあまりにも弾圧的だとして攻撃した。彼は教会が「むち打つことなしに存立する」のを望んでいたのだろう。ケンブリッジではヘンリー・モアとサイモン・パトリックの両者が復職した聖職者から攻撃されていた。だがウォーシントンは、ブレダ宣言と一六六〇年のモアの著作のなかの良心の寛容のための提案には類似点があると指摘していた。一六六二年にパトリックは「広教主義者」と彼らが実験主義者を支持していることについての説明をものした。すなわちこれらの聖職者は「非常に慈悲ぶかいので、人びとを、私たちの教会に属していないという理由で叩きつぶすのがよいとは考えていない」のだった[35]。こうしたやりとりは、ボイルやその仲間たちが、内部での意見の不一致が安全で許容されうるような社会的空間を確立するためにつくりだした提案に、重要な視点をあたえた。

実験家たちの理想的なコミュニティは、一六六〇年代に登場した実験主義を弁護するテクストのなかで描かれた。第2章で指摘したように、スプラットの『王立協会の歴史』（一六六七年）は、ホッブズ的な独断論に専制というレッテルを貼り、制御されていない私的判断には狂信というレッテルを貼った。そういう危険はコミュニティから取りのぞかねばならなかった。そうしないかぎり論争は安全なものにならないように思われたのだ。この理想は王政復古体制の要求に合致していた。実験の集団の外部にいる人びととは、寛容の規定のなかからもまた除外されるべきだった。グランヴィルは『プルス・ウルトラ』のなかで、実験哲学に反対する人びとは国教にも反対しているのだと主張した。「プロテスタント運動のきわめて偉大な庇護者が非国教の党派からあつかわれているのと同じような仕方で、ふつう哲学者たちは熱狂的な人びとからあつかわれている」。ヘンリー・モアは、一六六〇年に宗教的および政治的寛容とその限界を分析した。この分析のなかでモアは、無神論者と狂信家たちの両者を政治的国民から除外すると表明した。判断基準は、開かれた論争が安全であるかどうかということだった。無神論は「人間の政治の癌そのもの」だったし、狂信を「他者から見て、説明がつくとともに知性によって把握できるものに」することは不可能だった。[36] 同様の議論はボイルと協働していたトマス・バーローによって発展させられた。バーローはオックスフォードの司書で、後に主教になった人物である。王政復古の直後、ボイルとバーローはペットやデュリーとともに、寛容と体制という問題を論じる一連のテクストの執筆に取りくんでいた。バーローには自分の分析を出版する勇気がなかった。彼の分析は死後にペットの編集のもとで世に出たのである。王政復古期にはあまりにもおおくの非国教徒とカトリックがいたので、「罰するよりも赦すほうが社会にとってより安全であろう」とバーローはみとめた。しかしながら一部の人びとは赦しの対象から厳格に除外されねばならなかった。それは「役人の権力すべて」を否定している、あるいは「あらゆる宣誓は法に反する」と信じている人びと、「その宣誓をおこなう自分自身の義務を免除できる力がみずからにあるとみとめている」カトリックの人びと、クエーカーやアダム派の裸体主義者など自然の法を侵犯している人びとであった。バーローら上述の聖職者たちにとって、証拠や自由な論争によって意見を変えさせることができない人びとは、その論争がおこなわれる空間に入れないようにしなければならなかった。[37]

この空間の内部では、良心は自由にふるまうことが許された。バーロー、ペット、デュリーの著作のなかでは、論争している諸党派のバランスが取れた状態のほうが、恐れや不満をもった諸党派が弾圧されて黙らされている状態よりもよいと論じられた。寛容は安定的なものと思われた。なぜなら寛容によって無駄な党派的論争の代わりに労働が促されるのではないかと思われたからである。政治体制への同意は、外部から課された力からではなく真なる原理から生まれてくると思われた。バーローは良心の政治的なはたらきを支持し、上述のような弾圧には反対した。一六五六年に彼はホッブズに反論して大学を擁護した。一方で彼は長老派的あるいはカトリック的な規律の反対者として、「世俗の役人」は「彼自身の権力よりも優位にあるいかなる権力にも用心する」べきだとみとめた。二年後に彼は、ボイルが計画していた、オックスフォードの決疑論者ロバート・サンダーソンの良心および政治的義務にかんする講演の再出版を鼓舞した。一六六〇年にバーローは、市民は「信仰あるいは意見」ではなく、魔術や瀆聖のような「事実」にかんしてだけ規律づけられるべきであると説いた。世俗的権力が信念をもっている人びとにたいして強制できるのは、ただ信念を吟味することであり、吟味の結果を受けいれさせることではなかった。「『信仰は聞くことによりはじまる』と私たちは〔聖書のなかに〕読み、知っているのであるが、人びとは真理の信念を叩きこまれる、あるいは叩きこまれうるとは読まないのである」。バーローは、信念を強要することはカトリックがやっていることと変わらないといって非難した。そして「真理の吟味」をとおしてのみ臣民は「偶然によってではなく、選択によって宗教」へと到達できるのだと強調した。[38] ボイルは、実験的生活形式のなかでの限定的寛容を支持するさいにこれと同じ戦略をとっていた。寛容の効果と同意の実現についての論争のなかで、一六六〇年代の実験家たちは自分たちのコミュニティがここで見てきたような理想的かつ安定的な社会として機能している様子をしめしたのである。

社会の見取り図を描くさい、そのなかに、内部で論争が安全に起こりうるほどにしっかりと境界づけられた空間を確立するというのはむずかしいことだった。ボイルが発展させた技術は、その空間の完全性を保つために設計されていた。私たちは、この境界の適切な性格をめぐるボイルとその敵対者たちの論争を検討してきた。実験家たちが作成した事実のたしかさや彼らがおこなっていた論争の性格は、「情念あるいは利害関心、分派あるいは派閥」の影響を受けやすい作業を排除することに依存していた。ペティは王立協会に政治算術をすすめるさいにこの議論をもちいた。[39] 実験家たちは実験コミュニティの一員としての地位をもっているかいないかという基準で判別されるべきなのだった。コミュニティへの加入が彼らを実験的生活形式の外側にいる人びとから実質的に区別したのである。境界線をうまく保つことができればおおきな見かえりが得られた。このコミュニティの内部では論争は自由なのだった。実験家たちはそれゆえ、自分たちが非凡な権威をもっていると主張したのである。一六六六年にボイルは次のように書いている。「貨幣についで判断するのと同じように意見について判断するのをつねとしている。……私がそれを偽物だとみとめたならば、君主の肖像や刻印も、その〔つくられた〕日付も（それがどれほど古いものだとしても）、疑われずに引きわたされてきた人の手のおおさも、私を惹きつけて受けいれさせることはないであろう」。[40] これは自由の一形式を支持するきわめて影響力のおおきい議論であった。ボイルが一六五〇年代にプログラムにかんして執筆し一六六一年に出版した『序言的エッセイ』のなかでプログラムにかんして推奨されていたことがらはすでに論じた。ヘンリー・パワーは『実験哲学』の序文のなかでこのテクストを長々と引用している。ある著者が知識たらんとする主張の明白な実験的根拠をなにもしめしていなかった場合、「彼が理性的考察において誤りを犯していれば、私には彼とともにまちがってしまう若干の危険がある」。だが一方、協働的な実験コミュニティの規則のなかでは、また目撃の技術をもちいることによって、自由にふるまいながらも全面的な同意をあたえるということが可能であった。著者の意見が「どんなに誤って」いたとしても、「私には〔その著者の実験から〕恩恵を受ける自由がある」。[41] 実験コミュニティの規則は、自由と弾圧という根本的に重要な政治的課題にたいしこのような解決策をあたえたのである。

しかし寛容は、それが安全な寛容であるためには、制限されねばならなかった。これとちょうど同じように、実験における自由は、個人的な反規律主義や制御できない私的判断とは区別された。実験家たちの権威は、自由な判断と共有されていた規律のバランスによってもたらされるものだった。モアが「にがい調合薬のような実験」を棄却したことにたいして、ペティは「異様な見かけだおしの哲学という空虚なニンニクやタマネギ」よりも「実験によって生みだされた知識の甘美さ」を高く評価することによって答えた。ヘンリー・パワーにとって実験研究とは、不可欠の「理性的な生贄」、すなわち人びとが自然の創造主たる神にたいしてささげる供物であった。近年歴史家たちは、実験的な自由や実験への傾倒を支持するこれらの主張が、いかに王政復古期の千年王国説と結びついていたのかを指摘してきた。一六六〇年から一六六六年までの時期に摂理によって起こったできごとに註釈をほどこす、あるいは応答する多数のテクストが書かれた。スプラットの『歴史』はそのひとつにすぎなかったのだ。急進的ではなく節度ある千年王国説が、実験主義者のプロパガンダにとって唯一の安全な選択肢だった。あからさまに急進的な終末論の立場をとっていたカルバートのような出版者は、見解をとがめられきびしく罰せられた。そのような急進主義を捨てさること、また万物が復興〔復古〕されるという党派的主張に取りこまれてしまわないことが重要であった。[42]

「王政復古」はもはや過去のものとなっていた。実験を弁護したおおくの人びとは、実験哲学者のための遠いけれども安全な空間を思いえがいていた。だからヘンリー・パワーは実験家を「他の地を這っている人類とは種的に異なる地位に置かれている」者たちと呼んだのである。彼は「いまはすべての人びとの魂がある種の発酵のさなかにある時代だ」と書いていたし、また「非常に強力な洪水」にも言及した。この洪水の結果として「腐った建造物が倒される」であろう、というのだった。しかしそういう狂信家的な自由とはつりあいが取られねばならなかった。スプラットは次のように書いた。実験は「すべての過去の所有者に彼らの権利を保証する」であろう。「その作業が新しいロンドンを建築するさいになされねばならない不可欠の作業であるということを私たちは見ている。これと同じように、新しい哲学をつくりあげるさいにも不可欠の作業なのである」。理想化された現在（その中心には秩序だった実験哲学がある）というかたちで未来の状態のモデルを描くのが、きわめて安全なやり方だった。ボイルは『キリスト教徒のヴァーチュオーソー』のなかで次のように宣言した。「私たちのすべての能力が、未来の祝福された状態において拡大され高められるのと同じように、おそらくあらゆる事物についての知識もまた、拡大され高められるであろう（未来においても依然として知られるに値するような事物にかんしては）」。「自然哲学は……そのときには最高点にまで高められることになるし、ヴァーチュオーソーは珍しくなくなっているだろう」と広く論じられていた。[43]

このような見方は、グランヴィルやスプラットが一六六〇年代に書いたプログラムにかかわるテクストのなかでは、政治的に有用だった。彼らが支援を得るためにおこなった努力は、論敵にたいする回答でもあったし、実験家がどのようにふるまうべきかをしめす処方せんでもあった。グランヴィルは次のように論じた。実験的「精神」は人びとを「非常に公正にするので、人びとは他者に判断の自由をみとめるのである。そのような自由を彼ら自身が望むのだ。またそうすることで〔実験的精神は〕、あらゆる尊大な指図や押しつけ、あらゆる揚げ足とりの口論や観念的な争いを防ぐのである」。グランヴィルの攻撃対象は専制的な独断論であった。だから彼は実験的な自由と疑いの重要性を強調したのである。しかし実験コミュニティに際限なきピュロン主義がみとめられることもなかった。ボイルがいうには、際限なきピュロン主義は「神学そのものにたいするのとほとんど同じくらい、自然哲学にたいしても害をもたらす」のだった。しかしながらグランヴィルは、ホッブズを念頭に置きながら以下のことを強調した。「独断は、私たち自身と私たちの外側の世界の双方をかき乱してしまうものなのである。というのも私たちは、ある意見に固執しているあいだ、その意見に反するあらゆるものを断固として攻撃するからである……それゆえに、想定を越えた分裂や異端や逸脱が育つのである」。一六六五年までにグランヴィルは、「一方にある極度の確信と、他方にある確信の欠如」に反対するキャンペーンを開始した。確信の欠如は「よりふさわしいもの」ではあった。だがこのとき必要なのは、実験にかんする確信が安全で正当化されたものであることをしめすことだった。[44]

スプラットは『歴史』で、独断論と私的な信念にそなわる危険を重大なものとみなすことによって、この課題を遂行しようと試みた。この著作は一六六三年に書きはじめられ、ウィルキンズや他の王立協会の人びとから支援を受けていた。『歴史』は一六六〇年代の固有の政治的要求に応えるものであった。それらの政治的要求が、実験の位置づけについての考え方に影響をおよぼしていたのと同様である。P・B・ウッドがしめしたように、スプラットの『歴史』はとてもはっきりとした弁明機能をはたしていた。千年王国説的かつ政治的なレトリックが、実験家たちの作品を売りこむためにもちいられた。だからスプラットは、一六六六年という年は「目下、実験が興隆するのにもっとも適したとき」であると論じたのである。認識論における誤りは政治における危険でもあった。「不服従」の「おもな原因のひとつ」は、「神の偽りの指令を主権者の命令に対置する……誤り導かれた良心」であった。これが党派的な狂信なのであった。その一方で「扇動のもっとも多産な生みの親は、高慢と、人びと自身の知恵についての尊大なうぬぼれである」。スプラットは私的な知識をみとめるよう要求する人びとの傲慢な野望を攻撃した。そして「よりよい知識をもっているという誤った自負にもとづいて、不敬にも神的な力の権威を打倒せんとするような人びとはだれであれ」皮肉った。[45]しかし強制にもとづく弾圧がそのような脅威を押さえつけて世俗社会の平和を実現することはできないし、すべきでなかった。実験的な労働は、私的な意見を他の人びとの判断に従属させることによって、上述のような扇動の源泉を破壊した。このことが、実験そのものの大望についてのスプラットの劇的な評価をもたらしたのである。実験はキリストの御業に直接なぞらえられた。実験は「私たちに、敵意をもつことなしに意見を異にする余地をあたえてくれる。そしてまた内戦のいかなる危険もなしに、その実験についての相反する想像を提起することを可能にしてくれる」。実験的空間の内部での論争は可能だったし、必要でさえあった。実験哲学者たちの言明や信念の多様性はよいことであった。けれども実験的空間の外部での多様性は惨事をもたらしてきたのだった。スプラットの主張によれば、実験的空間をとりまく境界の内部では、内戦と厳密に等価なものを、害ある結果をまったくもたらすことなく、劇場におけるかのようにして上演することが可能であった。もし臣民たちが、安全に論争をする方法を知らないのであれば、実験家たちのところに行って彼らのことを注視してみるべきなのであった。「そこで私たちは、イングランド国民にとっては珍しい光景を見るのである。それは、対立している党派や生き方の人びとが、憎悪することを忘れて、同一の事業の一致した見解にもとづく進歩のために、集まっているという光景である[46]」。

実験哲学の声明文においては大胆な政治的および宗教的主張がなされた。それらの声明文のなかでは、新たなふるまい方がひとつあり、それだけが、いまや論争を安全に解決しうるのだと論じられていたのである。スプラットがいうには、実験家たちは「国事にかんする議論、あるいは霊的な論争」を避けている。なぜなら「政治的な意見の対立と宗教的な分断」は「私たちの敵意の第一の原因であり、こすりあわされればされるほどいっそう露骨なものとなるのである」。しかしながら、この自己否定的な布告によって実験哲学の宗教的および政治的重要性が否定されることはなかった。王政復古期の、出版許可制や礼拝統一という文脈のなかでは、実験哲学が安全に機能することが確実に保証されねばならなかった。この確実な保証は、実験家たちが従うと主張していた排除のしくみを条件としていた。そのしくみに従う場合には論争は安全なもの、好ましいものになるだろう。「真理は彼らのあいだから得られるであろう。真理は、ふつう舌の論争によって損なわれているのと同じくらい、手と目の論争によって進歩させられうるのだ[47]」。実験家たちが自分たちの事業を安全なものにすると主張していた規律を、一六六〇年代に批判者たちは攻撃していた。パワーは次のように表明した。自然の知識は「かならずや、実験的および機械論的哲学者だけの職務でなければならない」。私たちは、ボイルが実験家たちの空間をとりまく排他的な境界を使用した方法を分析した。『自由な考察』(一六六五―一六六六年)のなかで、彼は有資格な批判者と無資格な批判者を区別していた。彼の敵対者たちは「自然崇拝者」と呼ばれた。「私は自然研究者という呼び名ではなくこの呼び名を選択したのである。なぜなら、おおくの人びとは自然学者ではないし、彼らのうち論理学者や演説家や法律家や数学者などの学識ある人びとでさえも、同じように自然学者ではないからである」。実験家だけが「自然学的問題」を解決しうるのであった。その他の問題は形而上学に属した[48]。

実験家たちは実践的に一連の取捨選択をおこなっていた。王政復古期に実験哲学の主張を批判していた人びとのおおくは、その取捨選択にそなわる政治的および宗教的な意味あいを指摘した。このとき実験コミュニティの周りの境界にたいして疑義が呈されたのである。第一に、敵対者たちは実験的な労働の地位の低さを皮肉っていた。また新しい自律性をもつなんらかの領域を確立しようとするいかなる営みをも軽蔑した。ホッブズにとって最良の実験家はやぶ医者にすぎなかった。また空気ポンプは「おおきくて、高価で、より精巧であるという点をのぞけば、子どもが遊びに使う空気鉄砲と同種のもの」なのだった。トマス・ホワイトは、グランヴィルへの返事のなかで次のように論じた。実験の作業は「哲学者ではなく技師や職工に属する。哲学者の職務は実験を生みだすことではなく、学問のために実験をもちいることなのである」。一六六六年にニューカッスル公爵夫人〔マーガレット・キャヴェンディッシュ〕も、「哲学の思弁的領域」は「機械的領域よりも高貴である」と評した。実験家の作業はたんなる手仕事であった。その作業によって実験コミュニティの確立を可能にするのに必要な確実な権威が集められることはありえなかった。そういう確実な権威がないとなると、実験家たちの主張はこっけいなほどの高望みに見えた。ニューカッスル公爵夫人は「実験哲学者がもつ飾り気のない権威は……理性にまったくうったえずとも、あらゆる論争を解決して真理を断言するのに十分」だと考えている人びとを攻撃した。実験的な自由を批判した人びとの目には、その自由は新しい形式の弾圧のようなものと映ったのである。[49]

　第二に敵対者たちは、実験家がもし「人間の学知」をめぐる宗教的論争にかんする主題をあつかっていないのだとすれば、彼らは教会の繁栄を強めるどころか弱めているのだと論じた。その主題を除外することは、真の宗教を打倒してしまうことになるだろう、というのだった。ヘンリー・スタッブは、広範囲におよぶ非難のなかで、実験家の愚かさを列挙するためにこの論法をもちいた。実験家たちは「他の人よりも神に受けいれられやすくなる」ことができるわけではないのだった。一六六九年にメリック・カソーボンは、信仰を擁護するさいに鍵となる武器は歴史と古典の学識であるとも論じた。実験家たちは、信仰を擁護するのを妨害しているわけではないにしても、擁護することの重要性を過小評価してしまっているように思われた。翌年スタッブはそのことをさらに露骨に主張した。「もし信仰についての論争が、共通理解にもとづいて解決されなければならないのだとしたら」と彼はスプラットに問いかけた。「信仰についての論争のなかで、教会の権威はいったいどこにあるというのでしょうか」。一人の技能ある宗教論争家が「一艦隊よりも、三万の騎兵と歩兵よりも、あるいは三十万のヴァーチュオーソーよりも、いっそう王国の役に立つ」ということになってしまうだろう。[50]実験的技能は効果的なものではなかった。そのため、その技能を教会や国家の主要な武器とするのは軽率で危険なことだった。

　このことは一六六〇年代と一六七〇年代に聖職者によってきわめて広く主張された。スタッブの以前の庇護者であったジョン・オーウェンや、ボイルの以前の味方であるトマス・バーローはそのように主張していた。オーウェンは一六五二―一六五八年のあいだオックスフォード大学の副学長をつとめた人物である。彼はホッブズの論敵であったジョン・ウォリスにたいする攻撃を支援した。オーウェンは『リヴァイアサン』を注意ぶかく読んだが、ホッブズが「世俗の支配者を」神格化し、「暗黒の王国によってあらゆるものをこわしてしまった」と考えていた。一六六〇年以降、オーウェンは隠居を強いられていた。ホッブズはこのときには、独立派の以前の指導者である「クロムウェルの大主教」（＝オーウェン）との関係を絶つのがよいと考えるようになっていた。ホッブズは、『自然学的対話』のなかで「ホッブズにたいする嫌悪」を描写するさいに、ホッブズ哲学全体に向けられていたオーウェンの劇的な非難を引用したのである。しかしオーウェン自身は実験哲学者たちの仲間ではなかった。実験哲学者たちは、カトリックにたいして一見寛容であるように思われたが、プロテスタントの非国教徒には反対すると表明していた。一六六三年にオーウェンは皮肉をこめて次のように書いた。王立協会は疑いなく「人類の利益にかんするいくらかのまじめな協議を」している。「……いかにして陛下のクマたちに、熱狂家たちだけに噛みつき、またそのさいに歯を傷つけないようにと教えこめるのかということである」[51]。バーローは実験哲学についての同じ疑念を表明した。一六七四年に彼はウィリアム・ペティの『二重比の利用にかんする論考』を受けとった。この論考では、機械論的原理を広く公衆に伝える試みと風変わりで特異な物質論とが結びつけられていた。バーローは返答のなかで次のような懸念を伝えた。この種の著作は、無神論的であり（なぜなら自然から神を排除しているように思われたので）、またイエズス会士らのように詭弁的でもある（この著作に含まれる「新しい奇想」は「神学……についてのもっとまじめな研究」から主題をそらしてしまっていたため）のではないか、という懸念だった。このように実験哲学者たちは、権威と自律性を勝ちとろうとする試みにたいする異議に直面していたのである。疑念をもった聖職者や辛辣な出版者は、彼ら実験哲学者が提供している知的な道具立てが真の宗教にとって安全である、あるいは宗教の敵にたいして有効にはたらくということを否定したのである[52]。

一六六〇年代の論争は、実験家たちがプログラムを提示する方法に影響をあたえた。彼らは聖職者たちとの和解を模索せねばならなかった。聖職者側はボイルとその共同作業者たちの仕事にきびしい要求を突きつけた。これらの要求をめぐってボイルとモアのあいだでなされたやりとりはすでに検討した。モアは、実験家たちが政治上および宗教上の敵に反対しておこなうべき仕事を記述していた。実験家たちは、もしその仕事をしないのなら、敵たちと同じように有罪となるのだった。一六六八年にウォーシントンは、スプラットの『歴史』のなかに含まれる血液と霊魂をめぐる一部の唯物論的な文章を懸念している旨をモアに伝えた。モアは、「デカルト主義的な」世界からの霊の排除にたいし、次第におおきな注意を向けるようになっていた。一六六九年に再版されたカルヴァーウェルの『自然の光についての論考』は、そのような仕方で霊を排除することは「恣意的な決定にすぎず、哲学的な種類の専制」なのだと述べていた。翌年モアは『形而上学の手びき』を完成させた。この著作では、実験家にたいして、霊の証拠を生みだすことにおいて彼らが担うべき役割が教示された[53]。ボイルはこれらの要求に答えた。本書でしめしてきたように、彼がホッブズとのあいだでおこなった論争は、機械論哲学を標榜する権利をめぐる争いを含んでいた。モアとのあいだでおこなった論争は、敬虔を標榜する権利についての争いを含んでいた。ボイルは、実験の仕事を教会の仕事とは区別して描いていた。それでも実験の仕事は聖職者にとっても価値あるものだった。もし実験のゲームの規則が守られるならば、そのゲームは信仰心があつい人びとにとっても役だつだろう。モアやその仲間たちは、実験哲学のそういう側面が王政復古期に有用だと考えたのである。ホッブズは、まさにこの知的な道具立てを根拠として、実験と聖職者の謀略とのあいだには共通の特徴があると論じた。ボイルは実験家たちを新種の聖職者に仕立てあげてしまっているというわけだった。

実験哲学と神の国

ホッブズにとって聖職者は、権力の分裂がもたらす悲惨な結果の最初の、そして最良の実例だった。王政復古期の実験家たちは、聖職者や、彼らの訓練の足場である大学との協調を模索しており、また自分たちには自律的で敬虔な権威があると主張していた。これらの実験家は、聖職者たちが犯しているとホッブズが主張していたあらゆる罪について、有罪だと容易に判定された。第3章では、聖職者の権威を強化する誤った形而上学のなかではたらく利害関心をホッブズがいかにあばき出していたのかをしめした。国家のなかで独立した権力をもつ立場に故意に身をおいている知識人の集団はすべて、同じ仕方で攻撃されただろう。そのような権力の独立は、人びとが「みずからの合法的主権者を、二重に見て誤解するように」仕向けるものだった。私たちは、ホッブズが歴史的な叙述である『ビヒモス』において、知的な党派的抗争がどのように戦争を生みだすのかを説明した箇所を引用した。イングランドを離れた直後の一六四一年六月に、早くもホッブズは、主教にたいする攻撃に大枠では賛成するとデヴォンシャーに伝えた。なぜなら「私は、聖職者は統治するのではなく奉仕するべきだという意見をもっているからです」。デヴォンシャーは「ことによるとこの意見を哲学によるたんなる妄想だとお考えになる」かもしれなかった。だがホッブズは次のように主張した。「霊的権力と世俗的権力のあいだの」論争は「近年キリスト教世界のあらゆる場所において、世界のなかの他のいかなるものにもまして、内戦の原因となっているのです[54]」。

聖職者が人びとの良心にたいしてもつ権力という問題が一六五〇年代に再燃した。ホッブズは『数学教授にたいする六つの講義』（一六五六年）と『烙印』（一六五七年）でのウォリスとの論争においてこの問題をもちいた。ホッブズはウォリスに向かって次のようにいった。「あなたはどのようにして弱った政府を苦しめ、またときには破壊したらよいのかをご存知ですし、頼りにされて当然だったのですが、手綱をとって統御するのには向いていません」。ウォリスは、以前一六四〇年代に神学者たちが集まったウェストミンスター会議で、書記をつとめていた。ホッブズは、彼が長老派の謀議にくわわっていたのではないかという理由で彼に向けられていた非難を復活させた。自律的で力をもった聖職者にたいする攻撃は、つねに、彼ら聖職者が大学で教えていた学説にたいする攻撃であった。「もしオックスフォードとケンブリッジがこれまでしてきたことをしつづけるのであれば、神学は両大学から、世俗的な権力を打倒するために宗教界に人びとを送りこみつづけるのではないだろうか[55]」。ホッブズのテクストは、学術と政治の改革をめざす急進的キャンペーンのなかで意味をもつものだった。神学者と自然哲学者はホッブズが彼らに向けたのと同種の議論をもって応えた。そのために彼らは、新しい実験哲学がいまや教会と国家の下僕としての大学の役割にとって不可欠な部分となっていることを指摘したのである。セス・ウォードはホッブズを、「私たちを世俗の支配者に告訴したこと、また私たちの撲滅をめざして努力していること」を根拠に非難した。ジョン・ウォリスはホイヘンスにたいし次のように述べた。「われらがリヴァイアサンは、私たちの大学と……そしてとくに牧師や聖職者やあらゆる宗教を、激烈に攻撃し、破壊しております」。そのためホッブズの自然哲学にたいしてなされた応答は、聖職者と実験家双方の権威の擁護に直接結びつくことになったのである[56]。

ホッブズは王政復古期にそういう攻撃を断固として続けた。彼は、一六六〇年の夏に書きあげた『こんにちの数学の検討と修正』のなかで、ウォリスにたいしておこなった新たな攻撃の結論部で、分割されていない国家権力の必要性をふたたび主張した。また「イングランドにおける権力について いま論争している」人びとが論争を終結させるという希望を表明した。ホッブズは『自然学的対話』のなかでさらに議論を進めて、実験家と聖職者の双方から受けていた抵抗の原因を、彼が「学問の世界についての真理を自由に書いてき」たという事実に求めた[57]。彼は、聖職者集団と実験コミュニティのなかで同じ利害関心がはたらいていることをしめすために、実験家と数学者が彼自身にたいしておこなっていた悪事の一覧をもちいた。聖職者たちは不当にも自分たちの知識に哲学の装いをもたせていた。ウォリスは、『自然学的対話』への回答のなかで、自然哲学が聖職者の謀略によって汚染されないようにせねばならないというホッブズの議論は、聖職にある形而上学者たちの霊をめぐる「不条理な語り」にたいしてホッブズ自身がおこなっていた攻撃にも当てはまると指摘した。「彼は、実体が非物体的でありうることと同じように、神学者が哲学者でありうるということも、考えてこなかったのであろう」。ウォリスがホッブズに回答したその年に、ヘンリー・モアは『無神論への解毒剤』を再版した。モアは、精気の存在を実験によって証明することが自然哲学者にとっても聖職者にとってもひとしく第一義的な政治的課題であるというメッセージを力説した。「疑いなく、政治学において『主教反対、国王反対』と述べることは、形而上学において『精気反対、神反対』と述べることと同じくらいただしくないのである」。このことが、聖職者と実験家の協働をその後可能にする基礎をさだめたのである。一六六〇年代にボイルとその同僚たちはこの仕事が持続しうる方法を探求していた。ホッブズは両者の協働に注意を向けるとともに、協働がもたらす政治的な効果を問題視した(58)。

ホッブズに反対する説教には、しばしばボイルに由来する議論がまじっていた。高教会主義者らの攻撃にさらされていたケンブリッジの穏健な聖職者たちがボイルの助力を求めたのである。サイモン・パトリックは一六六二年夏に次のように書いている。真の教会は「教会がもっとも好ましいと思う下僕を選ぶ」べきである。彼の弟はボイルの空気ポンプ実験にかんする詳細なノートをとっていた。サイモン・パトリックはそれらのノートを、「無神論の公然たる暴力」や「狂信や迷信のひそかな裏切り」に反論するために利用した。このような仕方で実験が議論のなかに導入されたことは、聖職者が実験家につきつけたきびしい要求をみたしうる方法をしめしていた(59)。ホッブズにたいするボイルの応答は、パトリックの書物のすぐ後にあらわれた。ボイルがホッブズを「非物質的な実体にかんして、自然学者たちが書物において述べていることがら」についての見解のために非難していたことはすでに指摘した。ボイルはこのとき、ホッブズの唯物論に反論するためにモアの議論を利用したのである。彼はまた神学についての自分の研究にも言及し、この研究は近い将来に出版することになるだろうと述べた。エドワード・スティリングフリートはその年の一〇月にボイルに書簡を書き、「キリスト教のために……それらの論文を公刊し」てほしいと求めた。またスティリングフリートは、同じ年に出版された自身の著作『聖なる起源』のなかでボイルの業績を豊富に利用してもいた。彼はボイルにたいして次のようにいった。「自然の事物の陳列室を自由に利用できるほどになるまでに、おおきな関心を自然に向けてきた偉大な人物たちは、けっして宗教を取るにたらない、卑しいものとは見ていないということが、いっそうみとめられ」るようになるだろう。それゆえ、一六六二年にボイル、ウォリス、モア、パトリック、スティリングフリートが書いた著作はすべて、ホッブズ主義を攻撃するとともに、実験にそなわる「飾り気のない権威」とキリスト教護教論における実験の使いみちとが結びついていることを指摘していたのだ(60)。

しかしながら、このような実験の使い方を可能にしていた前提条件は、実験コミュニティが公平無私な自律性を実現していることであった。ボイルの証言が有していた独立性こそが、その証言を価値あるものとした。だからスティリングフリートは「実験哲学のあれらの豊かな鉱脈のさらなる発見に、あなたのすばらしいペンをもちいる」ようボイルを励ました。サイモン・パトリックは「一般に原子論の仮説に習熟しはじめた、高潔なジェントリーたち」を味方に引きいれることをめざした。自然という神の書物からくる独立した声と、公平無私にその声を解釈する者だけが、彼らジェントリーの考えを動かしうるのだった。[61] グランヴィルは、信者たちから同意を得るにあたっての教会の無力さにかんして、直接的な経験を有していた。彼は王立協会が、「祭壇の奉仕者を自認する者たち」（この人びとの仕事は、「納得しない人たちからは、利権、あるいは無知の産物だと解釈されて」いた）よりもすぐれた宗教の擁護者であると考えた。ボイルも同意した。彼は、聖職者と実験家にたいして、利権を手にしているという理由で同じようになされていた攻撃に答えた。一六六〇年代に聖職禄の申し出を受けたときには、彼は次のような見解を表明した。「不信心な人びとは、聖職者からいわれたすべてのことがらに屈しないように心を強くもつようにしていた。またそれが彼らの職業であり、彼らはそれによって給料を得ていたのである」。だからキリスト教徒の自然学者にとって、教会の統制を受けない空間のなかで仕事をするのがもっともよいことなのであった。「宗教にかんして、自分の魂を救済すること以外のいかなる関心ももたなかったことは、神学とは異なる方面で書いたり行動したりすることにおける、よりたしかな権威を彼〔ボイル〕にあたえたのである（彼が考えたとおりに）」。もっとも重要なことに、実験的生活形式は、他の仕方では統制されない臣民から同意を勝ちとる手段として提示された。実験的生活形式の自律性は、実験家たちがもっていると主張していた権威にとって不可欠であった。敬虔な人びとは、実験の完全性を尊重するのであれば、この権威を利用することができた。[62]

さまざまな戦略によって、実験は統制されていない信者たちから同意を勝ちとろうとする聖職者たちの努力と結びつけられた。モアやグランヴィルのような聖職者たちは、亡霊の物語や魔女にかんする証言を事実へと仕立てあげ、延長をもつ霊が実在すると人びとに信じこませるために、実験家たちのテクノロジーをもちいた。これは政治的な課題であった。というのは、党派的な狂信家たちはあらゆる場所に霊を見ており、また唯物論的な無神論者たちはいかなる場所にも霊を見ていなかったからである。それはまた法的な問題でもあった。マシュー・ヘイルあるいはジョン・セルデンのような法律家たちは魔女裁判を許可しつつも悪霊の力を否定していた。一方でジョン・ウェブスターやジョン・ワグスタッフのような批判者や急進的な人びとは、「あまりに微細で知覚できない、非物体的な物質からなる多数の霊」の存在をみとめながら、霊が「いずれかの男性あるいは女性と……契約を」結んだということは否定していた。実験的生活形式は、信頼できる証言と信頼できない証言をどうやって見わければよいのかをしめした。また目撃がどのように判定されるべきで、証拠はいかにして説得力をもつものとなりうるのかをしめした。[63] 第5章では、霊にかんする証言に説得力をもたせるということの試みにボイルが力を貸していたことを指摘した。モアは、一六六三年の「ティドワースの太鼓たたき」

の出現によって「ホッブズ主義者たち」は説得されうると述べた。一六六五年に彼はこれらの霊にかんして、また信仰治療家のマシュー・コウカーやヴァレンタイン・グレートレイクスにかんして、ロンドンの書店でボイルと話しあった。ボイルとデュ・ムーランは霊にかんする報告を出版した。またグランヴィルは、一六六八年に一群の物語を編纂した。それらの物語を権威ある実験的証言にするために、彼はそれらを整理したのである。「私たちは、実験、そして現象によって知られること以外、私たちが住んでいる世界についてなにも知らない。そして非物質的な自然について考えをめぐらせるにも〔実験や現象によるという〕同じ方法がある[64]」。

これらの論争のなかでは、実験によって生みだされた事実は論敵である聖職者にとっても価値ある所有物になった。ボイルが提唱した文章上のテクノロジーと社会的なテクノロジーによって、理性的な参加者と頑固な参加者を区別することができた。その結果として、あまりにもおおきな確信は狂信のように見えるようになった。実験は「魔女は存在しないという、威張りちらし、怒鳴り、断言している、なにものにも根拠づけられていない強力な確信を」揺るがすべきものだった。グランヴィルの考えでは、「十分に根拠づけられた事実を」否定する人びとは「証明を柔軟に受けとめられなくなってしまっている」にちがいなかった。モアはグランヴィルにたいし次のように述べた。「そのような幽霊と魔術の最近の事例は」適切に吟味されれば、「無感覚で不活性な精神を」かならずや説得するにちがいない[65]。しかしながら、説得を成功させるには、だれが信頼できる目撃者とみなされうる人びとであるのかを定義せねばならなかった。実験的生活形式が受けいれられねばならなかった。一六六〇年代中盤にモア、ボイル、そしてヘンリー・スタッブが、グレートレイクスの治療の解釈にかんして論争をおこなった。この論争は、実験的生活形式の受容を実現するのは困難だったことをしめしていた。ボイルは「彼の治療の自然学的な説明をあたえようとするのは不当なことではないと考えている」と書いたが、おおくの聖職者たちは異なる考えをもっていた。ウェブスターは一六七〇年代にグランヴィルの話に異議をとなえて、いまやボイルはそれらの話の信ぴょう性を疑っていると主張した。ボイルはグランヴィルにたいし、みずからが確信をもちつづけていることを請けあった。「ふつうは目に見えないような知的な存在者」が存在するというすぐれた証拠は、無神論者たちを「呼びもどす」さいに助けとなるだろう。実験の基準がみたされることが必要だった。「超自然的な現象のなにかひとつの陳述が十分に証明され、適当な仕方で検証されれば、その陳述は申したてられていることがらをしめすのに十分である」。そうすればうまく作成された事実は、「神の御業の広範さと多様性について人びとが抱いてしまいがちないくぶん狭すぎる考えを広げる」であろう[66]。

実験家たちと聖職者たちは、目撃され証言された事実には従わざるをえないと述べた。この技術をもちいたことで、うったえかけることのできる信者と目撃者のコミュニティの範囲がさだまった。事実によって意見を動かされることのない人びとはすべて、政治的および宗教的な国民の外部に位置するのだった。だからボイルは、ホッブズが実験によって生みだされた事実への同意を差しひかえるならば、彼は熱狂家である、と規定することができたのだ。またモアは、霊についての証言への同意をあたえない者はみな、筋のとおった論争の枠外にいるのだと論じた。さらにこの技術は、不可視で非物体的な実体を知覚可能な現実に変化させるためにもちいられた。そうした現実が、ホッブズ主義者やその支持者を論駁するだろうと考えられた。ホッブズにしてみれば、敵対者たちはそのような経験に由来する事実におおきな力がそなわっていると、誤って考えてしまっているのだった。政治的認識論というこの主題は第3章で検討した。それは聖職者の謀略と実験哲学との協力関係のいまひとつの例であった。ボイルとその支持者らは、あらゆる事実が十分な「実践的な確実性」の印を帯びていると主張していた。「理性的な同意は、賢明な人から同意を得るのに十分なほど強力な……諸証明を基礎として生みだすことができる」[67]。この限定的な権威は、コミュニティ内の任意の一員の意見を左右するには十分であった。経験の知識あるいは信念にそれ以上のどんな確実性を求める必要もなかった。イングランドの哲学者と聖職者は、一六三〇年代にグレート・テューで、イエズス会士らに反論するためにこの戦略をもちいた。哲学者と聖職者は当時、いくらかの限定的な実践的確実性があれば十分だし、そうした実践的確実性には従わざるをえないと論じたのである。実験家たちはみずからの権力を擁護するさいにこれらの議論を利用した。またウィルキンズやグランヴィルら聖職者は、一六六〇年代に理性的な宗教を擁護するさいに、限定的な確実性にうったえるというやり方を活用したのだった。これらの技術は臣民の信念へのうったえかけにもとづいていた。また信念をもつ信頼できる人びとからなるコミュニティ内部で事実を生みだすことにおいてとくに有能な人びとの権威を擁護するようにはたらいた[68]。

霊にかんする証言を生みだし、それらを人びとに受けいれさせるという作業は、実験がいかに聖職者に利用可能なかたちで提示されるかをしめしていた。ホッブズは、狂信家を規律づけることと霊にかんする物語の解釈にたいして、別の解決法をもっていた。鍵となる戦略はもちろん、政治的な利害関心を突きとめることだった。

> 思考は自由なのだから、一私人はつねに、奇蹟として提示されてきた諸行為について、以下のことがらにしたがって、心のなかで信じたり信じなかったりする自由をもつ。すなわちその人が、人びとが信じることによってそれらの行為を偽って述べたてあるいはひけらかす者にどんな利益が生じうると考えるのか、またこの考察にもとづいて、それらの行為が奇蹟であるかうそであるかをどう推測するのかということである。

魔女や亡霊は法的および政治的な権力によってのみ実在するのであった。だから、魔術のなかには自然学的な実在性はまったくなかったけれども、魔術のような力をもっていると主張する人びとを以下の理由で告訴することは必要なのであった。「この人びとが、自分たちにはそういう悪事ができるのだという誤った信念をもち、それとともに、もしできるならその悪事をおこなおうという意図をもっているため」である。「というのも彼らのやっていることは、技能あるいは学問よりも、新しい宗教に近いのである」。ホッブズは実験家が、彼らがもっておらず、もっていると主張するべきでない力の野心的な使い手を標榜しているのだと主張した。聖職者、すなわち「亡霊のような人びと」によってもちいられた場合、実験技術もまた疑わしいものになると思われた。ここで見てきた実験家や聖職者の議論の進め方のなかでは、同じ利害関心がはたらいているのだった。ホッブズが、非物体的な物体について語っている人びとの言語を吟味したさい、それらの人びととの著作のなかに不条理と危険を見てとっていたことは、すでに論じた。「もし霊にたいするこの迷信的な恐怖が取りのぞかれたとしたら……（狡猾で野心的な人びとは、その恐怖によって単純な人びとをあざむいているのだ）、人びとは現在よりもはるかに、政治的服従に適したものとなっていたことであろう」。自称敬虔な人びとの才知が、臣民を反抗的にしてしまっていた。そのような才知が確固とした平和を生みだすことはけっしてありえなかった。[69]

実験家たちは一貫して、自分たちのことを敬虔なコミュニティと表現していた。王政復古期の政治文書のなかで表現されたものだったが支援したのは、決疑論と良心の言語で表現されたものだった。また彼は、ジュネーヴで体験した「回心の経験」を記述することによって、実験哲学者と信仰者というみずからの天職について書いた。彼の叙述の様式は、アウグスティヌスやルター、ベイコンやデカルト、ハーバートやファン・ヘルモントによって報告された精神的な覚醒の物語を模倣したものであった。[70] はげしい雷雨のなかで神の声に出あったことについてのボイルの説明を、ユークリッドを読んで覚醒したというホッブズの物語と対比してみてほしい。回心の説明は、人びとがいかにして避けがたい運命へといざなわれるのかをしめしていた。それらは明白な真理への同意が勝ちとられ保持された決定的瞬間だったのである。そのためある著者によって報告された回心の詳細は、確信がいかにして得られるのかにかんする著者の理想をしめすものだったといえよう。ボイルの自伝は一六四〇年代後半に書かれた。そこには前述のような回心の経験がすくなくともふたつ記述されている。嵐はボイルに、最後の審判への「準備が彼にはまだできていないという考え」を思いおこさせた。その翌年（おそらく一六四〇年）、ボイルはまたもや「キリスト教の基礎のうちのいくつか」についての疑念を蒸しかえし、自殺することを考えた。何か月か後、聖餐式のときに、「神は御心のままに、神のご好意という失われていた感覚を彼に取りもどさせた」。ボイルが「回心の日付をはっきりとしめした」のはこの時期からであった。このときから彼は、信仰の理性的な根拠を検討しはじめ、また他の宗教的諸コミュニティの慣習を比較しはじめた。神的な力は人に労働することを要求していた。だから経験を手段とした研究は効果的であり、必要でもあった(71)。

対照的にホッブズは、一六二〇年代後半に二度目の大陸旅行に出かけたさいに、幾何学に取りくむことが求められていると感じた。オーブリーの証言によればホッブズがこのことを感じたのは、論証的な論理の力を見せつけられるという経験をした後のことだった。そのような論理の力は、真理を受けいれることにたいする性急で頑強な拒絶をも打ち負かすことができるのであった。

彼が幾何学に目を向けたのは四十歳になってからで、それも偶然のきっかけであった。……ある紳士の書庫にいたとき、ユークリッドの『原論』が開けてあった。第一巻の命題四七であった。彼はその命題を読み「チクショー、こんなはずはない」と叫んだ。そこで彼はその証明を読むと、それが別の命題を参照していた。それを読むと、また別の命題を参照していて、それも読む。このようにつぎつぎと進んでいったあげく、最初の命題のただしさを論証によって納得させられた。これが契機となって、彼は幾何学を愛するようになった(72)。

ホッブズにとって哲学とは、人びとが神的な恩寵によって従事するようにと命じられる天職ではなかった。対照的にボイルにとっては、実験哲学者たちは「自然の司祭」と呼ばれるべきなのであった。彼らの学説はモーセまで遡ることができるものであり、また彼らには「神が存在すると人びとに確信させることができる議論」を生みだす責任があった。一六六二年にモアは、すべての聖職者が理性的な人間、あるいは哲学者であるべきだと勧告した。ボイルは同じ知的な道具立てをもちいて次のように論じた。「もし世界が聖堂であるならば、疑いなく人は司祭でなければならない。礼拝を世界のなかで、また世界のためにおこなうことを（認可を受けることによって）さだめられているような、司祭である(73)」。

実験家を「自然の司祭」として提示することはきわめておおきな影響力をもった。彼らの研究は宗教を確立することに直接影響をあたえるとみなされ、また彼らの実験室は神聖な地位を獲得したのである。ボイルが聖職的な職務を帯びていたことに、同時代人たちは十分気づいていた。ビールは一六六三年一〇月にボイルにたいして、「操作的で、実践的で、実験的な」宗教を構築することが、信仰の問題における論争を解決するための方法だろうと伝えた。「あなたは神授の才によって、その宗教の聖職者の長に叙階されているのです」。これらの特徴によって、実験的な生活形式は聖職者の仕事と結びつけられた。実験の試行は日曜日に神への礼拝の一部としておこなわれるのがきっと最良であろう、とボイルはいった。実験室は「秘教家」の哲学者やヘルメス主義者の私的な礼拝室とは異なるものとして対比されるべきであった（ボイルは、公的な場所で聖餐にくわわるのを拒否していたことを理由にこれらの人びとを批判していた）。ボイルはみずからの実験室を「ある種のエリュシオン」として描いた。「まるでその入口は、詩人たちがかのレーテに帰したような性質を保有しているかのようでした。詩人たちの物語では人びとは、あの幸福の座に入る前に〔レーテの水を〕飲んだのですが」。ホッブズは、ボイルが実験室というこの空間の周囲に打ちたてた特権的な境界線に異をとなえた。そうすることで彼は同時に、実験家が聖職者とのあいだにつくりだそうとしていた同盟関係と、その同盟関係によってみたされるであろう利害関心を指摘したのである。(74)

暗黒の王国

ホッブズとボイルは、知識生産を組織化するふたつの相異なる方法を構想した。彼らは理想的なコミュニティのふたつの相異なる像を提示した。ホッブズが実験家たちに向けた非難は、彼らの生活形式がもつ政治的効果にたいする非難であった。この政治的な批判を構成していた中心的な要素は、知的な権威と自律性の問題であった。ホッブズが「暗黒の王国についての」議論のなかで、聖職者の謀略とその自然哲学にたいしておこなった攻撃は、任意の独立した知的集団に向けられうるものだった。私たちは、『リヴァイアサン』の終盤でのホッブズの分析を、頽廃した哲学やそれを広めている人びとに向けられた攻撃として読んできた。暗黒の王国はサタン、すなわち「空中に勢力をもつ者」により支配され、「幽霊」や「幻影」によってみたされていると聖書は述べていた。ホッブズはこの比喩を解読することによって、その暗黒の王国とは「暗黒の、誤りにみちた諸教義によって……この現在の世界で人びとにたいする支配を獲得する……ための、詐欺師の同盟」であるとしめしたのである。(75)王政復古の時期にホッブズは、実験哲学が社会のなかに実在するということは、ひとつの同盟が社会のなかに実在するということでもあると主張した。そのため、実験哲学がみずからを理想的なコミュニティとして提示することはできないのだった。ホッブズには彼自身の考える理想的なコモンウェルスというものがあった。学問の領域においてそれは幾何学であった。(76)

論争しあっている党派は、論争相手を不良集団のボスとして描くとともに、相手側の理想的なコミュニティを暴徒集団のようなものとして描いた。ホッブズは、実験の同盟はあまりにも排他的であると同時に、あまりにも開かれすぎているのだと論じた。第一に、その同盟は私的なものだった。ホッブズやホッブズの哲学が入ることを拒絶していたのである。公の真理であると宣言されていたものは、実際には選ばれた一部の人びととの私的な判定にすぎなかった。第二に、実験家やその営みにかんして特別なものはなにもなかった。実験家たちの同盟は、あらゆる同盟と同じく政治的な動機を有していた。実験家は子どもや職人とくらべてより洗練されているわけではなかった。[77]実験家たちはたんに、陰謀を企てているいまひとつの集団であるにすぎなかったのである。その関心は市民にたいする権力を得ることにあり、そのよこしまな同盟は国家からの不当な自律性を得ようとしていた。

ホッブズは、実験的空間は私的なものであることによって政治的な機能をはたしているのだと主張した。『リヴァイアサン』のなかで彼は、適切な政治学説にたいする抵抗の原因を「学識ある人びと」の利害関心に求めていた。この学識ある人びとは「彼らの誤りをあきらかにし、結果として彼らの権威を低下させるような……ものはなんであれほとんど理解しない」ように思われた。『自然学的対話』のなかで彼は、適切な自然哲学にたいする抵抗の原因を次の事実に求めた。それは、「学問を生業としている人びとのなかで、彼ら自身ではなく他の人びとによる難解な真理の発見を、残念に思わない者はほとんどいない」ことだった。[78]ホッブズは、自然哲学の歴史を概説したさいに、そのような哲学者たちがみずからの知的権威を保持するために自分たちを組織化する方法を詳述した。ローマ教会は軍隊をもっていなかったので、教皇たちは「人びとに命令をあたえる」ためのスコラ的自然学を維持していた。自然哲学者たちの排他的な同盟は、誤った知識を主張することと強い関係にあった。「彼らのうちのおおくがひとたびある誤りの保持に従事するようになれば、彼らは自分たちの権威を守るために、結託して真理を排撃することになるであろう」。実験的空間が自律的で私的であることが、どのようにして内戦に結びついてしまうと考えられていたのかは、すでに見てきた。この結びつきのために、王立協会が従うべきだとホッブズがいった戦略と、王政復古体制の政治的安全性には関連があった。「グレシャム・カレッジのジェントルマンたち」は、「運動の学説に専念する（ホッブズ氏はそれを完成したのであり、もし彼らが望むのであれば、また彼を礼儀ただしくあつかうかぎりは、そのことがらにおいて彼らを助けることをためらわないだろう）」べきなのであった。[79]

ボイルとその仲間たちはホッブズの援助を求めなかった。それどころか彼らは、自分たちが一員としてくわわっている同盟を、ホッブズにたいする強力な武器としてもちいたのである。ボイルは、みずからを実験コミュニティの忠実な一員だと描くことができた。そうすることでボイルはホッブズの議論を、あたかも王立協会を全体として攻撃しているものとして読むことができた。そうではなく、とくにボイル一人だけがもっている見解を批判したものとして読むこともできたのだ。ここここが、事実が形而上学のテーゼや大胆な推測と決定的に異なっているところであった。事実と推測のあいだには社会的な境界があった。それはこれらの論争のなかできわめてうまくはたらく境界であった。事実は、それを受けいれるコミュニティ全体の所有物であった。そのためボイルは、ホッブズの庇護者であるデヴォンシャー伯が王立協会会員であるという皮肉に言及することができたのだ。[80]フックは『ミクログラフィア』（一六六五年）のなかで、適切な手続きにもとづく成果（コミュニティに属した）と仮説（彼自身のものであった）を区別した。この境界のなかではどんな読者にたいしても次のことが教えられるべきだったし、また実際に伝えられたのであった。「私がここで、彼の知性に暗黙の同意を義務づけようとして提出しているものは、なにもないのです」。フックは、一六六三年に協会のために起草した規則で、上記の区別に規則上の効力をあたえることを提案していた。この規則は、王立協会のなかで仮説をつくることを禁止し、そのような思弁は私的な性質のものだと規定するものであった。一六六三年にオルデンバーグが述べたところによると、「これらが、勅許状がこのブリテンの哲学者集団の範囲をさだめた境界です。彼らはこれらの境界を越えることは不適切であろうと考えているのです[81]」。実験家たちは自身のコミュニティを、境界づけられ、規律づけられた、安全なものとして提示していた。ホッブズはこの排他的な集団のレトリックを利用して、陰謀のかどで彼らを非難しつづけた。

実験の規律は諸個人とコミュニティのあいだに複雑な関係をつくりだした。スプラットは、実験コミュニティは「全体がひとつの考えをもっている集団」であるべきではないと強調した[82]。コミュニティのなかでの知的な専制は、罪であると同時に誤謬でもあった。諸個人の権威に力の基礎を置いている知的党派は、そのことによって、実験的で協働的な戦略による非難を受けやすいものになっていると、ボイルは指摘した。「アリストテレスは、自身明晰でなくあいまいな著者であった。またこの理由から追従者たちが党派と派閥に分かれたのであり、それらの党派や派閥は概して、アリストテレスという唯一の権威以外にはなにものも証拠として持ちださなかった。それゆえ、逍遥学派の哲学から引きだされた議論を解決するのは困難ではなかった[83]」。だが実験家たちは、自分たちが実験に成功したという主張を裏づけるために、個人の権威と力を利用していたのである。本書第2章では、空気ポンプとボイル自身が実験の進歩の象徴になっていた様子をしめした。フックはボイルのことを「哲学そのものの庇護者である。ボイル氏は日々、労働によって哲学を増進し、模範的な研究によって哲学を飾っている」と記述した。一六六六年の夏にジョン・ビールは、実験哲学の成果を手に入れるための手段として、ボイルの全集を発行することを提案した。彼はボイルに次のように伝えた。「あなたは機械論と化学というふたつの小川を神学の大洋へと導くでしょう」。グランヴィルは、アダム以来の学問の歴史を書いた著作である『プルス・ウルトラ』のなかで、ふたつの章全体をさいてボイルの出版物と彼の将来の計画を論じた。「この偉大な人物が、人びとが彼らに恩恵をあたえる者を神として崇めていた時代に生きていたとしたら、彼は、かならずや当時の人びとにより神格化された人間のうちで第一級の地位を占めていたことだろう[84]」。

ホッブズは、利害関心をもつ臣民のいかなる同盟も、そのような強力で単一の権威を必要とするであろうと論じた。自由に到達される共同の決定という幻想は、たんなる危険な神話にすぎなかった。彼は次のように論じている。

> どんな一人の人の理性的考察も、どんな数の人びとの理性的考察も、確実性を生みだすわけではない……。そしてそれゆえある計算において論争がある場合には、諸党派はみずからすすんで、いずれもがその判決にしたがうべきある仲裁者あるいは裁判官の理性的考察を、ただしい理性的考察としてさだめなければならない。そうしなければ論争は、自然によって設定されたただしい理性的考察というものはないのだから、腕力沙汰になるか決着がつかなくなるにちがいない。どんな種類であれあらゆる議論において同様である。(85)

ホッブズは、実験家たちによる論争がこの原理をあきらかにしているのだと主張した。彼らは、自然によってなんらかのただしい理性的考察がさだめられうるのであり、私的な解釈者コミュニティはそのただしい理性的考察の権威をもって語っているのだと、誤って述べたてていた。だが彼らは、自然についてあるたしかな知識にいたる道すじをしめしている人びとを排除していたし、その同盟から党派的な利害関心を取りのぞくことはできていなかった。

　ホッブズの批判者たちはこの議論を彼に向けて投げかえした。ホッブズにとって理想的なコミュニティであることをしめすしるしはそのコミュニティがもつ確実性であった。だから幾何学者は、社会的な理想としての役割をもっていたのだ。ホッブズの理想のこの性格から、実験家たちの応答の顕著な特徴は生みだされた。第一に、彼らはホッブズが学問を独占しようとしていると主張することができた。ウォリスは一六六二年に、ホッブズは実験家たちの「主張だと彼が考えてきたものが、ふだん彼が述べている主張と同じようなものだと」信じていると書いた。ホッブズは、「彼の学説が大学や教会の講壇での標準になるべきだと」考えているのではないかといわれていた。「しかし、グレシャム・カレッジの人びとが、自分たちがおこなっていることがらをだれも増進させることはできないというようなことを主張しているのを、私はこれまで耳にしたことがない」。セス・ウォードが書いたところによると、ホッブズの望みは「彼の『リヴァイアサン』が、全主権によって大学に強制され、そこで読まれ、公的に教えられるものとなる」ことであった。ホッブズは一六五六年に応答し、自分は「世俗の大学」の設立に賛成することもできただろうと述べた。「聖職者たちだけがいま神学教育を独占的におこなっているのと同じように、その世俗の大学のなかでは、世俗の人びとが自然学、数学、道徳哲学、政治学の講義をおこなうべきである」(86)。この議論は、ホッブズがあらゆる自律的な職業にたいして疑念を向けていたこととまったく整合的であった。そして、礼拝統一の押しつけや教会の規律についての論争という王政復古期の文脈のなかでは、ホッブズの議論はよりおおきな脅威をはらんでいた。この脅威は、幾何学をモデルとした党派性をもたないコミュニティという理想に由来するものであった。ホッブズがこの社会的一元論を提起していたために、批判者たちは彼の幾何学と政治的キャンペーンとが直接的に結びついていると主張することができた。ひとつを否定することは、全体を否定することであった。ホッブズはウォリスにたいし次のようにいった。「コモンウェルスのなかでの私的な人びとの義務についての学説は」幾何学とくらべても「はるかにむずかしい」。もしウォリスが幾何学において過去に誤りを犯したのだとしたら、「イングランド、アイルランド、スコットランドのようなおおきな国の国民を統治することにあなたが適しているにちがいない、あるいはそれらの国民に教えをあたえるのに十分適しているにちがいないと……あなたはどうしてお考えになるのだろうか」。ウォリスは一六六二年に次のように答えた。「彼〔＝ホッブズ〕の幾何学は、他のすべてに信頼性をあたえることができるものだった。それなのに幾何学自体を支えるとはいったいどういうことなのだろうか」。ウォリスはクリスティアン・ホイヘンスにたいして、ホッブズの幾何学を論駁し「数学（彼はそこから勇気を引きだしているのです）について彼がいかにわずかのことしか理解していないのか」をしめすことが不可欠であると述べた。[87]

　最後に、ホッブズが実験家たちを私的な同盟をつくっていることを理由に非難していたのとちょうど同じように、実験主義者たちはホッブズを、影響力があるが人目にはつかないひとつの党派のスポークスマンだと見ていた。この党派は、宮廷人のあいだで力をもっており、実験の寛容をおびやかしているのだった。彼は「巨大なリヴァイアサン、すなわちおおくの若い郷士 squires あるいはリス squirrels からなるダゴンそのもの」であった。クェンティン・スキナーは、セス・ウォードとエイブラハム・コウリーの両者がホッブズから影響を受けており、またウィリアム・ペティは体制のためのホッブズの計画に決定的に関与していたと論じている。[88]しかしながら一六六〇年代には、ホッブズの原理から研究を切りはなすこと、また実験哲学を皮肉りあるいは打倒しようとするかくれホッブズ主義者を特定することが必須だった。だから、トマス・ホワイトが幾何学におけるホッブズのものに似た計画と、実験家たちの疑わしい主張にたいするホッブズのものに似た攻撃を公表したとき、グランヴィルはただちに彼を「まさにホッブズ的な仮説という道の上に」いることを理由に非難したのである。一部の「ホッブズ主義者」は、モアとグランヴィルの両者が立証していたように、霊についての信頼できる経験をしめすことにより翻意させることができた。しかしながら、最良の治療法は実験コミュニティそのものであった。「才人になろうと努力するのではなく、才人であるとみなされたいと望む、おおくの頭が切れて素質をもっている人びとは、ホッブズの条件にもとづいて機械論を受けいれがちでした」とグランヴィルは一六六五年に王立協会に向けて述べている。「その悪弊の致命的な悪影響にたいする、りっぱな御協会よりも適した治療法が、どうすれば生みだされえたのかを想像することはできません」。[89]

　ホッブズは、知識人のどんな独立した集団も、世俗社会への脅威を構築してしまうことは避けられないと述べた。それどころか、そのような集団はそれ自体として危険なのであった。ここから引きだされる一般的な結論は、内戦の勃発と特権的な技能の領域をみとめることのあいだには関連があるということであった。聖職者や法律家は急進的党派と変わらなかった。私たちは、『ビヒモス』を引用することでホッブズが次のように論じていたことをあきらかにした。すなわち彼によればプロテスタントの諸党派も、私的な判断と個人的解釈の権利とを主張しているため、カトリックと同じように危険なのだった。「裁判官」や「解釈者」としてふるまうことができるのは、世俗的な政治権力だけであった。だれか個人がいかにおおくの技能と経験を蓄積したとしても、また彼が実践あるいは霊感からいかにおおくの光明を得ていると主張したとしても、その個人が政治哲学のなかでよりおおきな力量を獲得することはなかった。ホッブズにとってコモンウェルスの構築に成功するために重要なのは、他のあらゆる人工物の構築における成功と同様に、実践ではなく、合理的な規則に忠実に従うことなのであった[90]。またホッブズは、『政治体について』のなかで、演繹的な規則を追究することと、才知ある人びとが信念を確立しようと試みることとの区別がもつ政治的な効果を指摘していた。前者は平和を、後者は反乱を導くのだった。雄弁術にたいするこの古典的な非難のなかで、体制打倒のための雄弁が平和的な論証と対置された。「真理を証明し教えるためには、長い演繹とおおきな忍耐が必要である。それは聴衆にとっては不愉快なものだ」。信用を得ようとする扇動的演説家はこれとは別の方法をとっていた。「誇張と矮小化によって」彼らは「自分にとって有益であるように、善と悪、正と誤をなし、おおきくあるいはちいさくあらわれるのである」。そのためホッブズは、民衆を動揺させる者とは対照的な理想として、公平無私な教師を立てた。ウォルター・ポープの記憶では、ホッブズが議論に参加したとき「彼は、自分の仕事は論争することではなく教えることである、といって激怒しながらその場を離れた」。ホッブズは自分でも次のように述べていた。「教えを受けることを、私はそれほど褒められるべきこととは思わない。教えることは、ただしくなされるのであれば、そして報酬なしになされるのであれば、りっぱなことだが[91]」。

知識人たちのどの集団も、専門分野にかかわるなんらかの才知を確立することをとおして、市民の忠誠を勝ちとることをめざしていたのだ。ホッブズの攻撃はそのような集団すべてに向けられた。というのは王政復古の時期には、権威をこれらの危険な同盟に基礎づけるのではなく、世俗的な政治権力による統制のもとにしっかりと基礎づけることが不可欠だったからである。ホッブズがボイルにたいしておこなった批判と、法律家たちにたいしておこなった批判を比較してみてほしい。一六六六年に彼は『哲学者と法学徒との対話――イングランドのコモン・ローをめぐる』を書いた。オーブリーは、ホッブズにベイコンの『法の原理』を贈り、また法的な演繹には弱点がある（なぜなら「古風な原理（一部はただしく一部は誤っている）」にもとづいてつくりあげられているから）と指摘したことで、自分がこの対話篇の着想をあたえたのだと述べている[92]。内戦のあいだ法改革への苦闘がえんえんと続けられていた。法律家たちは、聖職者や大学と同じように急進的な攻撃の的になっていた。ホッブズは聖職者らを考察したのと同じ仕方でこの難題に答えた。すなわち彼は、権力の分裂をもたらすと彼が考えた、特殊な法的技能についての理論を攻撃したのである。この理論はエドワード・コークが一七世紀の前半に発展させたものだった。ホッブズは次のようなコークの見解を引用した。法的な技能は「多年にわたって積みかさねられてきた研究や考察、実務経験によって獲得された、人為的な理性の完成品であり、人間にほんらいそなわっている自然理性の完成品ではない」。『自然学的対話』のなかでホッブズは、似たようにして対話相手に次のように論じさせていた。実験家たちは「膨大な数のあれらの日常的な現象」ではなく、「技能」によって生みだされた「自然の決定的な業」に依拠しているというのだ。一六六六年の『哲学者と法学徒の対話』で、ホッブズの代弁者である哲学者は、こうした主張をすべて否定した。「法の生命の源泉」は、なんらかの「人為的な」能力ではなく、自然的な理性であるとされた。どんな「謹厳実直かつ学識ゆたかなおおくの人びと」も、確実性を生みだすことはなかった。「法律を作成するのは、知恵ではなく権威である」。あらゆる学問のなかで、政治的権力は市民たちを統制するのであった。[93]

この議論は、法律家、聖職者、そして実験家たちが自分たちの特別なコミュニティの力を（とりわけ目撃者の協働をとおして）もちいていた方法に、直接異議をとなえるものであった。ホッブズは『リヴァイアサン』の末尾に次のように記した。「問題となっていることがらは、事実にかんするものではなく、権利にかんするものなのであって、そのなかには目撃者の入りこむ余地はない」。目撃者はなんの権威もあたえなかった。目撃者は、なお私的な人びとなのであって、誤る可能性があった。これは、実験家やその仲間たちが一六六〇年代に権威をつくりだすのにもちいていた実践と真っ向から対立する立場だった。[94]本書第2章では、ボイルがしめした「確立された記録」のなかで、彼がどのように目撃者を活用し、仮想経験を構築するためにどんなテクノロジーをもちいていたのかを分析した。フックはみずからの顕微鏡観察の報告について、次のように記した。「それほどおおくの目撃者の眼前で吟味されている命題はすべて、公理に近い性質をもっているといってよいのではないか」。ウィルキンズ、モア、スティリングフリートが提示した議論ではいずれも、同じ証言の基準が聖書の説明にも適用された。スプラットとボイルは、自分の結論の実践的な確実性を保持するために、また目撃者の増加によって「そのような蓋然性がわきおこること」が可能になるという議論を支えるために、「ここイングランドにおける私たちの法廷の実践」にうったえた。ボイルはクラレンドンの一六六一年の大逆法の条項をもちいた。彼がいうには、そこでは有罪を宣告するのに二人の目撃者が必要とされていた。このように、目撃をとおして権威が生まれるという、法律や聖職者が採用していたモデルは、実験家たちにとって基本的な知的道具立てだったのである。信頼できる目撃者とは、事実上、信頼に値するコミュニティに属する人びとであった。カトリックや無神論者や非国教徒は、自分たちの話が疑われていることや、目撃者の社会的地位がその人の信頼性を支えていること、おおくの目撃者が同時に発する声が極端な主張をもつ人びとを追いはらっていることを悟っていた。ホッブズはこの営みの基礎に異議をとなえた。ここでもまた彼は、目撃を支えていた生活形式を、効果的でなく体制打倒的な傾向をもつ営みとして提示したのであった。[95]

ホッブズがあたえた脅威は、実験家、聖職者、法律家が作業することができる社会的空間にたいする脅威であった。ホッブズにたいし応答した人びとは、自分の分野の空間を擁護していたのである。王座裁判所主席裁判官のマシュー・ヘイルは意義ぶかい回答を記している。ヘイルが空気ポンプの実験に関与していたことと、空気学の実験を試行していたことにはすでに言及した。彼が描いた法の歴史は、法の専門家と古来の国制（技能ある解釈者を必要とした）の特権的な地位を強化するものだった。ヘイルはホッブズに向かってぶっきらぼうに次のように述べた。「長くて反復的な実務経験の生産」だけが、技能ある専門家たることを可能にする（そしてホッブズのような哲学者は、この基準に照らしてみれば技能ある専門家とはいえない）というのだ。法律家は、「研究と教育を完全に、あるいは主として哲学ないし数学の考察に向けている、いかなる他の人びととくらべても、この王国の法のいっそうふさわしい裁判官であり解釈者」なのであった。実務経験を積むという訓練によって、危険な論争のなかでも伝統と主権者権力とを確実に調停できるようになっていたわけだ。ホッブズはこの自動的な調和を否定した。彼によると平和的な同意は前提として考えることのできるものではなく、生みだされねばならなかった。[96]神学者たちは、ホッブズがいう権威を獲得する方法にかんして、法律家たちと同じ不平をもっていた。ホッブズは、自然法を世俗的な政治権力と同一視し、自然法は人びとの霊魂に到達できないと主張することによってその力を破壊している人物だとみなされていた。この議論は法律家と聖職者の力能を否定するものだった。ケンブリッジ・プラトン主義者のラルフ・カドワースは『宇宙の真の知的体系』のなかで、真理は権力によってつくりだされるのではない、と不平を述べた。真理は神のものであるに違いなかった。「真理は人工的につくられたものではない。恣意的につくりだされたものではけっしてない。存在するものなのだ」。権力はどんなものでも「同じように真あるいは偽とすることが」できると主張するのは誤りだとカドワースは書いた。霊魂を救済するという聖職者の職務、技能をもちいて法律上の原理を解釈するという法的な実践、コミュニティのなかで共有される実験を組織的におこなう営みとしての自然哲学は、いずれも、分離した権力の領域を構築することに依存していた。実験主義者たちはこの原則を活用した。一方ホッブズはその原則の基礎を破壊した。カドワースは次のように書いている。「世俗的な主権者はけっしてリヴァイアサンではない。神である」。ホッブズは一六六二年に国王にたいし次のように述べた。「宗教は哲学ではありません。法なのです[97]」。

これは権力と同意をめぐる争いであった。幾何学が社会的な関係に規範をあたえた。なぜなら幾何学はホッブズの同意のモデルと合致していたからである。いかなる特別な技能も――聖職者のものであれ、法的なものであれ、実験にかんするものであれ――必要ではなかった。行為のただしい規則を宣言し、その規則を有効な仕方で強化することが、臣民を統制するための必要十分条件であった。幾何学には党派はなかった。「ユークリッドは幾何学を教えた。だが私は、なにか他の諸党派と並べられて、ユークリッド派あるいはアレクサンドリア派と呼ばれている哲学者の党派のことを、いまだかつて聞いたことがない」。反対にボイルにとっては、幾何学者は特定の分野で能力をもつ集団のひとつの例にすぎなかった。彼らには他のコミュニティに命令したり着想をあたえたりする資格はなかった。「三角形の三つの角が二直角にひとしいと知ることが……発熱で感じるはげしい体のほてりをやわらげるなどということはあるまい[98]」。ホッブズは幾何学を、政治的な平和という問題を解決する知識の形式としてあつかった。幾何学の長所は、なにか特定の認識の質ではなく、幾何学と社会的な集団の活動との関係に存していた。熟練した幾何学者でさえ、特権的な地位をもっているわけではなかった。幾何学の法則は、世俗社会の法律と同じ意味で強制力をもっていた。幾何学とコモンウェルスはいずれも人為的につくられたものだった。両者はひとしく強制力をもっており、ひとしくぜい弱なのであった。『リヴァイアサン』のなかでホッブズは、幾何学にかんしてこの点を指摘した。

その主題においては、なにが真理であろうとも、人びとはそれがだれの野心、利益あるいは熱望の妨げともならないものとして、注意をはらわない。なぜなら、もし「三角形の三つの角は、当然、正方形のふたつの角にひとしい」ということが、だれかある人の領土にたいする権利、あるいは領土をもつ人びとの利害関心に反するものであったとしたら、その学説は、論駁はされないにしても、幾何学のあらゆる書物を焚書にすることによって、(関係者の力がおよぶかぎり)抑圧されてきただろう、ということを私は疑わないのである[99]。

実験的営みを発展させるにあたっての決定的な基準は、特定の生活形式の社会的慣習にたいする忠誠であった。これらの慣習にしたがった営みをしている人びとは、実験集団の一員に数えられた。しかし寛容は、受容可能なふるまいの厳格な規則を守ることを条件としてあたえられるものだった。たとえば、ホッブズの充満論は、聖職者の謀略や実験的空気学にたいして彼がおこなった攻撃の不可欠の一部を構成していた。だが充満論は、単独ではホッブズを実験コミュニティに属する人びとから区別するものではなかっただろう。発話状況こそが決定的に重要なのであった。ホッブズは充満論を、実験的生活形式の枠内で利用しなかったのである。パワーやリヌスのような充満論者は実験プログラムのなかで重要な役割をはたしていた。ホッブズをヘンリー・パワーと対比してみてほしい。パワーの自然哲学がきわめて非正統的なものだったことが、チャールズ・ウェブスターによって証明されている。パワーは確固とした充満論者であり霊実在論者であった。トマス・ブラウンや、ブラウンがケンブリッジに紹介したデカルト主義に影響されていたのである。パワーは能動的原理が存在することをしめすためにヘルモント的、またパラケルスス的な経験をもちいた。彼は動物を「継続的で秩序だった運動の状態に置かれた、装置あるいは物質にすぎないもの」とみなす、デカルト的な二元論の立場を支持していた。[100]パワーがロンドンで実験家たちと接触したのは短期間だった。だが彼は、一六六一―一六六三年にボイルやその同僚たちと交流をもつようになったとき、そのコミュニティが発展させていた慣習に従ったのである。

クルーンは一六六一年九月に、パワーに対して次のように述べた。ロンドンの実験集団は「なんらかの仮説をつくって公にみとめるのは、長い時間のなかでしかなされえないほどの非常におおくの実験の試行の後にしなければならないと信じているのです」。パワーは、個人の信念と王立協会が信用するであろう公的な事実とを分かつ境界について学んだ。一六六一年の夏に彼はボイルの『いくつかの自然学的なエッセイ集』を注意ぶかく読んだ。そして彼は友人たちにそれを読むよう伝えたのである。彼は『実験哲学』のなかに長尺の抜粋を引用し、そして一六六二年一一月にボイルに向けて書いた書簡のなかでエッセイを引用して送りかえしさえした。「私たちのことを、ただ他の人びとの頭脳のために実験を集めることだけに適した、理性よりもはるかにいっそうおおくの勤勉さを発揮してはたらく田舎の労役者とみなしていただくようお願いいたします」。[101]パワーがこれら他者と接触したことが、彼の進路に影響をあたえたのである。パワーは、ボイルの空気学が「私の古くて眠っていた観念をすべて呼びもどした」といった。この変化は、彼が充満論を公に論じていた仕方にあきらかに見られる。パワーは、公言していた充満論への支持という点で揺らぐことはなかった。トリチェリの空間は「膨張した空気の粒子」と「それらの粒子と混ざりあった希薄なエーテル的実体によってみたされて」いた。だがパワーは、ボイルの報告を証拠として引きあいに出しながら、空気がもつ永続的なバネという事実を受けいれたのだ。彼は弾性をもつ流体にかんする実験のなかで、流動性にかんするボイルの研究をもちいた。彼はリヌスの細紐仮説にたいする反論をボイルに送付した。そしてパワーと共同作業者たちは、ボイルの法則の出版に結実した研究における主要なアクターであった。パワーはホッブズの充満論を「常軌を逸した空想」とみなしていた。[102]パワーはロンドンでフックやウィルキンズと、みずからの書物の出版について議論した。そして王立協会はパワーがヨークシャーでおこなおうとしていた数おおくの実験についての指示書きを送った。彼は手元においていた自著『実験哲学』に、「ボイルが彼の装置による機械学的実験において比類なく証明した」事実にかんしての註釈を書きいれた。本書第6章では、パワーが一六六三年七月に、王立協会の空気ポンプによる変則的な停止の再現実験に参加していたことを述べた。最終的に、パワーは形而上学と自然学のあいだに一線を引いた。それはボイルが空気学にかんする著作のなかで記述していた一線であった。パワーは、トリチェリの空間の「見かけ上の真空」をみたしていると彼が考えたエーテルの作用をなんらかの真正な実験が証明してくれるという期待を表明した。「たぶんだれか有能な実験家が今後、その物質についての、思弁的で形而上学的な証拠よりもすぐれた証拠を私たちにあたえてくれることになるのではないか[103]」。

パワーの研究は実験哲学の空間の内部に属していた。ロンドンの実験家たちは彼の研究をみとめ、彼が生みだした事実を信用した。ホッブズはその空間に属していなかった。充満論は、彼が体制打倒的な政治学や「亡霊のような人びと」に対抗してもちいた知的な道具立てであった。これは決定的な違いである。臣民の同意に含まれる意味に敏感な政治的文脈のなかで、相対立する生活形式が争われていた。事実への同意を獲得することは、実験コミュニティの構造に依存していた。ホッブズはこのコミュニティの慣習をしりぞけた。彼は、空気ポンプに純粋な空気をとおす穴があるのと同様に、そのコミュニティの境界には政治的利害関心をとおしてしまう穴があるのだと主張した。ボイルの装置もボイルの制度も、同意を得ることができる確固とした知識の項目をつくりだしてはいなかった。空気ポンプはつねに充満していた。しかしこの事実は実験という行為をとおしてはけっしてあきらかにされえないのだった。「それが、私たちが空気と呼んでいるところの物体であると、私たちが知るようになるのは、理性的推論による」。ホッブズは広く受けいれられた誤りと哲学の真理の違いを説明した。「それゆえ、私たちがいうには空気を含んでいるその空間全体を、凡庸な人たちが空っぽであると考えることは、それほどばかげたことではないのである。その空気が意味あるものであると私たちに認識させてくれるのは理性のはたらきなのである」。ホッブズは次のように主張した。もし実験的生活形式が採用されたとしたら、この違いは失われてしまうであろうし、結果は政治的な大惨事となるであろう。哲学者でない大衆が「……自然哲学のすべての部分における熟練者としてまかり通る」ことになるだろう。一六六〇年代には、政治的秩序のために、理性によって臣民に適切な認識をあたえることが不可欠であった。反乱の源泉は「目に見えないものにたいする恐怖」だったのであり、穴だらけの実験的空間では、けっしてその恐怖を消しさることはできなかった[104]。

第8章　科学の政体──結論

イングランドの上院、下院議員諸氏よ、あなたがたがその一員であり、かつ統治者として治めている国民が、どのような人たちか考えていただきたい。

──ミルトン『アレオパジティカ』[1]

知識の問題にたいする解決策は、社会秩序の問題にたいする解決策である。そのため本書に含まれる材料は、科学史や哲学史のみならず政治史に貢献するものでもある。ホッブズとボイルは、なにが知識とみなされるべきかという問題──つまり、どの説が有意義なものでどの説は不条理だと考えられるべきなのか、どの問題は解決可能でどの問題はそうでないのか、知識の諸項目にどのくらい多様な確実性の段階が割りあてられるべきか、真正な知識の境界線はどこに引かれるべきかという問題──にたいする根本的に異なる解決策を提案した。そうすることでホッブズとボイルは以下のことがらを記述したのだ。哲学的な生活とは何か。哲学者同士が向きあうさいにもちいうる、あるいはもちいるべき方法。哲学者はなにを問題にするべきで、なにを当然のものとして受けいれるべきなのか。哲学者の活動はより広い社会のなかのできごとにどのような仕方でかかわるべきなのか。こういうことがらである。なにが適切な哲学的知識であるのか、そしてその知識がいかにして獲得されうるのかという問題にたいする解決策をしめすなかで、ホッブズとボイルは相異なる哲学的な生活形式の規則と慣習を詳述したのだった。知識と政治組織の関係について考えを展開することで、本書の議論を締めくくることにする。

私たちは、科学史が三つの意味で政治史と同じ領域を覆っているといいたいと思う。第一に、現場の科学者たちはある政体をつくりだし、選択し、そして維持してきた。科学者たちはこの政体の内部ではたらき、知的産物を生みだすのである。第二に、この政体の内部で生みだされた知的産物は、国家における政治的活動のひとつの要素となってきた。第三に、科学にたずさわる知識人によって占められた政体と、より広い政体のあいだには、状況に応じた関係が存在する。本書の全体をとおして、公式にはもちいてこなかったひとつの観念を洗練させることによって、これらの各点を敷衍することができる。それは知的空間という観念である。[1]

「実験的空間」あるいは「哲学的空間」といった用語を私た

ちはこれまでふたつの意味でもちいてきた。私たちは文化的な領域としての、抽象的な意味での空間に言及してきた。これは、学問領域の境界や文化の諸領域の重なりあいが語られる場合にふつう意図されている意味である。この場所的な比喩はすぐれたものである。というのもこの比喩は、社会的空間のなかに存在する抽象的な文化的諸境界が実際にあるということを思いおこさせてくれるからである。その境界が侵犯された場合には、コミュニティに属する人びとによって制裁が発動されることがある。しかし私たちはときに空間という観念を、物理的により具体的な意味でももちいてきた。空気ポンプの受容器はこのような意味での空間を区切っていたのであって、ボイルがその空間の完全性を擁護するのを重視していたことはすでにしめしてきた。私たちはさらに、やや大規模な物理的空間にかかわるいくつかの考えを詳述したいと思う。もし一六六〇年にある人に「はたらいている自然哲学者にどこで出あうことができますか」と尋ねてみたとしたら、どんな場所に行くよう案内されただろう。ホッブズにとっては、自然哲学がおこなわれる特別な空間は存在しないはずだった。ひどく不適当だと考えられた空間があったことはあきらかである。哲学は高貴な活動だったので、薬局や庭園、あるいは道具置き場でおこなわれるべきではなかった。彼は敵対者にたいし、哲学者は「薬剤師」でも「庭師」でもなく、また他のいかなる種類の「職人」でもないと述べていた。また哲学は法学院や医師会、聖職者会議、大学に閉じこめられるべきでもなかった。哲学は専門家の排他的な領域ではなかったのだ。特別な専門的空間に哲学を閉じこめることはすべて、哲学の公的な地位をおびやかすことだった。ホッブズが王立協会を、なおまたひとつの制限された専門的な空間であるとして非難していたことを思いだしてみてほしい。彼は「もしだれか希望する人があればその人はそこ〔＝グレシャム・カレッジ〕へ来ることはできないのですか」という質問を提起し、次のような答えをあたえた。「彼らが会合をもっている場所は公的《パブリック》な場所ではない[2]」。実験主義者たちのほうも自分たちの活動が公的な性質のものだと強調していたことはすでに見た。しかしボイルの「公的」とホッブズの「公的」では言葉のもつ意味が異なっていた。ホッブズの哲学が公的でなければならないというのは、哲学が利害関心をもつ専門家たちの領分になってはならないという意味であった。専門家集団の特定の利害関心がはたらくことは、歴史的には知識を劣化させるという結果をもたらしてきた。幾何学はこの不当な専有を免れてきていた。だがそれはたんに、歴史の偶然として、幾何学の定理や研究成果がそのような利害関心に関係しているとはみなされていなかったからにすぎなかった。「その〔幾何学という〕主題においては、なにが真理であろうとも、人びとはそれがだれの野心、利益あるいは熱望の妨げともならないものとして、注意をはらわない[3]」。ホッブズの哲学が公的なものでなければならないことには別の理由もあった。哲学の目標が公共の平和の確立だったこと、また哲学が同意という社会的な活動――すなわち、言葉の意味と適切な用法をさだめること――によってはじまるものだったことである。哲学という公的な営みにたずさわる人びととは、目撃し、信じる人びとではなく、同意し、宣言する人びとなのであった。つまり目と手をもつ人びとではなく、精神と舌をもつ人びとなのであった。

ボイルのプログラムのなかでは、実験的自然哲学が遂行され、実験がおこなわれて目撃される特別な空間が存在すべきだとされた。これが初期の実験室であった。この実験室はどんな種類の物理的および社会的な空間だったのだろうか。図22のドイツの実験風景を考察してみよう。この図版はカスパール・ショットの『流体・空気力学』（一六五七年）から取られたものであり、実験的知識が構築されている様子をしめしている。ボイルはこの『流体・空気力学』から刺激をうけて、この図版で描かれているゲーリケの装置よりもすぐれている（とボイルが考えた）空気ポンプをつくりはじめようと決心したのである。[4]ゲーリケ自身は左前方に描かれている。彼は右手に杖（マグデブルク市長としての彼の職務上のものであるのかもしれない）をもっており、左手でみずからの機械の別の棒を指さしている。自分の手でポンプに実際に触れているようには描かれていない。ゲーリケはいかなる特別な服装をしているのでもない（触ったら汚れてしまいそうなこの機械を実際に操作するのに必要な服装など）。また彼とは離れて絵の右前方に集まっている実験の目撃者たちと異なる服装をしているわけでもない。絵の風景が設定されている建築空間は中庭か広場である。このことが、これらの実験が特別にこの公共の場所にもちだして試行されたことを意味しているのか、それとも画家あるいは彫版師がたんに自分にとってなじみのある芸術的な慣習をもちいて、描くようにいわれたものや行為をその場所に置いただけなのかはわからない。（もちろん、公共の場所の敷石は、ルネサンス期やルネサンス以後の芸術家によって、遠近法の格子を置くために日常的にもちいられていた。本書図2で描かれている王立協会の象徴的な風景も見てほしい。疑いなく私たちは次のことを知っている。一六六〇年代に、かさばって壊れやすい王立協会のポンプは、グレシャム・カレッジとアランデル・ハウスのあいだ付近をたえず移動させられ

図22　目撃者たちに公開されたオットー・フォン・ゲーリケの最初の空気ポンプ．Schott, *Mechanica hydraulico-pneumatica* (Würzburg, 1657), p. 445 より．（ケンブリッジ大学図書館のご厚意による．）

ていたのだ。）『流体・空気力学』の図像は、場を統括する役人としての自然哲学者を描いており、また実験の目撃者たちを描いているが、実際に実験をおこなっている人間はだれも描かれていない。機械はプット（ケルビム）によって動かされている。これはバロックの挿絵の標準的な慣習であった。こうした描き方によって、この絵でも他のところでも、結果としてもたらされる知識が神的なものであると暗に述べられていたのだ。

私たちが一七世紀中盤のイングランドの実験的空間にかんして知っている若干のことがらから、それらの空間の地位が公的なものであるのか私的なものであるのかが熱心に議論されていたことがわかる。第2章で、「実験室」という単語は一七世紀に英語で使われるようになったのであり、そのときどうやら秘儀的な含意をもっていたということに手短に言及した。つまり実験室と呼ばれた空間は私的なもので、「秘教家」が住まうものであった。一六五〇年代と一六六〇年代に、ボイルは錬金術師を説きふせて公的な空間へと誘いだそうと努力しており、また私的な営みの正当性に攻撃をくわえていた。これと同じ時期に、新しい開かれた実験室が発展した。実験哲学者らが強く求めた公的な空間は、集合的な目撃のための空間であった。事実を構築するにあたって目撃が有していた重要性はすでにしめした。次のふたつの一般的な条件をみたすことができたならば、目撃は効果的なものだとみなされた。第一に、目撃の経験はアクセス可能なものとされねばならなかった。第二に、目撃者は信頼に足る者でなければならず、彼らの証言は広くみとめられるようなものでなければならなかった。第一の条件が実験的な空間を開くようにはたらいた一方で、第二の条件はその空間への入場を制限するように機能した。実際結果として生まれたものは、いわば、アクセスが制限された公的な空間だったのだ。（これは二〇世紀後半の科学実験室がそなえている特徴の妥当な説明だといえるだろう。というのもおおくの実験室は、公衆が入ることを禁ずる法的措置をとっているわけではないけれども、実際問題としては「認可された関係者」だけにしか開かれていないからだ。）これまでに指摘したとおり、アクセスが制限されているということは、王政復古期の文化のなかではこの新しい実験的空間がもつ積極的な長所のひとつだった。実験的空間は、決定または暗黙の過程によって、その空間の範囲内でおこなわれているゲームの正当性に同意をあたえた者だけがアクセスできるように制限されていたのである。

第5章では、ボイルが二種類の敵対者——すなわち実験ゲームの内部での動きに異議をとなえていた人びとと、ゲームそのものに異議をとなえていた人びと——とのあいだでおこなっていた議論の差異を記述した。後者は、実験コミュニティの生活を危険にさらすという代償をはらわなければそのコミュニティに入場させることができなかった。実験室へのアクセス可能性にかんする公的な取りきめは、実験家集団を規律づけるという実践的な必要性によって調整されていたのである。この緊張関係の存在が意味するのは、ホッブズによる、王立協会は閉鎖的空間だという鑑定が、害をもたらすかもしれないということだった。それはちょうど、科学の社会のなかでの隔離について述べることが、近代の自由な社会において害をもたらすのと同様である。民主主義的な理想と専門家がもつ専門知からくる要請とは不安定な混合物を形成しているのである。[5] ホッブズが実験に関与する人びとにたいする制限の内実をどんなものだと見きわめたのかが、なぜ仮想目撃があれほど決定的に重要だったのか、そしてなぜ物理的な複製という実験プログラム内部の困難があれほど精力的にあつかわれたのかをあきらかにしている。仮想目撃のはたらきにより、ローカルな実験コミュニティによって占められている物理的な空間の十全な統治が実現され、同時に、抽象的な空間での事実の目撃者の効果的動員が保証されたのである。

　ホッブズにとっては、哲学者の活動は境界づけられていなかった。知識が得られる文化空間に、哲学者が行ってはいけないところは存在しなかったのだ。[6] 自然哲学者と政治哲学者の目標は同一のもの——公共の平和の実現と保護——であった。それと同じように、自然哲学者の方法は、決定的な点において、政治哲学者の方法と同一なのであった。ホッブズ自身の経歴がそのように把握された哲学的な営みを象徴していた。ボイルやその同僚たちが見ていた、文化のあり方を描いた地図は、ホッブズが見ていた地図とは違っていた。ボイルたちの文化的な領域は、境界石や注意書きによって鮮明に区切られていた。もっとも重要なことに、実験にもとづく自然の研究は「人間にかんすることがら」からはっきりと引きはなされるべきだった。実験主義者たちは「教会や国家」のことがらに「口をはさむ」べきではなかった。自然の研究は、人間や人間にかんすることがらの研究とはまったく別の空間を占めていたのである。だから双方の研究の対象と主題は、同じ哲学的な事業の部分としては取りあつかわれなかっただろうし、取りあつかわれることができなかったのである。実験主義者たちは、このような境界を打ちたてることによって、自然哲学者のための静かで道徳的な空間をつくりだそうと考えていた。これらの境界やその内部での議論の慣習を遵守することによって、彼らのあいだでの「内戦」は避けられるだろう、というわけだ。彼らは、慣習によって同意されている形式のコミュニティの活動によって事実へと移行させることができないものについては、語ろうとしなかった。だから感覚に触れるようにすることができないと思われる存在者——議論の余地なく存在するもの（たとえば、神や非物質的な霊）であれ、おそらく存在しないもの（たとえばエーテル）であれ——についての語りを禁止する取りきめが重要だったのである。実際問題としては、ホッブズは実験主義者たちが政治的に重要な特徴をもつひとつのコミュニティをつくりあげたということを否定することはできなかった。つまり、所属する人びとが形而上学的な語りや因果的な探究を避けようとつとめるようなコミュニティであり、また内的な平和の特徴を十分しめしているようなコミュニティである。しかしこのコミュニティは哲学者からなる協会ではなかった。このような集団は、哲学的な探究を放棄することで、政治的な無秩序をもたらす一因となっていたのである。公共の平和を確立することが哲学者の仕事であった。そして哲学者たちがこの仕事をなしうるのは、実験主義者たちが自然の研究と人間や人間にかんすることがらの研究とのあいだに引く境界を廃棄した場合だけだった。

哲学コミュニティと国家のあいだでのやりとりを律している政治は重要であった。なぜならこの政治は、哲学者が生みだす知識を特徴づけ、擁護するようにはたらいたからである。哲学コミュニティ内部でのやりとりを律している政治も同じように重要であった。なぜならこの政治が、真正な知識を生みだすときにもちいられるべき規則をさだめたからである。第4章では、ホッブズが哲学的な場所には「主人」がいると考えていたことを述べた。すなわちメルセンヌ神父はパリにおいてそのような主人だったのであり、ホッブズはボイルや彼の友人の一部を、王立協会における「他の人びとにとっての主人」だといっていた。哲学的な場所にただしい哲学を決定する主人がいるというのは適切なことだった。それはちょうど、コモンウェルスにそのような主人がいることがただしくて必然的なことであるのと同じなのであった。実際、リヴァイアサンは哲学の主人として正当に機能することができた。ホッブズは、「聖職者らがよりいっそう教育を受けている」という論は、国王が宗教の原理を決定する権利をもつことへの反論にはなっていないと考えた。そして同じようにして「幾何学を教える権威を、王自身が幾何学者でないかぎり、王には依存させてはならない」という議論を否定したのである。[7] 哲学の主人がリヴァイアサンでないとしたら、主人は根本的なことがら——統一された哲学的な事業が進展する基礎となりうる、ただしい原理——を見いだしただれか他の人物であった。この人物が主人であるのは、工芸技術や才知をもっていたからではなく、純粋な精神を行使したからであった。ホッブズの哲学的空間という政治体においては精神が、目や手の、まごうことなき主人なのであった。

実験コミュニティの政治体のなかでは、支配権は根本的に制限されていた。フックが実験の政体を知的諸能力のあいだに存立すべき関係という観点からいかに記述していたのかは、すでに見てきた。「知性とは、下位の能力がおこなうより劣った仕事のすべてを秩序づけるものである。だが知性がこれをおこなうのは、法に忠実な主人としてであって、僭主としてではない」。実験の政体は、内部で各要素が他のすべての要素に決定的な仕方で依存している有機的なコミュニティであり、ある主人による絶対的な序列的統制を排除するようなコミュニティなのであった。フックは次のように続けている。

> 真の哲学が依存している結びつきはあまりにもおおく、もしどれかひとつが緩いものであり、あるいは弱いものであったとしたら、連鎖の全体がばらばらになってしまう危険性がある。その真の哲学は手と目からはじまり、記憶をとおって進み、理性によって継続される。それはそこで止まるべきではない。もういちど手と目にいたらねばならない。そうやって、ある能力から別の能力への往来を続けることによって、

真の哲学はその生命と強さを保たれねばならない。人間の身体がそうであるように。(8)

実験の政体は自由な人びとによって構成されるべきだとされたのである。この人びとは、自由にふるまい、なにを目撃したのか、また目撃したものがなんであると心から信じたのかを忠実に述べるのだった。実験の政体は、自由が責任をもってもちいられるようなコミュニティだった。またこのコミュニティは、コミュニティ自体にそなわる自己を規律づける力を、公にしめしているのだった。このような自由は安全であった。このコミュニティ内部での論争を、無害で統制のとれた対立のモデルとして挙げることすら可能だった。さらにこのような自由な行為は、客観的な知識を生みだし、保護するための必要条件であるといわれた。実験コミュニティの生活形式を傷つけてみよ、そうすれば実在を鏡のように映しだす知識を得る能力を傷つけることにもなるだろう、というわけだ。支配、権威、そして恣意的な権力の行使はすべて、正当な哲学的知識をゆがめてしまうはたらきをもつのだった。対照的にホッブズは、哲学者たちが主人をもつべきだと提案した。哲学者たちのあいだに平和をもたらし、彼らの活動の原理をさだめてくれるような主人をである。このような主人による支配が哲学の真正さを弱めることはなかった。ホッブズ的な生活形式は結局のところ、人びとを自由にふるまい、目撃し、信じる諸個人とみなすモデルにはもとづいていなかったのである。ホッブズのいう人は、ボイルのいう人とは異なっていた。まさに後者が自由意思を有しているという点で、また知識を構築するにあたってその自由意思がはたす役割の点で、異なっていたのである。ホッブズの哲学は、目撃され証言された事実のなかに知識の基礎を見いだそうとしていたわけではなかったのだ。いいかえれば、哲学は「夢想」を基礎としていたわけではなかった。ボイルとホッブズが自然哲学者たちに提示したふたつのゲームはいずれも、哲学コミュニティの政治的な構造と生みだされる知識の正真性のあいだに因果的な結びつきがあると想定していたのである。ホッブズの哲学的な真理は絶対主義によってつくられ、維持されるべきものだった。ボイルとその同僚たちは、自分たちが立ちあげようとしていた政体を語るための明確な語彙をもっていなかった。彼らがもちいていた用語はほとんどすべて、王政復古初期にはげしい論争の対象になっていた。すなわち、「市民社会」、「バランス・オブ・パワー」、「コモンウェルス」などである。実験コミュニティは専制であるべきでも民主制であるべきでもなかった。「中間の道」が取られるべきだった。(9)

科学的な活動、科学者の役割、そして科学コミュニティは、現在にいたるまでつねに従属的なものであった。国家や国家のさまざまな機関がそれらを重視するかぎりにおいて、それらは尊重され、支援を受けるのだ。一七世紀中盤につくりだされた実験的空間を持続させたものはなんだったのだろうか。新たに生まれた王立協会の実験室や他の実験的空間は、王政復古期の社会で広く求められたものを生みだしていた。たんにもともとこうした需要が存在し、みたされるのを待っていたというわけではなかった。実験主義者によってそれらの需要が積極的に掘りおこされていたのである。実験主義者たちがなすべき仕事は、他者にたいして次のことがらをしめすことだった。それは、その人びとが問題を抱えている場合に、実験哲学者のもとを訪れれば、また王政復古期の文化のなかで実験哲学者が占めている空間を訪れれば、その問題が解決されうるということだ。[10]もし実験主義者らがこのような需要をうまく掘りおこしてみたすことができれば、実験的な活動の正当性や実験室と科学の役割の完全性は保証されることになろう。実験コミュニティが向きあった需要は、王政復古期の経済的、政治的、宗教的、そして文化的な活動にまたがる幅広いものだった。砲撃手が、大砲から弾丸をより正確に発射できるようにと望んでいたとしたら、この実践的な問題を王立協会の物理学者のところにもちこむべきだった。ビール醸造職人が、思いどおりのエール・ビールをつくれるようになりたいと望んでいたとしたら、化学者のところへ来るべきだった。医師が、発熱を説明し処置するための理論的な枠組みを得たいと望んでいたとしたら、機械論哲学者の著作を吟味すべきであった。実験室は、実践的に有用な知識が生みだされる場として宣伝されたのである。[11]しかし実験室はもっとかたちのない問題にも解決策を差しだすことができた。神学者が、他の仕方では悔いあらために応じない人びとに神の存在や属性を納得してもらうために活用されうる事実や図式を望んでいたとしたら、やはり実験室に来るべきだった。必要としているものは実験室で得られるだろう、というのであった。一八世紀をとおして、自然哲学者の役割のもっとも重要な正当化のひとつは、自然における神の力を大々的にしめして見せることであった。[12]神学者たちは、もし冷笑家に神威が実在することをしめしたければ、ライデン瓶がもちいられている場所を訪れることができた。自然神学者たちは、もし自然の秩序のための神の賢明で規則的な計画の証拠がほしければ、天文学者の観測所に来ることができた。倫理学者は、もし自然の階層構造や秩序、各階層のふさわしい従順の形式のうち、社会的に利用可能なものを求めているのであれば、自然誌家のところに来ることができた。実験的空間が、これらの多様な関心が検討され、みたされ、集められるような場所になりさえすれば、科学の役割は制度化されえたし、科学コミュニティは正当なものになりえた。初期の実験プログラムにみられるよりいっそう顕著な特徴のひとつは、プログラムの唱導者たちが、実験的空間を有用なものとして宣伝する——すなわち、王政復古期の社会にある問題のうち、どれにたいして実験哲学者の研究が解決策を提示することができるのかをしめす——という課題に、強い熱意をもって取りくんでいたことである。

王政復古期の社会のなかで実験コミュニティが取りあげ、みたそうとしていた需要は他にも存在した。実験哲学者は、道徳的な市民のモデルをしめすのにうってつけの人びととして活用することができた。また実験コミュニティは、理想的な政体のモデルにすることができた。初期の王立協会の宣伝者らは、自分たちのコミュニティは次のようなものだと強調していた。すなわち、このコミュニティ内部での自由な議論は論争やスキャンダルや内戦を生みださない。また、このコミュニティは平和をめざしていて、同意を効果的に生みだし維持する方法をすでに発見している。さらにこのコミュニティは、みずからを秩序づける力をそなえており、独裁的な権威をもたないというのである。実験哲学者たちは、自分たちのコミュニティに注目した人びとにたいして、王政復古体制の理想的な姿をしめそうとしていた。ここには、専制と急進的な個人主義という両極端のあいだでいかにして平和な社会を組織して維持すればよいのかをしめす、実際に機能している実例が存在したのである。政治哲学者や政治的なアクターが、そのような社会を構築したいと望んでいたとしたら、実験室に来て、その実験室がどのように機能しているのかを見るべきなのであった。

本書では、選択肢として存在した複数の哲学的な生活形式がどんなものであったのかを見きわめ、それらの生活形式の慣習的な基礎を描きだし、それらの生活形式の選択によって左右されていたものはなんだったのかを分析しようとしてきた。「どうしてボイルが勝利したのか」という問いは、私たち自身の問いのひとつとしては選ばなかった。あきらかにボイルが推奨したプログラムのおおくの側面は、近現代の科学的な活動や、科学的方法をめぐる諸哲学を引きつづき特徴づけている。それでも、ボイルがおこなっていたことと二〇世紀の科学のあいだに途切れのない連続性が存在するということは、きわめてありそうにない。たとえばボイルの実験プログラムとニュートンの「数学的な方法」との関係はまだ十分に研究されていない。それにもかかわらず、ボイルのなかに真に近代的な科学の「創設者」としての姿を見ようとする現代の歴史家たちは、似かよった考え方が一七世紀後半や一八世紀の評論家のなかに存在すると指摘することができる。これらの条件があるにもかかわらず、ボイルの「成功」という問題への解答の一般的な形式が姿をあらわしはじめているし、その形式は満足のいく仕方で歴史的なかたちのものとなっている。ボイルの実験的な生活形式は、王政復古体制が確立された範囲において、局地的な成功を達成したのである。それどころか、実験的生活形式は、王政復古体制を確立するにあたって重要な要素のひとつであった。

ここまでは知識の問題にかんする解決策がもっていた政治的な意味合いに焦点を合わせてきたので、科学の外部でのみ生じて、科学にいわば圧力をかけうるものとしての政治には言及しなかった。実験コミュニティは上述のような境界にかんする語りを強力に発展させ、展開していた。そして私たちは、この語りを歴史的に位置づけるとともに、なぜそういう話し方が慣習化されて発展したのかを説明しようとしてきた。自分たちの探究が歴史的な性格のものであることにかんして真摯でありたいと思うのであれば、ここで述べたようなアクターたちの語りを説明のための道具立てとして無思慮にもちいるわけにはいかない。科学の外側に政治を運びさっている言語こそ、私たちが理解し説明せねばならないまさに当のものである。科学の「内部」と「外部」についてはあまり語るべきではないだとか、我々はそのような時代おくれのカテゴリーをもう乗りこえたのだとかいう、科学史のなかでかなり流行している意見に、私たちは反対する立場に立っているのである。そんなことはまったくない。私たちはまだ、そこに含まれている論点を理解しはじめてもいないのだ。まだこれから、前述のような境界線にかんする慣習がどのように発展したのかを理解せねばならない。すなわち歴史的な記録の問題として、科学におけるアクターは知識の諸項目を、その人自身の境界線（私たちの境界線ではなく）との関係でどのように配置していたのか。また記録の問題として、そうして配置された知識の諸項目という観点から見て、アクターたちはいかにふるまっていたのか。これらのことを理解せねばならないのだ。また私たちは境界線についてのなにかひとつの体系を、「科学」と呼ばれているものに自明な仕方で所属するものとして受けとるべきではないのだ。

私たちの手もとにはこれまでのところ、結びつけるべき三つのものがある。(1)知的なコミュニティの政体、(2)知識を生みだし、正当化するという実践的な問題にたいする解決策、(3)より広い社会の政体である。私たちは三つの結合をおこなった。すなわち以下のことがらをしめそうとしてきたのである。(1)知識の問題にたいする解決策は政治的なものである。つまりその解決策は、人びとと知的な政体の関係についての規則と慣習をさだめることにもとづいている。(2)そのようにして生みだされ、真正なものとされた知識は、より広い政体のなかでの政治的な行為の要素となる。つまり、知的な政体から生みだされたものに注意を向けないかぎり、国家における政治的な行為の性格を理解できるようにはならない。(3)複数の生活形式のあいだの争い、また各生活形式に特徴的な知的産物のかたちのあいだの争いは、さまざまな候補者が他の制度や他の利害集団の活動に入りこむさいの政治的な成功にかかっている。もっともおおくの、そしてもっとも強力な仲間をもつ者が勝つのだ。

私たちは、王政復古期の政体と実験科学が共通してもっていたものはひとつの生活形式だったということを立証しようとしてきた。適切な知識を生みだし正当化することに含まれていた営みは、体制の一部となっていたし、ある特定の種類の社会的秩序にたいする擁護の一部となっていた。他の知的営みは非難されしりぞけられた。なぜならそれらは王政復古期に生まれた政体にとって不適切あるいは危険だと判断されたからである。実験的な自然科学の生活形式と自由主義的で多元的な社会の政治形式のあいだに密接で重要な関係をみとめることは、もちろん、けっして独創的なことではない。第二次世界大戦のあいだに、それは西洋の自由主義的な社会がきわめて苛酷な挑戦を受けていた時期だったのだが、両者の関係についての認識が科学をめぐるアカデミックな研究の問題のなかに組みいれられた。どのような種類の社会が正当で真正な科学を維持できるのだろうか。そして科学知識は自由主義的な社会を維持することにどんな寄与をなすのだろうか。[13] 当時あたえられた解答は明確なものであった。つまり、開かれた自由主義的な社会こそ、客観的な知識の探究としての科学の本来の生息地なのであった。ひるがえって、そのような科学知識が開かれた自由主義的な社会を持続させるためのひとつの保証となっているのだった。一方を傷つけてみよ、そうすればもう一方も破壊してしまうことになるだろう、というわけだ。

現在私たちは、確実性がよりちいさい時代に生きている。自由主義のレトリックが、現在自分たちが生きている社会の実際の性格に対応しているのかどうかを、私たちは次第に疑うようになってきている。これとちょうど同じように、科学がいかに進展するのかをめぐる伝統的な説明が、科学の実際のあり方を十全に記述していると、私たちはもはや以前のようには確信をもっていない。知識や社会、またこれらふたつのものの関係を定義するという現在の問題の中心にあるのは、公的なものと私的なもの、権威と専門知という二分法である。これらは、本書で検討した論争を構成していたのと同じ二分法なのである。私たちは科学知識を、原理的には開かれたアクセス可能なものだと考えているが、公衆がその知識を理解しているわけではない。科学ジャーナルは公共の図書館にあるが、一般市民の知らない言語で書かれている。私たちは実験室がもっとも開かれた専門的空間のひとつになっているというが、公衆がその実験室に入っているわけではない。私たちの社会は民主主義的であるといわれているが、公衆は自分が理解できないものを問題にすることはできない。原理的にはもっとも開かれたものであるひとつの知識の形式が、実際問題としてはもっとも閉じられたものになってしまったのだ。私たち自身の科学についてのこれらの疑問を心に抱くこととは、私たち自身の社会の成りたちを疑問視することに他ならない。科学知識だけが吟味にさらされなくてよいわけはない。

本書では、基本的な部分では三世紀にわたり持続してきた、知識と政体のあいだの関係の起源を検討してきた。過去は現在を理解するための知的な道具立てをあたえてくれる。だが私たちは、過去が未来を予言するための知的な道具立てをあたえてくれるとは考えていない。それでも非常にたしからしい予測をひとつ述べてみることはできる。私たちが科学知識を生みだしている生活形式は、私たちが国家のなかの諸問題を秩序づけている方法とともに、存続あるいは崩壊するであろう。

私たちは、知識の本性、政体の本性、また両者の関係の本性が幅広い実際的な論争の主題となっていた時期について書いてきた。新しい社会秩序は、古い知的な秩序の放棄とともに生まれた。ひるがえって二〇世紀後半に、当時生まれた体制にたいして重大な疑問が投げかけられている。科学知識も、社会の成りたちも、社会と知識の結びつきにかんする伝統的な言明も、もはや当然のものとして受けとられてはいない。私たちがものを知るというのは、慣習的かつ人為的な営みであると知ったのであれば、私たちが知っていることに責を負うのは、実在ではなく私たち自身であると気づかざるをえない。知識は、国家と同じように、人間の行為の産物なのである。ホッブズはただしかったのだ。

謝辞

本書の内容の一部は以下の各所でのセミナーで発表された。バース大学のサイエンス・スタディーズ・センター、ケンブリッジ大学の科学史・科学哲学科、ユニバーシティー・カレッジ・ロンドンの歴史研究機構、パリのグループ・パンドラ、ペンシルヴァニア大学の科学史・科学社会学科、プリンストン大学の科学史プログラム、テルアビブ大学の科学および観念の歴史・哲学研究所。また本書の内容についての口頭発表も、レスターで開かれたイギリス科学史学会とイギリス科学哲学会の合同会議、ならびにロンドンのヴィクトリア・アンド・アルバート博物館におけるデザイン史の共通講座でなされた。それらの聴衆の方々がおおくの建設的な批判をあたえてくださったことに感謝する。草稿の一部をデイヴィッド・ブルア、ハリー・コリンズ、ピーター・ディア、ニコラス・フィッシャー、ヤン・ゴリンスキ、ジョン・ヘンリー、ブルーノ・ラトゥール、アンドリュー・ピカリングに読んでいただいた。これらのみなさまがコメントをくださったことにたいして、感謝を申しあげたい。またプリンストン大学出版会に注意ぶかくあたたかいコメントを送ってくださった出版顧問の方々にも、謝意をしめしたいと思う。他にも私たちは、広範囲にわたることがら、また特定のことがらにかんして、あまりにも多くの方のお世話になったので、ひとりひとり名前を挙げることはできないが、私たちをはげまし、もてなしてくれ、あたたかい親交を結んでくれたイェフダ・エルカーナと、寛大にも文献一覧の作成を手伝ってくださったペンシルヴァニア大学・E・F・スミス化学史コレクションのジェフリー・スターチオの名前をあげないわけにはいかない。また私たちは以下の方々にも感謝する。デイヴィッド・エッジ（全般的に支援してくださったことにたいし）、マイケル・アーロン・デニス（バッジにたいし）、モイラ・フォレスト（原稿を校正してくださったことにたいし）、アリス・カラプライス（すぐれた編集上の助言をくださったことにたいし）、ドリンダ・アウトラム（禁止事項をご教示くださったことにたいし）。

一九七九―一九八〇年に、シェイピンはジョン・サイモン・グッゲンハイム記念財団のリサーチ・フェローだった。本書は部分的に、その時期になされた研究に端を発するものである。シェイピンは、ペンシルヴァニア大学科学史・科学社会学科の学生やスタッフのみなさまからこのときいただいた支援ともてなしにたいし、感謝をしめしたい。第6章のための研究は、ロンドン王立協会から助成金を受けておこなったものである。私たちはこの支援にたいして深い感謝を述べたいと思う。

第2章の一部は、以下の論考を改良したものである。"Pump and Circumstance: Robert Boyle's Literary Technology," in *Social Studies of Science* 14 (1984), 481-520. SAGE Publications がこの論考を使用する許可をくださったことに感謝する。ケンブリッジ大学図書館の評議員のみなさまと、大英図書館の理事のみなさまには、それぞれの図書館で管理されている手稿から引用する許可をくださったことに感謝したく思う。所蔵する図像資料を複製する許可をいただいたことにかんして、私たちはロンドンのナショナル・ポートレート・ギャラリー（図5）、オックスフォード・アシュモール博物館のサザーランド・コレクション（図16）、ケンブリッジ大学図書館（図17、20、21、22）、大英図書館（図2、4）、エディンバラ大学図書館（図1、3、6、7、8、9、11、12、13、14、15、18、19、また『自然学的対話』の翻訳にある図）に感謝申しあげる。ウンベルト・エーコの『薔薇の名前』を第1章のエピグラフに使用する許可をいただいたことにたいし、同書の著作権保有者である Gruppo Editoriale Fabbri, Bompiani, Sonzogono, Etas S.p.A., Milan に感謝する（アメリカ版は Harcourt Brace Jovanovich により出版された）。

一九八五年一月

ダービーシャー、オーハックナルにて

監訳者あとがき

リヴァイアサンと空気ポンプ、この不思議な対比は何であろう?

リヴァイアサンは政治思想家として有名なホッブズの主著と目されるものだ。空気ポンプは、アリストテレスの自然学ではそもそもこの世にはありえないとされた真空を作り出すためにゲーリケが発明し、ボイルとフックが改良版を作り、ホイヘンスがさらに別の改良版をつくった一七世紀実験科学の勃興を象徴する装置だ。製造にかかる高額のコストのゆえに「一七世紀のサイクロトロン」と呼ばれるこの装置が一体何を生みだしているのか、ポンプの容器のなかにあるのは何か、それはどうして知りうるのか、この実験科学の根本に関して、ボイルを中心とする王立協会のメンバーと、ホッブズは真っ正面から議論を戦わせた。実験科学者ボイルと政治思想家ホッブズの、最先端の実験装置に関わる論争。伝統的な科学史は、議論に分け入ることなく、ボイルに勝利の旗を上げていた。

それは歴史研究としてはおかしいのではないか。この疑問に基づき、シェイピンとシャッファーは、ホッブズとボイルの科学論争に分け入って正面から分析しようとした。

『リヴァイアサンと空気ポンプ』は、装置そのものの細部に関わる物理的テクノロジーだけではなく、実験科学者の側からすればこの新しい装置による新しい事実や現象をどういうふうに表すかという言語表現上のテクノロジー、そして、論争の背景で働く自然哲学的概念や社会秩序に関する政治的イデオロギーにまでも、はじめて分析の光を投げかけようとした。まさに、挑戦的な歴史研究書と言ってよいだろう。

こうして一九八五年、「クーンの『科学革命の構造』(一九六二年)以降もっともおおきな影響力をもった書物」(科学史家セコードの評)が世に出た。

まず、二人の共著者について、簡単に紹介しておこう。

スティーヴン・シェイピンは、一九四三年アメリカに生まれた。ペンシルヴァニア大学で博士号（エディンバラ王立協会の社会的文脈）を取得後、エディンバラ大学の科学論ユニットで一九七二年から八九年まで働いた。その間、バース大学のハリー・コリンズ、トレヴァー・ピンチ、ヨーク大学のマイケル・マルケイ、パリ鉱山学校の人類学者、ブルーノ・ラトゥール、アメリカのエスノメソドロジスト、マイケル・リンチ、ドイツの社会学者、カリン・クノール＝セチナと力を合わせて「科学知識の社会学」と呼ばれる研究伝統を作りあげた。その後、カリフォルニア大学サン・ディエゴ校社会学教授を経て、二〇〇四年からハーバード大学科学史教授をつとめている。主要著作に、『真理の社会史』（一九九四）、一六の言語に訳された『科学革命』（一九九六、邦訳『「科学革命」とは何だったのか——新しい歴史観の試み』川田勝訳、白水社、一九九八）、シャッファーとの共著で『科学は文化である』（二〇〇五）、『科学者という人生』（二〇〇八）、『一度たりとも純粋科学といったものはなかった——状況のなかにあったがままの科学の歴史研究』（二〇一〇）がある。二〇一四年に、科学史の世界でもっとも名誉あるサートンメダルを受賞した。

サイモン・シャッファーは、一九五五年イギリスに生まれた。ケンブリッジ大学で博士号（ニュートン主義の宇宙論）を取得後、ロンドン大学インペリアル・カレッジやカリフォルニア大学で教え、一九八五年からケンブリッジ大学に奉職。現在はケンブリッジ大学科学史・科学哲学科の科学史教授である。『実験の用途』（デイヴィッド・グッディング、トレヴァー・ピンチ、シェイピンとの共編著、一九八五）、『ウィリアム・ヒューエル』（M・フィッシュとの共編著、一九九一）、『創造性の次元』（M・A・ボーデンとの共編著、一九九四）、『科学を書く——科学のテキストと情報伝達の物質性』（T・ルノアとの共編著、一九九八）、『啓蒙期ヨーロッパの科学』（ウィリアム・クラーク、ヤン・ゴリンスキとの共編著、一九九九）、『意識する手』（リサ・ロバーツ、ピーター・ディアとの共編著、二〇〇七）等、数多くの編著がある。二〇一三年、シェイピンに先駆けサートンメダルを受賞した。

科学史の世界のノーベル賞とでも呼べるサートンメダルを二人がそれぞれ受賞していることからわかるように、二人とも科学史の世界の中心的研究者であり続けていると言える。

初版から二十六年後に出版されたペーパーバック版の序「二〇一一年版への序文」にシェイピンとシャッファーはこの書が当初どのように受容されたのか、すなわち『リヴァイアサンと空気ポンプ』の受容史を書いた。原書で四十六頁、この訳書で三十四頁にのぼるその記述は、それ自体、この四半世紀の科学史学の展開の重要な局面を描き出すことに成功している。

彼らがおそらく『リヴァイアサンと空気ポンプ』を準備している頃、大学院生としてボイルを研究し始め、今に至るまで研究の中心をボイルに置く者として、彼らの序文に対応する形で、日本における『リヴァイアサンと空気ポンプ』の受容のアウトラインを以下で描いてみたい。

彼らの「序文」は冷戦の終結を科学史記述の重要な転回点と捉えている。実際、一九八九年ベルリンの壁が崩壊し、翌一九九〇年湾岸戦争が勃発し、さらにその翌年である一九九一年には旧ソビエト連邦が解体して、第二次世界大戦後の世界のありようを規定していた冷戦体制はひとつの終わりを迎えた。日本でも一九八九年の年頭に昭和から平成に年号が変わり、冷戦の終了プロセスとまるで同調するかのようにバブルが崩壊し、経済だけではなく社会の様相が大きく変化した。

冷戦終結前後で時代を分けて、日本における受容を見てみよう。私の調べることができた範囲では、冷戦終結以前に『リヴァイアサンと空気ポンプ』を使っている研究は二点に留まる。最初の一点は、ドイツのマックス・プランク高等学術研究所の職を辞し、一九八三年から一九八八年まで東京大学の外国人講師をつとめたエンゲルハルト・ヴァイグルの「十七世紀のサイクロトロン——空気ポンプの発見者オットー・ファン・ゲーリケ」である。ヴァイグルは、日本を去る年の一九八八年、雑誌『現代思想』で一年間にわたり「近代の小道具」に関する連載をもった。その連載の三番目、すなわち雑誌の三月号に上記の「空気ポンプ」をテーマとする論文を発表した。ヴァイグルのこの論文は「空気ポンプ」の最初の発明者オットー・ファン・ゲーリケを主題としているが、ゲーリケのあとの「空気ポンプ」をめぐる歴史、すなわち、一七世紀における空気ポンプの流布についてヴァイグルはシェイピンとシャッファーの書物に依拠している。なお、この『現代思想』の連載はのちに『近代の小道具たち』（三島憲一訳、青土社、一九九〇）にまとめられた。原著がドイツ語（*Instrumente der Neuzeit*, 一九九〇）で、ヴァイグルが狭義の科学史家とは言えないので、英語圏では十分に読まれているようには見えないが、『リヴァイアサンと空気ポンプ』と同じ頃から科学史の世界でめざましい研究伝統となった道具・装置の歴史研究として優れたものだということを附言しておこう。

もう一点は、私の解説論文「ロバート・ボイル、人と仕事」である。これは、冷戦終結前、朝日出版社から出版されていた『科学の名著』シリーズ第二期の第八巻（一九八九年一月）に収録された。そこで邦訳されたのはボイルの理論的主著『形相と質の起源』であったが、「ロバート・ボイル、人と仕事」は四〇〇字詰め原稿用紙百数十枚にのぼる分量でボイルの研究プロジェクトがどういうものであったかを理論的前提と具体的実践の両面において記述した。その解説論文の注五二に私は「以下の空気ポンプ製造の技術交流史については、非常に価値の高きShapin & Schaffer (1985) によった。その一部は、E・ヴァイグル（三島憲一訳）「十七世紀のサイクロトロン」『現代思想』一九八八年三月号、八—二一頁で紹介されている」と記した。冷戦終結以前の状況は、この注五二に尽くされていると言ってよいだろう。このときの原稿は、実際四〇〇字詰め原稿用紙に手書きで書かれた。ひとつのまとまった装置としてのワープロ専用機が普及する直前であった。

冷戦終結以前の日本の状況をまとめておこう。すなわち、『リヴァイアサンと空気ポンプ』は、空気ポンプの発明と普及をめぐる基本的文献としてだけ利用されていた。

冷戦終結後、状況が変わる。

科学史の分野で空気ポンプの基本書としてシェイピンとシャッファーの書物に言及する論文は散発的に出現しているが、『リヴァイアサンと空気ポンプ』に言及する中心分野は、科学論に移った。

シェイピンとシャッファーは序文で正負両方向のかなり多様な反応を紹介しているが、日本の科学論の分野での反応は、ほぼ一致した見解を示している。代表的論者と見なされる金森修の見解に焦点を当てたい。

金森修は、その数多くの論文や著書で『リヴァイアサンと空気ポンプ』を取りあげているが、ここでは、自身の見解を事典項目的にまとめた『現代思想』第二八巻（二〇〇〇）第三号（二七六—九頁）の「科学的知識の社会構成主義」を中心として見てみよう。

科学社会学の出自と系譜を位置づけたあと、金森は、一九七〇年代半ば頃から「科学知識の社会学」（Sociology of Scientific Knowledge, ＳＳＫ）が出現し、七〇年代後半の隆盛期を経て、「八〇年代には科学社会学内部での主流になり、自ら最も豊かな生産性を示す最盛期を迎えた」が、九〇年代には衰退期に入り、科学論の主流の位置から滑り落ちたという見通しを示す。彼は「科学知識の社会学」の最盛期を代表する科学史上の著作として、『リヴァイアサンと空気ポンプ』を取りあげる。金森によれば、「『リヴァイアサンと空気ポンプ』は、ＳＳＫ的問題構成を十七世紀イギリスの実験科学隆盛期の分析に適用したもので、ＳＳＫ運動全体に多大の影響を与えた。」そして、この本は、「斬新な歴史解釈と社会学的問題関心、それに政治的含意までもが融合した優れた著作となった。」

金森はこの『現代思想』が出版されたのと同じ年に『サイエンス・ウォーズ』（東京大学出版会、二〇〇〇）を出版する。サイエンス・ウォーズは、一九九四年の『高次の迷信』（生物学者ポール・グロスと数学者ノーマン・レヴィットの共著）の出版に始まり、一九九六年のソーカル事件でピークに達した事件であり、二〇世紀末の知的世界を大いに騒がせた。金森の『サイエンス・ウォーズ』は、一方の当事者にされてしまう（ポストモダニズムを主張していると誤解されて、ある種の科学者からの攻撃を招いてしまう）危険を顧みず、その経緯を冷静に可能な限り客観的に整理しようとした書物であった。『高次の迷信』が、コリンズの『秩序を変える』と『ゴレム』、シェイピンとシャッファーの『リヴァイアサンと空気ポンプ』、マーチャントの『自然の死』、ケラーの『ジェンダーと科学』等、現代科学論の分野の重要著作群を逐一取りあげ、個別に攻撃しているのに対応して、『サイエンス・ウォーズ』で金森は、現代科学論の重要な著作を個別に検討している。もちろん、「歴史的事実と社会学的、哲学的問題関心との交錯のなかでＳＳＫ史上最も強い影響を与えた一冊」と位置づけられた『リヴァイアサンと空気ポンプ』にも八頁を割いて科学論的分析を行っている。

『リヴァイアサンと空気ポンプ』をSSKの代表作と位置づける見方は、科学技術政策論・科学社会学の綾部広則も「実験装置の科学論――クーンは乗り越えられるか」（『科学論の現在』金森修・中島秀人編著、勁草書房、二〇〇二所収）で共有している。綾部は「科学社会学のみならず、科学史にも影響を与えたSSKの代表作」と記述している。

科学史家の中では、隠岐さや香が「科学と国家――外的科学史と内的科学史の超克へ」（『科学史・科学哲学』一七号（二〇〇三）、二一―一九頁）で二頁以上の紙幅を割いて『リヴァイアサンと空気ポンプ』を取りあげ、シェイピンとシャッファーと同じく外在主義と内在主義の超克の観点から分析している。隠岐もシェイピンとシャッファーも歴史記述における外在主義と内在主義の対立は乗り越えられなければならないとする点では共通だが、求める分析の深度を社会や政治のどのレベルに置くのかという点で異なっていると言える。

科学哲学者の伊勢田哲治は「科学的合理性と二つの「社会概念」」（『情報文化研究』一四号（二〇〇一）、二七―四二頁）で『リヴァイアサンと空気ポンプ』を代表とするSSKの著作を取りあげ、科学知識社会学においては、社会的原因アプローチと社会的過程アプローチが区別されるべきだとした。社会的原因アプローチをとれば科学理論の原因を科学外部の社会的要因に求めるという困難な道を歩むことになり、社会的過程アプローチをとれば科学概念の受容のプロセスを追うというトリヴィアルな論証に勤しむことになると判断している。

さて、どうであろう。

シェイピンとシャッファーが序文ではっきりと示すように、『リヴァイアサンと空気ポンプ』は科学知識の社会学のなかの明確なリサーチ・プログラムに基づく事例研究であった。よってたつ立場と方法論を明示し、挑戦的でいくらか挑発的な科学史研究を実践してみせたということは、彼らの方法論や立場に反対する者も認めざるを得ないであろう。「言語ゲーム」や「ゲームの規則」、「実験生活」という「生活形式」の形成過程の分析等、ウィトゲンシュタインの用語による実験科学者共同体の「知識生産」の分析という点では、非常に重要なモデルとなったと言ってよいだろう。

「知識の問題に関する解決策は、社会秩序の問題に関する解決策である」とするシェイピンとシャッファーのスローガンは、彼ら以外には歴史分析のツールとしても分析目標のモットーとしても使われなかったように思われるが、『リヴァイアサンと空気ポンプ』は科学史の事例研究として、勇み足の部分を含め非常に豊かな経験的内容を誇ると言って間違いないだろう。その豊かさの方向に歩を進めることが、初版出版から三十一年後に邦訳を手にする日本人研究者に求められていると感じる。知的冒険の部分を含め原著の経験的研究の豊かさは決して汲み尽くされてはいないのだ、と言いきっておこう。

シェイピンとシャッファーが序文で触れていないので、マイケル・ハンターを中心とするボイル研究のルネサンスについて簡単に紹介しておこう。ボイル全集は、古物研究家のトマス・バーチの手で一七四四年に五巻本の形で出版された。一七七二年六巻本に組み直され、全集第二版が出版された。全集に収録されたもののほか、王立協会に相当量のボイル草稿が残されていることは研究者の間では比較的よく知られていたが、「カタログ化不能」と呼ばれるほど混乱のなかに沈んでいた。その混乱を、王立協会の制度史についてもっともしっかりとした研究書を出版していた歴史家マイケル・ハンターが救った。彼は、『リヴァイアサンと空気ポンプ』が出版された翌年の一九八六年からウェルカム医学財団の財政援助を得て、ボイル草稿の整理に取りかかり、カタログ化することに成功した。草稿そのものは一六リールのマイクロフィルムとして発行し、一九九二年そのガイドブックを出版した。その後、ハンターは、自ら編集主幹として史上初の批判的な全集版の編集作業にあたり、一九九九年から二〇〇〇年にかけ全一四巻からなる『ボイル著作集』を出版し、二〇〇一年に六巻からなる『ボイル書簡集』を世に問うた。さらに、彼は、情報技術に強い人物の協力を得て、二〇〇二年ボイル草稿のなかの「作業日誌」を全文デジタル化し、自ら立ち上げたボイルプロジェクトのサイトで公開した。この全く新しい一次資料の世界がボイル研究に新しい次元をもたらした。ボイルの日々の読書生活、実験生活、宗教生活、情報交換のあり方に関して大小さまざまな新発見が相次いだ。（その具体的成果については、日本語では吉本秀之のサイトを検索されたし。英語では、ハンターの著作を繙かれたし。）

なお、日本のホッブズ研究に対して『リヴァイアサンと空気ポンプ』は私の調べた範囲では何の痕跡も残していない。また、日本語の科学論的叙述には、彼らの著作が実験科学の隆盛の「背後にある政治的・宗教的エトスの影響」を指摘したものだという記述が見られるが、マートン流の科学社会学の用語である「エトス」という用語を彼らは一度も使っていない点を指摘しておきたい。賛否はまだ分かれるだろうが、シェイピンとシャッファーは極めて自覚的な方法論的意識に基づき、研究を遂行したことは認めておいた方がよいだろう。

ここで、訳出の分担について記しておこう。翻訳はまず、坂本邦暢氏が二章と六章、柴田和宏氏が他のすべての章と序文やその他の部分を訳出され、相互の検討を経てなった。監訳者の私は、そうしてでき上がった訳稿を原文と突き合わせながらチェックし、二人と相談しつつ必要だと思われた修正を加えた。両者による翻訳の時点で、ほぼ完成の域に達していたので、多くの手は加えていない。もちろん、名古屋大学出版会の編集者の橘宗吾氏、神舘健司氏の丁寧な指摘も参考にし、問題になる箇所に関しては私の責任で訳語を決めた。

従って、今回この形で読者の皆様に提供する翻訳は、文字通り、柴田・坂本共訳、吉本秀之監訳である。

最後に謝辞と期待にいくらかの言葉を費やしたい。今回の翻訳は、二〇一一年七月に橘さんから頂いた提案を出発点としている。その後、進行管理から激励・尻たたきまで、なにからなにまで、橘さんと神舘さんのお二人に世話になった。心より、感謝の意を表明したい。

また、監訳者が目を通す前に訳稿の一部を読み、おおくの貴重な助言をあたえてくださった東京大学大学院の片岡雅知さん、中尾暁さん、藤本大士さんにもお礼を申しあげたい。片岡さんには、関連する邦語文献の調査にあたってもお力添えいただいた。

チャレンジングな学術出版を継続している名古屋大学出版会から世にでるこの翻訳が、日本の科学史界だけではなく、一般学術読者層にも広く届くことを祈念したい。

二〇一六年三月

吉本　秀之

《監訳者紹介》

吉《よし》本《もと》秀《ひで》之《ゆき》

1958 年生。1988 年東京大学大学院理学系研究科博士課程単位修得退学
現　在　東京外国語大学総合国際学研究院教授
著　書　『科学思想史』(共著，勁草書房，2010)，*Boyle's Books : The Evidence of His Citations*（共著，Robert Boyle Project, Occasional Papers No.4, 2010）他

《訳者紹介》

柴《しば》田《た》和《かず》宏《ひろ》

1987 年生。2014 年東京大学大学院総合文化研究科博士課程満期退学
現　在　岐阜大学地域科学部助教
著　書　『知のミクロコスモス——中世・ルネサンスのインテレクチュアル・ヒストリー』(共著，中央公論新社，2014）他

坂《さか》本《もと》邦《くに》暢《のぶ》

1982 年生。2011 年東京大学大学院総合文化研究科博士課程満期退学
現　在　東洋大学文学部助教，博士（学術）
著　書　*Julius Caesar Scaliger, Renaissance Reformer of Aristotelianism*（Leiden : Brill, 2016）他

リヴァイアサンと空気ポンプ

2016 年 6 月 10 日　初版第 1 刷発行

定価はカバーに
表示しています

監訳者　吉　本　秀　之
発行者　石　井　三　記

発行所　一般財団法人　名古屋大学出版会
〒 464-0814　名古屋市千種区不老町 1 名古屋大学構内
電話(052)781-5027/ FAX(052)781-0697

印刷・製本　亜細亜印刷㈱　ISBN978-4-8158-0839-6
乱丁・落丁はお取替えいたします。

人名索引

・イタリックの数字は，巻末から逆順にふられたページ番号をしめしている．

ア　行

アイゼンハワー，ドワイト　24
聖アウグスティヌス，ヒッポの(354-430)　173, 304
アッシャー，ジェイムズ(アーマー大主教)(James Ussher, 1581-1656)　278, 289
アリストテレス(前 384-322)　9, 111, 153, 308
アルパース，スヴェトラーナ　46-7, *63*, *65*
アルビウス，トマス　→ホワイト，トマス
イーヴリン，ジョン(John Evelyn, 1620-1706)　60, 145, *62*, *92*
—による空気ポンプの図版　253-4
イーチャード，ジョン(John Eachard, 1636?-1697)　286
ウィトゲンシュタイン，ルートヴィヒ　12, 44, 51, 160, *52*, *61*
ウィリアムソン，サー・ジョセフ(Joseph Williamson, 1633-1701)　284
ウィルキンズ，ジョン(John Wilkins, 1614-1672)　248, 290, 294, 303, 312, 315, *78*
ウィルソン，ジョージ　227
ウェーバー，マックス　32
ウェブスター，ジョン(John Webster, 1610-1682)　281, 301-2
ウェブスター，チャールズ　315
ヴェルラム卿　→ベイコン，フランシス
ヴォイチク，ヤン　22
ウォーウィック伯爵夫人　→ボイル，メアリー
ウォーシントン，ジョン(John Worthington, 1618-1671)　215, 286, 290, 297
ウォード，セス(Seth Ward, 1617-1689)　81, 167, 286, 290, *81*
—とホッブズ　40, 101-2, 121-2, 299, 309-10
ウォリス，ジョン(John Wallis, 1616-1703)　22, 125, 266, 279, 297, *65*
—とヘイル　223
—とボイル　81, 133-4
—とホッブズ　40, 101, 121-2, 139, 147, 156, 285, 298-300
—の性格　145, 148
『自分自身に復讐するホッブズ』　132, 299, 309-10, *78*
ウッド，ポール・B　294, *77-8*
エッジ，デイヴィッド　30, *47*
エドワーズ，トマス(Thomas Edwards, 1599-1647)　281
エピクロス(前 341-270)　105, 133
オーウェン，ジョン(John Owen, 1616-1683)　296-7
オーズー，アドリアン(Adrien Auzout, 1622-1691)　259, 261-2, *94*
オーブリー，ジョン(John Aubrey, 1626-1697)　283
—とホッブズ　144-6, 283-4, 305, 311
—のウォリスについての見解　148
オールドフィールド(器具製作者)(Oldfield)　233-4
オルデンバーグ，ヘンリー(Henry Oldenburg, 1615?-1677)　90, 223, 234-5, 242, 249-50, 259, 270, 308
—と王政復古後の社会形態　290
—とボイル　220, 231, 247, 251, 255
—とホッブズ　147-8, 283, 288
—によるホイヘンスの著作の翻訳　266
—の逮捕　*98*
→ロンドン王立協会(事項索引)

カ　行

カー，E・H　10
カーゴン，ロバート・H　39-40
カスパーズ，J・B(J. B. Caspars, 1663 頃活動)　145
カソーボン，メリック(Meric Casaubon, 1599-1671)　296
ガダマー，ハンス＝ゲオルグ　10
ガッサンディ，ピエール(Pierre Gassendi, 1592-1655)　134, 167, 172
—とボイル　89, 231
—とホッブズ　39, 101-2, 105
カドワース，ラルフ(Ralph Cudworth, 1617-1688)　211, 286, 313
ガニング，ピーター(Peter Gunning, 1614-1684)　282

ガリレイ，ガリレオ(Galileo Galilei, 1564–1642)　72, 123, 140, 158, *75*, *78*
カルバート，ジャイルズ(Giles Calvert, 1665 没)　281–2, 293
キーガン，ジョン　45–6
キネル，ゴットフリート・アロイス(Gottfried Aloys Kinner, 1610?生)　281
キャヴェンディッシュ，ウィリアム(ニューカッスル伯爵，後にニューカッスル公爵)(William Cavendish, 1592–1676)　103, 280
キャヴェンディッシュ，ウィリアム(第3代デヴォンシャー伯爵)(William Cavendish, 1617–1684)　101, 145, 183, 249, 298, 307
キャヴェンディッシュ，サー・チャールズ(Charles Cavendish, 1595?–1654)　101, 103, 105, 135
キャヴェンディッシュ，マーガレット(ニューカッスル公爵夫人)(Margaret Cavendish, 1624–1674)　59, 252, 255, 258, 296
ギルフォード　→ノース，フランシス
クーン，トマス　9, 20, 24, 26, 29, *49–50*
グラヴロ，ユベール・フランソワ，ブルゴーニュの(Hubert François Gravelot)　61
クラレンドン　→ハイド，エドワード
グランヴィル，ジョセフ(Joseph Glanvill, 1636–1680)　63, 283, 293–4, 296, 301–3, 310
　『学問的懐疑』　64, 285–6
　『プルス・ウルトラ』　282, 290, 308
グリーン，ロバート・A　144
クルーン，ウィリアム(William Croune, 1633–1684)　234
グレートレイクス，ヴァレンタイン(Valentine Greatrakes, 1629–1683)　302
グレートレックス，ラルフ(Ralph Greatorex, 1712?没)　54, 231
クロッス，ロバート(Robert Crosse, 1605–1683)　282
ゲーリケ，オットー・フォン(Otto von Guericke, 1602–1686)　55, 228–9, 231, 233, 263, 270–3, 319, *60*, *80*
ゲルラック，ヘンリー　270
コイレ，アレクサンドル　9–10
コウカー，マシュー(Matthew Coker, 1654 頃活動)　302
コウリー，エイブラハム(Abraham Cowley, 1618–1667)　310
コーク，サー・エドワード(Edward Coke, 1552–1634)　312
コーク，ロジャー(Roger Coke, 1660–1690 頃活動)　285
コーク伯爵　→ボイル，リチャード
ゴードロン(器具製作者)(Gaudron, 1674 頃活動)　269
コールハンス，ヨハン・クリストフ(Johann Christoph Kohlhans, 1604–1677)　242
ゴダード，ジョナサン(Jonathan Goddard, 1617–1675)　234, 253
コナント，J・B　26
コリンズ，H・M　38, 45, 226, *54*, *96*
コルベール，ジャン・バティスト(Jean Baptiste Colbert, 1619–1683)　263, 268

サ　行

サージェント，ローズ＝マリー　22
サートン，ジョージ　8–9, 16, 29
サウスウェル，サー・ロバート(Robert Southwell, 1635–1702)　242
サックレー，アーノルド　16
ザバレッラ，ヤーコポ(Jacopo Zabarella, 1533–1589)　158
サンダーソン，ロバート(Robert Sanderson, 1587–1663)　291
ジェイムズ，D・G　158, 161
ジムクラック，サー・ニコラス(Nicholas Gimcrack)　90　→フック，ロバート；ボイル，ロバート
シャドウェル，トマス(Thomas Shadwell, 1642?–1692)　90
シャピロ，アラン　39
シャピロ，バーバラ　42, 52
シャプラン，ジャン(Jean Chapelain, 1595–1674)　259–60
シャロック，ロバート(Robert Sharrock, 1630–1684)　235, 270
シュタール，ピーター(Peter Stahl, 1675?没)　283
シュッツ，アルフレッド　38
ジョーンズ，リチャード(第3代ラニラ子爵)(Richard Jones, 1641–1712)　82
ジョーンズ，リチャード・フォスター　42
ショット，カスパール(Caspar Schott, 1608–1666)　59, 228
　『好奇心をそそる技術，あるいは技芸の驚異』　273, *60*
　『流体・空気力学』　55, 231, 271, 319–20
シンクレア，ジョージ(George Sinclair, 1696 没)　216
スカージル，ダニエル(Daniel Scargill, 1668 頃活動)　284
スキナー，クェンティン　5, 45, 144, 310, *78*
スタッブ，ヘンリー(Henry Stubbe, 1632–1678)

145, 296, 302, *70*, *86*
ズッキ，ニッコロ(Nicolò Zucchi, 1586–1670) 167
スティーブン，サー・レスリー 40, 42
スティリングフリート，エドワード(Edward Stillingfleet, 1635–1699) 300
ステヴィン，シモン(Simon Stevin, 1548–1620) 223
ステュアート，M・A 42
ストゥループ，アリス 235, 249, 259
スノー，C・P 30
スピノザ，バルーフ・デ(Baruch de Spinoza, 1632–1677) 215, 250
スプラゲンス，トマス 39
スプラット，トマス(Thomas Sprat, 1635–1713) 163, 296, 312
—のソルビエールにかんする見解 *74*, *76*
『王立協会の歴史』 60–1, 80–1, 95, 97, 148–50, 253–4, 290, 293–5, 297, 308, *73*
スルーズ，ルネ・フランソワ・ド(René François de Sluse, 1622–1685) 266
セコード，ジェームズ 20–1
セルデン，ジョン(John Selden, 1584–1654) 301
ソルビエール，サミュエル(Samuel Sorbière, 1615–1670) *73*
—とホイヘンス 249, 259–60
—とホッブズ 101, 105, 112, 133, 135, 146, *76*

タ 行

タウンリー，リチャード(Richard Towneley, 1629–1707) 172, 266, *62*
ダンガーバン子爵 →ボイル，チャールズ
チャールズ2世(Charles II, 1630–1685) 60, 254, 276, 281, 290, *66*
—と王立協会 59, 125, 253, 286
—とホッブズ 146, 183, 276, 286, 313, *80*
チャールトン，ウォルター(Walter Charleton, 1619–1707) 167
ディグビー，サー・ケネルム(Kenelm Digby, 1603–1665) 101, 145, *62*
デヴォンシャー一族 →キャヴェンディッシュ，ウィリアム(2人)
テヴノー，メルキセデク(Melchisédec Thévenot, 1620?–1692) 259, 261, *94*
デカルト，ルネ(René Descartes, 1596–1650) 39, 67, 135, 304
『哲学原理』 157
ボイル 89, 101, 157
ホッブズ 101–3, 105, 132–3, 158, 182–3
→デカルト主義(事項索引)
デモクリトス(前5世紀後半に活動) 133
デュ・ムーラン，ピーター(Peter du Moulin, 1601–1684) 282, 286, 302
デュリー，ジョン(John Dury, 1596–1680) 278, 288–9, 291
トスカーナ大公 →メディチ，コジモ3世・デ
ド・ビア，サー・ギャヴィン 147
トリチェリ，エヴァンジェリスタ(Evangelista Torricelli, 1608–1647) 67

ナ 行

ニール，サー・ポール(Paul Neile, 1613?–1686) 145
ニコラス，サー・エドワード(Edward Nicholas, 1593–1669) 278–9
ニューカッスル一族 →キャヴェンディッシュ，ウィリアム／マーガレット
ニュートン，サー・アイザック(Isaac Newton, 1642–1727) 270, *65*
—とボイル 91–2, 163, 202–3, 222, 325, *87*
ネイミア，ルイス 7
ノエル，エティエンヌ(Etienne Noël, 1581–1659) 68, 104, 167, *55*, *81*
—とホッブズ 103
ノース，フランシス(ギルフォード卿)(Francis North, 1637–1685) 283

ハ 行

ハーヴィ，ウィリアム(William Harvey, 1578–1657)
—とホッブズ 140–1, 146
ハーク，セオドア(Theodore Haak, 1605–1690) 104
バーチ，トマス(Thomas Birch, 1705–1766) 61, *63*
ハートリブ，サミュエル(Samuel Hartlib, 1670没) 104, 231, 282–3, 289, *62*
ハートリブ・サークル 91
バーネット，ギルバート(Gilbert Burnet, 1643–1715) 287
ハーバート，エドワード(チャーベリー卿)(Edward Herbert) 304
バーロー，トマス(Thomas Barlow, 1607–1691) 278, 291, 296–7
パーカー，サミュエル(Samuel Parker, 1640–1688) 282
ハイド，エドワード(クラレンドン伯爵)(Edward Hyde, 1609–1674) 277–80, 283, 312, *102*
ハイドン，ジョン(John Heydon, 1666頃活動) 281

ハイルブロン，ジョン　45
バクスター，リチャード(Richard Baxter, 1615-1691)　277-9, 281
パスカル，ブレーズ(Blaise Pascal, 1623-1662)　67-8, 103-4, 170-2, 214, 259, *55*
—とボイル　*62*, *65*
→ピュイ・ド・ドームの実験(事項索引)
バターフィールド，ハーバート　7-8, 16
ハッキング，イアン　19-20, 52
パトリック，サイモン(Simon Patrick, 1626-1707)　210-1, 290, 300-1
バナール，J・D　6, *52*
パパン，ドニ(Denis Papin, 1647-1712)　57, 269-70
ハリントン，ジェイムズ(James Harrington, 1611-1677)　282
ロータ・クラブ　283
パワー，ヘンリー(Henry Power, 1623-1688)　65, 125, 134, 172, 248-9, 292-3, 295, 314-6, *62*, *64*
ハンター，マイケル　22-3, 144, *78*
ビア　→ド・ビア
ビール，ジョン(John Beale, 1603-1683)　60, 252, 286, 305, 308, *93*
ピーターズ，リチャード　41
ピープス，サミュエル(Samuel Pepys, 1633-1703)　59, 146, 284
ピカリング，アンドリュー　45
ピンチ，トレヴァー・J　45
ファン・ヘルモント，J・B(J. B. van Helmont, 1577-1644)　304
フーコー，ミシェル　12, *56*
フェイソーン，ウィリアム(William Faithorne, 1616-1691)
—によるボイルの版画　60-1, 253-4
—によるホッブズの版画　*77*
フォックスクロフト，エゼキエル(Ezekiel Foxcroft, 1633-1674)　215
フォン・ゲーリケ　→ゲーリケ
フック，ロバート(Robert Hooke, 1635-1703)　59, 125, 134, 224, 230, 234, 247-9, 252, 254-5, 258, 266, 288, 312, *65-6*
—とホイヘンス　244-6
—とボイル　54-5, 60, 84, 231, 242, 247, 254
—とホッブズ　249, *76*
—の科学器具についての見解　63-4
『ミクログラフィア』　47, 307-8, 322-3
プティ，ピエール(Pierre Petit, 1594?-1677)　67, 259-61, *94*
ブラウンカー，ウィリアム(第2代ブラウンカー子爵)(William Brouncker, 1620-1684)　60, 249-50, 257
プラット，ガブリエル(Gabriel Plattes, 1640 頃活動)　91
フラムステッド，ジョン(John Flamsteed, 1646-1719)　223
フランク，ロバート　45
ブラント，フリシオフ　39, 41
プリンチペ，ローレンス　22
フレック，ルドヴィク　45
ブログヒル　→ボイル，ロジャー
ベイコン，フランシス(Francis Bacon, 1561-1626)　60, 304, *80-1*
—とボイル　89
—とホッブズ　145-6
—の言語上の実践　*64*
『法の原理』　311
ヘイル，サー・マシュー(Matthew Hale, 1609-1676)　301, *80*
—とホッブズ　313
—とモア　215, 223-4
ペケ，ジャン(Jean Pecquet, 1622-1674)　67, 167, 259
ペット，サー・ピーター(Peter Pett, 1630-1699)　278, 290-1
ペティ，サー・ウィリアム(William Petty, 1623-1687)　288, 292-3, *66*
—とホッブズ　145, 310
『二重比の利用にかんする論考』　297
ヘルモント　→ファン・ヘルモント
ペロー，ピエール(Pierre Perrault, 1611-1680)　266-7
ボアズ，マリー　→ホール，マリー・ボアズ
ホイヘンス，クリスティアン(Christiaan Huygens, 1629-1695)　49, 64-5, 96, 202-3, 229-30, 232-52, 255-6, 266-9, 273, *82*
—とウォリス　299, 310
—と王立科学アカデミー　261-5
—と王立協会　*73*
—とソルビエール　249, *73*
—とホッブズ　249
—とモンモール・アカデミー　259-63
—のロンドン滞在　234, 246-50, 261
『重さの原因についての論議』　266
→変則的な停止(事項索引)
ホイヘンス，コンスタンティン(Constantijn Huygens, 1628-1697)　236, *59*
ホイヘンス，ローデウェク(Lodewijk Huygens, 1631-1699)　235-6, 238, 242, 244, 260
ボイル，キャサリン(ラニラ子爵夫人)(Katherine Boyle, 1615-1691)　232

ボイル，チャールズ(ダンガーバン子爵)(Charles Boyle, 1639-1694)　82, 231
ボイル，メアリー(ウォーウィック伯爵夫人)(Mary Boyle, 1624-1678)　247
ボイル，リチャード(初代コーク伯爵)(Richard Boyle, 1566-1643)　64, 87
ボイル，ロジャー(ブログヒル男爵，初代オルリー伯爵)(Roger Boyle, 1621-1679)　276-7, 289-90
ボイル，ロバート(Robert Boyle, 1627-1691)　随所に
—の家柄　64, 87
—の謙虚さ　86-9, 150, 190, *88-9*
—の性格　148, 150
ホークスビー，フランシス(Francis Hauksbee, 1713 没)　227, 270
ポーター，ロイ　16
ポープ，ウォルター(Walter Pope, 1627?-1714)　248, 285, 311
ホール，A・ルパート　15-6, 58, *52*
ホール，マリー・ボアズ　42, 59
ボール，ウィリアム(William Ball, 1627?-1690)　172
ホスキンズ，サー・ジョン(John Hoskyns, 1634-1705)　144-5
ホックニー，デイヴィッド　10
ホッブズ，トマス(Thomas Hobbes, 1588-1679)　随所に
—の性格　148-50
—の名前の由来　*72-3*
ホラー，ヴェンセスラウス(Wenceslaus Hollar, 1607-1677)　60-1, *93*
ポランニー，マイケル　6, 24
ホワイト，トマス(Thomas White, 1593-1676)　102, 285-6, 296, 310

マ　行

マガロッティ，ロレンツォ(Lorenzo Magalotti, 1637-1712)　271
マグナーニ，ヴァレリアーノ(Valeriano Magnani, 1586-1679)　167
マッキー，ダグラス　41
マリ，サー・ロバート(Robert Moray, 1672 没)　219, 232-6, 238-43, 245-7, 251-2, 261-2, *77*, *82*, *92*
マリオット，エドム(Edme Mariotte, 1684 没)　264, 269
マルコム，ノエル　21
マンク，ジョージ(初代アルベマール伯爵)(George Monck, 1608-1670)　276-7
ミュッセンブルーク，サムエル・ファン(Samuel van Musschenbroek, 1639-1681)　269
ミルトン，ジョン(John Milton, 1608-1674)　281, 288
ミンツ，サミュエル・I　39
ムーラン　→デュ・ムーラン
メイヨウ，ジョン(John Mayow, 1640-1679)　232, 258
メディチ，コジモ３世・デ(トスカーナ大公)(Cosimo III de Medici, 1642-1723)　252
メルセンヌ，マラン(Marin Mersenne, 1588-1648)　67, 103, 127-8, 223, 231, 322
—とホッブズ　101, 103-5, 135
『学問の真実』　91
モア，ヘンリー(Henry More, 1614-1687)　20, 136, 286-7, 290, 292-3, 297-8, 302-3, 305, 310, 312, *82*
—とヘイル　223-4
—とボイル　93, 95, 165-6, 209-24, 300-2, *61-2*, *85-6*
『形而上学の手びき』　209, 215, 282, 298
『所見』　215, 223-4
『神学対話』　214-5
『哲学集成』　210
『無神論への解毒剤』　165, 209-11, 299-30, *85*
『霊魂の不死性』　210
モア，ルイ・トレンチャード　41
モラヌス(イエズス会士・数学者)(Moranus)　140
モンモール，アンリ・ルイ・アベール・ド(Henri Louis Habert de Montmor, 1600?-1679)　259-61

ヤ・ラ行

ユエ，ピエール・ダニエル(Pierre Daniel Huet, 1630-1672)　266-7
ライト，ジョン・マイケル(John Michael Wright, 1625?-1700)　149
ライプニッツ，ゴットフリート・ヴィルヘルム(Gottfried Wilhelm Leibniz, 1646-1716)　203
ラウシェンバーグ，ロバート　10
ラカトシュ，イムレ　25
ラトゥール，ブルーノ　19, 33, 45, *47*, *54*, *106*
ラニラ子爵夫人　→ボイル，キャサリン
ラベッツ，ジェローム　24
リーヴス，リチャード(Richard Reeves, 1649-1680 頃活動)　249
リヌス，フランシスクス(Franciscus Linus, 1595-1675)　235, 314-5, *54*
—とクラーク　*80-1*

—とヘイル 223-4
—とボイル 49, 76-7, 93, 95, 165-77, 180, 197, 209-10, 212, 214, 217, 220, 242, *60-1*, *67*
『諸物体の不可分割性についての論考』 165-6, 168, 170
→『リヌスにたいする弁論』; 細紐(事項索引)
ルイ 14 世(Louis XIV, 1638-1715) 268
ルーク，ローレンス(Lawrence Rooke, 1622-1662) 234
ルーシー，ウィリアム(主教)(William Lucy, 1594-1677) 286-7
ルクレティウス(前 95?-55) 72, 133
ルター，マルティン(Martin Luther, 1483-1546) 304
ルノード，テオフラスト(Théophraste Renaudot, 1586-1653) 91
レアード，ジョン 41
レイク，ミリアム 39
レストレンジ，サー・ロジャー(Roger L'Estrange, 1616-1704) 281
レン，サー・クリストファー(Christopher Wren, 1632-1723) 59, 81, 144, 253
ロオー，ジャック(Jacques Rohault, 1620-1675) 242, 259-61, 263
ローダン，ローレンス 157-8, *61*
ロバートソン，ジョージ・クルーム 40, 42
ロベルヴァル，ジル・ペルソンヌ・ド(Gilles Personne de Roberval, 1602-1675) 67, 103-4, 137, 259, 264

ワ 行

ワーナー，ウォルター(Walter Warner, 1560?-1648) 101
ワイルドマン，ジョン(John Wildman, 1621?-1693) 283
ワインバーグ，アルビン 24
ワグスタッフ，ジョン(John Wagstaffe, 1633-1677) 301
ワディントン，C・H 30
ワトキンズ，J・W・N 39, 45, 139

事項索引

・基本的には原書の索引を踏襲しているが，項目はおもなものにしぼった(一部の項目は新たに追加した)．項目の文字列があらわれていなくても，当該の主題が論じられているページは索引に含んでいることがある．
・(H)と(B)はそれぞれホッブズ，ボイルの著作であることを意味する．
・イタリックの数字は，巻末から逆順にふられたページ番号をしめしている．

ア 行

カ 行

サ　行

ナ　行

ハ　行

マ　行

ヤ・ラ行

図版一覧

文献一覧

手稿資料や，17 世紀の定期刊行物の記事の詳細，国家や議会の文書の出典は註にしめした．したがって，そうした資料はこの文献一覧には記載していない．現代の学術雑誌名を略記するにあたっては，*American National Standard for the Abbreviation of Titles of Periodicals* や *Isis Critical Bibliography* でもちいられている慣習にしたがった．

ロバート・ボイルの著作

ボイルの出版された論考からの引用はすべて，*The Works of the Honourable Robert Boyle*, ed. Thomas Birch, 2d ed., 6 vols. London : J. & F. Rivington, 1772 からおこなった．個別の論考は以下でアルファベット順（表題に含まれる最初の主要な語にもとづいて）に並べてある．そのさい，バーチ版での巻およびページ，当初の出版年，執筆年（知られており，この情報が重要であり，本文中であたえていない場合にかぎり）を付記している．基本的には，複数の論考がまとめて出版された場合の全体のタイトル（たとえば，『いくつかの自然学的なエッセイ集』）ではなく，個々の論考の表題を挙げている．出版をめぐる詳細については以下を見よ．John F. Fulton, *A Bibliography of the Honourable Robert Boyle*, 2d ed. Oxford : Clarendon Press, 1961.

"An Account of Philaretus [i.e., Mr. R. Boyle] during his Minority," I, xii-xxvi (1647-1648 年頃執筆).

"Animadversions upon Mr. Hobbes's Problemata de Vacuo," IV, 104-128 (1674).

"Of the Cause of Attraction by Suction, a Paradox," IV, 128-144 (1674).

"The Christian Virtuoso," V, 508-540 (1690) ; "Appendix to the First Part, and the Second Part," VI, 673-796 (1744).

"Continuation of the Experiments concerning Respiration," III, 371-391 (1670).

"A Continuation of New Experiments Physico-Mechanical touching the Spring and Weight of the Air, and their Effects," III, 175-276 (1669) ; "...The Second Part," IV, 505-593 (ラテン語版は 1680 年，英語訳は 1682 年).

"A Defence of the Doctrine touching the Spring and Weight of the Air ... against the Objections of Franciscus Linus," I, 118-185 (1662).

"A Discourse of Things above Reason," IV, 406-469 (1681).

"A Discovery of the Admirable Rarefaction of Air," III, 496-500 (1671).

"A Disquisition on the Final Causes of Natural Things," V, 392-444 (1688).

"An Essay of the Intestine Motions of the Particles of Quiescent Solids," I, 444-457 (1661).

"Essays of the Strange Subtilty, Great Efficacy, Determinate Nature of Effluviums ... together with a Discovery of the Perviousness of Glass," III, 659-730 (1673).

"An Examen of Mr. T. Hobbes his Dialogus Physicus de Natura Aëris," I, 186-242 (1662).

"An Examen of Mr. Hobbes's Doctrine about Cold," II, 687-698 (1665).

"The Excellency of Theology, compared with Natural Philosophy," IV, 1-66 (1674 ; 1665 年に執筆).

"An Experimental Discourse of Quicksilver growing Hot with Gold," IV, 219-230 (1676).

"The Experimental History of Colours," I, 662-778 (1663).

"Experimental Notes of the Mechanical Origin or Production of Fixedness," IV, 306-313 (1675).

"Experiments and Considerations about the Porosity of Bodies, in Two Essays," IV, 759-793 (1684).

"Experiments and Notes about the Producibleness of Chymical Principles ; being Parts of an Appendix, designed to be Added to the *Sceptical Chymist*," I, 587–661 (1679).
"A Free Inquiry into the Vulgarly Received Notion of Nature," V, 158–254 (1686 ; 1665–1666 年に執筆).
"The General History of the Air," V, 609–743 (1692).
"An Historical Account of a Degradation of Gold, made by an Anti-Elixir : A Strange Chemical Narrative," IV, 371–379 (1678).
"The History of Fluidity and Firmness," I, 377–442 (1661).
"An Hydrostatical Discourse, occasioned by the Objections of the Learned Dr. Henry More," III, 596–628 (1672).
"Hydrostatical Paradoxes, made out by New Experiments," II, pp. 738–797 (1666).
"A Letter concerning Ambergris," III, 731–732 (1673).
"New Experiments about the Differing Pressure of Heavy Solids and Fluids," III, 643–651 (1672).
"New Experiments about Explosions," III, 592–595 (1672).
"New Experiments Physico-Mechanical, touching the Spring of the Air," I, 1–117 (1660).
"New Experiments of the Positive or Relative Levity of Bodies under Water," III, 635–639 (1672).
"New Experiments about the Pressure of the Air's Spring on Bodies under Water," III, 639–642 (1672).
"New Experiments about the Relation betwixt Air and the Flamma Vitalis of Animals," III, 584–589 (1672).
"New Experiments about the Weakened Spring, and Some Unobserved Effects of the Air," IV, 213–219 (1675).
"New Experiments touching ... Flame and Air," III, 563–584 (1672).
"New Pneumatical Experiments about Respiration," III, 355–391 (1670).
"The Origin of Forms and Qualities, according to the Corpuscular Philosophy," III, 1–137 (1666)〔『形相と質の起源』科学の名著 第 II 期 8, 伊東俊太郎, 村上陽一郎編, 赤平清蔵訳（朝日出版社, 1989 年)〕.
"A Physico-Chymical Essay, containing an Experiment, with Some Considerations touching the Different Parts and Redintegration of Salt-Petre," I, 359–376 (1661).
"A Proëmial Essay ... with Some Considerations touching Experimental Essays in General," I, 299–318 (1661).
"The Sceptical Chymist," I, 458–586 (1661)〔「懐疑的な化学者」大沼正則訳, ボイル, ニュートン『懐疑的な化学者；プリンキピア』世界大思想全集 社会・宗教・科学思想篇 32（河出書房新社, 1963 年）所収〕.
"Some Considerations about the Reconcileableness of Reason and Religion," IV, 151–191 (1675).
"Some Considerations touching the Usefulness of Experimental Natural Philosophy," II, 1–201 (1663 ; 1650 年頃に執筆) ; "... The Second Tome," III, 392–457 (1671).
"Some Specimens of an Attempt to Make Chymical Experiments Useful to Illustrate the Notions of the Corpuscular Philosophy. The Preface," I, 354–359 (1661).
"Two Essays, concerning the Unsuccessfulness of Experiments," I, 318–353 (1661).

トマス・ホッブズの著作

引用の大多数は, 19 世紀に編集されたモールズワース版ホッブズ英語著作集およびラテン語全集からおこなった.（ゆくゆくはハワード・ウォレンダーの手になる新しい哲学著作集がこれらにとってかわることになるだろう. 本書を執筆している時点では, 新しい著作集のうち『市民

論』の巻のみが刊行されている.)〔ここで紹介されている新しい著作集 *The Clarendon Edition of the Works of Thomas Hobbes* の刊行作業は，複数の編者に受けつがれて続けられている（2016 年現在).〕

The English Works of Thomas Hobbes of Malmesbury, ed. Sir William Molesworth, 11 vols. London : John Bohn, 1839–1845.

Thomae Hobbes Malmesburiensis opera philosophica quae Latine scripsit Omnia..., ed. Sir William Molesworth, 5 vols. London : John Bohn, 1839–1845.

註では，これらは *English Works* および *Latin Works* として引用している．言及した個々の著作は以下でアルファベット順に並べてあり，その後に，他にもちいたホッブズの原典を記載している．モールズワース版での巻とページ，当初の出版年を付記している．出版の詳細にかんしては以下を見よ．Hugh MacDonald and Mary Hargreaves, *Thomas Hobbes : A Bibliography*. London : The Bibliographical Society, 1952.

〈英語の著作〉

“An Answer to a Book Published by Dr. Bramhall,” IV, 279–384 (1682 ; 1668 年頃執筆).

“The Art of Rhetoric,” VI, 419–536 (1637, 1681 ; アリストテレス『修辞学』の要約本である).

“Behemoth : The History of the Causes of the Civil Wars of England,” VI, 161–418 (1679 ; 1668 年に執筆)〔『ビヒモス』山田園子訳（岩波文庫，2014 年)〕.

“Considerations upon the Reputation, Loyalty, Manners, and Religion of Thomas Hobbes,” IV, 409–440 (1662)〔『ホッブズの弁明；異端』水田洋訳（未来社，2011 年)〕.

“Decameron physiologicum ; or Ten Dialogues of Natural Philosophy,” VII, 69–177 (1678).

“De corpore politico : or the Elements of Law, Moral and Politic ...,” IV, 77–228 (1650 ; 1640 年に執筆)〔『哲学原論；自然法および国家法の原理』伊藤宏之，渡部秀和訳（柏書房，2012 年)〕.

“A Dialogue between a Philosopher and a Student of the Common Laws of England,” VI, 1–160 (1681 ; “The Art of Rhetoric” とともに印刷された)〔『哲学者と法学徒との対話――イングランドのコモン・ローをめぐる』田中浩，重森臣広，新井明訳（岩波文庫，2002 年)〕.

“Elements of Philosophy. The First Section, Concerning Body,” I (1656 ; *De corpore*［1655］の翻訳)〔『物体論』近代社会思想コレクション 13，本田裕志訳（京都大学学術出版会，2015 年)〕.

“An Historical Narration concerning Heresy and the Punishment Thereof,” IV, 385–408 (1680 ; 1666–1668 年に執筆)〔『ホッブズの弁明；異端』〕.

“Human Nature : or the Fundamental Elements of Policy,” IV, 1–76 (1650 ; 1640 年に執筆された．本書は *Elements of Law* の一部である．ラテン語版 *Elementorum philosophiae sectio secunda de homine* は 1658 年にようやく出版された)〔『哲学原論；自然法および国家法の原理』〕.

“Leviathan : or, The Matter, Form, and Power of a Commonwealth,” III (1651)〔『リヴァイアサン』水田洋訳，全 4 冊（岩波文庫，1992 年)〕.

“Philosophical Rudiments concerning Government and Society,” II, 1–319 (1651 ; *De cive*［1642］の英語訳である)〔『市民論』近代社会思想コレクション 01，本田裕志訳（京都大学学術出版会，2008 年)〕.

“Seven Philosophical Problems and Two Propositions of Geometry,” VII, 1–68 (1682 ; *Problemata physica*［1662］の英語訳である).

“Six Lessons to the Professors of the Mathematics, One of Geometry, the Other of Astronomy ... in the University of Oxford,” VII, 181–356 (1656).

“*Stigmai* ..., or Marks of the Absurd Geometry, Rural Language, Scottish Church Politics, and Barbarisms of John Wallis ...,” VII, 357–400 (1657).

"Three Papers Presented to the Royal Society against Dr. Wallis," VII, 429–448 (1671).

〈ラテン語の著作〉

"De principiis et ratiocinatione geometricarum," IV, 385–484 (1666).

"Dialogus physicus de natura aeris, conjectura sumpta ab experimentis nuper Londini habitis in Collegio Greshamensi. Item de duplicatione cubi," IV, 233–296 (1661；シャッファーによる英語訳として本書の付録を見よ〔原著 2011 年新版では削除されている．本書でも省略した〕).

"Elementorum philosophiae sectio prima de corpore," I, 1–431 (1655)〔『物体論』〕.

"Examinatio et emendatio mathematicae hodiernae," IV, 1–232 (1660).

"Lux mathematica excussa collisionibus Johannes Wallisii ...," V, 89–150 (1672).

"Objectiones ad Cartesii Meditationes de Prima Philosophia," V, 249–274 (1641；英語訳は 1680 年)〔「第 3 反論と答弁」所雄章編修，福居純訳『デカルト著作集』増補版，全 4 巻 (白水社, 1993 年)，第 2 巻所収〕.

"Principia et problemata aliquot geometrica ...," V, 151–214 (1674).

"Problemata physica ...," IV, 297–359 (1662).

"Rosetum geometricum sive propositiones aliquot frustra antehac tentatae. Cum censura brevi doctrinae Wallisianae de motu," V, 1–88 (1671).

"Thomae Hobbes Malmesburiensis vita," I, xiii–xxi (1681)〔「ラテン語自叙伝」福鎌忠恕「トーマス・ホッブズ著『ラテン詩自叙伝』――ワガ生涯ハワガ著作ト背馳セズ」『東洋大学大学院紀要．社会学研究科・法学研究科・経営学研究科・経済学研究科』第 18 集 (1981 年)，1-46 頁所収〕.

"Thomae Hobbes Malmesburiensis vita, carmine expressa, authore seipso," I, lxxxi–xcix (1681；1672 年に執筆)〔「ラテン詩自叙伝」福鎌「トーマス・ホッブズ著『ラテン詩自叙伝』」所収〕.

"Tractatus opticus," V, 215–248 (1644；メルセンヌが以下の自著のなかで出版した．*Cogitata physico-mathematica*).

〈ラテン語の著作：アムステルダム版著作集〉

Thomae Hobbes Malmesburiensis opera philosophica, quae Latine scripsit, omnia. Amsterdam : Johan Blaeu, 1668.（独立にページ番号がふされた八つの著作が，ばらばらにならべて収録されている．*Dialogus physicus* の一部修正版，*Problemata physica*，*Mathematicae hodiernae*，*Leviathan* への補遺が含まれている．）

〈他にもちいたホッブズの原典〉

Brown, Harcourt. "The Mersenne Correspondence : A Lost Letter by Thomas Hobbes," *Isis* 34 (1943), 311–12.

de Beer, G. R. "Some Letters of Thomas Hobbes," *Notes Rec. Roy. Soc. Lond.* 7 (1950), 195–210.

Hobbes, Thomas. *Critique du De Mundo de Thomas White*, ed. Jean Jacquot and Harold Whitmore Jones. Paris : Vrin, 1973.（1642-1643 年に執筆されたが，ホッブズの生前には出版されなかった．）

———. *Thomas White's De Mundo Examined*, ed. and trans. Harold Whitmore Jones. London : Bradford University Press, in association with Crosby Lockwood Staples, 1976. (同上)

———. "Little Treatise," in Hobbes, *Elements of Law*, ed. Ferdinand Tönnies, pp. 193–210 (1640 年に執筆). London : Simpkin, Marshall, 1889.

———. "Some Principles and Problems in Geometry," in Venturus Mandey, *Mellificium mensionis : or, the Marrow of Measuring* [ページ番号は独立にふられている], London, 1682. (Hobbes, "Princi-

pia et problemata ..."［1674］の翻訳.）
———. "Thomas Hobbes : *Tractatus opticus*," ed. F. Alessio, *Riv. Crit. Stor. Fil.* 18 (1963), 147–228.（ホッブズが1640年代に書いた二本目の光学論考である.）

Mintz, Samuel I. "Hobbes on the Law of Heresy : A New Manuscript," *J. Hist. Ideas* 29 (1968), 409–414.

Nicastro, Onofrio. *Lettere di Henry Stubbe a Thomas Hobbes* (*8 Luglio 1656–6 Maggio 1657*). Siena : Università degli Studi Facoltà di Lettere e Filosofia, 1973.

Tönnies, Ferdinand. *Studien zur Philosophie und Gesellschaftslehre im 17. Jahrhundert*, ed. E. G. Jacoby. Stuttgart : Frommann-Holzboog, 1975.（ホッブズの書簡のおもな典拠.）

17世紀に出版された，あるいは関連する一次資料

Ailesbury, Thomas Bruce, Earl of. *The Memoirs of Thomas Bruce, Earl of Ailesbury*, 2 vols. London : Roxburghe Club, 1890.

Anon. *An Excerpt of a Book shewing that Fluids Rise not in the Pump, in the Syphon and in the Barometer by the Pressure of the Air but propter fugam vacui : at the Occasion of a Dispute in a Coffee-House with a Doctor of Physick*. London, 1662.

Aubrey, John. "The Life of Thomas Hobbes," in *'Brief Lives,' Chiefly of Contemporaries, Set Down by John Aubrey, between the Years of 1669 & 1696*, 2 vols., ed. Andrew Clark, vol. I, pp. 321–403. Oxford : Clarendon Press, 1898〔『名士小伝』橋口稔，小池銈訳（冨山房，1979年），94–132頁〕.

Barlow, Thomas. "The Case of Toleration in Matters of Religion," in *Several Miscellaneous and Weighty Cases of Conscience*, ed. Sir Peter Pett. London, 1692.

Barrow, Isaac. *The Usefulness of Mathematical Learning Explained and Demonstrated*, trans. John Kirkby. London, 1734 ; orig. publ. 1664–1666.

Barry, Frederick, ed. *The Physical Treatises of Pascal* [Blaise Pascal, *Traités de l'équilibre des liqueurs et de la pesanteur de la masse de l'air*, ed. Florin Périer (Paris, 1663) の現代訳]. New York : Columbia University Press, 1937.

Baxter, Richard. *A Sermon of Repentance*. London, 1660.

Birch, Thomas. *The History of the Royal Society of London for the Improving of Natural Knowledge, from its First Rise*, 4 vols. London, 1756–1757.

———. "The Life of the Honourable Robert Boyle," in Boyle, *Works* (上記), vol. I, pp. vi–clxxi.

Burnet, Gilbert. *History of His Own Time*, 6 vols. Oxford : Clarendon Press, 1823.

Cavendish, Margaret, Duchess of Newcastle. *The Cavalier in Exile : Being the Lives of the First Duke & Dutchess of Newcastle*. London : Newnes, 1903 ; orig. publ. 1667.

———. *Observations upon Experimental Philosophy*. London, 1663 ; 2d ed., London, 1668〔第2版との合本のかたちで出版された *Description of a New World* の翻訳：「新世界誌——光り輝く世界」川田潤訳，フランシス・ゴドウィン，キャヴェンディッシュ『月の男；新世界誌——光り輝く世界』ユートピア旅行記叢書2（岩波書店，1998年）所収〕.

Charleton, Walter. *Physiologia Epicuro-Gassendo-Charletoniana : or, a Fabrick of Science Natural, upon the Hypothesis of Atoms* .... London, 1654.

Chillingworth, William. *The Religion of Protestants a Safe Way to Salvation*. Oxford, 1638.

Clarendon, Edward Hyde, Earl of. *The History of the Rebellion and the Civil Wars in England* ..., new ed. Oxford : Oxford University Press, 1843.

Clarkson, Laurence. *The Lost Sheep Found* .... London, 1660.

Clerke, Gilbert. *De plenitudine mundi brevis & philosophica dissertatio* ..., London, 1660.

———. *Tractatus de restitutione corporum, in quo experimenta Torricelliana & Boyliana explicantur & rarefactio Cartesiana defenditur* .... London, 1662.

Coke, Roger. *Justice Vindicated from the False Fucus Put by T. White, Gent., Mr. T. Hobbs and Hugo Grotius*. London, 1660.

Conway, Anne. *Conway Letters : The Correspondence of Anne, Viscountess Conway, Henry More, and Their Friends, 1642–1684*, ed. Marjorie Hope Nicolson. New Haven : Yale University Press, 1930.

Cowley, Abraham. *A Proposition for the Advancement of Experimental Philosophy*. London, 1661.

Cudworth, Ralph. *The True Intellectual System of the Universe*. London, 1678.

Culverwell, Nathaniel. *An Elegant and Learned Discourse of the Light of Nature*. London, 1652.

Descartes, René. *Oeuvres de Descartes*, ed. Charles Adam and Paul Tannery, new ed., 11 vols. Paris : Vrin, 1973–1976.

Du Chesne, Joseph［=J. Quercetanus］. *The Practise of Chymicall and Hermeticall Physicke for the Preservation of Health ... translated ... by T. Timme*. London, 1605.

Du Moulin, Peter. *The Devill of Mascon : or a True Relation of the Chiefe Things which an Uncleane Spirit Did, and Said at Mascon in Burgundy in the House of F. Perreaud*. Oxford, 1658.

———. *A Vindication of the Sincerity of the Protestant Religion*. London, 1664.

Eachard, John. *The Grounds and Occasions of the Contempt of the Clergy and Religion Enquired Into*. London, 1670.

———. *Mr. Hobb's State of Nature Considered, in a Dialogue between Philautus and Timothy*. London, 1672.

Edwards, John. *A Compleat History of All the Dispensations and Methods of Religion*. London, 1699.

Edwards, Thomas. *Gangraena ; or, a Fresh and Further Discovery of the Errors ... of the Sectaries of this Time*. London, 1646.

Evelyn, John. *The Diary of John Evelyn*, ed. E. S. de Beer. London : Oxford University Press, 1959.

———. *The State of France as it Stood in the IXth Year of this Present Monarch Lewis XIII*. London, 1652.

Falkland, Lucius Cary, Viscount. *A Discourse of Infallibility*, 2d ed. London, 1660 ; orig. publ. 1645.

Galilei, Galileo. *Dialogues concerning Two New Sciences*, trans. Henry Crew and Alfonso de Salvio. New York : Macmillan, 1914 ; orig. publ. 1638〔『新科學對話』今野武雄，日田節次訳（岩波文庫，1937–1948 年)〕.

Glanvill, Joseph. "Against Modern Sadducism in the Matter of Witches and Apparitions," in idem, *Essays on Several Important Subjects in Philosophy and Religion*［ページ番号は独立にふられている］. London, 1676.

———. *A Blow at Modern Sadducism*. London, 1668.

———. *Philosophia pia ; or, A Discourse of the Religious Temper, and Tendencies of the Experimental Philosophy* ... London, 1671.

———. *Plus ultra ; or the Progress and Advancement of Knowledge since the Days of Aristotle*. London, 1668.

———. *A Praefatory Answer to Mr. Henry Stubbe*. London, 1671.

———. *Scepsis scientifica, or Confest Ignorance the Way to Science*. London, 1665.

———. *Scire/i tuum nihil est : or, the Author's Defence of The Vanity of Dogmatizing*. London, 1665.

———. *The Vanity of Dogmatizing : or Confidence in Opinions Manifested in a Discourse of the Shortness and Uncertainty of Our Knowledge*. London, 1661.

Grew, Nehemiah. *Musaeum Societatis Regalis, or a Catalogue & Description of the Natural and Artificial Rarities belonging to the Royal Society*. London, 1681.

Guericke, Otto von. *Neue* (*sogenannte*) *Magdeburger Versuche über den leeren Raum*, ed. and trans. Hans Schimank. Düsseldorf : VDI-Verlag, 1968.

Hale, Sir Matthew. *Difficiles nugae, or Observations touching the Torricellian Experiment and the Various Solutions of the Same*. London, 1674 ; 2d ed., London, 1675.

———. *An Essay touching the Gravitation or Non-Gravitation of Fluid Bodies and the Reasons Thereof*. London, 1673.

———. "Reflections by the Lrd. Cheife Justice Hale on Mr. Hobbes his Dialogue of the Lawe," in Sir William S. Holdsworth, *History of English Law*, 17 vols., vol. V (1924), pp. 499–513. London : Methuen, 1903–1972.

Hales, John. *A Tract concerning Schism and Schismatiques*. London, 1642.

Hall, Marie Boas, ed. *Henry Power's Experimental Philosophy*. New York : Johnson Reprint Corp., 1966.

Hall, Thomas. *Histrio-mastix. A Whip for Webster ....* London, 1654.

Halliwell, James Orchard, ed. *A Collection of Letters Illustrative of the Progress of Science in England from the Reign of Queen Elizabeth to that of Charles the Second*. London : Historical Society of Science, 1841.

Harrington, James. *A System of Politicks*. London, 1658.

Hartlib, Samuel, comp. *Chymical, Medicinal and Chyrurgical Addresses made to Samuel Hartlib, Esquire*. London, 1655 ; 1642–1643 年執筆.

Hooke, Robert. *An Attempt for the Explication of the Phaenomena, Observable in an Experiment Published by the Honourable Robert Boyle*. London, 1661.

———. *The Diary of Robert Hooke, M.A., M.D., F.R.S., 1672–1680*, ed. Henry W. Robinson and Walter Adams. London : Taylor & Francis, 1935.

———. *Lectures De potentia restitutiva, or of Spring, Explaining the Power of Springing Bodies*. London, 1678.

———. *Micrographia : or Some Physiological Descriptions of Minute Bodies made by Magnifying Glasses*. London, 1665 ; R. T. Gunther, *Early Science in Oxford*, vol. XIII として復刻されている(以下に記載)〔抄訳：『ミクログラフィア——微小世界図説』科学古典双書 2，板倉聖宣，永田英治訳（仮説社，1984 年)〕.

———. *Philosophical Experiments and Observations*, ed. William Derham. London, 1726.

———. *The Posthumous Works of Robert Hooke, M.D. S.R.S. Geom. Prof. Gresh., &c.*, ed. Richard Waller. London, 1705.

Huet, Pierre Daniel. *Lettre touchant les expériences de l'eau purgée*. Paris, 1673.

Huygens, Christiaan. *Oeuvres complètes de Christiaan Huygens*, 22 vols. The Hague : Nijhoff, 1888–1950.

Kendall, George. *Sancti sanciti. Or, The Common Doctrine of the Perseverance of the Saints*. London, 1654.

Kenyon, J. P., ed. *The Stuart Constitution, 1603–1688 : Documents and Commentary*. Cambridge : Cambridge University Press, 1966.

Leibniz, Gottfried Wilhelm. *Philosophical Papers and Letters*, trans. and ed. Leroy E. Loemker, 2d ed. Dordrecht : Reidel, 1969.

L'Estrange, Roger. *Considerations and Proposals in Order to the Regulation of the Press*. London, 1663.

Linus, Franciscus. *Tractatus de corporum inseparabilitate ; in quo experimenta de vacuo, tam Torricelliana, quàm Magdeburgica, & Boyliana, examinantur ....* London, 1661.

Lucretius. *On the Nature of the Universe*, trans. James H. Mantinband. New York : Frederick Ungar, 1965

〔「事物の本性について――宇宙論」岩田義一，藤沢令夫訳『ウェルギリウス；ルクレティウス』世界古典文学全集 21（筑摩書房，1965 年）所収〕.

Lucy, William. *Observations, Censures, and Confutations of Notorious Errours in Mr. Hobbes His Leviathan*. London, 1663.

Mayow, John. *Tractatus quinque medico-physici*. Oxford, 1674 ; A. Crum Brown と Leonard Dobbin により翻訳されている．*Medico-physical Works*. Edinburgh : Alembic Club, 1907.

Mersenne, Marin. *Correspondance du P. Marin Mersenne religieux minime*, ed. Cornélis de Waard et al., 15 vols. Paris : Beauchesne ; Presses Universitaires de France ; Centre National de la Recherche Scientifique, 1932–1983.

———. *La verité des sciences, contre les s[c]eptiques ou pyrrhoniens ....* Paris, 1625.

Milton, John. *Complete Prose Works of John Milton*, ed. Don M. Wolfe et al., 8 vols. New Haven : Yale University Press, 1953–1982〔一部作品の翻訳：『言論・出版の自由――アレオパジティカ 他一篇』原田純訳（岩波文庫，2008 年)〕.

Monconys, Balthasar de, *Journal des voyages*, 2 vols. Lyons, 1665–1666.

More, Henry. *An Antidote against Atheisme, or an Appeal to the Naturall Faculties of the Minde of Man, whether there be not a God*. London, 1653 ; 3d ed. in More, Collection (1662)（以下を見よ).

———. *A Collection of Several Philosophical Writings of Dr. Henry More*, 2d ed. London, 1662.

———. *Divine Dialogues, containing Sundry Disquisitions and Instructions concerning the Attributes and Providence of God*, 2 vols. London, 1668.

———. *Enchiridion metaphysicum : sive, de rebus incorporeis succincta & luculenta dissertatio*. London, 1671.

———. *An Explanation of the Grand Mystery of Godliness*. London, 1660.

———. *The Immortality of the Soul*. London, 1659.

———. *A Modest Enquiry into the Mystery of Iniquity*. London, 1664.

———. *Philosophicall Poems*. Cambridge, 1647.

———. *Remarks upon Two Late Ingenious Discourses*. London, 1676.

Newton, Isaac. *The Correspondence of Isaac Newton*, ed. H. W. Turnbull, J. D. Scott, A. Rupert Hall, and Laura Tilling, 7 vols. Cambridge : Cambridge University Press, 1959–1977.

———. *Opticks*. New York : Dover, 1952 ; 4th ed., London, 1730 をもとにしている〔『光学』科学の名著 6，田中一郎訳（朝日出版社，1981 年)〕.

———. *Unpublished Scientific Papers of Isaac Newton*, ed. A. Rupert Hall and Marie Boas Hall. Cambridge : Cambridge University Press, 1962.

Noël, Etienne. *Le plein du vide*. Paris, 1648.

North, Roger. *The Lives of the Right Hon. Francis North, Baron Guilford, The Hon. Sir Dudley North, and The Hon. and Rev. Dr. John North*, 3 vols. London : Colburn, 1826.

Oldenburg, Henry. *The Correspondence of Henry Oldenburg*, ed. A. Rupert Hall and Marie Boas Hall, 11 vols. Madison : University of Wisconsin Press/ London : Mansell, 1965–1977.

Owen, John. *Correspondence of John Owen*, ed. P. Toon. Cambridge : James Clarke, 1970.

Papin, Denis. *Nouvelles expériences du vuide*. Paris, 1674.

Pascal, Blaise. *Oeuvres complètes*, ed. Louis Lafuma. Paris : Editions du Seuil, 1963〔『パスカル全集』伊吹武彦訳者代表，全 3 巻，人文書院，1959 年〕.

[Patrick, Simon]. *A Brief Account of the New Sect of Latitude-Men together with Some Reflections upon the New Philosophy*. London, 1662.

Pepys, Samuel. *The Diary of Samuel Pepys, M.A., F.R.S.*, ed. Robert Latham and William Matthews, 11

vols. London : G. Bell, 1970–1983〔『サミュエル・ピープスの日記』臼田昭ほか訳，全 10 巻，国文社，1987–2012 年〕.

[Pet] T., [Pete] R. *A Discourse concerning Liberty of Conscience*. London, 1661.

Pett, Peter, ed. *The Genuine Remains of Dr. Thomas Barlow*. London, 1693.

Petty, William. *The Advice of W. P. to Mr. S. Hartlib for the Advancement of Some Particular Parts of Learning*. London, 1648.

Plattes, Gabriel. *Caveat for Alchymists*. London, 1655 ; Hartlib（前掲書）所収.

Pope, Walter. *The Life of the Right Reverend Father in God Seth, Lord Bishop of Salisbury*. London, 1697.

Power, Henry. *Experimental Philosophy*. London, 1664.

Renaudot, Théophraste. *Conference concerning the Philosopher's Stone*. London, 1655 ; Hartlib（前掲書）所収.

Rigaud, Stephen Jordan, ed. *Correspondence of Scientific Men of the Seventeenth Century* ..., 2 vols. Oxford : Oxford University Press, 1841.

Rogers, John. *A Christian Concertation with Mr. Prin, Mr. Baxter, Mr. Harrington, for the True Cause of the Commonwealth*. London, 1659.

Sanderson, Robert. *Several Cases of Conscience discussed in Ten Lectures in the Divinity School at Oxford*. London, 1660.

Schott, Caspar. *Mechanica hydraulico-pneumatica* .... Würzburg, 1657.

———. *Technica curiosa sive mirabilia artis*. Würzburg, 1664.

Scriba, Christoph J., ed. "The Autobiography of John Wallis, F.R.S.," *Notes Rec. Roy. Soc. Lond.* 25 (1970), 17–46.

Shadwell, Thomas. "The Virtuoso," in *The Complete Works of Thomas Shadwell*, ed. Montague Summers, 5 vols., vol. III, pp. 95–182 (orig. publ. 1676). New York : Benjamin Blom, 1968.

Sorbière, Samuel de. *A Voyage to England, containing Many Things Relating to the State of Learning, Religion, and Other Curiosities of that Kingdom* .... London, 1709 ; orig. publ. as *Relation d'un voyage en Angleterre*, Paris, 1664.

Sprat, Thomas. *The History of the Royal-Society of London, for the Improving of Natural Knowledge*. London, 1667.

———. *Observations on Mons. de Sorbiere's Voyage into England. Written to Dr. Wren* .... London, 1708 ; orig. publ. 1665.

Stillingfleet, Edward. *Origines sacrae*. London, 1662.

Strong, Sandford Arthur. *A Catalogue of Letters and Other Historical Documents, Exhibited in the Library at Welbeck*. London : John Murray, 1903.

Stubbe, Henry. *Censure upon Certaine Passages Contained in a History of the Royal Society as being Destructive to the Established Religion and Church of England*. Oxford, 1670.

———. *Lord Bacons Relation of the Sweating-Sickness Examined*. London, 1671.

———. *Malice Rebuked, or a Character of Mr. Richard Baxters Abilities and a Vindication of the Hon. Sir Henry Vane from His Aspersions*. London, 1659.

Sylvester, Matthew. *Reliquiae Baxterianae, or Mr. Richard Baxter's Narrative of the Most Memorable Passages of His Life and Times*. London, 1696.

Tanner, Joseph R., ed. *Constitutional Documents of the Reign of James I*. Cambridge : Cambridge University Press, 1930.

Thirsk, Joan, ed. *The Restoration*. London : Longman, 1976.

Wagstaffe, John. *The Question of Witchcraft Debated*, 2d ed. London, 1671.

Wallis, John. *Elenchus geometriae Hobbianae*. Oxford, 1655.

———. *Hobbius heauton-timorumenos. Or a Consideration of Mr Hobbes his Dialogues. In an Epistolary Discourse, Addressed, to the Honourable Robert Boyle, Esq*. Oxford, 1662.

Walton, Izaak. *The Lives of Dr. John Donne, Sir Henry Wotton, Mr. Richard Hooker, Mr. George Herbert and Dr. Robert Sanderson*, 2 vols. London : J. M. Dent, 1898 ; orig. publ. 1670.

Ward, Richard. *The Life of the Learned and Pious Dr Henry More*. London, 1710.

Ward, Seth. *In Thomae Hobbii philosophiam exercitatio epistolica*. Oxford, 1656.

———. *Vindiciae academiarum, containing Some Briefe Animadversions upon Mr Websters Book ....* Oxford, 1654.

White, Thomas. *An Exclusion of Scepticks from All Title to Dispute*. London, 1665.

———. *The Grounds of Obedience and Government*. London, 1655.

Wilkins, John. *Mathematical Magick. Or, The Wonders that may be Performed by Mechanicall Geometry*. London, 1648.

Wood, Anthony à. *The Life and Times of Anthony Wood, Antiquary, at Oxford, 1632–95, as Described by Himself*, ed. Andrew Clark, 5 vols. Oxford : Oxford Historical Society, 1891–1900.

Worthington, John. *The Diary and Correspondence of Dr. John Worthington, Master of Jesus College, Cambridge*, ed. James Crossley and Richard C. Christie, 3 vols., Chetham Society series, vols. 13, 36, 114. Manchester : Chetham Society, 1847–1886.

二次資料

Aaron, R. I. “A Possible Draft of *De Corpore*,” *Mind* 54 (1945), 342–356.

Aarsleff, Hans. *From Locke to Saussure : Essays on the Study of Language and Intellectual History*. London : Athlone Press, 1982.

Abbott, Wilbur C. “English Conspiracy and Dissent, 1660–1674,” *Amer. Hist. Rev*. 14 (1909), 503–528, 696–722.

Abernathy, George R., Jr. “Clarendon and the Declaration of Indulgence,” *J. Eccles. Hist*. 11 (1960), 55–73.

———. *The English Presbyterians and the Stuart Restoration, 1648–1663*. Transactions of the American Philosophical Society, vol. 55, part 2. Philadelphia : American Philosophical Society, 1965.

Agassi, Joseph. “Who Discovered Boyle’s Law?” *Stud. Hist. Phil. Sci*. 8 (1977), 189–250.

Aiton, E. J. “Newton’s Aether-Stream Hypothesis and the Inverse Square Law of Gravitation,” *Ann. Sci*. 25 (1969), 255–260.

Albury, William R. “Halley and the *Traité de la lumière* of Huygens : New Light on Halley’s Relationship with Newton,” *Isis* 62 (1971), 445–468.

Alpers, Svetlana. *The Art of Describing : Dutch Art in the Seventeenth Century*. London : John Murray, 1983〔『描写の芸術——一七世紀のオランダ絵画』幸福輝訳（ありな書房，1993 年)〕.

Anderson, Paul Russell. *Science in Defense of Liberal Religion : A Study of Henry More’s Attempt to Link Seventeenth-Century Religion with Science*. New York : Putnam’s Sons, 1933.

Anderson, R.G.W. *The Playfair Collection and the Teaching of Chemistry at the University of Edinburgh, 1713–1858*. Edinburgh : Royal Scottish Museum, 1978.

Anon. “Hobbes,” *Encyclopaedia Britannica*, 3d ed., vol. VIII, pp. 601–603. Edinburgh, 1797.

Applebaum, Wilbur. “Boyle and Hobbes : A Reconsideration,” *J. Hist. Ideas* 25 (1964), 117–119.

Ashley, Maurice. *John Wildman, Plotter and Postmaster : A Study of the English Republican Movement in the Seventeenth Century*. London : Jonathan Cape, 1947.

Auger, Léon. *Un savant méconnu : Gilles Personne de Roberval, 1602–1675*. Paris : A. Blanchard, 1962.

Axtell, James L. "The Mechanics of Opposition : Restoration Cambridge *v.* Daniel Scargill," *Bull. Inst. Hist. Res.* 38 (1965), 102–111.

Aylmer, G. E. "Unbelief in Seventeenth-Century England," in *Puritans and Revolutionaries : Essays in Seventeenth-Century History Presented to Christopher Hill*, ed. Donald Pennington and Keith Thomas, pp. 22–46. Oxford : Clarendon Press, 1978.

Barnes, Barry, and Bloor, David. "Relativism, Rationalism and the Sociology of Knowledge," in *Rationality and Relativism*, ed. Martin Hollis and Steven Lukes, pp. 21–47. Oxford : Basil Blackwell, 1982.

Barnouw, Jeffrey. "Hobbes's Causal Account of Sensation," *J. Hist. Phil.* 18 (1980), 115–130.

Bate, Frank. *The Declaration of Indulgence, 1672 : A Study in the Rise of Organised Dissent*. London : Constable, 1908.

Baxandall, Michael A. *The Limewood Sculptors of Renaissance Germany*. New Haven : Yale University Press, 1980.

———. *Painting and Experience in Fifteenth-Century Italy : A Primer in the Social History of Pictorial Style*. London : Oxford University Press, 1974〔『ルネサンス絵画の社会史』篠塚二三男ほか訳（平凡社，1989年）〕.

Beaujot, Jean-Pierre, and Mortureux, Marie-Françoise. "Genèse et fonctionnement du discours : *Les pensées diverses sur la comète* de Bayle et *les Entretiens sur la pluralité des mondes* de Fontenelle," *Lang. Fr.* 15 (1972), 56–78.

Bechler, Zev. "Newton's 1672 Optical Controversies : A Study in the Grammar of Scientific Dissent," in *The Interaction between Science and Philosophy*, ed. Y. Elkana, pp. 115–142. Atlantic Highlands, N. J. : Humanities Press, 1974.

Beddard, Robert V. "The Restoration Church," in *The Restored Monarchy, 1660–1688*, ed. J. R. Jones, pp. 155–175. London : Macmillan, 1979.

Bennett, J. A. "Robert Hooke as Mechanic and Natural Philosopher," *Notes Rec. Roy. Soc. Lond.* 35 (1980), 33–48.

Bernhardt, Jean. "Hobbes et le mouvement de la lumière," *Rev. Hist. Sci.* 30 (1977), 3–24.

Bernstein, Howard R. "*Conatus*, Hobbes, and the Young Leibniz," *Stud. Hist. Phil. Sci.* 11 (1980), 25–37.

Bloor, David. "Durkheim and Mauss Revisited : Classification and the Sociology of Knowledge," *Stud. Hist. Phil. Sci.* 13 (1982), 267–297.

———. *Knowledge and Social Imagery*. London : Routledge and Kegan Paul, 1976〔『数学の社会学——知識と社会表象』佐々木力，古川安訳（培風館，1985年）〕.

———. *Wittgenstein : A Social Theory of Knowledge*. London : Macmillan, 1983〔『ウィトゲンシュタイン——知識の社会理論』戸田山和久訳（勁草書房，1988年）〕.

Bosher, Robert S. *The Making of the Restoration Settlement : The Influence of the Laudians, 1649–1662*. London : Dacre Press, 1951.

Bourne, Henry Richard Fox. *English Newspapers : Chapters in the History of Journalism*, 2 vols. London : Chatto & Windus, 1887.

Bowle, John. *Hobbes and His Critics : A Study in Seventeenth-Century Constitutionalism*. London : Jonathan Cape, 1951.

Boylan, Michael. "Henry More's Space and the Spirit of Nature," *J. Hist. Phil.* 18 (1980), 395–405.

Brandt, Frithiof. *Thomas Hobbes' Mechanical Conception of Nature*. Copenhagen : Levin & Munksgaard/ London : Librairie Hachette, 1928.

Brevold, Louis I. "Dryden, Hobbes, and the Royal Society," *Mod. Philol.* 25 (1928), 417–438.

Breidert, Wolfgang. "Les mathématiques et la méthode mathématique chez Hobbes," *Rev. Int. Phil.* 129 (1979), 415–432.

Brockdorff, Cay von. *Des Sir Charles Cavendish Bericht für Joachim Jungius über den Grundzügen der Hobbes'schen Naturphilosophie.* Kiel : Hobbes-Gesellschaft, 1934.

Brown, Harcourt. *Scientific Organizations in Seventeenth Century France (1620–1680).* Baltimore : Williams & Wilkins, 1934.

Brown, Keith. "Hobbes's Grounds for Belief in a Deity," *Philosophy* 37 (1962), 336–344.

Brown, Louise F. "The Religious Factors in the Convention Parliament," *Engl. Hist. Rev.* 22 (1907), 51–63.

Brugmans, Henri L. *Le séjour de Christian Huygens à Paris et ses relations avec les milieux scientifiques français.* Paris : Librairie E. Droz, 1935.

Brush, Stephen G. *Statistical Physics and the Atomic Theory of Matter, from Boyle and Newton to Landau and Onsager.* Princeton : Princeton University Press, 1983.

Buck, Peter. "Seventeenth-Century Political Arithmetic : Civil Strife and Vital Statistics," *Isis* 68 (1977), 67–84.

Bulmer, Ralph. "Why is the Cassowary not a Bird? A Problem of Zoological Taxonomy among the Karam of the New Guinea Highlands," *Man*, n.s. 2 (1967), 5–25.

Burnham, Frederic B. "The More-Vaughan Controversy : The Revolt against Philosophical Enthusiasm," *J. Hist. Ideas* 35 (1974), 33–49.

Burtt, Edwin Arthur. *The Metaphysical Foundations of Modern Physical Science*, rev. ed. Garden City, N. Y. : Anchor, 1954 ; orig. publ. 1924〔『近代科学の形而上学的基礎――コペルニクスからニュートンへ』市場康男訳（平凡社，1988 年)〕.

Cabanes, Charles. *Denys Papin, inventeur et philosophe cosmopolite.* Paris : Société Française d'Éditions Littéraires et Techniques, 1935.

Canny, Nicholas. *The Upstart Earl : A Study of the Social and Mental World of Richard Boyle, First Earl of Cork.* Cambridge : Cambridge University Press, 1982.

Cantor, G. N., and Hodge, M.J.S., eds. *Conceptions of Ether : Studies in the History of Ether Theories 1740–1900.* Cambridge : Cambridge University Press, 1981.

Capp, Bernard. *Astrology and the Popular Press : English Almanacs 1500–1800.* London : Faber and Faber, 1979.

———. *The Fifth Monarchy Men : A Study in Seventeenth-Century Millenarianism.* London : Faber and Faber, 1972.

Carter, Jennifer. "Law, Courts and Constitution," in *The Restored Monarchy, 1660–1688*, ed. J. R. Jones, pp. 71–93. London : Macmillan, 1979.

Christensen, Francis. "John Wilkins and the Royal Society's Reform of Prose Style," *Mod. Lang. Quart.* 7 (1946), 179–187, 279–290.

Christie, J.R.R., and Golinski, J.V. "The Spreading of the Word : New Directions in the Historiography of Chemistry 1600–1800," *Hist. Sci.* 20 (1982), 235–266.

Clark, G. N. *The Seventeenth Century*, 2d ed. Oxford : Clarendon Press, 1947.

Cohen, I. Bernard. "Hypotheses in Newton's Philosophy," *Physis* 8 (1966), 163–184.

Collins, H. M. *Changing Order : Replication and Induction in Scientific Practice.* London : Sage, 1985.

———. "The Seven Sexes : A Study in the Sociology of a Phenomenon, or the Replication of Experiments in Physics," *Sociology* 9 (1975), 205–224.

———. "Son of Seven Sexes : The Social Destruction of a Physical Phenomenon," *Soc. Stud. Sci.* 11 (1981), 33–62.

———. "The TEA Set : Tacit Knowledge and Scientific Networks," *Sci. Stud.* 4 (1974), 165–186.

———. "Understanding Science," *Fund. Sci.* 2 (1981), 367–380.

Collins, H. M., and Harrison, R. G. "Building a TEA Laser : The Caprices of Communication," *Soc. Stud. Sci.* 5 (1975), 441–450.

Collins, H. M., and Pinch, T. J. *Frames of Meaning : The Social Construction of Extraordinary Science*. London : Routledge and Kegan Paul, 1982.

Conant, James Bryant. *On Understanding Science : An Historical Approach*. Oxford : Oxford University Press, 1947.

———, ed. "Robert Boyle's Experiments in Pneumatics," in *Harvard Case Histories in Experimental Science*, 2 vols. ; vol. I, pp. 1–63. Cambridge, Mass. : Harvard University Press, 1970 ; orig. publ. 1948.

Cope, Jackson I. *Joseph Glanvill : Anglican Apologist*. St. Louis : Washington University Press, 1956.

Cope, Jackson I., and Jones, Harold Whitmore. "Introduction" [to their edition of Thomas Sprat, *The History of the Royal-Society* ...], pp. xii–xxxii. St. Louis : Washington University Press, 1959.

Cowles, Thomas. "Dr. Henry Power, Disciple of Sir Thomas Browne," *Isis* 20 (1933), 349–366.

Cristofolini, Paolo. *Cartesiani e sociniani : studio su Henry More*. Urbino : Argalia Editore, 1974.

Daly, James. *Cosmic Harmony and Political Thinking in Early Stuart England*. Transactions of the American Philosophical Society, vol. 69, part 7. Philadelphia : American Philosophical Society, 1979.

Damrosch, Leopold, Jr. "Hobbes as Reformation Theologian : Implications of the Free-Will Controversy," *J. Hist. Ideas* 40 (1979), 339–352.

Daniels, George H. "The Pure-Science Ideal and Democratic Culture," *Science* 156 (1967), 1699–1705.

Daston, Lorraine J. "The Reasonable Calculus : Classical Probability Theory, 1650–1840." Ph.D. thesis, Harvard University, 1979.

Daumas, Maurice. *Les instruments scientifiques aux XVIIe et XVIIIe siècles*. Paris : Presses Universitaires de France, 1953.

Davies, Godfrey. *The Restoration of Charles II, 1658–1660*. San Marino, Calif. : Huntington Library, 1955.

Dear, Peter. "*Totius in verba* : Rhetoric and Authority in the Early Royal Society," *Isis* 76 (1985), 145–161.

Debus, Allen G. *The Chemical Philosophy : Paracelsian Science and Medicine in the Sixteenth and Seventeenth Centuries*, 2 vols. New York : Science History Publications, 1977〔『近代錬金術の歴史』川﨑勝，大谷卓史訳（平凡社，1999 年)〕.

———. *The English Paracelsians*. London : Oldbourne, 1965.

DeKosky, Robert K. "William Crookes and the Quest for Absolute Vacuum in the 1870s," *Ann. Sci.* 40 (1983), 1–18.

Delorme, Suzanne. "Pierre Perrault, auteur d'un traité *De l'origine des fontaines* et d'une théorie de l' experimentation," *Arch. Int. Hist. Sci.* 3 (1948), 388–394.

de Waard, Cornélis. *L'expérience barométrique : ses antécédents et ses explications*. Thouars : J. Gamon, 1936.

Diamond, William Craig. "Natural Philosophy in Harrington's Political Thought," *J. Hist. Phil.* 16 (1978), 387–398.

Dobbs, Betty Jo Teeter. *Foundations of Newton's Alchemy, or "The Hunting of the Greene Lyon."* Cambridge : Cambridge University Press, 1975〔『ニュートンの錬金術』寺島悦恩訳（平凡社, 1995 年)〕.

Douglas, Mary. "Self-Evidence," in idem, *Implicit Meanings : Essays in Anthropology*, pp. 276–318. London : Routledge and Kegan Paul, 1975.

Duffy, Eamon. "Primitive Christianity Revived : Religious Renewal in Augustan England," *Stud. Church Hist.* 14 (1977), 287–300.

Dugas, René. "Sur le cartésianisme de Huygens," *Rev. Hist. Sci.* 7 (1954), 22–33.

Duhem, Pierre. *The Aim and Structure of Physical Theory*, trans. Philip P. Wiener. New York : Atheneum, 1962 ; orig. publ. 1906〔『物理理論の目的と構造』小林道夫, 熊谷陽一, 安孫子信訳（勁草書房, 1991 年)〕.

Edgerton, Samuel Y., Jr. *The Renaissance Rediscovery of Linear Perspective*. New York : Harper & Row, 1976.

Eisenstein, Elizabeth L. *The Printing Press as an Agent of Change : Communications and Cultural Transformations in Early-Modern Europe*. Cambridge : Cambridge University Press, 1980.

Eklund, Jon. *The Incompleat Chymist : Being an Essay on the Eighteenth-Century Chemist in His Laboratory* .... Washington : Smithsonian Institution Press, 1975.

Ellis, H. F. *So This is Science!* London : Methuen, 1932.

Elzinga, Aant. "Christiaan Huygens' Theory of Research," *Janus* 67 (1980), 281–300.

———. *On a Research Program in Early Modern Physics, with Special Reference to the Work of Ch. Huygens*. Göteborg : Institution for the Theory of Science, University of Gothenburg 1971.

Ezrahi, Yaron. "Science and the Problem of Authority in Democracy," in *Science and Social Structure : A Festschrift for Robert K. Merton*, ed. Thomas F. Gieryn. Transactions of the New York Academy of Sciences, series II, vol. 39, pp. 43–60. New York : New York Academy of Sciences, 1980.

Fanton d'Andon, Jean-Pierre. *L'horreur du vide : expérience et raison dans la physique pascalienne*. Paris : Centre National de la Recherche Scientifique, 1978.

Farley, John, and Geison, Gerald L. "Science, Politics and Spontaneous Generation in Nineteenth-Century France : The Pasteur-Pouchet Debate," *Bull. Hist. Med.* 48 (1974), 161–198.

Farrington, Benjamin. *The Philosophy of Francis Bacon*. Liverpool : Liverpool University Press, 1970.

Feiling, Keith. "Clarendon and the Act of Uniformity, 1662–3," *Engl. Hist. Rev.* 44 (1929), 289–291.

Feyerabend, Paul. *Against Method*. London : Verso, 1978〔『方法への挑戦——科学的創造と知のアナーキズム』村上陽一郎, 渡辺博訳（新曜社, 1981 年)〕.

Fisch, Harold. "The Scientist as Priest : A Note on Robert Boyle's Natural Theology," *Isis* 44 (1953), 252–265.

Fleck, Ludwik. *Genesis and Development of a Scientific Fact*, ed. Thaddeus J. Trenn and Robert K. Merton, trans. Fred Bradley and Trenn. Chicago : University of Chicago Press, 1979 ; orig. publ. 1935.

Foucault, Michel. *The Archaeology of Knowledge*, trans. A. M. Sheridan Smith. London : Tavistock, 1972〔『知の考古学』愼改康之訳, 河出文庫, 2012 年〕.

———. "Médicins, juges et sorciers au 17e siècle," *Médecine de France* 200 (1969), 121–128〔「十七世紀の医師, 裁判官, 魔法使い」松村剛訳『ミシェル・フーコー思考集成 III——1968–1970 歴史学／系譜学／考古学』小林康夫, 石田英敬, 松浦寿輝編（筑摩書房, 1999 年), 173–187 頁〕.

———. "Questions on Geography," in idem, *Power-Knowledge : Selected Interviews and Other Writings, 1972–1977*, ed. Colin Gordon, pp. 63–77. Brighton : Harvester, 1980〔「地理学に関するミシェ

ル・フーコーへの質問」國分功一郎訳『ミシェル・フーコー思考集成 VI——1976-1977 セクシュアリテ／真理』小林康夫，石田英敬，松浦寿輝編（筑摩書房，2000 年），30-47 頁〕.

Frank, Robert G., Jr. *Harvey and the Oxford Physiologists : A Study of Scientific Ideas*. Berkeley : University of California Press, 1980.

———. "The John Ward Diaries : Mirror of 17th-Century Science and Medicine," *J. Hist. Med.* 29 (1974), 147-179.

Fraser, Peter. *The Intelligence of the Secretaries of State and Their Monopoly of Licensed News, 1660-1688*. Cambridge : Cambridge University Press, 1956.

Freudenthal, Gad. "Early Electricity between Chemistry and Physics : The Simultaneous Itineraries of Francis Hauksbee, Samuel Wall, and Pierre Polinière," *Hist. Stud. Phys. Sci.* 11 (1981), 203-229.

Freudenthal, Gideon. *Atom und Individuum im Zeitalter Newtons : zur Genese der mechanistischen Natur- und Sozialphilosophie*. Frankfurt am Main : Suhrkamp, 1982.

Fries, Sylvia D. "The Ideology of Science during the Nixon Years : 1970-76," *Soc. Stud. Sci.* 14 (1984), 323-341.

Gabbey, Alan. "Huygens et Roberval," in *Huygens et la France*, ed. René Taton, pp. 69-84. Paris : Vrin, 1982.

———. "Philosophia Cartesiana Triumphata : Henry More (1636-1671)," in *Problems of Cartesianism : Studies in the History of Ideas*, ed. Thomas M. Lennon et al., pp. 171-250. Montreal : McGill-Queens University Press, 1982.

Garfinkel, Harold. *Studies in Ethnomethodology*. Englewood Cliffs, N.J. : Prentice-Hall, 1967.

Gargani, Aldo Giorgio. *Hobbes e la scienza*. Turin : Giulio Einaudi, 1971.

Gaukroger, Stephen. *Explanatory Structures : Concepts of Explanation in Early Physics and Philosophy*. Atlantic Highlands, N.J. : Humanities Press, 1978.

Gee, Henry. "The Derwentdale Plot, 1663," *Trans. Roy. Hist. Soc.*, 3d ser. 11 (1917), 125-142.

Gellner, Ernest. "Concepts and Society," in idem, *Cause and Meaning in the Social Sciences*, ch. 2. London : Routledge and Kegan Paul, 1973.

Geoghegan, D. "Gabriel Plattes' Caveat for Alchymists," *Ambix* 10 (1962), 97-102.

Gillispie, Charles Coulston. *The Edge of Objectivity : An Essay in the History of Scientific Ideas*. Princeton : Princeton University Press, 1960〔『客観性の刃——科学思想の歴史［新版］』島尾永康訳（みすず書房，2011 年）〕.

———. "The *Encyclopédie* and the Jacobin Philosophy of Science : A Study in Ideas and Consequences," in *Critical Problems in the History of Science*, ed. Marshall Clagett, pp. 255-289. Madison : University of Wisconsin Press, 1959.

Ginzburg, Carlo. *The Night Battles : Witchcraft & Agrarian Cults in the Sixteenth & Seventeenth Centuries*, trans. John and Anne Tedeschi. London : Routledge and Kegan Paul, 1983〔『夜の合戦——16-17 世紀の魔術と農耕信仰』上村忠男訳（みすず書房，1986 年）〕.

Glover, Willis B. "God and Thomas Hobbes," in *Hobbes Studies*, ed. K. C. Brown, pp. 141-168. Oxford : Basil Blackwell, 1965.

Goldsmith, M. M. *Hobbes's Science of Politics*. New York : Columbia University Press, 1966.

Golinski, Jan V. "Language, Method and Theory in British Chemical Discourse, c. 1660-1770." Ph.D. thesis, University of Leeds, 1984.

Gouk, Penelope. "The Role of Acoustics and Music Theory in the Scientific Work of Robert Hooke," *Ann. Sci.* 37 (1980), 573-605.

Grant, Edward. *Much Ado about Nothing : Theories of Space and Vacuum from the Middle Ages to the*

Scientific Revolution. Cambridge : Cambridge University Press, 1981.

Green, I. M. *The Re-establishment of the Church of England, 1660–1663*. Oxford : Oxford University Press, 1978.

Greene, Robert A. "Henry More and Robert Boyle on the Spirit of Nature," *J. Hist. Ideas* 23 (1962), 451–474.

———. "Whichcote, Wilkins, 'Ingenuity,' and the Reasonableness of Christianity," *J. Hist. Ideas* 42 (1981), 227–252.

Grover, R. A. "The Legal Origins of Thomas Hobbes's Doctrine of Contract," *J. Hist. Phil.* 18 (1980), 177–207.

Guenancia, Pierre. *Du vide à Dieu : essai sur la physique de Pascal*. Paris : F. Maspero, 1976.

Guerlac, Henry. *Essays and Papers in the History of Modern Science*. Baltimore : Johns Hopkins University Press, 1977.

———. "Newton's Optical Aether," *Notes Rec. Roy. Soc. Lond.* 22 (1967), 45–57.

Guilloton, Vincent. *Autour de la 'Relation' du voyage de Samuel Sorbière en Angleterre 1663–1664*. Northampton, Mass. : Smith College, 1930.

Guinsburg, Arlene Miller. "Henry More, Thomas Vaughan and the Late Renaissance Magical Tradition," *Ambix* 27 (1980), 36–58.

Gunther, R. T. *Early Science in Oxford*, 15 vols. Oxford : privately printed, 1923–1967.

Hacking, Ian. *The Emergence of Probability : A Philosophical Study of Early Ideas about Probability, Induction and Statistical Inference*. Cambridge : Cambridge University Press, 1975〔『確率の出現』広田すみれ，森元良太訳（慶應義塾大学出版会，2013 年）〕.

———. *Representing and Intervening : Introductory Topics in the Philosophy of Natural Science*. Cambridge : Cambridge University Press, 1983〔『表現と介入——科学哲学入門』渡部博訳（ちくま学芸文庫，2015 年）〕.

Hahn, Roger. *The Anatomy of a Scientific Institution : The Paris Academy of Sciences, 1666–1803*. Berkeley : University of California Press, 1971.

———. "Huygens and France," in *Studies on Christiaan Huygens*, ed. H.J.M. Bos et al., pp. 53–65. Lisse, The Netherlands : Swets & Zeitlinger, 1980.

Hall, A. Rupert. *From Galileo to Newton 1630–1720*. London : Collins, 1963.

———. "Gunnery, Science, and the Royal Society," in *The Uses of Science in the Age of Newton*, ed. John G. Burke, pp. 111–141. Berkeley : University of California Press, 1983.

———. *The Revolution in Science 1500–1750*. London : Longman, 1983.

———. *The Scientific Revolution 1500–1800 : The Formation of the Modern Scientific Attitude*, 2d ed. Boston : Beacon Press, 1966.

Hall, A. Rupert, and Hall, Marie Boas. "Philosophy and Natural Philosophy : Boyle and Spinoza," in *Mélanges Alexandre Koyré. II. L'aventure de l'esprit*, ed. René Taton and I. Bernard Cohen, pp. 241–256. Paris : Hermann, 1964.

Hall, Marie Boas. "Boyle, Robert," in *Dictionary of Scientific Biography*, vol. II, pp. 377–382. New York : Charles Scribner's, 1970.

———. "Boyle as a Theoretical Scientist," *Isis* 41 (1950), 261–268.

———. "An Early Version of Boyle's 'Sceptical Chymist'," *Isis* 45 (1954), 156–168.

———. "The Establishment of the Mechanical Philosophy," *Osiris* 10 (1952), 412–541.

———. "Huygens' Scientific Contacts with England," in *Studies on Christiaan Huygens*, ed. H.J.M. Bos et al., pp. 66–81. Lisse, The Netherlands : Swets & Zeitlinger, 1980.

———. *Robert Boyle and Seventeenth-Century Chemistry*. Cambridge : Cambridge University Press, 1958.

———. "Salomon's House Emergent : The Early Royal Society and Cooperative Research," in *The Analytic Spirit : Essays in the History of Science in Honor of Henry Guerlac*, ed. Harry Woolf, pp. 177–194. Ithaca : Cornell University Press, 1981.

———. "Science in the Early Royal Society," in *The Emergence of Science in Western Europe*, ed. Maurice Crosland, pp. 57–77. London : Macmillan, 1975.

Halleux, Robert. "Huygens et les théories de la matière," in *Huygens et la France*, ed. René Taton, pp. 187–195. Paris : Vrin, 1982.

Hannaway, Owen. *The Chemists and the Word : The Didactic Origins of Chemistry*. Baltimore : Johns Hopkins University Press, 1975.

Hanson, Donald W. *From Kingdom to Commonwealth : The Development of Civic Consciousness in English Political Thought*. Cambridge, Mass. : Harvard University Press, 1970.

Harrison, Charles T. "Bacon, Hobbes, Boyle, and the Ancient Atomists," in *Harvard Studies and Notes in Philosophy and Literature*, vol. 15, ed. G. H. Maynadier et al., pp. 191–218. Cambridge, Mass. : Harvard University Press, 1933.

Harrison, John. *The Library of Isaac Newton*. Cambridge : Cambridge University Press, 1978.

Harvey, Bill. "Plausibility and the Evaluation of Knowledge : A Case-Study of Experimental Quantum Mechanics," *Soc. Stud. Sci.* 11 (1981), 95–130.

Havighurst, Alfred F. "The Judiciary and Politics in the Reign of Charles II," *Law Quart. Rev.* 66 (1950), 62–78, 229–252.

Hawes, Joan L. "Newton and the Electrical Attraction Unexcited," *Ann. Sci.* 24 (1968), 121–130.

Heathcote, N. H. deV. "Guericke's Sulphur Globe," *Ann. Sci.* 6 (1950), 293–305.

Heilbron, J. L. *Elements of Early Modern Physics*. Berkeley : University of California Press, 1982.

Heimann, P. M. " 'Nature is a Perpetual Worker' : Newton's Aether and Eighteenth-Century Natural Philosophy," *Ambix* 20 (1973), 1–25.

Henry, John. "Atomism and Eschatology : Catholicism and Natural Philosophy in the Interregnum," *Brit. J. Hist. Sci.* 15 (1982), 211–240.

Herschel, J.F.W. *Preliminary Discourse on the Study of Natural Philosophy*, new ed. London : Longman, Rees, 1835.

Hervey, Helen. "Hobbes and Descartes in the Light of Some Unpublished Letters of the Correspondence between Sir Charles Cavendish and Dr. John Pell," *Osiris* 10 (1952), 67–90.

Hesse, Mary B. "Hooke's Development of Bacon's Method," in *Proceedings of the Tenth International Congress of the History of Science, Ithaca, 1962*, 2 vols. ; vol. I, pp. 265–268. Paris : Hermann, 1964.

———. "Hooke's Philosophical Algebra," *Isis* 57 (1966), 67–83.

———. "Hooke's Vibration Theory and the Isochrony of Springs," *Isis* 57 (1966), 433–441.

Hexter, J. H. "Thomas Hobbes and the Law," *Cornell Law Rev.* 65 (1980), 471–488.

Heyd, Michael. "The Reaction to Enthusiasm in the Seventeenth Century : Towards an Integrative Approach," *J. Mod. Hist.* 53 (1981), 258–280.

Hill, C. R. "The Iconography of the Laboratory," *Ambix* 22 (1975), 102–110.

Hill, Christopher. *Change and Continuity in Seventeenth-Century England*. Cambridge, Mass. : Harvard University Press, 1975.

———. *The Experience of Defeat : Milton and Some Contemporaries*. London : Faber and Faber, 1984.

———. *God's Englishman : Oliver Cromwell and the English Revolution*. New York : Dial, 1970〔『オリバー・クロムウェルとイギリス革命』清水雅夫訳（東北大学出版会，2003 年）〕.
———. *Intellectual Origins of the English Revolution*. Oxford : Oxford University Press, 1965〔『イギリス革命の思想的先駆者たち』福田良子訳（岩波書店，1972 年）〕.
———. *Milton and the English Revolution*. Harmondsworth : Penguin, 1979.
———. *Some Intellectual Consequences of the English Revolution*. Madison : University of Wisconsin Press, 1980.
———. "William Harvey and the Idea of Monarchy," in *The Intellectual Revolution of the Seventeenth Century*, ed. Charles Webster, pp. 160–181. London : Routledge and Kegan Paul, 1974.
———. *The World Turned Upside Down : Radical Ideas during the English Revolution*. Harmondsworth : Penguin, 1975.
Hirst, Paul. "Witchcraft Today and Yesterday," *Econ. Soc.* 11 (1982), 428–448.
Hirzel, Rudolf. *Der Dialog : Ein literarhistorischer Versuch*, 2 vols. in 1. Leipzig : S. Hirzel, 1895.
Hodges, Devon Leigh. "Anatomy as Science," *Assays* 1 (1981), 73–89.
Hofmann, Joseph E. *Leibniz in Paris 1672–1676 : His Growth to Mathematical Maturity*. Cambridge : Cambridge University Press, 1974.
Home, Roderick W. "Francis Hauksbee's Theory of Electricity," *Arch. Hist. Exact Sci.* 4 (1967), 203–217.
———. "Newton on Electricity and the Aether," in *Contemporary Newtonian Research*, ed. Zev Bechler, pp. 191–213. Dordrecht : Reidel, 1982.
Horne, C. J. "Literature and Science," in *The Pelican Guide to English Literature : 4. From Dryden to Johnson*, ed. Boris Ford, pp. 188–202. Harmondsworth : Penguin, 1972.
Hunter, Michael. "Ancients, Moderns, Philologists, and Scientists," *Ann. Sci.* 39 (1982), 187–192.
———. "The Debate over Science," in *The Restored Monarchy, 1660–1688*, ed. J. R. Jones, pp. 176–195. London : Macmillan, 1979.
———. *John Aubrey and the Realm of Learning*. London : Duckworth, 1975.
———. *The Royal Society and Its Fellows 1660–1700 : The Morphology of an Early Scientific Institution*. Chalfont St. Giles : British Society for the History of Science, 1982.
———. *Science and Society in Restoration England*. Cambridge : Cambridge University Press, 1981〔『イギリス科学革命——王政復古期の科学と社会』大野誠訳（南窓社，1999 年）〕.
Hutchison, Keith. "Supernaturalism and the Mechanical Philosophy," *Hist. Sci.* 21 (1983), 297–333.
Ivins, William M., Jr. *Prints and Visual Communication*. Cambridge, Mass. : M.I.T. Press, 1969〔『ヴィジュアルコミュニケーションの歴史』白石和也訳（晶文社，1984 年）〕.
Jacob, James R. "Aristotle and the New Philosophy : Stubbe versus the Royal Society," in *Science, Pseudo-Science and Society*, ed. Marsha P. Hanen et al., pp. 217–236. Waterloo, Ontario : Wilfrid Laurier University Press, for the Calgary Institute for the Humanities, 1980.
———. "Boyle's Atomism and the Restoration Assault on Pagan Naturalism," *Soc. Stud. Sci.* 8 (1978), 211–233.
———. "Boyle's Circle in the Protectorate : Revelation, Politics, and the Millennium," *J. Hist. Ideas* 38 (1977), 131–140.
———. *Henry Stubbe, Radical Protestantism and the Early Enlightenment*. Cambridge : Cambridge University Press, 1983.
———. "Restoration, Reformation and the Origins of the Royal Society," *Hist. Sci.* 13 (1975), 155–176.
———. *Robert Boyle and the English Revolution : A Study in Social and Intellectual Change*. New York : Burt Franklin, 1977.

Jacob, Margaret C. *The Newtonians and the English Revolution, 1689–1720*. Ithaca : Cornell University Press, 1976〔『ニュートン主義者とイギリス革命』科学史研究叢書 2，佐々木力編，中島秀人訳（学術書房，1990 年）〕.

Jacquot, Jean. "Un document inédit : les notes de Charles Cavendish sur la première version du 'De Corpore' de Hobbes," *Thalès* 8 (1952), 33–86.

———. "Notes on an Unpublished Work of Thomas Hobbes," *Notes Rec. Roy. Soc. Lond.* 9 (1952), 188–195.

———. "Sir Charles Cavendish and His Learned Friends," *Ann. Sci.* 8 (1952), 13–27, 175–191.

James, D. G. *The Life of Reason : Hobbes, Locke, Bolingbroke*. London : Longmans, Green, 1949.

Jardine, Lisa. *Francis Bacon : Discovery and the Art of Discourse*. Cambridge : Cambridge University Press, 1974.

Jobe, Thomas Harmon. "The Devil in Restoration Science : The Glanvill-Webster Witchcraft Debate," *Isis* 72 (1981), 343–356.

Jones, Harold Whitmore. "Mid-Seventeenth-Century Science : Some Polemics," *Osiris* 9 (1950), 254–274.

Jones, J. R. *Country and Court : England, 1658–1714*. Cambridge, Mass. : Harvard University Press, 1979.

———. "Political Groups and Tactics in the Convention of 1660," *Hist. J.* 6 (1963), 159–177.

Jones, Richard Foster. *Ancients and Moderns : A Study of the Rise of the Scientific Movement in Seventeenth-Century England*, 2d ed. St. Louis : Washington University Press, 1961.

———. "Science and English Prose Style in the Third Quarter of the Seventeenth Century," *Publ. Mod. Lang. Assoc. America* 45 (1930), 977–1009.

———. "Science and Language in England of the Mid-Seventeenth Century," *J. Eng. Germ. Philol.* 31 (1932), 315–331.

Jones, W. J. *Politics and the Bench : The Judges and the Origins of the English Civil War*. London : Allen and Unwin, 1971.

Judson, Margaret A. *From Tradition to Political Reality : A Study of the Ideas Set Forth in Support of the Commonwealth Government in England, 1649–1653*. Hamden, Conn. : Archon Books, 1980.

Kaplan, Barbara Beigun. "Greatrakes the Stroker : The Interpretations of His Contemporaries," *Isis* 73 (1982), 178–185.

Kargon, Robert Hugh. *Atomism in England from Hariot to Newton*. Oxford : Clarendon Press, 1966.

———. "Atomism in the Seventeenth Century," in *Dictionary of the History of Ideas*, ed. Philip P. Wiener, vol. I, pp. 132–141. New York : Scribner's, 1973〔「原子論——17 世紀」吉本秀之訳『西洋思想大事典』，フィリップ・P・ウィーナー編，荒川幾男ほか日本語版編集，第 2 巻（平凡社，1990 年），76–84 頁〕.

Kauffeldt, Alfons. *Otto von Guericke : Philosophisches über den leeren Raum*. Berlin : Akademie-Verlag, 1968.

Keegan, John. *The Face of Battle : A Study of Agincourt, Waterloo and the Somme*. New York : Viking, 1976.

———. *Six Armies in Normandy : From D-Day to the Liberation of Paris*. New York : Viking, 1982.

Klaaren, Eugene M. *Religious Origins of Modern Science : Belief in Creation in Seventeenth-Century Thought*. Grand Rapids, Mich. : William B. Eerdmans, 1977.

Kocher, Paul H. "Bacon on the Science of Jurisprudence," *J. Hist. Ideas* 18 (1957), 3–26.

Köhler, Max. "Studien zur Naturphilosophie des Th. Hobbes," *Arch. Gesch. Phil.* 9 (1902–1903), 59–96.

Koyré, Alexandre. *Galileo Studies*, trans. John Mepham. Atlantic Highlands, N.J. : Humanities Press, 1978〔『ガリレオ研究』菅谷暁訳（法政大学出版局，1988 年）〕.

Krafft, Fritz. *Otto von Guericke*. Darmstadt : Wissenschaftliche Buchgesellschaft, 1978.

Kuhn, Thomas S. “The Function of Measurement in Modern Physical Science,” *Isis* 52 (1961), 161-190〔「近代物理科学における測定の機能」『本質的緊張――科学における伝統と革新』安孫子誠也，佐野正博訳，全 2 巻（みすず書房，1987-1992 年），第 8 章〕.

———. “A Function for Thought Experiments,” in idem, *The Essential Tension : Selected Studies in Scientific Tradition and Change*, pp. 240-265. Chicago : University of Chicago Press, 1977〔「思考実験の機能」『本質的緊張』，第 10 章〕.

Kuslan, Louis, and Stone, A. Harris. *Robert Boyle : The Great Experimenter*. Englewood Cliffs, N.J. : Prentice-Hall, 1970.

Labrousse, Elisabeth. “Le démon de Mâçon,” in *Scienze, credenze occulte, livelli di cultura*, pp. 249-275. Istituto Nazionale di Studi sul Rinascimento. Florence : Olschki, 1982.

Lacey, Douglas R. *Dissent and Parliamentary Politics in England, 1661-1689*. New Brunswick, N.J. : Rutgers University Press, 1969.

Laird, John. *Hobbes*. London : Ernest Benn, 1934.

Lamont, William M. *Richard Baxter and the Millennium*. London : Croom Helm, 1979.

Latour, Bruno. “Give Me a Laboratory and I Will Raise the World,” in *Science Observed : Perspectives on the Social Study of Science*, ed. Karin D. Knorr-Cetina and Michael Mulkay, pp. 141-170. London : Sage, 1983.

———. *Les microbes : guerre et paix, suivi de irréductions*. Paris : Editions A. M. Métailié, 1984.

Latour, Bruno, and Woolgar, Steve. *Laboratory Life : The Social Construction of Scientific Facts*. Beverly Hills, Calif. : Sage, 1979.

Laudan, Laurens. “The Clock Metaphor and Probabilism : The Impact of Descartes on English Methodological Thought, 1650-65,” *Ann. Sci.* 22 (1966), 73-104.

Leach, Edmund. “Melchisedech and the Emperor : Icons of Subversion and Orthodoxy,” in *Proceedings of the Royal Anthropological Institute for 1972*, pp. 5-14. London : Royal Anthropological Institute, 1973.

Lennox, James G. “Robert Boyle’s Defense of Teleological Inference in Experimental Science,” *Isis* 74 (1983), 38-52.

Lenoble, Robert. *Mersenne, ou la naissance du mécanisme*. Paris : Vrin, 1943.

Leopold, J. H. “Christiaan Huygens and His Instrument Makers,” in *Studies on Christiaan Huygens*, ed. H. J.M. Bos et al., pp. 221-233. Lisse, The Netherlands : Swets & Zeitlinger, 1980.

Lichtenstein, Aharon. *Henry More : The Rational Theology of a Cambridge Platonist*. Cambridge, Mass. : Harvard University Press, 1962.

Linnell, Charles L. S. “Daniel Scargill : ‘A Penitent Hobbist’,” *Church Quart. Rev.* 156 (1955), 256-265.

Lupoli, Agostino. “La polemica tra Hobbes e Boyle,” *Ann. Fac. Lett. Fil. Univ. Milano* 29 (1976), 309-354.

McAdoo, Henry R. *The Spirit of Anglicanism : A Survey of Anglican Theological Method in the Seventeenth Century*. London : A. & C. Black, 1965.

McClaughlin, Trevor. “Le concept de science chez Jacques Rohault,” *Rev. Hist. Sci.* 30 (1977), 225-240.

———. “Sur les rapports entre la Compagnie de Thévenot et l’Académie Royale des Sciences,” *Rev. Hist. Sci.* 28 (1975), 235-242.

Macdonald, Michael. “Religion, Social Change and Psychological Healing in England,” *Stud. Church Hist.*

19 (1982), 101–126.

Macfarlane, Alan. *Witchcraft in Tudor and Stuart England*. London : Routledge and Kegan Paul, 1970.

MacGillivray, Royce. "Thomas Hobbes's History of the English Civil War : A Study of *Behemoth*," *J. Hist. Ideas* 31 (1970), 179–198.

McGuire, J. E. "Boyle's Conception of Nature," *J. Hist. Ideas* 33 (1972), 523–542.

———. "Force, Active Principles, and Newton's Invisible Realm," *Ambix* 15 (1968), 154–208.

McGuire, J. E., and Tamny, Martin. *Certain Philosophical Questions : Newton's Trinity Notebook*. Cambridge : Cambridge University Press, 1983.

McKeon, Michael. *Politics and Poetry in Restoration England : The Case of Dryden's Annus Mirabilis*. Cambridge, Mass. : Harvard University Press, 1975.

McKeon, Richard. *The Philosophy of Spinoza : The Unity of His Thought*. London : Longmans, Green, 1928.

McKie, Douglas. "Fire and the *Flamma vitalis* : Boyle, Hooke and Mayow," in *Science, Medicine and History*, ed. E. A. Underwood, 2 vols. ; vol. I, pp. 469–488. London : Oxford University Press, 1953.

———. "Introduction" [to facsimile edition of Boyle's *Works*], vol. I, pp. v*–xx*. Hildesheim : George Olms, 1965.

Mackintosh, Sir James. "Dissertation Second ; Exhibiting a General View of the Progress of Ethical Philosophy, Chiefly during the Seventeenth and Eighteenth Centuries," in *Encyclopaedia Britannica*, 7th ed. "Dissertations," vol. I, pp. 291–429. Edinburgh, 1842.

McLachlan, Herbert. *Socinianism in Seventeenth-Century England*. Oxford : Oxford University Press, 1951.

Macpherson, C. B. "Introduction" [to his edition of *Leviathan*], pp. 9–63. Harmondsworth : Penguin, 1968.

Madden, Edward H. "Thomas Hobbes and the Rationalistic Ideal," in *Theories of Scientific Method : The Renaissance through the Nineteenth Century*, ed. Madden, pp. 104–118. Seattle : University of Washington Press, 1960.

Maddison, R.E.W. *The Life of the Honourable Robert Boyle, F.R.S.* London : Taylor & Francis, 1969.

———. "The Portraiture of the Honourable Robert Boyle, F.R.S.," *Ann. Sci.* 15 (1959), 141–214.

Mandelbaum, Maurice. *Philosophy, Science, and Sense Perception : Historical and Critical Studies*. Baltimore : The Johns Hopkins Press, 1964.

Mandrou, Robert. *Magistrats et sorciers en France au XVIIe siècle*. Paris : Plon, 1968.

Medawar, Peter. "Is the Scientific Paper a Fraud?" in *Experiment : A Series of Scientific Case Histories*, ed. David Edge, pp. 7–12. London : B.B.C., 1964.

Merrill, Elizabeth. *The Dialogue in English Literature*. New York : Henry Holt, 1911.

Merton, Robert K. *The Sociology of Science : Theoretical and Empirical Investigations*, ed. Norman W. Storer. Chicago : University of Chicago Press, 1973.

Mesnard, Jean. "Les premières relations parisiennes de Christiaan Huygens," in *Huygens et la France*, ed. René Taton, pp. 33–40. Paris : Vrin, 1982.

Middleton, W. E. Knowles. *The Experimenters : A Study of the Accademia del Cimento*. Baltimore : The Johns Hopkins Press, 1971.

———. *The History of the Barometer*. Baltimore : The Johns Hopkins Press, 1964.

———. "Science in Rome, 1675–1700, and the Accademia Fisicomatematica of Giovanni Giustino Ciampini," *Brit. J. Hist. Sci.* 8 (1975), 138–154.

———. "What did Charles II Call the Fellows of the Royal Society?" *Notes Rec. Roy. Soc. Lond.* 32

(1977), 13-17.

Miller, David Philip. "Method and the 'Micropolitics' of Science : The Early Years of the Geological and Astronomical Societies of London," in *The Politics and Rhetoric of Scientific Method : Historical Studies*, ed. John A. Schuster and Richard Yeo, pp. 227-251. Dordrecht : Reidel, 1986.

Millington, E. C. "Studies in Capillarity and Cohesion in the Eighteenth Century," *Ann. Sci.* 5 (1945), 352-369.

———. "Theories of Cohesion in the Seventeenth Century," *Ann. Sci.* 5 (1945), 253-269.

Mintz, Samuel I. "Galileo, Hobbes, and the Circle of Perfection," *Isis* 43 (1952), 98-100.

———. "Hobbes, Thomas," in *Dictionary of Scientific Biography*, vol. VI, pp. 444-451. New York : Charles Scribner's, 1972.

———. *The Hunting of Leviathan : Seventeenth-Century Reactions to the Materialism and Moral Philosophy of Thomas Hobbes*. Cambridge : Cambridge University Press, 1962.

Missner, Marshall. "Skepticism and Hobbes's Political Philosophy," *J. Hist. Ideas* 44 (1983), 407-427.

Mitcham, Carl. "Philosophy and the History of Technology," in *The History and Philosophy of Technology*, ed. G. Bugliarello and D. B. Doner, pp. 163-201. Urbana : University of Illinois Press, 1979.

More, Louis Trenchard. *The Life and Works of the Honourable Robert Boyle*. London : Oxford University Press, 1944.

Muddiman, Joseph G. *The King's Journalist, 1659-1689 : Studies in the Reign of Charles II*. London : Bodley Head, 1923.

Multhauf, Robert P. "Some Nonexistent Chemists of the Seventeenth Century : Remarks on the Use of the Dialogue in Scientific Writing," in Allen G. Debus and Multhauf, *Alchemy and Chemistry in the Seventeenth Century*, pp. 31-50. Los Angeles : William Andrews Clark Memorial Library, 1966.

Needham, Joseph. *The Grand Titration : Science and Society in East and West*. London : George Allen & Unwin, 1969〔『文明の滴定――科学技術と中国の社会』橋本敬造訳（法政大学出版局，1974年)〕.

Nicholas, Donald. *Mr. Secretary Nicholas, 1593-1669 : His Life and Letters*. London : Bodley Head, 1955.

Nicolson, Marjorie Hope. "Christ's College and the Latitude-Men," *Mod. Philol.* 27 (1929), 35-53.

———. "Milton and Hobbes," *Stud. Philol.* 23 (1926), 405-453.

———. *Pepys' 'Diary' and the New Science*. Charlottesville : The University Press of Virginia, 1965〔『ピープスの日記と新科学』浜口稔訳（白水社，2014年)〕.

Oakley, Francis. "Jacobean Political Theology : The Absolute and Ordinary Powers of the King," *J. Hist. Ideas* 29 (1968), 323-346.

O'Brien, John J. "Samuel Hartlib's Influence on Robert Boyle's Scientific Development," *Ann. Sci.* 21 (1965), 1-14, 257-276.

Orr, Robert R. *Reason and Authority : The Thought of William Chillingworth*. Oxford : Clarendon Press, 1967.

Pacchi, Arrigo. *Cartesio in Inghilterra : da More a Boyle*. Rome and Bari : Editori Laterza, 1973.

———. *Convenzione e ipotesi nella formazione della filosofia naturale di Thomas Hobbes*. Florence : La Nuova Italia, 1965.

Partridge, Eric. *Origins : A Short Etymological Dictionary of Modern English*. New York : Macmillan, 1958.

Payen, Jacques. "Huygens et Papin : moteur thermique et machine à vapeur," in *Huygens et la France*, ed. René Taton, pp. 197-208. Paris : Vrin, 1982.

Pelseneer, Jean. "Petite contribution à la connaissance de Mariotte," *Isis* 42 (1951), 299-301.

Peters, Richard. *Hobbes*. Harmondsworth : Penguin, 1967.

Pickering, Andrew. "The Hunting of the Quark," *Isis* 72 (1981), 216-236.

Pinch, T. J. "The Sun-Set : The Presentation of Certainty in Scientific Life," *Soc. Stud. Sci.* 11 (1981), 131-158.

———. "Theory Testing in Science—The Case of Solar Neutrinos : Do Crucial Experiments Test Theories or Theorists?" *Phil. Soc. Sci.* 15 (1985), 167-187.

Playfair, John. "Dissertation Third ... of the Progress of Mathematical and Physical Science," in *Encyclopaedia Britannica*, 7th ed., "Dissertations," vol. I, pp. 431-572. Edinburgh, 1842.

Pocock, J. G. A. *The Ancient Constitution and the Feudal Law : English Historical Thought in the Seventeenth Century*. Cambridge : Cambridge University Press, 1957.

———. "Time, History and Eschatology in the Thought of Thomas Hobbes," in idem, *Politics, Language and Time : Essays on Political Thought and History*, pp. 148-201. London : Methuen, 1972.

Popkin, Richard H. *The History of Scepticism from Erasmus to Spinoza*. Berkeley : University of California Press, 1979〔旧版の翻訳：『懐疑——近世哲学の源流』野田又夫，岩坪紹夫訳（紀伊國屋書店，1981 年)〕.

Powell, Anthony. *John Aubrey and His Friends*. London : Eyre & Spottiswoode, 1948.

Powell, Baden. *History of Natural Philosophy from the Earliest Periods to the Present Time*. London : Longman, 1842.

Price, Derek J. "The Manufacture of Scientific Instruments from *c* 1500 to *c* 1700," in *A History of Technology*, ed. C. Singer et al., vol. III, pp. 620-647. London : Oxford University Press, 1957〔「科学器械の製作——1500 年頃～1700 年頃」高木純一郎訳『技術の歴史第 6 巻 ルネサンスから産業革命へ 下』チャールズ・シンガーほか編，増補版（筑摩書房，1978 年)，第 23 章〕.

Prior, Moody E. "Joseph Glanvill, Witchcraft and Seventeenth-Century Science," *Mod. Philol.* 30 (1932), 167-193.

Quine, Willard van Orman. *From a Logical Point of View*, 2d ed. Cambridge, Mass. : Harvard University Press, 1964〔『論理的観点から——論理と哲学をめぐる九章』飯田隆訳（勁草書房，1992 年)〕.

Redwood, John. *Reason, Ridicule and Religion : The Age of Enlightenment in England 1660-1750*. Cambridge, Mass. : Harvard University Press, 1976.

Reif, Patricia. "The Textbook Tradition in Natural Philosophy, 1600-1650," *J. Hist. Ideas* 30 (1969), 17-32.

Reik, Miriam M. *The Golden Lands of Thomas Hobbes*. Detroit : Wayne State University Press, 1977.

Reilly, Conor. *Francis Line S. J. : An Exiled English Scientist (1595-1675)*. Rome : Institutum Historicum, S.I., 1969.

Reiser, Stanley J. "The Coffee-Houses of Mid-Seventeenth-Century London." Unpubl. typescript, Imperial College, 1966.

Renaldo, John J. "Bacon's Empiricism, Boyle's Science, and the Jesuit Response in Italy," *J. Hist. Ideas* 37 (1976), 689-695.

Robertson, George Croom. *Hobbes*. Edinburgh : William Blackwood, 1886.

———. "Hobbes, Thomas," in *Encyclopaedia Britannica*, 11th ed., vol. XIII, pp. 545-552. Cambridge : Cambridge University Press, 1910.

Robinson, Edward Forbes. *The Early History of Coffee Houses in England* .... London : Kegan Paul, Trench, 1893.

Rochot, B. "Comment Gassendi interprétait l'expérience du Puy de Dôme," *Rev. Hist. Sci.* 16 (1963), 53–76.

Roger, Jacques. "La politique intellectuelle de Colbert et l'installation de Christiaan Huygens à Paris," in *Huygens et la France*, ed. René Taton, pp. 41–48. Paris : Vrin, 1982.

Rogers, G.A.J. "Descartes and the Method of English Science," *Ann. Sci.* 29 (1972), 237–255.

Rogers, Philip G. *The Fifth Monarchy Men*. Oxford : Oxford University Press, 1966.

Rorty, Richard. *Philosophy and the Mirror of Nature*. Princeton : Princeton University Press, 1979〔『哲学と自然の鏡』野家啓一監訳，伊藤春樹ほか訳（産業図書，1993 年)〕.

Rosenfeld, Léon. "Newton's Views on Aether and Gravitation," *Arch. Hist. Exact Sci.* 6 (1969), 29–37.

Rosmorduc, Jean. "Le modèle de l'éther lumineux dans le *Traité de la lumière* de Huygens," in *Huygens et la France*, ed. René Taton, pp. 165–176. Paris : Vrin, 1982.

Rowbottom, Margaret E. "The Earliest Published Writing of Robert Boyle," *Ann. Sci.* 6 (1950), 376–389.

Ruestow, Edward G. "Images and Ideas : Leeuwenhoek's Perception of the Spermatozoa," *J. Hist. Biol.* 16 (1983), 185–224.

Sabra, A. I. *Theories of Light from Descartes to Newton*, 2d ed. Cambridge : Cambridge University Press, 1981.

Sacksteder, William. "The Artifice Designing Science in Hobbes." Unpublished typescript.

———. "Hobbes : The Art of the Geometricians," *J. Hist. Phil.* 18 (1980), 131–146.

———. "Hobbes : Geometrical Objects," *Phil. Sci.* 48 (1981), 573–590.

———. "Hobbes : Man the Maker," in *Thomas Hobbes : His View of Man*, ed. J. G. van der Bend, pp. 77–88. Amsterdam : Rodopi, 1982.

———. "Hobbes : Teaching Philosophy to Speak English," *J. Hist. Phil.* 16 (1978), 33–45.

———. "Some Ways of Doing Language Philosophy : Nominalism, Hobbes, and the Linguistic Turn," *Rev. Metaphys.* 34 (1981), 459–485.

———. "Speaking about Mind : *Endeavor* in Hobbes," *Phil. Forum* 11 (1979), 65–79.

Sacret, Joseph H. "The Restoration Government and Municipal Corporations," *Engl. Hist. Rev.* 45 (1930), 232–259.

Sadoun-Goupil, Michelle. "L'oeuvre de Pascal et la physique moderne," in *L'oeuvre scientifique de Pascal*, ed. René Taton, pp. 249–277. Paris : Presses Universitaires de France, 1964.

Salmon, Vivian. "John Wilkins' *Essay* (1668) : Critics and Continuators," *Hist. Linguist.* 1 (1974), 147–163.

Schaffer, Simon. "Natural Philosophy," in *The Ferment of Knowledge : Studies in the Historiography of Eighteenth-Century Science*, ed. G. S. Rousseau and Roy Porter, pp. 55–91. Cambridge : Cambridge University Press, 1980.

———. "Natural Philosophy and Public Spectacle in the Eighteenth Century," *Hist. Sci.* 21 (1983), 1–43.

Schmitt, Charles B. "Experience and Experiment : A Comparison of Zabarella's View with Galileo's in *De motu*," *Stud. Renaiss.* 16 (1969), 80–137.

———. "Experimental Evidence for and against a Void : The Sixteenth-Century Arguments," *Isis* 58 (1967), 352–366.

———. "Towards a Reassessment of Renaissance Aristotelianism," *Hist. Sci.* 11 (1973), 159–193.

Schofield, Robert E., ed. *A Scientific Autobiography of Joseph Priestley (1733–1804)*. Cambridge, Mass. : M.I.T. Press, 1966.

Schutz, Alfred. *Collected Papers, Vol. II. Studies in Social Theory*, ed. Arvid Brodersen. The Hague : Nijhoff, 1964〔『社会理論の研究』アルフレッド・シュッツ著作集 3，アーヴィット・ブロ

ダーセン編，渡部光，那須壽，西原和久訳（マルジュ社，1991 年)].

Scott, J. F. *The Mathematical Work of John Wallis, D.D., F.R.S. (1616–1703)*. London : Taylor & Francis, 1938.

———. "The Reverend John Wallis, F. R. S. (1616–1703)," in *The Royal Society : Its Origins and Founders*, ed. Sir Harold Hartley, pp. 57–67. London : The Royal Society, 1960.

Selden, Raman. "Hobbes and Late Metaphysical Poetry," *J. Hist. Ideas* 35 (1974), 197–210.

Shapin, Steven. "History of Science and Its Sociological Reconstructions," *Hist. Sci.* 20 (1982), 157–211.

———. "Of Gods and Kings : Natural Philosophy and Politics in the Leibniz-Clarke Disputes," *Isis* 72 (1981), 187–215.

Shapin, Steven, and Barnes, Barry. "Head and Hand : Rhetorical Resources in British Pedagogical Writing, 1770–1850," *Oxford Rev. Educ.* 2 (1976), 231–254.

Shapiro, Alan E. "Kinematic Optics : A Study of the Wave Theory of Light in the Seventeenth Century," *Arch. Hist. Exact Sci.* 11 (1973), 134–266.

Shapiro, Barbara J. "Law and Science in Seventeenth-Century England," *Stanford Law Rev.* 21 (1969), 727–766.

———. *Probability and Certainty in Seventeenth-Century England : A Study of the Relationships between Natural Science, Religion, History, Law, and Literature*. Princeton : Princeton University Press, 1983.

Shea, William R. "Descartes and the Rosicrucians," *Ann. Ist. Mus. Stor. Sci. Firenze* 4 (1979), 29–47.

Shepherd, Christine M. "Newtonianism in Scottish Universities in the Seventeenth Century," in *The Origins and Nature of the Scottish Enlightenment*, ed. R. H. Campbell and Andrew S. Skinner, pp. 65–85. Edinburgh : John Donald, 1982.

———. "Philosophy and Science in the Arts Curriculum of the Scottish Universities in the Seventeenth Century." Ph.D. thesis, Edinburgh University, 1975.

Simon, Walter G. "Comprehension in the Age of Charles II," *Church Hist.* 31 (1962), 440–448.

Skinner, Quentin. "Conquest and Consent : Thomas Hobbes and the Engagement Controversy," in *The Interregnum : The Quest for Settlement, 1646–1660*, ed. G. E. Aylmer, pp. 79–98. London : Macmillan, 1972.

———. "History and Ideology in the English Revolution," *Hist. J.* 8 (1965), 158–178.

———. "The Ideological Context of Hobbes's Political Thought," *Hist. J.* 9 (1966), 286–317.

———. "Thomas Hobbes and His Disciples in France and England," *Comp. Stud. Soc. Hist.* 8 (1966), 153–167.

———. "Thomas Hobbes and the Nature of the Early Royal Society," *Hist. J.* 12 (1969), 217–239.

Slaughter, M. M. *Universal Languages and Scientific Taxonomy in the Seventeenth Century*. Cambridge : Cambridge University Press, 1982.

Snelders, H.A.M. "Christiaan Huygens and the Concept of Matter," in *Studies on Christiaan Huygens*, ed. H.J.M. Bos et al., pp. 104–125. Lisse, The Netherlands : Swets & Zeitlinger, 1980.

Spalding, James, and Brown, Maynard. "Reduction of Episcopacy as a Means to Unity in England, 1640–1662," *Church Hist.* 30 (1961), 414–432.

Spiller, Michael R. G. *"Concerning Natural Experimental Philosophie" : Meric Casaubon and the Royal Society*. The Hague : Nijhoff, 1980.

Spragens, Thomas A., Jr. *The Politics of Motion : The World of Thomas Hobbes*. Lexington : The University Press of Kentucky, 1973.

Staudenbauer, C. A. "Platonism, Theosophy and Immaterialism : Recent Views of the Cambridge Platonists," *J. Hist. Ideas* 35 (1974), 157–169.

Steneck, Nicholas H. " 'The Ballad of Robert Crosse and Joseph Glanvill' and the Background to *Plus ultra*," *Brit. J. Hist. Sci.* 14 (1981), 59-74.

———. "Greatrakes the Stroker : The Interpretations of Historians," *Isis* 73 (1982), 161-177.

Stephen, Leslie. *Hobbes*. London : Macmillan, 1904.

———. "Hobbes, Thomas," in *Dictionary of National Biography*, vol. IX, pp. 931-939. Cambridge : Cambridge University Press, 1891.

Stewart, M. A. "Introduction," in *Selected Philosophical Papers of Robert Boyle*, ed. Stewart, pp. xvii-xxxi. Manchester : Manchester University Press, 1979.

Stieb, Ernst W. "Robert Boyle's Medicina Hydrostatica and the Detection of Adulteration," in *Proceedings of the Tenth International Congress of the History of Science, Ithaca, 1962*, 2 vols. ; vol. II, pp. 841-845. Paris : Hermann, 1964.

Strauss, Leo. *The Political Philosophy of Hobbes : Its Basis and Its Genesis*, trans. Elsa M. Sinclair. Chicago : University of Chicago Press, 1952〔『ホッブズの政治学』添谷育志，谷喬夫，飯島昇藏訳（みすず書房，1990 年）〕.

Stroup, Alice. "Christiaan Huygens & the Development of the Air Pump," *Janus* 68 (1981), 129-158.

Syfret, R. H. "Some Early Critics of the Royal Society," *Notes Rec. Roy. Soc. Lond.* 8 (1950), 20-64.

Taylor, A. E. *Thomas Hobbes*. London : Constable, 1908.

Taylor, E. G. R. *The Mathematical Practitioners of Tudor & Stuart England 1485-1714*. Cambridge : Cambridge University Press, 1970.

Thomas, Keith. *Religion and the Decline of Magic*. Harmondsworth : Penguin, 1973〔『宗教と魔術の衰退』荒木正純訳，上下巻（法政大学出版局，1993 年）〕.

———. "The Social Origins of Hobbes's Political Thought," in *Hobbes Studies*, ed. K. C. Brown, pp. 185-236. Oxford : Basil Blackwell, 1965.

Thomas, Peter W. *Sir John Berkenhead, 1617-1679 : A Royalist Career in Politics and Polemics*. Oxford : Clarendon Press, 1969.

Thorpe, Clarence de W. *The Aesthetic Theory of Thomas Hobbes*. Ann Arbor : University of Michigan Press, 1940.

Tönnies, Ferdinand. *Thomas Hobbes : Leben und Lehre*. Stuttgart : Frommann, 1925.

Tuck, Richard. "*Power* and *Authority* in Seventeenth-Century England," *Hist. J.* 17 (1974), 43-61.

Turberville, A. S. *A History of Welbeck Abbey and Its Owners*, 2 vols. London : Faber and Faber, 1938-1939.

Turnbull, George Henry. *Hartlib, Dury and Comenius : Gleanings from Hartlib's Papers*. Liverpool : Liverpool University Press, 1947.

———. "Peter Stahl, the First Public Teacher of Chemistry at Oxford," *Ann. Sci.* 9 (1953), 265-270.

Turnbull, Herbert Westren, ed. *James Gregory Tercentenary Memorial Volume*. London : G. Bell, for the Royal Society of Edinburgh, 1939.

Turner, H. D. "Robert Hooke and Boyle's Air-Pump," *Nature* 184 (1959), 395-397.

van Helden, Albert. "The Accademia del Cimento and Saturn's Ring," *Physis* 15 (1973), 237-259.

———. " 'Annulo Cingitur' : The Solution of the Problem of Saturn," *J. Hist. Astron.* 5 (1974), 155-174.

———. "The Birth of the Modern Scientific Instrument, 1550-1700," in *The Uses of Science in the Age of Newton*, ed. John G. Burke, pp. 49-84. Berkeley : University of California Press, 1983.

———. "Eustachio Divini versus Christiaan Huygens : A Reappraisal," *Physis* 12 (1970), 36-50.

van Leeuwen, Henry G. *The Problem of Certainty in English Thought 1630-1690*. The Hague : Nijhoff, 1963.

Veall, Donald. *The Popular Movement for Law Reform, 1640–1660*. Oxford : Clarendon Press, 1970.

Verdon, Michel. "On the Laws of Physical and Human Nature : Hobbes' Physical and Social Cosmologies," *J. Hist. Ideas* 43 (1982), 653–663.

von Leyden, W. *Seventeenth-Century Metaphysics : An Examination of Some Main Concepts and Theories*. London : Duckworth, 1968.

Walker, D. P. *The Decline of Hell : Seventeenth-Century Discussions of Eternal Torment*. London : Routledge and Kegan Paul, 1964.

———. *Unclean Spirits : Possession and Exorcism in France and England in the Late Sixteenth and Early Seventeenth Centuries*. Philadelphia : University of Pennsylvania Press, 1982.

Wallace, Karl R. *Francis Bacon on Communication & Rhetoric*. Chapel Hill : University of North Carolina Press, 1943.

Waller, R. W. "Lorenzo Magalotti in England 1668–1669," *Italian Studies* 1 (1937), 49–66.

Wallis, Roy, ed. *On the Margins of Science : The Social Construction of Rejected Knowledge*, Sociological Review Monograph No. 27. Keele : Keele University Press, 1979〔『排除される知——社会的に認知されない科学』高田紀代志ほか訳（青土社，1986年)〕.

Warner, D.H.J. "Hobbes's Interpretation of the Doctrine of the Trinity," *J. Relig. Hist.* 5 (1969), 299–313.

Warrender, Howard. "Editor's Introduction" [to his edition of Hobbes, *De cive*], pp. 1–67. Oxford : Clarendon Press, 1983.

Watkins, J.W.N. "Confession is Good for Ideas," in *Experiment : A Series of Scientific Case Histories*, ed. David Edge, pp. 64–70. London : B.B.C., 1964.

———. *Hobbes's System of Ideas : A Study in the Political Significance of Philosophical Theories*. London : Hutchinson, 1965〔第2版（1973年）の翻訳：『ホッブズ——その思想体系』田中浩，高野清弘訳（未来社，1988年)〕.

Webster, Charles. "The Discovery of Boyle's Law, and the Concept of the Elasticity of Air in the Seventeenth Century," *Arch. Hist. Exact Sci.* 2 (1965), 441–502.

———. "English Medical Reformers of the Puritan Revolution : A Background to the 'Society of Chymical Physitians'," *Ambix* 14 (1967), 16–41.

———. *From Paracelsus to Newton : Magic and the Making of Modern Science*. Cambridge : Cambridge University Press, 1982〔『パラケルススからニュートンへ——魔術と科学のはざま』金子務監訳，神山義茂，織田紳也訳（平凡社，1999年)〕.

———. *The Great Instauration : Science, Medicine and Reform 1626–1660*. London : Duckworth, 1975.

———. "Henry More and Descartes : Some New Sources," *Brit. J. Hist. Sci.* 4 (1969), 359–377.

———. "Henry Power's Experimental Philosophy," *Ambix* 14 (1967), 150–178.

———. "Water as the Ultimate Principle of Nature : The Background to Boyle's 'Sceptical Chymist'," *Ambix* 13 (1965), 96–107.

Weld, C. R. *A History of the Royal Society, with Memoirs of the Presidents*, 2 vols. London : John Parker, 1848.

Western, J. R. *Monarchy and Revolution : The English State in the 1680s*. London : Blandford Press, 1972.

Westfall, Richard S. *The Construction of Modern Science : Mechanisms and Mechanics*. Cambridge : Cambridge University Press, 1977〔『近代科学の形成』渡辺正雄，小川眞里子訳（みすず書房，1980年)〕.

———. *Force in Newton's Physics : The Science of Dynamics in the Seventeenth Century*. London : Macdonald, 1971.

———. "Hooke, Robert," in *Dictionary of Scientific Biography*, vol. VI, pp. 481–488. New York : Charles Scribner's, 1972.

———. "Robert Hooke, Mechanical Technology, and Scientific Investigation," in *The Uses of Science in the Age of Newton*, ed. John G. Burke, pp. 85–110. Berkeley : University of California Press, 1983.

———. "Unpublished Boyle Papers Relating to Scientific Method," *Ann. Sci.* 12 (1956), 63–73, 103–117.

Weston, Corinne Comstock, and Greenberg, Janelle Renfrow. *Subjects and Sovereigns : The Grand Controversy over Legal Sovereignty in Stuart England*. Cambridge : Cambridge University Press, 1981.

Westrum, Ron. "Science and Social Intelligence about Anomalies : The Case of Meteorites," *Soc. Stud. Sci.* 8 (1978), 461–493.

Whiteman, Anne O. "The Restoration of the Church of England," in *From Uniformity to Unity, 1662–1962*, ed. Owen Chadwick and Geoffrey F. Nuttall, pp. 21–88. London : S.P.C.K. Books, 1962.

Wiener, Philip Paul. "The Experimental Philosophy of Robert Boyle (1626–91)," *Phil. Rev.* 41 (1932), 594–609.

Wilkinson, Ronald Sterne. "The Hartlib Papers and Seventeenth-Century Chemistry," *Ambix* 15 (1968), 54–69 ; 17 (1970), 85–110.

Willey, Basil. *The Seventeenth Century Background*. London : Chatto & Windus, 1950.

Willman, Robert. "Hobbes on the Law of Heresy," *J. Hist. Ideas* 31 (1970), 607–613.

Wilson, George. "On the Early History of the Air-Pump in England," *Edinburgh New Philosophical Journal* 46 (1848–1849), 330–354.

———. *Religio chemici*. London : Macmillan, 1862.

Wittgenstein, Ludwig. *On Certainty*, ed. G.E.M. Anscombe and G. H. von Wright, trans. Denis Paul and Anscombe. New York : Harper Torchbooks, 1972〔『確実性の問題；断片』ウィトゲンシュタイン全集 9，黒田亘，菅豊彦訳（大修館書店，1975 年)〕.

———. *Philosophical Investigations*, trans. G.E.M. Anscombe. Oxford : Basil Blackwell, 1976〔『哲学探究』ウィトゲンシュタイン全集 8，藤本隆志訳（大修館書店，1976 年)〕.

———. *Preliminary Studies for the "Philosophical Investigations," Generally Known as The Blue and Brown Books*, 2d ed. Oxford : Basil Blackwell, 1972〔『青色本・茶色本；「個人的経験」および「感覚与件」について；フレーザー『金枝篇』について』ウィトゲンシュタイン全集 6，大森荘蔵，杖下隆英訳（大修館書店，1975 年)〕.

———. *Remarks on the Foundations of Mathematics*, ed. G. H. von Wright, R. Rhees, and G.E.M. Anscombe, trans. Anscombe. Oxford : Basil Blackwell, 1967〔『数学の基礎』ウィトゲンシュタイン全集 7，中村秀吉，藤田晋吾訳（大修館書店，1976 年)〕.

Wood, P. B. "Methodology and Apologetics : Thomas Sprat's *History of the Royal Society*," *Brit. J. Hist. Sci.* 13 (1980), 1–26.

Woolrych, Austin. "Last Quests for a Settlement, 1657–1660," in *The Interregnum : The Quest for Settlement, 1646–1660*, ed. G. E. Aylmer, pp. 183–204. London : Macmillan, 1972.

Worrall, John. "The Pressure of Light : The Strange Case of the Vacillating 'Crucial Experiment'," *Stud. Hist. Phil. Sci.* 13 (1982), 133–171.

Wright-Henderson, Patrick A. *The Life and Times of John Wilkins*. Edinburgh : Blackwood's, 1910.

Yale, D.E.C. "Hobbes and Hale on Law, Legislation and the Sovereign," *Cambridge Law J.* 31 (1972), 121–156.

Yeo, Richard. "Scientific Method and the Image of Science, 1831–1891," in *The Parliament of Science :*

The British Association for the Advancement of Science 1831–1981, ed. Roy MacLeod and Peter Collins, pp. 65–88. Northwood, Middx. : Science Reviews Ltd., 1981.

Young, Thomas. *A Course of Lectures on Natural Philosophy and the Mechanical Arts*, ed. Philip Kelland, 2 vols. London : Taylor and Walton, 1845.

Zilsel, Edgar. *Die sozialen Ursprünge der neuzeitlichen Wissenschaft*, ed. and trans. Wolfgang Krohn. Frankfurt am Main : Suhrkamp, 1976.

Zwicker, Steven N. "Language as Disguise : Politics and Poetry in the Later Seventeenth Century," *Annals of Scholarship* 1 (1980), 47–67.

———. *Politics and Language in Dryden's Poetry : The Arts of Disguise*. Princeton : Princeton University Press, 1984.

註

扉

〔1〕 鼓直訳，改訳版（新潮社，1999 年），92 頁.

2011 年版への序文

（1） Bruno Latour, *We Have Never Been Modern* (Cambridge, Mass. : Harvard University Press, 1993), p. 17〔邦訳『虚構の「近代」——科学人類学は警告する』川村久美子訳（新評論，2008 年），38 頁〕; Ian Hacking, "Artificial Phenomena," *Brit. J. Hist. Sci.* 24 (1991), 235–241, on 235–236.

（2） そのような歴史の例として以下を見よ．Hugh Kenner, *The Mechanic Muse* (New York : Oxford University Press, 1987)〔邦訳『機械という名の詩神——メカニック・ミューズ』松本朗訳（上智大学出版，2009 年）〕; Friedrich A. Kittler, *Gramophone, Film, Typewriter*, trans. Geoffrey Winthrop-Young and Michael Wutz (Stanford, Calif. : Stanford University Press, 1999 ; orig. publ. 1986)〔邦訳『グラモフォン・フィルム・タイプライター』石光泰夫，石光輝子訳（ちくま学芸文庫，2006 年）〕; Delphine Gardey, *Écrire, calculer, classer : comment une révolution de papier a transformé les sociétés contemporaines, 1800–1940* (Paris : Découverte, 2008)．また Marshall McLuhan, *Understanding Media : The Extensions of Man* (London : Routledge, 2001 ; orig. publ. 1964), pp. 281–288〔邦訳『メディア論——人間の拡張の諸相』栗原裕，河本仲聖訳（みすず書房，1987 年），289–297 頁〕を見よ．タイプライターを製造していた世界で最後の会社であるインドのゴドレジ・アンド・ボイスがムンバイの生産工場を閉鎖したと，2011 年 4 月に報告された．

（3） Jan Golinski, *Making Natural Knowledge : Constructivism and the History of Science, with a New Preface* (Chicago : University of Chicago Press, 2005 ; orig. publ. 1998), p. viii（本書の「不思議なことに遅れた」受容についての解説として）.

（4） みずからの著作をそれを生みだした歴史的状況のなかに位置づけようという，科学史家による若干の似かよった試みが存在する．たとえば以下を見よ．Thomas S. Kuhn, *The Road since Structure : Philosophical Essays, 1970–1993, with an Autobiographical Interview*, ed. James Conant and John Haugeland (Chicago : University of Chicago Press, 2000), pp. 253–323 にあるインタビュー〔邦訳『構造以来の道——哲学論集 1970–1993』佐々木力訳（みすず書房，2008 年），351–436 頁〕; Robert M. Young, *Darwin's Metaphor : Nature's Place in Victorian Culture* (Cambridge : Cambridge University Press, 1985 ; art. orig. publ. 1973), pp. 167–179.

（5） 『リヴァイアサンと空気ポンプ』325–326 頁.

（6） Michael Lynch, "Pictures of Nothing? Visual Construals in Social Theory," *Soc. Theory* 9 (1991), 1–21.

（7） Thomas S. Kuhn, "The History of Science," in *The Essential Tension : Selected Studies in Scientific Tradition and Change* (Chicago : University of Chicago Press, 1977 ; art. orig. publ. 1968), pp. 105–126〔邦訳「科学史」『科学革命における本質的緊張——トーマス・クーン論文集』安孫子誠也，佐野正博訳（みすず書房，1987–92 年），第 5 章〕.

（8） Steven Shapin, "Discipline and Bounding : The History and Sociology of Science as Seen through the Externalism-Internalism Debate," *Hist. Sci.* 30 (1992), 333–369.

（9） たとえば，Quentin Skinner, "Meaning and Understanding in the History of Ideas," *Hist. and Theory* 8 (1969), 3–53〔邦訳「思想史における意味と理解」半澤孝麿，加藤節訳『思想史とはなにか——意味とコンテクスト』，半澤，加藤編訳（岩波書店，1990 年），45–140 頁〕; Skinner, " 'Social Meaning' and the Explanation of Social Action," in *Philosophy, Politics and Society*, series 4, ed. Peter Laslett, W. G. Runciman, and Quentin Skinner (Oxford : Basil Blackwell, 1972), pp. 136–157〔邦訳「『社会的意味』と社会的行為の説明」田中秀夫，半澤孝麿訳『思想史とはなにか』169–206 頁〕; Skinner, "Some Problems in the Analysis of Political Thought and Action," *Pol. Theory* 2 (1974), 277–303〔邦訳「政治思想と政治的行為との分析における諸問題」亀嶋庸一，半澤孝麿，加藤節訳『思想史とはなにか』207–252 頁〕.

（10） たとえば，J. D. Bernal, *The Social Function of Science* (London : G. Routledge, 1939)〔邦訳『科学の社会的機能』坂田昌一ほか訳（勁草書房，1981 年）〕; Michael Polanyi, *The Planning of Science, Society for Freedom in Science. Occasional Pamphlet, 4* (Oxford : Potter Press, 1946) ; John R. Baker, *Science and the Planned State* (London : G. Allen & Unwin, 1945) を見よ．註釈としてはたとえば，P. G. Werskey, *The Visible College : A Collective Biography of British Scientists and Socialists in the 1930s* (London : Allen Lane, 1978) ; Anna-Katherina Mayer, "Setting Up a Discipline : Conflicting Agendas of the Cambridge History of Science Committee, 1936–1950," *Stud. Hist. Phil. Sci.* 31 (2000), 665–689 ; Mayer, "Setting Up a Discipline, II : British History of Science and 'the End of Ideology,' 1931–1948," *Stud. Hist. Phil. Sci., Part A* 35 (2004), 41–72 ; Gary Werskey, "The Marxist Critique of Capitalist Science : A History in Three Movements," *Science as Culture* 16 (2007), 397–461 ; Charles R. Thorpe, "Community and the Market in Michael Polanyi's Philosophy of Science," *Mod. Int. Hist.* 6 (2009), 59–89 を見よ．

（11） Herbert Butterfield, *The Whig Interpretation of History* (London : G. Bell, 1931), p. v〔邦訳『ウィッグ史観批判——現代歴史学の反省』越智武臣ほか訳（未来社，1967 年），9 頁〕.

（12） Ved Mehta, *Fly and the Fly-Bottle : Encounters with British Intellectuals* (Baltimore, Md. : Penguin, 1965), p. 204〔邦訳『ハエとハエとり壷——現代イギリスの哲学者と歴史家』河合秀和訳（みすず書房，1970 年），220–221 頁〕に引用されている．バターフィールドの意見は，歴史教育が政治的左翼によってつい最近政治化されてきたと考えている人びとにとって，検討に値するものである．

（13） Herbert Butterfield, *The Origins of Modern Science, 1300–1800* (London : G. Bell, 1949)〔邦訳『近代科学の誕生』渡辺正雄訳，上下巻（講談社学術文庫，1978 年）〕.

（14） George Sarton, *The History of Science and the New Humanism*, ed. Robert K. Merton (New Brunswick, N.J. : Transaction Books, 1987 ; orig. publ. 1962), pp. 38–43〔邦訳『科学史と新ヒューマニズム』森島恒雄訳（岩波新書，1938 年），56–62 頁〕. 観念の歴史におけるこれらの研究計画（サートンのものも含む）をとりまく政治的状況にかんしては，Simon Schaffer, "Lovejoy's Series," *Hist. Sci.* 48 (2010), 483–494, on 486–487 を見よ．

（15） George Sarton, *The Study of the History of Science* (Cambridge, Mass. : Harvard University Press, 1936), p. 5.

（16） Alexandre Koyré, "Galileo and Plato," *J. Hist. Ideas* 4 (1943), 400–428, on 407, 411〔邦訳「ガリレイとプラトン」伊東俊太郎訳『科学革命の新研究——その思想史的背景』（日新出版，1961 年），83–118 頁の，91，95 頁〕.

（17） Thomas S. Kuhn, *The Structure of Scientific Revolutions* (Chicago : University of Chicago Press, 1962), p. viii (また p. 3)〔邦訳『科学革命の構造』中山茂訳（みすず書房，1971 年），ii,

3-4 頁〕. クーンはここでコイレを，エミール・メイエルソン，エレーヌ・メッツガー，アンネリーゼ・マイヤーなどの他の歴史家たちと同列にあつかっている.

(18)　Kuhn, "The Trouble with History and Philosophy of Science," in *The Road since Structure*, pp. 105–120〔邦訳『構造以来の道』133–154 頁〕. エディンバラの「ストロング・プログラム」は，クーンにいわせれば「ばかげた脱構築の一例」なのであった（p. 110〔邦訳，140 頁〕）.

(19)　科学知識の社会学のためにクーンの研究がもちいられていることは，たとえば以下にあきらかである. David Bloor, *Knowledge and Social Imagery* (London : Routledge and Kegan Paul, 1976), e.g., pp. 55–61〔邦訳『数学の社会学——知識と社会表象』佐々木力，古川安訳（培風館，1985 年），85–95 頁〕; Barry Barnes, *T. S. Kuhn and Social Science* (London : Macmillan, 1982). 主題への自然主義的な態度を維持するのが科学史家にとってむずかしい挑戦だということは，科学を純粋に歴史的に論じたいと考えているクーンのような人びとの議論からさえ，明白に読みとれる. 1995 年のインタビューのなかで，クーンは『リヴァイアサンと空気ポンプ』の著者たちを批判している. その理由は，著者たちが圧力やバネというボイルの不安定な歴史的用語を取りのぞいて，代わりに圧縮性の流体についての現代の教科書的な物理学をもちいることをしていない，というものであった. Kuhn, *The Road since Structure*, p. 316〔邦訳『構造以来の道』423–424 頁〕.

(20)　クーンは『構造』のなかで，そのようなことがらについては短い傍論的な言明しかおこなっていない（e.g., pp. xii, 69, 75, 110〔邦訳『科学革命の構造』vii, 77–78, 84, 124 頁〕）.

(21)　A. Rupert Hall, "Merton Revisited, or Science and Society in the Seventeenth Century," *Hist. Sci.* 2 (1963), 1–16 ; Hall, "The Scholar and the Craftsman in the Scientific Revolution," in *Critical Problems in the History of Science*, ed. Marshall Clagett (Madison : University of Wisconsin Press, 1959), pp. 3–23 ; A. C. Crombie, "Commentary [on Hall]," in ibid., pp. 66–78 を見よ. しかしながら注目すべきことに，傑出した物理学史家であるクリフォード・トゥルースデルは 1968 年に，コイレの研究は科学を「時代に規定され，社会的で，制度的な」ものだとみなす，流行に乗った軽薄な捉え方の一例であるとして批判した. Clifford Truesdell, *Essays in the History of Mechanics* (Berlin : Springer, 1968), p. 146.

(22)　Edward Hallett Carr, *What Is History? The George Macaulay Trevelyan Lectures 1961* (New York : Knopf, 1961)〔邦訳『歴史とは何か』清水幾太郎訳（岩波新書，1962 年）〕; Hans-Georg Gadamer, *Truth and Method*, 2nd rev. ed., trans. Joel Weinsheimer and Donald G. Marshall (New York : Continuum, 2004 ; orig. publ. 1960)〔邦訳『真理と方法——哲学的解釈学の要綱』轡田收ほか訳，全 3 巻（みすず書房，1986–2012 年）〕.

(23)　科学についての学問的な研究と，科学をとりまく第二次世界大戦後の制度的環境とが結びついていたというこれらの可能性は，後に以下で考察された. Simon Schaffer, "What Is Science?," in *Science in the Twentieth Century*, ed. John Krige and Dominique Pestre (Amsterdam : Harwood, 1997), pp. 27–42 ; Steven Shapin, "Lowering the Tone in the History of Science : A Noble Calling," in *Never Pure : Historical Studies of Science as If It Was Produced by People with Bodies, Situated in Time, Space, Culture, and Society, and Struggling for Credibility and Authority* (Baltimore, Md. : Johns Hopkins University Press, 2010), pp. 1–14. 科学の称賛や擁護としての科学社会学の諸潮流（とくに「外的・内的」の用語を刻み込んでいるようなもの）にかんして，たとえば以下を見よ. David A. Hollinger, "The Defense of Democracy and Robert K. Merton's Formulation of the Scientific Ethos," in *Knowledge and Society*, ed. Robert Alun Jones and Henrika Kuklick (Greenwich, Conn. : JAI Press, 1983), vol. 4, 1–15 ; Hollinger, "Science as

a Weapon in *Kulturkämpfe* in the United States during and after World War II," *Isis* 86 (1995), 440–454 ; Everett Mendelsohn, "Robert K. Merton : The Celebration and Defense of Science," *Science in Context* 3 (2008), 269–289.

(24) もちろん，著者らのどちらにもその「古い」パターンの諸側面が見られたし，現在でもそれはよくあることである．シャッファーは学部の訓練を自然科学の分野で受けた．シェイピンの最初の学位は生物学のものであり，彼は遺伝学の分野で一年間ポスドクの研究をおこなった．シェイピンは冷戦期の合衆国で「科学史・科学哲学」科が増えたことの恩恵を受けた．それらの学科のうちいくつかは，スプートニクを受けて 1958 年に通過した国防教育法による資金で創立されたものである．

(25) この名称変更はおもに，自然主義的で経験的な傾向をもつ科学史と規範的な性質を有する科学哲学の融合はうまくいかないと気づかれはじめたことのあらわれである．だがその当時ペンシルヴァニア大学のカリキュラムの正規の内容としては，社会学はほとんどあつかわれていなかった．

(26) 哲学者とはデイヴィッド・ブルア，社会学者とはバリー・バーンズであり，その集団を取りしきっていたのはデイヴィッド・エッジであった．エッジはそれ以前には電波天文学者や BBC のプロデューサーをしていた人物で，人文学や社会科学のどれかひとつの分野にとくに属していたわけではなかった．またバース大学の社会学者ハリー・コリンズ，ヨーク大学のマイケル・マルケイの周囲の社会学者グループ，パリの高等鉱業学校のブルーノ・ラトゥールとのあいだにも，強い知的な結びつきがあった（つねに軋轢がまったくなかったというわけではないが）．科学を研究する互いに異なる諸計画のあいだにこのような協力関係があったということを受けて，本書の起源を理解しようとするいくつかの奇妙な試みがなされた．ジョン・ザミトは，ある評価のなかで『リヴァイアサンと空気ポンプ』を「20 世紀後半におけるサイエンス・スタディーズのなかでもっとも重要な業績のひとつ」だと判定し，次のようにいった．すなわち「ホッブズが，それまで思われていたよりもサイエンス・スタディーズにとって重要な人物であり，また『リヴァイアサン』は自然哲学における著作として読まれる価値があるという考えを［シェイピンとシャッファー］のうちに引きおこした」のは，ミシェル・カロンとブルーノ・ラトゥールによる論考（"Unscrewing the Big Leviathan"［1981］）だったというのだ．John H. Zammito, *A Nice Derangement of Epistemes : Post-Positivism in the Study of Science from Quine to Latour* (Chicago : University of Chicago Press, 2004), pp. 177, 339 n. 228 ; カロンとラトゥールの論文は以下である．"Unscrewing the Big Leviathan : How Actors Macro-structure Reality and How Sociologists Help Them to Do So," in *Advances in Social Theory and Methodology : Toward an Integration of Micro- and Macro-Sociologies*, ed. Karin D. Knorr-Cetina and Aaron V. Cicourel (London : Routledge and Kegan Paul, 1981), pp. 277–303. しかしながらザミトの叙述はただしくない．本書の著者の一人はカロンとラトゥールの論考を読んでいたが，本書にはその論考への言及はないし，ホッブズの科学にたいして著者たちが共有していた関心は，彼らが 1980 年に出あった直後に強まったのである．科学史家は，ホッブズの著作の重要性に気づくにあたって，かならずしも同僚の哲学者による刺激を必要としなかったのだ．

(27) Young, *Darwin's Metaphor*, pp. 388–406 を見よ．

(28) James G. Traynham, *J. Interdisc. Hist.* 17 (1987), 351–353.

(29) Marie Boas Hall, *Ann. Sci.* 43 (1986), 575–576 (「科学者兼歴史家」にかんして) ; Richard S. Westfall, *Phil. Sci.* 54 (1987), 128–130 (社会学的な「専門用語」にかんして).

(30) Margaret C. Jacob, *Isis* 77 (1986), 719–720 (人類学的な「専門用語」にかんして) ; Trevor J. Pinch, *Sociology* 20 (1986), 653–654 （「社会構成主義」にかんして) ; Robert H. Kargon,

Albion 18 (1986), 665–666（「歴史的分析」にかんして）; Owen Hannaway, *Tec. Cul.* 29 (1988), 291–293（「哲学」にかんして）.

(31)　A. P. Martinich, *J. Hist. Phil.* 27 (1989), 308–309.

(32)　Thomas L. Hankins, *Science* 232 (23 May 1986), 1040–1042 ; John L. Heilbron, *Med. Hist.* 33 (1989), 256–257 ; Charles Webster, *Times Lit. Supp.* (13 March 1987), 281 ; Jacob, *Isis*.

(33)　Shapin, "Of Gods and Kings : Natural Philosophy and Politics in the Leibniz-Clarke Disputes," *Isis* 72 (1981), 187–215.

(34)　Traynham, *J. Interdisc. Hist.*

(35)　Hankins, *Science*.

(36)　Westfall, *Phil. Sci.*（強調付加）.

(37)　Christopher Hill, " 'A New Kind of Clergy' : Ideology and the Experimental Method," *Soc. Stud. Sci.* 16 (1986), 726–735, on 728. ヒルによって称賛された歴史家，すなわち，彼がいうにはシェイピンとシャッファーが取りくんだのと同じ仕事を，よりうまくおこなったとみなされた人びとには，ブライアン・イーズリー，ジェイムズ・R・ジェイコブ，マーガレット・C・ジェイコブ，キャロリン・マーチャントらがいる．

(38)　Joseph Needham, *The Grand Titration : Science and Society in East and West* (London : George Allen & Unwin, 1969)〔邦訳『文明の滴定——科学技術と中国の社会』橋本敬造訳（法政大学出版局，1974 年)〕を見よ．

(39)　初版は A. Rupert Hall, *The Scientific Revolution, 1500–1800 : The Formation of the Modern Scientific Attitude* (London : Longmans Green, 1954）である．再版の表題は次のとおりである．*The Revolution in Science, 1500–1750*, 3rd ed. (London : Longman, 1983). 同書はまだ印刷され，科学史の概論において広く使用されつづけている．

(40)　Hall, *The Revolution in Science*, p. 262 (『リヴァイアサンと空気ポンプ』58–59 頁で引用している).

(41)　A. Rupert Hall, "Beginnings in Cambridge," *Isis* 75 (1984), 22–25, on 23. このバターフィールドの講義が *Origins of Modern Science* (1949)〔邦訳『近代科学の誕生』〕のもとになった．

(42)　Arnold Thackray, "History of Science," in *Guide to the Culture of Science, Technology, and Medicine*, ed. Paul Durbin (New York : Free Press, 1980), pp. 3–69, on p. 28.

(43)　Robert S. Westman and David C. Lindberg, "Introduction," in *Reappraisals of the Scientific Revolution*, ed. Westman and Lindberg (Cambridge : Cambridge University Press, 1990), pp. xvii–xxvii, on p. xx.

(44)　Roy Porter, "The Scientific Revolution : A Spoke in the Wheel?" in *Revolution in History*, ed. Porter and Mikuláš Teich (Cambridge : Cambridge University Press, 1986), pp. 290–316.

(45)　Trevor J. Pinch, *Sociology* 20 (1986), 654.

(46)　Dominique Pestre, *Revue d'histoire des sciences* 43 (1990), 109–116, on 110.

(47)　Roger Chartier, "De l'importance de la pompe à air," *Le monde des livres*, 28 January 1994, viii.

(48)　Westfall, *Phil. Sci.*, 130.（これはいくぶん不適切であった．なぜなら『リヴァイアサンと空気ポンプ』325 頁からの引用だとされる文章は，実際にはボイルを「創設者」とする見解を「現代の歴史家たち」に帰しており，そしてその同じ段落には，「ボイルがおこなっていたことと 20 世紀の科学のあいだに途切れのない連続性が存在するということはきわめてありそうにない」と明記されているからである．）

(49)　Hacking, "Artificial Phenomena," 235（「舞台の中央」にかんして）; Westfall, *Phil. Sci.*, 128（〔歴史記述への〕「主要な貢献」にかんして）; Mordechai Feingold, *Engl. Hist. Rev.* 106 (1991), 187–188, on 188（「『新科学』」にかんして）.

(50)　クーンの歴史学的な論考がいくつか本書のなかで参照されているが，『科学革命の構造』は参照されていない．

(51)　シェイピンは後に，ひとつのまとまった17世紀の革命という枠組みのなかにしばしば取りこまれてしまう科学的な営みのあいだに異質性があったことをしめそうとする次の短い書物を書いた．Shapin, *The Scientific Revolution* (Chicago : University of Chicago Press, 1996)〔邦訳『「科学革命」とは何だったのか――新しい歴史観の試み』川田勝訳（白水社，1998年)〕.

(52)　Bruno Latour, "Postmodern? No, Simply Amodern! Steps towards an Anthropology of Science," *Stud. Hist. Phil. Sci.* 21 (1990), 145–171, esp. 147–159 と，その修正版（*Nous n'avons jamais été modernes* [Paris : Découverte, 1991], pp. 26–46）; Hacking, "Artificial Phenomena."

(53)　Ian Hacking, *Historical Ontology* (Cambridge, Mass. : Harvard University Press, 2002), p. 15〔邦訳『知の歴史学』出口康夫，大西琢朗，渡辺一弘訳（岩波書店，2012年)，35頁〕.

(54)　Duncan Kennedy, "Knowledge and the Political : Bruno Latour's Political Epistemology," *Cultural Critique* 74 (2010), 83–87, on 85–86.

(55)　Latour, "Postmodern?," 148.

(56)　Hacking, "Artificial Phenomena," 236.

(57)　たとえば以下を見よ．Domenico Bertoloni Meli, *Thinking with Objects : The Transformation of Mechanics in the Seventeenth Century* (Baltimore, Md. : Johns Hopkins University Press, 2006) ; Edward G. Ruestow, *The Microscope in the Dutch Republic : The Shaping of Discovery* (Cambridge : Cambridge University Press, 1996) ; Marc Ratcliff, *The Quest for the Invisible : Microscopy in the Enlightenment* (Farnham : Ashgate, 2009) ; Thomas L. Hankins and Robert Silverman, *Instruments and the Imagination* (Princeton, N.J. : Princeton University Press, 1995). 初期近代の空気ポンプの設計については，たとえば以下を見よ．Anne van Helden, "Theory and Practice in Air-Pump Construction," *Ann. Sci.* 51 (1994), 477–495 と Terje Brundtland, "From Medicine to Natural Philosophy," *Brit. J. Hist. Sci.* 41 (2008), 209–224.

(58)　科学器具と知識の形式をめぐる後続の歴史研究を生みだした主要な功績は，James A. Bennett, "The Mechanics' Philosophy and the Mechanical Philosophy," *Hist. Sci.* 24 (1986), 1–28 ; Bennett, "Robert Hooke as Mechanic and Natural Philosopher," *Notes and Rec. Royal Soc.* 35 (1980), 33–48 ; そして後の Bennett, "Practical Geometry and Operative Knowledge," *Configurations* 6 (1998), 195–222 にみとめられるべきだろう．

(59)　James A. Secord, "Knowledge in Transit," *Isis* 95 (2004), 654–672, on 657, 662.

(60)　試しに次のような研究をしてみるとおもしろいかもしれない．すなわち『リヴァイアサンと空気ポンプ』にたいする参照の表を作成し，特定のページを参照している出典指示のどのくらいの割合が，枠組みを説明しているイントロダクションとエピローグに向けられたものであり，どのくらいの割合が，ホッブズとボイルの論争の具体的な証拠や解釈を詳述した中間のページに向けられたものであるかを見るのである．私たちの印象では，おおくの読者にとって第2章から第7章まではほとんど存在していないものであるかのようなのだ．この傾向へのいましめとして，Zammito, *Nice Derangement of Epistemes*, p. 169 を見よ．さらに考察を進めるのであれば，参照者がどの学問分野に属しているのかに注目して，実際の参照の様子を評価するのがよいだろう．科学史と哲学の外部で本書を参照している著者のうち，そもそもどこか特定のページに着目している人はほとんどいないと私たちは考えている．このことは，たとえば本書が「認識的な要素」を無視しているという批判を理解するのに役だつかもしれない．

(61)　Noel Malcolm, *Aspects of Hobbes* (Oxford : Oxford University Press, 2002), pp. 187–191, 330.

(62) Douglas Jesseph, *Squaring the Circle : The War between Hobbes and Wallis* (Chicago : University of Chicago Press, 1999), pp. 343–355. 『リヴァイアサンと空気ポンプ』がホッブズ研究にあたえた影響の要約として以下を見よ．Luc Foisneau, “Beyond the Air-Pump : Hobbes, Boyle and the Omnipotence of God,” *Rivista di Storia della Filosofia* 59 (2004), 33–51.

(63) たとえば以下を見よ．Michael Hunter, “Introduction,” in *Robert Boyle Reconsidered*, ed. Hunter (Cambridge : Cambridge University Press, 2003), pp. 1–18, on pp. 4–6；また，Hunter, *Robert Boyle : Scrupulosity and Science* (Woodbridge : Boydell & Brewer, 2000), pp. 8, 59（「機能主義」という攻撃にかんして）. 17 世紀イングランドの科学と医学を研究する傑出した歴史家であるチャールズ・ウェブスターは，『リヴァイアサンと空気ポンプ』のなかの歴史的な学識についてかなり異なった評価を述べた．「シェイピンとシャッファーは細心の注意をはらいながら作業を進めている．彼らの学識には文句のつけようがない」．(“Pneumatic Mission,” *Times Lit. Supp*., 13 March 1987, p. 281.) トマス・クーンは，本書の解釈上の特徴には困惑していたけれども，それでも次のように判断した．「学識は非常にすぐれています．……それはおおくの点で並はずれておもしろく，よい本だと思います．したがって私を戸惑わせるのは，その学識ではありません」．Kuhn, *The Road since Structure*, pp. 316–317〔邦訳『構造以来の道』423–424 頁〕.

(64) Michael Hunter, “Scientific Change : Its Setting and Stimuli,” in *A Companion to Stuart Britain*, ed. Barry Coward (Oxford : Blackwell, 2003), pp. 214–230, on p. 221.

(65) Rose-Mary Sargent, “Learning from Experience : Boyle’s Construction of an Experimental Philosophy,” in *Robert Boyle Reconsidered*, ed. Hunter, pp. 57–78, on p. 66；また Sargent, *The Diffident Naturalist : Robert Boyle and the Philosophy of Experiment* (Chicago : University of Chicago Press, 1995), p. 10 ; Lawrence Principe, *The Aspiring Adept : Robert Boyle and His Alchemical Quest* (Princeton, N. J. : Princeton University Press, 2000), pp. 107–109 ; Jan W. Wojcik, *Robert Boyle and the Limits of Reason* (Cambridge : Cambridge University Press, 1997), p. 165.

(66) Glen Newey, *Hobbes and Leviathan* (London : Routledge, 2008), p. 12.

(67) 歴史家＝批判者にたいする私たちの応答として唯一出版したものは以下である．Shapin and Schaffer, “Response to Pinnick,” *Soc. Stud. Sci*. 29 (1999), 249–253, 257–259.

(68) Hunter, “Scientific Change,” p. 221.

(69) Alvin M. Weinberg, “Impact of Large-Scale Science on the United States,” *Science* 134 (21 July 1961), 161–164 ; Dwight D. Eisenhower, “Farewell Address [17 January 1961],” in *The Military-Industrial Complex*, ed. Carroll W. Pursell, Jr. (New York : Harper and Row, 1972), pp. 204–208〔邦訳「アイゼンハワー『告別演説』」斎藤眞訳『現代アメリカと世界』原典アメリカ史 6，アメリカ学会訳編（岩波書店，1981 年），217–223 頁〕；また Derek de Solla Price, *Little Science, Big Science* (New York : Columbia University Press, 1963)〔邦訳『リトル・サイエンス ビッグ・サイエンス』島尾永康訳（創元社，1970 年）〕も見よ．

(70) Michael Polanyi, *Personal Knowledge : Towards a Post-Critical Philosophy* (Chicago : University of Chicago Press, 1958)〔邦訳『個人的知識——脱批判哲学をめざして』長尾史郎訳（ハーベスト社，1985 年）〕; Kuhn, *Structure of Scientific Revolutions*〔邦訳『科学革命の構造』〕.

(71) Jerome R. Ravetz, *Scientific Knowledge and Its Social Problems* (Oxford : Clarendon Press, 1971)〔邦訳『批判的科学——産業化科学の批判のために』中山茂ほか訳（秀潤社，1977 年）〕. また Steven Shapin, “Signs of the Times,” *Soc. Stud. Sci*. 27 (1997), 335–349 も見よ．

(72) とくに以下を見よ．H. M. Collins, “The TEA Set : Tacit Knowledge and Scientific Networks,”

Sci. Stud. 4 (1974), 165–186 ; Collins, "The Seven Sexes : A Study in the Sociology of a Phenomenon, or the Replication of an Experiment in Physics," *Sociology* 9 (1975), 205–224 ; Trevor J. Pinch, "Theoreticians and the Production of Experimental Anomaly : The Case of Solar Neutrinos," in *The Social Process of Scientific Investigation*, Sociology of the Sciences Yearbook, vol. 4, ed. Karin D. Knorr-Cetina, Roger Krohn, and Richard Whitley (Dordrecht : D. Reidel, 1980), pp. 77–106 ; Pinch, "The Sun-Set : The Presentation of Certainty in Scientific Life," *Soc. Stud. Sci.* 11 (1981), 131–158. 数年後コリンズは，科学を理解することのできる唯一の方法は，リアルタイムに人類学的な手法でかかわることだと書いた．科学の実践はそれ自体の歴史を破壊してしまった．科学史家は「〔模型の〕船を瓶のなかへと」入れていく過程——生成途中の知識——をけっして目撃することができない．ただ最終的な産物，つまり教科書のなかの科学を見せられているだけなのである．この原理的な理由のために，歴史的な理解は不可能なことなのである．コリンズの業績と彼があたえた刺激は，私たちの計画の枠組みをさだめる仕方にとって重要な意味をもつものであった．Collins, "Understanding Science," *Fund. Sci.* 2 (1981), 367–380.

(73)　1980 年代初頭，イギリスの歴史家のあいだでは，パフォーマンスとしての科学的な知識生産を詳細に説明することにかなり関心が向けられていた．とくに以下を見よ．Martin Rudwick, "*Critical Problems in the History of Science* : Retrospective Review Symposium," *Isis* 72 (1981), 268–271, on 270.「私たちが急務として求めているのは，個々の発展と社会的折衝の過程についての，おおくのより詳細で徹底的な研究である（出版の問題はなんとか解決せよ！）．それらの発展や過程によって，科学的知識だと主張されたものの特定の諸部分が構築され，流布され，維持され，そして（ときには）放棄されてきたのである」．

(74)　Shapin, "Discipline and Bounding," esp. pp. 333–345.

(75)　Imre Lakatos, *The Methodology of Scientific Research Programmes : Philosophical Papers*, vol. 1 (Cambridge : Cambridge University Press, 1978)〔邦訳『方法の擁護——科学的研究プログラムの方法論』村上陽一郎ほか訳（新曜社，1986 年）〕.

(76)　この路線の研究のうちもっとも著名だったのはおそらく，Paul Forman, "Weimar Culture, Causality, and Quantum Theory, 1918–1927 : Adaptation by German Physicists and Mathematicians to a Hostile Intellectual Milieu," *Hist. Stud. Phys. Sci.* 3 (1971), 1–115 である．この論文がひとつの刺激となって，以下の各論考が書かれた．Shapin, "Phrenological Knowledge and the Social Structure of Nineteenth-Century Edinburgh," *Ann. Sci.* 32 (1975), 219–243 ; Shapin, "The Politics of Observation : Cerebral Anatomy and Social Interests in the Edinburgh Phrenology Disputes," in *On the Margins of Science : The Social Construction of Rejected Knowledge*, ed. Roy Wallis, Sociological Review Monographs, vol. 27 (Keele : Keele University Press, 1979), pp. 139–178 ; Shapin, "Of Gods and Kings" ; また Schaffer, "The Political Theology of Seventeenth Century Natural Philosophy," *Ideas and Prod.* 1 (1983), 2–14 ; Schaffer, "Newton at the Crossroads," *Rad. Phil.* 37 (1984), 23–28 ; Schaffer, "Discovery Stories and the End of Natural Philosophy," *Soc. Stud. Sci.* 16 (1986), 387–420 (orig. publ. 1984). 1980 年代初頭までに，シェイピンは科学知識についての社会学的研究の領域を概観し，バリー・バーンズ，ハリー・コリンズ，トレヴァー・ピンチ，マイケル・リンチなどの社会学者の初期の作品のなかに科学史にとって興味ぶかい点を見いだしていた．Shapin, "History of Science and Its Sociological Reconstructions," *Hist. Sci.* 20 (1982), 157–211.

(77)　『リヴァイアサンと空気ポンプ』317 頁.

(78)　この文句を Google Books で検索してみれば，その広まりの証拠が得られるだろう．

(79)　これらの事例のおおくは，本書の数年前に，Shapin, "History of Science and Its Sociological

Reconstructions” のなかで概観されていた．

(80)　古典的な人類学の事例として，たとえば以下を見よ．E. E. Evans-Pritchard, *Witchcraft, Oracles and Magic among the Azande* (Oxford : Clarendon Press, 1937), esp. pp. 120–163〔邦訳『アザンデ人の世界――妖術・託宣・呪術』向井元子訳（みすず書房，2001 年），139–188 頁〕（毒の託宣にかんして）; Evans-Pritchard, *Nuer Religion* (Oxford : Clarendon Press, 1956), pp. 128–133〔邦訳『ヌアー族の宗教』向井元子訳，上下巻（平凡社ライブラリー，1995 年），上，243–251 頁〕（双子と鳥にかんして）; Ralph Bulmer, “Why Is the Cassowary Not a Bird? A Problem of Zoological Taxonomy among the Karam of the New Guinea Highlands,” *Man* 2 (1967), 5–25. 方法論や概念にかんする根本的な論争のなかでこのような象徴的な例を使用しているものとして，たとえば以下を見よ．Barry Barnes, “The Comparison of Belief Systems : Anomaly versus Falsehood,” in *Modes of Thought : Essays on Thinking in Western and Non-Western Societies*, ed. Robin Horton and Ruth Finnegan (London : Faber & Faber, 1973), pp. 182–198 ; Barry Barnes and David Bloor, “Relativism, Rationalism and the Sociology of Knowledge,” in *Rationality and Relativism*, ed. Martin Hollis and Steven Lukes (Oxford : Basil Blackwell, 1982), pp. 21–47.

(81)　クーン『構造』の「パラダイムの優先」にかんする重要な章（pp. 43–51〔邦訳『科学革命の構造』第 5 章〕）の反合理主義は，合理的・形式的な方法の言明にかんするウィトゲンシュタインの懐疑を利用していた（クーンがあれほど非難していたエディンバラのストロング・プログラムに属する著者たちと同様に）．

(82)　Joy Harvey, “History of Science, History and Science, and Natural Sciences : Undergraduate Teaching of the History of Science at Harvard, 1938–1970,” *Isis* 90 Supplement (1999), S270–S294, on S280–S282.

(83)　Carlo Ginzburg and Carlo Poni, “The Name and the Game : Unequal Exchange and the Historiographic Marketplace,” in *Microhistory and the Lost Peoples of Europe*, ed. Edward Muir and Guido Ruggiero, trans. Eren Branch (Baltimore, Md. : Johns Hopkins University Press, 1991), pp. 1–11.

(84)　E. P. Thompson, *The Making of the English Working Class* (Harmondsworth : Penguin, 1968 ; orig. publ. 1963), p. 13〔邦訳『イングランド労働者階級の形成』市橋秀夫，芳賀健一訳（青弓社，2003 年），15 頁〕.「私は貧しい靴下編み工や，ラダイトの剪毛工や，『時代おくれの』手織工や，『空想主義的な』職人や，ジョアンナ・サウスコットにたぶらかされた信奉者さえも，後代の途方もない見くだしから救いだそうとつとめよう」．

(85)　Mayer, “Setting Up a Discipline, II.” 彼女は次のようなみごとな皮肉を指摘した．より外在主義的な科学史はバナールやニーダムのような大戦直後の科学者によって生みだされ，より内在主義的な説明はルパート・ホールのような大戦直後の歴史家によって生みだされたということである．

(86)　John Henry, “Historical and Other Studies of Science, Technology and Medicine in the University of Edinburgh,” *Notes and Rec. Royal Soc.* 62 (2008), 223–235.

(87)　David Bloor, “David Owen Edge : Obituary,” *Soc. Stud. Sci.* 33 (2003), 171–176 で報告されている．

(88)　ヨーロッパ科学技術論会議（EASST）は 1981 年に設立された．その前身は 1970 年代初頭にさかのぼる．

(89)　初期に生まれた課程には，コーネル大学のサイエンス・アンド・テクノロジー・スタディーズ学科，マンチェスター大学の科学にかんする教養課程，サセックス大学の科学・政治研究部門，マサチューセッツ工科大学における科学技術社会論の課程などが含まれ

る．サイエンス・スタディーズの制度化と 1960 年代における活動の諸形式の関係をめぐる考察として，Jon Agar, “What Happened in the Sixties,” *Brit. J. Hist. Sci.* 41 (2008), 567–600, on 592–595 を見よ．

(90) バース大学で 1980 年 3 月 27-29 日に開かれた会合には，哲学者（メアリー・ヘッセ，ブルーノ・ラトゥール，デイヴィッド・ブルアら），社会学者（バリー・バーンズ，H. M. コリンズ，トレヴァー・ピンチ，アンディー・ピカリング，ドナルド・マッケンジー，ジョン・ローら），科学史家（マーティン・ラドウィック，モーリーン・マクニール，クリス・ローレンス，ロジャー・スミス，L. S. ジャキナ，ジョン・ピクストン，デイヴィッド・グッディングら）が参加した．この会合は「科学史と科学社会学における新しい見とおし」と銘打たれており，名目上はイギリス科学史学会と，イギリス社会学協会・科学社会学研究部門の共同会合であった．

(91) マーティン・ラドウィックの権威ある，そして各所で称賛された *The Great Devonian Controversy : The Shaping of Scientific Knowledge among Gentlemanly Specialists* (Chicago : University of Chicago Press, 1985) が『リヴァイアサンと空気ポンプ』と同じ年に登場した．そしてラドウィックの書物は，シェイピンとシャッファーの書物に見られるような明示的な超歴史的言明を含まなかったものの，シェイピン，シャッファーと一部の関心をあきらかに共有していた．ラドウィックは 1980 年代初頭に一時期をエディンバラのサイエンス・スタディーズ部門で滞在研究員として過ごし，後にカリフォルニア大学・サンディエゴ校に学際的なサイエンス・スタディーズ課程を設立するさいの主導者となった．イギリスの科学知識の社会学者たちは，これらふたつの歴史研究を性質上一対のものとしてあつかった．H. M. Collins, “Pumps, Rock and Reality [extended review of *The Great Devonian Controversy* and *Leviathan and the Air-Pump*],” *Soc. Rev.* 35 (1987), 819–828 ; Trevor J. Pinch, “Strata Various [essay review of *The Great Devonian Controversy*],” *Soc. Stud. Sci.* 16 (1986), 705–713. ラドウィックはしばらくのあいだ，「社会的・知的」の両極をある程度維持し，さらに一部の「科学と社会」の研究プログラムに受けいれられていた「はなはだ政治化された形式」に困惑しつつも，科学の「社会的な次元」の研究への強力な支持を公言していた．1981 年に彼は次のような懸念を表明した．すなわち，科学史は政治的に方向づけられた学際的な形式の犠牲となっており，そして「私たちが懸命に戦わなければ，2001 年には科学史家はだれも残っていないかもしれない」というのである．Rudwick, “*Critical Problems*,” p. 271.

(92) たとえば以下を見よ．Dennis H. Wrong, *The Problem of Order : What Unites and Divides Society* (New York : Free Press, 1994) ; Wrong, *Skeptical Sociology* (New York : Columbia University Press, 1976), esp. chs. 2–3.

(93) この種の語りを一時的に中止しようという提案として，Bruno Latour, *Science in Action : How to Follow Scientists and Engineers through Society* (Milton Keynes : Open University Press, 1987), p. 247〔邦訳『科学が作られているとき——人類学的考察』川﨑勝，高田紀代志訳（産業図書，1999 年），416 頁〕を見よ．また反論として，Shapin, “Discipline and Bounding,” pp. 355–356 を見よ．

(94) いまや適切に専門化されたアカデミックな科学史は学際的なサイエンス・スタディーズから離れるべきだ，という注目すべき忠告として，Loraine J. Daston, “Science Studies and the History of Science,” *Crit. Inq.* 35 (2009), 798–813 を，また Peter Dear と Sheila Jasanoff による応答 “Dismantling Boundaries in Science and Technology Studies,” *Isis* 101 (2010), 759–774 を見よ．以下の違いに注意せよ．ダストンは，『リヴァイアサンと空気ポンプ』にすこし言及しつつ，それを「サイエンス・スタディーズ」とは分けて考えているように思われ

る．一方でディアとジャサノフにとっては，同書は歴史と「サイエンス・アンド・テクノロジー・スタディーズ」のあいだの結びつきの力づよさをしめす主要な証拠のひとつである．

第1章　実験を理解するということ

〔1〕　河島英昭訳（東京創元社，1990年），上巻，350頁．

（1）　Conant, "Boyle's Experiments in Pneumatics"; idem, *On Understanding Science*, pp. 29–64.

（2）　たとえば，Douglas, "Self-Evidence" を見よ．

（3）　分類と自然界についての相対主義と実在論をめぐる議論にかんして古典的な題材を提供するのは，Bulmer, "Why is the Cassowary not a Bird?" である．バルマーの説明は決定的に非対称である．彼の興味をひくのは，ヒクイドリを鳥に分類しないような文化だけである．この問題の対称的な取りあつかいとして，Bloor, "Durkheim and Mauss Revisited"; idem, *Knowledge and Social Imagery*, chap. 1〔邦訳『数学の社会学』〕; Barnes and Bloor, "Relativism, Rationalism and the Sociology of Knowledge," esp. pp. 37–38 を見よ．

（4）　19世紀におけるこの見方の明確な表現として，Herschel, *Preliminary Discourse on the Study of Natural Philosophy*, pp. 115–116 を見よ．20世紀の例はおおくあるが，なかでも以下を見よ．L. T. More, *Life of Boyle*, 239.「［ボイルの］結論は，リヌスとホッブズの反対を無視するならば，普遍的に受けいれられたのであり，そして彼はただちに科学における最高の権威としてたたえられた」．

（5）　社会的相互作用の当然視された規則を問うことにかんするハロルド・ガーフィンケルの「実験」を見よ．*Studies in Ethnomethodology*, esp. chap. 2.

（6）　Schutz, *Collected Papers*, vol. II, p. 104〔邦訳『社会理論の研究』148頁〕．

（7）　内部の者の視点とよそ者の視点のどちらが有利かについては，現代の科学の参与観察をおこなった社会学者たちによって議論されてきた．Latour and Woolgar, *Laboratory Life*, chap. 1 は，彼らが研究している科学者たちにみずからを重ねあわせることの方法論的な危険性に注意をはらっている．一方 Collins, "Understanding Science," esp. pp. 373–374 は，研究されているコミュニティの正当な一員になることによってのみ，人は自分の理解度を信頼できる仕方でたしかめられるのだと論じている．

（8）　Collins, "The Seven Sexes"; idem, "Son of Seven Sexes."

（9）　Kargon, *Atomism in England*, p. 54.

（10）　Shepherd, "Newtonianism in Scottish Universities," esp. p. 70; idem, *Philosophy and Science in the Scottish Universities*, pp. 8, 116, 153, 167, 215–217.

（11）　Anon., "Hobbes"; Mackintosh, "Dissertation Second," pp. 316–323（道徳哲学について）; Playfair, "Dissertation Third"（数学的および物理的科学について．そこではホッブズはほとんどまったく言及されない）; Mintz, "Hobbes."

（12）　Kargon, *Atomism in England*, p. 54.

（13）　ボイル，ホッブズ，リヌスの論争をあつかうさいに見られるホイッグ的傾向は以下で短く指摘されている．Brush, *Statistical Physics*, p. 16.

（14）　Stephen, "Hobbes," esp. p. 935 (cf. idem, *Hobbes*, pp. 51–54); Robertson, "Hobbes," esp. pp. 549–550 (cf. idem, *Hobbes*, pp. 160–185); A. E. Taylor, *Hobbes*, esp. pp. 18–21, 40–41. また，Scott, "John Wallis," p. 65 も見よ．ホッブズの幾何学や，彼とオックスフォードの教授たちとの論争にかんする著作としては，Sacksteder, "Hobbes: Geometrical Objects"; idem, "Hobbes: The Art of the Geometricians"; Breidert, "Les mathématiques et la méthode mathématique chez Hobbes"; Scott, *The Mathematical Work of Wallis*, ch. 10 を見よ．

(15)　真空嫌悪の主張については，Greene, "More and Boyle on the Spirit of Nature," p. 463 を見よ．このまちがいを指摘している記事として，Applebaum, "Boyle and Hobbes" を見よ．

(16)　Watkins, *Hobbes's System*, p. 70n〔邦訳『ホッブズ』121 頁註 13〕．この主張は以下の第 4 章で詳細にあつかわれる．

(17)　例外は Gargani, *Hobbes e la scienza*, pp. 278–285 と Lupoli, "La polemica tra Hobes e Boyle" である．ガルガーニは『対話』が「ホッブズの哲学的・科学的経歴のかなり発展した段階に属している」ことを指摘している．ガルガーニは『対話』をなにか独創的な内容を展開している作品だと見ているのではない．より初期の作品における充満論的自然学やナイーブな実験主義にたいする批判との連続性をもった作品として読んでいる（とくに，『物体論』と『第一原理についての小論』である．pp. 134–138, 271–278 を見よ）．しかしガルガーニはホッブズの『対話』のふたつの序文的献辞だけを引用していて，実際のテクスト，あるいはボイルの空気ポンププログラムへの批判にはなんの注意もはらっていない．ルポリは『検討』におけるボイルのホッブズへの応答について包括的で有益な説明をあたえている．彼は，1640 年代イタリアとフランスにおけるより早い時期の空気学実験という文脈（とくにパスカルとノエルとの論争）のなかにその論争を位置づけている．ルポリは，ホッブズがボイルを攻撃したのは彼の，「新しい科学結社から排除されたことへの落胆と，しかしなににもまして，彼の自然科学の基礎が無視されたのを見たことによる幻滅と放心」のためなのではないかといった（p. 324）．ルポリは，「才知のレトリック」をホッブズが攻撃したことへの応答としてのボイルの冗長さ，およびホッブズの自然学プログラム全体への直接的な対峙を避ける手段としての，経験的主張のポイントごとの否定というボイルの戦略を強調した（p. 329）．しかしルポリは方法と実験哲学についてのボイルの発言にいっそうおおくの関心を抱いており，ホッブズ自身による反論の源泉の詳細な説明をあたえてはいない．私たちはアゴスティーノ・ルポリから論文の写しをいただいたことに深く感謝する（本書の原稿を書いた後で受けとったのではあるが）．それは『対話』を詳細に参照している私たちが見つけた唯一の文献である．ホッブズの自然哲学についての最近の他の主要な研究は，ボイルとの論争をまったく詳細にはあつかっていないし，ホッブズの『自然学的対話』の内容を吟味してもいない．たとえば以下を見よ．Spragens, *The Politics of Motion*, esp. chap. 3 ; Reik, *The Golden Lands of Hobbes*, chap. 7 ; Goldsmith, *Hobbes's Science of Politics*, chap. 2（これらはそれぞれ他の脈絡では有益である）．くわえて，主流のホッブズ学者たちによる，ホッブズの科学へのおおくの言及が存在する．ホッブズ学者たちがホッブズの自然哲学を調べるのは主として，観念史の研究者たちが彼の政治学と霊魂論にかかわる諸学説の重要性を一般的に高く評価してきたからであり，また彼の思想のうちにはその全体に行きわたっているパターンが存在するに違いないとホッブズ学者たち自身が信じていたためであった．ホッブズの自然哲学と数学に低い評価をあたえてきた科学史家たちは，そのようなパターンを探さない傾向にあった．

〔2〕　1985 年の初版にはホッブズ『対話』の英訳がふされていたが，2011 年の新版では削除されている．日本語版でも省略した．

(18)　Brandt, *Hobbes' Mechanical Conception*, pp. 377–378.

(19)　否定された知識への他の社会学的，歴史的アプローチとしては，Wallis, ed., *On the Margins of Science*〔邦訳『排除される知』〕の各寄稿論文，Collins and Pinch, *Frames of Meaning* を見よ．

(20)　L. T. More, *Life of Boyle*, p. 97. より最近の Maddison, *Life of Boyle* (pp. 106–109) は，その論争にかんしてさらにわずかのことしかいっていない．

(21)　McKie, "Introduction," pp. xii*–xiii*.

(22)　Laird, *Hobbes*, p. 117.

(23)　Peters, *Hobbes*, p. 40.

(24)　R. F. Jones, *Ancients and Moderns*, p. 128 ; de Beer, "Some Letters of Hobbes," p. 197 : ホッブズは「自然哲学の任意の問題に決着をつけるさいに実験が有する卓越した価値……をみとめることができなかったのだ」.

(25)　M. B. Hall, "Boyle," p. 379. 彼女の *Boyle and Seventeenth-Century Chemistry* はボイルとホッブズの論争にまったく言及していない. cf. Burtt, *Metaphysical Foundations of Modern Science*, p. 169〔邦訳『近代科学の形而上学的基礎』157–158 頁〕.

(26)　B. Shapiro, *Probability and Certainty*, p. 73 ; cf. p. 68.

(27)　Conant, "Boyle's Experiments in Pneumatics," p. 49.

(28)　Stewart, "Introduction," p. xvi. ホッブズによるボイルの「誤解」は青少年向けに書かれた説明のなかにさえ忍びこんでいる. Kuslan and Stone, *Boyle : The Great Experimenter*, p. 26 を見よ.

(29)　Stephen, "Hobbes," p. 937 ; Robertson, "Hobbes," p. 552.

(30)　Gellner, "Concepts and Society" ; cf. Collins, "Son of Seven Sexes," pp. 52–54.

(31)　これらの観点から方法の言明を評価した実証的研究の例としては, P. B. Wood, "Methodology and Apologetics" ; Miller, "Method and the 'Micropolitics' of Science" ; Yeo, "Scientific Method and the Image of Science" を見よ.

(32)　Wittgenstein, *Philosophical Investigations*, I, 23〔邦訳『哲学探究』32 頁〕; idem, *Blue and Brown Books*, pp. 17, 81〔邦訳『青色本・茶色本』46, 139–140 頁〕; Bloor, Wittgenstein, chap. 3〔邦訳『ウィトゲンシュタイン』〕. フーコーの「言説」にはウィトゲンシュタインの「言語ゲーム」との数おおくの興味ぶかい類似点があるが, 私たちはウィトゲンシュタインのほうを好む. なぜなら彼は実践的な活動がなによりも重要だと強調しているからだ. フーコーによる言説という術語の用法については, とくに *The Archaeology of Knowledge*, chaps. 1–2〔邦訳『知の考古学』〕を見よ.

(33)　実証的な営みとしての科学知識の社会学の現状は, Shapin, "History of Science and Its Sociological Reconstructions" のなかで検討されている.

(34)　Keegan, *The Face of Battle*, p. 15 ; 第二次世界大戦の一連の戦いについてのキーガンのより詳細な説明である, *Six Armies in Normandy* も見よ.

(35)　科学史家たちがしめす実験的営みの研究に反対する根深い偏見は, 何人かの著者によって指摘されている. たとえば以下を見よ. Eklund, *The Incompleat Chymist*, p. 1. 哲学者たちでさえも, 今では哲学という学問領域に反実践的, 親理論的な先入観があることをみとめはじめている. Hacking, *Representing and Intervening*, chap. 9, esp. pp. 149–150〔邦訳『表現と介入』第 9 章のとくに 295 頁〕を見よ.「自然科学の歴史は今日ではほとんどいつでも理論の歴史として書かれている. 科学哲学はあまりにも理論の哲学となってしまったせいで, 前理論的観察や実験の存在さえもが否定されてきた」.

(36)　Alpers, *The Art of Describing*, p. 27〔邦訳『描写の芸術』72 頁〕. 社会学に傾斜した科学史家に有用な道具立てを提供してくれる, 芸術史における同様の試みとして, バクサンドールの *Painting and Experience*〔邦訳『ルネサンス絵画の社会史』〕および *Limewood Sculptors of Renaissance Germany*, エジャートンの *The Renaissance Rediscovery of Linear Perspective* がある.

(37)　Alpers, *The Art of Describing*, pp. 45–46〔邦訳『描写の芸術』96 頁〕. アルパースは知識についての鏡像理論の発展にかんするローティの重要な概説に言及している. *Philosophy and the Mirror of Nature*, esp. chap. 3〔邦訳『哲学と自然の鏡』〕.

(38) Alpers, *The Art of Describing*, pp. 72–73〔邦訳『描写の芸術』133–134 頁〕(Robert Hooke, *Micrographia* [1665], sig a2ᵛ〔邦訳『ミクログラフィア』10 頁〕を引用している).

第 2 章　見ることと信じること——空気学的な事実の実験による生成

（1） 知識の対応説の歴史的起源と哲学の課題をめぐる議論として，Rorty, *Philosophy and the Mirror of Nature*, esp. pp. 129ff〔邦訳『哲学と自然の鏡』第 2 部〕を見よ．

（2） Hacking, *The Emergence of Probability*, esp. chaps. 3–5〔邦訳『確率の出現』〕; B. Shapiro, *Probability and Certainty*, esp. chap. 2.

（3） ボイルは通常このことを，神は同じ自然の効果を互いに非常に異なる複数の原因を通じて生みだしうる，と表現した．それゆえ，「次のような過ちが生じやすい．すなわち，なんらかの特定の原因によってある効果が生みだされうるということから，その効果がその原因によって生みだされているにちがいない，ないしは実際に生みだされているのだと結論するという過ちである」．Boyle, "Usefulness of Experimental Natural Philosophy," p. 45. 以下も見よ．Laudan, "The Clock Metaphor and Probabilism" ; Rogers, "Descartes and the Method of English Science" ; van Leeuwen, *The Problem of Certainty*, pp. 95–96 ; B. Shapiro, *Probability and Certainty*, pp. 44–61.

（4） 私たちが文章上の営みや社会関係という「ソフトウェア」にかんしてテクノロジーという単語を使用することは適切でないように思われるかもしれないが，この用法は重要であるし，カール・ミッチャムが以下ですぐれた仕方でしめしているように，語源学的にも正当化される．Mitcham, "Philosophy and the History of Technology," esp. pp. 172–175. ミッチャムは，プラトンが二種類のテクネーを区別していたことを論証した．すなわち，ひとつは主として物理的な作業からなるもので，もうひとつは発話と密接に結びついたものである．機械のみならず文章上の営みや社会的な営みに言及するためにテクノロジーという語をもちいることによって，私たちはこれら三つのものがすべて知識生産の道具であるということを強調したいと思う．

（5） Boyle, "New Experiments," pp. 6–7.（おおくのボイルの論考の表題が "New Experiments..." ではじまっている．だが私たちはこの略題をもっぱら「空気のバネにかんする自然学的・機械学的新実験」"New Experiments Physico-Mechanical, touching the Spring of the Air" [1660 年] を指すためにもちいる．）

（6） ここでの説明の大部分はボイルによって "New Experiments," pp. 6–11 で提示された説明に依拠する．このポンプとその動作についての現代の記述のうちもっともすぐれているもののひとつは，Frank, *Harvey and the Oxford Physiologists*, pp. 129–130 である．総合的な説明としていまだに最良のものは Wilson によって 19 世紀に書かれた論考 *Religio chemici*, pp. 191–219 と，そしてとくに "Early History of the Air-Pump" である．

（7） Boyle, "New Experiments," p. 25.

（8） たとえば Wilson, *Religio chemici*, pp. 197–198 で注記されているとおりである．また Boyle, "New Experiments," p. 36 も見よ．

（9） Boyle, "New Experiments," p. 7. その一方で，単鉛硬膏でさえもいくらか空気を通してしまうのではないかというボイルの推測にかんして，p. 35 を見よ．

(10) Ibid., p. 9.

(11) Ibid., p. 26.

(12) A. R. Hall, *From Galileo to Newton*, p. 254 と idem, *The Revolution in Science*, p. 262. また Price, "The Manufacture of Scientific Instruments, p. 636〔邦訳「科学器械の製作」539 頁〕も見よ．空気のポンプは「実験室にくわわった最初の巨大で複雑な機械であった．」

(13)　M. B. Hall, *Boyle and Seventeenth-Century Chemistry*, p. 185.

(14)　デンマーク大使の訪問は Birch, *History*, vol. I, p. 16 で，またマーガレットの訪問は ibid., pp. 175, 177-178 で記録されている．ピープスの言明については，Pepys, *Diary*, vol. VIII, pp. 242-243〔邦訳『サミュエル・ピープスの日記』第 8 巻，282-283 頁〕を見よ（1667 年 5 月 30 日／6 月 9 日の記事である）．また Nicolson, *Pepys' 'Diary' and the New Science*, chap. 3〔邦訳『ピープスの日記と新科学』〕も見よ．訪問に先立つ時期に，マーガレットは科学での実験的方法よりも合理主義的な方法をずっと好むと書いている．彼女の一族はホッブズの庇護者であり，彼女の反実験主義はホッブズの見解を正確に反映したものだった．Cavendish, *Observations upon Experimental Philosophy* (1666), "Further Observations," p. 4（また sig d1）を見よ．「……私たちの時代は，合理的な議論（一部の人はそれを退屈なおしゃべりと呼んでいるのだ）よりも幻惑的な実験をより支持するようになっていて，理性よりも感覚を好み，そして明晰で正常な理性による認識よりも，彼らの目がもたらす信用ならない視覚や人を欺くガラス器具をいっそう信頼している．……」Cf. R. F. Jones, *Ancients and Moderns*, p. 315n.

(15)　Wren to Brouncker, 30 July/9 August 1663, in Birch, *History*, vol. I, p. 288. 王の歓迎のための準備は熱烈なもので，1663 年 4 月から 1664 年 5 月まで続いた．だが王の前での実験の実演がどこかの時点で〔実際に〕おこなわれたという証拠はない．また Oldenburg to Boyle, 2/12 July 1663, in Oldenburg, *Correspondence*, vol. II, pp. 78-79 も見よ．レンが書簡をしたためたのとまったく同じ頃，ボイルは「奇術師」や王の前での実演について同じような言葉をもちいていた．「神の御業は，君主たちを楽しませる奇術師の手品や野外劇のようなものではない（そこでは驚異を生みだすために隠匿が必要不可欠なのである）．そうではなくて，神の御業についての知識はその御業にたいする私たちの感嘆の念を形成するのである」．Boyle, "Usefulness of Experimental Natural Philosophy," p. 30 (1663).

(16)　17 世紀と 18 世紀におけるボイルの肖像についての包括的な説明として，Maddison, "The Portraiture of Boyle" を見よ．フェイソーンの仕事に関連する書簡として，Boyle, *Works*, vol. VI, pp. 488, 490, 499, 501, 503 を見よ．

(17)　この図像の作成についての状況の詳細な検討が以下でなされている．Hunter, *Science and Society*, pp. 194-197〔邦訳『イギリス科学革命』217-220 頁〕．

(18)　Maddison, "The Portraiture of Boyle," p. 158 を見よ．

(19)　17 世紀中頃の実験哲学者のおおくは，このような標語はふさわしくないと考えたかもしれない．というのは，この一見慎みを欠くかに思われる見解は，17 世紀中頃よりも 18 世紀中頃にこそふさわしいと考えられるからである．ボイルは人が理解において「自然からそれを創造した神の方へと」上昇していけるということはみとめていたものの，それでもなお彼が原因についての知識を獲得する可能性に厳格な制限を課していたということを以下で見ていく．

(20)　この図像にかんする私たちの解釈が不正確である可能性はもちろんある．だが全体的な方向性として，おおくを読みこみすぎているというのはありそうにない．哲学的な図像を準備するにあたっては，おおくの思索が費やされ，象徴的な意味づけが考案された．この種の図像は，ここで私たちがおこなったような仕方で解読され，考察されるためにつくられていたのである．たとえば以下における扉絵についての議論を見よ．Webster, *From Paracelsus to Newton*〔邦訳『パラケルススからニュートンへ』〕．また Eisenstein, *The Printing Press as an Agent of Change*, esp. pp. 258-261；C. R. Hill, "The Iconography of the Laboratory."

(21)　*Recueil d'expériences et observations sur le combat qui procède du mélange des corps* (Paris, 1679). pp. 125-220 が "Expériences curieuses de l'illustre Mr. Boyle sur les saveurs et sur les

odeurs" である．匿名の編者によって編纂されたこの論文集には，ネヘミア・グルーやレーウェンフックの論考も収録されている．

(22) Westfall, "Unpublished Boyle Papers," p. 115 (Boyle, "Propositions on Sense, Reason, and Authority," Royal Society, Boyle Papers, IX, f25 を引用している)．また van Leeuwen, *The Problem of Certainty*, p. 97 も見よ．

(23) Birch, *History*, vol. III, pp. 364–365（1677年12月13／23日の記事である）．

(24) Hooke, *Micrographia* (1665), "The Preface," sig a2r〔邦訳『ミクログラフィア』8-9頁〕．また Bennett, "Hooke as Mechanic and Natural Philosopher," p. 44 も見よ．

(25) Hooke, *Micrographia*, "The Preface," sig b2v〔邦訳『ミクログラフィア』15頁〕．

(26) Ibid., sig a2v. 科学器具の役割についてのこれらの見解と「トランスディクション」（可視的なものから不可視のものを推論すること）という認識論的な問題のあいだには明確な結びつきが存在する．トランスディクションは Mandelbaum, *Philosophy, Science, and Sense Perception*, chap. 2 で論じられている．

(27) Glanvill, *Scepsis scientifica* (1665), "To the Royal Society," sig b4v；また pp. 54–55. B. Shapiro, *Probability and Certainty*, pp. 61–62 も見よ．土星の輪の問題のなかで問われていた観察上および理論上の重要問題の説明としては以下を見よ．van Helden, "'Annulo Cingitur': The Solution of the Problem of Saturn"; idem, "Academia del Cimento and Saturn's Ring."

(28) Hooke, *Micrographia*, "The Preface," sig b2r〔邦訳『ミクログラフィア』12–13頁〕．フックが仮説からの演繹を強調していたこと（これはボイルのアプローチとは異なっていた）については，Hesse, "Hooke's Philosophical Algebra"; idem, "Hooke's Development of Bacon's Method" を見よ．

(29) 空気ポンプの費用について見つかった唯一のたしかな証拠は，あるタイプの受容器の価格が5ポンドにも達したことをしめしている．Birch, *History*, vol. II, p. 184. 実際のポンプ器具を稼働させる費用や壊れた部品の取りかえ費用（おそらくかなりおおきいものだっただろう）を考慮に入れるならば，機械全体のために25ポンドかかったというのが控えめな推定ではないだろうか．よってこのポンプは王立協会の実験主任であるロバート・フックの給料一年分よりも費用のかかるものであったといえよう（フックはロンドンでの空気ポンプ操作のおもな担当者だった）．クリスティアン・ホイヘンスの兄のコンスタンティンは，三人のホイヘンス兄弟のなかでは圧倒的に裕福であったが，「費用を不安に思ったので」ポンプをつくる計画から手を引いた．Huygens, *Oeuvres*, vol. III, p. 389. Cf. van Helden, "The Birth of the Modern Scientific Instrument," pp. 64, 82n–83n. また A. R. Hall, *The Revolution in Science*, p. 263.「あまりにも費用のかかる器具を保有することができる者はほとんどいなかったが，だれもがすくなくとも，〔空気ポンプの〕実験を目撃したいと思っていた」．第6章で私たちは後年の装置の費用についてのいくつかの証拠をしめすだろう．

(30) 自然誌という学のなかでの，証言を評価することへの関心については，B. Shapiro, *Probability and Certainty*, chap. 4, esp. pp. 142–143 を見よ．

(31) Boyle, "New Experiments," p. 33. 実験19は水気圧計をもちいている．

(32) 中世と初期近代の真空をめぐる論争については，Grant, *Much Ado about Nothing*, esp. chap. 4 を見よ．

(33) Schmitt, "Experimental Evidence for and against a Void"; idem, "Towards an Assessment of Renaissance Aristotelianism," esp. p. 179; de Waard, *L'expérience barométrique*; Middleton, *The History of the Barometer*, chaps. 1–2; Westfall, *The Construction of Modern Science*, pp. 25–50〔邦訳『近代科学の形成』36–72頁〕．

(34) Guenancia, *Du vide à Dieu*, pp. 63–100. この研究のフランスにおける背景として以下も見よ．

Lenoble, *Mersenne*; H. Brown, *Scientific Organizations*. この関心のイングランドへの，そしてとくにボイルへの伝播については以下を見よ．Webster, “Discovery of Boyle's Law,” pp. 455–457; Hartlib to Boyle, 9/19 May 1648, in Boyle, *Works*, vol. VI, pp. 77–78. 現代に書かれた実験的空気学の歴史のひとつとして，Barry, *Physical Treatises of Pascal*, pp. xv–xx を見よ．

（35） 1660年代に，トリチェリの空間の性質をめぐってイングランドで続いていた意見の違いにかんして，Hooke, *Micrographia*, pp. 13–14, 103–105〔邦訳『ミクログラフィア』67–68, 126–130頁〕; idem, *An Attempt for the Explication* (1661), pp. 6–50 (*Micrographia*, pp. 11–32〔邦訳『ミクログラフィア』63–76頁，部分訳〕で再論されている); Power, *Experimental Philosophy* (1664), pp. 95, 109–111; John Wallis to Oldenburg, 26 September/6 October 1672, in Oldenburg, *Correspondence*, vol. IX, pp. 258–262. また Frank, *Harvey and the Oxford Physiologists*, chaps. 4–5（オックスフォードの研究者たちが硝石にたいして抱いていたおおきな関心の背景が論じられている）も見よ．

（36） この要約は，Boyle, “New Experiments,” pp. 33–39 であたえられている説明にもとづいている．

（37） Ibid., p. 33.

（38） Ibid., p. 34.

（39） Ibid., pp. 37–38. ここで攻撃されている物体の観念は，デカルト主義的な充満論者たちのものであった．

（40） たとえば，ibid., pp. 37–38, 74–75. Cf. C. T. Harrison, “Bacon, Hobbes, Boyle, and the Ancient Atomists,” pp. 216–217（ボイルの「真空が存在するという信念」について）.

（41） Boyle, “New Experiments,” p. 10. これは一見きわめて新規で，既存の哲学的な言説のなかでは理解することがきわめて困難な定義であった．そのためボイルはのちのホッブズやリヌスとの論争のなかで，その定義を何度もくりかえし述べねばならなかった（本書第5章を見よ）.

（42） Ibid., p. 37.

（43） ドイツ人の研究者であるショットやゲーリケの，ボイルのポンプの漏れにたいする反応（本書第6章で論じられる）と比較せよ．彼らは，その漏れの存在を根拠に，みずからのポンプ（そのなかでは実験をおこなうことはできなかった）がボイルのものよりもすぐれていると述べていた．Schott, *Technica curiosa sive mirabilia artis* (1664), book II, pp. 75, 97–98.

（44） たとえば，Grant, *Much Ado about Nothing*, pp. 95–100; Lucretius, *On the Nature of the Universe*, p. 12〔邦訳「事物の本性について」298–299頁（第1歌384–397行）〕; Galileo, *Dialogues concerning Two New Sciences*, pp. 11–13〔邦訳『新科學對話』33–36頁〕; Millington, “Theories of Cohesion” を見よ．ボイルは「密着」と「粘着」という用語を，この現象に言及するさいにおおよそ交換可能な仕方でもちいている．現在では「粘着」は粘り気をもつものをもちいてくっつけることを示唆する語となっているので，私たちは一貫して「密着」をもちいることとする．

（45） Boyle, “New Experiments,” pp. 69–70. ボイルはここで，一年後に『流動性と固さの誌』のなかで出版された密着にかんする以前の実験に言及している．私たちはこれらを第5章で論じる．実在論を支持する読者は，これらの実験のなかで「実際にはなにが起こっていたのか」を知りたいと思うであろうが，まずまちがいなく落胆することになる．ボイルの実験のなかでいかなる特定の物理的要素が作用していたのかを確実な仕方で再構成できないからだ．現代の科学知識の観点から見て，ここではさまざまな要素を考慮する必要があるだろう．たとえば次のようなものである．(1) 大理石の相異なる表面にかかっている等方

的な圧力勾配（ボイルが述べていたように），(2) 近距離の接触力（ボイルは考慮しなかった），(3) ボイルがもちいた多様な潤滑剤の粘り気に起因する粘着の現象（彼はそれを十分に考慮したと考えていた）．

(46) ボイルの敵対者であるホッブズとリヌスが，この現象が新しい「非形而上学的な」実験の言説のなかに組みこまれるのを拒絶したことについては，以下で見ていく．彼らにたいするボイルの応答は，真空論者-充満論者の言説と，この事例においてその言説をもちいることの正当性を論評している．

(47) ボイルの「科学的方法についての一貫しており洗練された見解」がどのようなものであったのかを特定しようとした試みとして，Laudan, "The Clock Metaphor and Probabilism," pp. 81-97, esp. p. 81 を見よ．私たちは，ボイルの方法についてのローダンの意見におおきく異議をさしはさむことはないものの，ボイルの哲学が一貫性をもつ体系的なものだったというローダンの評価には同意しない．Wiener, "The Experimental Philosophy of Boyle" と Westfall, "Unpublished Boyle Papers" も参照せよ．

(48) Boyle, "New Experiments," p. 11.

(49) たとえば以下を見よ．Boyle, "Examen of Hobbes," p. 197 ; idem, "Defence against Linus," pp. 119-120, 162（そしてこの論考の省略前の表題が空気のバネと重さの「学説」に言及していることに注意せよ）．ボイルが「仮説」という用語をどのような意味でもちいていたのかについての議論として，Westfall, "Unpublished Boyle Papers," pp. 69-70 を見よ．「ボイルはあきらかに，自然科学におけるあらゆる一般化は仮説なのだと考えていた」．「ボイルにとって『仮説』は，既知の事実に説明をあたえるために提案された推測のことを意味していた……」

(50) Boyle, "New Experiments," p. 44.

(51) Ibid., pp. 11-12, 50, 54. ボイルは明示的にこれらのさまざまな因果的観念を「諸仮説」と呼んでいる．また idem, "The General History of the Air," pp. 613-615 も見よ．

(52) この説明は，ウィトゲンシュタインが言語を活動のパターンにたいする副次的なものとしてあつかっていることと明白に共鳴している．言語はそれらのパターンのなかに埋めこまれたものとして意味をもつのだ．Wittgenstein, *Blue and Brown Books*, pp. 81-89〔邦訳『青色本・茶色本』139-151 頁〕; idem, *On Certainty*, props. 192, 204〔邦訳『確実性の問題』53，56 頁〕．

(53) Boyle, "New Experiments," p. 12.

(54) Boyle, "Examen of Hobbes," p. 191 ; idem, "Defence against Linus," pp. 121, 133.

(55) Boyle, "History of Fluidity and Firmness," p. 409 ; idem, "New Experiments," pp. 11, 15-18, 69, 76.

(56) Boyle, "Continuation of New Experiments," p. 276 ; idem, "Animadversions on Hobbes," p. 111.

(57) Boyle, "New Experiments," pp. 33-34. Webster, "Discovery of Boyle's Law," p. 470 と比較せよ．「……空気のバネ，それを［ボイルは］ここで空気の圧力と呼んでいる．」

(58) Boyle, "History of Fluidity and Firmness," pp. 403-406.

(59) Boyle, "Examen of Hobbes," p. 227.

(60) Boyle, "New Experiments," p. 75.

(61) Ibid., pp. 13, 16 ; idem, "Continuation of New Experiments," pp. 176-177.

(62) たとえば，Boyle, "Sceptical Chymist," p. 460〔邦訳「懐疑的な化学者」7 頁〕を見よ．ここでボイルは，錬金術師たちが彼らが報告するおおくの実験を「実際にはおこなっていないのはまちがいない」といっている．ボイルの結論への反例としてヘンリー・モアが挙げている実験を，モアは実際にはおこなっていないのではないか，と遠回しに述べている箇所

として，Boyle, "Hydrostatical Discourse," pp. 607-608 を見よ．パスカルによるピュイ・ド・ドーム実験の実施へのボイルの反応（"New Experiments," p. 43）や，パワー，タウンリー，そして自分自身による実験へのボイルの反応（"Defence against Linus," pp. 151-155）と比較せよ．だがボイルはパスカルが別の報告で実施したとしている水中での実験については，それが本当におこなわれたかを疑っていた．"Hydrostatical Paradoxes," pp. 745-746 を見よ．「……［パスカルが］触れている実験は，通常事実について報告するようなやり方で報告されているものの，それでも私は彼がはっきりと述べている次のことを信じない．それは彼が実際にそれらの実験を実施したのであり，それゆえ彼は考察にあたって誤りをおかしていないという正当な確信にもとづいて，それらを起こるに違いないものとみなすことができよう，ということである．……パスカル氏が自分自身でこれらの実験をおこなったにせよ，そうでないにせよ，彼は他の人びとが彼のあとでそれらの実験をおこなうことをあまり望んでいないように見える」．ボイルの非難をまねいたパスカルによる報告については，Barry, *Physical Treatises of Pascal*, pp. 20-21 を見よ．科学史のなかでの思考実験の役割については，Koyré, *Galileo Studies*, p. 97〔邦訳『ガリレオ研究』124 頁〕; Kuhn, "A Function for Thought Experiments"〔邦訳「思考実験の機能」〕; Schmitt, "Experience and Experiment."

(63)　Boyle, "Unsuccessfulness of Experiments," p. 343 ; idem, "Sceptical Chymist," p. 486〔邦訳「懐疑的な化学者」41 頁〕; cf. idem, "Animadversions on Hobbes," p. 110.

(64)　Boyle, "Some Considerations about Reason and Religion," p. 182. また Daston, *The Reasonable Calculus*, pp. 90-91 も見よ．証言については，Hacking, *The Emergence of Probability*, chap. 3〔邦訳『確率の出現』〕を見よ．17 世紀のイングランド法における証拠にかんしては，B. Shapiro, *Probability and Certainty*, chap. 5 を見よ．

(65)　Sprat, *History*, p. 100.

(66)　「実験室」（"laboratory" や "elaboratory"）という用語（語源学的には，作業がなされる場所という意味である）は，17 世紀のイングランドにおいてきわめて新しいものだった．『オックスフォード英語辞典』に記録されている "laboratory" の最初の使用例は，トマス・タイムが編集したデュシェーヌの *Practise of Chymicall and Hermeticall Physicke* (1605), part 3, sig Bb4^r（ことがらを隠しておくための場所のことがいわれている）におけるものである．"elaboratory" の最初の使用例はジョン・イーヴリンの *State of France as It Stood in the IXth Year of Lewis XIII*（1652）のなかにある．おそらくこの用語のもちい方はフランスとドイツの医化学からイングランドに入ってきた．それゆえすくなくとも当初はパラケルスス主義的な響きをもっていた．パラケルスス主義の理論の主導的な信奉者としてのタイムについては，Debus, *The English Paracelsians*, pp. 87-97 を見よ．閉鎖された私的な空間を指示するための "laboratory" という言葉の用法の例として，Gabriel Plattes, "Caveat for Alchemists," in Hartlib, *Chymical, Medicinal and Chyrurgical Addresses*（1655 ; 執筆は 1642-1643 年), p. 87 を見よ．「ヴェニス市にあるような実験室．そこで彼らは秘匿に自信をもっている．なぜならそこで確実に養われ，そこにとどまりつづけることに満足でもしないかぎり，埋葬のために教会へと運びこまれるまえに，そこに入ることが許される者はだれもいないのだから」．Geoghegan, "Plattes' Caveat for Alchemists" と比較せよ．ロンドンでハートリブやクロディウス，ディグビーによって発展させられた「普遍的な実験室」については，Hartlib to Boyle, 8/18 May and 15/25 May 1654, in Boyle, *Works*, vol. VI, pp. 86-89 と，Clodius to Boyle, 12/22 December 1663, in Maddison, *Life of Boyle*, p. 87 を見よ．1650 年代と 1660 年代にロンドンで設立された新しい開かれた実験室の一覧（ホワイトホールにあった王の実験室も含む）として，Gunther, *Early Science in Oxford*, vol. I, pp. 36-42 を見

よ．また Webster, *The Great Instauration*, pp. 48, 239, 302–303 も見よ．トマス・バーチはボイルを，「彼の実験室が好奇心をもっている人びとにつねに開かれている」ことのために称賛していた．バーチは一方でボイルが，毒や，目に見えない，あるいは消すことができるインクについての彼自身の研究を隠しているということを注記している．Boyle, *Works*, vol. I, p. cxlv.

(67) Boyle, "New Experiments," p. 1 ; idem, "History of Fluidity and Firmness," p. 410 ; idem, "Defence against Linus," p. 173.

(68) Hooke, *Philosophical Experiments and Observations*, pp. 27–28.

(69) Sprat, *History*, pp. 98–99, 84. また以下も見よ．B. Shapiro, *Probability and Certainty*, pp. 21–22 ; Glanvill, *Scepsis scientifica*, p. 54（感覚を矯正するものとしての実験について）.

(70) Boyle, "New Experiments," pp. 33–34.

(71) Boyle, "Discovery of the Admirable Rarefaction of Air," p. 498.

(72) Boyle, "Sceptical Chymist," p. 460〔邦訳「懐疑的な化学者」7 頁〕.

(73) Boyle, "The Christian Virtuoso," p. 529. また B. Shapiro, *Probability and Certainty*, chap. 5, esp. p. 179. 観察報告の評価における社会的評価のシステムの役割については，Westrum, "Science and Social Intelligence about Anomalies : The Case of Meteorites" を見よ．

(74) M. B. Hall, *Boyle and Seventeenth-Century Chemistry*, pp. 40–41.

(75) Boyle, "New Experiments," p. 2.

(76) Boyle, "The Experimental History of Colours," p. 663. 淑女には，ある種の「簡単かつ楽しい実験で，おこなうのに時間や費用や骨折りをあまり必要としないようなもの」を試行することが推奨された（p. 664).

(77) Boyle, "Continuation of New Experiments," p. 176（1667 年 3 月 24 日［ユリウス暦］の日付がある．1669 年に出版された）．第 6 章では 1660 年代のオランダにおけるホイヘンスの空気ポンプを含む，再現にかんするいくつかの興味ぶかい問題を論じる．

(78) Boyle, "Continuation of The New Experiments. The Second Part," pp. 505, 507 (1680).

(79) 私たちはこの仮想目撃という用語がファン・レーウェンの「代理経験」よりも好ましいと思う．というのも，代理経験はふつう，本来の意味での経験ではまったくないと考えられているのだが，私たちは仮想目撃が積極的な行為であるという観念を心に留めたいと思うからである．van Leeuwen, *The Problem of Certainty*, pp. 97–102 ; Hacking, *The Emergence of Probability*, chaps. 3–4〔邦訳『確率の出現』〕を見よ．

(80) 科学的なテクストのなかでの図版と版画製作技術の研究として，Ivins, *Prints and Visual Communication*, esp. pp. 33–36〔邦訳『ヴィジュアルコミュニケーションの歴史』46–50 頁〕; Eisenstein, *The Printing Press as an Agent of Change*, esp. pp. 262–270, 468–471 を見よ．第 4 章で私たちはホッブズの図像を手短に論じる．

(81) Hooke to Boyle, 25 August/4 September and 8/18 September 1664, in Boyle, *Works*, vol. VI, pp. 487–490. また Maddison, "The Portraiture of Boyle."

(82) Boyle, "Continuation of New Experiments," p. 178.

(83) Alpers, *The Art of Describing*〔邦訳『描写の芸術』〕と比較せよ．この研究は 17 世紀オランダにおける写実的絵画の目的と慣習を分析したもので，イングランドの経験主義的な知識理論とオランダの絵画表現のあいだの重要な結びつきを論証している．明らかに，イングランドの人びとが散文の改革を通じて試みたことがらを，オランダの人びとは絵画表現という手段によって実現しようとしていた．

(84) Boyle, "New Experiments," pp. 1–2（強調付加）．ボイルや王立協会の他のフェローたちの散文のなかで付随状況の詳細がはたしていた機能は以下でも論じられている．B. Shapiro,

Probability and Certainty, chap. 7 ; Lupori, "La polemica tra Hobbes e Boyle," p. 329 ; Dear, "*Totius in verba* : The Rhetorical Constitution of Authority in the Early Royal Society" ; Golinski, *Language, Method and Theory in British Chemical Discourse*. 私たちはディアとゴリンスキにたいし，論考のタイプ打ち原稿を見せていただいたことに深く感謝する．

(85)　おそらくボイルが付随状況の報告を正当化したことと，ベイコンがコミュニケーションの「教授的な」方法に対立するものとしての「先導的な」方法を支持する議論をおこなったことのあいだには関連がある．たとえば以下を見よ．Hodges, "Anatomy as Science," pp. 83–84 ; Jardine, *Bacon : Discovery and the Art of Discourse*, pp. 174–178 ; Wallace, *Bacon on Communication & Rhetoric*, pp. 18–19. ベイコンは次のように述べている．教授的な方法は「教えられることがらを信じこむことを〔相手に〕要求する．その一方で先導的な方法は教えられることがらを検討することを要求する」．先導的な方法は結論がえられた過程をしめすものであり，一方教授的方法はその過程をおおいかくす．ボイルの着想の源泉がベイコンにあるかもしれないというのはもっともらしい議論ではあるが，ときにはベイコンの「影響」が誇張されてきた（たとえば，Wallace, *Bacon on Communication & Rhetoric*, pp. 225–227)．体系的な実験という実際のプログラムのための文章形式を発展させたのがベイコンではなくボイルであったということを思いおこすのは有益である．ベイコンのアフォリズムとボイルの実験についての叙述というふたつの形式以上に互いに異なった形式を想像するのはむずかしい．科学的な説明に複数の対照的な方法がもちいられるようになったことにかんするデカルト的な起源についての，驚くほど思弁的な論文である，Watkins, "Confession is Good for Ideas" と，より広く知られている Medawar, "Is the Scientific Paper a Fraud?" も見よ．ボイルが読者の確信を勝ちとることに成功したという現代の証言として，Gillispie, *The Edge of Objectivity*, p. 103〔邦訳『客観性の刃』63 頁〕を見よ．「実験物理学はロバート・ボイルにおいて本来の面目に達した．彼の報告は委細をつくしたものであった．彼が報告したすべての実験……は彼が実際におこなったものだということをだれも疑うことができない．実験室に並々ならぬ器用さと比類ない忍耐を導きいれ，単純な律儀さによって実験を傲慢な見せ物から尊敬すべき探究へと変えたのはボイルである」．

(86)　Boyle, "Proëmial Essay," pp. 305–306, 316 ; cf. idem, "New Experiments," p. 1 ; Westfall, "Unpublished Boyle Papers." ある文学史家によれば，「〔ボイルは〕ドライデンのような仕方で，あたかも教養ある人が話しているかのように書こうと意図しているのだが，ボイルの様式はあわただしく軽率なものであり，彼の文は形式も流麗さもなく早口でまくし立てる」．(Horne, "Literature and Science," p. 193.)

(87)　Boyle, "Unsuccessfulness of Experiments," esp. pp. 339–340, 353. 偶発的な状況が実験結果に影響しうるということに気づくこともまた，すぐれた証言をあまりにもたやすく退けてしまおうとする傾向を和らげるための方法であった．すなわち，もし他の点では信頼できる情報源に明記されている結果がすぐには得られなかった場合，粘り強く実験を続けてみることが推奨されたのである．ibid., pp. 344–345 ; idem, "Continuation of New Experiments," pp. 275–276 ; idem, "Hydrostatical Paradoxes," p. 743 ; Westfall, "Unpublished Boyle Papers," pp. 72–73 を見よ．

(88)　Boyle, "New Experiments," p. 26. また前述の，失敗した実験 31 についてのボイルの報告を思いおこしてみよ．第 5 章で私たちは実験における成功と失敗という問題に立ち戻る．

(89)　Boyle, "Proëmial Essay," pp. 301–307, 300 ; cf. idem, "Sceptical Chymist," pp. 469–470, 486, 584〔邦訳「懐疑的な化学者」19，41，175 頁〕. 一年もしないうちに，ヘンリー・パワーはボイルへの書簡のなかで彼の定式を引用した．「私たち［ヨークシャーの実験主義者たち］のことを，理性よりもはるかにいっそうおおくの勤勉さを発揮してはたらく田舎の労

役者とみなしていただくようお願いいたします」. Power to Boyle, 10/20 November 1662, in British Library Sloane MSS 1326 f33^{v}. 自然哲学の教科書については，Reif, "The Textbook Tradition in Natural Philosophy" を見よ．

(90) 17世紀イングランド科学の著名人のなかでより謙虚さに欠けた何人かの人物は，ふつう証言の信頼性を高めるものであった高貴な生まれを欠いていた．たとえば，ホッブズ，フック，ウォリス，ニュートンである．ボイルの社会的境遇と気性についての最良の情報源は，J. Jacob, *Boyle*, chaps. 1-2 である．

(91) Boyle, "Proëmial Essay," pp. 318, 304. レンズの重要性と17世紀の知識理論における知識の知覚モデルについては，Alpers, *The Art of Describing*, chap. 3〔邦訳『描写の芸術』〕を見よ．言語の改革にたずさわっていた他のおおくの哲学者たちと同じように，ボイルにとっても，目標は「平易な語り」であった．初期王立協会の言語にかんするプログラムと，そのプログラムと実験哲学との結びつきについては以下を見よ．Christensen, "Wilkins and the Royal Society's Reform of Prose Style"；R. F. Jones, "Science and Language"；idem, "Science and English Prose Style"；Salmon, "Wilkins' *Essay*"；Slaughter, *Universal Languages and Scientific Taxonomy*, esp. pp. 104-186；Aarsleff, *From Locke to Saussure*, pp. 225-277；B. Shapiro, *Probability and Certainty*, pp. 227-246；Hunter, *Science and Society*, pp. 118-119〔邦訳『イギリス科学革命』134-135頁〕；Dear, "*Totius in verba*：the Rhetorical Constitution of Authority in the Early Royal Society." 錬金術師の「混乱した」，「あいまいで」，「不明確な」言語にたいするボイルの攻撃については，"Sceptical Chymist," esp. pp. 460, 520-522, 537-539〔邦訳「懐疑的な化学者」6-7, 88-90, 111-114頁〕を見よ．また，ホッブズの説明の「不明瞭さ」にたいする彼の攻撃については，"Examen of Hobbes," p. 227 と本書第5章の議論を見よ．

(92) Boyle, "Proëmial Essay," p. 307. 「慎重で自信のない表現」については，idem, "New Experiments," p. 2 も見よ．Cf. Sprat, *History*, pp. 100-101；Glanvill, *Scepsis scientifica*, pp. 170-171. 蓋然主義的，可謬主義的な知識モデルの文脈のなかでボイルの言明をあつかった論考として，B. Shapiro, *Probability and Certainty*, pp. 26-27；van Leeuwen, *The Problem of Certainty*, p. 103；Daston, *The Reasonable Calculus*, pp. 164-165 を見よ．

(93) Boyle, "Hydrostatical Paradoxes," p. 741. ボイルはこの文脈でパスカルをはげしく非難している．

(94) Boyle, "Hydrostatical Discourse," p. 596.

(95) Boyle, "New Experiments," p. 2.

(96) Boyle, "Proëmial Essay," pp. 313, 317.

(97) 「イドラ」と可謬主義については，B. Shapiro, *Probability and Certainty*, pp. 61-62 を見よ．

(98) Boyle, "Some Specimens of an Attempt to Make Chymical Experiments Useful," p. 355；idem, "Proëmial Essay," p. 302. 「あらかじめ把握された仮説あるいは推測」がもつ破滅的な作用については，idem, "New Experiments," p. 47 を見よ．また，ボイルがデカルトや他の体系主義者の見解に通じていないと公言していたことが事実に合っていないのではないかという疑いにかんしては，Westfall, "Unpublished Boyle Papers," p. 63；Laudan, "The Clock Metaphor and Probabilism," p. 82n；M. B. Hall, "The Establishment of the Mechanical Philosophy," pp. 460-461；idem, *Boyle and Seventeenth-Century Chemistry*, chap. 3；idem, "Boyle as a Theoretical Scientist"；idem, "Science in the Early Royal Society," pp. 72-73；Kargon, *Atomism in England*, chap. 9；Frank, *Harvey an the Oxford Physiologists*, pp. 93-97. ここで私たちが関心をもっているのは，ボイルの公言のただしさではなく，彼がそれらの公言をおこなった理由と，それらの公言によってとげようとしていた目的である．

（99）　大陸における主要な批判者〔スピノザ〕については，R. McKeon, *Philosophy of Spinoza*, chap. 4 ; A. R. Hall and M. B. Hall, “Philosophy and Natural Philosophy : Boyle and Spinoza” を見よ．また，ホッブズのものに関連していたイングランドの攻撃については，J. Jacob, *Stubbe*, esp. pp. 84–108 を見よ．

（100）　実験哲学がどのくらいの範囲で「人気」であったのかについては，Hunter, *Science and Society*, esp. chaps. 3, 6〔邦訳『イギリス科学革命』〕を見よ．シャドウェルの劇は 1676 年に上演された．第 4 章で見ることになるように，協会の庇護者であった国王チャールズ二世もまた，空気の重さをはかることをかなりこっけいだと考えていたといわれている．そしてペティは 1670 年代初頭に空気学の風刺に気づいていた．A. R. Hall, “Gunnery, Science, and the Royal Society,” pp. 129–130. フックがジムクラックは（ボイルではなく）自分だと信じていたといういくつかの証拠が存在する．Westfall, “Hooke,” p. 483.

（101）　ここで，制度化のために必要な基準としてこれらがすべてであったといおうとしているわけではない．その他にもあきらかに，庇護は必要なものであったし，力をもっていた既存の諸制度との協力関係がつくられねばならなかった．

（102）　Boyle, “Sceptical Chymist,” pp. 460, 513, 560, 584〔邦訳「懐疑的な化学者」6–7，78，143，176 頁〕.

（103）　Boyle, “Proëmial Essay,” p. 303.

（104）　Boyle, “Experimental Discourse of Quicksilver Growing Hot with Gold”（1676）および “An Historical Account of A Degradation of Gold”（1678）を，Newton to Oldenburg, 26 April/6 May 1676, in Newton, *Correspondence*, vol. II, pp. 1–3 と比べてみよ．「化学にかんする短いエッセイ」を執筆したいというボイルの意向，また金のより低級な金属への変成についての見解にかんして，Hartlib to Boyle, 28 February/10 March 1654, in Boyle, *Works*, vol. VI, p. 79 を見よ．ボイルとハートリブ・サークルについては，O’Brien, “Hartlib’s Influence on Boyle’s Scientific Development” ; Rowbottom, “Earliest Published Writing of Boyle” ; Webster, “English Medical Reformers” ; Wilkinson, “The Hartlib Papers.” Dobbs, *Foundations of Newton’s Alchemy*, p. 72〔邦訳『ニュートンの錬金術』94–96 頁〕は次のように書いている．ボイルとハートリブは錬金術を「錬金術の理論の基礎にある諸前提が批判的な分析にさらされうる，公的な論争の領域のなかへと」移動させた．「……そして概念の吟味は，そのサークルのなかのそこらじゅうでなされていた，いっそう開かれた経験的情報の交換と並行関係にあった」．『懐疑的化学者』の思想的源泉については，M. B. Hall, “An Early Version of Boyle’s ‘Sceptical Chymist’” を見よ．この論考は〔『懐疑的化学者』の初期の草稿である〕「考察」の執筆時期を 1657 年以前としている．また Webster, “Water as the Ultimate Principle of Nature” も見よ．こちらは執筆時期を遅くとも 1658 年夏だとしている．

（105）　アリストテレス学派の論争好きにかんしては，たとえば以下を見よ．Boyle, “The Christian Virtuoso,” p. 523 と Glanvill, *Scepsis scientifica*, pp. 136–137. 党派主義者たちの個人主義にたいする反論については，J. Jacob, *Boyle*, chap. 3 を見よ．また一般的な背景として，Heyd, “The Reaction to Enthusiasm in the Seventeenth Century” を見よ．

（106）　Boyle, “Proëmial Essay,” p. 312.

（107）　Ibid., p. 311.

（108）　Multhauf, “Some Nonexistent Chemists” を見よ．

（109）　Boyle, “Sceptical Chymist,” p. 486〔邦訳「懐疑的な化学者」41 頁〕．ボイルは序文のなかで，「自分自身の意見を表明し」たくはないと述べた．彼は「彼らの論争の無言の聴衆」であることを望んでいたのだ（pp. 462，466–467〔邦訳，10，14–16 頁〕）．

（110）　生みだされた共通見解は，カルネアデスが出発した立場ときわめてよく似ている．だが

『懐疑的化学者』の話の筋がその事実をおおいかくしていたのだ．興味ぶかいことに，その共通見解は全面的なものではない（ヤン・ゴリンスキが指摘したように）．というのは，エレウテリウスはカルネアデスの議論にかんする留保を述べているし，ピロポノス（議論の大半には登場しないいっそう「強硬な」錬金術師である）は，エレウテリウスの意見では，まだ説得されていない可能性もある．後の諸章では，この『懐疑的化学者』の形式と，反実験主義的な立場からボイルに敵対していたホッブズによる対話の使用との対照を明確にしめす．

(111) Boyle, "Sceptical Chymist," p. 462〔邦訳「懐疑的な化学者」9頁〕.

(112) 実際には，話しあいの大半はカルネアデスとエレウテリウスのあいだでなされている．他の二人の参加者は，会話の大部分のあいだ不思議なことに欠席しているのである．これはもしかするとボイルがみずからみとめていた，彼の手稿をあつかうさいのいい加減さに起因する事故であるのかもしれない．Multhauf, "Some Nonexistent Chemists," pp. 39–41 を見よ．

(113) Boyle, "Sceptical Chymist," p. 469〔邦訳「懐疑的な化学者」18頁〕.

(114) Boyle, "New Experiments," p. 3.「すばらしく，平和を告げる年」という言い回しは Sprat, *History*, p. 58 から取られた．

(115) Sprat, *History*, p. 53.

(116) Boyle to Moray, July 1662, in Huygens, *Oeuvres*, vol. IV, p. 220. リヌスの逸脱的な実験結果（ピュイ・ド・ドームの実験を再現しようとしたさいの）にかんしてのボイルの説明と比較せよ．"Defence against Linus," pp. 152–153 および本書第5章．

(117) Sprat, *History*, pp. 98–99（個人と集団にかんして）; ibid., p. 85. また Hooke, *Micrographia*, "The Preface," sig a2ᵛ〔邦訳『ミクログラフィア』9–10頁〕（「目と手」また「誠実な手，そして忠実な目」について）; Sprat, *History*, pp. 28–32. また Glanvill, *Scepsis scientifica*, p. 98（哲学における「僭主」にかんして）. 王立協会の公衆を規律づけるということにかんしては，J. Jacob, *Boyle*, p. 156 ; idem, *Stubbe*, pp. 59–63. また Ezrahi, "Science and the Problem of Authority in Democracy," esp. pp. 46–53 にいくつかのきわめて鋭い言明がある．

第3章　二重に見ること——1660年以前におけるホッブズの充満論の政治学

〔1〕 小田島雄志訳（シェイクスピア全集 4，白水 *u* ブックス，1983年），11頁．

(1) Halliwell, *Collection of Letters*, pp. 65–69 ; Tönnies, *Hobbes*, pp. 11–22 ; Jacquot, "Cavendish and his Learned Friends" ; de Beer, "Some Letters of Hobbes," p. 196 ; Reik, *Golden Lands*, p. 74 ; Digby to Hobbes, 24 September/4 October 1637, in Tönnies, *Studien*, p. 147.

(2) Lenoble, *Mersenne*, pp. 430–436 ; Hobbes, "Tractatus opticus" ; Köhler, "Studien," pp. 71n–72n ; Hobbes to Sorbière, 6/16 May 1646, in Tönneis, *Studien*, pp. 53–54 ; Mersenne to Haak, 29 February/10 March 1640, in Mersenne, *Correspondance*, vol. XI, pp. 403–404.

(3) 『物体論』の起源については，Kargon, *Atomism in England*, p. 58 ; Laird, *Hobbes*, pp. 115–116 ; Hobbes, *Critique du De Mundo*, pp. 71–88 ; Jacquot, "Notes on an Unpublished Work of Hobbes" ; idem, "Un document inédit" ; Aaron, "A Possible Draft of *De Corpore*" ; Brockdorff, *Cavendish Bericht für Jungius* ; Pacchi, *Convenzione*, pp. 25ff.

(4) Glanvill, *Scepsis scientifica*, "To the Royal Society" ; Ward, *Vindiciae academiarum*, p. 53 ; Boyle, "Examen of Hobbes" ; Hobbes, "Six Lessons," p. 340 ; Halliwell, *Collection of Letters*, pp. 84–85.

(5) ホッブズによる散りぢりの真空の使用と，光の形而上学におけるその背景については，Hobbes, "Little Treatise" ; idem, *White's De Mundo Examined*, p. 101 ; Gargani, *Hobbes e la*

scienza, pp. 98–123, 209–237 ; A. Shapiro, "Kinematic Optics," pp. 143–172 を見よ．エピクロスの区別については，Grant, *Much Ado about Nothing*, pp. 70–71 ; Webster, "Discovery of Boyle's Law," p. 443 ; Rochot, "Comment Gassendi interprétait l'expérience du Puy de Dôme" ; Charleton, *Physiologia*, pp. 55–56.

（6） デカルトとの争いにかんしては，Mersenne, *Correspondance*, vol. X, pp. 210–212, 426–431, 487–504, 522–534, 568–576, 588–591. Cf. Hobbes to Sir Charles Cavendish, 29 January/8 February 1641, in *English Works*, vol. VII, pp. 455–462 ; Hobbes, "Objectiones ad Cartesii Meditationes"〔邦訳「第3反論と答弁」〕; idem, *Critique du De Mundo*, pp. 16–20 ; Tönnies, *Studien*, p. 115 ; Hervey, "Hobbes and Descartes" ; Brandt, *Hobbes' Mechanical Conception*, pp. 138–142.

（7） Hobbes, *White's De Mundo Examined*, pp. 46–48, 54 ; ホワイトの自然哲学については，Henry, "Atomism and Eschatology" を見よ．「霊」については，Hobbes, "Human Nature," pp. 60–62〔邦訳『自然法および国家法の原理』1212–1214頁〕を参照せよ．

（8） Pacchi, *Convenzione*, p. 28 ; Köhler, "Studien," p. 72n ; Kargon, *Atomism in England*, p. 57.

（9） Hobbes to Mersenne, 7/17 February 1648, in Tönnies, *Studien*, pp. 132–134. ノエルにかんしては，Fanton d'Andon, *L'horreur du vide*, pp. 47–57 ; Noël, *Le plein du vide* を見よ．

（10） de Waard, *L'expérience barométrique*, pp. 117–123 ; Fanton d'Andon, *L'horreur du vide*, pp. 1–41 ; Sadoun-Goupil, "L'oeuvre de Pascal," pp. 249–277 ; Middleton, *History of the Barometer*, pp. 3–32 ; Auger, *Roberval*, pp. 117–133. これらの実験にかんしては以下も見よ．Pascal, *Oeuvres*, pp. 195–198, 221–225〔邦訳『パスカル全集 I』419–433, 433–448頁〕.

（11） Hartlib to Boyle, May 1648, in Boyle, *Works*, vol. VI, pp. 77–78 ; Cavendish to Petty, April 1648, in Webster, "Discovery of Boyle's Law," p. 456 ; Haak to Mersenne, July 1648, in H. Brown, *Scientific Organizations*, p. 271.

（12） Hobbes to Mersenne, 7/17 February 1648, in Tönnies, *Studien*, pp. 132–134 ; Haak to Mersenne, 24 March/3 April 1648, in H. Brown, *Scientific Organizations*, p. 58.

（13） Hobbes to Mersenne, 15/25 May 1648, in H. Brown, "Mersenne Correspondence" ; Pacchi, *Convenzione*, p. 238.

（14） ロベルヴァルの実験にかんしては，Auger, *Roberval*, pp. 128–130 と Webster, "Discovery of Boyle's Law," pp. 449–450, 496–497. 以下を参照せよ．Mersenne to Huygens, 7/17 March and 22 April/2 May 1648, in Huygens, *Oeuvres*, vol. I, pp. 84, 91. 1647年10月から1648年4月にかけてのノエルの攻撃については，Pascal, *Oeuvres*, pp. 199–221〔邦訳『パスカル全集 I』185–206, 211–237頁（部分訳)〕におさめられている，ノエルとパスカルのあいだで交わされた書簡を見よ．

（15） Hobbes to Sorbière, 27 January/6 February 1657, in Tönnies, *Studien*, pp. 71–73. 以下と比較せよ．Descartes to Mersenne, 22 February/4 March 1641, in Mersenne, *Correspondance*, vol. X, p. 524. 彼はホッブズの以下の言明を引用している．「私は霊を精妙な流体的物体のことだと理解している．それゆえそれは彼の［＝デカルトの］精妙な物質と同じものなのである」．

（16） ラテン語版は1655年に，英語版である "Concerning Body" はその次の年に出版された．ふたつの版のあいだには瑣末でない差異が存在するが，それらの差異のなかには私たちが議論しようと思う点は含まれないので，私たちは英語版を引用する．『物体論』の自然哲学についてのもっとも詳細な説明としては，Brandt, *Hobbes' Mechanical Conception*. 以下も見よ．Watkins, *Hobbes's System*, chaps. 3–4〔邦訳『ホッブズ』〕; Kargon, *Atomism in England*, chap. 6 ; Gargani, *Hobbes e la scienza*, chap. 4.

（17） 『物体論』の最初の三部は，原因のただしい定義から結果の知識を生みだすことにかか

わっている．他方「自然学」にかんする部（第四部）は結果あるいはあらわれの知識からありうる原因を突きとめるという，低次の方法論を主題としている．（これらの方法論の地位は本書第 4 章で論じる．）感覚の与件や「単一で個別的な……諸命題」にたいするホッブズの批判については，“Concering Body,” chap. 25, esp. p. 388〔邦訳『物体論』のとくに 431-432 頁〕を見よ．

(18) Hobbes, “Concerning Body,” pp. 107, 109 ; cf. p. 124〔邦訳『物体論』133，135-136 頁．Cf. 153-154 頁〕. この主題についてデカルトに反論するのにホッブズの論を同じように利用している議論として，Barrow, *Usefulness of Mathematical Learning*, p. 140 を見よ．

(19) Hobbes, “Concerning Body,” pp. 321-322, 332, 341-342〔邦訳『物体論』356-357，368-369，380 頁〕.

(20) Ibid., p. 425〔同書，470 頁〕.

(21) Ibid., p. 426〔同書，471 頁〕．空間をみたす流体的エーテルに言及している他の箇所として，pp. 448, 474, 480-481, 504, 519〔同書，491，519，525，547-548，564 頁〕を見よ．次章では，このエーテルはホッブズがたんに実験システムのなかの真空の存在に反論するためだけにもちいた知的な道具立てだったわけではないということをしめすつもりである．

(22) Ibid., pp. 420-422〔同書，465-467 頁〕．トリチェリの実験にかんするこの一般的な説明は以下にも見いだされる．Hobbes, “Seven Philosophical Problems,” pp. 23-24 ; “Decameron physiologicum,” pp. 92-93 ; “Dialogus physicus,” pp. 256-257. ホッブズの「努力」の概念をここで論じることはできない．彼はそれを “Concerning Body,” p. 206〔邦訳『物体論』243 頁〕で以下のように定義している．「あたえられうるよりもすくない空間あるいは時間のうちになされる運動……つまり，点の長さのうちに，また瞬間，あるいは時間の一点のあいだになされる運動」．この主題にかんしては，Brandt, *Hobbes' Mechanical Conception*, pp. 300-315 ; Watkins, *Hobbes's System*, pp. 123-134〔邦訳『ホッブズ』207-225 頁〕; Bernstein, “*Conatus*, Hobbes and the Young Leibniz” ; Sacksteder, “Speaking about Mind” を見よ．

(23) Hobbes, “Concerning Body,” pp. 414-415〔邦訳『物体論』459-460 頁〕.

(24) Ibid., pp. 420, 423-424〔同書，465，468-469 頁〕.

(25) Ibid., pp. 418-419〔同書，463-464 頁〕．またホッブズにより同様の議論がなされている以下の箇所を見よ．“Seven Philosophical Problems,” pp. 17-19 と “Decameron physiologicum,” pp. 90-91.

(26) 中世と初期近代の真空論-充満論論争がもっていた宗教的および道徳的重要性については，Grant, *Much Ado about Nothing*, chaps. 5-7 を見よ．

(27) Hobbes, “Leviathan,” pp. 615, 644〔邦訳『リヴァイアサン』第 4 巻，31-32，73-74 頁〕．ホッブズと霊魂については，Willey, *Seventeenth Century Background*, pp. 100-106 ; Sacksteder, “Speaking about Mind” ; Watkins, *Hobbes's System*, chap. 6〔邦訳『ホッブズ』〕を見よ．

(28) Hobbes, “Leviathan,” pp. 92, 96-97〔邦訳『リヴァイアサン』第 1 巻，178，184 頁〕．ホッブズは摂理の力をはぎとられた物体的な存在者としての神が存在するというみずからの信念を主張していたけれども，このような神の概念はほとんどの聖職者たちには使用不可能なものであり，そのためホッブズは広く無神論者だとみなされていた．くわしい議論としては，K. Brown, “Hobbes's Grounds for Belief” ; Glover, “God and Hobbes” ; Damrosch, “Hobbes as Reformation Theologian” ; Hunter, *Science and Society*, chap. 7〔邦訳『イギリス科学革命』〕; Mintz, *Hunting of Leviathan* ; Klaaren, *Religious Origins of Modern Science*, pp. 99-100.

(29)　Hobbes, "Leviathan," pp. 383–387〔邦訳『リヴァイアサン』第 3 巻，58–63 頁〕.

(30)　Ibid., pp. 672, 680〔同書，第 4 巻，114–115，125 頁〕.

(31)　Ibid., pp. 670–672, 686〔同書，第 4 巻，112–114，132 頁〕.

(32)　Ibid., p. 678〔同書，第 4 巻，122 頁〕. Willey, *Seventeenth Century Background*, pp. 99–100 を見よ．

(33)　Hobbes, "Leviathan," pp. 48–49, 679〔邦訳『リヴァイアサン』第 1 巻，111 頁，第 4 巻，124 頁〕．ホッブズと意志にかんしてのより十全な説明として，Watkins, *Hobbes's System*, chap. 7〔邦訳『ホッブズ』〕を見よ．ホッブズとデリー主教ジョン・ブラムホールのあいだで 1650 年代になされた自由意思をめぐる論争の考察として，Mintz, *Hunting of Leviathan*, chap. 6 ; Damrosch, "Hobbes as Reformation Theologian" を見よ．ダムロッシュは次のような有益な示唆をあたえている．すなわち，ブラムホールはホッブズの著作のなかにイングランドのカルヴァン主義の中心的な神学上の道具立てがあることを認識しており，それゆえに応答したのではないか，というものである．

(34)　Hobbes, "Leviathan," p. 688〔邦訳『リヴァイアサン』第 4 巻，139 頁〕.

(35)　Ibid., pp. 669, 674〔同書，第 4 巻，111，117 頁〕．反君主制論者としてのアリストテレスについては，Hobbes, "Behemoth," p. 362〔邦訳『ビヒモス』259 頁〕を見よ．また，かつてのホッブズの味方であるヘンリー・スタッブの，「アリストテレスの政治学はわれわれの君主制に驚くほど合致している」という見解については，J. Jacob, *Stubbe*, p. 87（Stubbe, *Campanella Revived* [London, 1670], pp. 12–13 を引用）を見よ．

(36)　Hobbes, "Leviathan," pp. 93, 95, 98〔邦訳『リヴァイアサン』第 1 巻，178–179，182–183，186 頁〕.

(37)　Ibid., pp. 610–613, 644〔同書，第 4 巻，25–29，74 頁〕．「憑依」をめぐる 17 世紀の相対立する諸見解については，Walker, *Unclean Spirits* を見よ．

(38)　Hobbes, "Leviathan," p. 615〔邦訳『リヴァイアサン』第 4 巻，32 頁〕（『申命記』第 12 章 23 節からの引用）．霊魂について，ホッブズの見解と内乱および空位期のおおくの急進的非国教徒の見解のあいだには，明白で重要な複数の類似点が存在する．「霊魂の可死性」という異端はこれらの党派のなかに（そしておおくのイングランドの科学者たちのあいだに）広く行きわたっていた．可死性論者らは，霊魂は身体とともに死ぬか，もしくは〔最後の審判において〕すべての人が復活するまでのあいだ眠るかのいずれかなのだと主張していた．そしておおくの可死性論者は霊魂を血と同一視していた．もちろんホッブズはこれらの非国教徒と共通の政治的な目的をもっていたわけではない．それにもかかわらず概念的な道具立てにおける類似性は，以下のことがらにかんしての，ホッブズとこれらの非国教徒とのあいだで共有されていた分析から来ているのかもしれない．国教会の役割や，国教会が霊魂，死後の生，道徳的責任など教会がもつ概念をもちいていた仕方といったことがらである．これに関連して，C. Hill, *World Turned Upside Down*, pp. 387–394 ; idem, "Harvey and the Idea of Monarchy" ; idem, *Milton and the English Revolution*, chap. 25 を見よ．

(39)　Hobbes, "Leviathan," pp. 437, 444–445, 455〔邦訳『リヴァイアサン』第 3 巻，135，144–146，157–158 頁〕; cf. Walker, *Decline of Hell*. ここにもまた，急進的な非国教徒らが場所としての地獄および天国を否定していたこととの著しい類似性がある．C. Hill, *World Turned Upside Down*, chap. 8.

(40)　Hobbes, "Leviathan," pp. 486ff〔邦訳『リヴァイアサン』第 3 巻，203 頁以下〕. Warner, "Hobbes's Interpretation of the Trinity" も見よ．また反三位一体論の政治的重要性については，Leach, "Melchisedech and the Emperor" も見よ．

(41)　Hobbes, "Leviathan," pp. 675, 693〔邦訳『リヴァイアサン』第 4 巻，118，145 頁〕.

(42) Ibid., pp. 607–608〔同書，第4巻，22–23頁〕.

(43) Ibid., p. 688〔同書，第4巻，135頁〕. ホッブズとエラストゥス主義の簡潔な説明として，Clark, *Seventeenth Century*, pp. 218–222 ; Peters, *Hobbes*, pp. 239–244 ; Goldsmith, *Hobbes's Science of Politics*, pp. 214ff. ; Strauss, *Political Philosophy of Hobbes*, chap. 5〔邦訳『ホッブズの政治学』〕. ホッブズは反専門家主義であった．彼は法律家による権力の略奪にかんしても類似の見解をもっていたのである．Hobbes, "Dialogue between a Philosopher and a Student," p. 5〔邦訳『哲学者と法学徒との対話』12–13頁〕と本書第7章を見よ．

(44) Hobbes, "Leviathan," pp. 608, 689–691, 609–610〔邦訳『リヴァイアサン』第4巻，23，139–142，25頁〕. また idem, "Behemoth," pp. 215–216〔邦訳『ビヒモス』78–79頁〕.

(45) Hobbes, "Six Lessons," p. 335.

(46) Hobbes, "Behemoth," pp. 167, 171〔邦訳『ビヒモス』19–20，24頁〕.『ビヒモス』にかんしては，MacGillivray, "Hobbes's History of the Civil War" を見よ．ホッブズとこれら諸党派の対立にかんしては，Pocock, "Time, History and Eschatology," esp. pp. 180–187を見よ．

(47) Hobbes, "Behemoth," p. 190〔邦訳『ビヒモス』47–48頁〕.

(48) Hobbes, "Leviathan," pp. 460–461〔邦訳『リヴァイアサン』第3巻，167頁〕.

(49) Ibid., p. 381〔同書，第3巻，55–56頁〕.

(50) Ibid., p. 672〔同書，第4巻，114頁〕.「物体」,「実体」,「物質」という語のホッブズによる用法にかんしては，Sacksteder, "Speaking about Mind," p. 68を見よ．Cf. Watkins, *Hobbes's System*, esp. pp. 125–132〔邦訳『ホッブズ』のとくに209–221頁〕.

(51) ホッブズの知識の理論を彼の政治哲学との関連のなかでとらえるすぐれた説明として，Watkins, *Hobbes's System*, chaps. 4, 8〔邦訳『ホッブズ』〕を見よ．Verdon, "On the Laws of Physical and Human Nature" は，彼の知識の理論と政治哲学の結びつきを「類比的」なものとみなしている．私たちがここで強調点を置くのは類比でもなければ，発展の先行性でもなく，両分野に共通する発話状況である．この点にかんしては（また他の点にかんしても），ギデオン・フロイデンタールによるすぐれた書物 *Atom und Individuum*, esp. chaps. 5, 9を見よ．

(52) Hobbes, "Leviathan," pp. 23–24, 35〔邦訳『リヴァイアサン』第1巻，75，91頁〕; cf. "Six Lessons," pp. 211–212. 数学と「学問」の徴としての同意にかんしては，Minister, "Skepticism and Hobbes's Political Philosophy," pp. 410–411を見よ．あらゆる人びとがひとしく自然本性的にもっている理性にかんするホッブズの見解については，"Leviathan," pp. 30–35, 110–111〔邦訳『リヴァイアサン』第1巻，85–91，207–208頁〕を見よ．

(53) Hobbes, "Leviathan," pp. 24, 53–54〔邦訳『リヴァイアサン』第1巻，75，119–120頁〕. Cf. idem, "Concerning Body," p. 84〔邦訳『物体論』105頁〕. ここでは定義の特性のひとつは「それがあいまいさを，また同様に，論争によって哲学を学ぶことができると考えているような人びとにもちいられている多数の区別立てのすべてを，取りさること」だとされている．

(54) Hobbes, "Leviathan," p. 30〔邦訳『リヴァイアサン』第1巻，85頁〕.「計算」という語のホッブズの用法については，Sacksteder, "Some Ways of Doing Language Philosophy," pp. 477を見よ．

(55) Hobbes, "Leviathan," pp. 31–32〔邦訳『リヴァイアサン』第1巻，87頁〕.

(56) Ibid., pp. 35, 52–53〔同書，第1巻，91–92，117–118頁〕.

(57) Ibid., p. 71〔同書，第1巻，146頁〕.

(58) Ibid., pp. 1–2〔同書，第1巻，44頁〕. ホッブズの感覚理論は "Human Nature," esp. pp. 1–19〔邦訳『自然法および国家法の原理』1140–1162頁〕でより十全に展開されている．

また，Barnouw, “Hobbes's Causal Account of Sensation” と Sacksteder, “Hobbes : Man the Maker,” pp. 86–87 も見よ．

(59) Hobbes, “Leviathan,” p. 71. またホッブズによる学問の分類表として，pp. 72–73 を見よ〔邦訳『リヴァイアサン』第 1 巻，146，148–149 頁〕．「誌」の概念について，また誌と原因にかんする説明との関係については，B. Shapiro, *Probability and Certainty*, chap. 4 を見よ．

(60) Hobbes, “Leviathan,” p. 37〔邦訳『リヴァイアサン』第 1 巻，93 頁〕．

(61) 宗教における私的判断についてのホッブズの議論と，詩や政治における「知的徳」についての彼の議論のあいだには，重要な結びつきが存在する．“Leviathan,” pp. 56–70〔邦訳『リヴァイアサン』第 1 巻，124–141 頁〕を見よ．「空想」は私的判断であり，かつ詩の源泉でもある．「獲得された知力」は「方法と教育」によって得られるのであって，「理性」にほかならない．これが公共の同意の基礎であり，また哲学の源泉でもある．ホッブズの文学理論については，Selden, “Hobbes and Late Metaphysical Poetry” ; Thorpe, *Aesthetic Theory of Hobbes*, esp. pp. 79–117 ; James, *The Life of Reason*, pp. 34–49.

(62) Hobbes, “Leviathan,” pp. 680–681, 685〔邦訳『リヴァイアサン』第 4 巻，125–126，131 頁〕．

(63) Ibid., pp. 362–365〔同書，第 3 巻，29–33 頁〕．プロテスタント諸党派における私的な判断にかんしては，C. Hill, *World Turned Upside Down*, chap. 6 を見よ．

(64) このことは，ホッブズ研究のなかで広く言及されたある問題にたいするひとつの回答の可能性を示唆している．その問題とは，ホッブズが正式に樹立された権威への絶対的な服従に賛成する議論をしているにもかかわらず，17 世紀の論争のなかで攻撃された「ホッブズ主義者たち」のなかには，政治的および宗教的権威にたいする悪名高い「嘲笑者たち」も含まれていたことである．ホッブズは社会的および政治的な秩序を擁護する立場から，彼が取りのぞいたところのものを正当化するような概念的な道具立て，つまり非物体的な霊，天国と地獄，自由意思，儀式の有効性，といったものを論じることとなってしまったのだ．ホッブズ主義的な「無神論者」については，Aylmer, “Unbelief in Seventeenth-Century England,” esp. pp. 36–45. ホッブズの政治的な信奉者にかんしては，Skinner, “Hobbes and His Disciples” ; idem, “History and Ideology” ; idem, “Ideological Context of Hobbes's Political Thought” ; Macpherson, “Introduction”（to *Leviathan*），esp. pp. 23–24 ; Warrender, “Editor's Introduction”（to *De cive*），pp. 16–26.

(65) Hobbes, “Leviathan,” p. 361〔邦訳『リヴァイアサン』第 3 巻，27 頁〕．

(66) Ibid., pp. 683–684〔同書，第 4 巻，129 頁〕．

(67) Ibid., p. 493〔同書，第 3 巻，211–212 頁〕．

(68) Hobbes, “Six Lessons,” pp. 331–332. Idem, “The Art of Rhetoric,” esp. pp. 466–472 における「マナー」についての見解も参照せよ．

(69) Hobbes, “Six Lessons,” pp. 331–332, 356. Idem, “Stigmai,” p. 386 と “Leviathan,” chap. 11〔邦訳『リヴァイアサン』〕も見よ．

(70) Hobbes, “Six Lessons,” p. 356. ホッブズはウォリスが彼の庶民的な名前をもじったことをとりわけ忌み嫌っていた．hob という語は土着の幽霊あるいは亡霊を意味する古英語である（hob-goblin のように）．ウォリスはホッブズをエンプーサ（ヘカテーによって送られた小鬼）と呼んだ．そのような冗談は，ホッブズのいうところによれば，「彼らの手から海のかなたへと失われている」（ibid., p. 355）. Laird, *Hobbes*, pp. 19–20 も見よ．ホッブズがこの中傷にどれほど悩まされていたかをしめすものとして，ヘンリー・スタッブによる 1657 年の 3 月と 4 月のホッブズあて書簡（Nicastro, *Lettere di Stubbe a Hobbes*, pp. 16–17, 26–28）

を見よ．

（71）　Hobbes, “Considerations on the Reputation of Hobbes,” p. 440〔邦訳『ホッブズの弁明』55頁〕．

（72）　Hobbes, “Concerning Body,” p. 3. この定義をすこし変形したものとして，pp. 65–66, 387を参照〔邦訳『物体論』16，87，431頁〕．

（73）　Ibid., pp. vii–ix, 11, 3〔同書，3–4，25，16–17頁〕; cf. idem, “Human Nature,” p. 29〔邦訳『自然法および国家法の原理』1174頁〕．

（74）　Hobbes, “Concerning Body,” pp. 7–8〔邦訳『物体論』21–22頁〕．

（75）　Ibid., p. 124 :「隣接し運動している物体のなかにあるもの以外に，運動の原因は存在しえない」．Cf. p. 390〔同書，153頁．Cf. 433頁〕．

第4章　実験にまつわる困難――ホッブズ対ボイル

〔1〕　中村秀吉，藤田晋吾訳（ウィトゲンシュタイン全集7，大修館書店，1976年），82頁．

（1）　「おおくのりっぱな人びと」とは，トマス・スプラットが，戻ってきた王党派亡命者を記述するのに使った言いまわしである．彼は次のように続けている．彼らは「いまやある偉大なことがらを想像しはじめた．そして，普遍的な聖年の祭典にくわえるべく，実験的知識を隠れ家から引きだしはじめた．その隠れ家のなかに実験的知識は長いあいだ身を隠していたのである．そして実際のところ哲学は，そういう報いを受けるにきわめてふさわしかった．もっとも悪しき時代にもつねに忠実であったのだから」．Sprat, *History*, pp. 58–59. しかしながらホッブズはみずから（「あらゆる逃避者のうち最初の者」）を，すくなくとも実験哲学者たちと同程度には忠実だとみなしていた．Hobbes, “Considerations on the Reputation of Hobbes,” p. 414〔邦訳『ホッブズの弁明』13–14頁〕．

（2）　これらの論考には次のものが含まれる．Cowley, *Proposition for the Advancement of Experimental Philosophy* (1661) ; Hooke, *Attempt for the Explication of the Phaenomena* (1661) ; idem, *Micrographia*〔邦訳『ミクログラフィア』〕(1665 ; 1663年3月に執筆が依頼された) ; Power, *Experimental Philosophy*（1664 ; 1661年8月までに書かれた）; Wallis, *Hobbius heauton-timorumenos*（1662）と1660–1662年に出版されたボイルのすべての作品．M. B. Hall, “Salomon’s House Emergent,” esp. pp. 180–182も見よ．

（3）　3か月後の1661年3月20／30日に「協会の会員数を増やすことが決議され」1663年5月20／30日までには115人の会員がいた．Birch, *History*, vol. I, pp. 5, 19, 239–240.

（4）　ホッブズによる他のふたつのとくに反実験主義的な論考は，『自然学問題集』（1662年）と『自然学のデカメロン』（1678年）であった．前者はホッブズの生前にはラテン語でだけ出され，1668年にアムステルダムで再版された．『自然学問題集』は『七つの自然学的問題』（1682年）として英語に翻訳・出版された．私たちは英語のモールズワース版から引用する．

（5）　「デュエム＝クワイン」テーゼとの共鳴は意図的なものである．ボイルの実験的体系にたいするホッブズの独特な反論が，決定実験の不可能性に関連するこの「近代的な」テーゼの具体例をあたえていることを，私たちは見るであろう．Duhem, *Aim and Structure of Physical Theory*, chap. 6〔邦訳『物理理論の目的と構造』〕; Quine, *From a Logical Point of View*, esp. pp. 42–44〔邦訳『論理的観点から』63–65頁〕を見よ．

（6）　サミュエル・ソルビエール（1615–1670）はモンモール・アカデミーの，そして後には王立科学アカデミーの設立に関与したフランス人医師であった．彼はホッブズの業績の一部を翻訳し，またホイヘンスと書簡をかわしていた（彼はホイヘンスとともに1663年6月に王立協会の会員に選ばれた）．ソルビエールはフランスに帰国して『イングランドへの

旅の報告』（パリ，1664 年）を執筆したが，それは王立協会を複数の党派に分裂したものとして描いたために協会の怒りを買った．協会はソルビエールの会員資格を取りけすことを検討し，スプラットは『ソルビエール氏の旅の検討』（ロンドン，1665 年）を書いて応戦した．ソルビエールとこれらのできごとにかんしては，Cope and Jones, "Introduction [to Sprat, *History*]," pp. xviii ; Sorbière to Oldenburg, 5/15 December 1663, in Oldenburg, *Correspondence*, vol. II, pp. 133–136, esp. p. 135n ; Birch, *History*, vol. II, pp. 456–459 ; Guilloton, *Autour de la 'Relation' du Voyage de Sorbière* ; "Memoirs for the Life of Sorbière," in Sorbière, *Voyage to England*, pp. i–xix.

(7) Hobbes, "Dialogus physicus," pp. 236–237. 「これらの人びとすべてが私の論敵であります」という文は 1661 年のもとのテクストには含まれておらず，1668 年のアムステルダム版ホッブズ『哲学著作集』に付加されたものであることに注意せよ．このことは，王立協会と実験プログラムについてのホッブズの見解が，どちらかといえば，ボイルとの意見交換の結果として硬化したのだということを暗にしめしている．

(8) Hobbes, "Dialogus physicus," p. 240. ホッブズによる対話形式の使用については以下で議論する．ここでは，グレシャムの人びとを「哲学者たち」と表現しているのは実験主義者である対話相手（B）であってホッブズ（A）ではないことに注意せよ．『対話』がおそらく書かれた時期を考慮に入れれば，「およそ 50 人」という協会の制限にかんしてホッブズが述べたことはただしかった．本章の註 3 を見よ．

(9) Ibid., pp. 241–242. 対話相手はこのことを否定した．

(10) Ibid., p. 241.

(11) Hobbes, "Mathematicae hodiernae," p. 228. この論考は 1660 年の 7 月，つまり協会がグレシャムで会合を開きはじめたのとだいたい同じ時期に出版された．しかしながらそこには後年の『自然学的対話』と並行する内容が含まれている．

(12) Hobbes, "Dialogus physicus," pp. 243–244.

(13) Ibid., pp. 235, 242.

(14) Ibid., pp. 245–246.

(15) Hobbes, "Seven Philosophical Problems," pp. 20–21.

(16) Hobbes, "Decameron physiologicum," pp. 94–95.

(17) Hobbes, "Dialogus physicus," pp. 244–245.

(18) Wallis, *Hobbius heauton-timorumenos*, p. 154.

(19) Descartes to Mersenne, 22 February/4 March 1641, in Mersenne, *Correspondance*, vol. X, p. 524.

(20) Hobbes to Sorbière, 27 January/6 February 1657, in Tönnies, *Studien*, p. 72.

(21) Hobbes, "Dialogus physicus," p. 275.

(22) Ibid., p. 276.

(23) Wallis, *Hobbius heauton-timorumenos*, p. 152 ; cf. A. R. Hall, *The Scientific Revolution*, p. 212.

(24) Boyle, "Examen of Hobbes," p. 196. ボイルのエーテル実験は第 5 章で論じる．

(25) Power, *Experimental Philosophy*, pp. 132–140, 101–103.

(26) Wallis to Oldenburg, 26 September/6 October 1672, in Oldenburg, *Correspondence*, vol. IX, p. 259 ; cf. Hooke, *Micrographia*, pp. 12–16, 103–105〔邦訳『ミクログラフィア』64–73, 126–130 頁〕; Huygens to J. Gallois, July 1672, in Huygens, *Oeuvres*, vol. VII, pp. 204–206.

(27) Hobbes, "Dialogus physicus," p. 253.

(28) Hobbes, "Concerning Body," p. 426〔邦訳『物体論』471 頁〕.

(29) Hobbes, "Decameron physiologicum," p. 129 ; cf. p. 136.

(30) Hobbes, "Seven Philosophical Problems," p. 12.

(31)　Hobbes to Mersenne, 20/30 March 1641, in Tönnies, *Studien*, p. 115 ; Sorbière to Mersenne, May 1647, in ibid., pp. 64–65 ; Hobbes to Mersenne, 28 January/7 February, 1641, in Hobbes, *Latin Works*, vol. V, p. 284 ; Brockdorff, *Cavendish Bericht für Jungius*, p. 3 ; Gargani, *Hobbes e la scienza*, p. 217.

(32)　Hobbes, "Dialogus physicus," p. 262.

(33)　Ibid., pp. 235, 253–254, 257–258, 260, 263–264. 受容器のなかでの動物の死という事例においては，ホッブズはボイルがあたえたのとは異なる複数の説明の選択肢をしめした．すなわちそれははげしい風であるか，呼吸を阻害するある種の〔受容器への〕吸いこみであるとされた．

(34)　Ibid., p. 271 ; idem, "Decameron physiologicum," p. 108 ; More, *Philosophicall Poems*, "Interpretation Generall," p. 423.

(35)　Hobbes, "Dialogus physicus," p. 253.

(36)　Ibid., pp. 274–275.

(37)　Ibid., pp. 266–267.

(38)　Ibid., pp. 267–268.

(39)　Hobbes, "Concerning Body," pp. 419, 511–513〔邦訳『物体論』463–464，556–558 頁〕.

(40)　Hobbes, "Dialogus physicus," pp. 268–269.

(41)　Ibid., p. 269.

(42)　Ibid., p. 271.

(43)　Watkins, *Hobbes's System*, p. 70n〔邦訳『ホッブズ』121 頁註 13〕; cf. Laird, *Hobbes*, p. 116 :「ホッブズは実験的探究を軽蔑しなかった」.

(44)　Hobbes, "Decameron physiologicum," p. 88.

(45)　Hobbes, "Considerations on the Reputation of Hobbes," p. 436〔邦訳『ホッブズの弁明』48 頁〕. ワトキンズは *Hobbes's System*〔邦訳『ホッブズ』〕のなかで『自然学的対話』からはなにも引用していない．

(46)　Hobbes, "Six Lessons," pp. 338–339. ホッブズは『物体論』の文章のラテン語訳を引いているが，私たちは英語版をしめす．"Concerning Body," pp. viii–ix〔邦訳『物体論』3–4 頁〕. ガリレオ，ハーヴィとパドヴァ学派の方法にかんするホッブズの見解にかんしては，Watkins, *Hobbes's System*, pp. 55–65〔邦訳『ホッブズ』90–113 頁〕を見よ．

(47)　Hobbes, "Dialogus physicus," pp. 239–240. 太陽と個人の感覚という同じ例は，"Decameron physiologicum," pp. 117–118 でももちいられた．

(48)　Hobbes, "Decameron physiologicum," p. 117.

(49)　Ibid., p. 88 ; cf. p. 143. ワトキンズは丸括弧でくくった文言を省略している．*Hobbes's System*, p. 70〔邦訳『ホッブズ』120 頁〕を見よ．

(50)　Hobbes, "Considerations on the Reputation of Hobbes," pp. 436–437〔邦訳『ホッブズの弁明』48–49 頁〕（強調付加）.

(51)　Hobbes, "Mathematicae hodiernae," p. 229. 他の人びとは *pharmacopoei* という語を「薬剤師」と訳してきた．しかしこの文脈ではあきらかに「やぶ医者」のほうがホッブズの意味したことをより正確に表現している．

(52)　Hobbes, "Dialogus physicus," p. 235. ホッブズはこれらの瑣末な奇観を生みだしていたのが「教養と才知の点で有名な人物」だと明記した．これらの言葉を並べたのはおそらく不快感をあたえようと意図してのことだった．

(53)　Ibid., p. 236.

(54)　Ibid., p. 278. ここで機械工の役割は哲学者の役割と明確に対比されている．また Bennett,

"Hooke as Mechanic and Natural Philosopher" を見よ．語源学上の典拠は *Oxford English Dictionary* および Partridge, *Origins* の "General" の項目である．

(55)　手仕事にたずさわる知識人という観念については，Shapin and Barnes, "Head and Hand" を見よ．

(56)　Greene, "Whichcote, Wilkins, 'Ingenuity', and the Reasonableness of Christianity," esp. pp. 227–229. グリーンが検討した宗教的文脈のなかでは，「才知」はしばしば解釈における巧みさ，あるいは神学における理性の使用を意味していた．「才知」は「恩寵」と対比させられていた．

(57)　Skinner, "Hobbes and the Early Royal Society," pp. 231, 238. Cf. C. Hill, *Some Intellectual Consequences*, pp. 63–64.

(58)　Hunter, *Science and Society*, pp. 178–179〔邦訳『イギリス科学革命』196–198 頁〕; idem, "The Debate over Science," pp. 189–190 ; cf. idem, *The Royal Society and Its Fellows*, p. 6.

(59)　Aubrey, "Life of Hobbes," pp. 371–372〔邦訳『名士小伝』130–131 頁〕.

(60)　オーブリーの『ホッブズの生涯』の執筆については，Hunter, *Aubrey and the Realm of Learning*, pp. 78–80 を見よ．

(61)　Hobbes, "Dialogus physicus," p. 237.

(62)　Hobbes, "Behemoth," p. 348〔邦訳『ビヒモス』241 頁〕.

(63)　Aubrey, "Life of Hobbes," p. 354〔邦訳『名士小伝』121 頁〕; cf. Powell, *Aubrey and His Friends*, p. 102.

(64)　注釈つきのホッブズの友人リストは，Aubrey, "Life of Hobbes," pp. 365–371〔邦訳『名士小伝』125–130 頁〕にある．オーブリーはロバート・フックが「彼を敬愛していた」と述べている．フックが「一緒になったことは一度しかなかった」とつけ加えてはいるのだが (p. 371〔邦訳，130 頁〕)．いずれにせよ，フックがすくなくとも二回ホッブズに会ったという記録がある（オーブリーの家で一度は 1663 年の 7 月，もう一度は 1674 年の 6 月に）．Hooke to Boyle, 3/13 July 1663, in Boyle, *Works*, vol. VI, pp. 486–487 を見よ（cf. Gunther, *Early Science in Oxford*, vol. VI, pp. 139–141. ここではホッブズにたいするフックの言及にはこびへつらいはない．また 1674 年の面会については，Hooke, *Diary*, p. 108）．ホッブズのベイコンとの関係について，オーブリーは次のように書いている．「大法官ベイコンは彼と言葉を交えるのをたいそう好まれた．……卿のしばしばいわれたところであるが，自分の考えを書きとめるのに，他のだれにもましてホッブズ氏のが気にいっている．書くことを理解しているからだ」．"Life of Hobbes," p. 331〔邦訳『名士小伝』100–101 頁〕. ホッブズの友人ソルビエールもまた，ベイコンとの関係について述べた．ホッブズは「その主題にかんしては，彼が若いころ書記をしていたベイコンのまさに生きうつしなのである」．Sorbière, *Voyage to England*, p. 40. スプラットは，王立協会の英雄であるベイコンを守るべく，ホッブズとベイコンのあいだになんらかの類似性が存在するという主張にたいして強力に反論し，ソルビエールはホッブズの哲学を理解していないのだと主張した．「これにかんして私は反論の余地のない証拠をあたえるであろう．そしてそれは，彼が指摘しているホッブズとヴェルラム卿の類似点のことなのだが，その二人のあいだには，聖ゲオルギオスとかの御者のあいだにあるのと同じくらいの類似しか存在しないのだ．私はこの世界のなかで，これら二人の偉大な才人よりも弁論の色彩が異なる二人の人物をほとんど知らないのである」．Sprat, *Observations on Sorbière's Voyage*, p. 163.

(65)　Aubrey, "Life of Hobbes," p. 340〔邦訳『名士小伝』108 頁〕. ソルビエールもまた，イングランドの聖職者やオックスフォードの数学者に関連して，ホッブズは「クマのような人物であり，人びとは彼をためすために犬をけしかけていじめた」と報告している．Sorbière,

Voyage to England, p. 40.

(66)　ソルビエールによれば，国王が年間100ポンドの年金をあたえていたことは，チャールズが，ホッブズの政治学が反王党派であるという「ウォリス博士の議論をいくらかでも重視することとは」いかに遠い立場にいたのかをしめすものだった．Sorbière, *Voyage to England*, p. 39. ホッブズが王室から得ていた年金，および他の財政事情については，Laird, *Hobbes*, pp. 20–21 ; Hobbes to the King, 1663?, in Hobbes, *English Works*, vol. VII, pp. 471–472 ; Hobbes to Aubrey, 7/17 September 1663, in Tönnies, *Studien*, p. 108. 王にたいしホッブズが『リヴァイアサン』に関連して述べた意見として，“Seven Philosophical Problems,” pp. 3–6を見よ．ホッブズの肖像画にかんしては，Sorbière, *Voyage to England*, pp. 39–40 ; Laird, *Hobbes*, p. 25n ; Aubrey, “Life of Hobbes,” p. 338〔邦訳『名士小伝』106頁〕を見よ．またウィリアム・フェイソーンによって（彼はボイルの肖像の版画も作成した）「傑出した王党派の人びと」をあつかうシリーズの一環として1664年につくられた版画もあった．

(67)　Sorbière, *Voyage to England*, p. 40 ; cf. Laird, *Hobbes*, p. 21. 王立協会にたいして国王がホッブズの幾何学の論証を送ったことについては，Birch, *History*, vol. I, p. 42 : 届けられたのは1661年9月4／14日で，ホッブズが『自然学的対話』を出版したほんの数週間後のことである．王立協会の書簡つづりに収められている，ホッブズからのそれ以外の唯一の通信は，断食をしている女性にかんする1668年12月10／20日の書簡である．ダニエル・コルウォールによって協会へと届けられた．Birch, *History*, vol. II, pp. 333–334. 以下にも所収．Hobbes, *English Works*, vol. VII, pp. 463–464.

(68)　Pepys, *Diary*, vol. V, pp. 32–33〔邦訳『サミュエル・ピープスの日記』50–51頁〕（1664年2月1／11日の記事）．1671年1月12／22日に，サー・ロバート・マリは協会にたいし次のことを報告している．「国王は水による空気の圧縮に，5ポンドにたいして50ポンドをお賭けになり，そしてみとめられたとおり陛下は賭けに勝たれたのであった」．Birch, *History*, vol. II, p. 463. 国王はまた実験哲学者らを「宮廷の道化師」と呼んでいた．Middleton, “What did Charles II Call the Fellows of the Royal Society?” を見よ．

(69)　de Beer, “Some Letters of Hobbes,” p. 197. また，Bredvold, “Dryden, Hobbes, and the Royal Society,” pp. 422–423 ; Laird, *Hobbes*, pp. 20–21.

(70)　後者は *English Works*, vol. VII, pp. 429–448 に，“Three Papers Presented to the Royal Society against Dr. Wallis” のタイトルで収められている．

(71)　たとえば，*Philosophical Transactions*, no. 72 (19/29 June 1671), pp. 2185–2186 ; no. 75 (18/28 September 1671), pp. 2241–2250 ; no. 87 (14/24 October 1672), pp. 5067–5073 を見よ．

(72)　Hobbes to Oldenburg, 26 November/6 December 1672, in Oldenburg, *Correspondence*, vol. IX, pp. 329–330. また，Hobbes, *English Works*, vol. VII, pp. 465–466 と Aubrey, “Life of Hobbes,” pp. 362–363 にも収録されている．

(73)　Wallis to Oldenburg, 26 December 1672/5 January 1673, in Oldenburg, *Correspondence*, vol. IX, p. 372.

(74)　Oldenburg to Hobbes, 30 December 1672/9 January 1673, ibid., pp. 374–375.

(75)　Hobbes, *Principia et problemata aliquot geometrica*... (1674).

(76)　以上は Aubrey, “Life of Hobbes,” pp. 340, 347–353〔邦訳『名士小伝』108，113–120頁〕による．また Sorbière, *Voyage to England*, p. 27 も見よ．

(77)　Aubrey to Hobbes, 24 June/4 July 1675. Hunter, *Aubrey and the Realm of Learning*, p. 224 で引用されている．Cf. Aubrey, *Brief Lives*, vol. II, pp. 280–283. 実はウォリスは1640年代に新型軍の暗号解読者として活動したのである．

(78)　Sprat, *History*, pp. 28–34. ポール・ウッドは，協会の活動の「公的」で権威ある説明として

のスプラットの『歴史』の信頼性について，以前の論者たちとは意見を異にしている（同書が認可を受けた弁明であることをみとめてはいるが）．“Methodology and Apologetics.” 独断論にかんする似かよった見解として，Glanvill, *Vanity of Dogmatizing*（1661）; idem, *Scepsis scientifica*（1665）を見よ．

（79）それゆえ私たちはスキナーやハンターより以前の研究者と部分的に一致した意見をもっていることに気づかされる．しかしながら，私たちは反実験主義を「反科学」と同一視しているのではないし，またホッブズが実験主義の含意を「理解していなかった」あるいは「認識していなかった」とみとめる必要もない．Laird, *Hobbes*, p. 24 ; de Beer, “Some Letters of Hobbes,” p. 197 ; R. F. Jones, *Ancients and Moderns*, p. 128 ; Bredvold, “Dryden, Hobbes, and the Royal Society,” pp. 424–425 を見よ．

（80）ボイルのこの種のおおくの言明のなかでも，“Usefulness of Experimental Natural Philosophy,” pp. 45–46 を見よ．Cf. Bechler, “Newton's Optical Controversies,” pp. 132–134.

（81）Hobbes, “Dialogus physicus,” pp. 247–249.

（82）Ibid., pp. 254–255.

（83）この点にかんしては，J. Jacob, *Boyle*, chap. 3 ; idem, “Boyle's Atomism”（急進的非国教徒のなかでの通俗的な物活論の位置づけが論じられている）; idem, *Stubbe*, chap. 3 を見よ．この攻撃にたいするボイルの応答は次章で検討する．

（84）Hobbes, “Dialogus physicus,” p. 271.

（85）Ibid., p. 276.

（86）Ibid., p. 261 ; cf. pp. 277, 287.

（87）Ibid., p. 273. また p. 236.

（88）Ibid., p. 278. Wilkins, *Mathematical Magick*（1648）, p. 8 と比較せよ．この著作は，ボイルの『新実験』の 12 年前のものだが，「哲学」を「事物の類的な原因，結果，特性を発見する学問領域」と定義していた．

（89）Hobbes, “Dialogus physicus,” pp. 261, 271.

（90）Hobbes, “Mathematicae hodiernae,” p. 228.

（91）16 世紀と 17 世紀の自然哲学における対話形式の使用と経緯の詳細な研究をおこなうことは有益であるだろう．いくつかの興味ぶかい見解として，Multhauf, “Some Nonexistent Chemists” ; Beaujot and Mortureux, “Genèse et fonctionnement du discours” ; Hannaway, *The Chemists and the Word* ; Christie and Golinski, “The Spreading of the Word,” esp. pp. 238–246 を見よ．文学史家たちは対話形式を体系的に論じてきたが，その形式の科学における用法についてはほとんど述べてこなかった．Hirzel, *Der Dialog* はボイルの対話篇に言及していないし，ホッブズの『自然学的対話』や『自然学問題集』を考察対象からはずしている（vol. II, p. 399n）．Merrill, *The Dialogue in English Literature*, chap. 5 は「哲学的対話」を論じているが，シャフツベリーとバークリーに関心を集中させている．ガリレオの対話にかんする鋭敏な註釈として，Feyerabend, *Against Method*, chap. 7〔邦訳『方法への挑戦』〕を見よ．

（92）ホッブズの『こんにちの数学の検討と修正』という対話への応答のなかで，ウォリスはAとB（これらの文字によってホッブズは二人の対話参加者をしめしていた）の構造的な役割を注記した．ウォリスがいうには，この二人は「トマス」と「ホッブズ」なのであって，「ホッブズが自分で論証のできないことを仮定した場合，トマスが『それはあきらかです』と述べることで，証明を試みる手間をはぶかせていた」．Wallis, *Hobbius heauton-timorumenos*, pp. 15, 103 ; cf. Laird, *Hobbes*, p. 38. また Ellis, *So This is Science!*, pp. 45–46 での，科学的な対話についての愉快でありながら鋭い説明も見よ．

(93) Hobbes, "Concerning Body," pp. 80–81 ; cf. p. 87〔邦訳『物体論』102 頁，Cf. 108–109 頁〕.

(94) モールズワース版を再印刷したもののおおくはこれら一連の図版を落としている（最後部に製本される必要があるのだが）．1668年のアムステルダム版（Hobbes, *Opera philosophica*, chap. 1, p. 19）も見よ．ホッブズの著作のなかの他の実験装置の図版として，ibid., p. 27 と *De corpore*, in ibid., chap. 3, cap. XXVI, fig. 2〔邦訳『物体論』467 頁〕; *White's De Mundo Examined*, p. 501, fig. 3 を見よ．

(95) Wallis, *Hobbius heauton-timorumenos*, pp. 156–157.

(96) Laudan, "The Clock Metaphor and Probabilism," pp. 77–78, 92–93 で引用されている．

(97) Hobbes, "Seven Philosophical Problems," p. 3.

(98) Hobbes, "Six Lessons," p. 184.

(99) Laudan, "The Clock Metaphor and Probabilism," p. 95n ; 一方，ホッブズとパドヴァ学派については Watkins, *Hobbes's System*, pp. 54–59〔邦訳『ホッブズ』90–96 頁〕を見よ．ホッブズの論証と中世およびルネサンスの論証方法の類似性については，Gaukroger, *Explanatory Structures*, pp. 166–170（ザバレッラについて）; Hacking, *The Emergence of Probability*, chap. 3〔邦訳『確率の出現』〕（アクィナスについて）; Schmitt, "Towards a Reassessment of Renaissance Aristotelianism" を見よ．

(100) Hobbes, "Concerning Body," p. 3〔邦訳『物体論』16 頁〕.

(101) Ibid., pp. 74–75〔同書，96 頁〕. ホッブズの哲学的方法の全般的な概説としては，Watkins, *Hobbes's System*, chaps. 3–4〔邦訳『ホッブズ』〕; James, *The Life of Reason*, chap. 1 ; Brandt, *Hobbes' Mechanical Conception* ; Madden, "Hobbes and the Rationalistic Ideal" ; von Leyden, *Seventeenth-Century Metaphysics*, pp. 38–41.

(102) Hobbes, "Concerning body," pp. 65–66 ; cf. pp. 387–388〔邦訳『物体論』87 頁，cf. 431 頁〕（強調付加）.

(103) James, *The Life of Reason*, p. 14.

(104) Sacksteder, "Hobbes : Man the Maker" ; idem, "The Artifice Designing Science in Hobbes."

(105) Hobbes, "Concerning Body," p. 70〔邦訳『物体論』92 頁〕.

(106) Hobbes, "Six Lessons," p. 184.

(107) Hobbes, "Concerning Body," pp. 93–94〔邦訳『物体論』116–117 頁〕; 以下も見よ．James, *The Life of Reason*, pp. 16–17 ; Madden, "Hobbes and the Rationalistic Ideal," pp. 113–114（マデンはおもにホッブズの「奇妙な空間概念」を批判することに関心をもっているけれども）; Sacksteder, "Hobbes : Geometrical Objects" ; idem, "Hobbes : Teaching Philosophy to Speak English," pp. 42–43（「像」について）.

(108) Hobbes, "Six Lessons," p. 184 ; Sacksteder, "Hobbes : The Art of the Geometricians," p. 146.

(109) ホッブズと「起源の原理」については，von Leyden, *Seventeenth-Century Metaphysics*, pp. 39–40 ; James, *The Life of Reason*, pp. 25–26 を見よ；実在の反映としての経験主義については，Rorty, *Philosophy and the Mirror of Nature*, chap. 3〔邦訳『哲学と自然の鏡』〕を見よ．

(110) Hobbes, "Seven Philosophical Problems," p. 11 ; cf. p. 3. 「自然の原因の学説は，無謬で明白な原理をもちません」．「確率」をめぐるホッブズの考えの考察として，Hacking, *The Emergence of Probability*, esp. pp. 47–48〔邦訳『確率の出現』78–79 頁〕.

(111) Alessio, "Thomas Hobbes : *Tractatus opticus*," p. 147.

(112) James, *The Life of Reason*, p. 13.

(113) Hobbes, "Concerning Body," p. 10〔邦訳『物体論』24 頁〕.

(114) Hobbes, "Human Nature," p. 18〔邦訳『自然法および国家法の原理』351 頁〕.

(115) Hobbes, "Philosophical Rudiments," p. 247〔邦訳『市民論』351 頁〕.（"Philosophical Rudi-

ments” は *De cive*［1642 年］の 1651 年の英訳である．）ホッブズが将来チャールズ 2 世となる人物の幾何学教師であったことに注意せよ．

第5章　ボイルの敵対者たち——擁護された実験

（1）　ボイルとリヌスやモアとのやりとりについて，私たちが以下でしめす説明は，網羅的なものでもなく，決定的なものではない．あきらかに，はるかに詳細な注目がなされて当然である．私たちはとりわけ，モアとリヌスの見方にたいして「寛大な解釈」をおこなう必要性を強調する（第 4 章での私たちのホッブズの考察があきらかにしているはずであるように）．

（2）　Frank, *Harvey and the Oxford Physiologists*, esp. chaps. 5–6 と M. B. Hall, *Boyle and Seventeenth-Century Chemistry* を比べてみよ．ボイルの法則にかんする歴史研究（e.g. Agassi, “Who Discovered Boyle’s Law?”）は意図的に除外している．なぜなら，ボイルの法則は空気ポンプによって生みだされたものではなかったからである．

（3）　Linus, *Tractatus de corporum inseparabilitate ; in quo experimenta de vacuo, tam Torricelliana, quàm Magdeburgica, & Boyliana, examinantur...* (London, 1661)．リヌスの生涯の解説としては，Reilly, *Francis Line* を見よ．リヌスは『論考』をドーチェスター侯爵ヘンリー・ピエルポンに献呈した．彼は 1656 年にホッブズの『六つの講義』の献呈も受けた王党派の学者である．イエズス会の自然哲学者たちと，17 世紀に彼らが実験的，機械論的哲学にたいしてとった反応については，Renaldo, “Bacon’s Empiricism, Boyle’s Science and the Jesuit Response” ; Middleton, “Science in Rome,” pp. 139–140, 147–148 ; Heilbron, *Elements of Early Modern Physics*, pp. 93–106 を見よ．

（4）　Linus, *Tractatus*, p. 47 (Boyle, “Defence against Linus,” p. 135 で引用されている)．真空嫌悪を支持するリヌスの見解のくわしい説明として，Sir Matthew Hale, *Difficiles nugae* (1674), p. 141 を見よ．

（5）　Linus, *Tractatus*, p. 23 ; Boyle, “Defence against Linus,” p. 136.（ボイルがリヌスのラテン語を翻訳している箇所では，私たちはその訳を使っていることがおおい．それ以外のすべての訳はシャッファーのものである．）

（6）　Linus, *Tractatus*, pp. 6–9. リヌスはホッブズ『物体論』第 26 章のことをいっている．

（7）　Ibid., esp. p. 28. マシュー・ヘイルは，ベイコンが「結合の運動」という言葉をもちいていたために，リヌスの「細紐」がイングランドの自然学者にとってより受けいれやすくなっていたのではないか，といった．*Difficiles nugae*, 2d ed. (1675), “Additions,” pp. 38–39.

（8）　Linus, *Tractatus*, pp. 101–103.

（9）　Ibid., pp. 115–117.

（10）　Ibid., pp. 124–126 ; Boyle, “Defence against Linus,” p. 126 のなかで部分的に翻訳されている．

（11）　Linus, *Tractatus*, pp. 11–12.

（12）　Ibid., p. 95. ボイルがおこなったのは結局のところゲーリケの装置を刷新し改良することだったといわれて，ボイルはほぼ確実に憤慨しただろう．

（13）　Ibid., fig. 27 ; くわしい説明は pp. 96–98 にある．

（14）　Ibid., “Ad Lectorem,” sig A5^{r}.

（15）　Ibid., p. 66–68.

（16）　Ibid., pp. 68–69, 117–119.

（17）　Ibid., pp. 96–103.

（18）　リヌスにたいする別の応答が，ラトランドの自然哲学者ギルバート・クラークによって以

下の著作でおこなわれた．『諸物体の復元にかんする論考．トリチェリとボイルの実験が説明され，デカルトのいう希薄化が擁護される……』（1662年．記載されている日付は1661年11月20日）．クラークは以前，ベイコンの原子論，ホッブズ的な充満論，セス・ウォードの真空論に反対し，あからさまなデカルト主義の論考を書いていた．『世界の充満について』（1660年）である．『復元にかんする論考』においてクラークは，いまやボイルの『新実験』におおきく影響された立場に立っており，この立場からリヌスとホッブズの『自然学的対話』の双方を攻撃した．空気ポンプ実験は，あらゆる空間をみたしておりガラスを透過する精妙なエーテルのはたらきを例証するものだと解釈された．リヌスとクラークはいずれも，空気がバネを有していると主張していた．リヌスはボイルのバネ（リヌスにいわせればその力は限定的なものだった）に，収縮的なバネをつけくわえた．クラークは正統的なデカルト主義によるバネの説明（スポンジ状）をあたえた．それゆえホッブズは事実としてのバネを否定している点で特異だった．クラークのデカルト主義にかんしては，Pacchi, *Cartesio in Inghilterra*, p. 88を見よ．

(19) Boyle, "Defence against Linus," p. 122.

(20) Ibid., p. 120.

(21) Ibid., p. 152.

(22) Ibid., pp. 152–154. リヌスは1640年代にイエズス会士らがパスカルにたいしておこなった攻撃のおおく，とりわけエティエンヌ・ノエルS. J. がおこなった攻撃をよみがえらせた．これらの攻撃については，Fanton d'Andon, *L'horreur du vide*, pp. 47–57（ノエルの*Plein du vide*［1648］について）を見よ．

(23) Conant, "Boyle's Experiments in Pneumatics," pp. 8–9.「［山の上に運びあげられた］トリチェリの実験を再現でき，その結果としてペリエ［パスカルの義兄弟］が主張したように，一連の目盛りの値の差が……12分の1インチ以下であったというのは，驚くべきことである．少量の空気の偶発的な侵入を避けることはきわめてむずかしい．……ペリエは，山の頂上とふもとで水銀柱の高さにおおきなちがいがあるのはほんとうのことだと納得して，次のような誘惑に屈してしまったという可能性が考えられる．くりかえされた実験において彼の結果が正確に再現可能だったと記録することによって，彼の議論の説得力を高めたいという誘惑である」．Reilly, *Francis Line*, pp. 68–69も見よ．

(24) Boyle, "Defence against Linus," p. 171.

(25) Ibid., pp. 173–174. ボイルは，真空のなかの真空実験において，水銀の高さが容器のなかの水銀の高さまでは下がらないという事実を利用した．その理由は「［排気された受容器のなかに］管のなかに約1インチの水銀の円柱を持ちあげつづけることができるほどの空気が残っていた」ことだった．そしてボイルは，大理石が密着しつづけるという事例の場合にはリヌスに次のように念押しした．その理由はおそらく「受容器における若干の漏れ」であろう．リヌスは，すでにボイルが『新実験』で特定していたこれらの理由を無視した．なぜなら空気ポンプに穴や漏れがあることは彼の批判戦略のなかでは用をなしていなかったからである．ボイルは，密着にかんするさらなる実験として，初期の諸実験に言及した．それらの実験は大気中という条件においておこなわれ，『いくつかの自然学的なエッセイ集』のうちのひとつとして1661年に出版された『流動性と固さの誌』で報告されていた．密着に関連するこれらの問題やまた別の問題は本章でのちほど論じる．

(26) Boyle, "Defence against Linus," pp. 177–178.

(27) Ibid., p. 119.

(28) Ibid. pp. 119–120, 124. ボイルには，出版を敬遠しようとする悪名たかい傾向があった．このことにかんしては，Southwell to Oldenburg, 20 February/1 March 1660, in Oldenburg,

Correspondence, vol. I, p. 355（「同時に彼は，あまりにも注意ぶかすぎる……人物です」）と，Katherine Boyle to Robert Boyle, 29 July/8 August 1665, in Boyle, *Works*, vol. VI, p. 525（「それらの出版を取りやめる」）を見よ．王立協会のためにたたかう闘士としてのボイルについては，Boyle, "Examen of Hobbes," pp. 187–191 を見よ（以下で論じる）.

(29)　Boyle, "Defence against Linus," pp. 124, 177. 実際のところは，ボイルはリヌスとホッブズどちらとの論争の過程のなかでも，みずからの意見をまったく放棄あるいは修正しなかった.

(30)　Ibid., pp. 163, 177.

(31)　Ibid., p. 121.

(32)　Ibid., p. 149.「自然の通常の過程」についてのボイルの立場にかんしては，McGuire, "Boyle's Conception of Nature" を見よ.

(33)　Boyle, "Examen of Hobbes," p. 236. ホッブズとリヌスはいずれも次のような問題を提起したのである．すなわち密着の実験において，原理的にいってどのような力が自然のはたらきに帰されうるのか，という問題である．リヌス（*Tractatus*, pp. 123–126）は，すでに見たように，大理石を結びつけている細紐は「人の全力をもってしても引きはなされ」えないと述べていた．またホッブズは（"Dialogus physicus," p. 245）次のように問うていた．「どうして，その諸部分が実際に流動しうるようないかなる既存の原子よりもちいさい流体を創造することが，全能の神にとって海を創造するよりもむずかしいことだと，私は考える必要があるというのでしょうか」.

(34)　Boyle, "Defence against Linus," p. 135. p. 137 も見よ.

(35)　Ibid., p. 135.

(36)　Ibid., p. 143.

(37)　Ibid., pp. 124, 134, 156.

(38)　Ibid., p. 156.

(39)　表のなかにあった観察と仮説の食いちがいは，次の理由によるとされた．「こういう精密な実験にみられるような，正確さの若干の欠如は，ほとんど避けることができない」. Ibid., p. 159.

(40)　Ibid., p. 162. リヌスの細紐を吟味するための実験はしばらくのあいだ続けられ，ボイルの他にサー・ロバート・マリとクリスティアン・ホイヘンスの関与するところとなった. Huygens to Morey, 4/14 July 1662, in Huygens, *Oeuvres*, vol. IV, pp. 171–173；Boyle to Moray, July 1662, ibid., pp. 217–220 を見よ．また，水銀の入った開口管の上端において指が接着することの原因にかんする実験の報告については，ibid., pp. 295–299 と Birch, *History*, vol. I, p. 166 を見よ．ヘンリー・モアは，ある種の「自然の精気」をしめすために，人の指に感じられる吸引をくわしくもちいた．このことについては，More, *Remarks upon Two Late Ingenious Discourses* (1676), p. 93 (Hale, *Difficiles nugae*, p. 118 に注釈をあたえている）を見よ.

(41)　Boyle, "Continuation of New Experiments," pp. 176–182 で記述されている．また Wilson, "Early History of the Air-Pump," pp. 336–338 も見よ．このポンプがつくられた年代にかんしては，Robert Moray to Christiaan Huygens, 24 January/3 February 1662, in Huygens, *Oeuvres*, vol. IV, pp. 27–28 を見よ.

(42)　Boyle, "Continuation of New Experiments," p. 181.

(43)　Ibid., p. 182.

(44)　Boyle, "Examen of Hobbes," p. 208；cf. p. 193. もちろん，再設計されたポンプ（ピストンが水のなかに沈められている）は，ホッブズが『自然学的対話』を執筆したときには存在

していなかった．ホッブズは，ボイルに反論して書いた後年の諸論考――『自然学問題集』と『自然学のデカメロン』――のなかで，1659年のオリジナルの設計の装置以外に言及することはなかった．

(45) Boyle, "Examen of Hobbes," p. 208. 以下と比較せよ．Idem, "Some Considerations about Reason and Religion," pp. 166–167 (1675).「ホッブズ氏のような……，新しい唯物論者たちにかんしていえば，これまでのところ私は，彼が新しい真理にかんしてであれ古い誤りにかんしてであれ，いかなる新しい発見をしてきたとも思わない」．

(46) Boyle, "Animadversions on Hobbes," p. 114（もともと1674年に『空気の隠れた質』の一部として出版された）．

(47) Ibid., p. 106.

(48) Boyle, "Examen of Hobbes," pp. 197, 233. 以下と比較せよ．Boyle, "Some Considerations about Reason and Religion," p. 167.「……私は，彼が（それほど自信にみちあふれた仕方ではけっしてないが）述べていることのために，以前に私が真理だとみなしたなんらかのことがらを放棄しようとは，自然哲学自体のなかにおいてさえも，あまり考えていない」．

(49) Boyle, "Examen of Hobbes," p. 186.

(50) Boyle, "Animadversions on Hobbes," p. 105.

(51) Boyle, "Examen of Hobbes," p. 186.

(52) Ibid., p. 241.「……ホッブズ氏は，私や他の人びとが苦労して自明ではない実験を生みだしていることに，立腹しているように思われる」．ボイルはここでホッブズの『こんにちの数学』を引用しているが，ホッブズが自然誌（そのような実験によって「豊かにされている」）と，自然哲学（されていない）につけていた区別には言及していない．Cf. Boyle, "Animadversions on Hobbes," p. 105, "Some Considerations about Reason and Religion," p. 190.「他の人びとがもっていないか，あるいは（同様に悪いことに）もちいることを拒絶しているような知識の道具をもっている人びとは，非常におおきな強みを有しているのである」．

(53) Boyle, "Examen of Hobbes," p. 193. それを例証することとしてボイルは，ホッブズが「自明でない実験」の説明として挙げたものに代わる，よりすぐれた説明をみずからが提示してきたと考えていた．Cf. pp. 191–192.

(54) Ibid., p. 186, 190.

(55) Boyle, "Examen of Hobbes's Doctrine about Cold," p. 687（もともとは1665年に『冷にかんする新実験と観察』の一部として出版された）．

(56) Boyle, "Examen of Hobbes," pp. 188–189.

(57) Boyle, "Some Considerations about Reason and Religion," p. 168 ; "Examen of Hobbes," pp. 197, 190–191. デヴォンシャー伯とその息子はいずれも，このとき王立協会会員であった．デヴォンシャーはしばしば会合を欠席してはいたが，あきらかに定期的な寄付者だった．Hunter, *The Royal Society and Its Fellows*, pp. 164–165 を見よ．

(58) ボイルの『批判』が書かれたきっかけについてのこの説明は情報にもとづいた推測であり，状況的な証拠とボイル自身の言明にもとづいている．ボイルが1662年の最初のテクストを読むのがかなり遅れた，あるいはボイルの作品が執筆されてから出版されるまでに時間がかかったということも考えられる．Boyle, "Animadversions on Hobbes," p. 104 を見よ．

(59) Ibid., p. 105.

(60) Boyle, "Examen of Hobbes," p. 191 ; p. 207 も見よ．「……ここで私は，真空論者の役を演じていたのではない」．

（61） Boyle, “Animadversions on Hobbes,” p. 112.
（62） たとえば，Boyle, “Continuation of New Experiments,” p. 250 を見よ．
（63） Hobbes, “Dialogus physicus,” pp. 244, 246, 253；本書第 4 章．
（64） Boyle, “Examen of Hobbes,” p. 208.
（65） Ibid., p. 207.
（66） Boyle, “Animadversions on Hobbes,” pp. 112–113, 119；cf. p. 127.
（67） 重要な例外は，大理石の円盤の密着にかんする実験であった．この実験は本章の次の節でくわしく論じる．
（68） Boyle, “Examen of Hobbes,” p. 196. 空気の組成についてのボイルのもっともはっきりした議論としては，“The General History of the Air,” esp. pp. 612–615 を見よ．ここで彼は次のように推察している．「私たちの大気中の空気は三種類の異なる諸粒子からなっているのではないだろうか」．すなわち，土状の蒸発気，より精妙な諸部分（太陽や他の星々からの放出物など），そして空気の弾性力をになう諸粒子である．これらはすべてエーテルとは区別されていた．
（69） Boyle, “Examen of Hobbes,” pp. 208–209. ボイルは，さまざまな精妙な発散気をとおしてしまう穴がガラスにあるかどうかという問題に関心を抱きつづけていた．これにかんしては，“Essays of the Strange Subtilty...of Effluvia,” esp. p. 726（1673）を見よ．ガラスが空気を通過させないことの証明にかんしては，“An Essay of the Intestine Motions,” esp. pp. 454–457（1661）を見よ．Cf. “Experiments and Considerations about the Porosity of Bodies,” esp. pp. 787–792（1684）.
（70） Boyle, “Continuation of New Experiments,” esp. pp. 250–258. これらの実験についての現代のすぐれた説明として，Conant, “Boyle’s Experiments in Pneumatics,” pp. 38–49 を見よ．ボイルはこれらの実験を 1666–1667 年頃にはじめたと主張していた．だが内在的な証拠から，すくなくともいくつかは早くも 1662 年には——つまりだいたい『ホッブズの検討』が執筆された時期から——おこなわれていたことがわかる．
（71） Boyle, “Continuation of New Experiments,” p. 216.
（72） Ibid., p. 250.
（73） Ibid., pp. 250–251, 256.
（74） Boyle, “Unsuccessfulness of Experiments,” esp. pp. 334–335. 不成功におわった実験についてのボイルの分析にかんして，Stieb, “Boyle’s Medicina Hydrostatica and the Detection of Adulteration”；Wood, “Methodology and Apologetics,” pp. 6–7（Sprat, *History*, pp. 243–244 を引用している）．
（75） 第 4 章で，実験によって生みだされたあらゆる結論の廃棄可能性にかんする「近代的な」デュエム＝クワインテーゼの感性に似たものを，ホッブズがもっていたと書いた．ホッブズはこの感性を，実験の価値や信頼性を損なわせるためにもちいていた．その一方でボイルは同等の見方を，実験を擁護するのにもちいたのだ．
（76） たとえば，Boyle, “Proëmial Essay” を見よ．
（77） 決定実験の問題にかんする最近の文献として，Worrall, “The Pressure of Light”；Pinch, “Theory Testing in Science” を見よ．
（78） Boyle, “History of Fluidity and Firmness”（もともとは，『序言的エッセイ』や『実験の不成功』と同じく，『いくつかの自然学的なエッセイ集』［1661 年］のなかで出版された）．このエッセイ集に組みこまれている序文では次のように述べられている．「これらがこの本性についての，私の一番最近の作品である（二年前に書かれた）」．つまり，『流動性と固さの誌』は 1659 年に書かれたといわれていることになる．Boyle, *Works*, vol. I, p. 357.

(79) Boyle, "History of Fluidity and Firmness," pp. 406–407.

(80) Ibid., pp. 407–408.

(81) Ibid., p. 409.

(82) 概説としては，Millington, "Theories of Cohesion" を見よ．

(83) 『流動性と固さの誌』への参照について，Boyle, "Examen of Hobbes," p. 224 (Boyle, "New Experiments," p. 69 を引用している）を見よ．ボイルは潤滑剤がのりとしてはたらかないように注意しなければならなかった．というのは，もしのりとしてはたらいてしまったら，彼は密着ではなく粘着の現象をあつかっていることになってしまっただろうし，そのことにもとづいて批判される可能性があったからである．純度を高めたアルコールを作成するレシピは，Boyle, "Unsuccessfulness of Experiments," pp. 332–333 にある．また，idem, "Experiments and Considerations about the Porosity of Bodies," esp. p. 779 も見よ．ここでボイルは，以下のことをみとめた．大理石のような「複合的物体の側面を」,「完全になめらかになる」ほどに「みがくことは，どんな技芸によっても不可能である」．また「大理石そのものが，大理石であるかぎり，おおくの内部の穴を含んでいる」．このような主張は，密着実験における失敗の損害をおさえるためにもちいることができた．

(84) Boyle, "History of Fluidity and Firmness," pp. 407, 409. この定量化の企てを，"New Experiments," pp. 33–39 における企てと比較せよ．後者の企てでは，ボイルは真空のなかの真空実験を次のような目的でもちいるという望みをもっていた．気圧計のなかの水銀の高さを排気の度合いと関係づけることによって，「空気の圧力……と水銀の重さのあいだでの力の比について最良の推測を」あたえるという目的である．またリヌスの批判によって誘発された企てとも比較せよ．この企てが「ボイルの法則」に結実したのである．これらの試みはすべて，空気の圧力の力をはかる尺度を確立し，空気の圧力に懐疑的な人びとにたいしてその力を証明することを目的としていた．

(85) Boyle, "History of Fluidity and Firmness," pp. 401–403.

(86) Ibid., pp. 404–406.

(87) Boyle, "New Experiments," pp. 69–70；また本書第2章と第4章の説明を見よ．

(88) Hobbes, "Dialogus physicus," pp. 267–269.

(89) Boyle, "Examen of Hobbes," p. 225；cf. idem, "Defence against Linus," pp. 139–143, 173.

(90) Boyle, "Examen of Hobbes," p. 224.

(91) Ibid., pp. 235–236.

(92) Ibid., pp. 225–227.

(93) Boyle, "Continuation of New Experiments," pp. 274–276. この一続きの実験のうち，一つ前のもの（第49番）は，覚え書き（*Adversaria*）を利用しており，1662年の4月から5月の日付がつけられている．第6章でしめすように，ボイルは1661年の秋以降，新しい空気ポンプと，ホッブズへの応答の執筆に取りくんでいた．実験50のテクストのなかには，ヘンリー・モアの『無神論への解毒剤』の1662年版を，「最近出版されたもの」として引用している箇所がある．

(94) ボイルはこの成功をたいへん重要なものと考え，『流動性と固さの誌』第2版でもふたたび報告したほどだった．*Certain Physiological Essays*, 2d ed. (London, 1669), p. 227 を見よ．また *Works*, vol. I, pp. 410n–411n.

(95) Boyle, "Continuation of New Experiments," p. 275. 字下げした引用箇所において，ボイルがどんなふうに実験結果の記述の一部としてみずからの自然学的な説明を組みこんでいるかに注意せよ．ここではホッブズの名前は挙げられていないが，のちに『批判』で，この実験がホッブズを論駁するためのものであったことがあかされている．ヘンリー・モアは，

対照的に，これらの実験に注目した主要な「私たちの仮説の支持者」だった．

(96) Ibid., pp. 275–277.

(97) Ibid., p. 274.

(98) Boyle, “Animadversions on Hobbes,” p. 111.

(99) 固さをめぐるホッブズの見解については，“Seven Philosophical Problems,” p. 32 ; idem, “Concerning Body,” p. 474〔邦訳『物体論』519 頁〕; Millington, “Theories of Cohesion,” pp. 259–260 を見よ．

(100) Boyle, “Animadversions on Hobbes,” pp. 110, 113. 物体の固さと内部の密着にかんするボイルの思索については，“An Essay of the Intestine Motions,” p. 444 ; “Experimental Notes of the Mechanical Origin of Fixedness,” pp. 306–313 ; “History of Fluidity and Firmness,” p. 411 を見よ．

(101) McGuire and Tamny, *Certain Philosophical Questions*, pp. 292–295, 348–349 ; J. Harrison, *The Library of Newton*, pp. 107–109 ; Oldenburg to Newton, 14/24 September 1673, in Newton, *Correspondence*, vol. I, pp. 305–306 ; Newton to Oldenburg, 14/24 December 1675, ibid., p. 393 ; Newton to Oldenburg, 18/28 November 1676, ibid., vol. II, p. 183 ; Newton to Oldenburg, 19 February/1 March 1677, ibid., pp. 193–194 ; Newton to Boyle, 28 February/10 March 1679, ibid., pp. 288–290. 1679 年にニュートンが利用できたテクストのなかで，大理石の密着が言及されている箇所として，Boyle, “Animadversions on Hobbes,” pp. 111–112, “Experimental Notes of the Mechanical Origin of Fixedness,” p. 307 を見よ．1679 年の書簡の背景については，Westfall, *Force in Newton's Physics*, pp. 369–373 を見よ．

(102) Huygens to Gallois, published 15/25 July 1672, in Huygens, *Oeuvres*, vol. VII, pp. 205–206 ; “An Extract of a Letter… Attempting to Render the Cause of that Odd Phaenomenon of the Quicksilvers Remaining Suspended far above the Usual Height…,” *Philosophical Transactions* 7 (1672), 5027–5030 ; Oldenburg to Huygens, 5/15 September 1672, in Huygens, *Oeuvres*, vol. VII, p. 220 ; Leibniz to Oldenburg, 26 February/8 March 1673, in Oldenburg, *Correspondence*, vol. IX, p. 490. ニュートンにかんしては，*Opticks*, pp. 390–391〔邦訳『光学』242–243 頁〕; Westfall, *Force in Newton's Physics*, p. 383 ; Millington, “Theories of Cohesion,” p. 268 ; idem, “Studies in Capillarity and Cohesion,” pp. 361–363 を見よ．

(103) たとえば，Boyle, “The Christian Virtuoso” ; idem, “Usefulness of Experimental Natural Philosophy,” esp. pp. 15–59 を見よ．

(104) 序文には 1682 年 9 月 29 日の日付があるが，1686 年まで出版されなかった．ジェイムズ・ジェイコブは，ボイルが当初この作品を，ヘンリー・スタッブと急進的な非国教徒らの汎神論および異教的自然主義にたいする反論として書いたのだと論じた．ニコラス・ステネックはボイルの攻撃対象がケンブリッジ・プラトン主義の一派だったと見きわめた．そしてキース・ハッチソンは，自然主義が広く攻撃対象になっていたと述べた．J. Jacob, *Boyle*, pp. 167–169 ; idem, *Stubbe*, pp. 143–153 ; Steneck, “Greatrakes the Stroker” ; Hutchison, “Supernaturalism and the Mechanical Philosophy,” pp. 300–301, 328n–329n を見よ．ボイルの主要な攻撃対象がなんであったにせよ，『自由な考察』はあきらかに，アリストテレス主義者，デカルト主義者，そしてホッブズ自身に関連していたものなど，「通俗的な」自然概念に資するものだということができたさまざまな立場を，一緒くたにあつかっている．

(105) Boyle, “Free Inquiry,” pp. 210, 192 ; また，“Usefulness of Experimental Natural Philosophy,” p. 47 ; “The Christian Virtuoso,” p. 520. 事実上の無神論だと認識されていた，神の能動的な摂理を否定することについては，Hunter, *Science and Society*, chap. 7〔邦訳『イギリス科学革命』〕; Shapin, “Of Gods and Kings” を見よ．1660 年代後半の，いまや古典的となった

ニュートンの言明と比較せよ．「それゆえ無神論者たちが，神的なものにのみ属することがらを物体的な実体へと帰すようになるのも驚くべきことではないのである．実際，私たちがいくら探してみても，諸物体がいわばみずからのなかに完全で絶対的で独立の実在性を有しているという観念の他には，無神論の論拠をほとんどまったく見いだすことがない」．（Newton, *Unpublished Scientific Papers*, p. 144.）

(106)　たとえば，Boyle, "Cause of Attraction by Suction"; idem, "Free Inquiry," pp. 193–194; idem, "Usefulness of Experimental Natural Philosophy," pp. 37–39; idem, "History of Fluidity and Firmness," pp. 409–410; idem, "New Experiments," p. 75 を見よ．

(107)　Boyle, "Free Inquiry," pp. 205–210.

(108)　Hobbes, "Dialogus physicus," pp. 254–255.

(109)　Boyle, "Examen of Hobbes," pp. 194–195.

(110)　Ibid., p. 205; idem, "Some Considerations about Reason and Religion," pp. 167–168. ボイルはここで「創造」を創造された自然本性という意味でもちいた．

(111)　Boyle, "The General History of the Air," pp. 613–615; cf. Hooke, *Lectures Explaining the Power of Springing Bodies* (1678), pp. 39–40; B. Shapiro, *Probability and Certainty*, pp. 50–51.

(112)　Boyle, "Animadversions on Hobbes," pp. 104–105.『リヴァイアサン』への言及は，1668年のアムステルダム版ホッブズ『哲学著作集』の補遺にたいしてなされている．

(113)　Boyle, "Examen of Hobbes," p. 187. 同様の戦略として，John Wallis to John Owen, 10/20 October 1655, in Owen, *Correspondence*, pp. 86–88 (Wallis, *Elenchus geometriae Hobbianae* [1655] の献呈の言葉）と，Wallis, *Hobbius heauton-timorumenos*, p. 6 を見よ．

(114)　この点にかんするモアの経歴については，P. Anderson, *Science in Defense of Liberal Religion*, pp. 152–164; Lichtenstein, *Henry More*, pp. 128–135; Pacchi, *Cartesio in Inghilterra*, chap. 4; Cristofolini, *Cartesiana e sociniani* を見よ．モアと自然哲学についての最近の概説として，Staudenbauer, "Platonism, Theosophy and Immaterialism"; Gabbey, "Philosophia Cartesiana Triumphata," また Boylan, "More's Space and the Spirit of Nature" を見よ．

(115)　More, *Immortality of the Soul*, book 3, chaps. 12–13, esp. pp. 463–465; idem, *Collection*, "Preface General," pp. iv–v, xv–xix; idem, *Antidote against Atheism*, 3d ed. (1662), in *Collection*, pp. 40, 142. Patrick, *Brief Account of the Latitude-Men*, p. 24 を見よ．

(116)　Boyle, "Examen of Hobbes," p. 187; Patrick, *Brief Account of the Latitude-Men*, p. 21; Cudworth to Boyle, 27 May/6 June 1664, in Boyle, *Works*, vol. VI, p. 510; More to Boyle, 5/15 June 1665, ibid., pp. 512–513.

(117)　ケンブリッジの背景にかんしては，Nicolson, "Christ's College and the Latitude Men"; M. Jacob, *The Newtonians*, pp. 39–47〔邦訳『ニュートン主義者とイギリス革命』38–44頁〕; サイモン・パトリックの伝記（Cambridge University Library, MSS Add 20 ff 25–26）; More to Boyle, 27 November/7 December 1665, in Boyle, *Works*, vol. VI, p. 513; More to Anne Conway, 31 December 1663/10 January 1664, in *Conway Letters*, p. 220.

(118)　霊の証言とそのなかでのボイルの役割は第7章で論じる．Boyle to Du Moulin, in Boyle, *Works*, vol. I, pp. ccxxi–ccxxii; Hartlib to Boyle, 14/24 September 1658, ibid., vol. VI, pp. 114–115; Boyle to Glanvill, 18/28 September 1677 and 10/20 February 1678, ibid., pp. 57–60; Du Moulin, *The Divell of Mascon* (1658); More to Anne Conway, 31 March/10 April 1663, in *Conway Letters*, p. 216 を見よ．このような証言の使用にかんしては，More, *Antidote against Atheism* (1662), pp. 86–142; Labrousse, "Le démon de Mâçon を見よ．

(119)　Boyle, "New Experiments," pp. 15–16.

(120)　Ibid., pp. 70–71; idem, "History of Fluidity and Firmness," pp. 403–406.

(121)　Boyle, "New Experiments," p. 75.

(122)　Ibid. Boyle, "Disquisitions on Final Causes," p. 413 (1677 年以前に書かれ，1688 年に出版された)；Lennox, "Boyle's Defense of Teleological Inference" と比較せよ．

(123)　More, *Antidote against Atheism* (1662), p. 44.

(124)　Ibid., pp. 43–46；cf. Boyle, "New Experiments," pp. 70–72.

(125)　More, *Collection*, "Preface General," p. xv.

(126)　More to Anne Conway, 17/27 March 1666, in *Conway Letters*, p. 269；More, *Divine Dialogues* (1668), vol. I, sig A6^{v}, pp. 34, 41. Greene, "More and Boyle on the Spirit of Nature"；また Applebaum, "Boyle and Hobbes" を見よ．

(127)　John Worthington to More, 29 November/9 December 1667, in Worthington, *Diary and Correspondence*, vol. II, p. 254；More, *Divine Dialogues*, vol. I, "Publisher to the Reader"；idem, *Remarks on Two Late Ingenious Discourses*, pp. 188–189. オランダからの報告にかんしては，Gabbey, "Philosophia Cartesiana Triumphata," pp. 243–247 を見よ．

(128)　More to Boyle, 4/14 December [1671], in Boyle, *Works*, vol. VI, pp. 513–515.

(129)　Boyle, "Hydrostatical Discourse," pp. 596–598, 614, 625, 628 (1672). シンクレアにかんしては，*Philosophical Transactions* 8 (1673), 5197 と，H. W. Turnbull, ed., *James Gregory Memorial Volume*, pp. 510–513 を見よ．

(130)　Boyle, "Hydrostatical Discourse," p. 596.

(131)　Ibid., p. 627. ボイルは同じ比喩表現を "Disquisitions on Final Causes," p. 443 でももちいた．

(132)　Boyle, "Hydrostatical Discourse," pp. 608–609, 624, 627–628；これとちょうど対応する，エーテルを実験的言説から除外するためのボイルの戦略と比較せよ．

(133)　Boyle, "New Experiments about Differing Pressure," p. 643 (1672).

(134)　Boyle, "Hydrostatical Discourse," pp. 614–615, 624, 626；idem, "New Experiments about Differing Pressure," p. 647.「哲学者ではなく……商人によって書かれた」「信頼できる」説明をボイル自身がもちいているすぐれた例として，"A Letter concerning Ambergris" (1673) を見よ．

(135)　Boyle, "Hydrostatical Discourse," pp. 608, 627 (More, *Enchiridion metaphysicum*, p. 161 [1671] について)；Oldenburg to Boyle, 24 March/3 April 1666, in Boyle, *Works*, vol. VI, p. 223；また Oldenburg, *Correspondence*, vol. III, p. 67.

(136)　More, *Enchiridion metaphysicum*, p. 138；Boyle, "Hydrostatical Discourse," p. 601.

(137)　More, *Enchiridion metaphysicum*, pp. 139–141.

(138)　Boyle, "Hydrostatical Discourse," p. 612；idem, "New Experiments of Positive or Relative Levity," pp. 638–639 (1672)；idem, "New Experiments about the Pressure of the Air's Spring," pp. 640, 642 (1672).

(139)　Boyle, "New Experiments about Differing Pressure," pp. 644, 647.

(140)　More, *Enchiridion metaphysicum*, pp. 146, 178.

(141)　Boyle, "Continuation of New Experiments," p. 274；idem, "Hydrostatical Discourse," pp. 604–608；idem, "New Experiments of Positive or Relative Levity," pp. 636–637.

(142)　More to Anne Conway, 11/21 May 1672, in *Conway Letters*, p. 358；Hale, *Essay touching the Gravitation or Non-Gravitation of Fluid Bodies*, pp. 10, 42–44, 87；idem, *Difficiles nugae*, pp. 140–141, 249 (リヌスについて), 97–116 (吸着の実験について), 136–137 (充満論について), 240 (接合剤としての空気について)；idem, *Difficiles nugae*, 2d ed., "Additions," p. 43 (真空のなかの真空実験について).

(143)　Oldenburg to Huygens, 9/19 July 1674, in Oldenburg, *Correspondence*, vol. XI, p. 49：「よりおお

くの余暇と論争的な性格をもつだれか他の人物が応答するでしょう．ボイル氏は，彼の実験的なやり方とそれについての謙虚な考察を追求しています．このことが彼に，この種の著者にたいして応答するための寄り道をすることをゆるさないのです」．以下を見よ．Wallis to Oldenburg, 22 June/2 July 1674, ibid., p. 37 ; Wallis to Oldenburg, 15/25 October 1674, ibid., p. 109 ; Flamsteed to Oldenburg, 25 January/4 February 1675, ibid., p. 168 ; Anne Conway to Henry More, 4/14 February 1676 と More to Anne Conway, 9/19 February 1676（*Conway Letters*, pp. 420, 423）; More, *Remarks upon Two Late Ingenious Discourses*, pp. 5–6, 47, 119, 150–151, 171–177 ; Hooke, *Diary*, pp. 214–216 ; Gunther, *Early Science in Oxford*, vol. VIII, pp. 187–194 (*Lampas*［1677］より．この講義は Birch, *History* には記録されていない)．

第6章　再現・複製とその困難――1660年代の空気ポンプ

（1）　Collins, *Changing Order*, chap. 4. 現代の実験科学における再現・複製と，それが引きおこす問題をめぐる事例研究としては以下を見よ．Collins, "The Seven Sexes" ; Harvey, "Plausibility and the Evaluation of Knowledge" ; Pickering, "The Hunting of the Quark" ; Pinch, "The Sun-Set." 歴史上の事例については以下を見よ．Farley and Geison, "Science, Politics and Spontaneous Generation" ; Ruestow, "Images and Ideas"（レーウェンフックについて）．さまざまな例については，Kuhn, "The Function of Measurement"〔邦訳「近代物理科学における測定の機能」〕を見よ．

（2）　オックスフォード科学史博物館にある金属片には，ボイルのオリジナルの空気ポンプの一部であるとのラベルがつけられている．しかしこの金属片はあきらかにオリジナルの空気ポンプの一部ではない．

（3）　これら19世紀の誤った想定の例としては以下を見よ．Baden Powell, *History of Natural Philosophy* (1842), p. 235 ; Thomas Young, *Course of Lectures on Natural Philosophy* (1845), vol. I, p. 278（「フックの空気ポンプはふたつのバレルをそなえていた」）．Weld, *History of the Royal Society*, vol. I, pp. 96n–97n（「ボイルによって製作された……オリジナルの空気ポンプは，彼により協会に1662年に寄贈され，いまでも協会によって所有されている．それはふたつのバレルを有している」）．Grew, *Museum Societatis Regalis* (1681), p. 357 は，当時協会が所有していた「空気ポンプ，ないしはいかなる容器からも空気を抜きだす装置」に言及している．ウィルソンがおこなった訂正については，Wilson, "Early History of the Air-Pump" (1849)，および *Religio chemici*, p. 212 を見よ．

（4）　ホークスビー型のポンプは，エディンバラの王立スコットランド博物館，ミュンヘンのドイツ博物館，ウィルトシャーのロングリートハウス，オックスフォードの科学史博物館，ロンドンの科学博物館にある．ロンドンのものは王立協会から貸与されたものである．R. Anderson, *The Playfair Collection*, pp. 67–70，および Daumas, *Les instruments scientifiques*, pp. 83–84, 115–117 を見よ．

（5）　Frank, *Harvey and the Oxford Physiologists*, chaps. 4–5 ; Webster, "Discovery of Boyle's Law" ; Turner, "Robert Hooke and Boyle's Air-Pump." 以下も見よ．Boyle to Hartlib, 19/29 March 1647, in Boyle, *Works*, vol. I, p. xxxviii ; Hartlib to Boyle 7/17 January 1658, ibid., vol. VI, p. 99 ; Boyle, "New Experiments," pp. 2–6.

（6）　Ibid., pp. 116–117 ; idem, "A Physico-Chymical Essay ... touching the ... Redintegration of Salt-Petre," p. 371 ; Hooke, *Posthumous Works*, pp. iii–iv.

（7）　Walter Pope to Boyle, ? 10/20 September 1659, in Boyle, *Works*, vol. VI, p. 636 ; Hartlib to Boyle, 15/25 November 1659, ibid., p. 131 ; Boyle to Hartlib, 3/13 November 1659, in Worthington, *Diary and Correspondence*, vol. I, p. 161 ; Sharrock to Boyle, 9/19 April 1660, in Boyle, *Works*,

vol. VI, p. 319.

(8) 助手としてのメイヨウについては，Boyle, “Continuation of New Experiments,” p. 187 を見よ．1667 年 9 月から 10 月にかけてのジョン・ウォードの訪問については，Frank, “The John Ward Diaries,” p. 170 を見よ．

(9) Birch, *History*, vol. I, pp. 8, 16, 19, 23.

(10) Boyle, “Examen of Hobbes,” p. 208. この文書の執筆とボイルの新しいポンプについては以下を見よ．Hartlib to Worthington, 14/24 February 1662, in Worthington, *Diary and Correspondence*, vol. II, part 1, p. 109；Moray to Huygens, 9/19 August, 27 August/6 September, 9/19 October and 13/23 December 1661, in Huygens *Oeuvres*, vol. III, pp. 312, 317, 368–370, 425–428.

(11) Hobbes, “Dialogus physicus,” pp. 244–246；Huygens to Moray, 20/30 December 1661, in Huygens, *Oeuvres*, vol. III, pp. 439–440.

(12) ボイルによる空気ポンプの寄贈については以下を見よ．Birch, *History*, vol. I, p. 23；Moray to Huygens, 9/19 October 1661, in Huygens, *Oeuvres*, vol. III, pp. 368–370.

(13) Moray to Huygens, 6/16 March and 6/16 May 1662, in ibid., vol. IV, pp. 94, 130–132；Birch, *History*, vol. I, pp. 77–78.

(14) Birch, *History*, vol. I, pp. 75–78, 102, 106.

(15) Moray to Huygens, 3/13 March 1662 and 9/19 January 1663, in Huygens, *Oeuvres*, vol. IV, pp. 83–84, 297–298；Oldenburg to Huygens, 29 March/8 April 1662, ibid., p. 108 (and Oldenburg, *Correspondence*, vol. I, pp. 445–446)；Birch, *History*, vol. I, p. 77–78.

(16) Birch, *History*, vol. I, pp. 102–106, 124, 139.

(17) Ibid., pp. 19–21；Huygens to Lodewijk Huygens, June 1661, in Huygens, *Oeuvres*, vol. III, p. 276；Huygens, journal, in ibid., vol. III, pp. 321–322, enclosing papers by Brouncker (pp. 323–328) and Boyle (pp. 328–331).

(18) オルデンバーグの訪問については以下を見よ．Oldenburg to Huygens, 24 July/3 August 1661, in Huygens, *Oeuvres*, vol. III, pp. 310–311, and in Oldenburg, *Correspondence*, vol. I, pp. 411–412, 412n–413n. マリとの接触については以下を見よ．Moray to Huygens, 9/19 August, 27 August/6 September and 18/28 September 1661, in Huygens, *Oeuvres*, vol. III, pp. 312, 317, 355；Huygens to Moray, 6/16 September 1661, ibid., p. 319. ポンプ製作の試みについての知らせにかんしては以下を見よ．Huygens to Moray, 20/30 September 1661, ibid., vol. XXII, p. 72；Huygens to Montmor, ? October 1661, ibid., p. 76；Huygens to Montmor, 26 September/6 October 1661, ibid., vol. III, pp. 358–359；Moray to Huygens, 9/19 October 1661, ibid., pp. 368–370. 空気ポンプの普及にあたってホイヘンスがはたした役割については，Stroup, “Huygens & the Air Pump,” p. 138 を見よ．

(19) Huygens to Moray, 25 October/4 November 1661, in Huygens, *Oeuvres*, vol. III, pp. 383–385；Huygens, notebook, ibid., vol. XVII, pp. 306–312. ホイヘンスと器具製作者たちとのあいだのトラブルをはらんだ関係については，van Helden, “Eustachio Divini versus Huygens”；Leopold, “Huygens and His Instrument Makers.”

(20) Huygens to Lodewijk Huygens, 13/23 November 1661, in Huygens, *Oeuvres*, vol. III, p. 389.

(21) Huygens to Lodewijk Huygens, 20/30 November 1661, in ibid., p. 395.

(22) Huygens, notebook, in ibid., vol. VXII, pp. 316–322. ボイルの実験は，“New Experiments,” pp. 33–39 にある．受容器から 99 % の空気を吸いだすことができるというホイヘンスの主張は，18 世紀後半の主張と比較可能である．Joseph Priestley to Richard Price, 27 September 1772, in Schofield, *Scientific Autobiography of Priestley*, p. 109 で，プリーストリーは以下のように主張している．「一般的なポンプはその最良のものであっても，1/100 を超えはしな

い．私の記憶では，カントン氏は自分のポンプが最善の状態であれば，1/120 にまで達するといっていた」．ジョン・スミートンはかつて「時として 1/1000 以上に吸いだす」ポンプを建造していたという．だがスミートンとプリーストリーのポンプだけが「現存している」．

(23) Huygens to Moray, 20/30 December 1661, in Huygens, *Oeuvres*, vol. III, pp. 439–440 ; Huygens to Lodewijk Huygens, 11/21 December 1661, ibid., p. 414 ; Moray to Huygens, 13/23 December 1661, ibid., pp. 426–427 ; Huygens, notebook, ibid., vol. XVII, pp. 318–320. ボイルの 22 番目の実験は，“New Experiments,” pp. 47–55 にある．

(24) Huygens, notebook, in Huygens, *Oeuvres*, vol. XVII, pp. 320–322. ここまで読み進めてきてくれた実在論者の読者がいるとして，そのような読者の慰めとなるようなことを論じることはできない．だが変則的な停止を現時点から科学的に説明しようとしたときに，関係してきそうないくつかのファクターを以下に挙げておこう．1. 流体とガラスとのあいだの短距離引力，2. 粘度，3. 表面張力，4. 残っていた空気の存在．「粘着真空」という現象は今でも実験家たちにとってトラブルの元である．DeKosky, “William Crookes and the Quest for Absolute Vacuum in the 1870s,” p. 12 を見よ．

(25) Huygens, notebook, in Huygens, *Oeuvres*, vol. XVII, pp. 320–330.

(26) Huygens to Moray, 24 January/3 February 1662, in ibid., vol. IV, p. 24 ; Moray to Huygens, 13/23 December 1661, ibid., vol. III, pp. 426–427 ; Huygens to Moray, 20/30 December 1661, ibid., pp. 439–440 ; Huygens to Lodewijk Huygens, 25 December 1661/4 January 1662, ibid., vol. IV, p. 6.

(27) Huygens, notebook, in ibid., vol. XVII, pp. 326–328.

(28) Huygens to Moray, 24 January/3 February 1662, in ibid., vol. IV, p. 24 ; Huygens to Lodewijk Huygens, 5/15 February 1662, ibid., p. 53 ; Moray to Huygens, 24 January/3 February 1662, ibid., pp. 27–28 ; Oldenburg to Huygens, March 1662, ibid., p. 108.

(29) Moray to Huygens, 3/13 and 4/14 March 1662, ibid., pp. 83–86.

(30) Moray to Huygens, 6/16 March 1662, ibid., p. 94 ; Boyle to Moray, March 1662, ibid., vol. VI, pp. 581–582. Birch, *History*, vol. I, pp. 77–78 も見よ．

(31) Huygens to Moray, 30 May/9 June 1662, in Huygens, *Oeuvres*, vol. IV, pp. 149–150.

(32) Huygens to Moray, 4/14 July 1662, in ibid., pp. 171–173 ; diagram, ibid., p. 174 ; Boyle and Hooke for Huygens, July 1662, ibid., pp. 217–222 ; Birch, *History*, vol. I, p. 102. ホイヘンスがマリに送った手紙は Rigaud, *Correspondence of Scientific Men*, vol. I, pp. 92–95 にも印刷されている．

(33) Huygens to Lodewijk Huygens, 25 September/5 October 1662, in Huygens, *Oeuvres*, vol. IV, p. 245.

(34) Huygens, notebook, in ibid., vol. XVII, p. 332. バルブを通じての受容器からの空気の吸いだし方法の比較としては以下を見よ．Boyle, “Continuation of New Experiments,” p. 180 ; Huygens, *Oeuvres*, vol. VI, p. 586 ; vol. XVII, pp. 332–333, and fig. 47 ; vol. XIX, pp. 204–205. これらの問題は Stroup, “Huygens & the Air Pump,” pp. 146–147 でも議論されている．

(35) Huygens to Moray, 21 November/1 December 1662 and 23 January/2 February 1663, in Huygens, *Oeuvres*, vol. IV, pp. 275–276, 305 ; Huygens to Montmor, July 1663, ibid., vol. VI, pp. 586–587.

(36) Birch, *History*, vol. I, pp. 138–139, 212 ; Moray to Huygens, 19/29 January 1663, in Huygens, *Oeuvres*, vol. IV, pp. 297–298.

(37) Moray to Huygens, 19 February/1 March 1663, in ibid., p. 320 ; Huygens to Moray, 23 January/2 February 1663, ibid., p. 305.

(38) Moray to Huygens, 19 February/1 March 1663, in ibid., p. 320 ; Birch, *History*, vol. I, pp. 212–

214, 248.

（39）　ホイヘンスのイングランド訪問については以下を見よ．Huygens, journal, in Huygens, *Oeuvres*, vol. XXII, pp. 597–603 ; Oldenburg to Boyle, 10/20 June 1663, in Oldenburg, *Correspondence*, vol., II, pp. 65–67 ; Birch, *History*, vol. I, pp. 256–257. ホイヘンスのポンプと王立協会のポンプのもうひとつの比較としては，Monconys, *Journal*, vol. II, p. 73 を見よ．

（40）　Huygens, journal, in Huygens, *Oeuvres*, vol. XXII, p. 599 ; Hooke to Boyle, 3/13 July 1663, in Boyle, *Works*, vol. VI, pp. 486–487, and in Huygens, *Oeuvres*, vol. IV, pp. 381–383 ; Birch, *History*, vol. I, p. 268（7月1／11日の実験について）and p. 275（ロバート・フックにより，7月16／26日に報告された実験について）．パワーの空気学の背景については，Webster, "Henry Power's Experimental Philosophy" ; idem, "Discovery of Boyle's Law," pp. 472–479. パワーのノートは，British Library Sloane MSS 1326 ff. 46–47 である．1661年5月ティロトソンはクルーンにたいしてパワーは空気ポンプをもっていると告げている．Croune to Power, 20/30 July 1661（British Library Sloane MSS 1326 f 26^{v}）「（あなたがおっしゃっているように）北にいる方がボイル氏の装置で，ボイル氏本人はおこなってこなかったような数おおくの実験をおこなっています……（このようにティロトソン氏が私に教えてくれました）」．ボイルはパワーの空気ポンプに，"Defence against Linus," p. 155 で言及している（1662年晩夏）．パワーが1663年7月11／21日，および16／26日につけたノートは，ロンドンでおこなわれた実験を記録したものだと思われる．パワーは1663年6月24日／7月4日，および7月1／11日には確実にロンドンにいた．7月6／16日には，パワーはまだ「ここ」グレシャムにいるといわれている．7月16／26日にマリはスコットランドの貴族の心臓でみつかった石を王立協会で披露した．パワーは7月16／26日に次のように記録している．「スコットランドで死去した高貴な家柄の男性の心臓にできた石を私は見た」．（Birch, *History*, vol. I, pp. 265, 268, 271, 276 ; British Library Sloane MSS 1326 f 47^{r}を見よ．）パワー『実験哲学』の刊行については，ibid., ff 39^{r}, 40^{v}を見よ．1663年の夏以降イーヴリンの姪の家庭教師をつとめていたポープについては，Frank, *Harvey and the Oxford Physiologists*, pp. 135, 326n を見よ．

（41）　Oldenburg to Boyle, 22 June/2 July 1663, in Oldenburg, *Correspondence*, vol. II, p. 75 ; Hooke to Boyle, July 1663, in Boyle, *Works*, vol. VI, p. 484 ; Birch, *History*, vol. I, pp. 275, 295 ; Huygens, *Oeuvres*, vol. XVII, p. 324n ; Boyle to Oldenburg, 29 October/8 November 1663, in Oldenburg, *Correspondence*, vol. II, p. 124.

（42）　Huygens to Lodewijk Huygens, 3/13 July 1663, in Huygens, *Oeuvres*, vol. IV, p. 375 ; Tönnies, *Hobbes*, p. 63 ; Hooke to Boyle, 3/13 July 1663, in Boyle, *Works*, vol. VI, pp. 486–487. ソルビエールはモンモール・アカデミーから派遣ということでロンドンに滞在していた．Oldenburg, *Correspondence*, vol. II, pp. 115–118, 133–136，および本書第4章註6を見よ．パワーの充満論については，Power, *Experimental Philosophy*, p. 169 ; Webster, "Discovery of Boyle's Law," p. 472 を見よ．ロンドンのロングエーカーにあったリーヴスの店と，それが当時の実験研究の中心的場所であったことについては，idem, "Henry Power's Experimental Philosophy," p. 158 ; E. G. R. Taylor, *Mathematical Practitioners of Tudor & Stuart England*, pp. 223–224 を見よ．

（43）　Stroup, "Huygens & the Air Pump," pp. 136–137 ; Oldenburg to John Winthrop, 5/15 August 1663, in Oldenburg, *Correspondence*, vol. II, p. 106 ; A. R. Hall and M. B. Hall, "Philosophy and Natural Philosophy : Boyle and Spinoza" ; Spinoza to Oldenburg, 17/27 July 1663, in Oldenburg, *Correspondence*, vol. II, p. 94（翻訳）; Oldenburg to Spinoza, 3/13 April, 31 July/10 August and 4/14 August 1663（変則的な停止の図解と翻訳），ibid., pp. 41, 99–100, 103 ; R. McKeon,

Philosophy of Spinoza, pp. 137–152.

(44)　Boyle to Oldenburg, 29 October/8 November 1663 in Oldenburg, *Correspondence*, vol. II, pp. 123–124 ; Birch, *History*, vol. I, pp. 301, 305, 310.

(45)　Boyle to Oldenburg, 29 October/8 November 1663 in Oldenburg, *Correspondence*, vol. II, pp. 125–126, and in Huygens, *Oeuvres*, vol. IV, pp. 437–440.

(46)　Moray to Huygens, 29 October/8 November and 16/26 November 1663, in Huygens, *Oeuvres*, vol. IV, pp. 426, 436–440 ; Huygens to Moray, 8/18 November and 29 November/9 December 1663, ibid., pp. 432, 459.

(47)　Beale to Boyle, 11/21 January 1664, in Boyle, *Works*, vol. VI, p. 378 ; Boyle, "Continuation of New Experiments," p. 204 ; idem, "New Pneumatical Experiments about Respiration," pp. 361–363.

(48)　Huygens, notebook, in Huygens, *Oeuvres*, vol. XVII, p. 312, 314, 316 ; Boyle to Moray, March 1662, in ibid., vol. VI, pp. 581–582 ; Birch, *History*, vol. I, p. 214 ; Moray to Huygens, 19 February/1 March 1663, in Huygens, *Oeuvres*, vol. IV, p. 320.

(49)　Birch, *History*, vol. II, pp. 177–178（本書第2章註15も見よ）; Wren to Brouncker, 30 July/9 August 1663, British Library Sloane MSS 2903 f 105, and Birch, *History*, vol. I, p. 288 ; Oldenburg to Boyle, 2/12 July 1663, in Oldenburg, *Correspondence*, vol. II, pp. 78–79. イーヴリンのデザインは，ホラーによってビールのために彫られたのだが，最終的にはスプラットがもちいることになった．これについては，Hunter, *Science and Society*, pp. 194–197〔邦訳『イギリス科学革命』217-220頁〕を見よ．フェイソーンの図版については，Hooke to Boyle, 25 August/4 September and 8/18 September 1664, in Boyle, *Works*, vol. VI, pp. 487–490 ; Maddison, "The Portraiture of Boyle" を見よ．

(50)　空気ポンプの利用については，Birch, *History*, vol. I, p. 398 ; vol. II, pp. 17, 19–20, 25–26, 31, 46 ; Frank, *Harvey and the Oxford Physiologists*, pp. 161–162.

(51)　Birch, *History*, vol. II, pp. 177–178.

(52)　Ibid., pp. 184–189, 464, 467–468, 472–473.

(53)　Boyle to Oldenburg, 1/11 February 1668, in Oldenburg, *Correspondence*, vol. IV, p. 140.『続編』の出版については，ibid., vol. V, pp. 36, 21, 240. 炎と空気にかんする当時のボイルの研究については，McKie, "Fire and the *Flamma vitalis*" ; Frank, *Harvey and the Oxford Physiologists*, pp. 250–258 ; Boyle, "New Experiments touching … Flame and Air."

(54)　Boyle, "Continuation of New Experiments," pp. 176–178. 本文 p. 276 は「1667年［=1668年］3月24日」付である．

(55)　Ibid., pp. 181–182.

(56)　Boyle, "Hydrostatical Paradoxes," pp. 738–744 ; idem, "Continuation of New Experiments," pp. 245, 258–259, 178, 180–182.

(57)　Birch, *History*, vol. II, pp. 26, 177–178 ; Boyle, "New Experiments touching … Flame and Air," pp. 564–566 ; idem, "Continuation of the Experiments concerning Respiration," p. 372.

(58)　Boyle, "Continuation of New Experiments," pp. 211–214. フックとメイヨウによる空気とバネにかんする研究については以下を見よ．Frank, *Harvey and the Oxford Physiologists*, pp. 256–263 ; Mayow, *Tractatus quinque*（1674）, pp. 66–71 ; Hooke, *Diary*, pp. 32–35 ; Birch, *History*, vol. III, pp. 58–60, 78, 84, 89–90, 109, 143, 156–157, 177 ; Boyle, "New Experiments about the Weakened Spring," p. 218n ; idem, "New Experiments about … Air and the Flamma Vitalis," pp. 586–587.

(59)　H. Brown, *Scientific Organizations*, pp. 66–89, 107–134 ; Mesnard, "Les premières relations

parisiennes de Huygens”；Brugmans, *Le séjour de Huygens à Paris*；Stroup, “Huygens & the Air Pump,” p. 138. モンモール・グループとの接触については以下を見よ．Petit to Oldenburg, 13/23 October 1660, in Oldenburg, *Correspondence*, vol. I, p. 398（翻訳）；Huygens to Thévenot, 26 September/6 October 1661 in Huygens, *Oeuvres*, vol. III, pp. 359–360；Petit to Huygens, 28 November/8 December 1661, ibid., p. 398；Huygens to Lodewijk Huygens, 11/21 December 1661, ibid., p. 414. McClaughlin, “Le concept de science chez Rohault” も見よ．

（60）Huygens to Lodewijk Huygens, 12/22 and 19/29 March, 9/19 and 16/26 April, 8/18 May 1662, in Huygens, *Oeuvres*, vol. IV, pp. 96–97, 111, 117, 133；Chapelain to Huygens, 14/24 and 20/30 April, 5/15 June 1662, ibid., pp. 112–124, 154–156（ホイヘンスの注記は pp. 123–124 にある）；Huygens to Moray and Chapelain, June 1662, ibid., pp. 174–175.

（61）Thévenot to Huygens, 12/22 June 1662, in ibid., p. 161.

（62）Huygens to Lodewijk Huygens, 27 March/6 April, 10/20 April and 15/25 May 1663, ibid., pp. 325–329, 334, 345.「科学と技芸の協会プロジェクト」については，Hahn, “Huygens and France,” pp. 60–62 を見よ．

（63）Montmor to Huygens, July 1663, in Huygens, *Oeuvres*, vol. IV, p. 365；Petit to Huygens, 5/15 July 1663, ibid., p. 377.

（64）Huygens to Montmor, July 1663, ibid., vol. VI, pp. 586–587（図解は p. 587）；ibid., vol. XVII, p. 258n；Petit to Oldenburg, 2/12 October 1663, in Oldenburg, *Correspondence*, vol. II, p. 117（翻訳；プティはボイルについての知らせを求めている．「私たちは〔ボイルの〕実験を，ホイヘンス氏の装置に似た装置を使ってたしかめようとしています．また他の実験をおこないそれについて判断を下したいと考えております」）；Huygens to Moray, 8/18 November and 29 November/9 December 1663, in Huygens, *Oeuvres*, vol. IV, pp. 433, 459；Auzout to Huygens, December 1663, ibid., pp. 433, 459；Auzout to Huygens, December 1663, ibid., p. 482；Huygens to Lodewijk Huygens, 5/15 December 1663, ibid., p. 472；Huygens to Moray, 9/19 December 1663, ibid., p. 474；Huygens to Lodewijk Huygens, 12/22 February 1664, ibid., vol. V, p. 31；Huygens to Moray, 2/12 March 1664, ibid., p. 41.

（65）Huygens to Lodewijk Huygens, 5/15 June 1665, ibid., vol. V, p. 375. モンモール・グループの活動停止については，ibid., p. 70 を見よ．オーズー，プティ，テヴノーの誰一人として，新しいアカデミーの会員にはならなかった．このグループとの関係については，McClaughlin, “Sur les rapports entre la Compagnie de Thévenot et l’Académie Royale”；Roger, “La politique intellectuelle de Colbert” を見よ．

（66）“Biographie,” in Huygens, *Oeuvres*, vol. XXII, pp. 625–626；Roger, “La politique intellectuelle de Colbert”；Hahn, “Huygens and France,” pp. 62–66；idem, *Anatomy of a Scientific Institution*, chap. 1.

（67）Huygens, *Oeuvres*, vol. XIX, pp. 199, 201–202（pp. 189–196，および p. 205 の註の議論も見よ）．

（68）Ibid., pp. 200, 207–213.

（69）1667 年の時点での微細な流体にかんするホイヘンスの見解については，ibid., vol. XIX, p. 553 を見よ．1668 年の時点での重さにかんする彼の見解については，ibid., pp. 625–627 を見よ．1669 年のホイヘンスのロベルヴァルとの論争については，ibid., p. 631 を見よ．ホイヘンスのこの方面での研究が有した諸側面については以下を見よ．Dugas, “Sur le Cartésianisme de Huygens”（デカルトへの支持に重点をおいた記述）；Westfall, *Force in Newton’s Physics*, chap. 4（運動学について）；Snelders, “Huygens and the Concept of Matter”；Gabbey, “Huygens et Roberval”；Halleux, “Huygens et les théories de la matière.”

（70） Huygens, "Lettre ... touchant les phénomènes de l'eau purgée d'air," in *Oeuvres*, vol. VII, pp. 201–206.

（71） Ibid., pp. 204–206. ホイヘンスの1678年における磁気と微細な流体にかんする見解については以下を見よ．Ibid., vol. XIX, pp. 584–585 ; "Discours de la cause de la pesanteur," ibid., vol. XXI, p. 380（1686年のテクスト）and p. 474（1690年のテクスト）．さまざまな流体への支持については以下を見よ．A. Shapiro, "Kinematic Optics," sect. 5 ; Rosmorduc, "Le modèle de l'éther lumineux" ; Albury, "Halley and the *Traité de la lumière* of Huygens."

（72） Huygens, "An Extract of a Letter to the Author of the Journal des Sçavans," *Philosophical Transactions* 7（1672）, 5027–5030. イングランド側の返答としては以下を見よ．Towneley to Oldenburg, 15/25 August and 30 September/10 October 1672, in Oldenburg, *Correspondence*, vol. IX, pp. 212, 267 ; Wallis to Oldenburg, 16/26 September, 26 September/6 October 1672 and 19 February/1 March 1673, in ibid., pp. 259, 279, 519–520（最後の追加は刊行された論文では省かれている）; Birch, *History*, vol. III, pp. 58–60. 以下と比較せよ．Oldenburg to Sluse, 11/21 November and 16/26 December 1672, in Oldenburg, *Correspondence*, vol. IX, pp. 316–317, 363（翻訳）; Sluse to Oldenburg, 26 November/6 December 1672, ibid., p. 336 ; Sluse to Huygens, 26 September/6 October 1662 and 3/13 October 1664, in Huygens, *Oeuvres*, vol. IV, 248, and vol. V, p. 121.

（73） Huet, *Lettre touchant les expériences de l'eau purgée*（1673）からの引用であり，Huygens, *Oeuvres*, vol. XIX, pp. 242–243 で議論されている．

（74） Perrault to Huygens, May 1673, ibid., vol. VII, pp. 287–298, and Huygens to Perrault, 1673, ibid., pp. 298–301. ペローの懐疑主義については，Delorme, "Pierre Perrault" を見よ．ホイヘンスの蓋然主義については，Elzinga, *On a Research Program in Early Modern Physics*, pp. 36–44 ; idem, "Huygens' Theory of Research" を見よ．変則的な停止にかんするホイヘンスのノート（1673年）は，*Oeuvres*, vol. XIX, pp. 214–215 に印刷されている．

（75） Papin, *Nouvelles expériences du vuide*（1674）, chap. 2（Huygens, *Oeuvres*, vol. XIX, pp. 217–218 に印刷されている）．パパンとホイヘンスについては以下を見よ．Huygens, *Oeuvres*, vol. VII, p. 478 ; Cabanes, *Denys Papin* ; Payen, "Huygens et Papin."

（76） Huygens, *Oeuvres*, vol. XIX, p. 216.

（77） Ibid., p. 233 ; ibid., vol. VII, p. 412 ; Guisony to Huygens, 8/18 November 1673, ibid., p. 361 ; Gallon to de Puget, ibid., vol. X, pp. 730–732 ; Pelseneer, "Petite contribution" ; Daumas, *Les instruments scientifiques*, pp. 115–117, 184.

（78） ニュートンの「実験哲学の仕事」へのとりくみについては，*Opticks*, p. 394〔邦訳『光学』244頁〕を見よ．変則的な停止にかんするニュートンの見解については，Westfall, *Force in Newton's Physics*, p. 412n を見よ．ホークスビーについては以下を見よ．Guerlac, *Essays and Papers*, pp. 107–119 ; Hawes, "Newton and the Electrical Attraction" ; Home, "Hauksbee's Theory of Electricity" ; Gad Freudenthal, "Early Electricity."

（79） Middleton, *The Experimenters*, pp. 162, 263–270 ; Oldenburg to Boyle, October 1661, in Oldenburg, *Correspondence*, vol. I, pp. 440–442. オックスフォードで出されたラテン語版である *Nova experimenta*（1661）は，フルトンが作成したボイル文献目録の19番にある．これらの版の発送についての別の諸報告については，Huygens to Montmor, 26 September/6 October 1661, in Huygens, *Oeuvres*, vol. III, p. 358 ; Huygens to Moray, 25 October/4 November 1661, ibid., p. 384 を見よ．ボイルのコメントは，"New Experiments touching ... Flame and Air," p. 565 を見よ．

（80） Middleton, *The Experimenters*, pp. 152, 264 ; Boyle, "New Experiments," p. 64. マガロッティ

と彼のイングランド訪問については，Middleton, *The Experimenters*, p. 291；Waller, “Magalotti in England” を見よ．フィレンツェの人びととともにおこなった公開での比較についてボイルは，“New Experiments touching … Flame and Air,” p. 566 で報告している．Oldenburg, *Correspondence*, vol. IV, pp. 193, 234 も見よ．

（81） Boyle, “New Experiments,” p. 6.

（82） Boyle to Schott, n.d., in Boyle, *Works*, vol. VI, pp. 62–63（まもなく出版される『好奇心をそそる技術』について）；Guericke to Schott, 18/28 February 1662, in Schott, *Technica curiosa* (1664), pp. 54–58 and in Guericke, *Neue Magdeburger Versuche*, p. [33]；Guericke to Schott, 30 April/10 May 1662, in Schott, *Technica curiosa*, pp. 74–76. ゲーリケの空気学については，Krafft, *Guericke*, pp. 98–108；Kauffeldt, *Guericke* を見よ．

（83） Schott, *Technica curiosa*, pp. 87–181, esp. pp. 97–98. 真空のなかの真空実験にかんするゲーリケの注釈は，Guericke, *Neue Magdeburger Versuche*, pp. [70]–[71].

（84） Huygens to Kinner, 26 December 1664/5 January 1665, in Huygens, *Oeuvres*, vol. V, p. 221；Kinner to Huygens, 25 January/4 February 1665, ibid., pp. 217–219；Kinner to Schott, 25 January/4 February 1665, ibid., pp. 219–221；Schott to Kinner, February 1665, ibid., pp. 253–254；Kinner to Schott, 11/21 March 1665, ibid., pp. 272–274. ゲーリケのプログラムの詳細については，Heathcote, “Guericke's Sulphur Globe” を見よ．

（85） 技術の伝達一般について，Collins, “The TEA Set”；idem and Harrison, “Building TEA Laser” と比較せよ．コリンズは技術伝達の「アルゴリズム・モデル」（活字化された指示が伝達に有効だとする）に反論して，「文化適応モデル」を支持している．このモデルによると技術の移動は熟練技能の伝達パターンと類似する．

第 7 章　自然哲学と王政復古——論争のなかでの利害関心

（1） Woolrych, “Last Quests for a Settlement”；Davies, *The Restoration of Charles II*. 1660 年のロンドンでのホッブズの動向にかんしては，Aubrey, “Life of Hobbes,” p. 340〔邦訳『名士小伝』107–108 頁〕を見よ．

（2） A. Wood, *Life and Times*, vol. I, p. 303（マンクについて）；Green, *Re-establishment of the Church of England*, p. 18（ブログヒルについて）.

（3） Abbott, “English Conspiracy and Dissent”；Green, *Re-establishment of the Church of England*, p. 182 と比較せよ．

（4） ブレダ宣言は Kenyon, ed., *The Stuart Constitution*, p. 357 に印刷されている．クラレンドンの役割は Abernathy, “Clarendon and the Declaration of Indulgence,” p. 56n で触れられている．Clarendon, *History of the Rebellion*, pp. 898–902 と比較せよ．

（5） Baxter, *Sermon of Repentance*, pp. 43–45 (Lamont, *Baxter and the Millennium*, p. 201 に引用されている).

（6） Bate, *The Declaration of Indulgence*, p. 55；Bosher, *Making of the Restoration Settlement*, pp. 107, 211–224（ロード主義の政策にかんして）；Green, *Re-establishment of the Church of England*, pp. 213–229 と Abernathy, “Clarendon and the Declaration of Indulgence”（寛容と国教にかんして）；Whiteman, “Restoration of the Church of England”（ご都合主義にかんして）. Clarendon, *History of the Rebellion*, p. 994 と比較せよ．

（7） 王政復古期の非国教徒にかんして，L. Brown, “Religious Factors in the Convention Parliament”（長老派の強力さについて）；J. R. Jones, “Political Groups and Tactics in the Convention”（1660 年春のキャンペーンについて）；Abernathy, “English Presbyterians and the Stuart Restoration”；Lacey, *Dissent and Parliamentary Politics*, chaps. 1, 3 を見よ．穏健な主教制度

とボイルの役割にかんして，Lamont, *Baxter and the Millennium*, pp. 153, 212–214；Spalding and Brown, “Reduction of Episcopacy”；J. Jacob, *Boyle*, pp. 133–144 を見よ．ウスター・ハウスでの議論は *Journals of the House of Lords*（以下 *L.J.* と表記), vol. XI, p. 179 に含まれている．礼拝統一法にかんする議論は *Journals of the House of Commons*（以下 *C.J.* と表記), vol. VIII, pp. 442–443 に含まれている．

（8） *Calendar of State Papers* (*Domestic*)（以下 *C.S.P.D.* と表記）(1660–1661), pp. 515, 561；Abbott, “English Conspiracy and Dissent,” pp. 503–529；Gee, “The Derwentdale Plot”；Nicholas, *Mr. Secretary Nicholas*, p. 302；Bosher, *Making of the Restoration Settlement*, pp. 204–205；Ashley, *John Wildman*, pp. 161–165. 第五王国派にかんしては，P. Rogers, *The Fifth Monarchy Men*, esp. pp. 112–122；Capp, *The Fifth Monarchy Men*；Clarendon, *History of the Rebellion*, p. 1033；C. Hill, *The Experience of Defeat*, pp. 62–66；idem, *World Turned Upside Down*, pp. 72, 97, 171–173, 347 を見よ．

（9） *C.S.P.D.* (1660–1661), p. 541；サヴォイ・ハウスについては，Green, *Re-establishment of the Church of England*, p. 200；Bosher, *Making of the Restoration Settlement*, p. 210 を見よ．

（10） *C.S.P.D.* (1661–1662), pp. 97–98；Ashley, *John Wildman*, pp. 166–181；Bosher, *Making of the Restoration Settlement*, p. 238；Sacret, “The Restoration Government and Municipal Corporations.” ニコラスと情報収集にかんしては，Fraser, *The Intelligence of the Secretaries of State* を見よ．

（11） 礼拝統一法と聖職者の追放については，Feiling, “Clarendon and the Act of Uniformity”；Beddard, “The Restoration Church”；Abernathy, “Clarendon and the Declaration of Indulgence”；Bate, *The Declaration of Indulgence*, pp. 25–35；Bosher, *Making of the Restoration Settlement*, chap. 5；*C.S.P.D.* (1661–1662), p. 517；Clarendon, *History of the Rebellion*, pp. 1077–1080 を見よ．

（12） Bate, *The Declaration of Indulgence*, pp. 36–40；Lacey, *Dissent and Parliamentary Politics*, pp. 47–56；Beddard, “The Restoration Church,” p. 168；*C.J.*, vol. VIII, pp. 442–443；*L.J.*, vol. XI, p. 470. エクセター主教としてのセス・ウォードの見解と比較せよ（Bosher, *Making of the Restoration Settlement*, p. 266 に印刷されている）．

（13） *L.J.*, vol. XI, p. 243；*C.J.*, vol. VIII pp. 172–174；クラレンドン法典については，Kenyon, ed., *The Stuart Constitution*, chap. 10；Beddard, “The Restoration Church,” pp. 161–170；Bosher, *Making of the Restoration Settlement*, chap. 5；Western, *Monarchy and Revolution*, chap. 3；J. R. Jones, *Country and Court*, pp. 136–139 を見よ．

（14） ニューカッスルの手稿「統治について」は，Strong, *Catalogue of Letters*, pp. 173–236 に印刷されている（Turberville, *History of Welbeck Abbey*, vol. I, p. 174 で引用されている）．

（15） Milton, “Areopagitica,” in *Prose Works*, vol. II, p. 554〔邦訳『アレオパジティカ』65–66 頁〕；Ailesbury, *Memoirs*, vol. I, p. 93；Stubbe, *Malice Rebuked* (1659), pp. 7–8；Nicolson, “Milton and Hobbes”；C. Hill, *Milton and the English Revolution*, pp. 149–160；J. Jacob, *Stubbe*, p. 31. 聖書へのアクセス可能性についての国王の考えを，Hobbes, “Behemoth,” p. 190〔邦訳『ビヒモス』47–48 頁〕（本書第3章で言及した）のものと比較せよ．

（16） 検閲の賦課とレストレンジにかんしては，L’Estrange, *Considerations and Proposals*, p. 8；Muddiman, *The King’s Journalist*, pp. 150–167；Bourne, *English Newspapers*, vol. I, p. 32；Fraser, *The Intelligence of the Secretaries of State* を見よ．検閲の効果にかんしては，Weston and Greenberg, *Subjects and Sovereigns*, p. 158；Western, *Monarchy and Revolution*, pp. 61–64；McLachlan, *Socinianism*, pp. 327–331, 338；Redwood, *Reason, Ridicule and Religion*, pp. 79–81；C. Hill, *Milton and the English Revolution*, pp. 64–66, 217–218；idem, *Some Intellectual*

Consequences, pp. 46–52 を見よ．また Zwicker, “Language as Disguise” ; idem, *Politics and Language*, chap. 1 も見よ．

(17)　ジョン・ハイドンと彼の告発は，*C.S.P.D.* (1666–1667), pp. 428–431, 490, 541 ; Debus, *The Chemical Philosophy*, vol. II, p. 387n〔邦訳『近代錬金術の歴史』532 頁〕; Capp, *Astrology and the Popular Press*, p. 48 で論じられている．ジャイルズ・カルバートは *C.S.P.D.* (1661–1662), pp. 23, 572, 592 ; T. Hall, *Histrio-mastix* (1654), p. 215 ; Clarkson, *The Lost Sheep Found* (1660) ; Hartlib to Boyle, 16/26 December 1658, in Boyle, *Works*, vol. VI, p. 115 ; Ashley, *John Wildman*, pp. 194–195, 204–209 ; Muddiman, *The King's Journalist*, pp. 142–143, 169 で言及されている．Webster, *From Paracelsus to Newton*, p. 38〔邦訳『パラケルススからニュートンへ』96 頁〕にある，ヘンリー・オルデンバーグの逮捕（彼が千年王国説にもっていた共感のためになされた可能性がある）と比較せよ．

(18)　Steneck, “‘The Ballad of Robert Crosse and Joseph Glanvill’” ; デュ・ムーランにかんしては，du Moulin to Boyle, 28 December 1669/7 January 1670 and 23 February/5 March 1674, in Boyle, *Works*, vol. VI, pp. 579, 581 を見よ．モアにかんしては，More to Anne Conway, 6/16 August 1670, in *Conway Letters*, p. 303 を見よ．

(19)　コーヒーハウスにかんしては，Robinson, *Early History of Coffee Houses*, pp. 77–79 ; G. H. Turnbull, “Peter Stahl” を見よ．Anon., *An Excerpt of a Book shewing that Fluids Rise not in the Pump... at the Occasion of a Dispute in a Coffee-House* (1662), p. 8 と比較せよ．

(20)　North, *Lives of the Norths*, vol. I, pp. 316–317 ; Ashley, *John Wildman*, pp. 103, 119, 142–148 ; Robinson, *Early History of Coffee Houses*, p. 167 ; Reiser, “The Coffee-Houses of Mid-Seventeenth Century London.”「コーヒーハウスの哲学」としてのホッブズ主義にかんしては，Mintz, *Hunting of Leviathan*, p. 137 を見よ．グランヴィルにかんしては，J. Jacob, *Stubbe*, p. 84 を見よ．王立協会とロータ・クラブにかんしては，C. Hill, *The Experience of Defeat*, p. 191 を見よ．

(21)　Oldenburg to Beale, 30 May/9 June 1661, in Oldenburg, *Correspondence*, vol. I, p. 410 ; Tönnies, *Hobbes*, pp. 59–60 ; *C.S.P.D.* (1666), p. 209.

(22)　スカージルにかんしては，Linnell, “Daniel Scargill” ; Axtell, “The Mechanics of Opposition” を見よ．ホッブズと異端にかんしては，*C.S.P.D.* (1667–1668), p. 466 ; Mintz, “Hobbes on the Law of Heresy”（また Willman, “Hobbes on the Law of Heresy” でなされている，この文書の日付の修正）を見よ．ピープスと『リヴァイアサン』にかんしては，Pepys, *Diary*, vol. IX, p. 298〔邦訳『サミュエル・ピープスの日記』第 9 巻，310 頁〕(1668 年 9 月 3／13 日の記事）を見よ．

(23)　Mintz, “Hobbes on the Law of Heresy,” p. 414 ; Hobbes, “Historical Narration concerning Heresy,” pp. 387, 407〔邦訳『異端』59，86–87 頁〕. Hobbes, “Concerning Body,” p. ix〔邦訳『物体論』5–6 頁〕と比較せよ．「古代ギリシアにおいては，見かけの重々しさのせいで（と申しますのは，その内部は欺瞞とけがれでいっぱいだったからですが）哲学にある程度似かよったなにかある幻影がありました．不注意な人びとはこの幻影を哲学であると思いこんで，それを教える教師たちの説が互いに一致していないにもかかわらず，人ごとにべつべつの教師にすがっていたのです」．また Sprat, *History*, pp. 11–12 も見よ．

(24)　Pope, *The Life of Seth*, p. 125. Hobbes, “Considerations on the Reputation of Hobbes,” pp. 416–420〔邦訳『ホッブズの弁明』16–23 頁〕と比較せよ．1651 年 7 月にハートリブは，『リヴァイアサン』は「王の利害関心に熱心に身をささげている人物」によって書かれたと告げられている（Skinner, “Conquest and Consent,” p. 94n を見よ）．

(25)　Coke, *Justice Vindicated* ; J. Jacob, *Stubbe*, p. 114（グリーン・リボン・クラブの一員として

のコークにかんして）; Glanvill, *Scire/i tuum nihil est*（1665）, "To the Learned Thomas Albius" ; du Moulin, *Vindication of the Sincerity of the Protestant Religion*（1664）, pp. 61-63 ; Sylvester, *Reliquiae Baxterianae*, p. 118. ホワイトにかんしては，Henry, "Atomism and Eschatology" を見よ．ホッブズの献呈にかんしては，Hobbes, "Seven Philosophical Problems," pp. 5-6 ; John Worthington to Henry More, December 1667 and June 1668, in Worthington, *Diary and Correspondence*, vol. III, pp. 288, 293 を見よ．

（26） Steneck, "'The Ballad of Robert Crosse and Joseph Glanvill'," p. 62 ; J. Jacob, *Stubbe*, pp. 78-81 ; Seth Ward to Gilbert Sheldon, 19/29 December 1663, in Thirsk, ed., *The Restoration*, p. 38.

（27） Eachard, *Hobbes's State of Nature Considered*（1672）, sig A6^{v}（聖職者にたいする攻撃にかんして）; idem, *Grounds and Occasions of the Contempt of the Clergy*（1670）; Lucy, *Observations ... of Notorious Errours in Leviathan*（1663）; Lucy to Issac Basire, 1661（Bosher, *Making of the Restoration Settlement*, p. 233 に引用されている）. Bowle, *Hobbes and His Critics*, pp. 135-137（イーチャードにかんして）, and pp. 75-85（ルーシーにかんして）; Mintz, *Hunting of Leviathan*, pp. 55-65, 65ff. も見よ．

（28） R. Ward, *Life of Henry More*, p. 178（Duffy, "Primitive Christianity Revived" に引用されている）; Burnet, *History of His Own Time*, vol. I, pp. 323, 333, 321.

（29） Boyle to John Dury, 3/13 May 1647, in Boyle, *Works*, vol. I, pp. xxxix-xl ; Petty, *The Advice of W. P. to Hartlib*（1648）; Hunter, *Science and Society*, pp. 27-28〔邦訳『イギリス科学革命』37-38 頁〕. Power, *Experimental Philosophy*, p. 187 および Charleton, *Physiologia*, p. 2 と比較せよ．

（30） Oldenburg to Hobbes, 6/16 June 1655, in Oldenburg, *Correspondence*, vol. I, pp. 74-75.

（31） Oldenburg to Thomas Coxe, 24 January/3 February 1657, in ibid., pp. 113-114. Oldenburg to Adam Boreel and to John Milton, April and June 1656, ibid, pp. 91, 100 ; J. Rogers, *A Christian Concertation*（1659）, p. 92 ; Harrington, *A System of Politicks*（1658）; Hooke, *Micrographia*, "The Preface," sig b2^{r}〔邦訳『ミクログラフィア』13 頁〕と比較せよ．当時の政体のイメージは Daly, "Cosmic Harmony and Political Thinking," pp. 17-20 と Diamond, "Natural Philosophy in Harrington's Political Thought," p. 391 で論じられている．

（32） Boyle to Isaac Marcombes, 22 October/1 November 1646, and Boyle to John Dury, 3/13 May 1647, in Boyle, *Works*, vol. I, pp. xxxii-xxxiii, xxxix-xl ; J. Jacob, *Boyle*, p. 22.

（33） 契約論争のなかでのデュリーとホッブズにかんしては，Skinner, "Conquest and Consent," pp. 81-82 と Judson, *From Tradition to Political Reality*, pp. 60-65 を見よ．限定的寛容と穏健な主教制についてのアッシャーとボイルの意見にかんしては，J. Jacob, "Boyle's Circle in the Protectorate" ; Lamont, *Baxter and the Millennium*, p. 165 ; Ashley, *John Wildman*, pp. 121-130 を見よ．学問の改革にかんしては，Hartlib to Boyle, 16/26 December 1658, in Boyle, *Works*, vol. VI, p. 115 を見よ．

（34） Broghill to Thurloe, 24 April/4 May 1660, in Davies, *The Restoration of Charles II*, pp. 251-254 ; Oldenburg to de la Rivière, 11/21 June 1660, in Oldenburg, *Correspondence*, vol. I, p. 373 ; ボイルとペットにかんしては，Boyle, *Works*, vol. I, p. cxli を見よ．

（35） Wright-Henderson, *Life of Wilkins*, p. 115 ; Patrick, *Brief Account of the Latitude-Men*, p. 12 ; Worthington to Hartlib, 29 November/9 December 1660, in Worthington, *Diary and Correspondence*, vol. I, pp. 233-234 ; Gabbey, "Philosophia Cartesiana Triumphata," p. 228（寛容についてのモアの意見にかんして）; 非国教徒にたいする寛容ではなく包括についてのウォードの見解にかんしては，Simon, "Comprehension in the Age of Charles II" を見よ．

（36） Sprat, *History*, pp. 28-34, 360-362 ; Glanvill, *Plus ultra*（1668）, p. 138 ; More, *Explanation of*

the Grand Mystery of Godliness, pp. 516, 527.

(37)　ペットにかんしては，Pett, *Discourse concerning Liberty of Conscience* (1661)；Pett to Bramhall, 8/18 February 1661, in Bosher, *Making of the Restoration Settlement*, p. 242；J. Jacob, "Restoration, Reformation and the Royal Society" を見よ．バーローにかんしては，Barlow, "The Case of Toleration," pp. 15–16, 22–36 を見よ．

(38)　Barlow to Hobbes, 23 December 1656/2 January 1657, in British Library MSS Add 32553, ff 22–23；Barlow to Izaak Walton, 10/20 May 1678, in Walton, *Lives of Donne, Wotton…*, vol. II, pp. 317–320（ボイルがサンダーソンを支援していたことについて）；J. Jacob, *Boyle*, pp. 130–132；Barlow, "The Case of Toleration," pp. 45, 52–53, 92；R. Sanderson, *Several Cases of Conscience* (1660).

(39)　Hunter, *Science and Society*, pp. 121–123〔邦訳『イギリス科学革命』136–138 頁〕；Buck, "Seventeenth-Century Political Arithmetic"（ペティと，自然哲学にたいする国家の支援の模索にかんして）.

(40)　Boyle, "Free Inquiry," p. 159.

(41)　Power, *Experimental Philosophy*, "Preface," sig c3^v (Boyle, "Proëmial Essay," p. 303 を引用している).

(42)　Petty to More, December 1648 and January 1649, in Webster, "Henry More and Descartes," pp. 365, 368；Power, *Experimental Philosophy*, p. 183. 王政復古期の千年王国説にかんしては，Webster, *From Paracelsus to Newton*, pp. 32–33, 67〔邦訳『パラケルススからニュートンへ』84–86, 146 頁〕；M. McKeon, *Politics and Poetry in Restoration England*, chap. 8 を見よ．

(43)　自然哲学についての千年王国説的な見解にかんしては，Power, *Experimental Philosophy*, pp. 191–192；Sprat, *History*, pp. 323, 352；Boyle, "The Christian Virtuoso. Second Part," pp. 776, 789；J. Edwards, *Compleat History of all the Dispensations and Methods of Religion* (1699), p. 745 を見よ．M. Jacob, *The Newtonians*, chap. 3〔邦訳『ニュートン主義者とイギリス革命』〕と Webster, *From Paracelsus to Newton*, p. 68〔邦訳『パラケルススからニュートンへ』148 頁〕における議論を見よ．

(44)　Glanvill, *Plus ultra*, pp. 147–148；idem, *Vanity of Dogmatizing* (1661), pp. 228–229；idem, *Scire/i tuum nihil est*, sig Al^v；Boyle, "Experiments and Notes about the Producibleness of Chymical Principles," p. 591. グランヴィルの懐疑主義の背景にかんしては，Cope, *Glanvill* を，スプラットの所見にかんしては，Sprat, *History*, p. 107 を見よ．「彼ら〔＝王立協会の人びと〕はそれゆえ，最高度の独断論者たち自身と同じくらい，懐疑論者とは遠く離れたところにいるのである」．

(45)　Sprat, *History*, pp. 362, 428–430, 346；P. Wood, "Methodology and Apologetics"；Oldenburg to Boyle, 24 November/4 December 1664, in Boyle, *Works*, vol. VI, p. 180（ウィルキンズや彼の同僚との協議について）を見よ．

(46)　Sprat, *History*, pp. 352, 56, 427.

(47)　Ibid., pp. 426, 100.

(48)　Power, *Experimental Philosophy*, p. 184；Boyle, "Free Inquiry," p. 168；idem, "New Experiments," p. 38. Boyle, "Origin of Forms and Qualities," pp. 7–8〔邦訳『形相と質の起源』15–16 頁〕と比較せよ．

(49)　Hobbes, "Mathematicae hodiernae," p. 229；idem, "Seven Philosophical Problems," p. 19；White, *Exclusion of Scepticks* (1665), p. 73；Cavendish, *Observations upon Experimental Philosophy*, "Further Observations," pp. 1–4 (cf. 本書第 2 章註 14). マーガレット・キャヴェンディッシュが低級な実験にたいし批判的態度をとっていたことのさらなる証拠として，

彼女の *Description of a New World*（『考察』*Observations* の第2版［1668年］に付加された), esp. pp. 28–32〔邦訳「新世界誌」85–88頁〕（望遠鏡，顕微鏡，それらの欠点について）を見よ．また Hunter, *Science and Society*, p. 138〔邦訳『イギリス科学革命』154頁〕に引用されている，トマス・ウォートンの見解も見よ．

（50） スタッブがおこなった王立協会への攻撃にかんしては，Syfret, "Some Early Critics of the Royal Society"; R. F. Jones, *Ancients and Moderns*, pp. 244–262; H. W. Jones, "Mid-Seventeenth-Century Science: Some Polemics"（書誌学的な詳細にかんして）; J. Jacob, *Stubbe*, pp. 84–108 を見よ．カソーボンにかんしては，Spiller, "*Concerning Natural Experimental Philosophy*" と Hunter, "Ancients, Moderns, Philologists, and Scientists" を見よ．Stubbe, *Censure upon Certaine Passages in a History of the Royal Society*（1670), pp. 38–42 や idem, *Lord Bacons Relation of the Sweating-Sickness*（1671), "Preface to the Reader," pp. 9, 23 と比較せよ．また Stubbe to Boyle, 4/14 June 1670, in Boyle, *Works*, vol. I, pp. xc–xcvii に含まれるこの論争についての見解も見よ．

（51） オーウェン，スタッブとホッブズにかんしては，Nicastro, *Lettere di Stubbe a Hobbes*, pp. 27–28 (cf. Stubbe to Hobbes, 11/21 April 1657, British Library MSS Add 32553 f32); J. Jacob, *Stubbe*, pp. 18–23; C. Hill, *The Experience of Defeat*, pp. 252–254 を見よ．オーウェンはスタッブに『リヴァイアサン』の翻訳をやめさせようとした（Nicastro, *Lettere*, p. 28)．ホッブズが1661年にオーウェンについてしめした見解として，"Dialogus physicus," p. 274 を見よ．実験についてのオーウェンの意見としては，Owen to Thornton, ? autumn 1663, in Owen, *Correspondence*, p. 132 を見よ．「クロムウェルの大主教」としてのオーウェンにかんしては，C. Hill, *The Experience of Defeat*, pp. 170–178; idem, *God's Englishman*, pp. 184, 188, 197〔邦訳『オリバー・クロムウェルとイギリス革命』249，256，270頁〕; Lamont, *Baxter and the Millennium*, pp. 220–224 を見よ．

（52） Thomas Barlow to John Berkenhead?, 1674, in Pett, ed., *Genuine Remains of Thomas Barlow*, pp. 151–159; P. W. Thomas, *Sir John Berkenhead*, p. 234; Hunter, *Science and Society*, p. 138n〔邦訳『イギリス科学革命』270頁〕．

（53） Worthington to More, 5/15 February 1668, in Worthington, *Diary and Correspondence*, vol. III, p. 265; オランダのデカルト主義者たちにモアが向けていた関心については，Gabbey, "Philosophia Cartesiana Triumphata," pp. 239–250; Sprat, *History*, p. 348（「『聖書』が人びとの霊魂……について述べていることがらが，彼にとって信じられないものだとはけっして思われない．彼はすべての人の血液のなかを動いている無数の粒子を知っているのだから」．); Culverwell, *An Elegant and Learned Discourse*（1652; 執筆は1646年), p. 15; More, *Enchiridion metaphysicum*, pp. 138–140 を見よ．

（54） Hobbes, "Leviathan," p. 460〔邦訳『リヴァイアサン』第3巻，167頁〕; idem, "Behemoth," pp. 346–348〔邦訳『ビヒモス』240–241頁〕; Hobbes to William Cavendish, Earl of Devonshire, 23 July/2 August 1641, in Tönnies, *Studien*, pp. 100–101.

（55） Hobbes, "Six Lessons," p. 345; idem, "Stigmai," p. 399. ウォリスとウェストミンスター会議については，Scriba, "Autobiography of Wallis," p. 35 を見よ．「彼らが長老派と呼ばれていたとき，それは反主教制という意味ではなく，反独立派という意味においてだった．」

（56） Ward, *Vindiciae academiarum*（1654), p. 61; Wallis to Huygens, 22 December 1658/1 January 1659, in Huygens, *Oeuvres*, vol. I, p. 296 と Scott, *Mathematical Work of Wallis*, pp. 170–171.

（57） Hobbes, "Mathematicae hodiernae," p. 232; idem, "Dialogus physicus," p. 274; cf. idem, "Decameron physiologicum," pp. 73–78.

（58） Wallis, *Hobbius heauton-timorumenos*, p. 6; More, *Antidote against Atheism*（1662), p. 142.

(59)　Patrick, *Brief Account of the Latitude-Men*, pp. 8, 21, 24；ボイルの空気学についてのジョン・パトリックのノート（Cambridge University Library MSS Add 77 ff 11-32）；More to Boyle, 27 November/7 December 1665, in Boyle, *Works*, vol. VI, p. 513. パトリックは，アンソニー・スパローやその庇護者であるクラレンドンとクイーンズ・カレッジの学寮長をめぐって争った後，『簡潔な説明』を書いた．Cambridge University Library MSS Add 20 f 6 と Nicolson, "Christ's College and the Latitude-Men," p. 48 を見よ．本書第5章註117と比較せよ．

(60)　Boyle, "Examen of Hobbes," p. 187；Stillingfleet to Boyle, 6/16 October 1662, in Boyle, *Works*, vol. VI, p. 462；Stillingfleet, *Origines sacrae*, pp. 466-470（機械論哲学についての見解にかんして）. ホッブズと「正統的なキリスト教徒の自然学者」についてのボイルの意見として，"Animadversions on Hobbes," pp. 104-105 と "Examen of Hobbes," p. 187 を見よ．

(61)　Stillingfleet to Boyle, 6/16 October 1662, in Boyle, *Works*, vol. VI, p. 462；Patrick, *Brief Account of the Latitude-Men*, p. 24.

(62)　Birch, "Life of Boyle," p. lx；Glanvill, *Scepsis scientifica*, "To the Royal Society," sig bl`.

(63)　モアと精気〔霊〕にかんしては，Burnham, "The More-Vaughan Controversy"；Guinsburg, "More, Vaughan and the Late Renaissance Magical Tradition"；Heyd, "The Reaction to Enthusiasm in the Seventeenth Century" を見よ．法律上の能力，また学問領域における能力の問題としての魔術にかんしては，Macfarlane, *Witchcraft in Tudor and Stuart England*；Mandrou, *Magistrats et sorciers*；Ginzburg, *The Night Battles*, esp. pp. 125-129〔邦訳『夜の合戦』217-224頁〕；Hirst, "Witchcraft Today and Yesterday" を見よ．マシュー・ヘイルにかんしては，B. Shapiro, *Probability and Certainty*, pp. 206-208 を見よ．セルデンにかんしては，K. Thomas, *Religion and the Decline of Magic*, p. 625〔邦訳『宗教と魔術の衰退』766頁〕を見よ．ウェブスターにかんしては，Jobe, "The Devil in Restoration Science" を見よ．ワグスタッフにかんしては，Wagstaffe, *The Question of Witchcraft Debated*（1671), pp. 112-113 と Webster, *From Paracelsus to Newton*, p. 96〔邦訳『パラケルススからニュートンへ』200頁〕（ワグスタッフがホッブズの議論をもちいたことにかんして）を見よ．

(64)　霊的な治療についてのモアとボイルの意見にかんしては，Worthington, *Diary and Correspondence*, vol. II, pp. 216-217 を見よ．ティドワースの件でのモアと「ホッブズ主義者」にかんしては，More to Anne Conway, 31 March/10 April 1663, in *Conway Letters*, p. 216 と Cope, *Glanvill*, p. 15n を見よ．グランヴィルにかんしては，Glanvill, *A Blow at Modern Sadducism*（1668), p. 116；idem, *Saducismus triumphatus*（1681), pp. 89-118；Prior, "Glanvill, Witchcraft and Seventeenth-Century Science" を見よ．

(65)　Glanvill, *Philosophia pia*（1671), pp. 25-34；idem, "Against Modern Sadducism," pp. 3-4, 58-60；More to Glanvill, in Glanvill, *A Praefatory Answer to Henry Stubbe*, p. 155. マシュー・コウカーの事例における目撃者の吟味をめぐるモアの意見にかんして，More to Anne Conway, 7/17 June 1654, in *Conway Letters*, pp. 101-102 と Kaplan, "Greatrakes the Stroker," pp. 182-183 を見よ．グランヴィルとティドワースでの目撃者にかんしては，Cope, *Glanvill*, p. 102 を見よ．

(66)　グレートレイクスにかんしては，Maddison, *Life of Boyle*, pp. 123-127；Boyle to Stubbe, 9/19 March 1666, in Boyle, *Works*, vol. I, p. lxxxi；J. Jacob, *Boyle*, pp. 164-176；idem, *Stubbe*, pp. 50-63, 164-174；Steneck, "Greatrakes the Stroker" を見よ．治療とその使用についてのより広い文脈にかんしては，Macdonald, "Religion, Social Change and Psychological Healing" を見よ．これに関連するボイルの意見にかんしては，B. Shapiro, *Probability and Certainty*, pp. 216-217；Boyle to Glanvill, 18/28 September 1677 and 10/20 February 1678, in Boyle, *Works*, vol. VI, pp. 57-60 を見よ（問題となっている研究は「マスコンの悪霊」の事例を含んでい

た．Boyle to du Moulin, in ibid., vol. I, pp. ccxxi–ccxxii と Labrousse, “Le démon de Mâçon” を見よ．）

(67) Boyle, “Discourse of Things above Reason,” p. 450. More, “How a Man is to Behave Himself in this Rational and Philosophical Age for the Gaining of Men to… the Christian Faith,” in idem, *Modest Enquiry*, pp. 483–489 ; Stillingfleet, *Origines sacrae*, pp. 171–176 と比較せよ．

(68) グレート・テューのサークルの中心的なテクストには以下がある．Falkland, *A Discourse of Infallibility* (1645) ; Hales, *A Tract concerning Schism and Schismaticks* (1642) ; Chillingworth, *The Religion of Protestants* (1638). ボイルとの結びつきにかんしては，Canny, *The Upstart Earl*, p. 147 を見よ．ホッブズとの結びつきにかんしては，K. Thomas, “Social Origins of Hobbes's Political Thought” を見よ．構成的懐疑主義の議論にかんしては，McAdoo, *The Spirit of Anglicanism*, pp. 1–23 ; van Leeuwen, *The Problem of Certainty* ; Orr, *Reason and Authority* ; Popkin, *History of Scepticism*, chap. 7〔邦訳『懐疑』〕; B. Shapiro, *Probability and Certainty*, chap. 3 を見よ．

(69) Hobbes, “Leviathan,” pp. 9–10, 436–437〔邦訳『リヴァイアサン』第1巻，54–55頁，第3巻，133–134頁〕．また本書第3章の議論を見よ．ホッブズはニューカッスルにたいして，「彼が理性によって信じることができなかったところに，魔女がいたのです」と述べた．Cavendish, *The Cavalier in Exile* (1667), pp. 142–143 を見よ．

(70) 良心の問題にかんしては，McAdoo, *The Spirit of Anglicanism*, pp. 24–80 ; Klaaren, *Religious Origins of Modern Science*, pp. 100–108（また回心の経験について pp. 72–76）; Farrington, *The Philosophy of Bacon*, pp. 59–72（ベイコンの『時代の雄々しき生誕』の英訳）; Shea, “Descartes and the Rosicrucians,” pp. 42–46 を見よ．

(71) Boyle, “Account of Philaretus,” pp. xxii–xxiii ; J. Jacob, *Boyle*, pp. 38–42.

(72) Hobbes, “Vita,” p. xiv〔邦訳「ラテン語自叙伝」39頁〕; Aubrey, “Life of Hobbes,” p. 332〔邦訳『名士小伝』102頁〕; de Beer, “Some Letters of Hobbes,” p. 205 ; そして “Dialogus physicus,” p. 271 に脚色されて描かれている回心の経験に注意せよ．

(73) Boyle, “Disquisition on Final Causes,” p. 401 ; idem, “Usefulness of Experimental Natural Philosophy,” p. 32. More, *Collection*, “Preface General,” p. v ; Fisch, “The Scientist as Priest” も見よ．

(74) Boyle, “Usefulness of Experimental Natural Philosophy,” essay III ; Beale to Boyle, 17/27 October 1663, in Boyle, *Works*, vol. VI, pp. 341–342 ; Boyle to Katherine Boyle, Lady Ranelagh, 6/16 March 1647, ibid., vol. I, pp. xxxvi–xxxvii ; Boyle to Lady Ranelagh, 31 August/10 September 1649, ibid., vol. VI, pp. 49–50. ヘルメス主義的な秘密主義にたいする別の攻撃として，Stillingfleet, *Origines sacrae*, pp. 103–104 を見よ．

(75) Hobbes, “Leviathan,” pp. 603–604〔邦訳『リヴァイアサン』第4巻，17–18頁〕．

(76) ホッブズの理想的なコミュニティとしての幾何学にかんしては，Buck, “Seventeenth-Century Political Arithmetic,” p. 82 を見よ．

(77) Hobbes, “Dialogus physicus,” pp. 240, 278.

(78) Hobbes, “Leviathan,” p. 325〔邦訳『リヴァイアサン』第2巻，262–263頁〕; idem, “Dialogus physicus,” p. 274.

(79) Hobbes, “Six Lessons,” pp. 344–348 ; idem, “Decameron physiologicum,” pp. 73–78 ; idem, “Considerations on the Reputation of Hobbes,” p. 437〔邦訳『ホッブズの弁明』49頁〕．

(80) 個人として，あるいは王立協会の代弁者としてのボイルにかんしては，Boyle, “Examen of Hobbes,” pp. 188, 190–191 ; idem, “Animadversions on Hobbes,” p. 112 ; Wallis, *Hobbius heauton-timorumenos*, pp. 148–152 を，また本書第5章の議論を見よ．

(81) Hooke, *Micrographia*, “The Preface,” sig b1^r〔邦訳『ミクログラフィア』11 頁〕; Oldenburg to Leichner, April 1663, in Oldenburg, *Correspondence*, vol. II, pp. 110–111 ; Weld, *History of the Royal Society*, vol. I, pp. 146–148 ; M. B. Hall, “Science in the Early Royal Society,” pp. 60–61.
(82) Sprat, *History*, p. 73.
(83) Boyle, “Some Considerations about Reason and Religion,” p. 152 ; cf. Glanvill, *Scepsis scientifica*, “To the Royal Society,” sig a1^r.
(84) Hooke, *Micrographia*, “The Preface,” sig d1^v〔邦訳『ミクログラフィア』26 頁〕; Beale to Boyle, 18/28 April, 13/23 July and 10/20 August 1666, in Boyle, *Works*, vol. VI, p. 399, また pp. 405–407, 416–417 ; Glanvill, *Plus ultra*, p. 93. 実験哲学の代表者としてのボイルにかんしては，Klaaren, *Religious Origins of Modern Science*, p. 19 ; M. B. Hall, “Science in the Early Royal Society,” pp. 72–73 ; Westfall, “Unpublished Boyle Papers,” p. 64 を見よ．
(85) Hobbes, “Leviathan,” p. 31〔邦訳『リヴァイアサン』第 1 巻，86 頁〕.
(86) Wallis, *Hobbius heauton-timorumenos*, p. 149 ; Ward, *Vindiciae academiarum*, p. 52 ; Hobbes, “Six Lessons,” p. 345.
(87) Hobbes, “Stigmai,” p. 399 ; Wallis, *Hobbius heauton-timorumenos*, p. 7 ; Wallis to Huygens, 22 December 1658/1 January 1659, in Scott, *Mathematical Work of Wallis*, p. 170 ; Wallis to Owen, October 1655, in Owen, *Correspondence*, p. 86.
(88) Kendall, *Sancti sanciti* (1654), p. 153. ホッブズの味方にかんしては，Hobbes to Aubrey, 24 February/6 March 1675, in Tönnies, *Studien*, p. 112 のなかの言明を見よ．Skinner, “Ideological Context of Hobbes’s Political Thought” ; idem, “Hobbes and His Disciples in France and England” ; Buck, “Seventeenth-Century Political Arithmetic,” pp. 77–78 と比較せよ．
(89) Glanvill, *Scire/i tuum nihil est*, p. 29 ; idem, *Scepsis scienntifica*, “To the Royal Society,” sig b1.
(90) Hobbes, “Behemoth,” p. 190〔邦訳『ビヒモス』47–48 頁〕; idem, “Leviathan,” pp. 164, 195–196〔邦訳『リヴァイアサン』第 2 巻，42–43，82–83 頁〕; また Sacksteder, “Hobbes : The Art of the Geometricians” を見よ．
(91) Hobbes, “De corpore politico,” pp. 211–212〔邦訳『自然法および国家法の原理』1378–1379 頁〕; cf. idem, “Some Principles and Problems in Geometry,” in Mandey, *Mellificium mensionis* (1682), pp. 172–173 ; Pope, *The Life of Seth*, pp. 125–126.
(92)『哲学者と法学徒の対話』の執筆にかんしては，Hexter, “Hobbes and the Law” ; Grover, “Legal Origins of Hobbes’s Doctrine of Contract”（サンジェルマンの『博士と学徒』にかんして）; B. Shapiro, “Law and Science”（自然哲学的な帰納主義にかんして）を見よ．オーブリーとホッブズについて，Aubrey to Anthony Wood, 3/13 February 1673, in Hunter, *Aubrey and the Realm of Learning*, p. 52 を見よ．ベイコンの原理にかんしては，Kocher, “Bacon on the Science of Jurisprudence” を見よ．
(93) 法にたいする急進的な攻撃にかんしては，C. Hill, *Change and Continuity*, chap. 6 ; Veall, *The Popular Movement for Law Reform* を見よ．コークとホッブズにかんしては，W. J. Jones, *Politics and the Bench*, pp. 32–52 ; C. Hill, *Intellectual Origins of the English Revolution*, chap. 5〔邦訳『イギリス革命の思想的先駆者たち』〕; Tanner, ed., *Constitutional Documents of James I*, p. 187 を見よ．王政復古期の法にかんしては，Carter, “Law, Courts and Constitution” ; Havighurst, “Judiciary and Politics” ; また Hobbes, “Dialogue between a Philosopher and a Student of the Common Laws,” pp. 4–5, 44〔邦訳『哲学者と法学徒の対話』11–13，71–72 頁〕; idem, “Dialogus physicus,” p. 241 を見よ．
(94) Hobbes, “Leviathan,” p. 712〔邦訳『リヴァイアサン』第 4 巻，170 頁〕; B. Shapiro, *Probability and Certainty*, pp. 173–193.

(95) Hooke, *Micrographia*, "The Preface," sig d1^r〔邦訳『ミクログラフィア』24 頁〕; More, *Modest Enquiry*, pp. 483–489 ; Stillingfleet, *Origines sacrae*, pp. 171–176 ; Sprat, *History*, p. 100 ; Boyle, "Some Considerations about Reason and Religion," p. 182 ; idem, "New Experiments," p. 34.

(96) ヘイルにかんしては，Pocock, *The Ancient Constitution*, pp. 162–181 ; Yale, "Hobbes and Hale" を見よ．空気学にかんしては，Hale, *Difficiles nugae*（および第 5 章での私たちの説明）を見よ．ホッブズについてのヘイルの見解としては，Hale, "Reflections by the Lrd. Cheife Justice Hale on Mr. Hobbes his Dialogue of the Lawe," pp. 500–502, 505 を見よ．

(97) Cudworth, *True Intellectual System* (1678), p. 718, 896–899 ; Hobbes, "Seven Philosophical Problems," pp. 5–6. 自然法と政治的権威にかんしては，Tuck, "*Power* and *Authority*" ; Hanson, *From Kingdom to Commonwealth*, chap. 5 ; Oakley, "Jacobean Political Theology" ; Shapin, "Of Gods and Kings" を見よ．

(98) Boyle, "Excellency of Theology," pp. 30–31 ; Hobbes, "Six Lessons," p. 346 ; idem, "Concerning Body," pp. 309–312〔邦訳『物体論』345–347 頁〕.

(99) Hobbes, "Leviathan," p. 91〔邦訳『リヴァイアサン』第 1 巻，176 頁〕; Glanvill, *Scepsis scientifica*, p. 98（ホッブズを引用している）と比較せよ．

(100) Webster, "Henry Power's Experimental Philosophy," p. 157 ; Cowles, "Henry Power" ; Power to Browne, 10/20 February 1647, in Halliwell, *Collection of Letters*, p. 92 ; Power to Reuben Robinson, 25 September/5 October 1661, British Library Sloane MSS 1326 ff 20–21.

(101) Croune to Power, 14/24 September 1661, British Library Sloane MSS 1326 f 25 ; Power to Robinson, 25 September/5 October 1661, ibid., f 20^v ; Power, *Experimental Philosophy*, "Preface," sig c3^v (Boyle, "Proëmial Essay," pp. 303–304 を引用している) ; Power to Boyle, 10/20 November 1662, ibid., f 33^v (Boyle, "Proëmial Essay," p. 307 を引用している)．パワーが実験主義へと移行していったことにかんする解説としては，Webster, "Henry Power's Experimental Philosophy," p. 166 ; idem, "Discovery of Boyle's Law," p. 472 ; Hunter, *Science and Society*, p. 47〔邦訳『イギリス科学革命』59 頁〕を見よ．

(102) Power, *Experimental Philosophy*, sig b4^r, pp. 95, 121–123, 132（ホッブズの「常軌を逸した空想」にたいする反論), 133–142（リヌスにたいする反論）; Webster, "Discovery of Boyle's Law," pp. 472–479.

(103) British Library Sloane MSS 1326 ff 36–38, 46–48 ; Webster, "Discovery of Boyle's Law," p. 472n ; Power, *Experimental Philosophy*, p. 102 ; M. B. Hall, ed., *Henry Power's Experimental Philosophy*, p. 206. また別の充満論者にかんしては，Glanvill, *Plus ultra*, p. 61 を見よ．

(104) Hobbes, "Concerning Body," pp. 523–525〔邦訳『物体論』568–570 頁〕; "Leviathan," p. 93〔邦訳『リヴァイアサン』第 1 巻，179 頁〕; "Considerations on the Reputation of Hobbes," pp. 436–437〔邦訳『ホッブズの弁明』48–49 頁〕. ホッブズは「恐怖との双生児」であった．idem, "Vita, carmine expressa," p. lxxxvi〔邦訳「ラテン詩自叙伝」14 頁〕:「私と恐怖とをともに〔母は生んだ〕」.

第 8 章　科学の政体——結論

〔1〕『言論・出版の自由——アレオパジティカ他一篇』原田純訳（岩波文庫，2008 年），63 頁．

(1) 私たちはこの用語法にかんして特定の恩義を受けたと感じているわけではない．しかしながら，文化にかんする研究における場所的な感性は，現代フランスのおおくの社会学者や歴史家に特徴的に見られるものである．たとえば以下を見よ．Foucault, "Questions on Geography"〔邦訳「地理学に関するミシェル・フーコーへの質問」〕; idem, "Médecins, jug-

es et sorciers au 17e siècle"〔邦訳「十七世紀の医師，裁判官，魔法使い」〕.

（2） Hobbes, "Dialogus physicus," p. 240.

（3） Hobbes, "Leviathan," p. 91〔邦訳『リヴァイアサン』第 1 巻，176 頁〕. ホッブズは，幾何学が本質的に中立的であるというような主張をまったくおこなっていない.

（4） 残念なことに，私たちは 17 世紀イングランドでの空気学の実験風景を描いた図像をひとつも捜しだすことができていない.（だが Boyle, "Continuation of New Experiments," p. 206 と Plate 5, figure 1 を参照せよ.）他の図（たとえば本書の図 21）は，知識が構築される実験風景を描かずに，ゲーリケの機械の技術的な構造をしめそうとしたものである.

（5） このことは，さまざまな状況をあつかっている歴史家たちによってしばしば指摘されてきた．たとえば以下を見よ．Daniels, "The Pure-Science Ideal and Democratic Culture"; Ezrahi, "Science and the Problem of Authority in Democracy"; Fries, "The Ideology of Science during the Nixon Years"; Gillispie, "The *Encyclopédie* and the Jacobin Philosophy of Science."

（6） ホッブズによれば，人びとは「神の本性に対応するようないかなる神の観念も，みずからの精神のなかに抱くことができない」("Leviathan," p. 92〔邦訳『リヴァイアサン』第 1 巻，178 頁〕) のであり，この理由のために，神学は哲学的な営みから明確に除外されなければならない ("Concerning Body," p. 10〔邦訳『物体論』24 頁〕).

（7） Hobbes, "Philosophical Rudiments," p. 247〔邦訳『市民論』350–351 頁〕.

（8） Hooke, *Micrographia*, "The Preface," sig b2r〔邦訳『ミクログラフィア』12–13 頁〕.

（9） 中間の道という言いまわしはフックのものである (ibid., sig b1v〔同書，12 頁〕). 同じような言葉づかいは王立協会の宣伝活動のおおくに見られる.

（10） この節にかんして私たちはブルーノ・ラトゥールによる最近の研究，とくに "Give Me a Laboratory" と *Les microbes : guerre et paix* におおくを負っている.

（11） 現代の最良の歴史研究をふまえると今のところ，この功利主義的な約束手形のうち，17 世紀に支払われえたもの，あるいは実際に支払われたものはまったくなかったと思われる．以下を見よ．Westfall, "Hooke, Mechanical Technology, and Scientific Investigation"; A. R. Hall, "Gunnery, Science, and the Royal Society." もし科学が技術的な有用性をもたらさなかったのだとしたら，科学の他のみとめられていた価値（社会的，政治的，宗教的な用途を含む）について問うことはよりいっそう重要になる.

（12） とくに Schaffer, "Natural Philosophy"; idem, "Natural Philosophy and Public Spectacle" を見よ.

（13） Merton, *The Sociology of Science*, chaps. 12–13; Needham, *The Great Titration*〔邦訳『文明の滴定』〕; Zilsel, *Die sozialen Ursprünge der neuzeitlichen Wissenschaft.*